加工プロセスシミュレーションシリーズ　4

流動解析 — プラスチック成形

日本塑性加工学会 編

コロナ社

執筆者一覧（執筆順）

	所　属	担当箇所
須賀康雄	東レ(株)	1章，11.5節
中野　亮	東レ(株)	2章，4〜7章，9章，10章，14章
多田和美	(株)プラメディア	3章，11.1節
奈良崎則雄	三菱エンプラ(株)	8章，11.2節，11.3節
小西研一	東レ(株)	11.4節
吉川秀雄	(株)プラメディア	12章，13章

（所属は編集当時）

ま え が き

成形加工の長い歴史の中で，プラスチックは比較的若い材料ではあるが身の回りのあらゆるところで活用され，なくてはならない素材となっている。プラスチックの成形加工方法には射出成形法をはじめ，押出し成形法，ブロー成形法などのさまざまな手法が用いられてきた。また昨今では，超臨界発泡成形法やマイクロ・ナノ成形法などの新しい成形法が開発され，日々進歩しつつある分野である。

複雑な高分子鎖やさまざまな充てん材から構成されるプラスチック材料は，本質的に不均一性，非線形性という特性を有している。このような性質をうまく活用することによって，例えば携帯電話の筐体など薄肉で複雑な形状の射出成形を実現することができる。一方でこうした複雑性に起因して，一般にプラスチックの成形加工や金型設計は非常に困難であった。

1980 年代から CAD/CAM/CAE の製品開発への適用が始まり，筆者もプラスチックの射出成形 CAE ソフト開発に携わってきた。この間，製品開発現場では競争の激化により開発期間短縮や品質向上の要求が高まり，3 次元 CAD の登場をうけて設計開発のディジタル化が急速に進んだ。また，高度な成形技術や金型設計技術を有する技術者の高齢化，海外への技術流出が問題となり，情報共有や知識ノウハウの継承ツールとしての位置づけも重要となってきている。

プラスチック成形加工のシミュレーションとしては射出成形 CAE をはじめとして複数の商用ソフトウェアが存在し，設計開発の現場で活用されている。筆者も樹脂成形品の開発における成形不良予測や金型設計の最適化など，多くの製品開発に解析を適用してきた。最近は 3 次元 CAD とのリンクも進み，解析データの作成など効率化されてきたが，解析のニーズは高まる一方である。

このような中で企業の解析担当者は多忙をきわめ，解析の効率化に関心が向けられている。一方，製品開発上流でのCAE活用により設計改善の効果を高めようと，設計者が手軽に活用できるCAEが注目されている。しかしCAEは数値シミュレーションの応用技術であり，入力データの作成や解析結果の評価など，正しく活用するためには基本の理解が望まれることはいうまでもない。動作原理を理解して活用することによって，より大きな成果が得られるものと期待できる。しかし，ソフトウェア開発の側から中身を解説した文献は少ないのが現状である。

このような点から，本書では商用ソフトウェアの開発に携わっている方々を中心に執筆いただき，プラスチックの成形加工シミュレーションの中身を，実用的な視点からわかりやすく解説することを目指した。今後プラスチックCAEを活用していこうと考えている開発技術者やCAE技術者，あるいは数値シミュレーションを学んでいる学生諸君のため，実用的なシミュレーション技術の原理と活用方法に関する理解を深めてもらうことが本書の目的である。解析ソフトの構造について理解を深めてもらうため，簡単な流動解析ソフトプログラムも添付した。

本書がシミュレーション技術の活用，ひいてはものづくりの高度化に対して少しでも役に立つことができれば幸いである。

2004年9月

著者代表　中野　亮

目　　　次

1. プラスチック成形シミュレーションの概要

2. 保　存　則

3. 構　成　式

4. 射出成形プロセス

5. 樹脂流動解析

6. 金型冷却解析

7. 収縮・反り解析

8. 3 次 元 解 析

9. メッシュ分割

10．射出成形シミュレーションの活用事例

11．射出成形シミュレーションソフトウェアシステム

12.　押出し成形シミュレーション

13.　ブロー成形シミュレーション

14.　プログラミング

CD-ROM 使用上の注意点

付録 CD-ROM には，2 次元射出成形樹脂流動解析（ニュートン流体）のプログラムソースコードとサンプルデータが収録されています。

プログラムの内容は 14 章“プログラミング”に記載されており，読者はこのソースコードを読んで樹脂流動解析の基本的な構造を理解することができます。解析結果は VRML フォーマットで出力されるため，圧力分布などの表示には VRML のプラグイン（フリーソフト）が必要です。

なお，ご使用に際しては，以下の点にご留意下さい。

・本プログラムを商用で使用することはできません。
・本プログラムを他に流布することはできません。
・本プログラムの改変は，営利目的でないかぎり自由です。
・本プログラムを使用することによって生じた損害などについては，著作者，コロナ社は一切の責任を負いません。
・著作者，コロナ社は，本プログラムに関する問合せを一切受け付けません。

1. プラスチック成形シミュレーションの概要

1.1 プラスチック成形の概要

1.1.1 プラスチックとは

プラスチックとは，非常に大きな分子量をもった有機化合物を主体にする材料群の総称である。一般的にプラスチックは金属に比べて軟らかく，熱や圧力を作用させると流動して自由に成形できる。この軟らかくて溶けやすい特性を利用して，プラスチックは自由な形状に成形できるとともに，さまざまな材料と混ぜ合わせて新しい材料を生み出すことができる。例えば，ナイロン樹脂にガラス短繊維を混ぜたガラス繊維強化ナイロン樹脂のような物理的混合や，ポリマーアロイのような化学変化を伴う混合などにより，多様な材料が作られている。プラスチックは多くの種類が存在するうえに，それぞれのプラスチックが混合状態や混合比率の違いにより，無限のバリエーションをもつことを特徴とする材料群である。なお，同じ有機化合物でも分子量の小さいタンパク質や，巨大な分子量をもったゴムはプラスチックの範疇に入っていない。

おもなプラスチック材料の分類を**図 1.1** に示す。

プラスチックを大別すると，熱可塑性と熱硬化性の二つに分けられる。熱可塑性プラスチックは，加熱すればいつでも溶けて流れだし，冷却すれば固化する。一方，熱硬化性プラスチックは，加熱して 3 次元架橋構造を形成しながら硬化するので，その後は加熱しても流動しない（最近では常温硬化形の熱硬化性樹脂も利用されている)。世界で最初に低分子を重合して作られたプラスチ

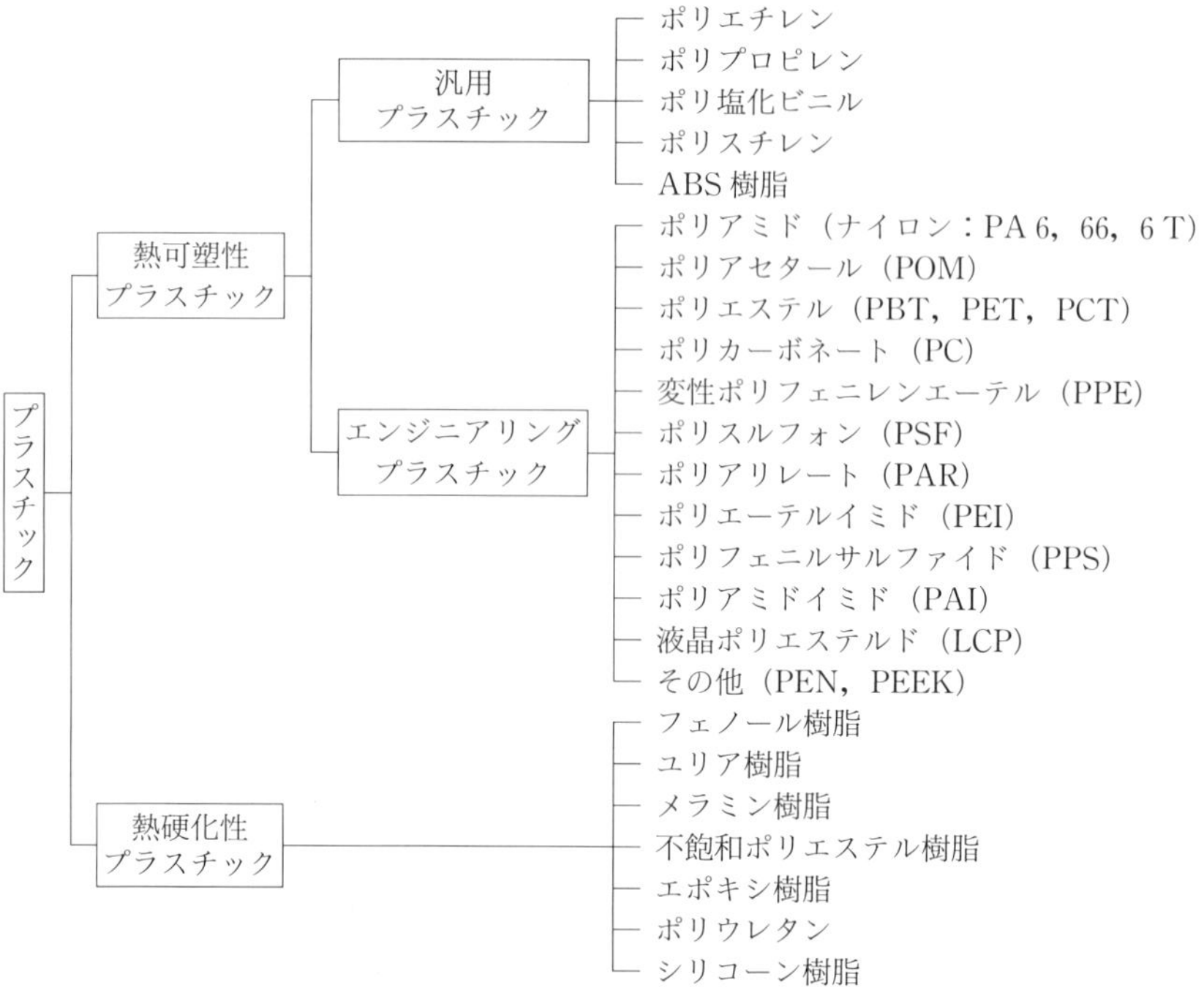

図 1.1　おもなプラスチック材料の分類

ックは，熱硬化性のフェノール樹脂（発明者にちなんでベークライトと命名された）だが，現在のプラスチック国内総生産量の 85 %は熱可塑性プラスチックである。本書では，特に断らない限り，プラスチックとは熱可塑性プラスチックを意味するものとする。

1.1.2　プラスチック成形の基本原理

プラスチックの大半は，室温から 300 ℃程度の温度範囲に固体状態（固相）と流体状態（液相）との相変化温度が存在するため，他素材に比べて比較的低い温度で流動化できるので成形は容易である。プラスチックは，金属あるいはセラミックスと比較して低温で成形できるため，プラスチックの成形では金属やセラミックスを「型」として用いることができる。射出成形における金型や押出し成形における T ダイなどは，型の代表例である。この型の利用がプラスチック成形の大きな特徴であり，その優れた生産性の根源になっている。

型を用いるプラスチック成形は加熱，加圧，冷却などの操作により，**図1.2**に示す「溶かす」，「型に流し込む」，「固める」の三つの基本段階を実現していく。

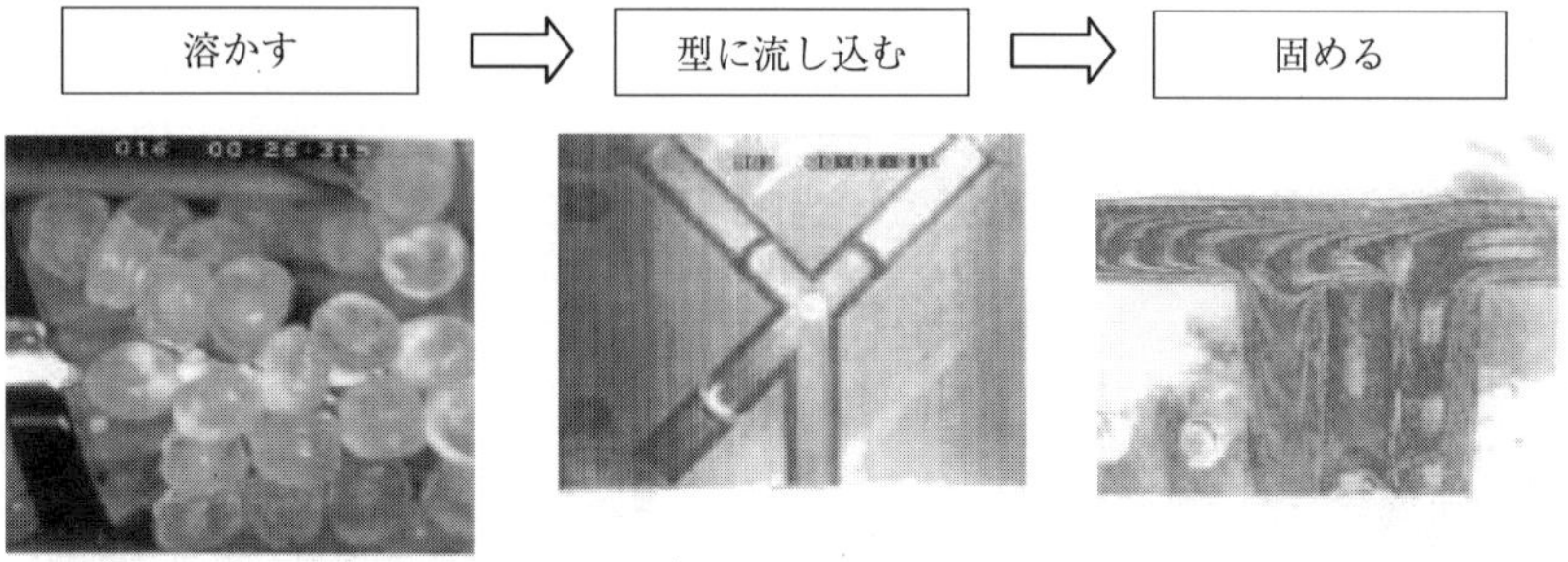

スクリュー内ホッパー下でのペレット　　金型内ランナーでの分岐流れ　　成形品ボス部分の樹脂の流動・固化

図1.2　プラスチック成形加工の基本操作〔写真提供：東京大学国際・産学共同研究センター横井教授〕

「溶かす」段階は，チップ（米粒状のプラスチック原材料），ブロック，シートなどの形態のプラスチック原料を，加熱や加圧によってプラスチックの融点を超えて流動させる（可塑化する）段階である。押出し機や射出成形機などでは，スクリューをシリンダー（加熱円筒）の中で回転させながらプラスチック原料を溶かしていく。一定温度で均一に溶かすことが最も重要な目標である。

「型に流し込む」段階は，溶けたプラスチックを型の中に圧力を加えて流し込む。例えば，射出成形機はスクリューの前進で生まれた圧力によって，注射器のように流し込んでいく。また，押出し成形では押出し機が生み出す圧力で口金あるいはダイと呼ばれる型に流し込む。この段階では，均一で安定した流れを実現することが最も重要な目標である。

「固める」段階は，熱可塑性プラスチックでは，融点以下の室温に近い温度まで冷却することによって実現する。一方，熱硬化性プラスチックでは，加熱と硬化反応の進展とともに固まり，硬化反応の完了をもって実現する。所望の外形と内部構造になるように固めることが成形における最も重要な目標である。

1.1.3　プラスチック成形加工の分類

プラスチック成形は特に，「型に流し込む」・「固める」段階にさまざまな種類の型と加工方法が発明され，多種多様な成形方法が工業化されている。合成繊維，フィルム，シート，波板，パイプ，ペットボトル，バスタブ，そして自動車のバンパーなどさまざまな製品が異なる成形方法で製造されている。おもな成形加工法を**表 1.1** に示す。

表 1.1　おもな成形加工法

成形加工法	対象プラスチック	おもな成形品
紡　糸	熱可塑性	合成繊維，ロープ，光ファイバー
押出し成形	〃	シート，パイプ，波板，フィルム，電線
カレンダー成形	〃	フィルム，シート，床材
射出成形	〃	バンパー，パソコン筐体，コネクター
反応射出成形	熱硬化性	食器，照明器具
トランスファー成形	〃	半導体封止，電源コンセント
真空成形	熱可塑性	アイスクリームカップ，看板
ブロー成形	〃	ペットボトル，燃料タンク
注型成形	熱硬化性	メガネレンズ，コンタクトレンズ
粉末・ペースト成形	熱可塑性	ボール，玩具，人形
圧縮成形	熱硬化性	食器，調理用具
スタンパブル成形	熱可塑性	カーシート板，トランクルーム部品
発泡成形	両　　方	発泡シート，梱包資材
積層成形	〃	FRP，電気絶縁シート

1.1.4　プラスチック成形の困難

主要なプラスチック成形は，溶融状態のプラスチックを型に流し込んで冷やして固め所望の形状を製造する。この成形加工では，プラスチックは型内において 1 分間に数百 ℃ もの温度降下となる急激な冷却にさらされるとともに，その間に液相から固相に相変化し，高分子の結晶成長など複雑な高次構造を形成する。しかも，この複雑な変化は製品の至る所でばらばらに発生する。したがって，成形加工には以下のような困難が存在している。

- 思いどおりに流す難しさ
- 図面指定どおりに固める（型から取り出す）難しさ
- 内部の性状を均一にする難しさ

この難しさを示す具体的な事例をいくつか挙げてみよう。

プラスチック光ファイバーは，透過率など光学物性のわずかに違う二つのプラスチックを口金と呼ばれる多数の小孔があいた型の中で，同心円状の内部（コア）と外周部（クラッド）に分けて二重管のように合流させ，冷却して巻き取っている。製品のコアとクラッドの比率が場所によって変わると，光の透過損失が大きくなってしまい製品にならない。数千メートルの光ファイバーが設計された比率で一定な内部構造になるよう，思いどおりに流し続けることはたいへん難しい。

携帯電話のボタンは，筐体部分の穴と隙間なく同じ形でなければならない。ボタンが大きすぎて，指で押したら引っ掛かって戻らなかったり，逆に小さすぎてすかすかになると，ごみなどが入って使い物にならなくなる。射出成形を用いて，一度に数十個のボタンを均一寸法で成形するにはきわめて精度の高い金型製造技術と射出成形技術が必要になる。

メガネのレンズは，内部にひずみがあると屈折率の変化や複屈折現象をおこして，正しい色や形が見えなくなる。注型成形を用いて，製品の内部性状や物性が均一でひずみのない状態にするために，複雑な加熱や冷却の仕組みを作り出さねばならない。

産業界では，このような成形加工の困難を克服するために，いくつかの試作型を作り，候補となるいくつかの材料を何度も試作して選定した後，量産のための安定した生産条件を求めるために，再び多くの試作をする。いずれの試作も，所望の成形品を得るまで，これらの困難に遭遇して多くの費用と時間を費やしている。

1.2　プラスチック成形シミュレーションの概要

1.2.1　成形シミュレーションの役割

プラスチック成形の困難に対して，先人達はたゆまぬ試作実験と工夫を重ねて克服してきた。しかし，昨今では，プラスチック成形が世界中に普及して，激しい製品開発競争がおきており，よりよい製品をより早く開発することが求められている。そのためには，この成形加工の困難を迅速に克服しなければならない。そこで，過去の知見やデータを有効に活用して，時間のかかる試作を代替できるコンピュータシミュレーションを核としたCAE（computer-aided engineering）が注目されている。

成形シミュレーションは，成形加工装置内部でおきている「溶かす」，「型に流し込む」，「固める」現象をコンピュータ内で再現する技術である。この技術を用いると，成形加工装置を動かす前に，成形不良なく成形できるか予測可能になる。例えば，設定した金型形状，成形条件，材料の案を成形シミュレーションに入力し，反りやひけのない成形結果が出力となる案を発見できる。一方，予想外の成形不良が発生した場合，不良が生成するプロセスを成形シミュレーションで再現し，入力条件をばらつかせて成形結果に影響する程度をシミュレーシュンで求めれば，不良原因を突き詰めることが可能になり，短時間で不良回避策を探索できる。

CAEによる仮想試作を短時間に何度も繰り返すことで，現実の試作評価作業を短縮するとともに，装置の中で見えにくい成形の本質を理解することができる。

1.2.2　プラスチック成形の数理モデル

プラスチック成形現象をシミュレートするためには，その骨格をなす「成形現象を表す数理モデル」が必要になる。数理モデルは，物理現象として流体力学，固体力学，伝熱学などの理論から選択される。一方，化学現象として熱力学，高分子移動論（レオロジーを含む），化学反応論などから必要な理論が適用される。これらの中から，対象とする成形方法の再現に必要な理論を選んで，実用範囲で適切な仮定や近似をおいて，成形現象の再現を目指すことになる。

例えば，以下のような成形加工現象が解析対象となっている。

・流路管や型内での粘性（粘弾性）熱流体の流動現象

・流路管，型あるいは大気または真空雰囲気内での伝熱現象
・伝熱に伴うプラスチックの相変化（流体，ゴム状弾性体，固体）現象
・型から離型するまであるいは引取装置までのプラスチックの変形現象
・成形過程中におけるプラスチックの物性形成（高次構造形成）現象

解析モデルの開発は，まず現象を支配する物理・化学法則を看破して支配方程式を選び出し，成形現象で重要な項目に焦点を当てて簡略化をすすめ，支配方程式の中の重要な係数を関数近似する。また，プラスチックの移動に伴う状態変化を定義して，物性や初期条件を定めていく。最後に型などの装置の形状と境界条件を推定して，支配方程式が具体的に解けることを確認していく。この解析可能なことを確認された手順をアルゴリズムと呼び，アルゴリズムの詳細が定まればコンピュータプログラムは作成できる。

1.2.3 プラスチック成形の支配方程式

プラスチック成形加工現象を支配する最も重要な原理は「エネルギー原理」であり，一般的に支配方程式としてこの原理に基づく，以下の三つの保存則が採用される。

・質量保存則（例えば，連続の式）
・エネルギー保存則（例えば，熱伝導方程式）
・運動量保存則（例えば，ナビエ-ストークス方程式（Navier-Stokes's equation））

さらに，材料はいくつかの固有の法則に支配されている。特に重要なのは，「構成方程式」と呼ばれる，材料が力を作用された場合の挙動を示す法則と，「状態方程式」と呼ばれる，材料が熱や力を受けたときに内部状態の変化を示す法則である。例えば，ナイロン樹脂は熱や力を受けて，**図 1.3** に示す状態図のような状態方程式と呼ばれる圧力，温度，体積（比容積）の関係を示すことが知られている。

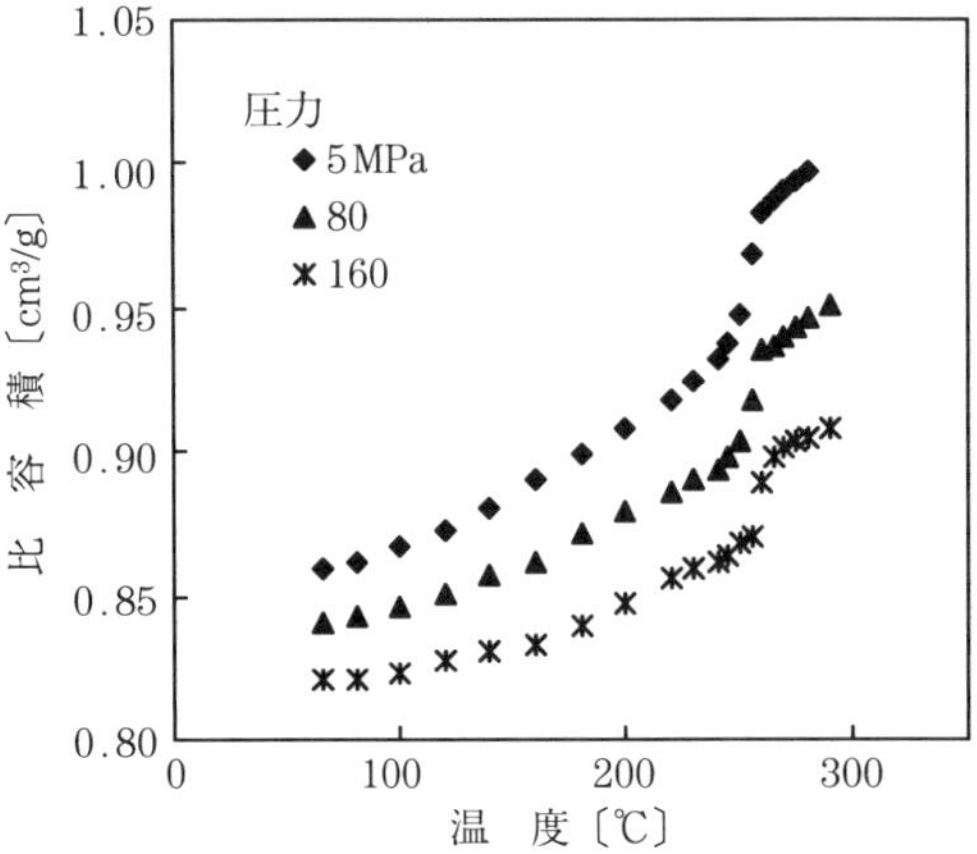

図 1.3　ナイロン 66 の状態図

1.2.4　成形シミュレーション開発研究の経緯

成形シミュレーションの開発に関する研究は 1970 年代初頭に始まっている。イスラエル工科大学の Tadmor らが射出成形金型内への充てん現象を解析するための数理モデルを提唱している。ナビエ-ストークス方程式を大幅に簡略化し，非常に単純な形状の金型に溶融プラスチックがどのように充てんするか予測している。一方 Kiparissides らはカレンダー成形におけるシートの厚み変化を予測するための数理モデルを提唱している。

1970 年代後半になるとドイツのアーヘン工科大学とアメリカのコーネル大学において，プラスチック成形加工におけるシミュレーション研究が産学協同プロジェクトとして始まった。いずれも 1990 年ころまで続く大プロジェクトであり，射出成形や押出し成形などの分野で成形シミュレーション開発にたいへん貢献した。この成果は 1990 年代のパソコンの急激な発展とともに商業化が進み，世界中の産業界で実用化が始められた。

日本では 1980 年ころに同様の研究開発が特に射出成形分野で始まった。豊田中央研究所の高橋，松岡による IMAP-F，東レの田中，須賀らによる TIMON などのシステム開発研究とその商用化が知られている。1990 年ころまでには，押出し成形やブロー成形あるいは熱硬化性樹脂のトランスファー成形などへの適応事例がつぎつぎと発表され，東大の横井らにより進められた可視化研究と成形シミュレーションを対比することにより，多くの成形加工プロセスがコンピュータを用いて，目で見ることができるようになってきた。

1.2.5 成形シミュレーションの現状

射出成形，ブロー成形，トランスファー成形などでは商用の成形シミュレーションシステムが開発され，多くの産業界で成形不良の改善・予防に成果を上げている。例えば，**図 1.4** に示すとおり，射出成形分野では製品設計者で広く普及している 3 次元 CAD による設計データに対応した成形シミュレーションが実用化され，設計された製品の成形性がきわめて簡単に確認できるコンカレントエンジニアリングの環境が整いだしている。従来は試作してみないと判断できなかった充てんの可否，バリの発生，ウェルドラインの位置，ひけや反りの発生などが，設計データができた時点ですぐに確認できる。

プラスチック成形シミュレーションは研究開発が始まってすでに 30 年以上経過している。しかし，実用の視点から見れば解析精度は必ずしも十分なレベルではない。しかも，金属材料では広く整備されている材料データベースもあまり整備されておらず，利用が十分進んでいるとは言い難い。シュミレーション開発とその利用促進のための課題がまだ多く残っている。

その背景には，プラスチックがさまざまな材料と自在に混ぜ合わされて実用化されるため，膨大なデータベースが必要になることや，プラスチック成形加工におけるプラスチック材料の構造や状態変化を定義する科学的知識（特に実験，計測方法と現象論）がまだ十分育っていないことに起因している。まず，プラスチックの成形現象をしっかり究明し，その現象論に基づく優れた数理モデルを開発して，産業界での適応努力を重ねることが望まれている。その一方で，成形加工に関する試験法の標準化やデータベースの整備など，実用化のための技術基盤整備を進めなければならない。

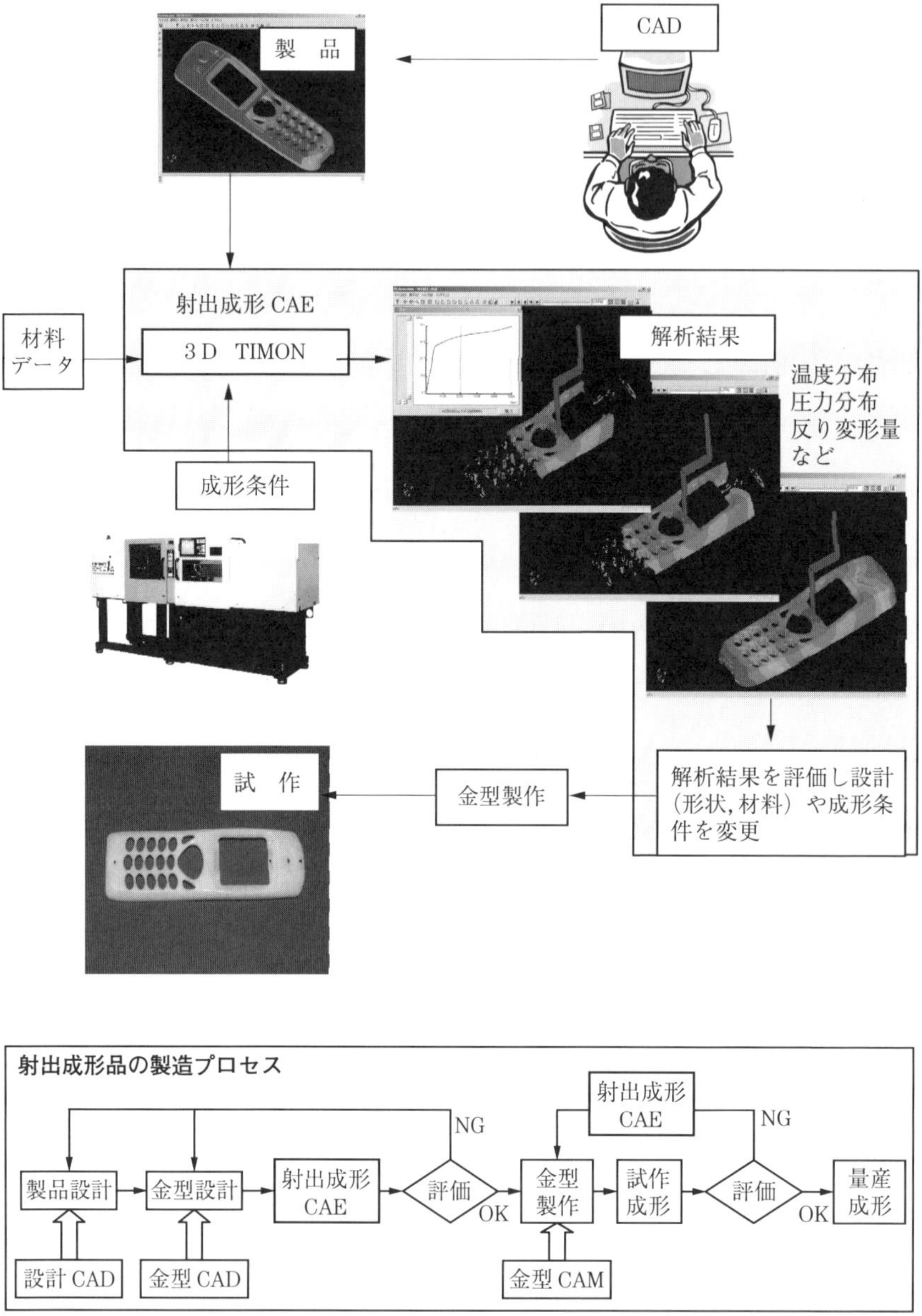

図 1.4　射出成形 CAE を活用した設計環境

2. 保　存　則

2.1 連続体力学

すべての物質は分子・原子から構成されており，その挙動は原理的には個々の分子間に働く力と分子構造により解明することができる。このようなアプローチは分子軌道法や分子動力学の手法により比較的単純な系に関して実用化され，例えば医薬品開発などに応用されて大きな成果を上げてきた。

一方，射出成形に用いられる高分子材料は数十万〜数百万の原子が連なった分子鎖よりなり，成形外力下においてそれぞれの分子鎖どうしが相互に影響し合いながら複雑に挙動すると考えられる。このような挙動を原子や分子のレベルから計算することは現実的ではなく，古典力学で用いられてきた連続体の概念によりマクロに現象をとらえるのが実用的といえるであろう。

連続体力学では，物質はどこまで細かく分割してもマクロな性質をもち続けると仮定され，物質の密度，圧力，温度，速度などの物理量は空間の至る所で任意の時間において連続量として定義される。こうした物理量を支配する方程式として，すべての物質に対して共通に適用できる保存則と，物質に固有の性質を表す構成則の 2 種類の方程式が基本となって理論が構築されている。

保存則としてはよく知られているように，質量保存則，運動量保存則，およびエネルギー保存則の三つがあり，それぞれの原理から連続の式，運動方程式，エネルギー保存の式と呼ばれる 3 種類の方程式が導かれる。

さらに，運動方程式に対してはニュートン流体の構成則を考慮してナビエ-

ストークス方程式が導かれ，エネルギー保存の式よりフーリエの熱伝導法則を考慮して熱伝導方程式が導かれる。

これらの方程式に対して射出成形に特有の簡略化が施され，射出成形シミュレーションを行うための一連の基礎方程式が導かれる。さらに基礎方程式は有限要素法（finite element method）などの手法を用いて離散化され，適切な境界条件と初期条件が与えられて連立1次方程式が構成される。

最後に数値解法を用いて上記連立1次方程式の解を求めることにより，未知物理量の空間分布や時間変化を得ることができる。**図2.1**に各方程式を導出するプロセスをまとめた。本章では基本的な3種の保存則について述べる。

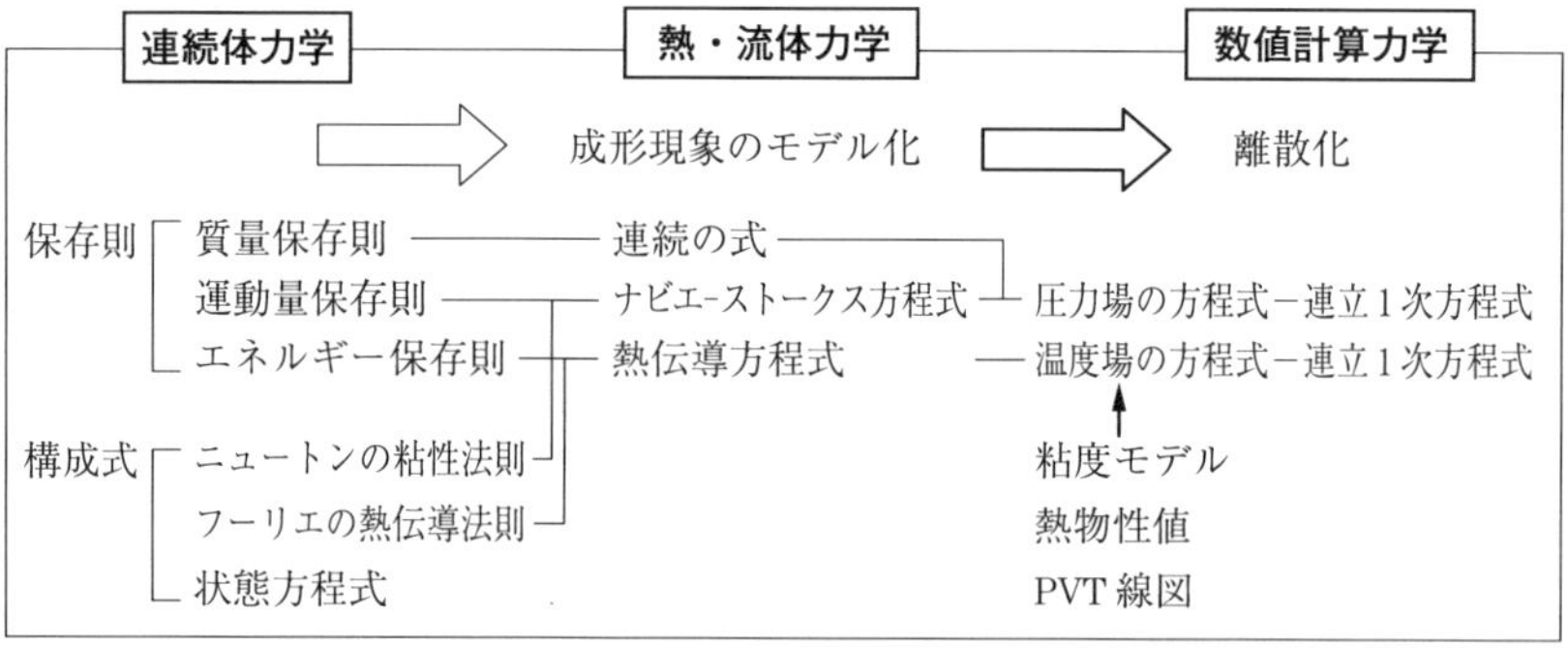

図2.1　方程式を導出するプロセス

2.2　質 量 保 存 則

射出成形における金型内への溶融樹脂充てんのような流れの場において，質量保存則より連続の式を導くことを考えよう。**図2.2**に示すように，流れの存在する場に dx，dy，dz を1辺の長さとする微小な仮想直方体を考える。このとき，流体場の中にわき出す流れや吸い込まれて流出する流れがないものとすれば，質量保存則よりこの直方体の各面を通過して単位時間に流入・流出する流体の質量を差引きしたものが，この直方体の単位時間当りの質量変化となる。

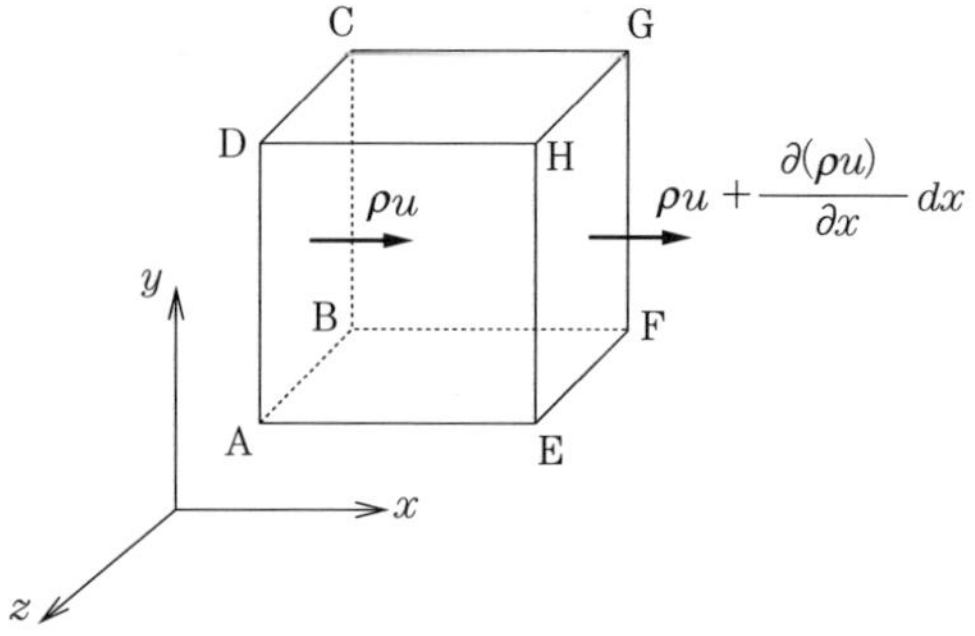

図 2.2　微小直方体の表面を通過する質量

流体の速度を $\vec{v} = (u, v, w)$，密度を ρ とすれば，直方体の各面を通過する質量は各面について図 2.2 のように表される。したがってこの直方体の単位時間当りの質量変化はつぎのように表される。

$$\frac{\partial}{\partial t}(\rho dxdydz) = \left\{\rho u - \left(\rho u + \frac{\partial(\rho u)}{\partial x} dx\right)\right\} dydz + \left\{\rho v - \left(\rho v + \frac{\partial(\rho v)}{\partial y} dy\right)\right\} dzdx + \left\{\rho w - \left(\rho w + \frac{\partial(\rho w)}{\partial z} dz\right)\right\} dxdy \tag{2.1}$$

したがって

$$\frac{\partial \rho}{\partial t} + \frac{\partial(\rho u)}{\partial x} + \frac{\partial(\rho v)}{\partial y} + \frac{\partial(\rho w)}{\partial z} = 0 \tag{2.2}$$

となる。この式を連続の式（equation of continuity）と呼ぶ。

式 (2.2) はまた，つぎのように書くことができる。

$$\frac{D\rho}{Dt} + \rho \frac{\partial u}{\partial x} + \rho \frac{\partial v}{\partial y} + \rho \frac{\partial w}{\partial z} = 0 \tag{2.3}$$

ここで，D/Dt は物質導関数（material derivative），実質導関数（substantial derivative），またはラグランジュ微分（Lagrangian derivative）と呼ばれ，関数 f について

$$\frac{Df}{Dt} = \frac{\partial f}{\partial t} + u \frac{\partial f}{\partial x} + v \frac{\partial f}{\partial y} + w \frac{\partial f}{\partial z}$$

と表される。

物質導関数は，流体中を移動する点とともに移動するラグランジュ座標系（Lagrangian coordinates）における時間微分を表している。これに対して，$\partial/\partial t$ などは空間導関数（spatial derivative），またはオイラー微分（Eulerian derivative）と呼ばれ，空間に固定されたオイラー座標系（Eulerian coordinates）による記述である。一般に流体力学ではある固定した点における物理量の変化を記述する方が便利であることから，オイラー座標系による記述が用いられる。

式 (2.3) はまた，つぎのように表すこともできる。

$$\frac{\partial \rho}{\partial t} + \nabla\cdot(\rho\vec{v}) = 0, \quad \frac{\partial \rho}{\partial t} + \mathrm{div}(\rho\vec{v}) = 0$$

非圧縮性流体（incompressible fluid）の場合は，密度の変化がなくなることから

$$\frac{\partial u}{\partial x} + \frac{\partial v}{\partial y} + \frac{\partial w}{\partial z} = 0 \tag{2.4}$$

または

$$\nabla\cdot\vec{v} = 0 \tag{2.5}$$

となる。

別のアプローチで連続の式を導出してみよう。流体中の固定された閉曲面 S を考え，S で囲まれた空間の体積を V とする。質量保存則により S 内の流体質量の単位時間当りの増加は，同じ時間に S を通って流入する流体の質量に等しい。したがって

$$\frac{d}{dt}\int_V \rho dV = -\int_S \rho\vec{v}\cdot\vec{n}dS$$

ここで，$\vec{n}$ は閉曲面 S の外向き単位法線ベクトルである。

したがって流入の場合は負号となる。V は一定であることから，つぎのように変更できる。

$$\int_V \frac{d\rho}{dt}dV = -\int_S \rho\vec{v}\cdot\vec{n}dS$$

一方，ガウスの定理により

$$\int_S \rho\vec{v}\cdot\vec{n}dS = \int_V \mathrm{div}(\rho\vec{v})dV$$

であるから

$$\int_V \left\{\frac{d\rho}{dt} + \mathrm{div}(\rho\vec{v})\right\}dV = 0$$

となる。ここで，V は任意であることから，上式がつねに成立するためには

$$\frac{d\rho}{dt} + \mathrm{div}(\rho\vec{v}) = 0$$

が得られ，この式は式 (2.2) と一致する。

2.3 運動量保存則

つぎに2番目の保存則として運動量の保存を考える。先ほどと同様に流体中の微小な仮想直方体を考える。各面にはそれぞれ法線応力 σ_{xx}，せん断応力 σ_{xy} などが働いているものとする。物体が釣り合うためには，合力がゼロとなる必要がある。**図 2.3** を参考にすれば，x 軸方向に働く力の釣合いより

$$\left(\sigma_{xx} + \frac{\partial\sigma_{xx}}{\partial x}dx\right)dydz - \sigma_{xx}dydz + \left(\sigma_{xy} + \frac{\partial\sigma_{xy}}{\partial y}dy\right)dzdx - \sigma_{xy}dzdx$$
$$+ \left(\sigma_{xz} + \frac{\partial\sigma_{xz}}{\partial z}dz\right)dxdy - \sigma_{xz}dxdy + \rho F_x dxdydz = 0$$

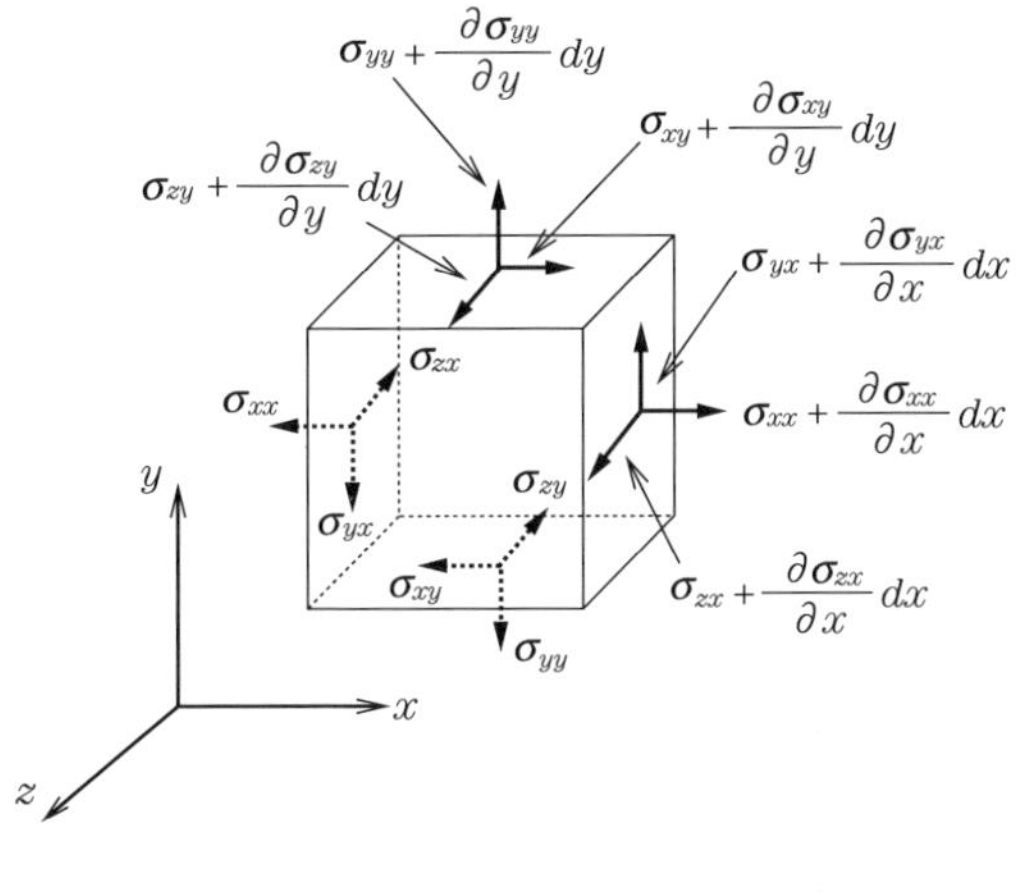

図 2.3　微小直方体に作用する応力

ここで F_x は単位質量当りの x 方向物体力である。

上式を $dxdydz$ で割って整理すると

$$\frac{\partial\sigma_{xx}}{\partial x}+\frac{\partial\sigma_{xy}}{\partial y}+\frac{\partial\sigma_{xz}}{\partial z}+\rho F_x=0$$

が得られる。y 軸，z 軸方向にも同様にして

$$\frac{\partial\sigma_{yx}}{\partial x}+\frac{\partial\sigma_{yy}}{\partial y}+\frac{\partial\sigma_{yz}}{\partial z}+\rho F_y=0,\quad \frac{\partial\sigma_{zx}}{\partial x}+\frac{\partial\sigma_{zy}}{\partial y}+\frac{\partial\sigma_{zz}}{\partial z}+\rho F_z=0$$

が成立する。これらの式をまとめて

$$\frac{\partial\sigma_{ij}}{\partial x_j}+\rho F_i=0 \tag{2.6}$$

と表すことができる。ここで添え字 i，j などについては総和規約（summation convection）を適用するものとする。式 (2.6) は釣合い状態にある物体に関する平衡方程式（equilibrium equation）と呼ばれる。

これまでは平衡状態を考えてきたが，物体が運動状態にある場合には慣性力が作用する。例えば x 軸方向に関する慣性力は

$$-\rho\frac{Du}{Dt}dxdydz$$

となり，x 軸方向の平衡方程式に慣性力を加えると

$$\rho\frac{Du}{Dt}=\frac{\partial\sigma_{xx}}{\partial x}+\frac{\partial\sigma_{xy}}{\partial y}+\frac{\partial\sigma_{xz}}{\partial z}+\rho F_x$$

となる。y 軸，z 軸方向についても同様の議論が成り立つため，オイラーの運動方程式（Eulerian equation of motion）がつぎのように得られる。

$$\rho\frac{Dv_i}{Dt}=\rho F_i+\frac{\partial\sigma_{ij}}{\partial x_j} \tag{2.7}$$

上式はつぎのように表すこともできる。

$$\rho\frac{D\vec{v}}{Dt}=\rho\vec{F}+\nabla\cdot\sigma \tag{2.8}$$

ここで $\vec{v}$，$\vec{F}$ はベクトル，σ はテンソル量である。

応力テンソル σ を等方圧力 P と偏差応力テンソル τ とに分離すれば

$$\sigma=-pI+\tau$$

となる。ただし $I=\{1\ 1\ 1\}^T$ である。式 (2.8) に上式を代入して

$$\rho\frac{D\vec{v}}{Dt}=-\nabla p+\nabla\cdot\tau+\rho\vec{F} \tag{2.9}$$

あるいは

$$\rho\frac{Dv_i}{Dt}=-\frac{\partial p}{\partial x_i}+\frac{\partial\tau_{jk}}{\partial x_k}+\rho F_i \tag{2.10}$$

となる。

2.4 ナビエ-ストークス方程式

ニュートン流体 (Newtonian fluid) では応力とひずみ速度との関係を示す構成方程式がつぎのように表される。

$$\sigma_{ij}=-p\delta_{ij}+\lambda\frac{\partial v_k}{\partial x_k}\delta_{ij}+\mu\left(\frac{\partial v_i}{\partial x_j}+\frac{\partial v_j}{\partial x_i}\right) \tag{2.11}$$

ここで，δ_{ij} はクロネッカーのデルタ (Kronecher delta) であり，次式で定義される。

$$\delta_{ij}=\begin{cases}1, & (i=j)\\ 0, & (i\neq j)\end{cases}$$

また，μ は粘性係数 (coefficient of viscosity)，λ は第 2 粘性係数 (second coefficient of viscosity) である。式 (2.11) を展開して表すとつぎのようになる。

$$\sigma_{xx}=-p+2\mu\frac{\partial u}{\partial x}+\lambda\left(\frac{\partial u}{\partial x}+\frac{\partial v}{\partial y}+\frac{\partial w}{\partial z}\right)$$

$$\sigma_{yy}=-p+2\mu\frac{\partial v}{\partial y}+\lambda\left(\frac{\partial u}{\partial x}+\frac{\partial v}{\partial y}+\frac{\partial w}{\partial z}\right)$$

$$\sigma_{zz}=-p+2\mu\frac{\partial w}{\partial z}+\lambda\left(\frac{\partial u}{\partial x}+\frac{\partial v}{\partial y}+\frac{\partial w}{\partial z}\right)$$

$$\sigma_{xy}=\mu\left(\frac{\partial u}{\partial y}+\frac{\partial v}{\partial x}\right),\quad \sigma_{yz}=\mu\left(\frac{\partial v}{\partial z}+\frac{\partial w}{\partial y}\right),\quad \sigma_{zy}=\mu\left(\frac{\partial w}{\partial x}+\frac{\partial u}{\partial z}\right)$$

式 (2.11) をオイラーの運動方程式 (2.7) に代入すれば，運動方程式はつぎ

のように書き改められる。

$$\rho \frac{Dv_i}{Dt} = \rho F_i - \frac{\partial p}{\partial x_i} + \frac{\partial}{\partial x_i}\left(\lambda \frac{\partial v_k}{\partial x_k}\right) + \frac{\partial}{\partial x_k}\left(\mu \frac{\partial v_k}{\partial x_i}\right) + \frac{\partial}{\partial x_k}\left(\mu \frac{\partial v_i}{\partial x_k}\right) \tag{2.12}$$

上式は一般にナビエ-ストークス方程式と呼ばれている。

流体が非圧縮性であるとすれば，連続の式 (2.4) より

$$\frac{\partial v_k}{\partial x_k} = 0$$

となるため，式 (2.12) の第 2 粘性係数 λ に関する項は省略される。また簡単のため粘性係数 μ を一定とすれば，ナビエ-ストークス方程式は

$$\rho \frac{Dv_i}{Dt} = \rho F_i - \frac{\partial p}{\partial x_i} + \mu \frac{\partial^2 v_i}{\partial x_k \partial x_k} \tag{2.13}$$

となる。上式を展開して表すと以下のようになる。

[非圧縮性のナビエ-ストークス方程式]

$$\frac{Du}{Dt} \equiv \frac{\partial u}{\partial t} + \left(u \frac{\partial u}{\partial x} + v \frac{\partial u}{\partial y} + w \frac{\partial u}{\partial z}\right) = F_x - \frac{1}{\rho}\frac{\partial p}{\partial x} + \nu \nabla^2 u$$

$$\frac{Dv}{Dt} \equiv \frac{\partial v}{\partial t} + \left(u \frac{\partial v}{\partial x} + v \frac{\partial v}{\partial y} + w \frac{\partial v}{\partial z}\right) = F_y - \frac{1}{\rho}\frac{\partial p}{\partial y} + \nu \nabla^2 v$$

$$\frac{Dw}{Dt} \equiv \frac{\partial w}{\partial t} + \left(u \frac{\partial w}{\partial x} + v \frac{\partial w}{\partial y} + w \frac{\partial w}{\partial z}\right) = F_z - \frac{1}{\rho}\frac{\partial p}{\partial z} + \nu \nabla^2 w$$

ここで，$\nu(=\mu/\rho)$ は動粘性係数（kinematic viscosity），∇^2 はつぎのラプラス演算子（Laplacian operator）である。

$$\nabla^2 = \frac{\partial^2}{\partial x^2} + \frac{\partial^2}{\partial y^2} + \frac{\partial^2}{\partial z^2}$$

式 (2.13) はまたつぎのように表すこともできる。

$$\frac{D\vec{v}}{Dt} \equiv \frac{\partial \vec{v}}{\partial t} + (\vec{v}\cdot\nabla)\vec{v} = \vec{F} - \frac{1}{\rho}\nabla p + \nu \nabla^2 \vec{v} \tag{2.14}$$

上式において，$D\vec{v}/Dt$ は慣性力に対応する項であり，$\vec{F}$ は重力などの物体力，∇p は圧力こう配，$\nu \nabla^2 \vec{v}$ は粘性力に対応する拡散項（diffusive term）である。また，$(\vec{v}\cdot\nabla)\vec{v}$ は対流項（convective term）であり，この項のために

ナビエ-ストークス方程式は非線形となる。

ここで，いくつかの単純な流動についてナビエ-ストークス方程式がどのように表されるかを考えてみよう。まず流体が静止している状態を考えると式(2.13)は

$$0 = F_i - \frac{\partial p}{\partial x_i}$$

となる。外力として重力を考え，$F_x = F_y = 0$，$F_z = \rho g$ とすれば，上式の z 方向について $z = z_0$ から $z = z$ まで積分して

$$p = \rho g(z - z_0) + p_0 \tag{2.15}$$

となる。ここで，p_0 は $z = z_0$ での圧力である。

したがって**図 2.4** に示すように底面積 A の直方体が水に浮かんでいるとき，直方体の底面には $\rho g z_1 + p_0$ の圧力が作用し，上面に作用する圧力 p_0 との差引き $\rho g z_1 A$ が浮力として作用することがわかる。したがって物体の重さを W とすれば，水面に沈む深さは $Z_1 = W/(\rho g A)$ である。静水力学（hydrostatics）ではこのように静止した流体の力学が取り扱われる。

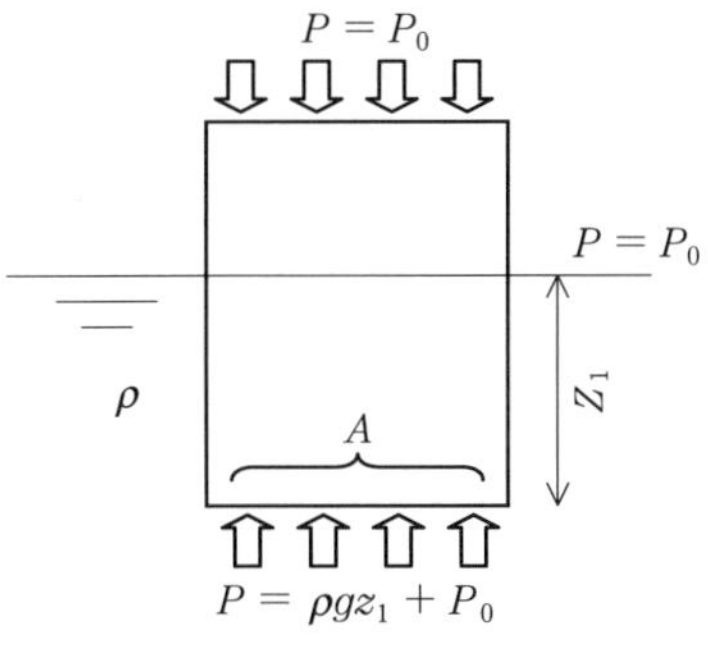

図 2.4　液体に浮かぶ直方体に働く力

つぎに流体が粘性をもたない場合について考える。運動方程式(2.14)は粘性項を省略して，つぎのようになる。

$$\frac{D\vec{v}}{Dt} \equiv \frac{\partial \vec{v}}{\partial t} + (\vec{v}\cdot\nabla)\vec{v} = \vec{F} - \frac{1}{\rho}\nabla p$$

上式はつぎのように書き改められる。

$$\rho \frac{\partial \vec{v}}{\partial t} = \rho \vec{F} - \nabla p - \rho \nabla\left(\frac{1}{2}\vec{v}\cdot\vec{v}\right) + \rho \vec{v} \times \vec{\omega}$$

ここで，$\vec{\omega} = \nabla \times \vec{v}$ は渦度ベクトル（vorticity vector）である。

流れの至る所で渦なし流れ（irrotational flow）であるとし，さらに定常を仮定すれば上式は簡略化されて

$$0 = F_i - \frac{\partial}{\partial x_i}\left(\frac{p}{\rho} + \frac{1}{2}v_k v_k\right)$$

となる。もし外力が保存力であり，$F_i = -\partial V/\partial x_i$ となるポテンシャル V が存在するとすれば

$$\frac{\partial}{\partial x_i}\left(\frac{p}{\rho} + \frac{1}{2}v_k v_k + V\right) = 0$$

したがってつぎに示すベルヌーイの式（Bernoulli's equation）が得られる。

$$\frac{p}{\rho} + \frac{1}{2}v_k v_k + V = \text{const.} \tag{2.16}$$

外力が重力のみであれば，以下となる。

$$p + \frac{1}{2}\rho v^2 + \rho g z = \text{const.} \tag{2.17}$$

図 2.5 に示すように，大きなタンクに液体が入れてあり，小さな穴から流れ出る場合の流量を求める。液面 $z = z_a = h$ と出口 $z = z_b = 0$ について式(2.17) に代入し

$$\frac{1}{2}\rho v_a^2 + P_a + \rho g z_a = \frac{1}{2}\rho v_b^2 + P_b + \rho g z_b$$

$p_a = p_b$，$v_a^2 \approx 0$ より，つぎのように出口流速が得られる。

$$v_b = \sqrt{2gh}$$

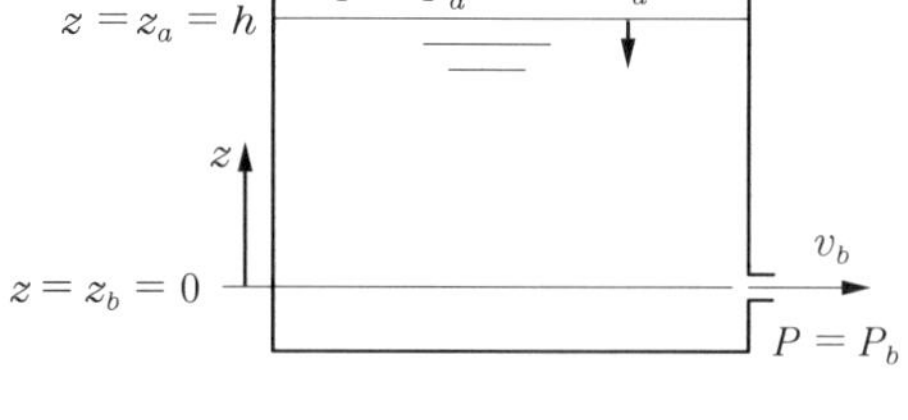

図 2.5　タンクから流出する液体

最後に粘性の効果について考察する。一般にニュートン流体において粘性の効果と対流の効果の度合いはつぎのレイノルズ数（Reynolds number）によって見積もることができる。

$$Re = \frac{\rho UL}{\mu} = \frac{UL}{\nu} \tag{2.18}$$

ここで，U は代表速度，L は代表長さである。

レイノルズ数が十分に小さいとき，対流の効果は粘性の効果に比べて小さいと考えられるため，対流項を省略することができる。このときナビエ-ストークス方程式は簡略化され，つぎのストークス方程式（Stokes' equation）が得られる。

$$\frac{\partial \vec{v}}{\partial t} = \vec{F} - \frac{1}{\rho}\nabla p + \nu\nabla^2\vec{v} \tag{2.19}$$

射出成形でのキャビティ内流動は，通常の成形条件下では粘性が支配的と考えられることから，おもに上記のストークス近似による定式化が行われる。

2.5　エネルギー保存則

続いて，エネルギー保存則を考える。これまでと同様に流体中の微小直方体を考えよう。**図 2.6** に示すように，微小区間へのエネルギーの出入りを熱伝導による熱量の流出 $\dot{q}$ と流体の対流によるエネルギーの流出 $\dot{E}$，および表面力による仕事 $\dot{W}$ に分けて考える。このとき，流体要素のもつ全エネルギー E の時間変化はつぎのように表される。

$$\frac{\partial(\rho E)}{\partial t}dxdydz = \dot{W} - \dot{E} - \dot{q} + \dot{Q}dxdydz \tag{2.20}$$

ここで，$\dot{Q}$ は単位時間，単位体積当り外部から供給される熱量である。熱の流出を負号として表している点に注意してほしい。

式 (2.20) 右辺の個々の要素について考えよう。まず熱伝導による熱量の移動は，フーリエの法則（Fourier's law）によって T を温度，κ を熱伝導率としたときつぎのように表される。

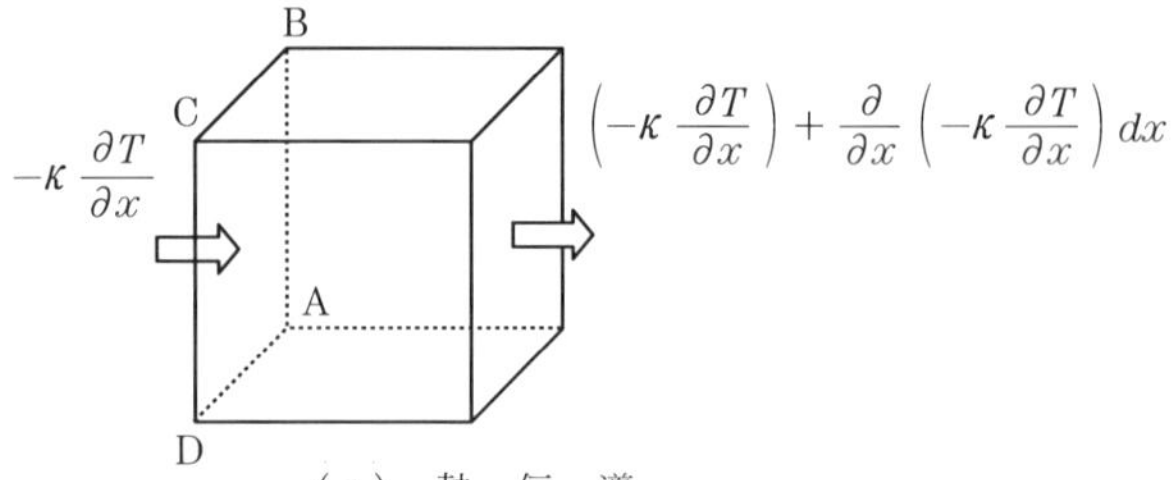

（a） 熱　伝　導

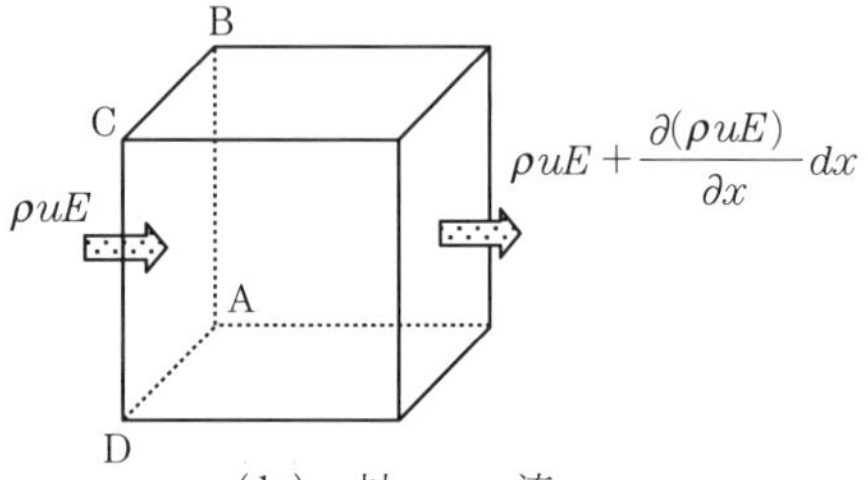

（b） 対　　流

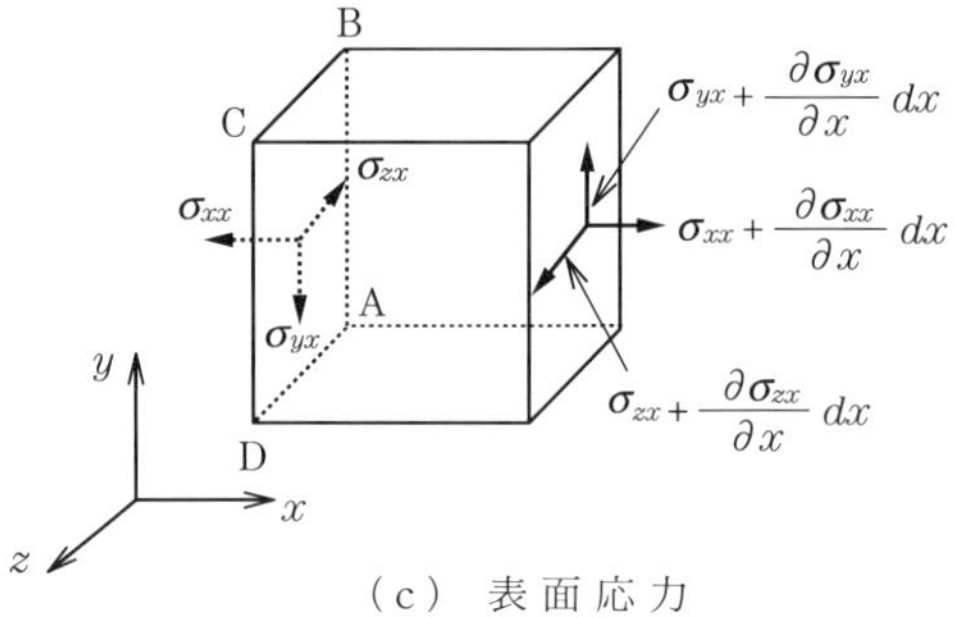

（c） 表 面 応 力

図 2.6　微小区間へのエネルギーの出入り

$$q_i = -\kappa \frac{\partial T}{\partial x_i} \tag{2.21}$$

ここで，q_i は単位時間に単位面積当り i 方向に流れる熱流束である。

例えば，x 軸に垂直な二つの面（$x, x + dx$）を通して流出する流量は，流出を正として表すと

$$-\left(-\kappa \frac{\partial T}{\partial x}\right)dydz + \left(-\kappa \frac{\partial T}{\partial x}\right)dydz + \frac{\partial}{\partial x}\left(-\kappa \frac{\partial T}{\partial x}\right)dxdydz$$

となり，同様にしてすべての面についての熱流束の総和は次式となる。

$$\dot{q} = -\left[\frac{\partial}{\partial x}\left(\kappa\frac{\partial T}{\partial x}\right) + \frac{\partial}{\partial y}\left(\kappa\frac{\partial T}{\partial y}\right) + \frac{\partial}{\partial z}\left(\kappa\frac{\partial T}{\partial z}\right)\right]dxdydz \quad (2.22)$$

つぎに流体の移動に伴うエネルギーの移動を考える。単位質量当りの流体の全エネルギーを E とすれば，x 軸に垂直な面から単位時間当り流入・流出するエネルギーは

$$-\left[\rho uE\right]dydz + \left[\rho uE + \frac{\partial(\rho uE)}{\partial x}dx\right]dydz$$

となるため，全体としては以下となる。

$$\dot{E} = \left[\frac{\partial(\rho uE)}{\partial x} + \frac{\partial(\rho vE)}{\partial y} + \frac{\partial(\rho wE)}{\partial z}\right]dxdydz \quad (2.23)$$

最後に表面の応力による仕事を考える。面 ABCD の垂直応力 σ_{xx} が単位時間当り流体になす仕事は

$$-\ u\sigma_{xx}dydz$$

であり，$x + dx$ 面の垂直応力がなす仕事は

$$\left[u\sigma_{xx} + \frac{\partial(u\sigma_{xx})}{\partial x}dx\right]dydz$$

であるから，σ_{xx} が流体要素に対してなす仕事は結局

$$\frac{\partial(u\sigma_{xx})}{\partial x}dxdydz$$

となる。せん断応力についても同様にして σ_{yx} と σ_{zx} による仕事が

$$\left[\frac{\partial(v\sigma_{yx})}{\partial x} + \frac{\partial(w\sigma_{zx})}{\partial x}\right]dxdydz$$

となるため，結局，表面応力による単位時間当りの仕事はつぎのようになる。

$$\begin{aligned}\dot{W} = &\left[\frac{\partial(u\sigma_{xx})}{\partial x} + \frac{\partial(v\sigma_{yy})}{\partial y} + \frac{\partial(w\sigma_{zz})}{\partial z}\right]dxdydz\\ &+ \left[\frac{\partial(v\sigma_{yx})}{\partial x} + \frac{\partial(w\sigma_{zx})}{\partial x} + \frac{\partial(w\sigma_{zy})}{\partial y} + \frac{\partial(u\sigma_{xy})}{\partial y}\right.\\ &\left. + \frac{\partial(u\sigma_{xz})}{\partial z} + \frac{\partial(v\sigma_{yz})}{\partial z}\right]dxdydz \end{aligned} \quad (2.24)$$

上式について，運動方程式 (2.7) を考慮して整理すると

$$\dot{W}=\left[\rho u\left(\frac{Du}{Dt}-F_x\right)+\rho v\left(\frac{Dv}{Dt}-F_y\right)+\rho w\left(\frac{Dw}{Dt}-F_z\right)\right]dxdydz$$
$$+\left[\sigma_{xx}\frac{\partial u}{\partial x}+\sigma_{yx}\frac{\partial v}{\partial x}+\sigma_{zx}\frac{\partial w}{\partial x}\right]dxdydz$$
$$+\left[\sigma_{yy}\frac{\partial v}{\partial y}+\sigma_{zy}\frac{\partial w}{\partial y}+\sigma_{xy}\frac{\partial u}{\partial y}\right]dxdydz$$
$$+\left[\sigma_{zz}\frac{\partial w}{\partial z}+\sigma_{xz}\frac{\partial u}{\partial z}+\sigma_{yz}\frac{\partial v}{\partial z}\right]dxdydz$$

となり，さらに構成式 (2.11) を考慮すれば

$$\dot{W}=\left[\rho u\left(\frac{Du}{Dt}-F_x\right)+\rho v\left(\frac{Dv}{Dt}-F_y\right)+\rho w\left(\frac{Dw}{Dt}-F_z\right)\right]dxdydz$$
$$+\left[-p\left(\frac{\partial u}{\partial x}+\frac{\partial v}{\partial y}+\frac{\partial w}{\partial z}\right)+\phi\right]dxdydz \tag{2.25}$$

が得られる。ここで，ϕ は流体の変形に対する粘性摩擦抵抗により発生する散逸エネルギーでありつぎのように表される。

$$\phi=2\mu\left[\left(\frac{\partial u}{\partial x}\right)^2+\left(\frac{\partial v}{\partial y}\right)^2+\left(\frac{\partial w}{\partial z}\right)^2+\frac{1}{2}\left(\frac{\partial u}{\partial y}+\frac{\partial v}{\partial x}\right)^2\right.$$
$$\left.+\frac{1}{2}\left(\frac{\partial v}{\partial z}+\frac{\partial w}{\partial y}\right)^2+\frac{1}{2}\left(\frac{\partial w}{\partial x}+\frac{\partial u}{\partial z}\right)^2\right]$$
$$+\lambda\left(\frac{\partial u}{\partial x}+\frac{\partial v}{\partial y}+\frac{\partial w}{\partial z}\right)^2 \tag{2.26}$$

式 (2.20) の左辺について連続の式を考慮すれば，式 (2.23) より

$$\frac{\partial(\rho E)}{\partial t}dxdydz+\dot{E}=\rho\frac{DE}{Dt}dxdydz$$

である。式 (2.20) に式 (2.25) を代入して整理すれば次式が得られる。

$$\rho\frac{DE}{Dt}=\dot{Q}-\dot{q}+\rho u\left(\frac{Du}{Dt}-F_x\right)+\rho v\left(\frac{Dv}{Dt}-F_y\right)$$
$$+\rho w\left(\frac{Dw}{Dt}-F_z\right)-p\left(\frac{\partial u}{\partial x}+\frac{\partial v}{\partial y}+\frac{\partial w}{\partial z}\right)+\phi \tag{2.27}$$

一方，全エネルギー E は運動エネルギーと内部エネルギー，および位置のエネルギーの総和により表されることから

$$\rho\frac{DE}{Dt}=\rho\frac{D}{Dt}\left\{\frac{1}{2}(u^2+v^2+w^2)+e+\Omega\right]$$
$$=\rho\left(u\frac{Du}{Dt}+v\frac{Dv}{Dt}+w\frac{Dw}{Dt}+\frac{De}{Dt}+\frac{D\Omega}{Dt}\right)$$
$$=\rho u\left(\frac{Du}{Dt}-F_x\right)+\rho v\left(\frac{Dv}{Dt}-F_y\right)+\rho w\left(\frac{Dw}{Dt}-F_z\right)+\rho\frac{De}{Dt} \tag{2.28}$$

となる。ここで，位置エネルギー Ω について，$F_x=-\partial\Omega/\partial x$ などを用いた。

式 (2.27) と式 (2.28) を比較して，式 (2.22) を代入すれば，つぎのエネルギー方程式が得られる。

$$\rho\frac{De}{Dt}=\dot{Q}+\frac{\partial}{\partial x}\left(\kappa\frac{\partial T}{\partial x}\right)+\frac{\partial}{\partial y}\left(\kappa\frac{\partial T}{\partial y}\right)+\frac{\partial}{\partial z}\left(\kappa\frac{\partial T}{\partial z}\right)$$
$$-p\left(\frac{\partial u}{\partial x}+\frac{\partial v}{\partial y}+\frac{\partial w}{\partial z}\right)+\phi \tag{2.29}$$

非圧縮性流体では，上式の右辺第5項はゼロとなる。一方，熱力学の関係式より，定容比熱を c_v とすれば非圧縮性流体では $De/Dt=c_vDT/Dt$ であることから，式 (2.29) はつぎのように書き表される。

$$\rho c_v\frac{DT}{Dt}=\dot{Q}+\frac{\partial}{\partial x}\left(\kappa\frac{\partial T}{\partial x}\right)+\frac{\partial}{\partial y}\left(\kappa\frac{\partial T}{\partial y}\right)+\frac{\partial}{\partial z}\left(\kappa\frac{\partial T}{\partial z}\right)+\phi \tag{2.30}$$

非圧縮性流体の散逸エネルギーは式 (2.26) よりつぎのように簡略化される。

$$\phi=2\mu\left[\left(\frac{\partial u}{\partial x}\right)^2+\left(\frac{\partial v}{\partial y}\right)^2+\left(\frac{\partial w}{\partial z}\right)^2+\frac{1}{2}\left(\frac{\partial u}{\partial y}+\frac{\partial v}{\partial x}\right)^2\right.$$
$$\left.+\frac{1}{2}\left(\frac{\partial v}{\partial z}+\frac{\partial w}{\partial y}\right)^2+\frac{1}{2}\left(\frac{\partial w}{\partial x}+\frac{\partial u}{\partial z}\right)^2\right] \tag{2.31}$$

以上より，射出成形シミュレーションで用いられる，基礎方程式が保存則および構成式より得られた。**表 2.1** にこれらの基礎方程式をまとめる。基礎方程式に対して適当な初期条件と境界条件を与えて解くことにより，射出成形過程のシミュレーションが可能となる（ただし，保圧工程など圧縮性の影響を考慮する必要がある場合には，以上の基礎式に加えて状態方程式が必要となる）。

表 2.1　保存則より導かれた基礎方程式

連続の式（圧縮性） $\dfrac{\partial \rho}{\partial t} + \dfrac{\partial(\rho u)}{\partial x} + \dfrac{\partial(\rho v)}{\partial y} + \dfrac{\partial(\rho w)}{\partial z} = 0$	連続の式（非圧縮性） $\dfrac{\partial u}{\partial x} + \dfrac{\partial v}{\partial y} + \dfrac{\partial w}{\partial z} = 0$
運動方程式 $\rho \dfrac{Dv_i}{Dt} = \rho F_i + \dfrac{\partial \sigma_{ij}}{\partial x_j}$	
ナビエ-ストークス方程式（圧縮性） $\rho \dfrac{Dv_i}{Dt} = \rho F_i - \dfrac{\partial p}{\partial x_i} + \dfrac{\partial}{\partial x_i}\left(\lambda \dfrac{\partial v_k}{\partial x_k}\right) + \dfrac{\partial}{\partial x_k}\left(\mu \dfrac{\partial v_k}{\partial x_i}\right) + \dfrac{\partial}{\partial x_k}\left(\mu \dfrac{\partial v_i}{\partial x_k}\right)$	ナビエ-ストークス方程式（非圧縮性） $\dfrac{Dv_i}{Dt} = F_i - \dfrac{1}{\rho}\dfrac{\partial p}{\partial x_i} + \nu \dfrac{\partial^2 v_i}{\partial x_k \partial x_k}$
熱伝導方程式（非圧縮性） $\rho c_v \dfrac{DT}{Dt} = \dot{Q} + \dfrac{\partial}{\partial x}\left(\kappa \dfrac{\partial T}{\partial x}\right) + \dfrac{\partial}{\partial y}\left(\kappa \dfrac{\partial T}{\partial y}\right) + \dfrac{\partial}{\partial z}\left(\kappa \dfrac{\partial T}{\partial z}\right) + \phi$ $\phi = 2\mu\left[\left(\dfrac{\partial u}{\partial x}\right)^2 + \left(\dfrac{\partial v}{\partial y}\right)^2 + \left(\dfrac{\partial w}{\partial z}\right)^2 + \dfrac{1}{2}\left(\dfrac{\partial u}{\partial y} + \dfrac{\partial v}{\partial x}\right)^2 + \dfrac{1}{2}\left(\dfrac{\partial v}{\partial z} + \dfrac{\partial w}{\partial y}\right)^2 + \dfrac{1}{2}\left(\dfrac{\partial w}{\partial x} + \dfrac{\partial u}{\partial z}\right)^2\right]$	

3. 構　成　式

CAE は連続体力学に立脚しており，この連続体力学は保存方程式と構成式からなる。各種保存則から導出される保存方程式は物質の特性には依存せずすべての物質に対して成り立ち，物質の特性は構成式（または構成方程式と呼ばれる）で表現される。一般に構成式といった場合には応力とひずみまたはひずみ速度の関係式を指すが，ここでは構成式を広義の意味でとらえ，物質の特性を表現するさまざまな式を構成式と定義する。この構成式には，例えば，固体の弾性挙動を表すフックの法則や流体の粘性挙動を表すニュートンの法則，熱伝導を表すフーリエの法則，圧力と温度と比容積の関係を表す状態方程式などがある。CAE の入力データである粘度や熱伝導率といった物性は，基本的にこれら構成式のパラメータである。

本章では，プラスチック材料である樹脂について，その種類や CAE とのかかわりなどを説明し，射出成形 CAE の流動解析を中心に樹脂の構成式や物性について説明する。

3.1　プラスチック材料の概要

プラスチック材料は軽量性や形状の任意性などの優れた特性をもつことから，金属やガラスに代わる素材として注目され，日用雑貨から自動車部品，家電製品，OA 機器，精密部品，さらには各種構造部品にも使用されるに至り，その用途は急速に拡大してきている。以下ではプラスチック製品の材料である樹脂について，その分類や CAE とのかかわりについて述べる。

樹脂はその特性からいくつかのグループに分類される。**図 3.1** は樹脂の分類の一例を示したものである。樹脂は熱可塑性樹脂と熱硬化性樹脂に大別される。プラスチック製品のほとんどはこの熱可塑性樹脂（熱を加えると溶ける樹脂）を用いて成形されており，IC 封止といった電子部品などの一部の材料として熱硬化性樹脂（熱を加えると固まる樹脂）が用いられている。さらに熱可塑性樹脂は結晶化するか否かにより結晶性樹脂と非晶性樹脂に分類される。また，熱可塑性樹脂はその機能面から汎用プラスチックとエンジニアリングプラスチックに分類することもできる。

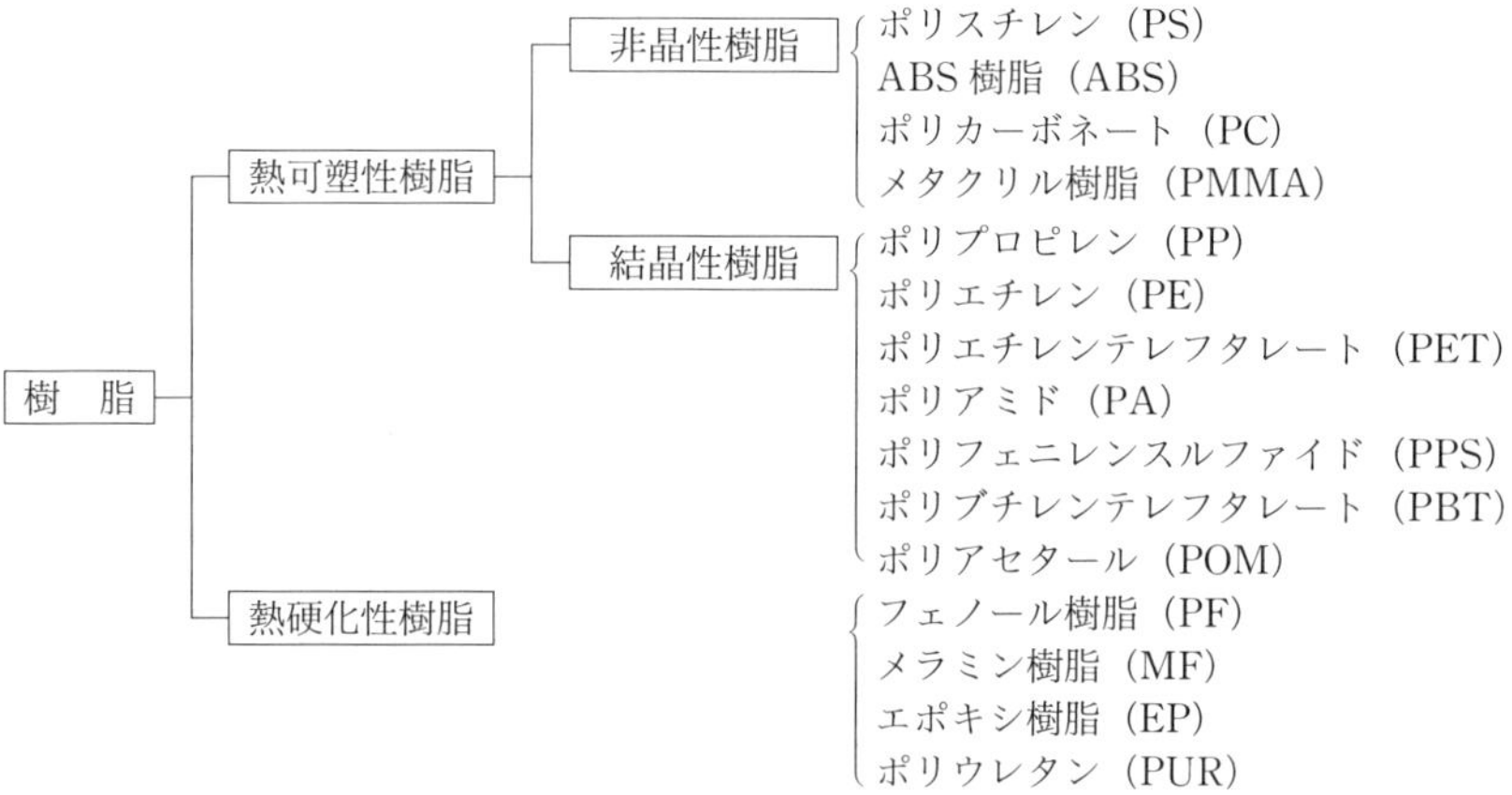

強度を向上させるために，充てん材として繊維を用いた複合材がある。

図 3.1　樹脂の分類の一例

プラスチックは一般に鉄などの金属に比べて軟らかいため，自動車部品などで高強度，高剛性が要求される場合には，製品の強度を向上させるために，樹脂にガラス繊維や炭素繊維などの繊維を混ぜた複合材料がよく用いられる。これら繊維の剛性は樹脂に比べ 10 倍以上も大きいことから，繊維を用いた複合材料は強度などが向上することになる。これらの繊維は，金型内を樹脂が流動する際に流動応力の影響を受けて配向（向きがある方向にそろう）する。この現象は繊維配向と呼ばれ，繊維配向により剛性や収縮が等方的（あらゆる方向に一定）ではなくなり，異方性（方向により異なる性質）をもつことになる。

すなわち，繊維が配向している方向に剛性が大きくなり，また線膨張は小さくなり，成形収縮（金型キャビティ寸法に対する成形品寸法の収縮比率）も小さくなる。このように成形収縮が異方性をもつことにより，成形品の反り変形などの成形不良が発生する場合がある。

プラスチック製品の機械特性（ヤング率や線膨張率など）の異方性の要因としては，上述の繊維配向のほかに，高分子鎖の配向，すなわち分子配向がある。成形過程の流動により配向した高分子鎖は，流動停止後に安定な絡み合い状態に戻ろうとするが，冷却過程で樹脂が固化することにより，ある程度配向したまま製品内に凍結されることになる。また，結晶性樹脂では，成形中に高分子鎖がラメラ構造（折りたたみ構造）をとり，さらにそのラメラが集まって球晶などを形成する。この現象は結晶化と呼ばれ，成形過程での温度，圧力，応力の状態に応じて結晶化の進展も異なることになる。これら分子配向や結晶化などの挙動は樹脂の高次構造と呼ばれるものであり，また，メソスコーピック領域（ミクロ ≒ 1 μm とマクロ ≒ 1 mm の間の領域）の現象であることからメソ構造，メソ挙動などと呼ばれることもある。このように高分子である樹脂は，成形中に複雑な挙動をすることになる。

現状の射出成形 CAE では，熱可塑性樹脂と熱硬化性樹脂の解析を行うことができ，また繊維を用いた複合材料を取り扱うことができる。CAE においてこれらの材料の違いは樹脂物性として表現される。

これらの樹脂物性は温度やせん断ひずみ速度や圧力といったさまざまな状態量に依存するため，測定条件としてそれら状態量を変化させて測定される。また，比熱や熱伝導率のように測定データをそのまま使う場合と，粘度や PVT 特性のように測定データを近似式でフィッティングして使う場合とがある。

CAE の入力データである樹脂物性は，圧力や温度などの計算結果に大きな影響を与えるため，精度のよい，信頼性のあるデータを利用すべきことはいうまでもないが，それぞれの物性の計算結果への影響度[1),2)†] や CAE での使われ

† 肩付き数字は巻末の引用・参考文献の番号を示す。

方などを把握しておくことは，CAE を活用するうえできわめて重要である。

3.2 流 動 特 性

一般に流体はその流動特性（応力とひずみ速度の関係）から**図 3.2** に示すように，ニュートン流体（応力とひずみ速度が線形関係）と非ニュートン流体（応力とひずみ速度が非線形関係）に分類される。

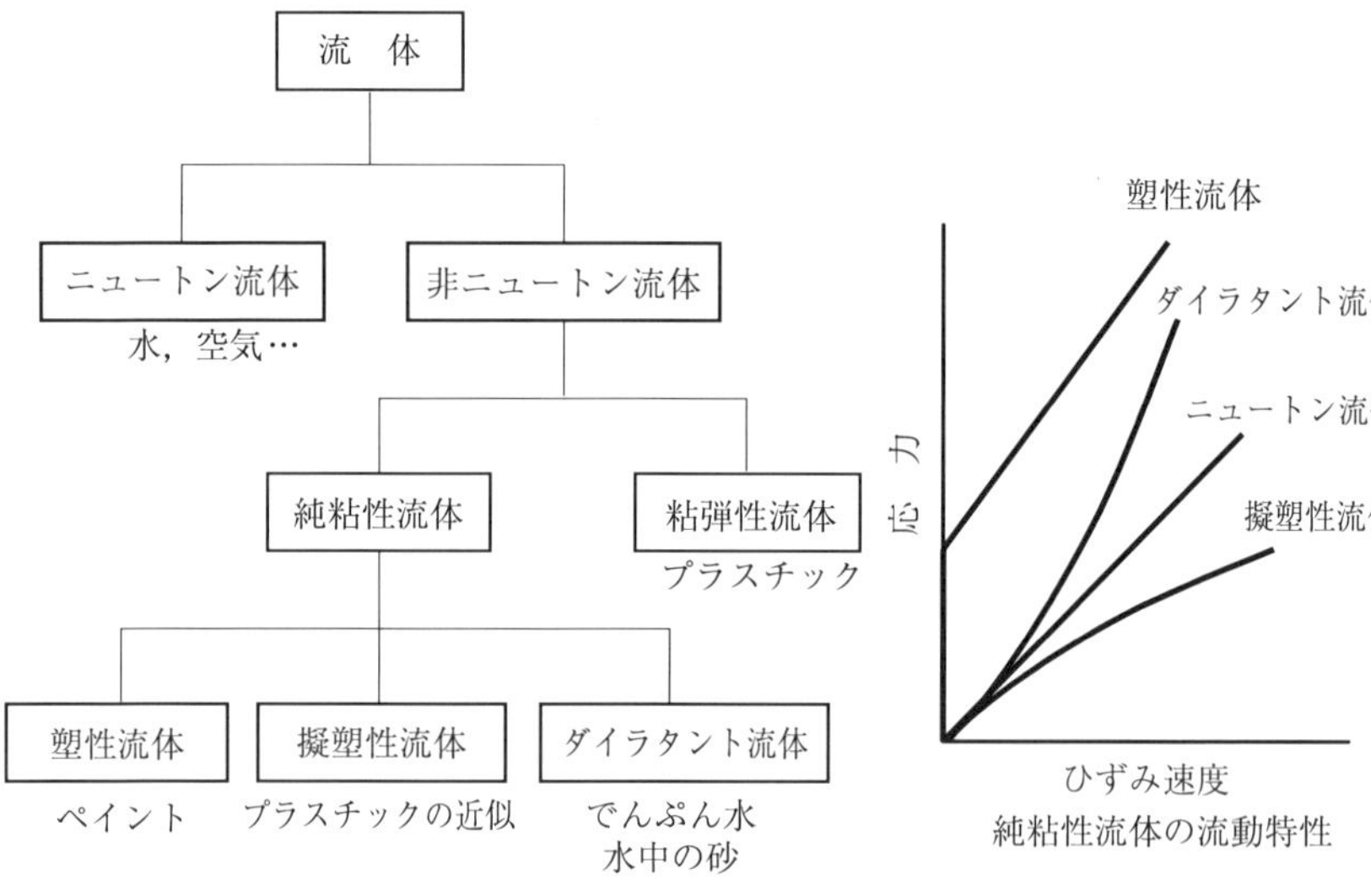

図 3.2　流 体 の 分 類

樹脂は粘性的な性質と弾性的な性質を合わせもつため，非ニュートン流体の粘弾性流体に分類される。しかしながら，射出成形のような複雑な流動場を対象とした粘弾性流体の解析は，計算時間や解の収束性などの点から現状では非実用的であるため，また，射出成形過程における樹脂の流動は基本的に粘性的な性質が支配的であるため，現状の射出成形 CAE では樹脂を弾性的な性質を無視した非ニュートン純粘性擬塑性流体（擬塑性とはひずみ速度の増加に伴い応力が低下する性質）として取り扱っている（図 3.2)。

射出成形では金型に挟まれた薄い空隙（キャビティ）を樹脂が高速で流動する。このとき厚さ方向の流速分布は，金型表面で流速はゼロ（一般に金型に接した樹脂は基本的に流れない）となり中央ほど流速が速くなるため，樹脂の流れは擦り変形を伴うせん断流動が卓越することになる。流動としては，このせん断流動のほかに伸びたり縮んだりする変形を伴う伸張流動があり，ダイレクトブロー成形（押出しブロー成形）や押出し成形におけるダイ流出後の樹脂の流動などではこの伸張流動が卓越する。

3.2.1 粘　　　度

粘度は樹脂の流動を計算するうえで最も重要な物性であり，圧力などの計算結果に大きな影響を及ぼす[1),2)]。

射出成形 CAE では上述のようにせん断流動が卓越するため，せん断応力 τ とせん断ひずみ速度 $\dot{\gamma}$ の関係を記述した次式が一般に構成式として用いられている。

$$\tau = \eta\dot{\gamma}$$

ここで，η は粘度であり，後述のようにせん断ひずみ速度や温度に依存する。

構成式のパラメータである粘度は流動抵抗を表すものであり，粘度が高いほど流れ難く圧損が大きくなる。上式の粘度はせん断流動に対する抵抗を表すためせん断粘度と呼ばれる（同様に伸張流動に対する抵抗を表す粘度は伸張粘度と呼ばれる)。

樹脂のせん断粘度はせん断ひずみ速度や温度に依存するため，粘度を測定する場合にはせん断ひずみ速度や温度を変化させて測定する。また，一般に射出成形では 10^2～10^3 程度の高せん断ひずみ速度となるため，測定方法としては回転形レオメーターよりもキャピラリーレオメーターが多く用いられる。粘度はさらに圧力にも依存するが，圧力に依存した粘度を測定することが難しいため，現状の射出成形 CAE では圧力依存性は考慮されない場合が多い。

このようにして測定された粘度は，次式に示すような粘度近似式によりせん断ひずみ速度依存性や温度依存性を表現して計算に用いられる。

粘度近似式：Cross-Arrhenius モデル

$$\eta = \frac{\eta_0}{1 + C_1(\eta_0 \dot{\gamma})^{C_2}}, \quad \eta_0 = C_3 \exp \frac{C_4}{T + 273.15}$$

ここで，η は粘度，η_0 はゼロせん断粘度，$\dot{\gamma}$ はせん断ひずみ速度，T は温度，C_1～C_4 は樹脂によって決まるパラメータである。

例えば上式のような粘度近似式を用いる場合，種々のせん断ひずみ速度 $\dot{\gamma}$ や温度 T に対して測定された粘度のデータに合うように（フィットするように），近似式のパラメータ C_1～C_4 を算出する。これをフィッティングと呼んでいる（射出成形 CAE にはフィッティングプログラムがユーティリティとして用意されている）。**図 3.3** は測定された粘度（図中のシンボル）と粘度近似式によるフィッティング（図中の線）の様子を示したものであり，測定されたデータの特性が近似式によりよく表現されていることがわかる。

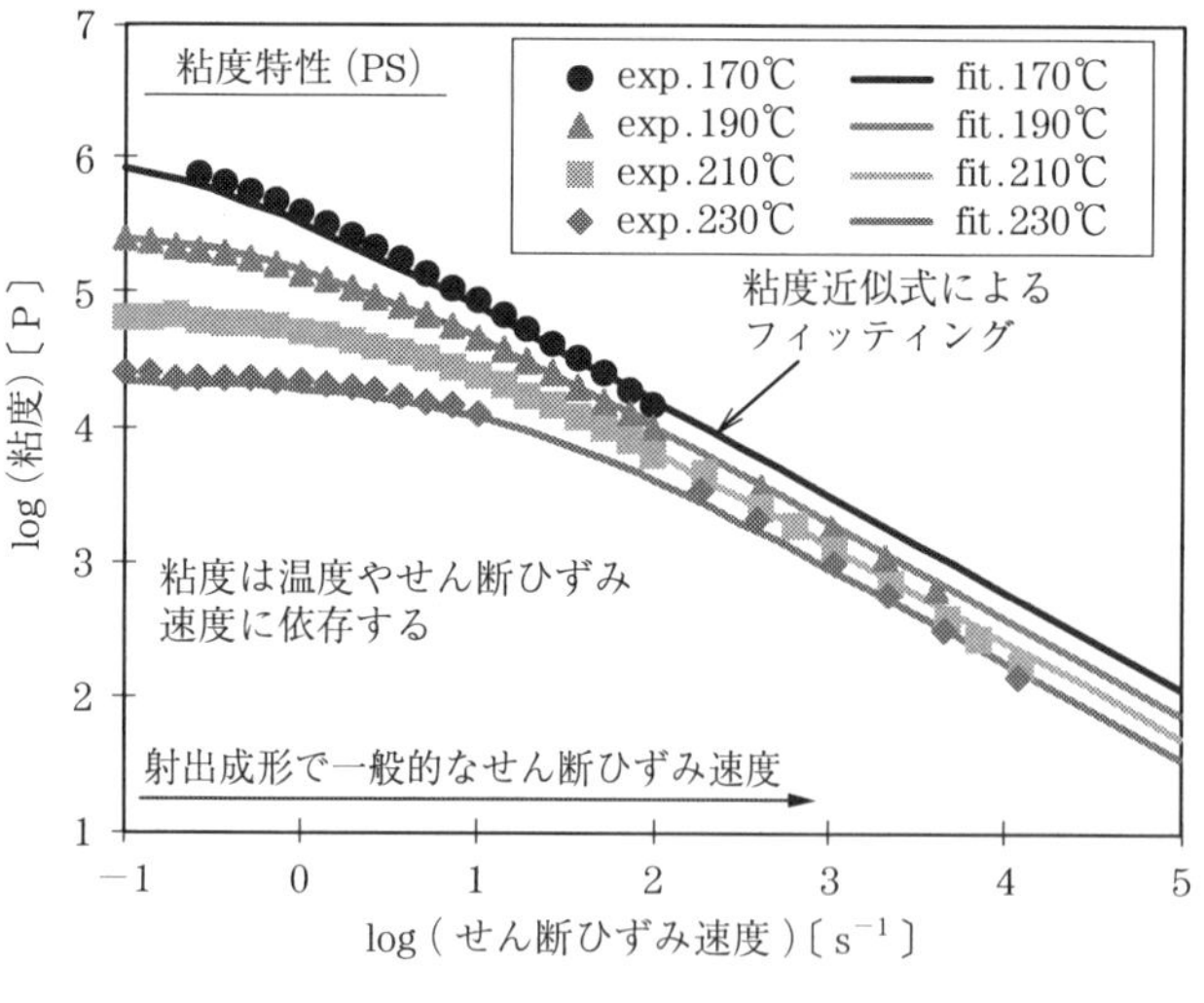

図 3.3　測定された粘度と粘度近似式によるフィッティング

粘度近似式としてはさまざまな式が提案されている。**表 3.1** は射出成形 CAE で利用されるおもな粘度近似式を一覧として示したものであり，圧力依存性を考慮できる粘度近似式が用意されている CAE もある。一般には，粘度

表 3.1 おもな粘度近似式

名 称	近 似 式
power-law	$\eta(\dot{\gamma}, T) = C_1 \cdot \dot{\gamma}^{C_2} \cdot \exp(C_3 \cdot T)$
2 次近似式	$\ln\{\eta(\dot{\gamma}, T)\} = C_1 + C_2 \cdot \ln\dot{\gamma} + C_3 \cdot T + C_4(\ln\dot{\gamma})^2 + C_5 \cdot (\ln\dot{\gamma}) \cdot T + C_6 \cdot T^2$
Cross-Arrhenius	$\eta(\dot{\gamma}, T) = \dfrac{\eta_0}{1 + C_1 \cdot (\eta_0 \dot{\gamma})^{C_2}}, \quad \eta_0 = C_3 \cdot \exp\left(\dfrac{C_4}{T + 273.15}\right)$
Cross-WLF	$\eta(\dot{\gamma}, T) = \dfrac{\eta_0}{1 + C_1 \cdot (\eta_0 \dot{\gamma})^{C_2}}, \quad \eta_0 = C_3 \cdot \exp\left(\dfrac{-C_4(T - T_{ref})}{C_5 + (T - T_{ref})}\right)$
圧力依存 Cross-Arrhenius	$\eta(\dot{\gamma}, T, P) = \dfrac{a_P \eta_0}{1 + C_1 \cdot (a_P \eta_0 \dot{\gamma})^{C_2}}, \quad \eta_0 = C_3 \cdot \exp\left(\dfrac{C_4}{T + 273.15}\right)$ $\log a_P = \dfrac{(1/2.303 f_0)(P - P_0)}{f_0/\beta_f - (P - P_0)}$
圧力依存 Cross-WLF	$\eta(\dot{\gamma}, T, P) = \dfrac{a_P \eta_0}{1 + C_1 \cdot (a_P \eta_0 \dot{\gamma})^{C_2}}, \quad \eta_0 = C_3 \cdot \exp\left(\dfrac{-C_4(T - T_{ref})}{C_5 + (T - T_{ref})}\right)$ $\log a_P = \dfrac{(1/2.303 f_0)(P - P_0)}{f_0/\beta_f - (P - P_0)}$
5 constants (Cornell)	$\eta(\dot{\gamma}, T, P) = \dfrac{\eta_0}{1 + (\eta_0 \dot{\gamma}/\tau^*)^{1-n}}, \quad \eta_0 = B \cdot \exp\left(\dfrac{T_b}{T + 273.15}\right) \cdot \exp(\beta \cdot P)$
7 constants (Cornell)	$\eta(\dot{\gamma}, T, P) = \dfrac{\eta_0}{1 + (\eta_0 \dot{\gamma}/\tau^*)^{1-n}}, \quad \eta_0 = D_1 \cdot \exp\left(-\dfrac{A_1(T - T^*)}{\hat{A}_2 + T - T^*}\right)$ $T^* = D_2 + D_3 \cdot P, \quad \hat{A}_2 = A_2 + D_3 \cdot P$

近似式として Cross-Arrhenius 式や Cross-WLF 式がよく用いられる。

CAE で用いる樹脂物性データベースには，このようなフィッティングにより求められたパラメータを登録しておき，CAE ではこのパラメータに基づき，計算される時々刻々の樹脂のせん断ひずみ速度や温度に対応した粘度が近似式を用いて算出される。ここで，測定された範囲外のせん断ひずみ速度や温度に対する粘度は，近似式による外挿で求められることになる。

図 3.4 は種々の粘度近似式による外挿領域の粘度を比較して示したものであり[3]，測定領域では近似式による差が少なくても，外挿領域の粘度は近似式により大きく異なっていることがわかる。粘度近似式については，測定領域での近似誤差が少ないことも重要であるが，外挿される粘度の妥当性も重要となる。特に近似式による低温粘度の評価は保圧冷却段階の圧力や反り/収縮変形などの計算結果に大きな影響を及ぼすため，近似式の選択やフィッティングされたパラメータのチェックなどには十分に注意する必要がある。

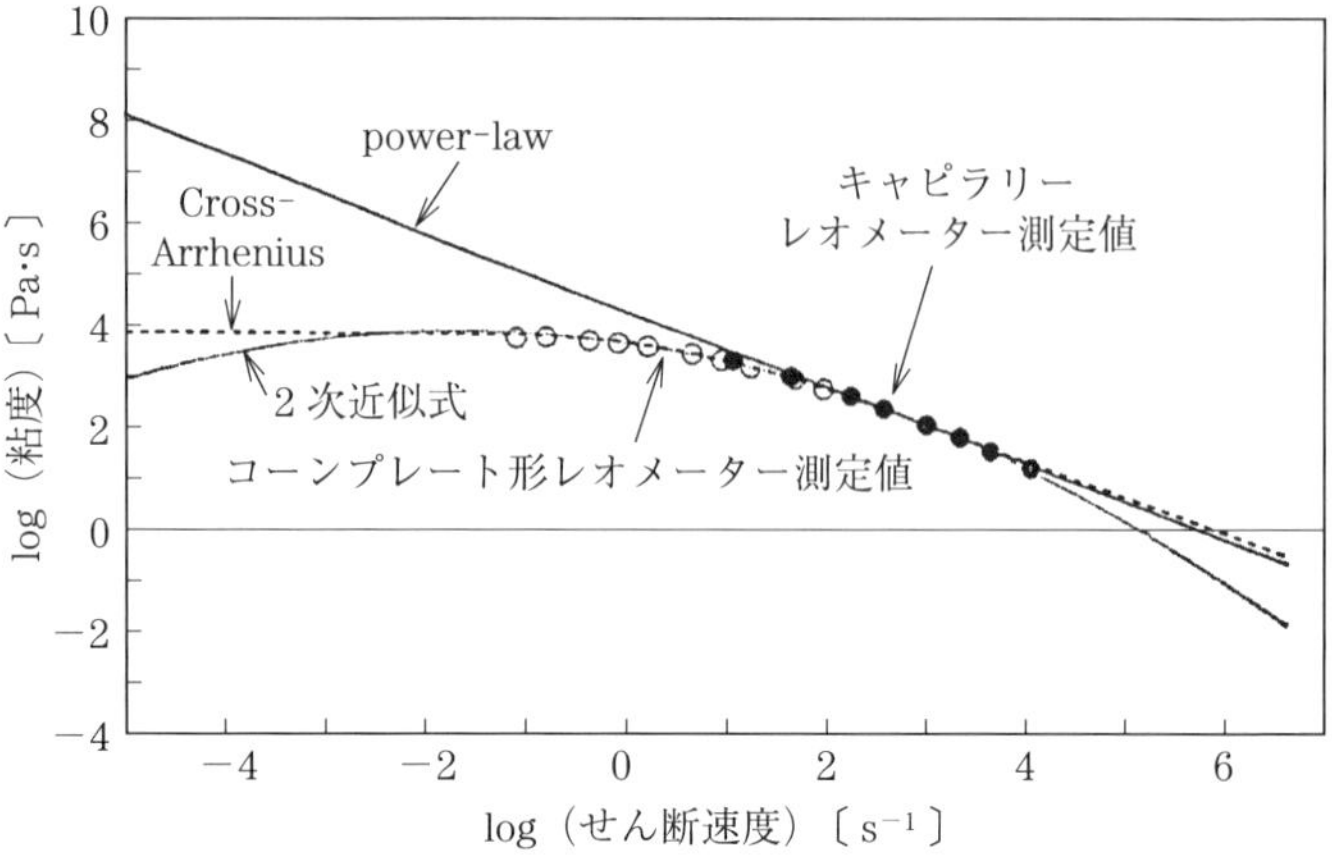

（a）粘度のせん断速度依存性とモデル式（GPPS，210 °C）

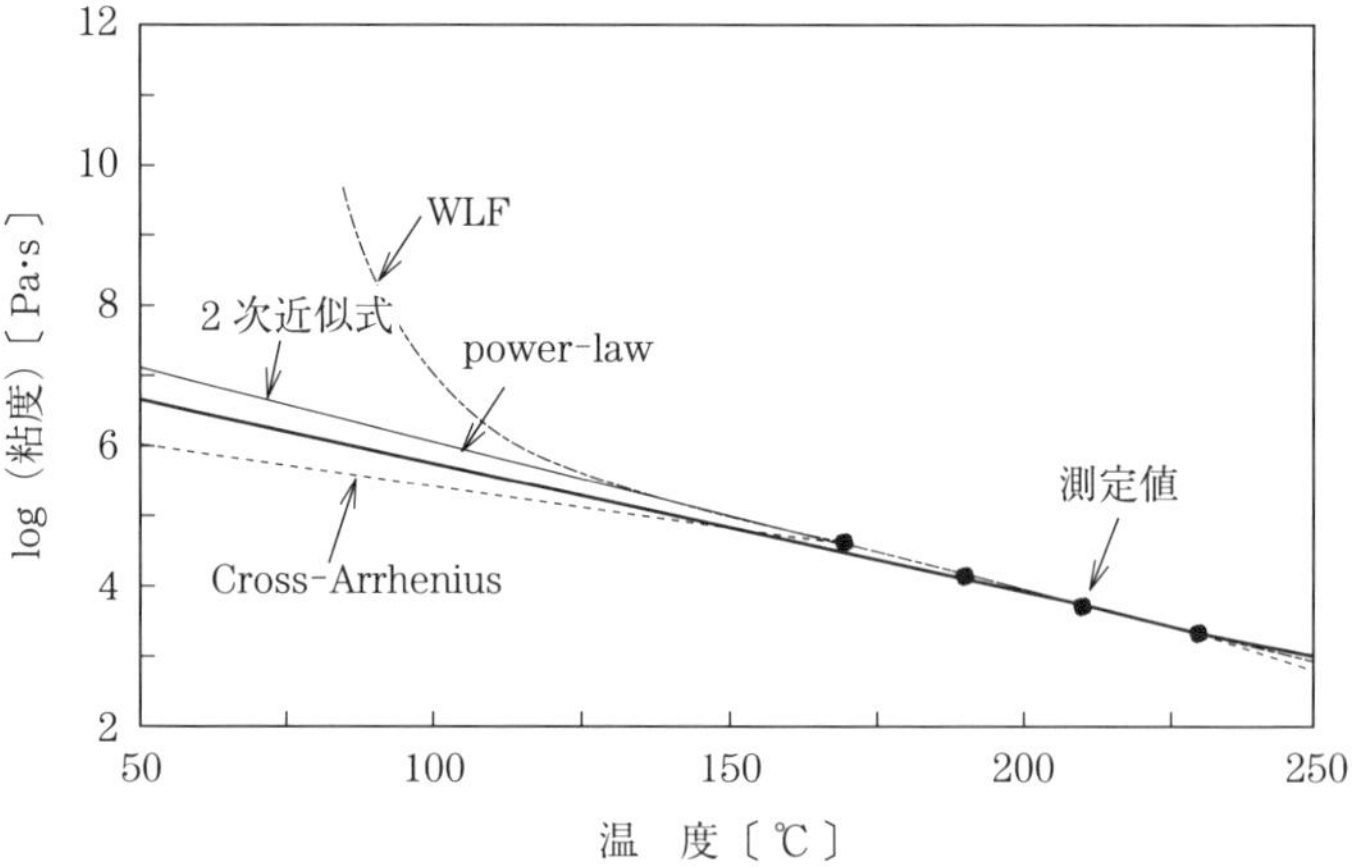

（b）粘度の温度依存性とモデル式（GPPS，せん断速度 1 s^{-1}）

図 3.4　種々の粘度近似式による外挿領域の粘度〔辻村：成形加工，**6**，9 より転載〕

3.2.2　粘　　弾　　性

射出成形など多くの成形での樹脂流動は粘性的であり，上述の非ニュートン純粘性の仮定はおおむね妥当であるといえるが，成形におけるさまざまな樹脂流動においては弾性的な性質が顕著に現れたり無視できない場合もあり，そのような現象をシミュレートする場合には，樹脂を粘弾性流体として取り扱う必要も生じてくる。

例えば射出成形においても，ピンポイントゲートの入口部のように流れが急縮するような部分では粘弾性的な性質が強く現れ，また，流動に起因した残留応力（分子配向に対応）といった緩和現象を伴う樹脂の挙動を予測する場合には粘弾性的な性質を考慮して計算しなければならない。ダイレクトブロー成形におけるパリソンの押出し過程などで発生するスウェル現象も樹脂の粘弾性的な性質に大きく依存する。このような粘弾性現象を予測するためには，粘弾性構成式を使う必要がある。溶融樹脂の粘弾性構成式としては多くの研究者によりさまざまなモデルが提案されているが[4]，樹脂の粘弾性挙動のすべてを定量的に表現できるモデルはいまだに確立されていないという状況である。

射出成形CAEでは上述の流動に起因した残留応力の計算には粘弾性構成式としてLeonovモデルが用いられており，また，ダイレクトブロー成形におけるパリソン押出し過程のシミュレーションには，KBKZモデルといった粘弾性構成式が一般によく用いられている。参考としてこれらの粘弾性構成式を以下に示す。

Leonovモデル

$$\tau = 2\eta_0 s\dot{\gamma} + 2\sum_{k=1}^{N}\mu_k C_k$$

ここで，τは粘弾性応力，$\dot{\gamma}$はひずみ速度，C_kは弾性ひずみ（第k次モード），sはレオロジーパラメーター，Nは緩和モード数，η_0はゼロせん断粘度$=\sum_{k=1}^{N}\dfrac{\eta_k}{1-s}$，$\mu_k$は緩和弾性率（第$k$次モード）$=\eta_k/(2\theta_k)$，$\eta_k$は粘度（第$k$次モード），$\theta_k$は緩和時間（第$k$次モード）である。

KBKZモデル（減衰関数はPSMモデル）

$$\tau(t) = \int_{-\infty}^{t}\mu(t-t')H_t C_t^{-1}(t')dt'$$

ここで，$\mu(t-t')$は記憶関数$=\sum_{\lambda}\dfrac{G_k}{\lambda_k}\exp\left(-\dfrac{t-t'}{\lambda_k}\right)$，$H_t$は減衰関数$=\alpha/\{(\alpha-3)+\beta I_1+(1-\beta)I_2\}$，$C_t^{-1}(t')$はフィンガーひずみ，$G_k$は緩和弾性率，$\lambda_k$は緩和時間，$\alpha$，$\beta$はレオロジーパラメーター，$I_1$，$I_2$はフィンガーひ

ずみ，コーシーひずみの第一不変量である。

これら Leonov モデルのパラメータ（η_k, θ_k, s など）や KBKZ モデルのパラメータ（G_k, λ_k, α, β など）は，前述のせん断粘度や動的粘弾性測定による貯蔵弾性率 G'，損失弾性率 G'' や伸張粘度測定における過渡応答特性（ひずみ硬化）などの測定データをフィッティングして求められる。

このように樹脂の構成式は，取り扱う現象やシミュレーションの目的に応じて使い分けられているが，現状では 3 次元の粘弾性流動解析は研究レベルの域を脱しておらず，構成式や数値解析技術における今後の研究成果に期待するところが大きい。

3.3 熱　　特　　性

比熱や熱伝導率などの熱特性はエネルギー方程式により温度を計算する場合に用いられる。これらの熱特性も CAE の計算結果に少なからず影響を及ぼすが，粘度ほど大きな影響は及ぼさないといえる[2)]。

比熱や熱伝導率は温度に依存するため，温度依存のデータとして測定し，温度と比熱または温度と熱伝導率というテーブルとして樹脂データベースに登録しておく。CAE ではそのテーブルを参照して，計算される時々刻々の樹脂温度に対応した比熱や熱伝導率が求められる。ここで，計算された温度に対応する測定データがない場合には直線補間などを用いて物性が求められる。

3.3.1 比　　　熱

比熱の測定には一般に示差走査熱量分析（differential scanning calorimetry, DSC）が用いられる。成形過程が一般に冷却過程であることから，比熱の測定では昇温測定ではなく降温測定を行うべきといえる。**図 3.5** は非晶性樹脂と結晶性樹脂の比熱の測定結果であるが，結晶性樹脂では結晶化に伴う潜熱により比熱が見かけ上大きく変化する〔図(b)〕。非晶性樹脂では固化に伴う潜熱はきわめて小さくほとんど観察されない。この結晶化潜熱をエネルギー方

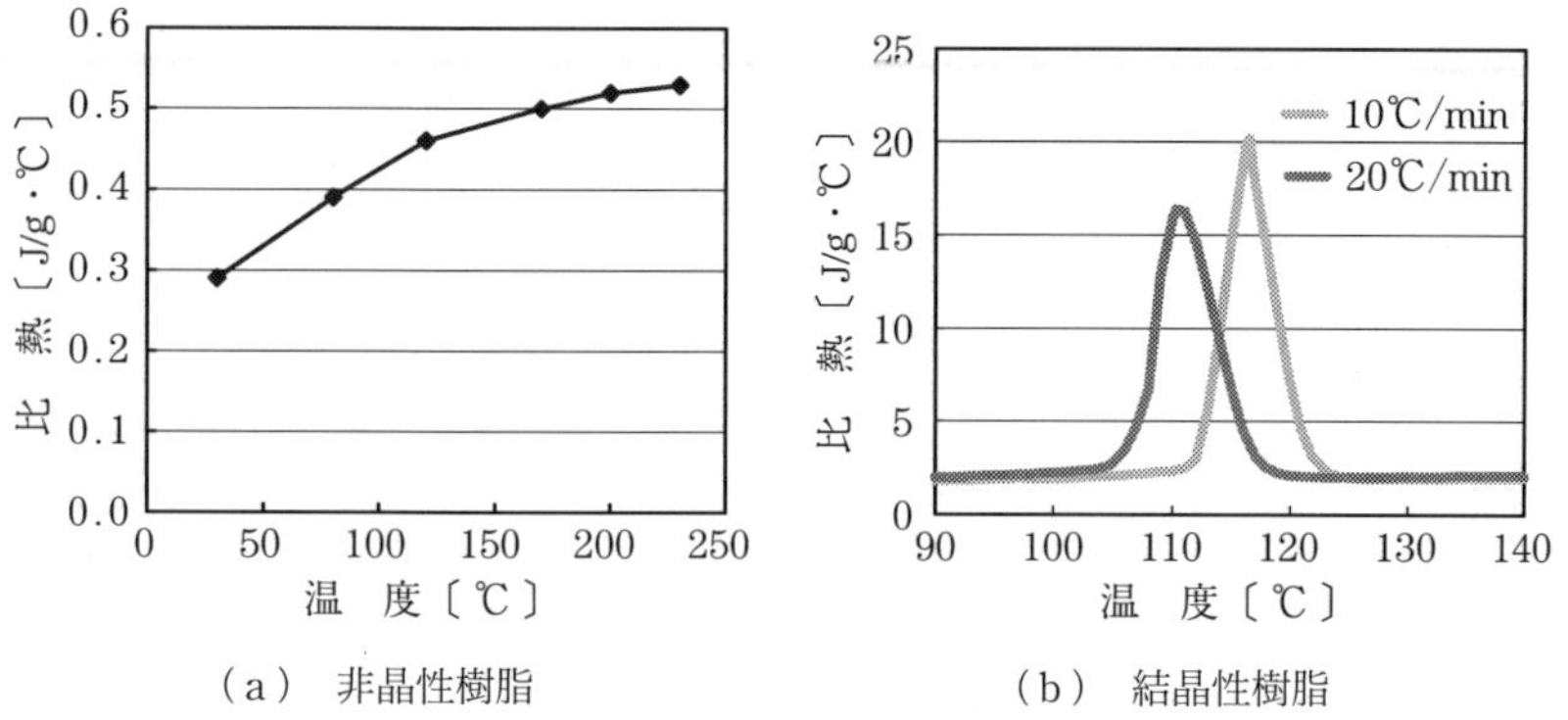

（a）非晶性樹脂

（b）結晶性樹脂

図 3.5　比熱の測定結果

程式の発熱項として考慮する CAE もあり，その場合には潜熱による見かけ上の比熱変化を除去した比熱を用いることになる。また，結晶性樹脂では冷却速度を速くすると結晶化する温度が低下したり結晶化潜熱の量が減少するなど，比熱が冷却速度に大きく依存する〔図(b)〕。

3.3.2 熱　伝　導　率

図 3.6 は非晶性樹脂と結晶性樹脂の熱伝導率の測定結果であり，結晶性樹脂については熱線法と交流通電加熱法による測定結果[5)] を比較して示してある。特に結晶性樹脂では結晶化による密度変化に応じて熱伝導率が大きく変化〔図

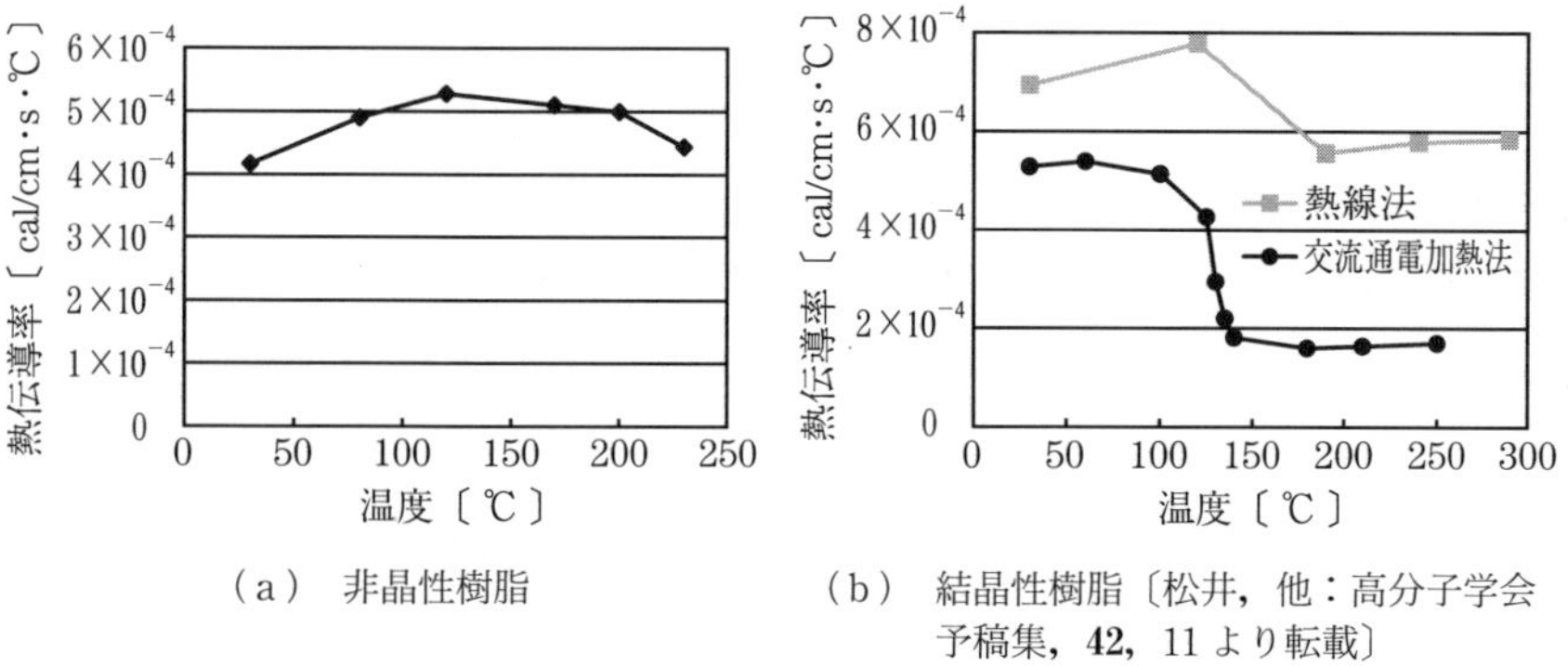

（a）非晶性樹脂

（b）結晶性樹脂〔松井，他：高分子学会予稿集，42，11 より転載〕

図 3.6　熱伝導率の測定結果

(b)〕することが多いため，少なくとも溶融時と固化時の熱伝導率を測定する必要がある。また，図に示すように，測定方法によっても物性は大きく変化することがあるため，物性のばらつきがCAEの計算結果にどのような影響を及ぼすかを把握しておく必要がある[2),5)]。

最近の研究では熱伝導率が圧力に大きく依存することも確認されており[6)]，圧力依存性を考慮する必要もあるが，その測定が難しいこともあり現状のCAEでは一般には考慮されていない。

3.4　PVT特性と状態方程式

PVT特性は圧力（pressure）Pと比容積（volume＝密度ρの逆数）Vと温度（temperature）Tの関係を表す特性であり樹脂の圧縮性を表す。射出成形の充てん段階ではノズルから注入された樹脂は，キャビティ内にほぼそのまま広がっていくため圧縮性はそれほど大きくはないが，保圧冷却段階ではすでに樹脂が充満しているキャビティにさらに樹脂を圧縮して詰め込むことになるので，このPVT特性が重要となる。

PVT特性は圧力と温度を変化させて比容積を測定するが，成形過程が一般に冷却過程であることから，比熱の測定と同様に降温測定を行うべきである。一般にはある圧力のもとで樹脂の温度を低下させながら比容積を測定し，さらにこの圧力を種々に変化させて圧力P-比容積V-温度Tの関係を測定する。このPVT特性は**図3.7**に示すように非晶性樹脂と結晶性樹脂とでその特性が異なる。

非晶性樹脂ではガラス転移点T_gを境にして比容積の低下の状況が変化する。このガラス転移点は樹脂がガラス状の固体になる温度を意味し，非晶性樹脂の場合には溶融体から固体に変化する温度に対応する。結晶性樹脂では冷却とともに比容積が徐々に低下し，ある温度になると急激に比容積が低下する。この比容積の急激な変化は樹脂の結晶化による体積収縮を表している（結晶化すると樹脂の分子鎖が凝集するので縮む）。結晶性樹脂ではこの結晶化により

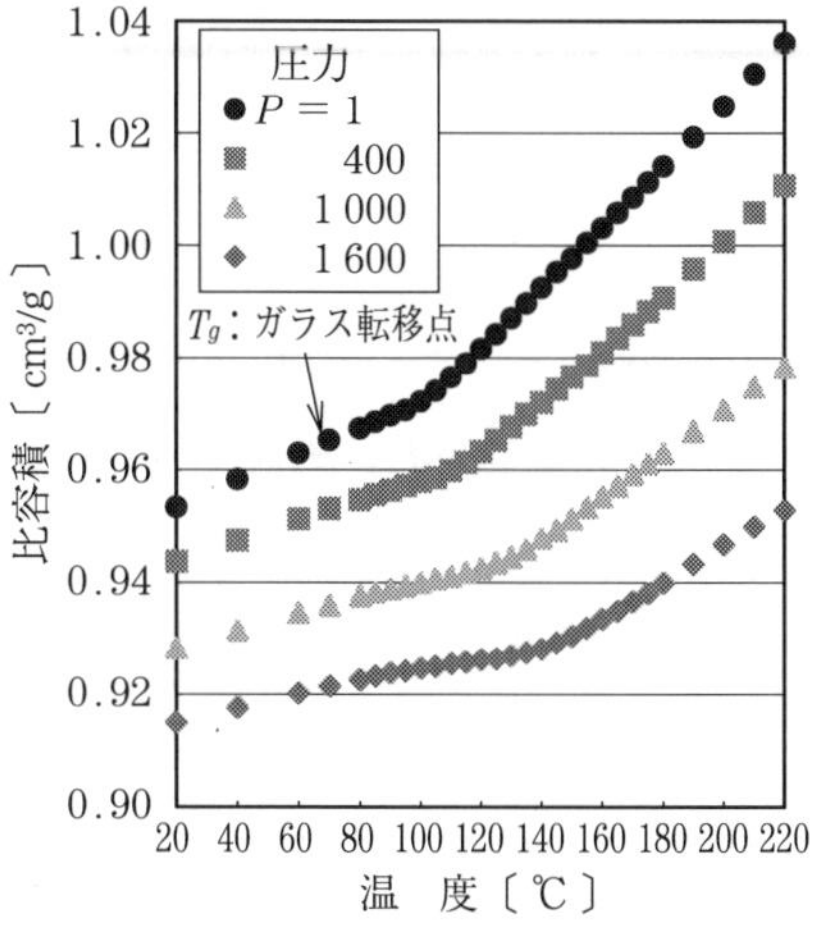

（a）　非晶性樹脂

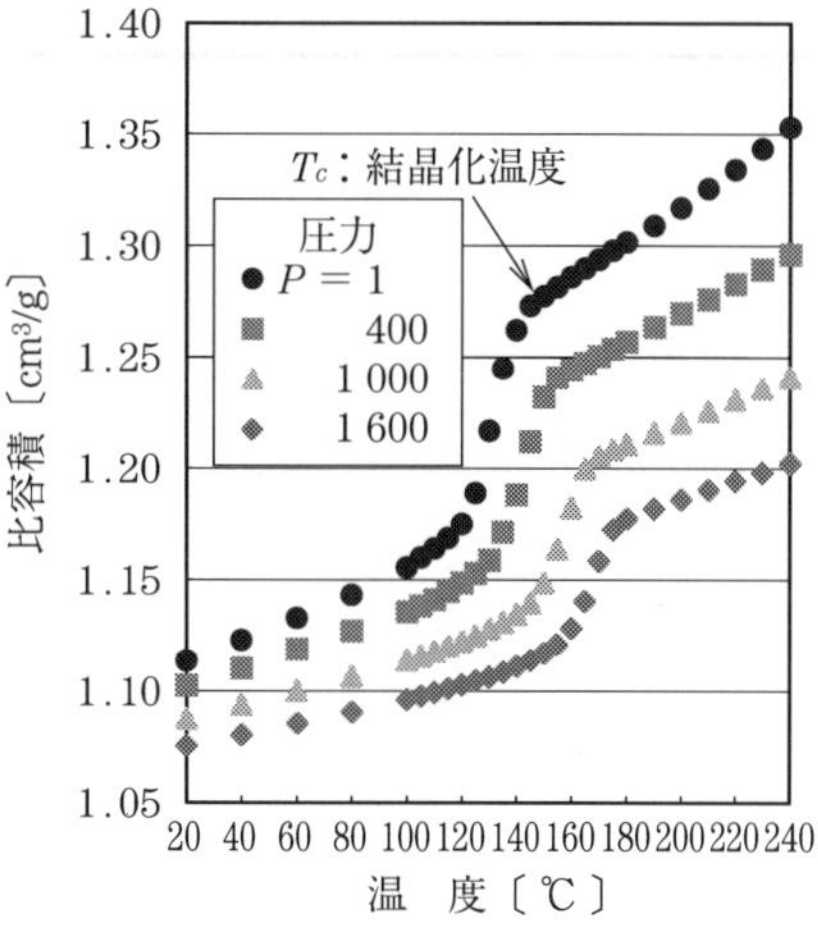

（b）　結晶性樹脂

図 3.7　PVT　特　性

溶融体から固体へと変化することになる（結晶性樹脂のガラス転移点は，ポリプロピレンでは 0 °C 程度以下と一般に非晶性樹脂のガラス転移点に比べ低く，その温度になるまではガラス状の固体にはならない)。また，比熱と同様に結晶性樹脂の PVT 特性は冷却速度に大きく依存する[7]。現状では成形中のような高冷却速度下（数十 °C/s）での PVT 特性の測定は不可能であり，平衡状態（数 °C/min）で測定された PVT が用いられている。前述の比熱についても同様であるが，結晶性樹脂の冷却速度に依存した物性を評価した計算を行うには，成形中の結晶化挙動をシミュレートする必要がある[8),9)]。

PVT 特性も前述の粘度と同様に状態方程式と呼ばれる近似式でフィッティングして計算に用いられる。樹脂の状態方程式として一般によく用いられるのは Spencer-Gilmore 式や Tait 式であり，圧力 P，温度 T，比容積 V の関係式としてつぎのようになる。

Spencer-Gilmore 式

$$(P + \hat{P})\left(\frac{1}{\rho} - \frac{1}{\hat{\rho}}\right) = \hat{R}T$$

ここで，$\hat{P}$，$\hat{R}$，$\hat{\rho}$ は樹脂によるパラメータである。

Tait 式

$$V = V_0\left\{1 - 0.0894 \cdot \ln\left(1 + \frac{P}{B}\right)\right\} + V_1$$

ここで，$V_0 = b_1 + b_2(T - b_3)$，$B = b_3 \exp\{-b_4(T - b_5)\}$，$V_1 = b_7 \exp\{b_8(T - b_5) + b_9 P\}$，$T_{cut} = b_5 + b_6 P$（$T > T_{cut}$，$T < T_{cut}$ で V_0 や B のパラメーターが異なる），$b_1 \sim b_9$ は樹脂によるパラメータである。

測定された PVT 特性をフィッティングして状態方程式のパラメーターを求め，求められたパラメーターを樹脂物性データベースにあらかじめ登録しておくことにより，計算ではこのパラメーターに基づき，計算される時々刻々の圧力や温度に対応した比容積や密度が状態方程式を用いて求められる（CAE システムにはフィッティングプログラムがユーティリティとして用意されている）。

4. 射出成形プロセス

4.1 概　　要

射出成形は 1950 年代から始まった比較的若い成形技術である。大量の製品を低コストで成形できるというメリットから，熱可塑性プラスチック成形の代表的な手法として定着した。

基本的な原理は金属の鋳造と同様で，樹脂材料を溶融状態として金型（mold あるいは tool）内に高圧で充てんして賦形した後，冷却・固化させてから取り出すというもので，複雑形状の成形品を短時間で成形できるという特徴がある。

射出成形は樹脂材料，金型，成形機から構成されている。このうち第一番目の樹脂材料に関しては，3 章にてその特性を表す構成式について解説されている。

第二番目の構成要素である金型は，成形品を反転した形状であるキャビティ（cavity）だけでなく，キャビティへ樹脂材料を導くスプルー/ランナー/ゲート（splue/runner/gate）と呼ばれる流路，金型冷却水（mold coolant）を通す冷却サーキット（cooling circuit），成形品の突出し機構（ejection mechanism）などを備えている。金型はこのように多くの機能を実現するツールであり，金型設計（mold design）の適否が製品開発において重要な位置を占めている。

第三番目の構成要素は成形機である。成形機の周辺装置として，金型温調機やペレット（pellet）供給，成形品取出し機器なども考えられる。成形機には樹脂をペレット状の固体から溶融し，均一にかつ安定して金型へ供給することが要求される。CAE シミュレーションにおいて，成形機の動作を制御する設定条件と CAE シミュレーションの入力条件は必ずしも一致せず，CAE の入力条件設定においては成形機の設定条件から何らかの翻訳を行う必要が生じることが多い。例えばシミュレーションにおいて射出温度を入力する場合に，成形機のノズル部分または加熱シリンダーの温度設定値を用いると，実際に射出される樹脂の温度よりも低い値となることが多い。これは樹脂が摩擦せん断や圧縮によって発熱し，ノズル内部で温度分布をもつためと考えられる。

このように，シミュレーションを行う際には実際の成形プロセスやメカニズムの理解が不可欠である。そこで射出成形シミュレーションの定式化に入る前に，本章では金型と成形機に関して基本的な理解を得ることを目的とする。ただし両者に関する詳細な解説は本書の範囲を超えるため，ここではシミュレーションに必要な範囲に限ることとして，基本的な事柄を述べるにとどめる。

4.2　射出成形機と成形条件

図 4.1 に射出成形機の基本的な構造を示す。まず，樹脂材料の動きと成形機の動作について考える。樹脂材料はペレットと呼ばれる米粒状の形状に加工され，射出成形機のホッパー（hopper）へ投入される。ホッパーから重力によ

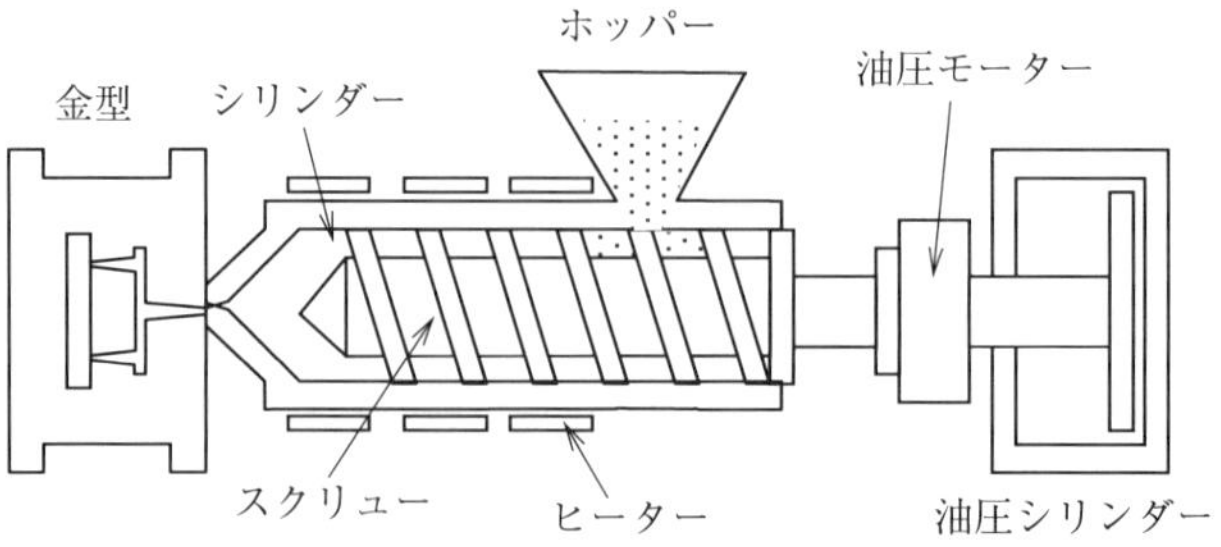

図 4.1　射出成形機の基本的な構造

って順次スクリューへ移動し，スクリューの回転によって一定量が計量（measuring）されて前方へ移動する。さらにヒーター加熱およびスクリュー回転などによるせん断発熱により可塑化（plastise）して溶融状態となり，ノズル部およびスクリューヘッドの前面部に蓄えられる。続いてスクリューが高速に前進し，ノズル部の樹脂が高圧となって金型内へ流入していく。射出が終了すると，スクリューは回転しながら後退し，再びつぎのショットの計量を完了させインジェクションの準備に入る。

射出成形機の構造は図4.1に示したように，スクリューとシリンダーを基本としてスクリューを動かす油圧または電動メカニズム，ヒーター，制御系，金型取付けプレート，可動側の金型が樹脂圧で開くことを押さえるための型締め（mold clumping）機構などにより構成されている。

成形機の大きさは古くは射出容量（injection volume）で，最近では型締め力（clumping force）の大きさによって表されることが多い。射出容量とは成形機が射出できる最大樹脂量であり，型締め力は樹脂注入時のキャビティ圧力によって金型が開いてしまうのを押さえる力である。

図4.2は一般の射出成形機について射出容量と型締め力の関係を見たものである。また，同じ型締め力の成形機であっても，スクリュー径の違いによりその最大射出容量は変化する。一般的に大形の成形機ほど射出容量や型締め力が大きくとれることになる。ただし一般に成形機が大形となるほどコストがかか

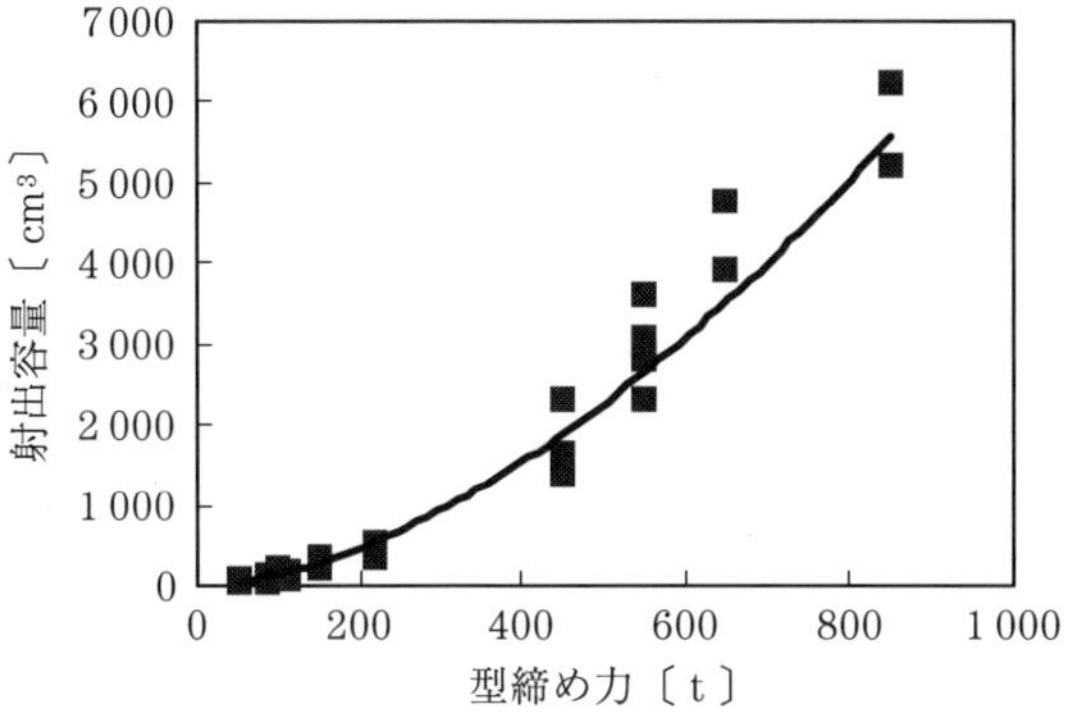

図4.2　射出容量と型締め力の関係

り，また樹脂材料のスクリュー内の滞留時間，スクリュー慣性の影響などから小物成形に向かないなど，成形に応じた適切な成形機を選択する必要がある。

スクリューの動作は油圧シリンダーや電動サーボモーターにより制御される。前者を油圧式成形機，後者を電動式成形機と呼ぶ。電動式成形機はスクリュー動作だけでなく，型締め機構部も電動のものがあるが，油圧式に比べて大きな型締め力が得にくいという欠点がある。しかし油圧のように圧縮性による遅れがないことや，クリーンであること，またランニングコストなどの面から最近増加傾向にある。

スクリューの動作はスクリュー位置に対する前進速度または圧力によって制御される。**図 4.3** は成形時の射出流量とノズル圧力との関係を概念的に示したものである。1 次圧力 P_0 とは充てん時の圧力上限を規定するものであり，圧力値はスクリューを動作させるラム部分の圧力がセンサーによって検知される。

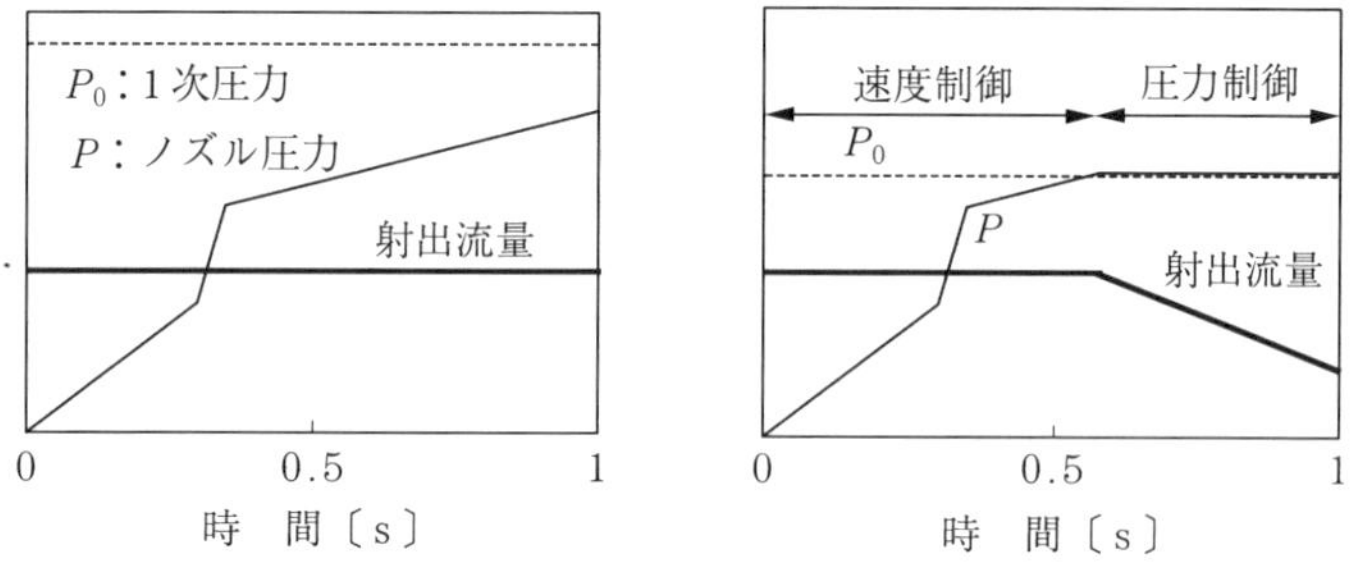

（a）速度制御　　（b）速度制御から圧力制御へ

図 4.3　射出流量とノズル圧力との関係

図 4.3 の場合，射出開始のシグナルとともにスクリューが規定された前進速度 V_0 にて前進を始め，一定速度で射出しようとする。このように一定速度で射出されているときは射出流量一定であり，速度制御（velocity control）状態と呼ぶ。

キャビティの充てんが進むにつれてより遠い部分へ充てん領域を広げるためには高いノズル圧が必要となるため，検出されるラム圧 P もしだいに上昇する。やがて $P > P_0$ となると，スクリュー前進速度が低下し，これ以上圧力が増加して金型や成形機に過剰な負荷がかからないよう制御される。このようにノズル圧がほぼ一定となった状態を圧力制御（pressure control）状態と呼ぶ。

スクリュー前進速度は射出速度（injection velocity）と呼ばれるが，**図 4.4** は射出速度を多段階に設定した多段射出成形（multi-velocity injection molding）の条件設定を表している。大形の成形品などにおいて充てんの最終段階で圧力が急激に上昇することを防ぐため，充てん終了間際で射出速度を低下させる設定が用いられることが多い。

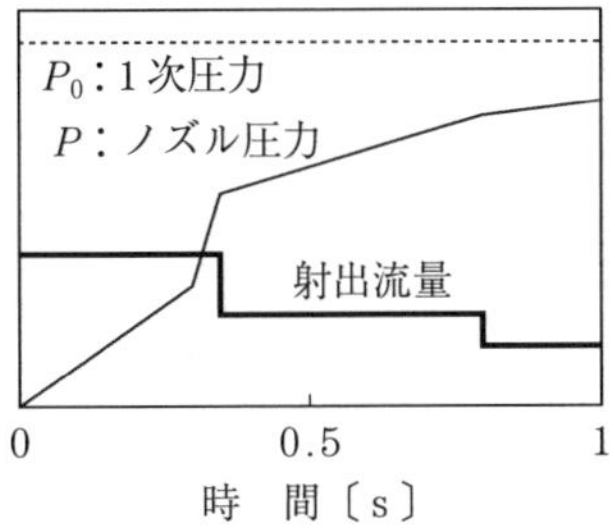

図 4.4　多段射出成形の場合のスクリュー動作

射出圧力はラム圧で測定されることが多いが，その場合スクリュー・シリンダー部での圧力損失や機械的な摩擦損失のため，実際にノズル部分の樹脂にかかっている圧力と異なることが知られている。そこでノズル部分に圧力センサーを設けて樹脂圧力を測定し，これに応じてスクリューの前進を制御するフィードバック制御（feedback control）が用いられている。このフィードバック制御をクローズドループとすることによって，より精度の高い成形が可能になる。

樹脂温度については，通常シリンダー部とノズル部のヒーターによって制御される。シリンダー部ではホッパー側から 4 個所程度にゾーン分けしたバンドヒーターによってそれぞれの設定温度となるように制御され，ノズル部分も同様に制御される。シミュレーションではノズル部分の温度を境界条件として設定するが，前述のように成形機の設定温度はあくまでセンサー部分の感知温度であり，シミュレーションの入力条件として適切ではないことが多い。例えばノズル内部の樹脂温度は成形が連続的に行われているとき，設定温度に対して10～20℃も高くなっていることが報告されている。

射出成形シミュレーションは金型内の樹脂流動を計算し，シリンダー部やノズル部など成形機内部の状態は一般には取り扱わない。シミュレーションにあたってはノズル部分の圧力や温度を境界条件および初期条件として設定することになるため，成形条件表をうのみにせず現実に即した条件入力のノウハウを構築するべきである。

4.3 金 型 構 造

金型は大きく分けて2プレートタイプと3プレートタイプに分けられる。金型の分割面においてキャビティ部表面に残るラインをパーティングライン（parting line）と呼ぶ。パーティングをどの部分に設けるかは成形品形状と外観などの要求によって定まる。

図4.5に樹脂流路の名称を示す。スプルーはノズルタッチ（nozzle touch）部分からテーパー状に金型内へ伸びる円形断面の樹脂流路であり，あとで述べるダイレクトゲートの場合は直接ノズルとキャビティがスプルーでつながれている。

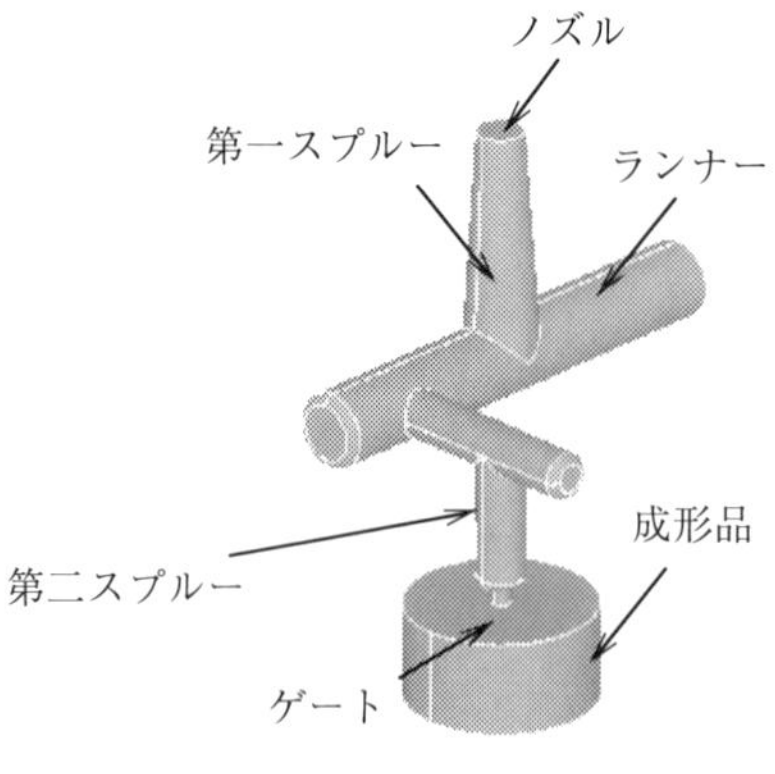

図4.5　樹脂流路の名称

ランナーはスプルー端部からゲートまでの樹脂流路であり，金型のパーティングラインに平行に設置される。断面形状としては円形や半円，台形＋半円などが用いられる。多点ゲートや大形金型ではランナー部の樹脂体積が大きくなり，場合によってはキャビティよりもはるかに大きい体積となって歩留りに大きく影響することがある。また，スプルー・ランナー部分はキャビティ部分に比べて厚肉となることが多く，キャビティ部よりも冷却固化が遅れることから，スプルー・ランナー部が取出しに要する時間を決めるボトルネックとなることが多い。したがってスプルー・ランナー部はできる限り細く設計することが望ましい。しかし細すぎるスプルー・ランナーは圧力損失の増大を招き，充てん不良の原因ともなる。一方，こうした問題を解決するためにスプルー・ランナー部をヒーターで加熱し，つねに溶融状態としておくホットランナー(hot runner) 方式が用いられることもある。

ゲートには**図 4.6** に示すように，サイドゲート (side gate) やピンゲート (pin gate)，サブマリンゲート (submarine gate) などさまざまなタイプがある。ダイレクトゲートはスプルー部が直接キャビティに連結しているが，これ以外のゲート部では一般にキャビティ部分よりも流路が狭くなる。この理由は製品表面へのゲート跡を目立たなくすることや，型開き時の金型プレートの動作によって自動的にゲートが切断されるようにするためである。ゲートタイプの選択は，スプルー位置に対してどの位置にゲートを設定したいか，ゲート部からの樹脂流入および圧力伝達をどのようにしたいかによって選択される。

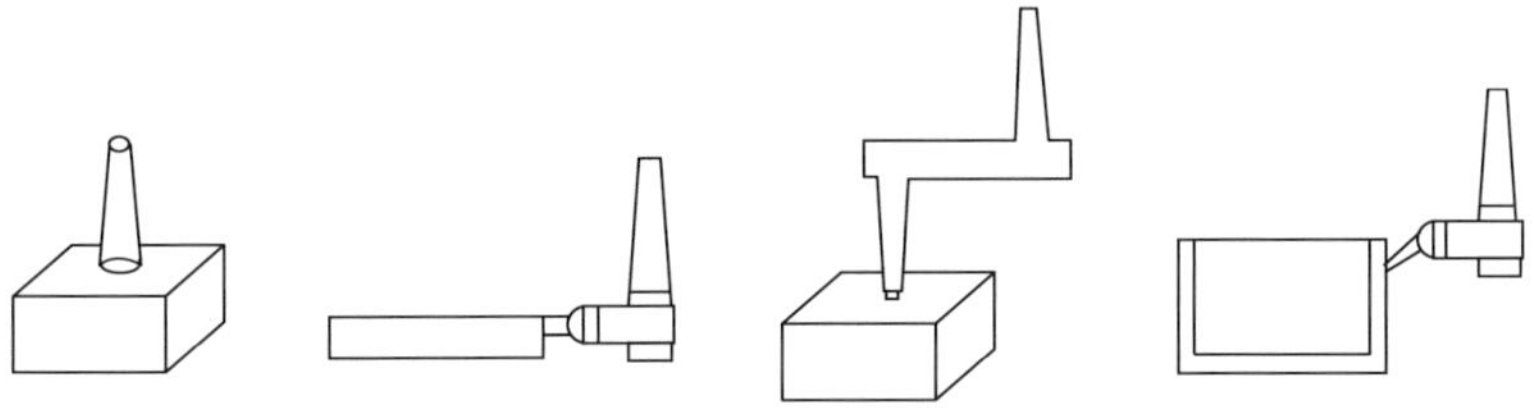

(a) ダイレクトゲート　(b) サイドゲート　(c) ピンゲート　(d) サブマリンゲート

図 4.6　ゲートタイプの例

樹脂材料の流れやすさは，MFR（melt flow ratio），MI（melt index）と呼ばれる流動特性試験値によって表される。また，スパイラル状の矩形キャビティを実際に成形して射出充てん可能な距離を求めるスパイラルフロー（spiral flow）と呼ばれる方法も用いられている。このスパイラルフローの値は樹脂材料，温度圧力などの成形条件によって限界がある。したがって成形品形状が大きくなり充てん可能な流動比（L/T）を超えた場合は多点ゲートが選択される。特に成形品が薄肉になるほど流動比が大きくなるため，ゲート点数を多くする必要がある。多点ゲートでは，各ゲートの位置やランナー・ゲート径の設定によって，ゲートからキャビティへ流入する流量のバランスが変化する。このバランスによって，樹脂の充てんパターンや樹脂圧力，充てん時間が大きく変化する。バランスのよいゲート設計，ランナー設計を実現すれば，充てんに必要な圧力が低くなり，充てん時の残留応力を抑えることができる，短時間で充てんすることができるなどのメリットがある。

一方，小物成形品の場合などは，複数の成形品を一つの金型で同時に成形する多数個取り（multi-cavity molding）が行われる。この場合は各キャビティへのランナー距離が均等になるようなキャビティ配置が採用される（**図 4.7**）。これに対して，異なる形状の製品を一つの金型で成形する手法をファミリーモールド（family molding）と呼ぶ。多点ゲートや多数個取り，ファミリーモールドにおいて，充てんバランスを適正化するため，ランナー径を部分的に

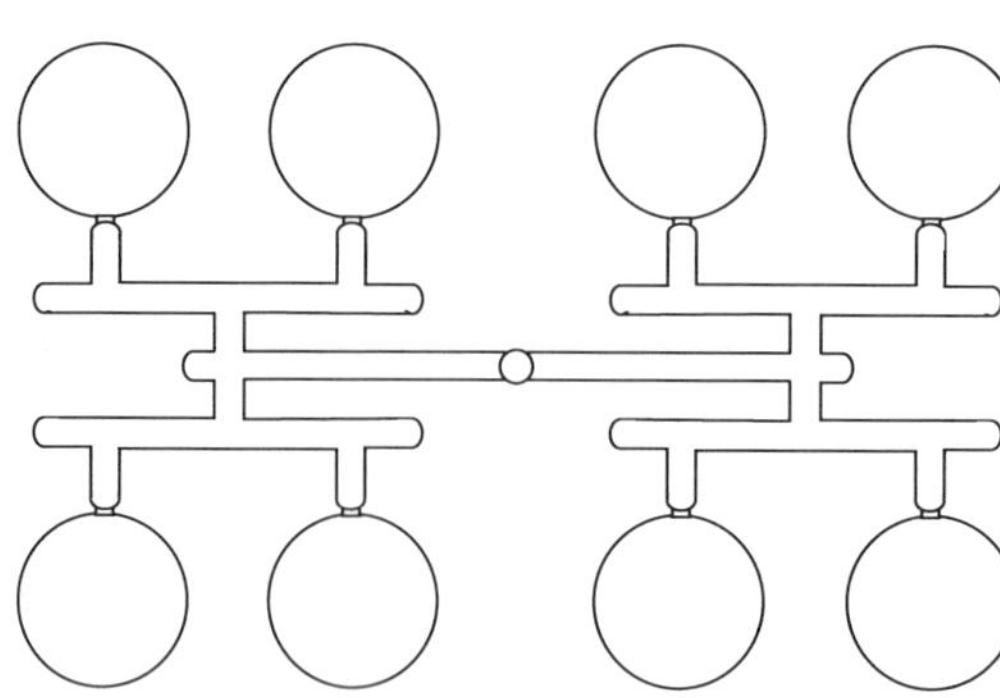

図 4.7　多数個取りのキャビティ配置例

調整することをランナーバランス（runner balance）をとるといい，射出成形CAEがしばしば活用される。

キャビティ部分は成形品形状を反転した空洞となっているが，成形品寸法と完全に一致するわけではなく，成形収縮率を考慮して寸法補正されている。成形収縮率は次式で表される。

$$\text{成形収縮率〔\%〕} = \frac{\text{キャビティ寸法} - \text{成形品寸法}}{\text{キャビティ寸法}} \times 100$$

金型は，見方を変えれば樹脂から冷却水へ熱量を移動させる熱交換器であるということもできる。熱量の移動にむらがありキャビティ表面の温度が不均一となった場合は成形品に反り変形が発生する。また，局部的に冷却の遅い部分があると，1回の成形に要するサイクルタイムが長くなり，生産効率が大幅に低下してしまう。いかに均一に，かつ効率よくキャビティを冷却するかは，製品，部品設計の妥当性もあるが，大きくは冷却回路（cooling circuit）の設計にかかっている。冷却回路設計を目的とした金型冷却シミュレーションに関して，章を改めて述べる。

その他，金型構造としては型開き後に成形品を離型させる機構としての突出しピンや，アンダーカット部分を処理するためのスライド機構，中子構造などがあるが，本書では割愛する。

4.4 成 形 工 程

射出成形の工程を**図 4.8** に示す。射出開始からキャビティ末端へ流動先端が到達するまでを充てん工程（filling process）と呼び，この間の時間 t_f を充てん時間と呼ぶ。流動先端がキャビティ末端へ到達した状態をジャストフィル（just fill）と呼ぶ。続いて熱収縮による収縮分の樹脂を補てんするために2次圧力が付与される工程を保圧工程（holding process）という。温度低下が進むと一般的にゲート部分が最も細径となっていることから最初に固化し，2次圧力がキャビティへ伝達しない状態となる。この時刻をゲートシール時間

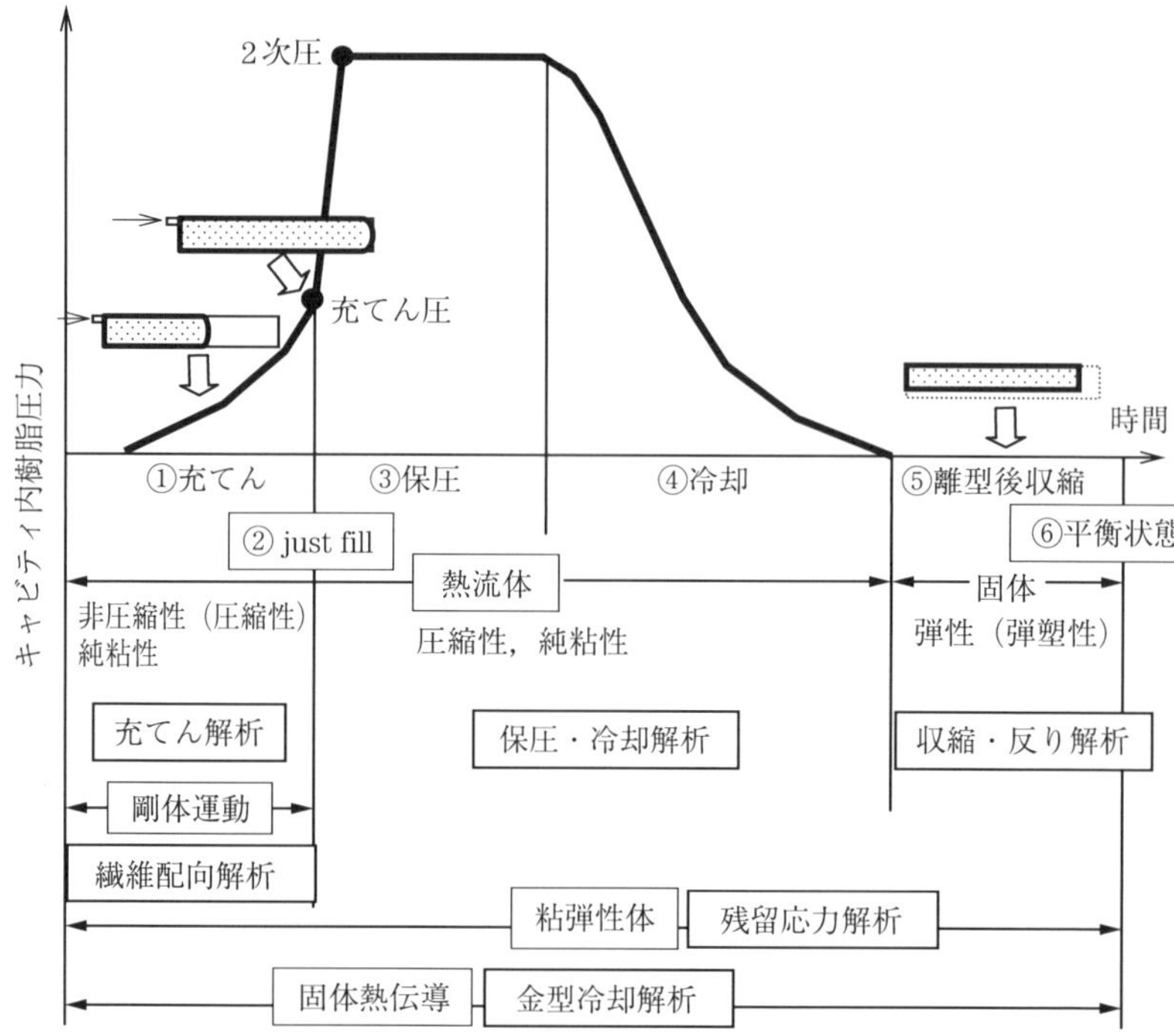

図 4.8　射出成形の工程とキャビティ内圧およびシミュレーションの対応

(gate seal time) と呼ぶ。ゲートシール以降は温度低下と圧力低下が進み，十分な剛性となるまで冷却される。この間を冷却工程（cooling process）と呼ぶ。そして型開きと同時に突出しピンによって成形品が突き出され（ejection)，離型（demolding）する。これ以降，成形品は自然放冷され，室温大気圧となって平衡状態となる。

図 4.8 には射出成形工程に対応したシミュレーションもあわせて示している。射出成形 CAE は射出成形工程を順次数値シミュレーションに置き換え，樹脂に生じる圧力，温度，応力，ひずみなどの物理量を予測するものである。

5. 樹脂流動解析

5.1 概　　　要

ここまでの各章を通じて，射出成形シミュレーションの構築に必要な基礎的知識を得ることができた。本章では，射出成形プロセスを数値解析モデルで表現することを検討する。

まず充てん工程と保圧・冷却工程における金型キャビティ内の樹脂挙動を，おもに熱流体力学の応用問題としてとらえ，2 章において保存則より導いた力学方程式から，射出成形時の樹脂流動を表現する基礎方程式を導く。

つぎに，得られた基礎方程式を有限要素法や差分法などの手法を用いて離散化し，コンピュータで処理可能な連立方程式として境界条件を与え，最終的に圧力や温度などの未知変数を求める。

多くの射出成形品はサイズに比べて肉厚が薄く，薄肉構造となっている。例えば自動車のバンパーやインパネは成形品長さ/肉厚比が 10^3 程度であり，パソコン筐体は 10^2 程度である。これは強度・剛性上不要な肉厚を削った結果であることはもちろん，溶融樹脂を型内で冷却する際に薄肉構造であれば熱を肉厚方向へ急激に逃して高い生産性を得ることができるためでもある。ただし成形品が小物であったりレンズのような厚肉成形品となった場合には，こうした薄肉構造の仮定を設けることができず，3 次元的な定式化が必要になる。

3 次元シミュレーションに関しては章を改めて解説し，本章では射出成形品の大半を占める薄肉構造製品について 2 次元的な定式化を行う。

5.2　薄肉粘性流れの基礎方程式

薄肉構造の仮定により，キャビティ内の流れは2次元的と考えることができる。したがって流動に関しては**図5.1**に定義するz方向すなわち肉厚方向の流速はゼロであり，速度ベクトルは面内のみを考慮する。また，肉厚方向に対して面内の速度こう配は小さいとして省略される。このような流れ場は古典的なHele-Shaw流れ（Hele-Shaw flow）の理論[1]として知られている。

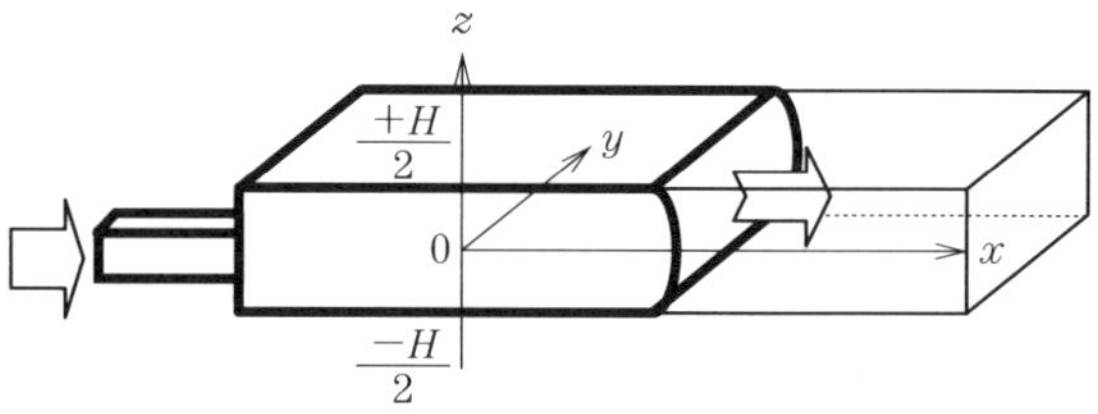

図5.1　キャビティ内流動の座標定義

2章で導いた非圧縮性のナビエ-ストークス方程式を改めてつぎに示す。

$$\frac{Du}{Dt} \equiv \frac{\partial u}{\partial t} + \left(u \frac{\partial u}{\partial x} + v \frac{\partial u}{\partial y} + w \frac{\partial u}{\partial z} \right) = F_x - \frac{1}{\rho} \frac{\partial p}{\partial x} + \nu \nabla^2 u \tag{5.1}$$

射出成形の充てん工程は自由表面であるフローフロントが前進し，温度も時間とともに変化する非定常現象であるが，キャビティ内の充てん済みの部分に視点を固定して眺めたとき，速度の時間変化は小さいことから擬似的な定常状態（quasi-static state）であると仮定する。

また，一般的に射出成形中の樹脂粘度は10^2〜10^4 Pa･sであり，通常のキャビティ内流動状態では慣性の影響（$u\partial u/\partial x$など）は省略できる。さらに重力などの体積力Fを省略するとすれば，ナビエ-ストークス方程式はつぎのように簡略化される。

$$0 = -\frac{1}{\rho} \frac{\partial p}{\partial x} + \nu \nabla^2 u \tag{5.2}$$

薄肉流れの仮定によれば，2 次元的な流れのため肉厚方向速度 w はゼロとなる。また，表面ですべりのないニュートン流体とすれば，肉厚断面内の速度分布は**図 5.2** に示すように壁面で速度ゼロ，中心で速度が最大となる。このとき速度こう配は厚さ方向で大きく，面内の速度こう配は無視することができる。

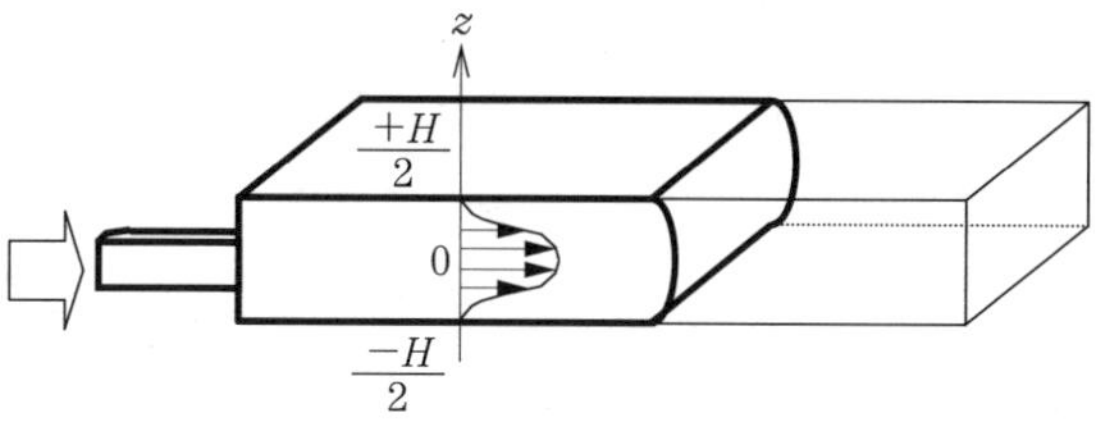

図 5.2　肉厚断面内の速度分布

最後に射出成形で用いる樹脂の粘度は温度やせん断速度などに依存して変化することを考慮して一般化すれば，式 (5.2) より x，y 方向に関してそれぞれ次式を得ることができる。

$$0=\frac{\partial}{\partial z}\left(\eta\,\frac{\partial u}{\partial z}\right)-\frac{\partial p}{\partial x},\quad 0=\frac{\partial}{\partial z}\left(\eta\,\frac{\partial v}{\partial z}\right)-\frac{\partial p}{\partial y} \tag{5.3}$$

ここで，$\eta(=\rho\nu)$ は樹脂のせん断粘性係数である。式 (5.3) は**図 5.3** に示すように，流動中の流体において粘性によるせん断応力 $\tau=\eta\partial u/\partial z$ と圧力こう配 $\partial p/\partial x$ とが釣り合うことを表している。

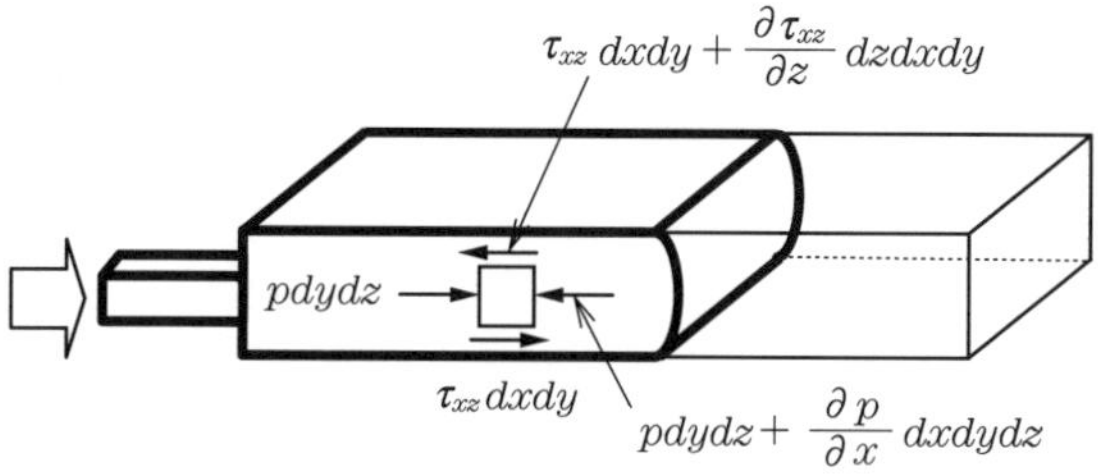

$$pdydz+\tau_{xz}dxdy=pdydz+\frac{\partial p}{\partial x}\,dxdydz+\tau_{xz}dxdy+\frac{\partial \tau_{xz}}{\partial z}\,dzdxdy$$

図 5.3　圧力と粘性力の釣合い

式 (5.1) から式 (5.3) への簡略化において，仮定した内容は以下のとおりである。

1）力の釣合いは擬似的な定常状態とする。

2）粘性に比べて遅い流れとして，慣性の影響は省略する。

3）重力などの体積力は省略する。

4）流れは 2 次元的であり，速度こう配は厚さ方向のみ考慮する。

以上の仮定により運動方程式は簡略化されるが，通常の射出成形条件のもとで圧力や速度が実測とよく一致することが報告されている。

境界条件として，つぎのように壁面での流速ゼロ，肉厚中心での厚さ方向速度こう配をゼロとする。

$$\left.\begin{aligned} u = v = 0 \qquad & \text{at } z = \frac{H}{2} \\ \frac{\partial u}{\partial z} = \frac{\partial v}{\partial z} = 0 \qquad & \text{at } z = 0 \end{aligned}\right\} \tag{5.4}$$

式 (5.3) を肉厚方向へ積分して式 (5.4) を代入すれば，次式が得られる。

$$u(z) = -\phi(z)\frac{\partial p}{\partial x}, \quad v(z) = -\phi(z)\frac{\partial p}{\partial y} \tag{5.5}$$

ϕ は厚さ方向 z に対して次式で表される。

$$\phi(z) \equiv \int_z^{H/2} \frac{\tilde{z}}{\eta}\, d\tilde{z} \tag{5.6}$$

肉厚方向の平均速度を $\bar{u}$，$\bar{v}$ とすれば，式 (5.5) を肉厚方向に積分して

$$\bar{u} = -\frac{2}{H} S \frac{\partial p}{\partial x} \tag{5.7}$$

$$\bar{v} = -\frac{2}{H} S \frac{\partial p}{\partial y} \tag{5.8}$$

$$S = \int_0^{H/2} \frac{z^2}{\mu}\, dz \tag{5.9}$$

となる。S は流動コンダクタンスと呼ばれ，流れやすさの指標となる。仮に粘度 η が一定とすれば，式 (5.5) より x 方向速度は

$$u(z) = -\frac{1}{2\eta}\cdot\frac{\partial p}{\partial x}\left\{\left(\frac{H}{2}\right)^2 - z^2\right\} \tag{5.10}$$

であり，厚さ方向に平均すれば x 方向の単位幅当りの流量 Q_x は

$$Q_x = -\frac{H^3}{12\eta}\cdot\frac{\partial p}{\partial x} \tag{5.11}$$

となる。y 方向についても同様である。したがってニュートン流体の場合，速度は肉厚方向に放物線状に分布し，せん断速度（shear rate）$\partial u/\partial z$ は線形に分布する。また流量は肉厚の 3 乗に比例し，粘度に反比例するため，樹脂の充てん進行に対しては肉厚が強く影響することがわかる。また，**図 5.4** は温度均一の場合のべき指数（power index）に対する肉厚内の速度分布である。べき指数 n が大きくなるほど壁面近傍の高せん断領域の粘度が低下し，いわゆるプラグ流（plug flow）に近づく様子がわかる。

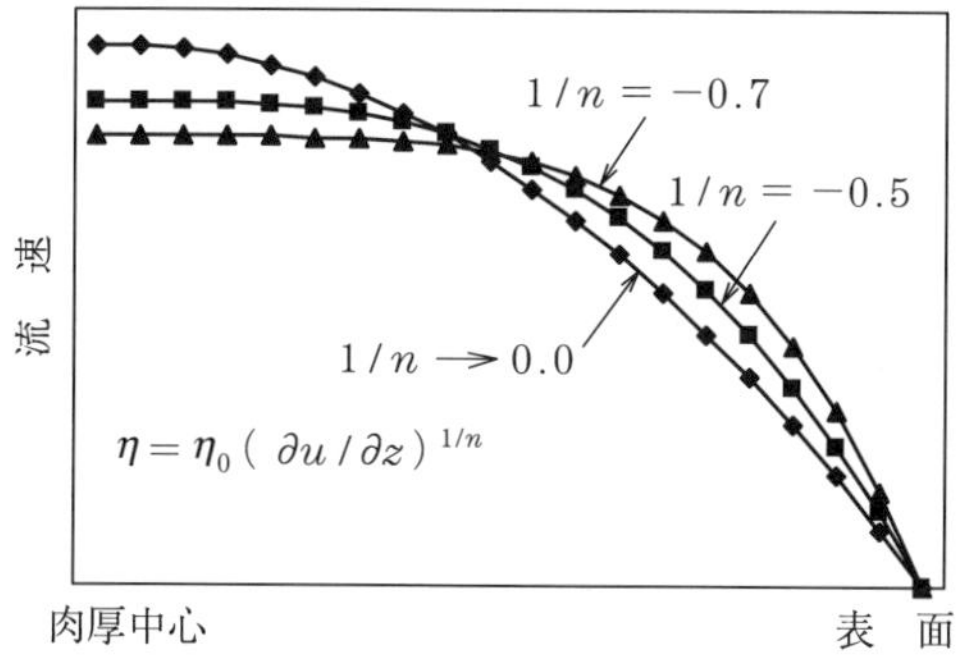

図 5.4　温度均一の場合のべき指数に対する肉厚内の速度分布

2 章にて導いた定常非圧縮性流体における連続の式より

$$\frac{\partial \bar{u}}{\partial x} + \frac{\partial \bar{v}}{\partial y} = 0 \tag{5.12}$$

式 (5.7)，式 (5.8) を式 (5.12) に代入して，充てん時の圧力方程式が以下のように得られる。

$$\frac{\partial}{\partial x}\left(S\frac{\partial p}{\partial x}\right) + \frac{\partial}{\partial y}\left(S\frac{\partial p}{\partial y}\right) = 0 \tag{5.13}$$

上式は粘度 η と肉厚 H を一定とすれば楕円形方程式となり，熱伝導方程式などポテンシャルフローの方程式と一致する。熱伝導現象はフーリエの法則で表されるように熱流束が温度こう配に比例する。Hele-Shaw 流れでは熱伝導と同様に材料の流量が圧力こう配に比例することから，両者を表現する方程式

は一致するのである。つまり Hele-Shaw 流れや熱伝導はいずれもポテンシャルフローである。式 (5.13) が射出成形の充てんシミュレーションにおける圧力方程式となる。

一方，スプルー・ランナー部など円形断面内の粘性流れは，次式で表されるポアズイユ流れ（Poiseuille flow）となる。**図 5.5** に示す円筒座標系において，上記と同様にして次式が得られる。

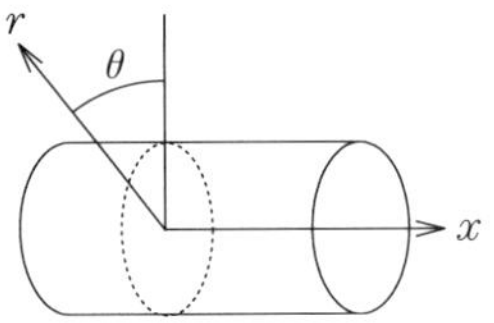

図 5.5　円筒座標系

$$u(r) = -\phi(r)\frac{\partial p}{\partial x} \tag{5.14}$$

$$\phi(r) \equiv \int_r^R \frac{\tilde{r}}{\eta}\,d\tilde{r} \tag{5.15}$$

$$\bar{u} = -\frac{1}{2R^2}S\frac{\partial p}{\partial x} \tag{5.16}$$

$$S = \int_0^R \frac{\pi r^3}{\mu}\,dr$$

ここで，R は円形断面の半径である。

粘度一定とした場合の円形断面の速度分布と流量 Q はつぎのとおりである。

$$u(r) = \frac{1}{4\eta}\cdot\frac{\partial p}{\partial x}(R^2 - r^2) \tag{5.17}$$

$$Q = \frac{\pi R^4}{8\eta}\cdot\frac{\partial p}{\partial x} \tag{5.18}$$

非円形断面の場合，流動コンダクタンス計算につぎの相当半径（hydraulic radius）が用いられる。

$$相当半径 = \frac{2 \times 断面積}{周長}$$

5.3　流動先端の取扱い

流動先端（flow front）では**図 5.6**(a)に示すように噴水流れ（fountain flow）と呼ばれる流れが生じ，表面近くでは流動先端進行方向と逆方向の速度成分が発生する。これに対して前記の Hele-Shaw 流れにおける速度分布は，流動先端から十分に離れた領域で成立する流れ場である。

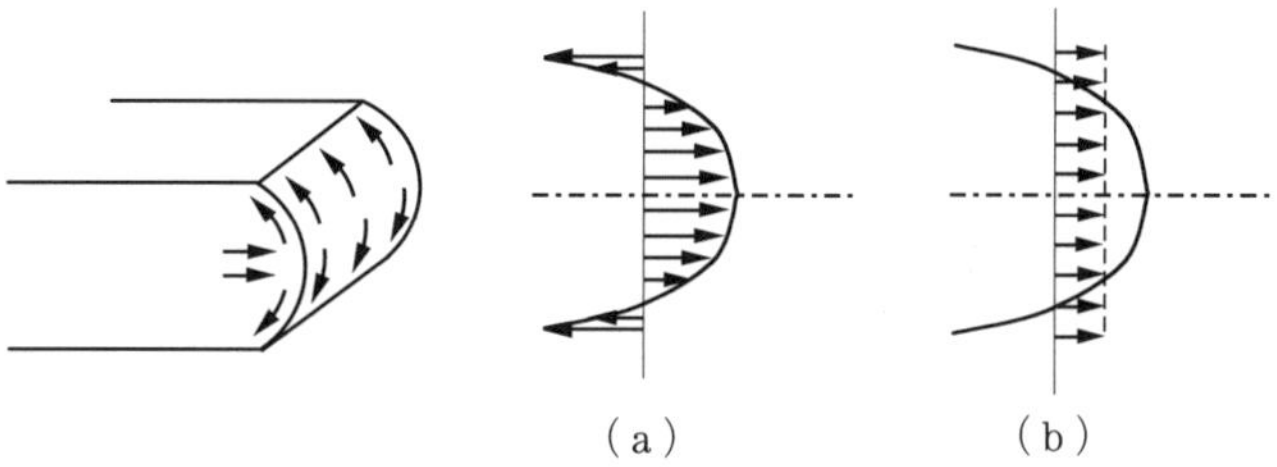

図 5.6　流動先端の噴水流れ(a)と平均流速による簡略化(b)

通常の射出成形シミュレーションでは流動先端の噴水流れを省略し，Hele-Shaw の仮定に基づく流動状態を流動先端にも適用する。流動先端では大気圧を境界条件として与え，図 5.6(b)に示すように平均流速 $\bar{u}$ により定まる流動先端流量 $Q_f = \bar{u}H$ に従って流動先端が前進するものと考える。

このように通常の射出成形シミュレーションでは 2 次元的な流動を仮定しているため，噴水流れに起因して発生する表面外観不良などを直接予測することは難しい。しかし通常成形の範囲内では，充てんの進行状態や充てん圧力の予測に関して実用上十分な予測精度が得られている。

5.4　熱伝導の基礎方程式

2 章で導いた熱伝導方程式を改めて示す。

$$\rho c_v \frac{DT}{Dt} = \frac{\partial}{\partial x}\left(\kappa \frac{\partial T}{\partial x}\right) + \frac{\partial}{\partial y}\left(\kappa \frac{\partial T}{\partial y}\right) + \frac{\partial}{\partial z}\left(\kappa \frac{\partial T}{\partial z}\right) + \theta \qquad (5.19)$$

$$\theta = 2\eta\left[\left(\frac{\partial u}{\partial x}\right)^2 + \left(\frac{\partial v}{\partial y}\right)^2 + \left(\frac{\partial w}{\partial z}\right)^2 + \frac{1}{2}\left(\frac{\partial u}{\partial y} + \frac{\partial v}{\partial x}\right)^2 + \frac{1}{2}\left(\frac{\partial v}{\partial z} + \frac{\partial w}{\partial y}\right)^2 + \frac{1}{2}\left(\frac{\partial w}{\partial x} + \frac{\partial u}{\partial z}\right)^2\right]$$

ただし，ρ，c_v，κ はそれぞれ密度，比熱，熱伝導率であり，θ は散逸エネルギー，μ は粘度，u, v, w は速度ベクトルである。キャビティ内の流動と同様に，2 次元薄肉平行平板間の流れを仮定すれば

$$\rho c_v \frac{DT}{Dt} = \frac{\partial}{\partial x}\left(\kappa\frac{\partial T}{\partial x}\right) + \frac{\partial}{\partial y}\left(\kappa\frac{\partial T}{\partial y}\right) + \frac{\partial}{\partial z}\left(\kappa\frac{\partial T}{\partial z}\right) + \theta \qquad (5.20)$$

$$\theta = \eta\left[\left(\frac{\partial u}{\partial z}\right)^2 + \left(\frac{\partial v}{\partial z}\right)^2\right] = \eta\dot{\gamma}^2$$

ここで，$\dot{\gamma}$ はせん断速度である。

さらに，薄肉構造の仮定と樹脂の熱伝導率が金型の熱伝導率と比べて小さいことから，熱の流れは大半が肉厚方向に生じると考えられるため，面内熱伝導は省略して

$$\rho c_v \frac{DT}{Dt} = \frac{\partial}{\partial z}\left(\kappa\frac{\partial T}{\partial z}\right) + \eta\dot{\gamma}^2 \qquad (5.21)$$

となる。上式が射出成形シミュレーションで用いる熱伝導方程式であり，つぎのように考えることができる。

$$\rho c_v\left(\boxed{\frac{\partial T}{\partial t}} + \boxed{u\frac{\partial T}{\partial x} + v\frac{\partial T}{\partial y}}\right) = \boxed{\frac{\partial}{\partial z}\left(\kappa\frac{\partial T}{\partial z}\right)} + \boxed{\eta\dot{\gamma}^2}$$

非定常項　　移流　　熱伝導　　せん断発熱

すなわち，射出成形シミュレーションにおける温度計算は，**図 5.7** に示すように肉厚方向の 1 次元的な熱伝導と，移流による熱量の移動，および粘性による

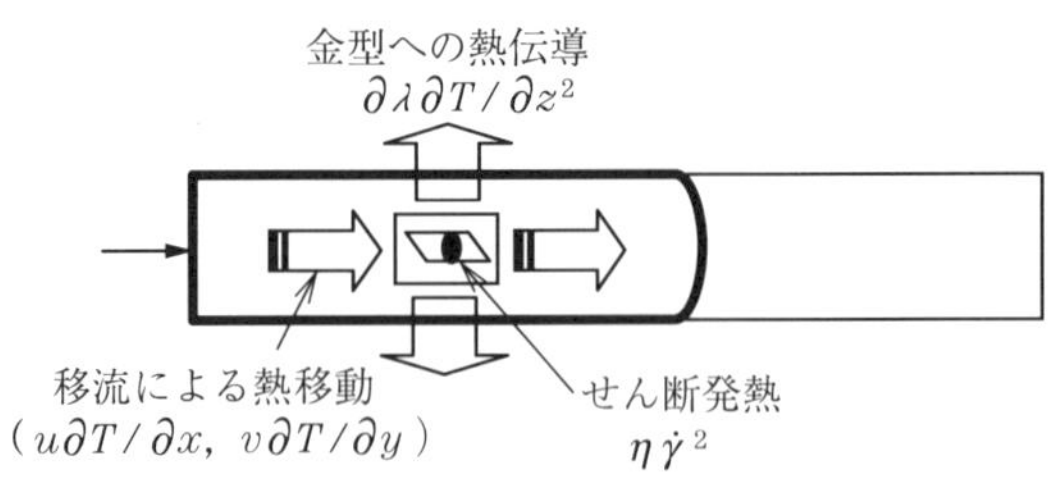

図 5.7　温度計算の概念図

せん断発熱を考慮して温度の時間変化を計算することになる。

スプルー・ランナー部における円筒座標系の熱伝導方程式は次式となる。

$$\rho c_v \frac{DT}{Dt} = \frac{1}{r}\frac{\partial}{\partial r}\left(\kappa r \frac{\partial T}{\partial r}\right) + \eta \dot{\gamma}^2 \tag{5.22}$$

5.5 境　界　条　件

図 5.8 の圧力方程式の境界条件に示すように，充てん工程のキャビティは充てん部と未充てん部に分けられ，さらに充てん部の境界は樹脂流入部，流動先端，および金型壁面により構成されている。

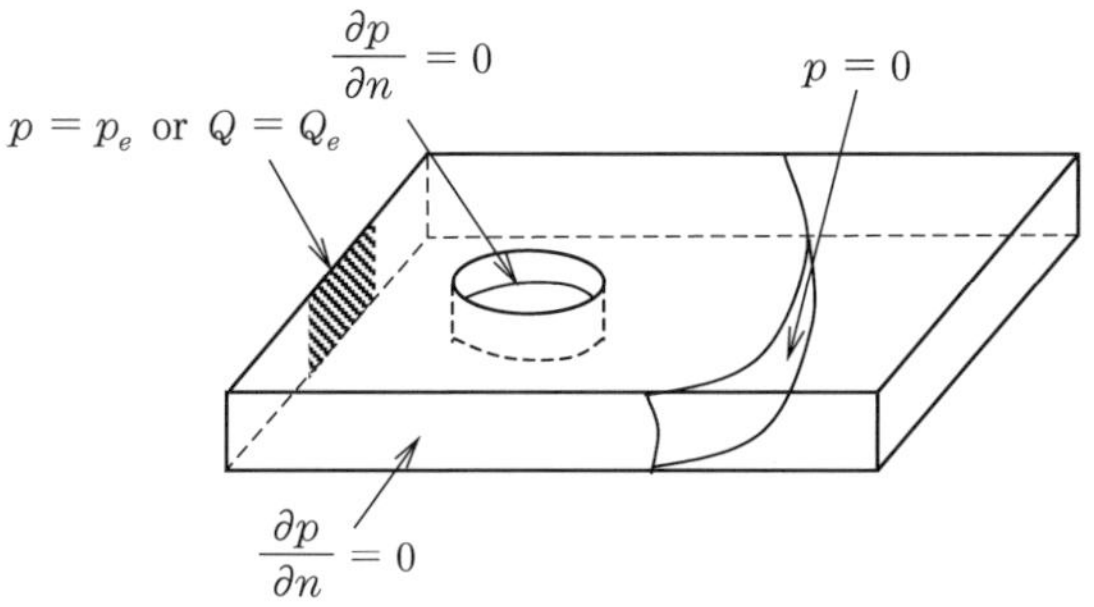

図 5.8　圧力方程式の境界条件

樹脂流入部には圧力または流量のどちらか一方を境界条件として定義する。4 章で述べたように，流量制御，すなわち流量境界条件の状態で充てんがスタートし，ノズル圧が射出圧に達してからは圧力制御となるのが一般的である。流入部の境界条件は，つぎのようになる。

$$p = p_e \quad \text{or} \quad Q = Q_e \qquad \text{（流入部）} \tag{5.23}$$

ここで，p_e は流入部の設定圧，Q_e は流入部の設定流量である。

流動先端は前述のとおり圧力ゼロ（大気圧）境界とする。現実の成形では充てんの進行とともにキャビティ内のエアが圧縮されて圧力上昇することもあり，充てん不良などの原因ともなるため注意が必要である。解析ではキャビティ内のエアはガスベントから抵抗なく型外へ流出するものとしている。したがって

$$p = 0 \qquad (流動先端) \tag{5.24}$$

金型壁面では法線方向の速度がゼロとなる。したがって Hele-Shaw 流れでは式 (5.5) より，$\partial p/\partial n = 0$ となる。n は溶融樹脂から外向きの法線ベクトルである。この条件はディリクレ（Dirichlet）条件であり，数値解析上は特に境界の処理は必要なく自然に満足されることになる。

熱伝導方程式の境界条件としては**図 5.9** に示すように，金型壁面において金型表面温度固定，あるいは金型表面温度に対する熱伝達境界条件が用いられる。金型表面温度は本来，充てんや保圧・冷却工程を通じてサイクル状に変化するが，一般的な充てん解析では表面温度は時間的に一定と仮定されることが多い。金型表面温度を T_w，熱伝達係数を h とすれば，金型壁面の温度境界条件は，つぎのようになる。

$$T = T_w \quad \text{or} \quad q = h(T - T_w) \qquad (金型壁面) \tag{5.25}$$

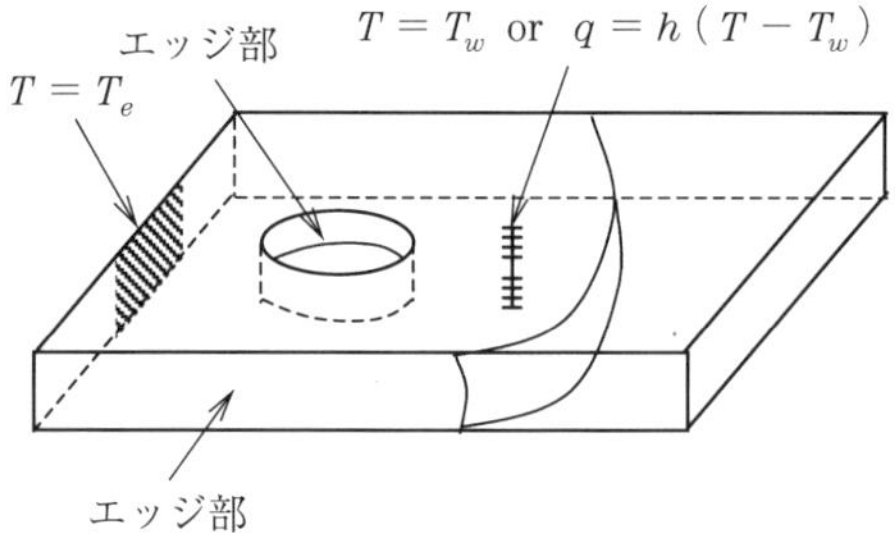

図 5.9　熱伝導方程式の境界条件

金型温度のむらは反り変形など成形不良の原因となる。そこでキャビティの場所による温度むらを解析するため，金型冷却解析と組み合わせて表面温度を決定することが多い。金型冷却解析については後述する。

樹脂流入部については樹脂温度一定とする。

$$T = T_e \qquad (流入部) \tag{5.26}$$

Hele-Shaw 流れの特徴として，non-slip 条件はキャビティの上下面にのみ適用され，図 5.9 のエッジ部分に当てはめることはできない。なぜなら x-y 面内での粘性散逸は無視されているためである。しかしこの粘性効果の及ぶ範囲はエッジ部から肉厚の数倍程度の範囲に制限されるため，考えている領域

の代表長さ L が肉厚よりも十分に大きい場合は無視することができる。この条件は Hele-Shaw 流れの仮定とも一致するものである。同様にして，x-y 面内の温度拡散を無視するため，図 5.9 のエッジ部分に関して温度条件を設定することはできない。

5.6 圧力方程式の離散化

初期の研究[3)~10)]では，矩形断面や中央ゲートディスクなどの単純な 1 次元の流れについて一連の基礎方程式が解かれたが，より一般的なキャビティ形状を取り扱うためには，任意の三角形要素形状の組合せとしてキャビティ形状を表現できる手法を用いることが便利である。ここでは圧力分布を決定するため，圧力方程式を有限体積法（control volume method）により離散化する。

本節では充てん途中のある時点を考え，キャビティ内における充てん領域と温度場は既知であるとし，充てん領域や温度場の変化については別の節にて解説する。

要素分割は**図 5.10** に示すようにキャビティ内の樹脂流動領域が三角形の組合せで表現されているものとする。個々の三角形は要素（element），三角形の頂点は節点（node）と呼ばれる。簡単のために三角形はすべて x-y 面内にあるものとするが，3 次元的に定義されている場合にも座標変換することによって同様に離散化することが可能である。

図 5.10 の要素 ABC 内部の圧力分布をつぎのように線形近似する。

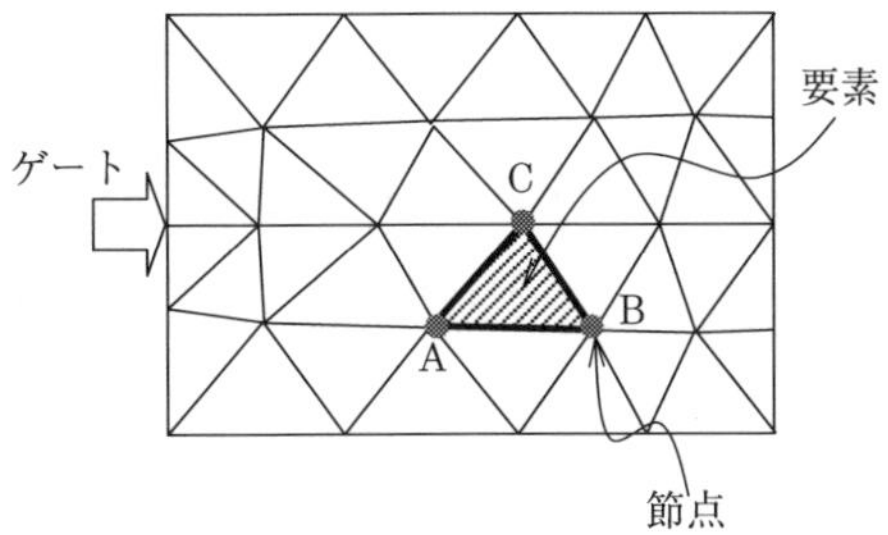

図 5.10 要素分割

$$p = \alpha_1 + \alpha_2 x + \alpha_3 y \tag{5.27}$$

いま，節点A，B，Cの圧力をp_1，p_2，p_3とし，それぞれの節点座標値を$(x_1,\ y_1)$などとすれば

$$\left.\begin{aligned} p_1 &= \alpha_1 + \alpha_2 x_1 + \alpha_3 y_1 \\ p_2 &= \alpha_1 + \alpha_2 x_2 + \alpha_3 y_2 \\ p_3 &= \alpha_1 + \alpha_2 x_3 + \alpha_3 y_3 \end{aligned}\right\} \tag{5.28}$$

となるので，α_1，α_2，α_3について解けば

$$\left.\begin{aligned} \alpha_1 &= \frac{a_1 p_1 + a_2 p_2 + a_3 p_3}{2\Delta} \\ \alpha_2 &= \frac{b_1 p_1 + b_2 p_2 + b_3 p_3}{2\Delta} \\ \alpha_3 &= \frac{c_1 p_1 + c_2 p_2 + c_3 p_3}{2\Delta} \end{aligned}\right\} \tag{5.29}$$

ここで

$$2\Delta = \begin{vmatrix} 1 & x_1 & y_1 \\ 1 & x_2 & y_2 \\ 1 & x_3 & y_3 \end{vmatrix} = 2 \times \triangle\mathrm{ABC}\text{の面積} \tag{5.30}$$

$$\left.\begin{aligned} a_1 &= x_2 y_3 - x_3 y_2,\quad b_1 = y_2 - y_3,\quad c_1 = x_3 - x_2 \\ a_2 &= x_3 y_1 - x_1 y_3,\quad b_2 = y_3 - y_1,\quad c_2 = x_1 - x_3 \\ a_3 &= x_1 y_2 - x_2 y_1,\quad b_3 = y_1 - y_2,\quad c_3 = x_2 - x_1 \end{aligned}\right\} \tag{5.31}$$

式(5.29)を式(5.27)に代入すると

$$p = L_1 p_1 + L_2 p_2 + L_3 p_3 \tag{5.32}$$

ただし

$$L_i = \frac{1}{2\Delta}(a_i + b_i x + c_i y), \quad (i = 1,\ 2,\ 3) \tag{5.33}$$

と表される。L_iは三角形要素の面積座標（area coordinate）と呼ばれ，**図5.11**に示すように三角形内の任意の位置における物理量を，三角形の頂点における物理量より内挿補間（interpolation）する手法としてよく用いられる。

Hele-Shaw流れを仮定すれば，肉厚方向の平均流速より単位幅当りの流量

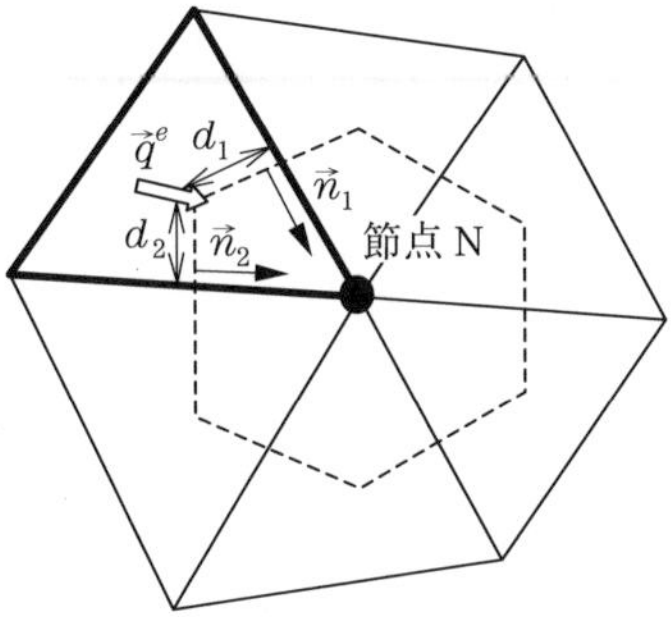

図 5.11 三角形要素の面積座標とコントロールボリュームの定義

は式 (5.7) より

$$q_x = -2S\frac{\partial p}{\partial x}, \quad q_y = -2S\frac{\partial p}{\partial y} \tag{5.34}$$

となる。解析領域は三角形要素によって十分に細かく分割されているものとすれば，ある三角形要素 e において肉厚 H と流動コンダクタンス S は一定と仮定することができる。そこで，式 (5.32)～(5.34) より要素内の単位幅当りの流量ベクトル $\vec{q}^{\,e}=(q_x, q_y)$ は

$$\left.\begin{aligned} q_x &= -\frac{S}{\varDelta}(b_1p_1 + b_2p_2 + b_3p_3) \\ q_y &= -\frac{S}{\varDelta}(c_1p_1 + c_2p_2 + c_3p_3) \end{aligned}\right\} \tag{5.35}$$

となる。

図 5.11 の破線に示すように，節点 N の周りに仮想的なコントロールボリューム（control volume）を定義する。コントロールボリュームの境界は要素重心と要素辺の中点とを結んだ直線により構成される。この方法によって三角形要素分割された解析領域はたがいに重なりのないコントロールボリュームの集合として表され，すべての節点は一つのコントロールボリュームに属することになる。

つぎに質量保存則をコントロールボリュームにおいて満足することを考えよう。2 章で述べたように，質量保存則は任意の領域の境界を通過して流入・流出する質量の総和がゼロであることを表している。したがって非圧縮性流体で

は，コントロールボリューム境界を通過する流量の総和がゼロでなければならない。

節点 i のコントロールボリューム境界は，節点 i を含む要素 e 内の境界の組合せとして表されるため，コントロールボリューム境界を通過する流量 q_i は，要素 e 内の境界を通過する流量 q_i^e の総和として算出できる。すなわち

$$q_i = \sum_e q_i^e = 0 \tag{5.36}$$

q_i^e は図 5.11 に示す記号を用いて

$$q_i^e = d_1(\vec{n}_1 \cdot \vec{q}^{\,e}) + d_2(\vec{n}_2 \cdot \vec{q}^{\,e}) \tag{5.37}$$

となる。

式 (5.37) の要素内流量成分に式 (5.35) を代入すれば，結果的に以下のような節点圧力に関する方程式が得られる。

$$\begin{aligned} q_i^e = -\frac{S}{\varDelta}[&\{d_1(n_{1x}b_1 + n_{1y}c_1) + d_2(n_{2x}b_1 + n_{2y}c_1)\}p_1 \\ &+ \{d_1(n_{1x}b_2 + n_{1y}c_2) + d_2(n_{2x}b_2 + n_{2y}c_2)\}p_2 \\ &+ \{d_1(n_{1x}b_3 + n_{1y}c_3) + d_2(n_{2x}b_3 + n_{2y}c_3)\}p_3 \end{aligned} \tag{5.38}$$

ここで，$\vec{n}_1 = (n_{1x}, n_{1y})$ などとしている。

上式は節点 N のコントロールボリュームに対して要素 e 内の境界から流入する流量を表している。同様にして要素 e を構成する 3 節点についてそれぞれのコントロールボリュームへの流量を表してまとめると，つぎのように要素における圧力と流量の関係式が得られる。

$$[k^e]\begin{Bmatrix} p_i \\ p_j \\ p_k \end{Bmatrix} = \begin{Bmatrix} q_i^e \\ q_j^e \\ q_k^e \end{Bmatrix} \tag{5.39}$$

ここで，$[k^e]$ は要素行列（element matrix）であり，その成分を k_{ij}^e とすると，例えば式 (5.38) より

$$k_{11}^e = -\frac{S}{\varDelta}\{d_1(n_{1x}b_1 + n_{1y}c_1) + d_2(n_{2x}b_1 + n_{2y}c_1)\}$$

などとなる。幾何学的な関係から明らかなように，$[k^e]$ は対称である。

続いて有限要素法において通常行われているのと同様に，式 (5.39) について要素行列と流量ベクトルのアセンブル操作を行う。ここで，式 (5.39) の右辺は節点のコントロールボリューム境界を通過する流量であり，式 (5.36) より明らかなように節点 i を含む要素の寄与分の総和をとると質量保存則によりゼロとなる。したがって流量ベクトルは，流入部と流出部（つまり流動先端）でのみ非ゼロの値となる。

式 (5.39) をすべての要素について作成してアセンブル操作を行えば，つぎの連立 1 次方程式が得られる。

$$[K]\{p\} = \{q\} \tag{5.40}$$

ここで，$[K]$ は全体行列，$\{p\}$ は圧力ベクトル，$\{q\}$ は流量ベクトルである。

境界条件としては圧力または流量が与えられる。流入部では節点流量 q_{inlet} が与えられるものとすれば，式 (5.40) はつぎのように並べ替えることができる。

$$\begin{bmatrix} K_{11} & K_{12} \\ K_{21} & K_{22} \end{bmatrix} \begin{Bmatrix} p_{\text{unknown}} \\ 0 \end{Bmatrix} = \begin{Bmatrix} q_{\text{known}} \\ q_{\text{unknown}} \end{Bmatrix} \tag{5.41}$$

$$q_{\text{known}} = \begin{cases} 0 & \text{at filled node} \\ q_{\text{inlet}} & \text{at inlet node} \end{cases} \tag{5.42}$$

流動先端の節点にて圧力はゼロに拘束され，流量は q_{unknown} である。式 (5.41) よりつぎの連立 1 次方程式を解くことによって，充てん部分の未知圧力分布を得ることができる。

$$[K_{11}]\{p_{\text{unknown}}\} = \{q_{\text{known}}\} \tag{5.43}$$

未知圧力を求めると，流動先端節点のコントロールボリュームへ流入する流量は次式により求めることができる。

$$\{q_{\text{unknown}}\} = [K_{21}]\{p_{\text{unknown}}\} \tag{5.44}$$

以上のように，圧力計算においてコントロールボリューム法を用いることにより，解析モデルにおける質量保存則の解釈が容易となるだけでなく，流動先端などの境界における流量の取扱いも簡単になる。

5.7　流動先端の進行

流動先端の進行を解析する手法としては，Tadmor と Broyer らにより FAN 法（flow analysis network method）が提案された[11)~14)]。この方法では，キャビティを矩形セルで分割し，各セルに樹脂の充てんした割合を示すスカラーパラメーター f を導入する。そしてこの充てん割合 f の変化をセルへの流入流量より計算することにより，流動先端が充てんされる時間を求めることができる。ここで，前述のように流動先端における噴水流れなどの挙動は省略され，流動先端形状は断面方向に直線的であり，平均流速に従って前進するものと仮定されている。

さらに一般的な三角形要素形状を用いて複雑形状を表現するために，前述のコントロールボリュームを用いて FAN 法と同様の手法が適用された[15)]。コントロールボリュームに樹脂の充てんした体積割合を充満率 f としてつぎのように定義する。

$$\text{充満率}\ f = \frac{\text{充てん部分の体積}}{\text{コントロールボリューム体積}}$$

したがって充満率 f は，**図 5.12** に示すように各節点の充てん状態に応じてつぎのように分類される。

①　$f = 1$　　　：充てん済み節点

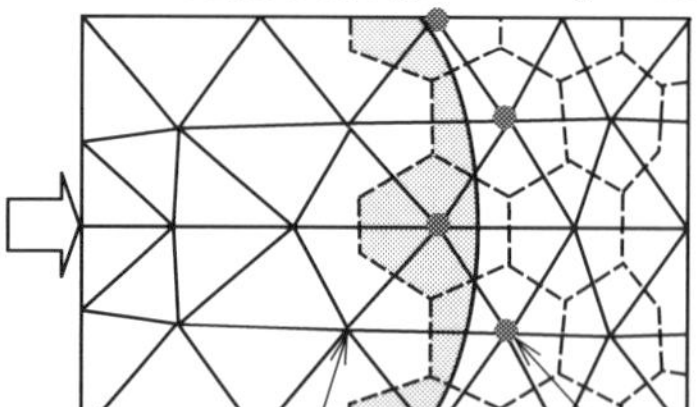

図 5.12　節点充てん状態と充満率

② $0 < f < 1$ ：流動先端節点

③ $f = 0$ ：未充てん節点

時間増分における第 n ステップにて圧力方程式を式 (5.43) により解いた後に，式 (5.44) により流動先端節点 i のコントロールボリュームへの流入流量 q_i^n が得られる。流動先端節点 i の充満率を f_i^n とすれば時刻 Δt 後の充満率は

$$f_i^{n+1} = f_i^n + \frac{q_i^n \Delta t}{V_i} \tag{5.45}$$

にて求められる。

流動先端の進行とともに充てん領域が変化するため，時間増分ごとに圧力方程式を解き直す必要が生じる。時間増分を決める最も簡単な方法としては，流動先端節点のうち最も早く充てん完了する節点の充てん時間を第 $n+1$ ステップの時間とすればよい。この場合，時間増分はつぎのように決定される。

$$\Delta t^{n+1} = \min \left\{ \frac{(1 - f_i^n) V_i}{q_i^n} \right\} \tag{5.46}$$

ここで min は流動先端節点のうち，最小節点の値を選択することを示す。

以上により，流動先端を進める手順はつぎのようになる。

（1） 圧力方程式を解く〔式 (5.43)〕

（2） 流動先端の流量を求める〔式 (5.44)〕

（3） 時間増分 Δt^{n+1} を求める〔式 (5.46)〕

（4） 充満率を更新する〔式 (5.45)〕

（5） 充てん領域を更新する

（6） （1）を繰り返す

一般的に，充てんが 100 %近くになると未充てん領域が狭まり，流動先端の長さが急激に縮小するために急激な圧力上昇が発生する。そこで実際の成形では完全に充てんするまでスクリューを前進させず，保圧への切替えが早めに行われることが多い。したがって充てん解析も保圧切替えのタイミングを考慮して最終充てん状態を評価することが望ましい。

5.8　熱伝導方程式の離散化

温度計算の基本となる熱伝導方程式は式 (5.21) より以下である。

$$\rho c_p\left(\frac{\partial T}{\partial t} + u\frac{\partial T}{\partial x} + v\frac{\partial T}{\partial y}\right) = \frac{\partial}{\partial z}\left(k\frac{\partial T}{\partial z}\right) + \eta\dot{\gamma}^2 \tag{5.47}$$

すなわち右辺第 1 項で表される熱伝導（heat conduction）は肉厚方向に 1 次元的であり，金型への熱移動のみ考慮することになる。したがって熱伝導の離散化は肉厚方向に行われ，1 次元差分法（one dimensional finite difference method）が用いられるのが一般的である。ここでは肉厚方向の熱伝導や面内の流動に伴う熱量の移流（convection），およびせん断発熱（viscous heating）などを考慮するため，Wang ら[9] の用いた手法に基づいて離散化を行う。

図 5.13 に温度計算における離散化の概念図を示す。肉厚方向を z 方向とすると，節点 N において z 方向に 10〜20 層に層分割し，1 次元差分格子を定義する。温度はこの各格子点において定義される。

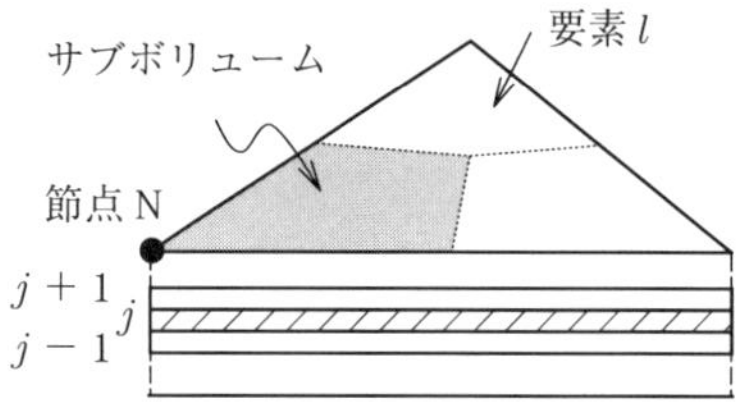

図 5.13　温度計算における離散化

まず，式 (5.47) の右辺第 1 項の熱伝導項を考える。よく知られているように，熱伝導項を差分表現するとつぎのように表される。

$$\frac{\partial}{\partial z}\left(\kappa\frac{\partial T}{\partial z}\right)_j = \frac{1}{(\Delta z)^2}\left[\kappa_{j+1/2}T_{j+1} - (\kappa_{j+1/2} + \kappa_{j-1/2})T_j + \kappa_{j-1/2}T_{j-1}\right] \tag{5.48}$$

ここで熱伝導率 κ は非線形性を考慮し，各層について異なる値を用いる。

温度は節点において定義されているが，要素ごとに肉厚が異なることからつぎのような平均化を行う。

$$\frac{\partial}{\partial z}\left(\kappa\frac{\partial T}{\partial z}\right)_j=\frac{1}{\sum_{l'}V_j^{(l')}}\sum_{l'}V_j^{(l')}\frac{\partial}{\partial z}\left(\kappa\frac{\partial T}{\partial z}\right)_j^{(l')} \tag{5.49}$$

上付き添え字の l は節点Nを含む要素 l の値であることを示している。V は図5.13のアミ掛け部で示すように，要素 l において節点Nのコントロールボリュームに含まれる部分の体積を示している。この体積をサブボリュームと呼ぶ。式(5.49)は節点Nの周りのサブボリューム体積を重みとして要素上の熱伝導を平均化することを表している。

式(5.47)の右辺第2項はせん断発熱項であり，節点Nの周りの要素重心で評価し，式(5.49)と同様にサブボリューム体積にてつぎのように平均化する。

$$(\eta\dot{\gamma}^2)_j=\frac{1}{\sum_{l'}V_j^{(l')}}\sum_{l'}V_j^{(l')}(\eta\dot{\gamma}^2)_j^{(l')} \tag{5.50}$$

式(5.47)の左辺第2項と第3項は移流項（convective term）であり，上記と同様に節点Nの周りの要素重心において評価する。温度こう配は式(5.27)の圧力と同様に要素の面積座標を用いて

$$\left.\begin{aligned}&T=L_1T_1+L_2T_2+L_3T_3\\&L_i=\frac{1}{2\Delta}(a_i+b_ix+c_iy),\quad(i=1,2,3)\end{aligned}\right\} \tag{5.51}$$

したがって

$$\frac{\partial T}{\partial x}=\frac{1}{2\Delta}(b_1T_1+b_2T_2+b_3T_3),\quad\frac{\partial T}{\partial y}=\frac{1}{2\Delta}(c_1T_1+c_2T_2+c_3T_3) \tag{5.52}$$

となる。移流項は安定性の点から上流型の定式化を行う。この場合，重みとして用いるサブボリューム体積として，以下のように上流側の要素のみを用いるものとする。

$$\hat{V}_{i,j}^{(l)}\equiv\begin{cases}V_{i,j}^{(l)}, & \text{N is downwind of } l\\0, & \text{otherwise}\end{cases} \tag{5.53}$$

したがって移流項はつぎのように表される。

$$\left(u\frac{\partial T}{\partial x}+v\frac{\partial T}{\partial y}\right)_j=\frac{1}{\sum_{l'}\hat{V}_j^{(l')}}\sum_{l'}\hat{V}_j^{(l')}\left(u\frac{\partial T}{\partial x}+v\frac{\partial T}{\partial y}\right)_j^{(l')} \tag{5.54}$$

時間ステップ n から $n+1$ への時間積分には陰解法（implicit scheme）を用いるものとする。ただし，移流項とせん断発熱項は n ステップの値を用いるものとする。すなわち

$$(\rho c_p)_{j,n+1/2}\left\{\frac{T_{j,n+1}-T_{j,n}}{\Delta t}+\left(u\frac{\partial T}{\partial x}+v\frac{\partial T}{\partial y}\right)_{j,n}\right\}$$
$$=\frac{\partial}{\partial z}\left(\kappa\frac{\partial T}{\partial z}\right)_{j,n+1}+(\eta\dot{\gamma}^2)_{j,n} \tag{5.55}$$

となる。上式に式(5.48)，(5.49)，(5.50)，(5.54)を考慮すれば，温度に関する差分方程式がつぎのように得られる。

$$[K(T^{n+1},\ T^n)]\{T^{n+1}\}=\{Q(T^n)\} \tag{5.56}$$

上式に金型表面および肉厚中心層の境界条件を与えて解くことにより温度分布を得る。式(5.56)は物性値に関して非線形となっており，反復計算を要する。しかし一般に時間増分 Δt は流動先端の進行に合わせて設定されて十分細かい増分となっているため，物性値の非線形性は数回の反復で収束することが多い。

5.9 充てん解析のフロー

充てん工程における圧力と温度の支配方程式を離散化し，流動先端を進めながら解析する手法について述べてきた。圧力計算において，粘度の温度依存性やせん断速度依存性などの非線形性を考慮する必要から，反復解法を用いる。

図 5.14 に充てん解析のフローを示す。まず解析開始時には，初期条件として樹脂流入部を充てん済みとする。続いてつぎのステップにより充てんの進行をシミュレートする。

1）　新規充てんされた節点に初期温度 T_0，要素に初期粘度 η_0 を設定する。

2）　充てん済み領域の圧力分布を求める。

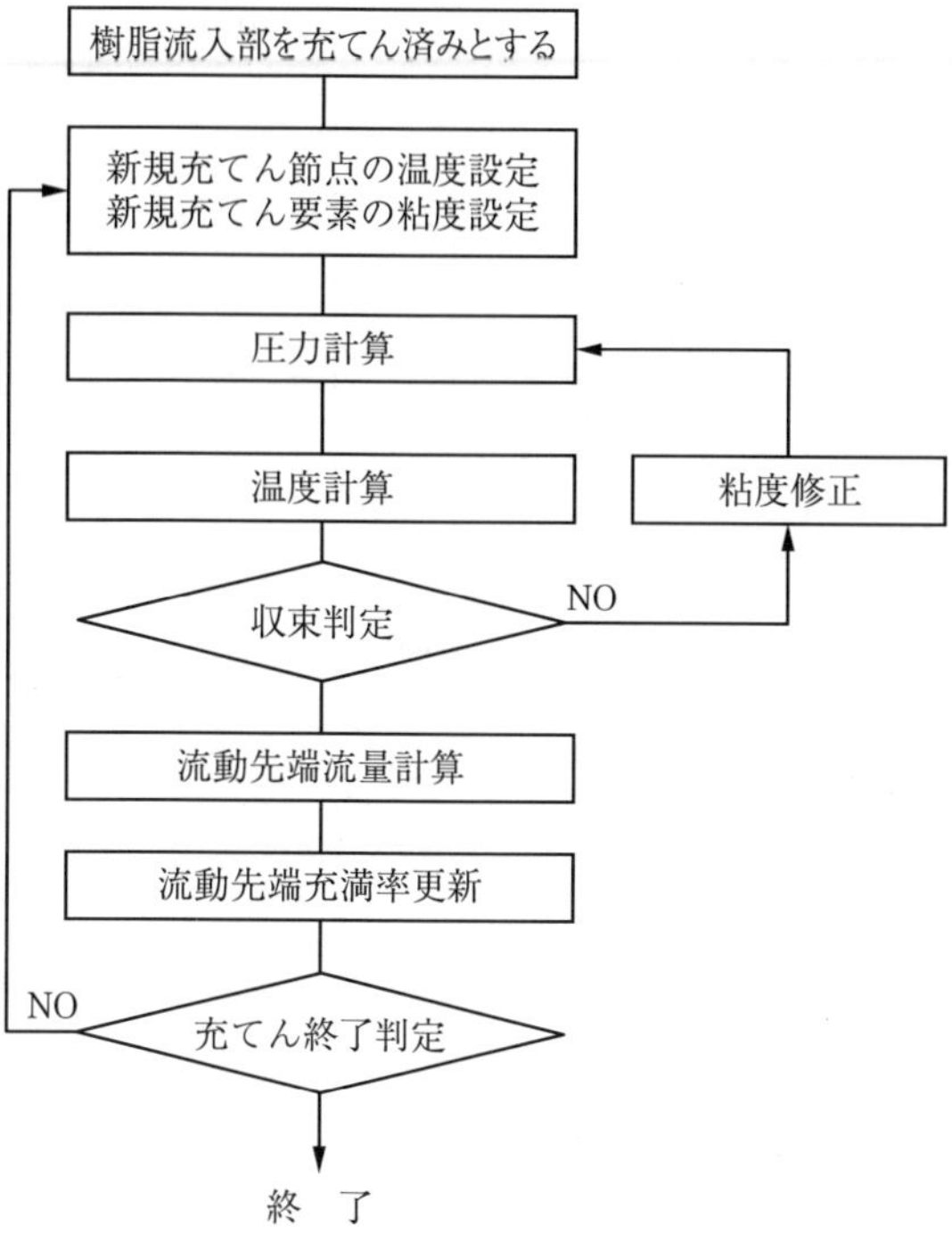

図 5.14　充てん解析のフロー

3）　温度分布を算出する。

4）　圧力分布と温度分布よりせん断速度を算出し，粘度を更新する。

5）　圧力と温度が収束するまで 2)～4)を繰り返す。

6）　流動先端の流量を算出する。

7）　流動先端コントロールボリュームの充満率を更新する。

8）　充てん率が所定の最終充てん率以上となったら解析を終了する。

9）　1)へ戻る。

図 5.15 に充てん工程のキャビティ内圧力履歴を実測と比較した例を示す。キャビティ内や樹脂流入部の圧力履歴は，充てん済み部分の流動コンダクタンスに従って時間とともに変化し，実測とよく一致することがわかる。岡田ら[16]によれば市販の射出成形 CAE ソフトウェアを用い，成形条件と樹脂材料を変更して 136 ケースの実測と解析との比較を行った結果，圧力値の平均誤差は 4

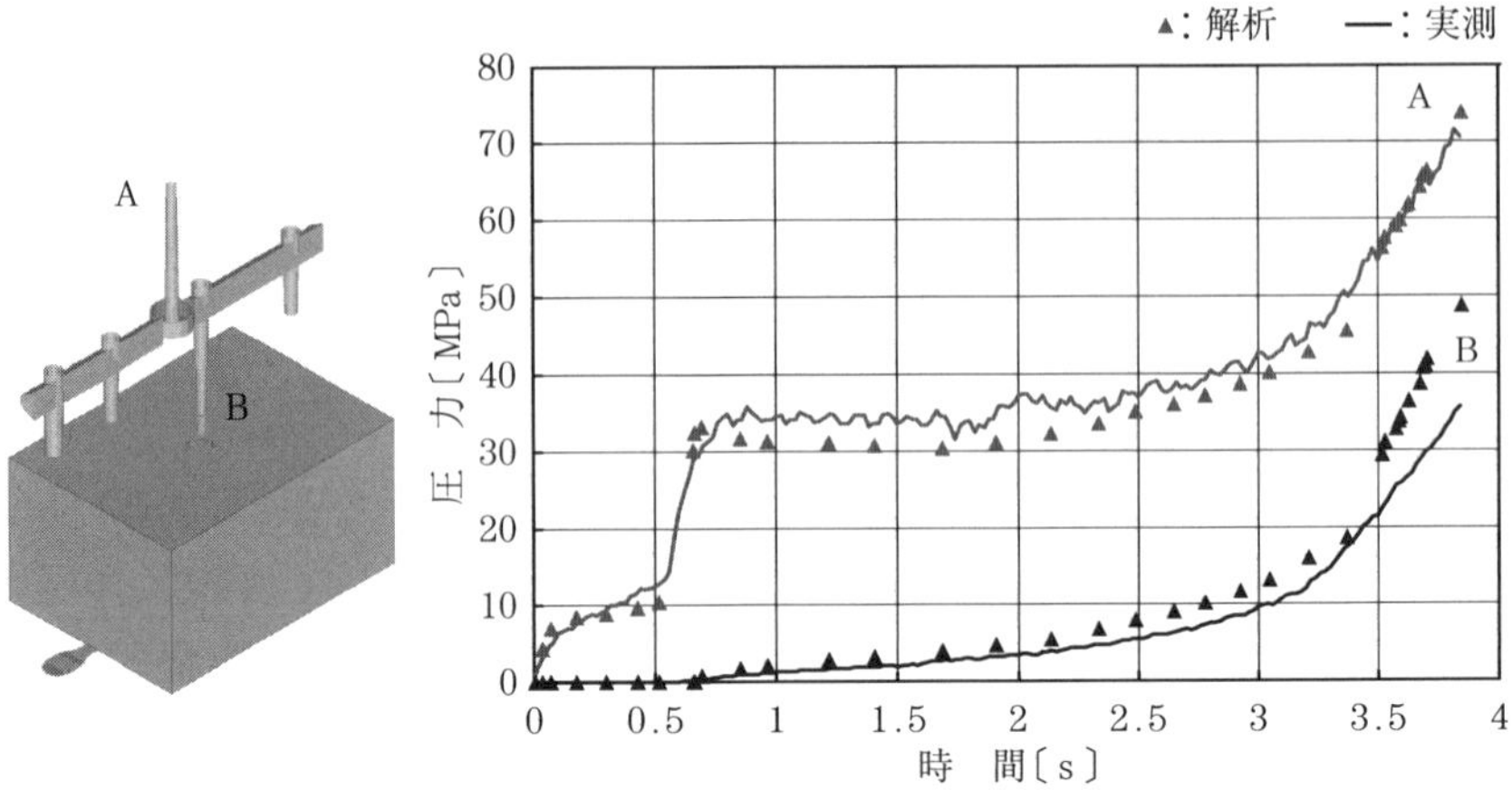

図 5.15　充てん工程の圧力解析結果と実例との比較

％と報告されている。

5.10　保圧・冷却工程の基礎方程式

保圧・冷却工程では熱収縮や結晶化に伴う樹脂の密度変化が大きいため，圧縮性を考慮した定式化を行う。

式 (5.5) より，単位幅当りに流れる質量流量 $\dot{m}$ は x 方向についてつぎのように表すことができる。

$$\dot{m}_x = 2\int_0^{H/2} \rho u dz \equiv -2\widetilde{S}\frac{\partial p}{\partial x} \tag{5.57}$$

ここで，流動コンダクタンスは次式である。

$$\widetilde{S} \equiv \int_0^{H/2} \rho \phi dz \tag{5.58}$$

y 方向についても同様であり，質量保存則は圧縮性を考慮して，以下のようになる。

$$2\frac{\partial}{\partial t}\int_0^{H/2} \rho dz + \frac{\partial}{\partial x}(\dot{m}_x) + \frac{\partial}{\partial y}(\dot{m}_y) = 0 \tag{5.59}$$

密度が圧力と温度に対して連続的に変化するものと仮定すれば，上式はつぎのように表される。

$$G\frac{\partial p}{\partial t}-\frac{\partial}{\partial x}\left(\widetilde{S}\frac{\partial p}{\partial x}\right)-\frac{\partial}{\partial y}\left(\widetilde{S}\frac{\partial p}{\partial y}\right)=-F \tag{5.60}$$

$$G=\int_0^{H/2}\left(\frac{\partial\rho}{\partial p}\right)_T dz \tag{5.61}$$

$$F=\int_0^{H/2}\left(\frac{\partial\rho}{\partial T}\right)_p\frac{\partial T}{\partial t}dz \tag{5.62}$$

式 (5.60) における G は圧縮に伴う密度変化を，F は温度変化に伴う密度変化を表している。式 (5.61) および式 (5.62) における密度変化率を表す係数 $(\partial\rho/\partial p)_T$，$(\partial\rho/\partial T)_p$ は，状態線図のこう配より得ることができる。

式 (5.60) が圧縮性を考慮する場合の圧力方程式となる。式 (5.60) は圧力に関して非定常となるため時間方向に差分化し，保圧・冷却工程における圧力の時間変化を求める。

温度の支配方程式は充てん工程と同様であり，時間と肉厚方向に差分化して解くことができる。**図 5.16** に保圧・冷却工程を含むキャビティ圧履歴の検証例を示す。

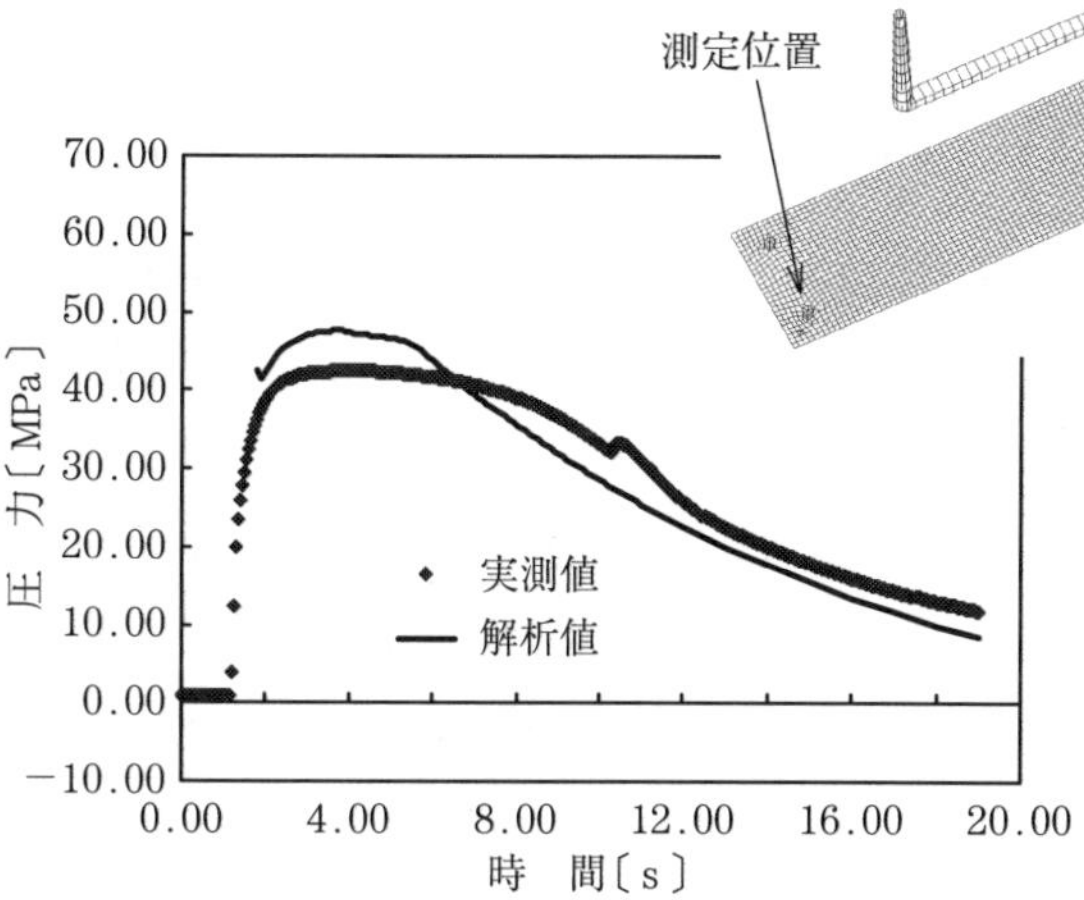

図 5.16　保圧・冷却工程のキャビティ圧履歴

6. 金型冷却解析

6.1 概　　要

ここまでの各章を通じて，射出成形工程における樹脂材料の状態変化をシミュレートする手法を学んできた。これによってスプルー・ランナーなどの樹脂流路とキャビティ内での挙動がモデル化・離散化され，圧力や温度などの物理量の時間的，空間的な分布をコンピュータ上で計算することができる。

一方，金型は樹脂材料に対して圧力の反力を作用し，熱的な境界条件を与えることになるが，これまでの検討では金型の影響は既知であるとして省略してきた。しかし実際は樹脂圧が大きい場合に金型が変形してキャビティ厚さが変化したり，場合によってはパーティング面から樹脂漏れが生じてバリ不良となることがある。また，金型内の温度分布は必ずしも均一ではなく，キャビティの形状や肉厚，冷却回路（mold cooling circuit）との位置関係によって数十℃もばらつくことがある。

特に，金型温度のばらつきは成形品の反り変形やひけなど成形不良の原因となるため，冷却回路の設計は金型設計において重要なポイントとなる。**図 6.1** に金型冷却回路の一例を示す。キャビティと冷却回路との熱のやり取りを考慮し，金型内の温度ばらつきをシミュレートする技術を金型冷却解析（mold cooling analysis）と呼ぶ。

金型冷却解析を行う目的はつぎの二つが考えられる。

① 冷却回路の設計

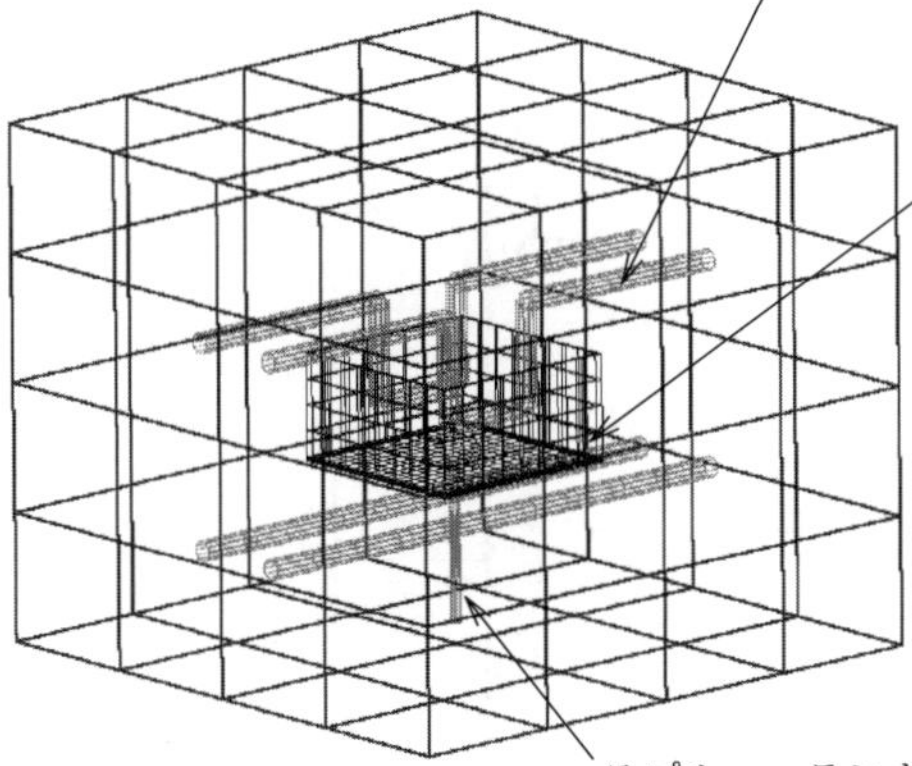

図 6.1　金型冷却回路の一例

② 成形シミュレーションの精度向上

①の場合，金型冷却解析は単独で実行され，キャビティの蓄熱部分をなくし均一冷却を実現するための冷却回路やキャビティ肉厚，形状などが検討される。②の場合，金型冷却解析は樹脂流動解析などとリンクし，樹脂材料挙動のシミュレーションを行う際の境界条件を高精度に与えるために活用される。いずれにしても，金型冷却の目的はキャビティ表面の温度分布，あるいは成形品の冷却速度を所望の範囲内に収めることである。

図 6.2 に金型における熱のやり取りを模式的に示す。溶融樹脂材料によってキャビティ内に持ち込まれた熱量はキャビティ表面から金型に伝わり，熱伝導によって金型内部を拡散し，冷却回路表面から冷却水により外部へ運び去られる。また一部はダイプレートなどを通して成形機へ伝導し，他の一部は金型表面から周辺の大気へ放熱される。

金型冷却解析はこうした熱の流れを数値解析に置き換え，3 次元熱伝導解析を行うことによって，キャビティ表面の温度分布を予測する。解析手法としては金型表面を 2 次元的な要素に分割する境界要素法（boundary element method，BEM）や，金型内部を 3 次元的な立体要素に分割する有限要素法

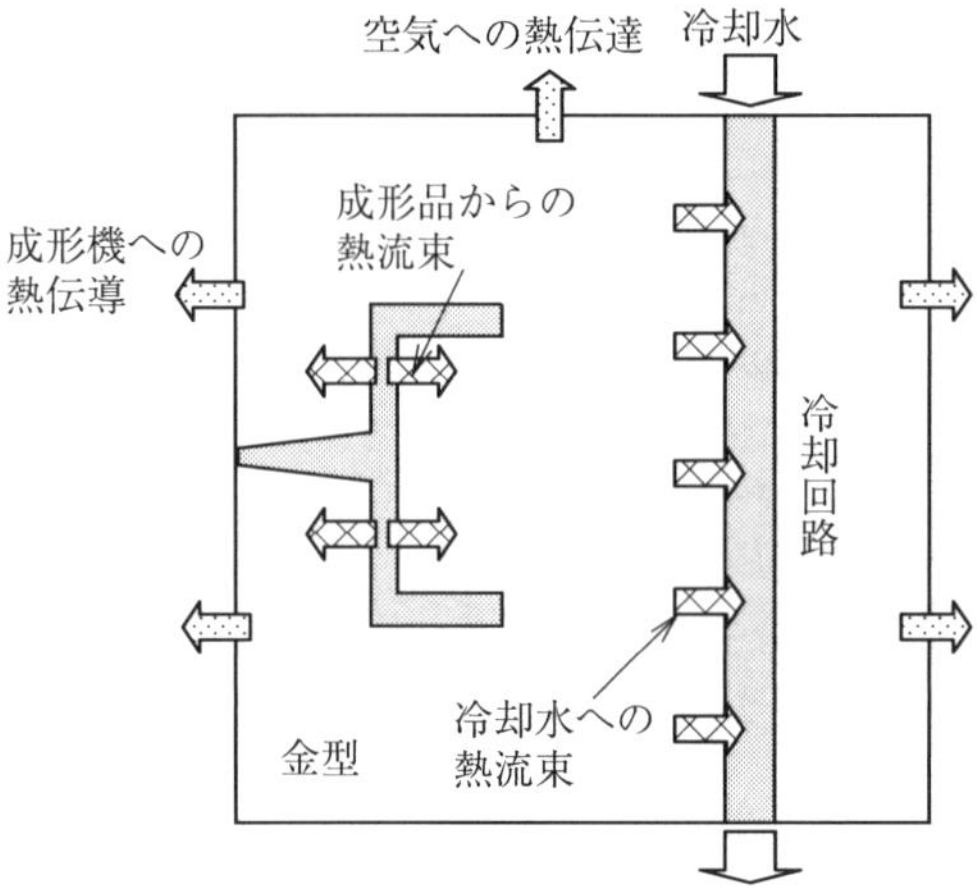

図 6.2　金型における熱のやり取り

(finite element method, FEM) が用いられる。

本章では，まず境界要素法と有限要素法による 3 次元熱伝導解析の基礎について簡単に述べる。つぎに金型冷却解析に特有のキャビティ内樹脂冷却とのモデル化手法や，冷却回路のモデル化について述べる。

図 6.3 に金型冷却解析の考え方を示す。図 6.2 に示した熱のやり取りを簡略化し，溶融樹脂の射出によってキャビティ部分に持ち込まれた熱量が冷却水や金型表面からの熱伝導により持ち去られるものと考え，1 サイクルを通じて金型へ持ち込まれる熱量と持ち去られる熱量の収支がとれているものとする。そこで，キャビティ部分の樹脂温度については非定常熱伝導計算により温度変化

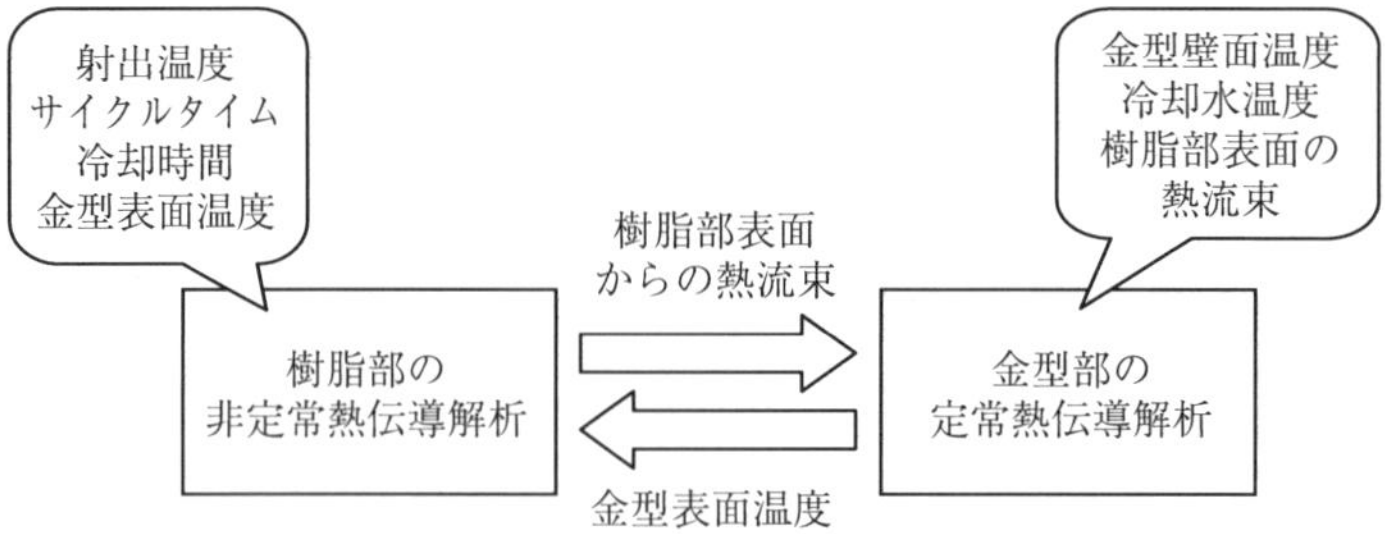

図 6.3　金型冷却解析の考え方

を求め，金型へ供給される熱量を求める。一方，金型内の熱伝導は全熱量収支を考えて定常計算とする。ここでは樹脂充てんに伴う金型表面に対する熱量供給の時間的変化は考慮せず，溶融樹脂は瞬時に金型内へ充てんされるものと仮定している[1,2]。

このときキャビティ表面では金型と樹脂間を流れる熱流束（heat flux）と表面温度の両方が未知数となるため，つぎの反復計算が必要になる。

1）　キャビティ表面温度を仮定してキャビティ部分の樹脂温度変化を求める。

2）　1)よりキャビティ表面の熱流束を時間平均する。

3）　2)の平均熱流束を境界条件として金型部分の定常熱伝導解析を行う。

4）　3)よりキャビティ表面温度を求め，収束するまで1)を繰り返す。

上記ステップにより，金型キャビティ形状や冷却回路を考慮してキャビティ表面温度むらや樹脂温度の蓄熱部分などを検討することができる。金型冷却解析を用いて反り変形解析などを行う統合システムが松岡ら[3]により報告されており，現在数種類の市販システムが販売されている。

上記ステップ1)では，5章で述べた樹脂部の肉厚方向1次元熱伝導解析を用いる。本章では，3)の定常熱伝導解析について，境界要素法と有限要素法による定式化を述べる。

6.2　BEM熱伝導解析

BEM（境界要素法）は微分方程式で与えられた境界値問題を積分方程式に変換し，これを離散化して数値的に解く方法である。金型の熱伝導解析で解くべき微分方程式は楕円形のラプラス（Laplace）方程式であり，理工学の応用分野でしばしば対象とされる。

こうした微分方程式は，微分作用素を差分に置き換えて直接近似する差分法や，領域を単純な形状関数を有する要素の組合せとして表現する有限要素法によって解くことができる。このような領域全体を近似する領域形の解法に対して境界要素法は境界形解法と呼ばれ，まず与えられた領域の支配微分方程式と境界条件を境界上での積分方程式に変換する。続く離散化の定式化も境界上において行われる。

このため，有限要素法では領域内部全体を要素分割する必要があるのに対して，境界要素法は境界上のみ要素分割すればよい。金型冷却解析の場合，有限要素法では冷却回路やキャビティ形状などを含む複雑な金型内部を三角錐要素（テトラ要素）などの3次元要素でメッシュ分割する必要があるのに対し，境界要素法では金型表面やキャビティ表面を三角形要素などの2次元要素でメッシュ分割すればよい。したがってメッシュ分割の手間が大幅に削減できる。また金型内部の要素を生成しないため，有限要素法に比べて自由度数が大幅に減少し，データのハンドリング性が高まるなどの利点がある。両者のメッシュ分割の差異を2次元を例に**図6.4**に示す。

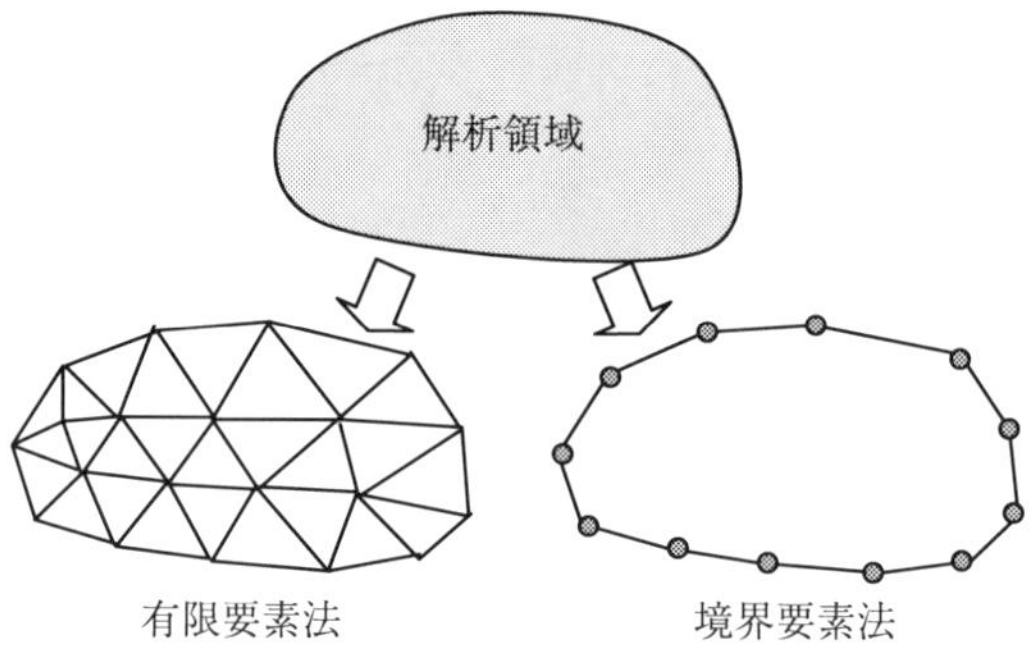

図6.4　有限要素法と境界要素法のメッシュ分割

金型冷却解析において解くべき支配方程式は，つぎに示す3次元熱伝導方程式である。金型内部と表面を含む領域 $\boldsymbol{\Omega}$ において

$$\frac{\partial}{\partial x}\left(\kappa\frac{\partial T}{\partial x}\right)+\frac{\partial}{\partial y}\left(\kappa\frac{\partial T}{\partial y}\right)+\frac{\partial}{\partial z}\left(\kappa\frac{\partial T}{\partial z}\right)=0$$

あるいは領域内の点 P について

$$\nabla(\kappa\nabla T(P))=0 \qquad (P\in\boldsymbol{\Omega}) \tag{6.1}$$

ここで，κ は金型の熱伝導率である。

金型表面の境界全体を S とし，温度が既知である Dirichlet 条件部分を S_t，熱流束が既知である Neuman 条件部分を S_q とする。領域 S 上の点はすべて S_t または S_q のいずれか一方に属するものとする。

$$\left.\begin{aligned} T(Q) &= \bar{T} & Q &\in S_t \\ -\kappa\frac{\partial T}{\partial n}(Q) &= \bar{q} & Q &\in S_q \end{aligned}\right\} \tag{6.2}$$

金型の表面を形成する各部分は**図 6.5** の金型冷却解析の境界条件に示すようにつぎのように分類される。

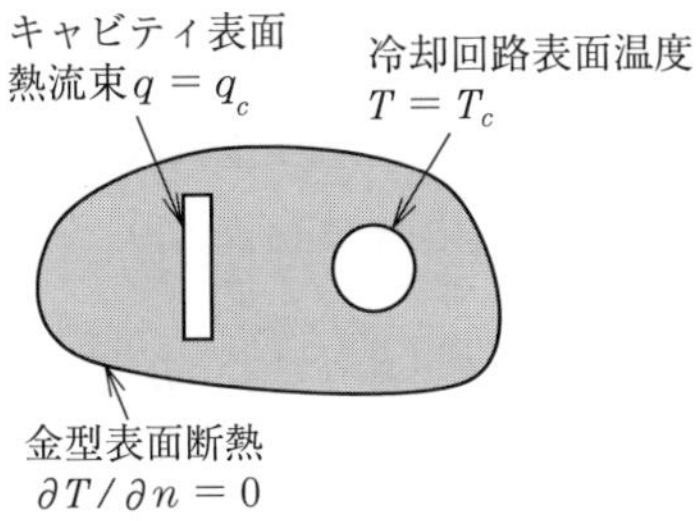

図 6.5 金型冷却解析の境界条件

(キャビティ表面) $\in S_q$

(冷却回路表面) $\in S_t$

(その他の金型表面) $\in S_q$

冷却回路内冷却水の温度上昇や金型表面の熱伝達などを考慮する場合はさらに複雑な境界条件が用いられるが，ここでは簡単のため上記のように単純な境界条件を想定した。

支配方程式 (6.1) で表されるラプラス方程式を境界要素法により定式化する手法について，詳細は多くの文献[4)]があるためここでは概要のみ述べる。

まず 3 次元ラプラス方程式の基本解はつぎのように知られている。

$$T^*(P, Q) = \frac{1}{4\pi\overline{PQ}} \tag{6.3}$$

$$\nabla^2 T^* = 0 \tag{6.4}$$

ここで，P，Q は領域 $\boldsymbol{\Omega}$ 内の点であり，$\overline{PQ}$ は PQ 間の距離である。

Gauss-Green の公式（発散定理あるいは部分積分公式）に対して，式 (6.1) および式 (6.4) を用いれば，境界上において以下の積分方程式が得られる。

$$\frac{1}{2}\kappa T(Q) - \int_S \kappa T(P) q^*(P, Q) dS = -\int_S q(P) T^*(P, Q) dS \qquad (6.5)$$

ここで，$q^*(P, Q)$ はつぎのように，点 P における T^* の法線方向微分である。

$$q^*(P, Q) = -\frac{\partial}{\partial n^P} T^*(P, Q)$$

つぎに，式 (6.5) を離散化し連立 1 次方程式に帰着する。**図 6.6** に示すように，境界 S を，たがいに重ならず連続した N 個の微小要素に分割する。最も単純な要素として，一定要素（constant element）を用いるものとすれば，境界点 $Q = P_i\ (i = 1, 2, \cdots, N)$ について，以下のようになる。

$$\frac{1}{2}\kappa T_i - \int_S \kappa q^*(P, P_i) dS \cdot T_j = -\int_S T^*(P, P_i) dS \cdot q_j \qquad (6.6)$$

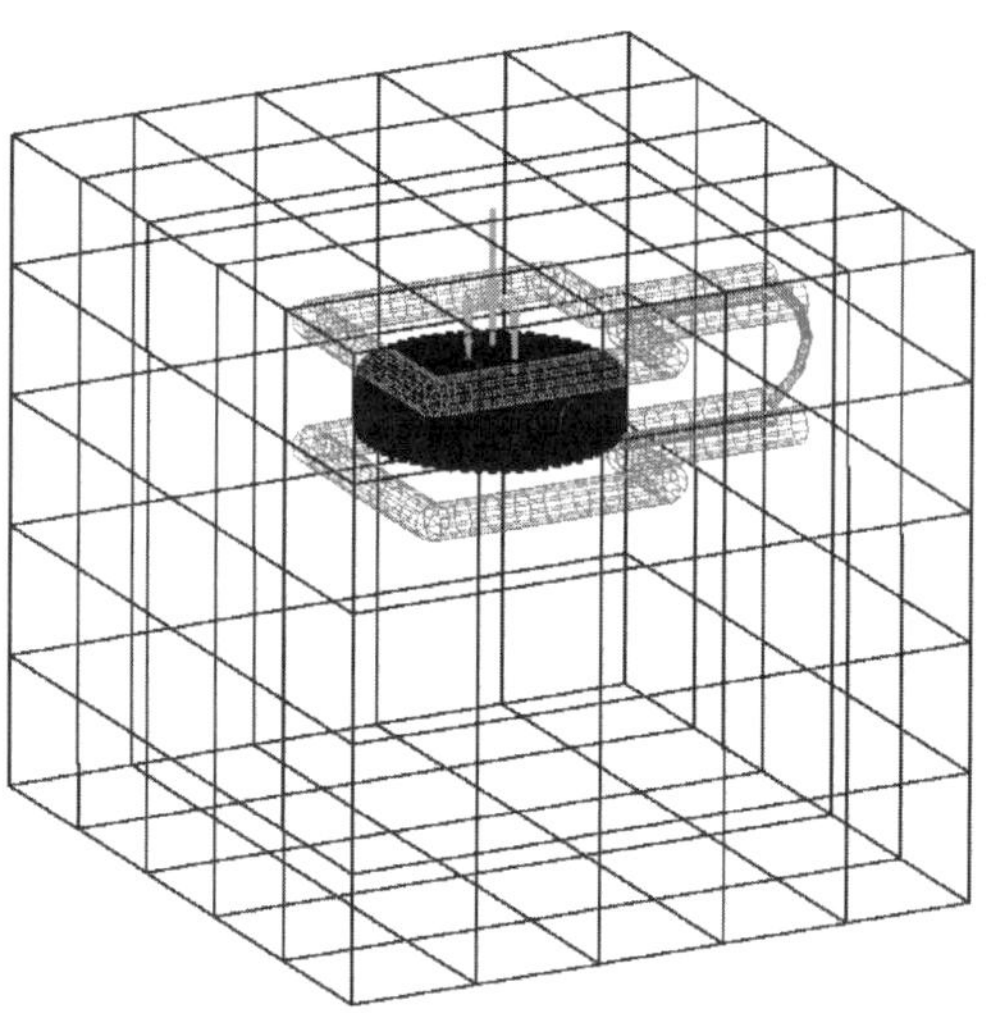

図 6.6　境界要素分割

上式における T，q の係数を $i = 1 \sim N$，$j = 1 \sim N$ について計算すれば，つぎの境界要素方程式（boundary element equation）が得られる。

$$\begin{bmatrix} h_{11} & h_{12} & \cdots & h_{1N} \\ h_{21} & h_{22} & & h_{2N} \\ \vdots & \vdots & & \vdots \\ h_{N1} & h_{N2} & \cdots & h_{NN} \end{bmatrix} \begin{Bmatrix} T_1 \\ T_2 \\ \vdots \\ T_N \end{Bmatrix} = \begin{bmatrix} g_{11} & g_{12} & \cdots & g_{1N} \\ g_{21} & g_{22} & & g_{2N} \\ \vdots & \vdots & & \vdots \\ g_{N1} & g_{N2} & \cdots & g_{NN} \end{bmatrix} \begin{Bmatrix} q_1 \\ q_2 \\ \vdots \\ q_N \end{Bmatrix} \tag{6.7}$$

ここで，行列の各要素は以下となる。

$$h_{ij} = \frac{1}{2}\kappa\delta_{ij} - \int_S \kappa q^*(P, P_i)dS \tag{6.8}$$

$$g_{ij} = -\int_S T^*(P, P_i)dS \tag{6.9}$$

δ_{ij} はつぎに示すクロネッカーのデルタ（Kronecker's delta）である。

$$\delta_{ij} = \begin{cases} 1 & (i = j) \\ 0 & (i \neq j) \end{cases}$$

式 (6.7) の行を未知項（T，q）と既知項（$\bar{T}$，$\bar{q}$）に対して，つぎのように整理することができる。

$$\begin{bmatrix} H_{11} & H_{12} \\ H_{21} & H_{22} \end{bmatrix} \begin{Bmatrix} T \\ \bar{T} \end{Bmatrix} = \begin{bmatrix} G_{11} & G_{12} \\ G_{21} & G_{22} \end{bmatrix} \begin{Bmatrix} \bar{q} \\ q \end{Bmatrix}$$

さらに未知項を左辺，既知項を右辺に移動することにより，最終的につぎの連立1次方程式が得られる。

$$\begin{bmatrix} H_{11} & -G_{12} \\ H_{21} & -G_{22} \end{bmatrix} \begin{Bmatrix} T \\ q \end{Bmatrix} = \begin{bmatrix} G_{11} & -H_{12} \\ G_{21} & -H_{22} \end{bmatrix} \begin{Bmatrix} \bar{q} \\ \bar{T} \end{Bmatrix} \tag{6.10}$$

上式をガウスの消去法などの数値解法により解けば，金型境界の温度と熱流束が得られる。式 (6.10) の左辺の行列は一般にすべてのマトリックス要素がゼロではないフルマトリックスとなり，さらに i 行 j 列成分と j 行 i 列成分とが異なる非対称行列である。このため BEM は FEM と比べて境界のみメッシュ分割するために自由度数は大幅に少なく済む代わりに，非対称フルマトリックスを取り扱う必要が生じる。

6.3　FEM 熱伝導解析

続いて FEM による 3 次元熱伝導解析の定式化について述べる。熱伝導方程式と境界条件は，前節と同様に式 (6.1) および式 (6.2) である。FEM は解析領域を要素に分割し，要素内部を単純な内挿関数で近似する。熱伝導方程式の FEM による解法については多くの文献[5)] があるため，ここでは概略と金型冷却解析における境界要素法との差異について述べる。

金型内部の領域が**図 6.7** に示すように三角錐要素によって分割されているものとする。要素頂点を節点と呼び，節点 i の温度を T_i として要素内部の温度分布を簡単な内挿関数（interpolate function）により近似する。内挿関数は要素を構成する節点座標により定まる関数であり，形状関数（shape function）とも呼ばれる。

図 6.7　三角錐要素による金型内部の分割

要素内部の温度を，要素を構成する四つの節点温度 T_1～T_4 より次式のように内挿近似する。

$$T(x, y, z) = [N_1 \quad N_2 \quad N_3 \quad N_4]\begin{Bmatrix} T_1 \\ T_2 \\ T_3 \\ T_4 \end{Bmatrix} = [N]\{T_i\} \tag{6.11}$$

$[N]$ は1行4列の行マトリックスであり，節点温度と内部温度を結び付ける内挿関数マトリックスである。

ガラーキン法の手続きに従い，$[N]$ を重み関数として式 (6.1) を要素内で積分する。

$$\int_{v^e}[N]^T\left\{\kappa\left(\frac{\partial^2 T}{\partial x^2} + \frac{\partial^2 T}{\partial y^2} + \frac{\partial^2 T}{\partial z^2}\right)\right\}dv = 0 \tag{6.12}$$

ここで，κ は要素内にて一定とした。上付き添え字 T は転置を表し，積分 v^e は要素内での積分を表す。

式 (6.12) に対して Green-Gauss の公式を適用し，2階偏微分項を変形すれば次式が得られる。

$$\begin{aligned}&\int_{v^e}[N]^T\left(\frac{\partial^2 T}{\partial x^2} + \frac{\partial^2 T}{\partial y^2} + \frac{\partial^2 T}{\partial z^2}\right)dv \\ &\quad = -\int_{v^e}\kappa\left(\frac{\partial[N]^T}{\partial x}\frac{\partial T}{\partial x} + \frac{\partial[N]^T}{\partial y}\frac{\partial T}{\partial y} + \frac{\partial[N]^T}{\partial z}\frac{\partial T}{\partial z}\right)dv \\ &\qquad + \int_{S^e}\kappa\,[N]^T\frac{\partial T}{\partial n}\,dS\end{aligned} \tag{6.13}$$

ここで，S^e は要素境界を表す。

式 (6.11) を考慮して，最終的につぎのような要素内の近似方程式が得られる。

$$\begin{aligned}&-\int_{v^e}\kappa\left(\frac{\partial[N]^T}{\partial x}\frac{\partial[N]}{\partial x} + \frac{\partial[N]^T}{\partial y}\frac{\partial[N]}{\partial y} + \frac{\partial[N]^T}{\partial z}\frac{\partial[N]}{\partial z}\right)dv\{T\} \\ &\quad -\int_{s^e}q[N]^T\,dS = 0\end{aligned} \tag{6.14}$$

ここで，左辺第2項はフーリエの法則により，熱流束に置き換えている。

上式は $[k^e]$ を要素行列（element matrix）としてつぎのように表すことができる。

$$[k^e]\{T\} = \{f\} \tag{6.15}$$

上式左辺の要素行列と右辺の熱流束ベクトルをすべての要素について作成し，全体行列およびベクトルへのアセンブル操作を行えば，つぎの連立1次方程式が得られる。

$$[K]\{T\} = \{F\} \tag{6.16}$$

ここで，$[K]$ は全体行列，$\{T\}$ は温度ベクトル，$\{F\}$ は熱流束ベクトルである。

いま，冷却回路上の節点温度は既知であるから，境界条件として与えられる。またキャビティ表面上の節点については熱流束が与えられ，それ以外の節点では $q = 0$ とする。式 (6.16) に対してこれらの境界条件を代入し，未知数を左辺に集めて整理すれば連立1次方程式が得られる。これをガウス消去法や共役こう配法などの数値解法により解くことによって，キャビティ表面の温度分布を得ることができる。

FEM を用いる方法は BEM と比べてメッシュ分割が難しく，自由度数も膨大となる。しかし得られる連立1次方程式の全体行列は粗行列となり，100 万自由度程度の計算はメモリー，計算時間ともに問題なく実行できる。大井ら[6)]によれば，**図 6.8** に示すようにキャビティ部分の節点数が 15 000 以上のモデルの場合，FEM の方が計算時間上有利となることが報告されている。

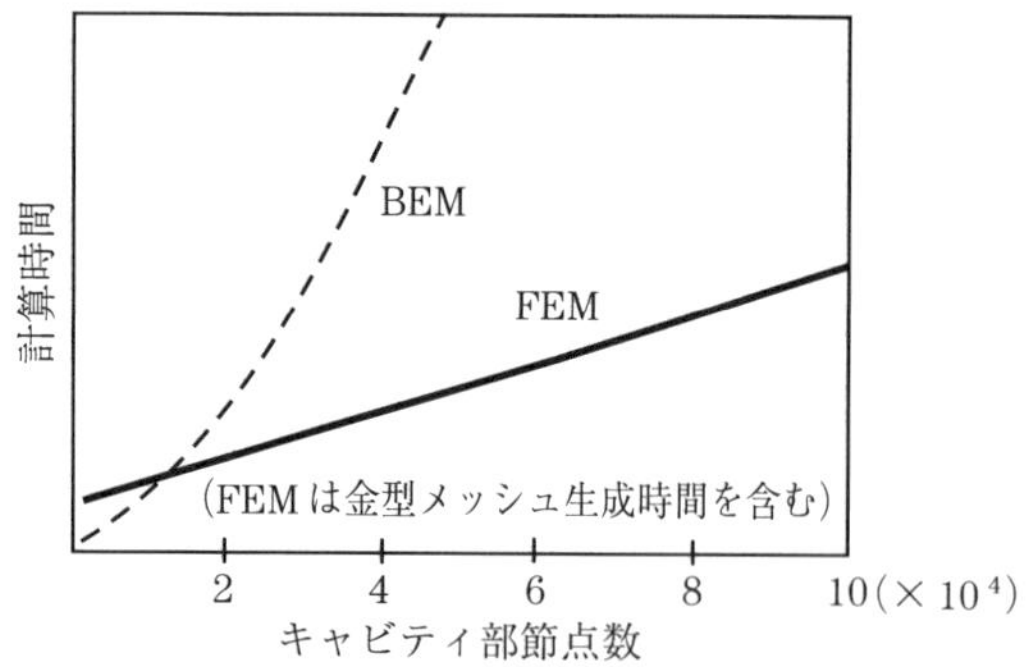

図 6.8　FEM と BEM の計算時間比較

6.4　冷却回路の取扱い

射出成形CAEでは一般的に冷却回路のモデル化において，入力作業を簡略化するために2節点の線要素が用いられる。各冷却回路要素に対しては断面直径を定義する。BEMを用いて金型内温度分布を求める場合，冷却回路の表面に相当する部分に冷却回路要素を自動的に発生し，式(6.8)あるいは式(6.9)の積分計算を実行する。FEMの場合は冷却管形状を考慮して金型内部をメッシュ分割する方法や，冷却回路直径は金型に比べて十分に小さいとして冷却回路部分の節点に温度拘束を与える方法[6)]などがある。

また，冷却回路を流れる冷却水の温度は外部のチラー（chiller）によって設定温度に制御されているが，流量が不十分の場合は冷却回路入口から出口に至る間の温度上昇が無視できない場合がある。このような温度上昇は，円管内流動の熱伝達をあわせて計算することで考慮することができる。

金型冷却解析により求めたキャビティ温度分布と実測との比較を**図6.9**およ

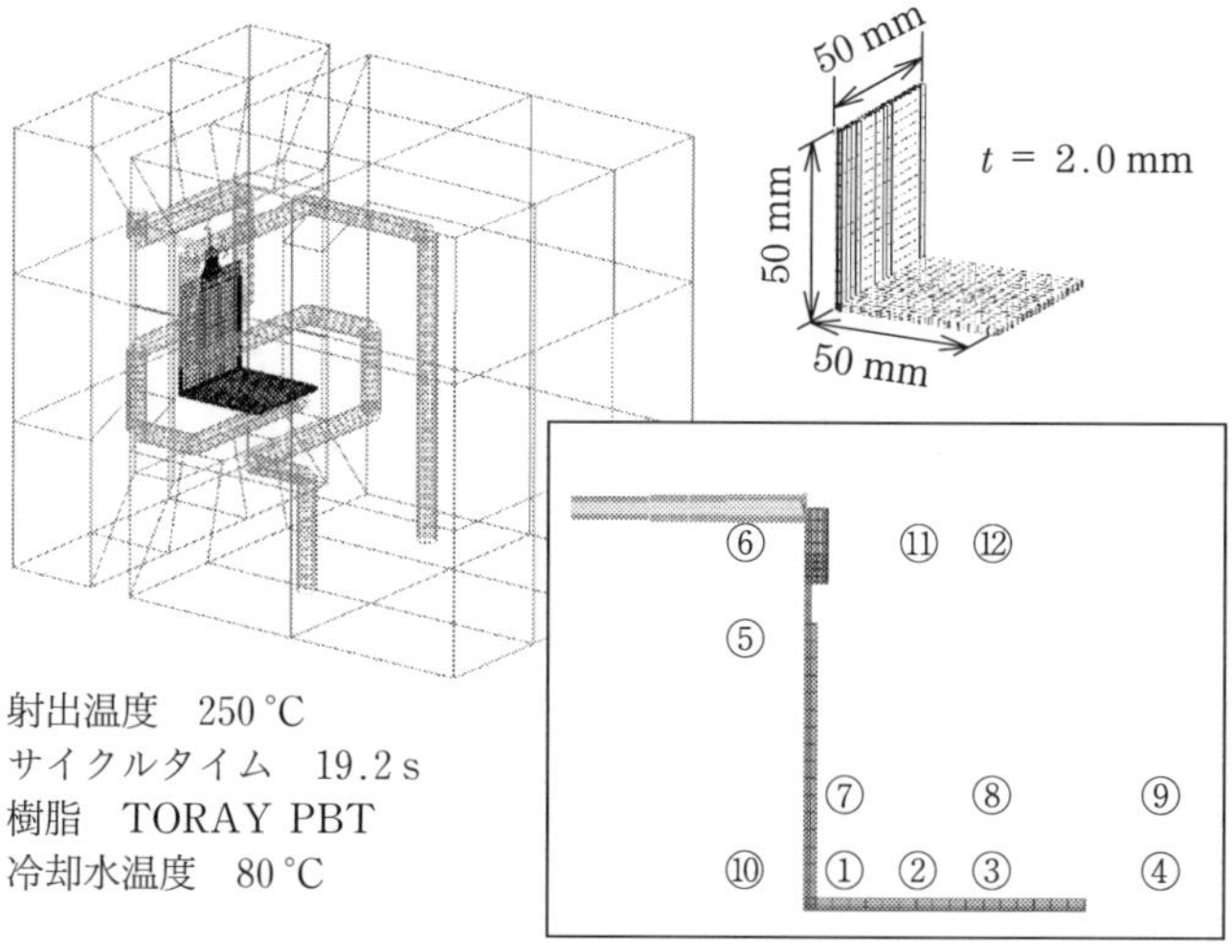

図6.9　金型冷却解析と実測との比較条件

び**図6.10**に示す。解析はFEMとBEMの両方で実施した。実測は時間平均した値を用いている。成形品上下面の温度差は反り変形など成形不良の要因となるため，こうした金型冷却解析が反り変形予測や金型設計に活用されている。

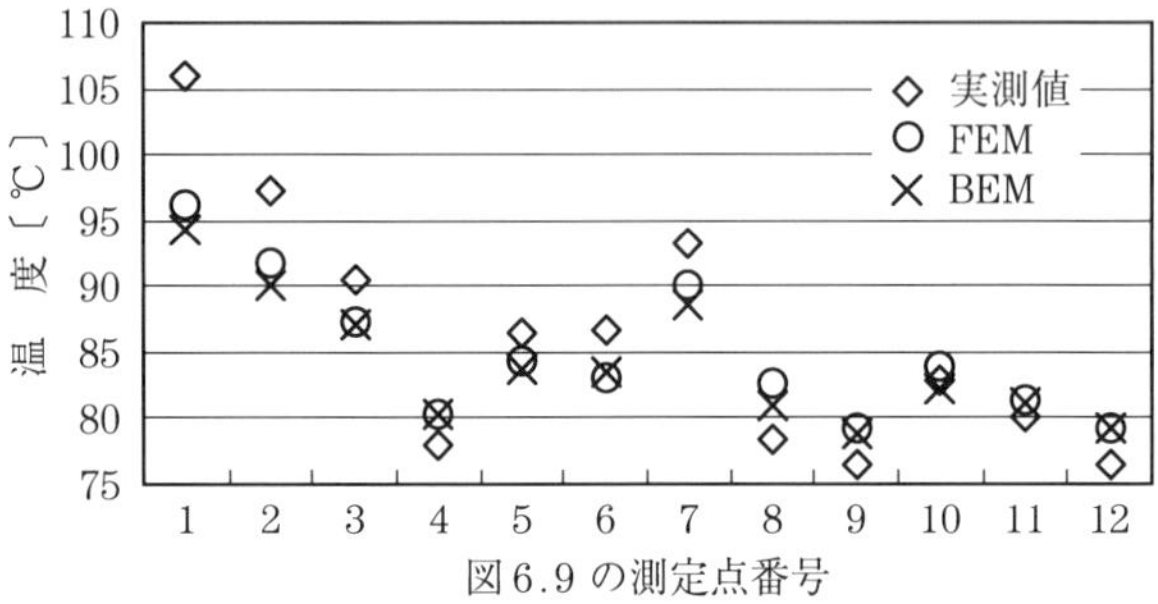

図6.10　実測との比較結果

7. 収縮・反り解析

7.1 概　　　　要

7.1.1 収縮・反りのメカニズム

射出成形プロセスを通じて，ポリマーは流体からゴム状あるいはガラス状へと変化する。このとき激しい温度変化に伴って複雑な力が材料に対して作用することになる。こうした力はポリマー分子鎖の配向や残留応力を引きおこし，最終的には成形品の収縮や反りとなって現れる。

射出成形品の反り変形は最も重大な成形不良の一つであり，反りを低減するために試作による金型修正を何度も繰り返さざるをえないことが，射出成形品の開発において大きなネックとなっている。したがってシミュレーションによって残留応力や収縮，反りを予測し，事前に対策を講じることにより，開発期間短縮や金型製作，成形試作のコスト低減へ大きく寄与することができる。

収縮・反りのメカニズムを理解するため，射出成形のプロセスを通じて反り変形へ至る過程を考える。**図 7.1** に射出成形プロセスと残留応力，収縮，反りの関係を概念的に示す。

（1）　充てん過程では，おもにせん断変形に伴う流動分子配向と金型表面近傍での固化層の成長が見られる。このため流動起因の応力が発生し，表面近傍の急激な固化とともに残留応力として凍結される。

（2）　保圧過程では，充てん終了直後からキャビティ内圧が上昇を始め，大きな圧縮力が材料に作用する。同時におもに金型表面への熱移動により温度低

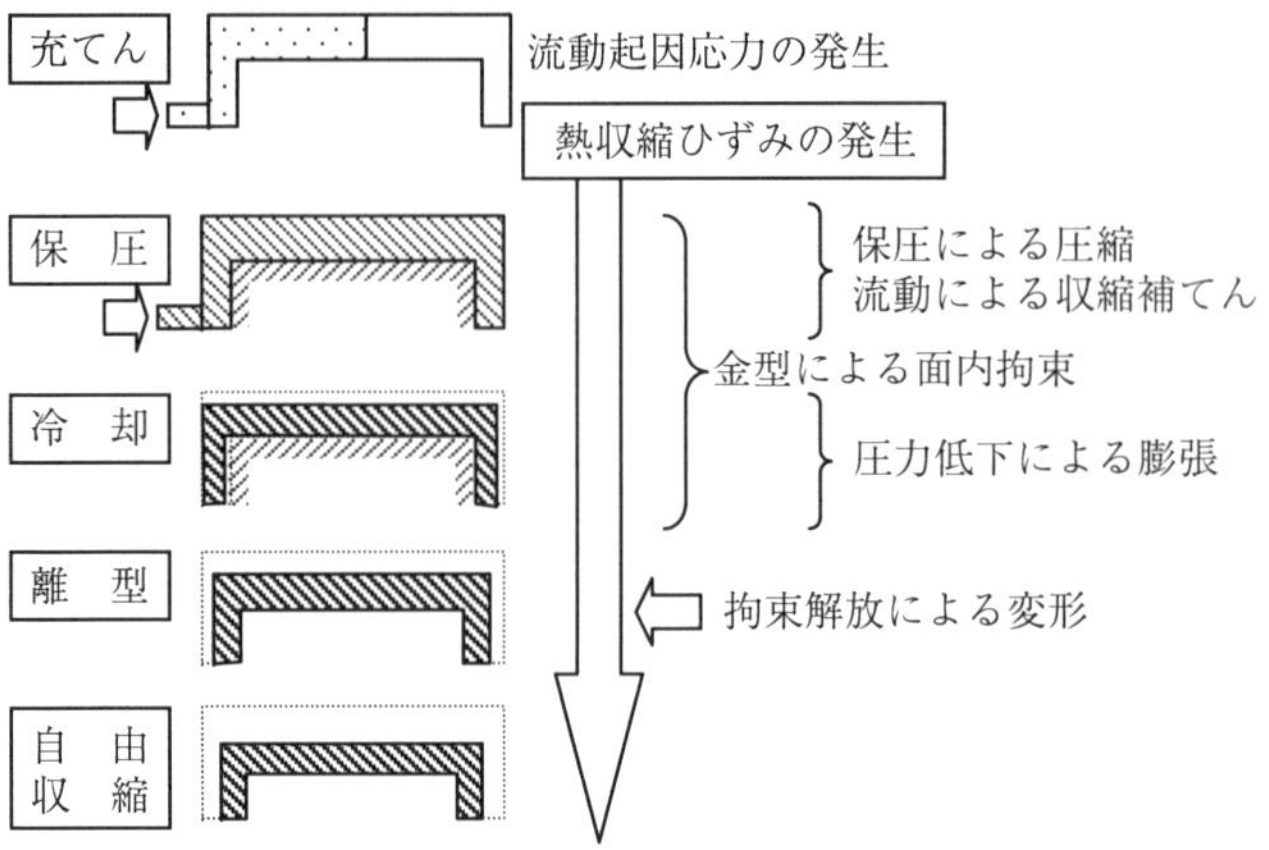

図 7.1　射出形成プロセスと収縮変形のメカニズム

下が進む。この温度低下に伴って熱収縮が生じるが，材料が溶融状態にある場合は材料流動により収縮が充てんされる。

（3）　冷却過程ではさらに温度低下が進み，材料が固体へ相変化するにつれ内部流動がなくなる。材料は収縮しようとするが，一般的な射出成形品は複雑な肉厚変化やリブ構造などを有しており，金型内では自由に収縮することが難しい。このため収縮は拘束され，ガラス転移点以上では粘弾性的な応力緩和が進行する。この熱収縮に伴う応力の発生と金型拘束による緩和が同時進行した結果，離型時の残留応力が形成される。

（4）　成形品の冷却が進み十分な強度を有する状態になると，金型から突き出されて離型する。このとき，離型までに蓄えられた熱残留応力は金型拘束の消滅とともに解放され，突出し時の変形が発生する。

（5）　さらに室温に至るまで成形品の温度低下が進行し，金型拘束のない状態で自由に熱収縮が進む。最終的に室温大気圧の平衡状態に至るが，このとき**図 7.2** に示すように成形品に曲がりやねじれ，立ち壁の倒れなどの反り変形が生じることになる。

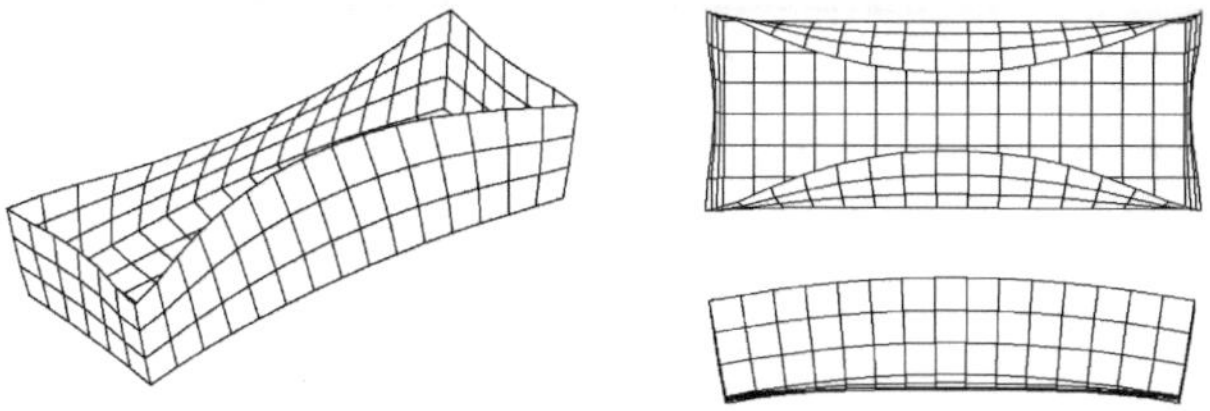

図 7.2　箱形射出成形品の反り変形モード

7.1.2　収縮・反りシミュレーションの経緯

射出成形における残留応力に関しては，Isayev らの研究など[1),2)]がある。流動残留応力の計算には微分形の非線形粘弾性構成則の一種であるレオノフモデルが用いられることが多く，文献[3)~6)]において単純形状に対して残留応力が計算された。多田ら[7)]は充てん時の流動解析と組み合わせることにより，複雑形状に対してレオノフモデルによる残留応力を計算した。

こうした研究では，流動時の分子配向に起因する流動残留応力が検討された。一方，収縮・反りに対しては流動残留応力よりも熱収縮に起因する熱残留応力の影響が大きいと一般的にいわれている。

熱収縮が起因する反りとして，最初に樹脂を弾性体と仮定したモデル化が行われた。まず基本的な反りモードとして平板の金型上下面に温度差がある場合の反り[8)~10)]が検討された。また，ガラス繊維強化樹脂の射出成形に関して繊維配向に伴う異方性熱収縮による反り[11)]について FEM を用いて算出された。続いて熱収縮に加えて保圧による凍結圧力を考慮した残留応力[12)]が計算され，また金型内での種々の拘束状態に対応した収縮量が算出された[13)~15)]。

さらに，熱残留応力に対して応力緩和などの影響を考慮するために粘弾性モデルの適用が進み[16),17)]，平行平板間での冷却固化を対象として熱粘弾性（thermal visco-elasticity）の仮定に基づいて収縮・反り，および残留応力の形成メカニズムがモデル化された[18),19)]。

一方で実際の射出成形品へ適用するため，熱弾性[20)]や熱粘弾性モデル[21)~23)]

によりFEMを用いて複雑形状への適用が検討されてきた。現在では金型冷却や繊維配向による異方性解析と組み合わせた収縮・反り解析システムが実用化されている[24),25)]。

7.1.3 収縮・反りシミュレーションの流れ

収縮・反りシミュレーションの流れを**図7.3**に示す。充てん・保圧・冷却工程の解析より，キャビティ各部分における圧力 $P(x, y, z, t)$，温度 $T(x, y, z, t)$ などの時刻履歴が得られる。流動解析からは流動に起因する分子配向による残留応力が計算され，温度と圧力の履歴より熱収縮と圧力変化に伴い金型内で発生する応力が計算される。これらの金型内発生応力は金型拘束による粘弾性的な応力緩和を経て離型時の残留応力となる。また，離型後に発生する自由収縮が先ほどの残留応力と組み合わされ，さらに突出しなどの外力が加わって室温・大気圧の平衡状態における成形品の変形が定まる。最後に2点間の収縮割合より成形収縮率が算出され，基準面からの偏差量などより反り量が算出される。

ここでは流動に起因する残留応力の収縮・反りへの影響は，熱収縮と圧力に

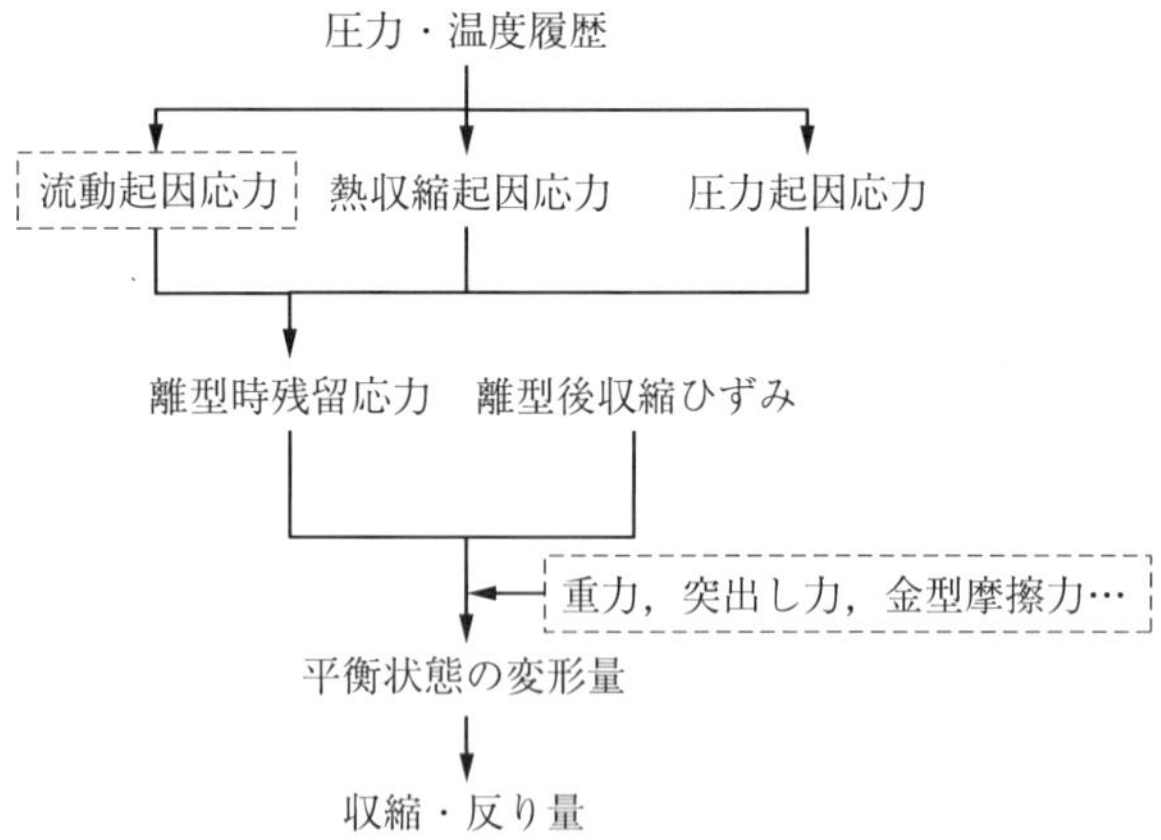

図7.3　収縮・反りシミュレーションの流れ
(破線内の効果は省略)

起因する応力に比べて小さいとして省略する。通常の成形条件下では流動起因の残留応力の影響はゲート近傍やキャビティ表面近傍に限定され，複屈折などの製品特性や表面物性に対しては影響するが，収縮に対する影響は小さいと考えられるためである。

また，突出しピンによる外力変形や金型コアへの抱付きに伴う摩擦力，離型後成形品に作用する重力などの外力も省略する。ただし自動車のインパネやバンパーのように大形成形品の場合，離型後も重力や設置摩擦などの影響が見られることがある。

以下の議論では，まず樹脂材料を簡単な弾性モデルと仮定し，離型時の熱残留応力を求める。つぎに金型内での粘弾性的な応力緩和を考慮した場合の残留応力を求める。ここで，保圧・冷却解析を通じてキャビティ内の各部分の圧力や温度の履歴が充てん・保圧・冷却解析を通じて既知であることを前提とし，キャビティ内の一部を取り出した局所モデルに発生するひずみや応力を評価する。最後に離型時の残留応力と離型後の発生ひずみにより成形品の収縮・反り変形を FEM 熱応力解析によりシミュレートする手法を示す。

7.2 金型内の応力-ひずみ構成式

7.2.1 弾性モデルによる構成式

Jansen らの研究[13]に従って樹脂を弾性体と仮定し，**図 7.4** に示す矩形状の弾性材料が金型内で任意の圧力履歴を受けながら温度低下し，金型内で収縮する現象を考察する。まず応力計算においては以下の仮定を設ける。

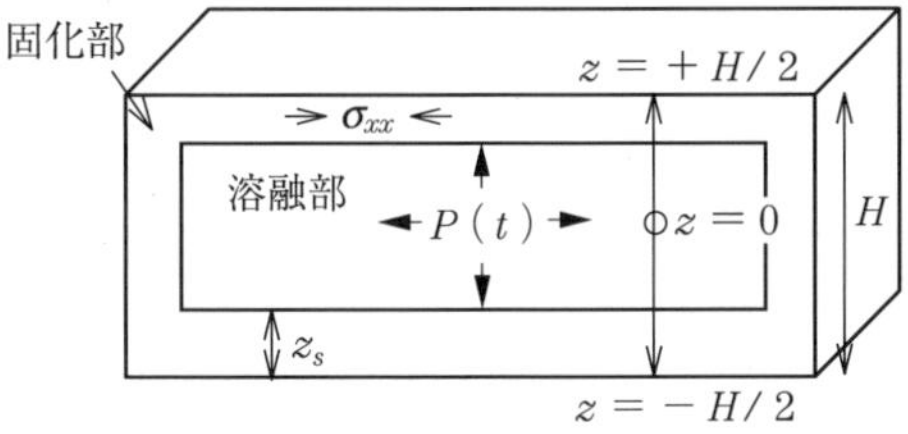

図 7.4 平行平板間で冷却される矩形状の概念図

1） 固化部/溶融部において応力とひずみは連続している。

2） 固化部のせん断応力は無視する。

3） 固化部の面内変形は一定とする（型内ではゼロ）。

4） 厚さ方向応力は厚さ方向位置に依存しない。

5） 固化の過程で面外変形は発生しない。

6） 固化部は弾性体とし，溶融部は引張りに対して抗力をもたない。

7） 流動に起因する残留応力は無視する。

8） 温度，圧力，固化部/溶融部境界，結晶化収縮量，反応収縮量は既知とする。

応力とひずみをそれぞれ σ，ε で表すとすれば，上記仮定により

$$\sigma_{xy} = \sigma_{yz} = \sigma_{xz} = 0,\ \ \varepsilon_{xy} = \varepsilon_{yz} = \varepsilon_{xz} = 0,\ \ \sigma_{zz} = -p(t)$$

となる。ここで $p(t)$ は時刻 t における圧力値である。

一般化フックの法則（generalized Hook's law）により，固化部における弾性モデルの構成式（面内応力）がつぎのように得られる。

$$\sigma_x(z, t) = -P(t) + \frac{E}{1-\nu^2}(\varepsilon^*_{xx} + \nu\varepsilon^*_{xy}) \tag{7.1}$$

ただし，$\varepsilon^*_{ii} = \varepsilon_{ii} - (\varepsilon^j_{ii} + \varepsilon^p_{ii})$，$\varepsilon_{ii}$ は実際に観察されるひずみ（$\varDelta L/L$）であり，ε^j は温度低下などに起因する収縮ひずみ，ε^p は圧力変化に伴うひずみを表す。E と ν はそれぞれヤング率とポアソン比である。

収縮ひずみ ε^j は熱収縮 ε^T や結晶化収縮 ε^{cr}，その他の反応収縮 ε^R など状態変化に伴って発生するひずみ量の総和 $\varepsilon^j_{ii} = \varepsilon^T_{ii} + \varepsilon^{cr}_{ii} + \varepsilon^R_{ii} \cdots$ である。ここでは単純に熱収縮のみ考えるものとすれば，線膨張係数を α として

$$\varepsilon^j_{ii} = \int_{T_s}^{T} \alpha dT \cong \alpha[T(x, y, z, t) - T_s] < 0$$

と表すことができる。ここで，T_s は固化温度である。

等方性の仮定などにより，式 (7.1) はさらに

$$\sigma_x(z, t) = \sigma_y(z, t) = -P(t) - \frac{E}{1-\nu}(\varepsilon^j_{xx} + \varepsilon^p_{yy})^t_{tsz} \tag{7.2}$$

となる。ここで熱収縮は固化時点 $t = t_{sz}$ からスタートする（熱収縮応力は固

化時点から発生する）ものとした。さらに圧力変化に起因するひずみ ε^p は固化時点の圧力と現在の圧力との差により発生するひずみであることから

$$\sigma_x(z, t) = -\frac{\beta E}{1-\nu} P_s(z) - \frac{\nu}{1-\nu} P(t) - \frac{E}{1-\nu} \varepsilon^j_{xx}(z, t) \quad (7.3)$$

となる。β は体積圧縮係数（$\beta = (1-2\nu)/E$），$P_s(z)$ は固化時の圧力である。上式右辺第 1 項は固化時の圧力により凍結された圧縮ひずみの寄与分を表し，Jansen ら[13]によれば，$\beta E/(1-\nu)$ は固化時点（$T = T_s$, $P = P_s$）での値が用いられるべきである。これはポアソン比 ν が固化の進行につれて 0.50 から約 0.30 へ急激に変化するためである。第 2 項は対象とする時刻における一軸圧縮応力の影響を表し，第 3 項は熱収縮など状態変化に伴って発生するひずみ量の総和を表している。

ここで，式 (7.3) を用いて弾性モデルによる金型内の応力変化を計算してみよう。樹脂材料は文献[13]に従い，PS（ポリスチレン）を想定する。**表 7.1** に計算に用いた条件を示す。肉厚は 1 mm とし，保圧力を 30 MPa と 60 MPa の 2 ケースとする。金型表面温度は一定に固定し，その他の部分の初期温度を一定として 1 次元差分法により温度分布の時間変化を求める。金型温度は 50 °C，樹脂の初期温度は 250 °Cとした。

表 7.1 弾性モデル計算条件

ヤング率	E	4 000	MPa
ポアソン比	ν	0.35	
体積圧縮係数（溶融時）	β_f	1.50×10^{-4}	
体積圧縮係数（固化時）	β_s	7.50×10^{-5}	
線膨張係数（溶融時）	α_f	1.10×10^{-4}	K^{-1}
線膨張係数（固化時）	α_s	2.20×10^{-4}	K^{-1}
熱拡散率	a	0.1	mm^2/s
固化温度	T_s	100	℃
金型上面温度	T_{m1}	50	℃
金型下面温度	T_{m2}	50	℃
初期温度	T_0	250	℃

図 7.5 に肉厚方向温度分布の時間変化を示す。また，圧力は簡単のために**図 7.6** に示すプロファイルを仮定した。

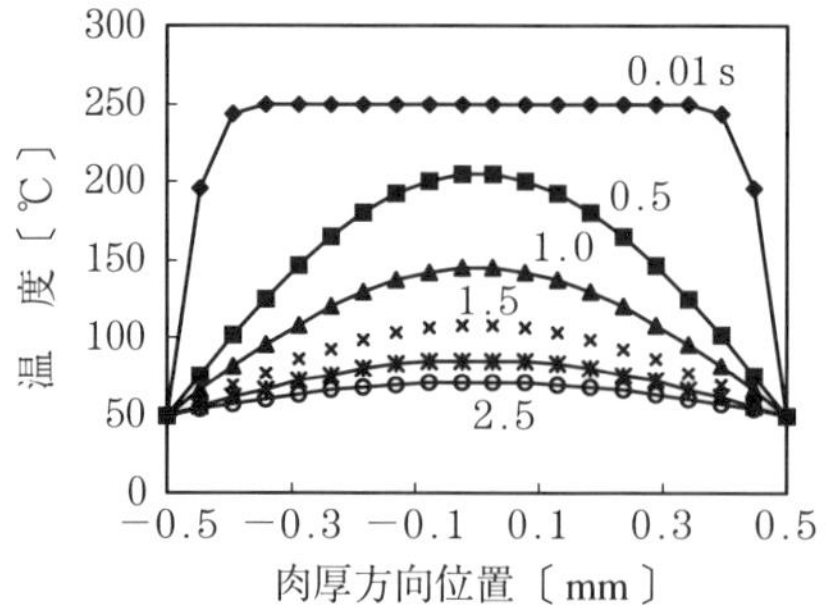

図 7.5　肉厚方向温度分布の時間変化

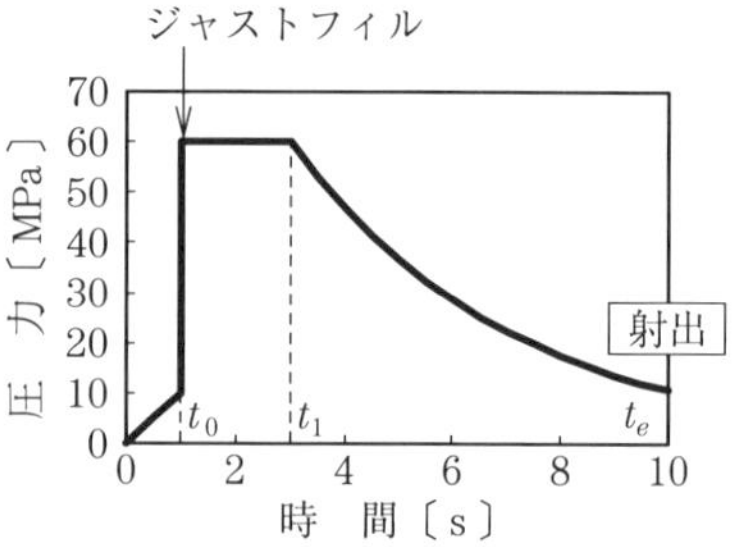

図 7.6　仮定した圧力波形
（離型時圧力 > 0 の場合）

肉厚 1 mm のモデルについて，中心 $z = 0$，表面 $z = 1$ および中間 $z = 0.5$ 位置における面内応力 σ_{xx} の時間変化を**図 7.7** に示す。ケース 1 として，充てん圧 $P_0 = 10$ MPa，保圧 $P_{\max} = 30$ MPa とした。表面近傍では充てん時に熱収縮による引張応力が生じ，保圧に入ると同時に流体圧力の上昇により引張応力が低下し，冷却工程では温度低下と圧力低下に伴って再び引張応力が増加している。肉厚の内層側でも同様の応力変化を示しているが，全体に圧縮側で保圧圧力相当の圧縮応力となり，引張応力側へ変化している。

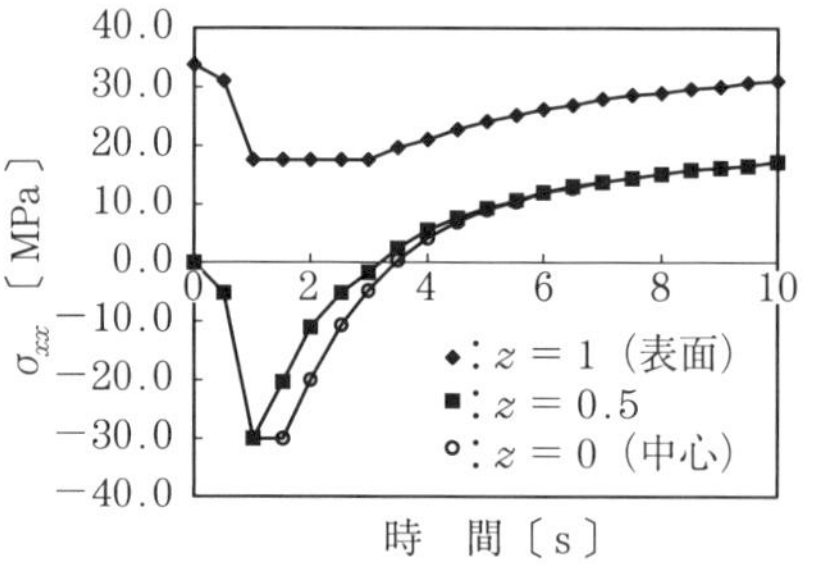

図 7.7　保圧 30 MPa の場合の面内応力の時間変化

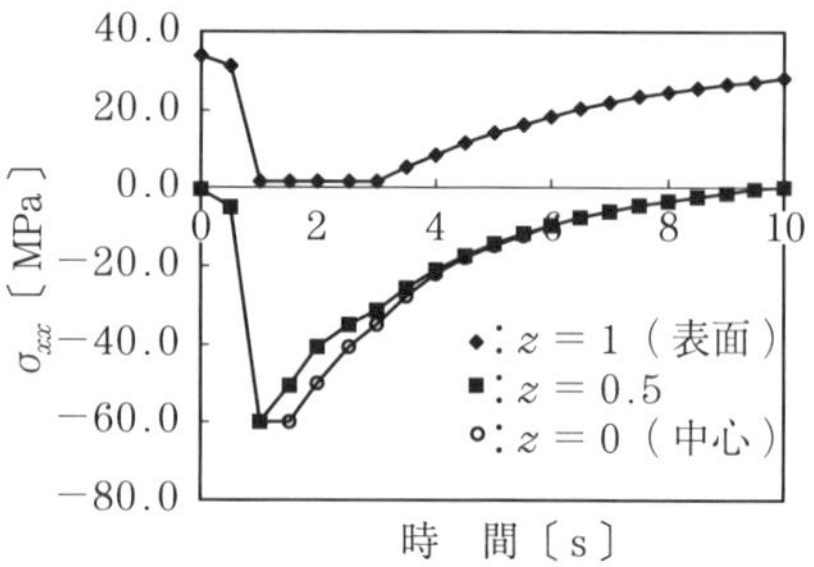

図 7.8　保圧 60 MPa の場合の面内応力の時間変化

ケース 2 にて充てん圧と保圧を 60 MPa とした場合，表面にはケース 1 と同様に引張応力が発生するが，圧力が大きいために内層の圧縮応力が増加し，離型時に内層の面内応力がほぼゼロとなっている（**図 7.8**）。したがって離型のタイミングによっては圧力の効果により生じた圧縮ひずみが内部に残留し，離型時に膨張変形をおこすことがわかる。

このように離型時残留応力の肉厚方向分布は，固化と圧力の履歴に応じて変化する。したがって収縮量や反り量に対しても，固化の過程で成形品に負荷される圧力がポイントになることが理解できる。

7.2.2 肉厚方向の収縮

シェル要素を用いた薄肉構造成形品の反り解析では，肉厚の変化を無視して基本的なモデル化が行われるが，成形品表面に発生するひけなど肉厚方向の収縮量が問題となることもある。ここでは肉厚方向の収縮について，前述した矩形試料の収縮を対象として考察する。

収縮はつぎの3段階に分けて考える。

1） 離型前：金型内圧が大気圧以上のとき，肉厚方向の収縮は発生しない。内圧がゼロ（大気圧）に達して以降，型内での肉厚方向収縮が始まる。

2） 離型の瞬間：金型拘束から解放され，弾性回復による収縮（または膨張）が発生する。

3） 離型後：温度低下に伴う離型後収縮が進行する。

金型内圧がゼロになる時刻を t_z*，離型を t_e とすると，肉厚方向の工学ひずみ δ_z はつぎのように表される。

$$\delta_z|_0^t = \delta_z|_{t_{z^*}}^{t_e} + \delta_z|_{t_e}^{t_{e'}} + \delta_z|_{t_{e'}}^{t} \tag{7.4}$$

上式右辺第1項は圧力ゼロとなってから離型まで，第2項は離型の前後，第3項は離型後の収縮ひずみを示し，それぞれつぎのように表される。

i） 圧力ゼロ～離型直前　$$\delta_z|_{t_{z^*}}^{t_e} = \left(\delta_z^{\mathrm{free}} + \frac{2\nu}{1-\nu}\,\hat{z}_s\bar{\varepsilon}^{j,s}\right)\Bigg|_{t_{z^*}}^{t_e} \tag{7.5}$$

ii） 離型直前～離型直後　$$\delta_z|_{t_e}^{t_{e'}} = \hat{z}_e\varepsilon_{zz}^{s}|_{t_e}^{t_{e'}} + (1-\hat{z}_e)\varepsilon_{zz}^{f}|_{t_e}^{t_{e'}} \tag{7.6}$$

iii） 離型直後～　$$\delta_z|_{t_{e'}}^{t} = \delta_z^{\mathrm{free}}|_{t_{e'}}^{t} \tag{7.7}$$

ここで，添え字の s は固化部，f は溶融部を表し，$\hat{z}_s = z_s/D$ は固化層厚さの比率，$\hat{z}_e = z_e/D$ は離型時の固化層厚さの比率を示す。

式 (7.5) の右辺第 1 項は自由収縮時のひずみ，第 2 項は面内方向収縮が拘束されるために生じるポアソン効果による収縮であり

$$\text{自由収縮ひずみ} \quad : \quad \delta_z^{\text{free}} = \frac{1}{D}\left(\int_0^{z_S} \varepsilon^{j,s} dz + \int_{z_S}^{D} \varepsilon^{j,f} dz\right) \tag{7.8}$$

$$\text{固化層の平均ひずみ} : \quad \bar{\varepsilon}^{j,s} = \frac{1}{z_S}\int_0^{z_S} \varepsilon^{j,s} dz \tag{7.9}$$

となる。

式 (7.6) は離型の瞬間に生じる弾性回復であり，離型以降は拘束力が作用しないとすれば離型直前から直後の変形量は

$$\delta_z|_{te}^{te'} = \hat{z}_e\left(\frac{1+\nu}{1-\nu}\beta^s P_e - \frac{2\nu}{1-\nu}\left[\beta^s \bar{P}_s(t_e) + \bar{\varepsilon}^j_{xx}(t_e)\right]\right) + (1-\hat{z}_e)\beta^f P_e \tag{7.10}$$

ここで，$\bar{P}_s(t_e)$ は固化時圧力の離型時における肉厚方向平均である。上式より，離型時の圧力 P_e が大きいときは肉厚方向に膨張することがわかる。また離型後は自由収縮状態とすれば式 (7.7) は式 (7.8) と同様に表される。

式 (7.4) で表される肉厚方向収縮ひずみの時間変化を計算した例を**図 7.9** に示す。肉厚は 2 mm とし，圧力履歴については，型内での肉厚方向収縮を検

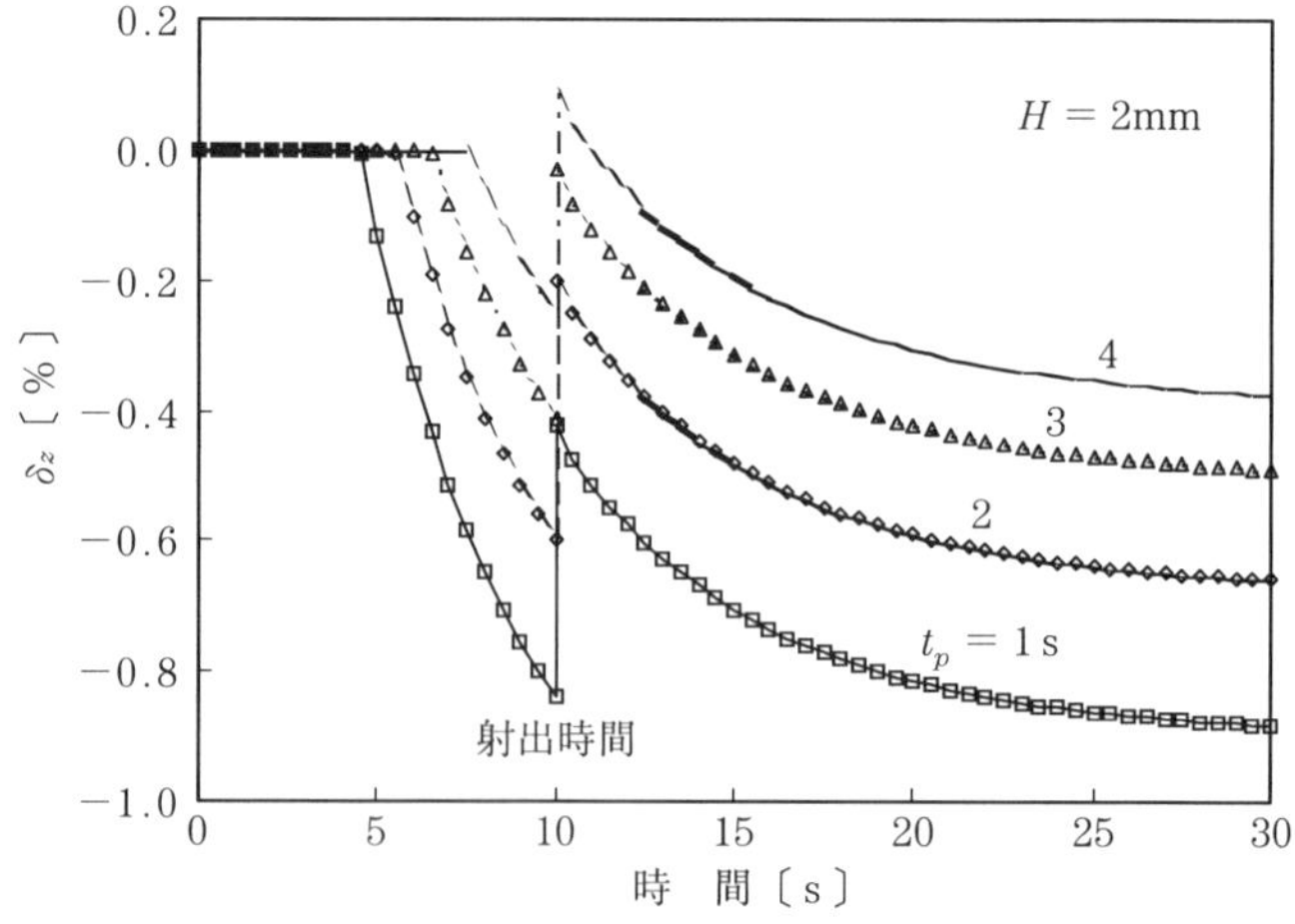

図 7.9　肉厚方向収縮ひずみの時間変化（保圧時間 t_p の影響）

討するため離型前に型内圧がゼロとなるように，**図 7.10** に示す履歴を仮定した。他の成形条件などは表 7.1 と同様である。保圧時間 $t_p = t_{p1} - t_{p0}$ を変更したとき，保圧時間が長いほど肉厚方向収縮ひずみが小さくなる。また，離型の瞬間に膨張していることがわかる。

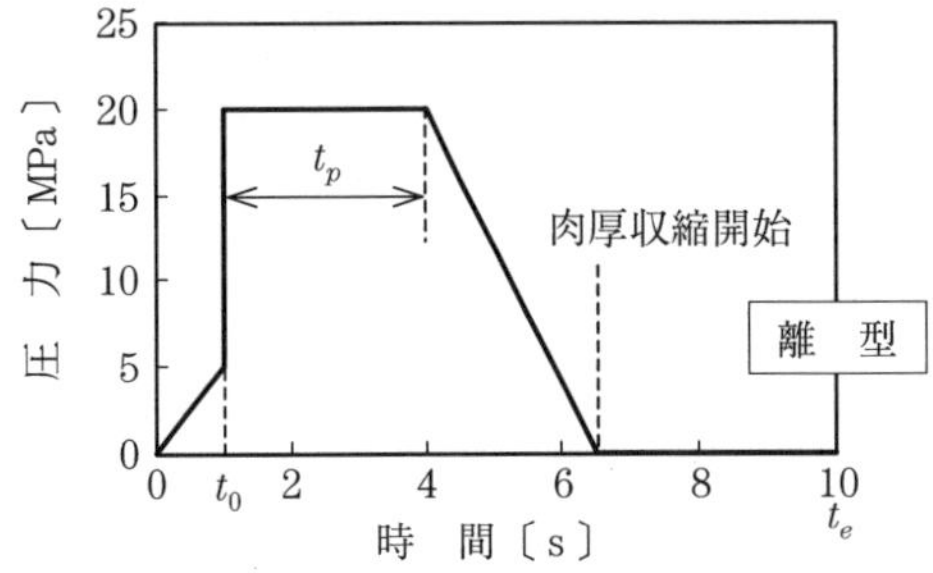

図 7.10　仮定した圧力履歴
（型内圧ゼロとなる場合）

7.2.3　粘弾性モデルの構成式

非結晶性のポリマーはガラス転移点（T_g）以上では粘弾性流体と考えられ，T_g 以下ではゴム状態またはガラス状態として振る舞う。ここでは，7.2.1 項で求めた弾性モデルを粘弾性モデルに拡張し，金型内における面内応力の緩和を考慮して離型時の残留応力を算出する。

構成式は，緩和弾性係数 L を用いてつぎのように表すことができる。

$$\sigma(t) = -p(t) + \int_0^t L(\xi(t) - \xi(t'))d\varepsilon^* \tag{7.11}$$

ここで，$\xi(t)$ は温度変化を考慮して換算した材料時間である。

線形粘弾性理論によれば，一般の無定形鎖状ポリマーでは時間-温度換算則が成立することが知られている。すなわち，温度を変えて観測した結果は，あたかも観測時間を変えたことと等価として取り扱うことができる。この考え方に基づき温度の変化を考慮して実際の時間を材料時間へ換算する方法は，Williams-Landel-Ferry らによって提出された WLF 式によって経験的に表すことができる。時間-温度換算則を表すシフトファクターを ϕ とすれば

$$\xi(t) = \int_0^t \phi\{T(t')\}dt' \tag{7.12}$$

$$\log \phi = \frac{c_1(T - T_g)}{c_2 + (T - T_g)}$$

ここで c_1，c_2 は物性定数であり，T_g はガラス転移温度である。

式 (7.11) の発生ひずみ ε^* は 7.2.1 項と同様に，熱収縮ひずみ ε^j と固化後の圧力変化によるひずみ ε^p による寄与分を考慮する。

$$\varepsilon^* = \varepsilon^j + \varepsilon^p$$

等方性弾性材料の場合，応力ひずみ関係はフックの法則により表される。弾性モデルと同様の仮定により金型内変形ではせん断成分をもたないことから

$$\begin{bmatrix} \sigma_x \\ \sigma_y \\ \sigma_z \end{bmatrix} = [L] \begin{bmatrix} \varepsilon_x \\ \varepsilon_y \\ \varepsilon_z \end{bmatrix}$$

粘弾性的な応力緩和挙動を等方成分と偏差成分とに分けて表すため，弾性係数行列 L をつぎのように書き改める。

$$[L) = \frac{2}{3} \begin{bmatrix} 2 & -1 & -1 \\ -1 & 2 & -1 \\ -1 & -1 & 2 \end{bmatrix} G(t) + \begin{bmatrix} 1 & 1 & 1 \\ 1 & 1 & 1 \\ 1 & 1 & 1 \end{bmatrix} K(t) \tag{7.13}$$

ここで，$G(t)$ はせん断緩和弾性率であり，**図 7.11** に示すようにばねとダッシュポットより構成されている一般化マクスウェルモデルを仮定すればつぎのように表すことができる。$G^{(\beta)}$ は定数，τ^β は緩和時間である。

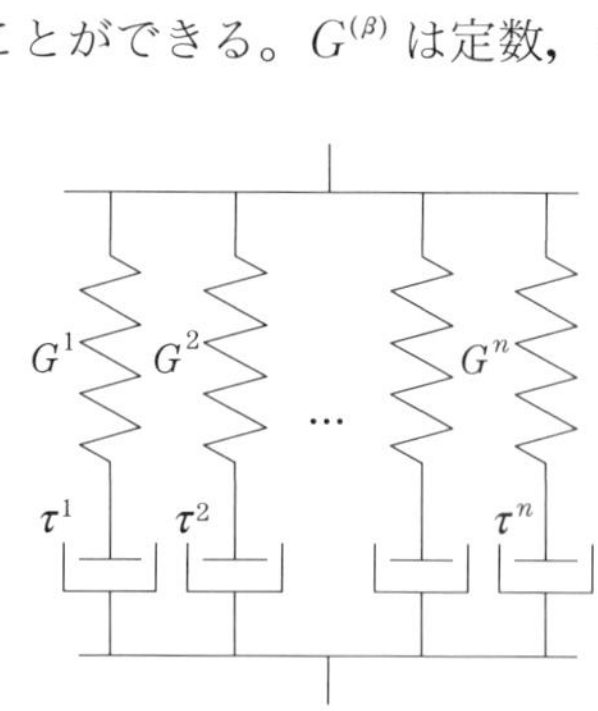

図 7.11　一般化マクスウェルモデル

$$G(t) = \sum_{\beta=1}^{m} G^{(\beta)} e^{-t/\tau^\beta} \tag{7.14}$$

体積弾性率 $K(t)$ は一定とする。

$$K(t) = K_0 \tag{7.15}$$

例えば等方弾性体の場合，よく知られているように G，K とヤング率 E，ポアソン比 ν との間にはつぎに示す関係がある。

$$G = \frac{E}{2(1+\nu)},\quad K = \frac{E}{3(1-2\nu)}$$

上記を式 (7.13)～(7.15) に代入し，金型拘束による条件 $\varepsilon_{xx} = \varepsilon_{yy} = 0$，および $\sigma_{zz} = -p(t)$ を考慮すれば，弾性モデルにおける型内応力を示す式 (7.3) と一致することがわかる。

保圧・冷却時の樹脂温度 $T(z, t)$ と圧力 $p(t)$ は保圧・冷却解析により求められているものとする。式 (7.12) に対して時間方向に離散化を行い，第 n 時間ステップの応力 σ^n が既知のとき σ^{n+1} を求める。このとき，弾性モデルと同様に金型内では面内ひずみ $\varepsilon_x = \varepsilon_y = 0$ であり，$\sigma_z = -p(t)$ を考慮すれば

$$\left.\begin{aligned} &\sigma_x = \sigma_y = -p(t) + \int_0^t \left(L_{11} + L_{12} - 2L_{13}\frac{L_{31}}{L_{33}}\right)(d\varepsilon^j + d\varepsilon^p) \\ &L_{ij} = L_{ij}(\xi(t) - \xi(t')) \end{aligned}\right\} \tag{7.16}$$

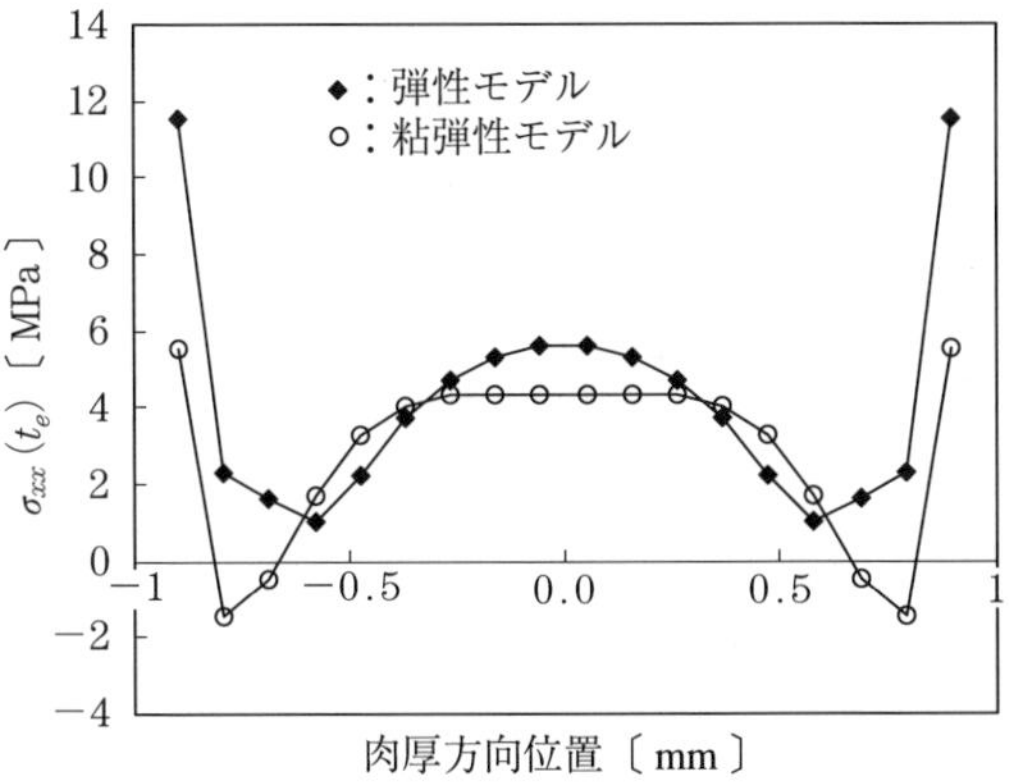

図 7.12　離型時残留熱応力の肉厚方向分布

が得られる。

Choi らの論文[23] に記載された物性データを参考に，離型時の残留熱応力を計算した結果を**図 7.12** に，計算条件を**表 7.2** に示す。図中に緩和時間を無限大として弾性体とした場合の応力値をあわせて記載した。粘弾性的な緩和の進行に伴って，厚さ方向の応力分布が変化していることがわかる。

表 7.2　粘弾性モデル計算条件

ヤング率	E	2 446	MPa
ポアソン比	ν	0.35	
体積圧縮係数(溶融時)	β_f	2.4530×10^{-4}	
体積圧縮係数(固化時)	β_s	1.2265×10^{-5}	
線膨張係数(溶融時)	α_f	1.9660×10^{-4}	K^{-1}
線膨張係数(固化時)	α_s	7.7000×10^{-5}	K^{-1}
熱拡散率	a	0.1	mm^2/s
固化温度	T_s	100	℃
金型上面温度	T_{m1}	55	℃
金型下面温度	T_{m2}	55	℃
初期温度	T_0	200	℃

	G_i〔Pa〕	τ_i〔s〕
1	6.9190×10^{7}	4.7690×10^{-8}
2	5.9580×10^{7}	2.4980×10^{-6}
3	1.2030×10^{8}	1.1780×10^{-4}
4	2.2200×10^{8}	6.6600×10^{-3}
5	3.4330×10^{8}	3.0000×10^{-1}
6	9.1360×10^{7}	4.4960×10^{0}

7.3　FEM による収縮・反り解析

7.3.1　仮想仕事の原理と離散化

保圧・冷却工程の後，溶融ポリマーは十分な強度をもつまで冷却固化してから突き出され，離型する。離型後の成形品に生じる変形は，離型した瞬間の残留応力よる変形とその後の温度変化による収縮変形である。離型後は冷却による温度低下が進み十分長い緩和時間をもつと考えられるため線形弾性体と仮定し，さらに重力などの体積力を無視すれば，構成方程式は一般的な初期ひずみ・初期応力問題としてつぎのように表現できる。

$$\{\sigma\}=[D]\{\varepsilon-\varepsilon_0\}+\{\sigma_0\} \tag{7.17}$$

ここで，$[D]$ は一般化フックの法則により定まる弾性係数行列であり，ε_0 と σ_0 はそれぞれ初期ひずみと初期応力である。

初期ひずみ ε_0 は離型後収縮に伴って発生するひずみ量であり，熱収縮のみ

考えるとすれば離型後の線膨張係数 α より

$$\{\varepsilon_0\} = \alpha(T_0 - T_e(z))I \tag{7.18}$$

ここで，T_0，T_e はそれぞれ室温と離型時温度である。初期応力 σ_0 は式 (7.3) または式 (7.16) にて求めた離型時の応力に相当する。

式 (7.17) の構成方程式を用いて，複雑な射出成形品形状に対して離型後の収縮・反りを解析するために，有限要素法の手法に従って離散化を行う。

一般に構造体が与えられた物体力と境界条件のもとで釣り合っている状態を考え，この構造体に任意の微小な仮想変位 δU が発生するように外力が加わるものとする。このとき，「外力がなす外部仮想仕事に対して物体内部に生じるひずみと応力がなす内部仮想仕事が等しい」という仮想仕事の原理（principle of virtual work）により，つぎの関係が導かれる。

$$\int_V \delta\{\varepsilon\}^T\{\sigma\}dV - \int_V \delta\{U\}^T\{\bar{F}\}dV - \int_S \delta\{U\}^T\{\bar{T}\}dS = 0 \tag{7.19}$$

ここで，$\{\varepsilon\}$ はひずみベクトル，$\{U\}$ は変位ベクトル，$\{F\}$ は単位体積当りの体積力ベクトル，$\{T\}$は単位面積当りの表面力ベクトル，Vは物体の体積，S は力学的境界条件が与えられる面積，$\delta\{\quad\}$ は仮想変化量である。

物体を有限要素に分割し，要素内の変位 $\{U\}$ を節点変位 $\{d\}$ と形状関数マトリックス $[N]$ を用いて $\{U\} = [N]\{d\}$ と表す。またひずみベクトル $\{\varepsilon\}$ はひずみ-変位マトリックス $[B]$ を用いて $\{\varepsilon\} = [B]\{d\}$ と表す。

式 (7.17) を式 (7.19) に代入し，さらに仮想変位量が任意であることから，要素の平衡方程式がつぎのように導かれる。

$$\int_{Ve}[B]^T[D][B]dV\{d\}$$
$$= \int_{V_e}[B]^T\{[D]\{\varepsilon_0\} - \{\sigma_0\}\}dV + \int_{V_e}[N]^T\{\bar{F}\}dV + \int_{S_e}[N]^T\{\bar{T}\}dS \tag{7.20}$$

ここで，V_e，S_e は要素内および要素境界における積分を表す。上式は要素内力に対して，初期応力と初期ひずみに対応する等価節点力と体積力，および境界 S にかかる外力の釣合いを表しており

$$[k]\{d\} = \{f_1\} + \{f_V\} + \{f_S\} \tag{7.21}$$

とおける。ここで，$[k]$ は要素剛性マトリックス（element stiffness matrix）であり

$$[k] = \int_{V_e} [B]^T[D][B]dV$$

となる。また式 (7.21) の右辺の節点力はそれぞれ以下のようになる。

$$\{f_t\} = \int_{V_e} [B]^T\{[D]\{\varepsilon_0\} - \{\sigma_0\}\}dV$$

$$\{f_V\} = \int_{V_e} [N]^T\{\bar{F}\}dV$$

$$\{f_S\} = \int_{S_e} [N]^T\{\bar{T}\}dS$$

通常，射出成形シミュレーションでは重力の影響などを考慮しないため体積力 $\{f_S\}$ はゼロとする。また要素境界から作用する力 $\{f_S\}$ は通常の有限要素法の手法で考慮できるため，節点荷重 $\{f_t\}$ がわかれば収縮・反り解析が可能となる。

7.3.2　シェル要素による反り解析

射出成形 CAE ではおもに複雑形状の薄肉構造体を取り扱うため，有限要素としてシェル要素を用いることが多い。三角形や四角形の組合せで任意の薄肉形状を容易に表現できるためである。

基本的な平面シェル要素は面内変形要素と曲げ変形要素の組合せとして表される。面内変形と曲げ変形それぞれについて，剛性マトリックスを考えよう。まず，**図 7.13**（a）に示すように，シェルの局所座標系について面内力と面内変形を定義したとき，平面要素の剛性行列 $[k^p]$ を用いて

$$[k^p]\begin{Bmatrix} u_i \\ v_i \end{Bmatrix} = \begin{Bmatrix} F_{xi} \\ F_{yi} \end{Bmatrix} \tag{7.22}$$

ただし

$$[k^p] = [B^p]^T[D^p][B^p]$$

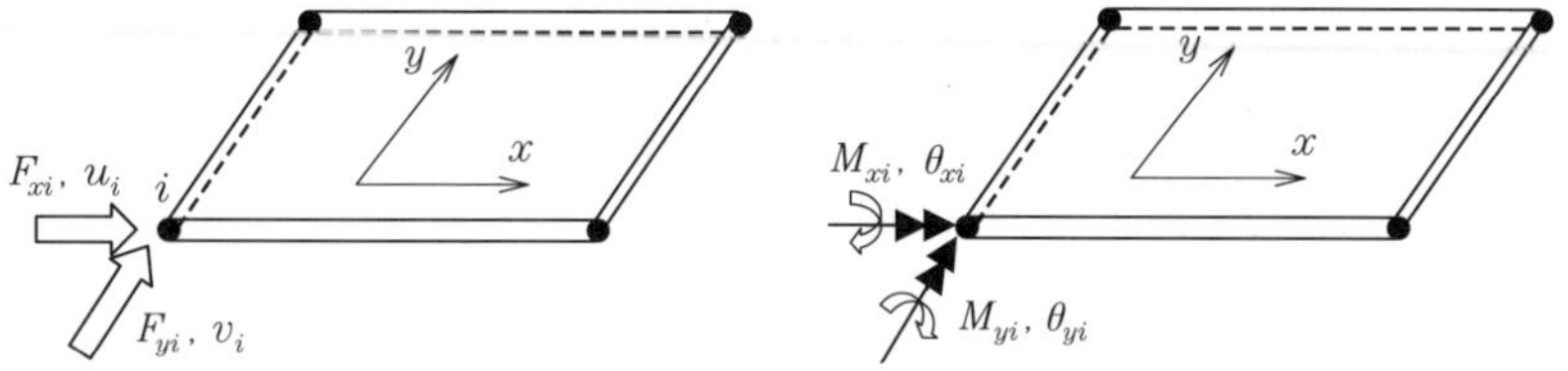

（a）　面内力と面内変形　　（b）　曲げモーメントと曲げ変形

図 7.13　シェルの局所座標系

と表される。また，同様にして図 7.13（b）より曲げモーメントと曲げ変形について

$$[k^b]\begin{Bmatrix} w_i \\ \theta_{xi} \\ \theta_{yi} \end{Bmatrix} = \begin{Bmatrix} F_{zi} \\ M_{xi} \\ M_{yi} \end{Bmatrix} \tag{7.23}$$

ただし

$$[k^b] = [B^b]^T[D^b][B^b]$$

である。したがってシェル要素の節点力を考える場合，式 (7.21) の $\{f_t\}$ は面内力と曲げモーメントとして表す必要がある。

まず面内力は厚さ方向に発生する平均応力としてつぎのように求められる。

$$\begin{Bmatrix} F_x \\ F_y \end{Bmatrix} = \int_{V_e}[B^P]^T\left\{\frac{1}{H}\int_{-H/2}^{+H/2}\left([D^P]\begin{Bmatrix} \varepsilon_0 \\ \varepsilon_0 \\ 0 \end{Bmatrix} - \begin{Bmatrix} \sigma_0 \\ \sigma_0 \\ 0 \end{Bmatrix}\right)dz\right\}dV \tag{7.24}$$

要素が十分に細かく分割されているとすれば，初期ひずみ（離型後収縮）と初期応力（離型時残留応力）は要素内で一定と考えてよい。また，弾性係数行列も一定とすれば上式はつぎのように単純化される。

$$\begin{Bmatrix} F_x \\ F_y \end{Bmatrix} = V_e[B^p]^T\left([D^p]\begin{Bmatrix} \bar{\varepsilon}_0 \\ \bar{\varepsilon}_0 \\ 0 \end{Bmatrix} - \begin{Bmatrix} \bar{\sigma}_0 \\ \bar{\sigma}_0 \\ 0 \end{Bmatrix}\right) \tag{7.25}$$

ここで，V_e は要素体積，$\bar{\varepsilon}_0$ と $\bar{\sigma}_0$ はそれぞれ平均初期ひずみと平均初期応力である。

同様にして曲げモーメントについては

$$\begin{Bmatrix} F_z \\ M_x \\ M_y \end{Bmatrix} = V_e[B^b]^T \left\{ \int_{-H/2}^{+H/2} \left([D^P] \begin{Bmatrix} \varepsilon_0 \\ \varepsilon_0 \\ 0 \end{Bmatrix} - \begin{Bmatrix} \sigma_0 \\ \sigma_0 \\ 0 \end{Bmatrix} \right) z dz \right\} \tag{7.26}$$

となる。ただし，ここでは曲げモーメントのみ発生するため $F_z = 0$ である。

射出成形シミュレーションでは厚さ方向に N 層分割した各層について温度，圧力，応力，ひずみの履歴が得られる。そこで式 (7.25) および式 (7.26) の厚さ方向積分は離散化され各層ごとの値の総和により数値的に得ることができる。

以上により式 (7.21) の $\{f_t\}$ を求めることができた。続いて一般的なシェル要素の定式化に従い，剛性マトリックスと荷重ベクトルそれぞれに対して要素ごとの局所座標から全体座標への座標変換を施す。すなわち，座標変換行列 $[T]$ を用いて

$$\left. \begin{aligned} [k^e] &= [T]^T[k'^e][T] \\ \{f^e\} &= [T]^T\{f'^e\} \end{aligned} \right\} \tag{7.27}$$

となる。座標変換行列はつぎのようになる。

$$[T] = \begin{bmatrix} L & 0 & 0 & \cdots \\ 0 & L & 0 & \\ 0 & 0 & L & \\ \vdots & & & \end{bmatrix}, \quad L = \begin{bmatrix} \lambda & 0 \\ 0 & \lambda \end{bmatrix}, \quad \lambda = \begin{bmatrix} \lambda_{x'x} & \lambda_{x'y} & \lambda_{x'z} \\ \lambda_{y'x} & \lambda_{y'y} & \lambda_{y'z} \\ \lambda_{z'x} & \lambda_{z'y} & \lambda_{z'z} \end{bmatrix} \tag{7.28}$$

ここで，λ は**図 7.14** に示す局所座標系と全体座標系のそれぞれの座標軸間の方向余弦である。

式 (7.27) より全体座標系の要素剛性マトリックスと節点力を全要素について求め，対応する成分に足し込むことによって全体剛性マトリックス $[K]$ と荷重ベクトル $\{f\}$ が得られる。並進と回転角を成分とする節点変位ベクトルを $\{d\}$ とすれば

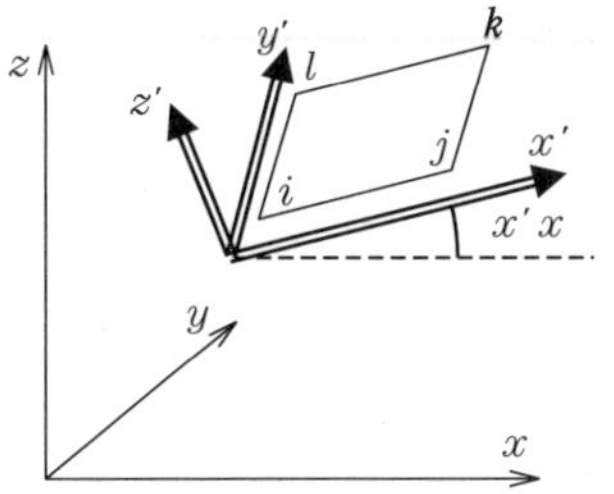

図 7.14　局所座標と全体座標

$$[K]\{d\} = \{f\} \tag{7.29}$$

となる。上式に対して境界条件の処理を行い，得られた連立 1 次方程式をガウス消去法などの数値解法を用いて解くことにより，未知量である節点変位ベクトル $\{d\}$ を求めることができる。

収縮・反り解析の境界条件としては，成形品に対して特に拘束が加えられない場合には重心に近い節点の 6 自由度（並進 3 自由度，回転 3 自由度）を拘束するのが一般的である。また，**図 7.15** に示すように，箱形成形品の場合には開口部の内反りや外反りを評価することが多いため，3 節点に対して拘束条件を付与することもある。この場合は拘束に起因して本来は存在しない外力が成形品に作用しないよう注意が必要である。

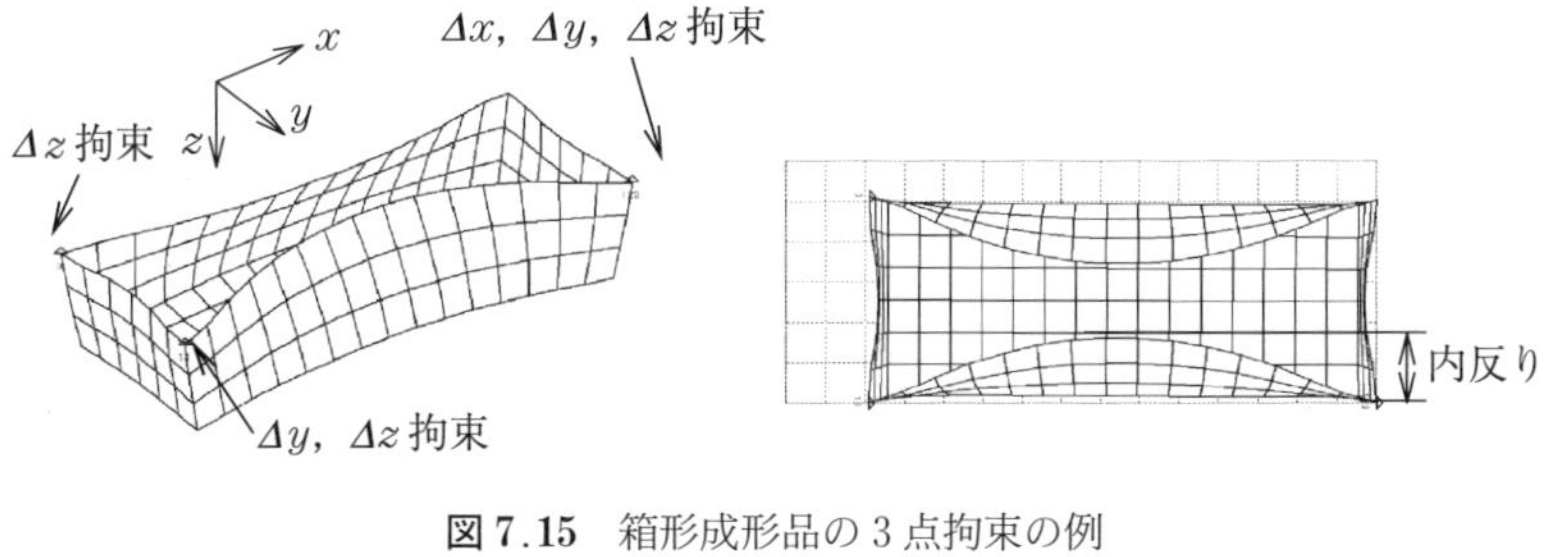

図 7.15　箱形成形品の 3 点拘束の例

これまで述べてきたシェル要素による収縮・反り解析は，基本となる構成方程式や平衡方程式が一般的な形式であることから，汎用の構造解析ソフトウェアを用いて実行することができる。すなわち式 (7.24) により得られる面内力は等価な温度変化として与え，式 (7.25) の曲げモーメントは要素の肉厚方向の等価な温度こう配として入力すればよい。

また，繊維配向などの異方性効果を考慮する場合は，弾性係数行列 $[D]$ を異方性弾性を考慮した形式で表すとともに，熱収縮ひずみ ε_j が材料主軸に関して異方性を有することになる。また型内収縮時の熱残留応力計算において，$\varepsilon_{xx} \neq \varepsilon_{yy}$，$\sigma_{xx} \neq \sigma_{yy}$ などに注意する必要がある。

図 7.16 に周囲にリブを有する平板の反り変形解析と実測との比較を示す。仕様樹脂はナイロン 6 のガラス 30 wt %強化樹脂であり，繊維配向による異方性収縮を考慮した。構成式は弾性モデルとした。リブ高さに対する成形品高さ方向の反り量（外反り）の傾向がシミュレートできていることがわかる。

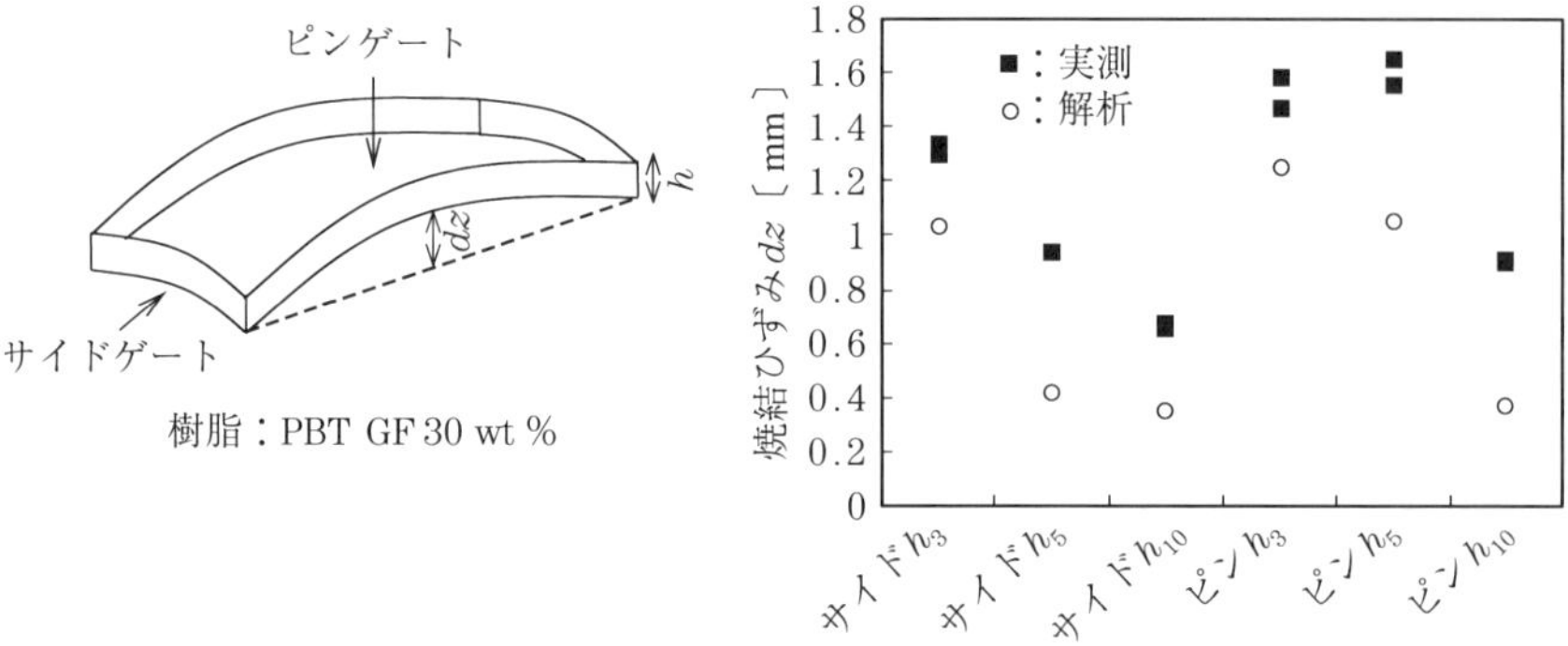

図 7.16　リブ高さ h とゲート位置を変更したときのリブ付き平板（L 150×W 50×t 2）の反り

8. 3 次 元 解 析

8.1 概　　要

溶融樹脂流動挙動は 3 次元の熱の移動を伴う非圧縮性流体であり，そのうえ自由表面を含む非定常挙動で非常に大きな解析時間が必要となる。このことから，樹脂流体解析は旧来には一般的に Hele-Shaw 流れを基礎にした 2 次元解析によるソフトウェアが使用されてきた。しかしながら最近のコンピュータの性能の進歩から 3 次元非定常解析の実用的使用も可能となってきた。また CAD・CAM ソフトウェアも 3 次元化し，これらのソフトウェアも廉価になったことから使用者は大きく増えている。この観点からも 3 次元解析に対する期待が大きくなっている。このような状況を踏まえ，ここにおいては筆者がかかわった 3 次元樹脂流動解析に関して述べる。

8.2 定　式　化

8.2.1　溶融樹脂流体の流速と圧力の基礎式

溶融樹脂流体の流動は 3 次元の熱の移動を伴う非圧縮性流体の流動として表現される。流体力学の教えるところにより，デカルト座標系を使い，流体をニュートン流体として取り扱い，流体の物性値である密度，粘性係数，比熱および熱伝導率を考慮すると，溶融樹脂流体の流動挙動は下記の連続の式と運動保存の式（ナビエ-ストークス方程式）が成立する。

(連続の式)

$$\frac{\partial \rho}{\partial t}+\frac{\partial \rho u}{\partial x}+\frac{\partial \rho v}{\partial y}+\frac{\partial \rho w}{\partial z}=0 \tag{8.1}$$

(運動量保存の式)

(x 方向のナビエ-ストークス方程式)

$$\frac{\partial \rho u}{\partial t}+\frac{\partial \rho u^2}{\partial x}+\frac{\partial \rho uv}{\partial y}+\frac{\partial \rho uw}{\partial z}=-\frac{\partial p}{\partial x}-R_x+\rho g_x+\rho b_x$$
$$+\frac{\partial}{\partial x}(\mu_e 2S_{xx})+\frac{\partial}{\partial y}(\mu_e 2S_{xy})+\frac{\partial}{\partial z}(\mu_e 2S_{xz}) \tag{8.2}$$

(y 方向のナビエ-ストークス方程式)

$$\frac{\partial \rho v}{\partial t}+\frac{\partial \rho uv}{\partial x}+\frac{\partial \rho v^2}{\partial y}+\frac{\partial \rho vw}{\partial z}=-\frac{\partial p}{\partial y}-R_y+\rho g_y+\rho b_y$$
$$+\frac{\partial}{\partial x}(\mu_e 2S_{yx})+\frac{\partial}{\partial y}(\mu_e 2S_{yy})+\frac{\partial}{\partial z}(\mu_e 2S_{yz}) \tag{8.3}$$

(z 方向のナビエ-ストークス方程式)

$$\frac{\partial \rho w}{\partial t}+\frac{\partial \rho uw}{\partial x}+\frac{\partial \rho vw}{\partial y}+\frac{\partial \rho w^2}{\partial z}=-\frac{\partial p}{\partial z}-R_z+\rho g_z+\rho b_z$$
$$+\frac{\partial}{\partial x}(\mu_e 2S_{zx})+\frac{\partial}{\partial y}(\mu_e 2S_{zy})+\frac{\partial}{\partial z}(\mu_e 2S_{zz}) \tag{8.4}$$

(エネルギー保存式)

$$\frac{\partial \rho h}{\partial t}+\frac{\partial \rho uh}{\partial x}+\frac{\partial \rho vh}{\partial y}+\frac{z\rho wh}{\partial z}$$
$$=\frac{\partial}{\partial x}\left\{\left(\lambda+c_p\frac{\mu_t}{Pr}\right)\frac{\partial T}{\partial x}\right\}+\frac{\partial}{\partial y}\left\{\left(\lambda+c_p\frac{\mu_t}{Pr}\right)\frac{\partial T}{\partial y}\right\}$$
$$+\frac{\partial}{\partial z}\left\{\left(\lambda+c_p\frac{\mu_t}{Pr}\right)\frac{\partial T}{\partial z}\right\}+\dot{Q} \tag{8.5}$$

$$S_{xx}=\frac{\partial u}{\partial x}$$

$$S_{xy}=S_{yx}=\frac{1}{2}\left(\frac{\partial u}{\partial y}+\frac{\partial v}{\partial x}\right)$$

$$S_{xz}=S_{zx}=\frac{1}{2}\left(\frac{\partial u}{\partial z}+\frac{\partial w}{\partial x}\right)$$

ここで，ρ は密度，t は時間，$(x. y, z)$ はデカルト座標系，(u, v, w) は x, y, z 方向の流速，p は圧力，R_x，R_y，R_z は x，y，z 方向の抵抗力，g_x，g_y，g_z は x，y，z 方向の重力加速度，b_x，b_y，b_z は x，y，z 方向の外力加速度，μ は粘性係数，μ_t は渦粘性係数，μ_e は実効粘性係数$(= \mu + \mu_t)$，h はエンタルピー$(= C_p T)$，T は温度，λ は熱伝導率，Pr は乱流プラントル (Prandtl) 数，C_p は定圧比熱，$\dot{Q}$ は発熱量である。

8.2.2　溶融樹脂流体の流速と圧力の解法

溶融樹脂流体の粘度は非常に大きく，流動解析での運動方程式の慣性項は無視することができ，また x，y，z 方向の重力加速度 g_x，g_y，g_z と外力加速度 b_x，b_y，b_z は無視できる。また，一般の樹脂成形においては x，y，z 方向の抵抗力 R_x，R_y，R_z も存在しない。また，溶融樹脂の密度変化は微小なので $\partial\rho/\partial t$ はゼロとする。

このような条件から連続運動量保存式は式 (8.6)，(8.7) に示すとおりである。

(連続の式)

$$\mathrm{div}\, u = 0 \tag{8.6}$$

(運動量保存の式)

$$-\,\mathrm{grad}\, p + \eta \Delta u = 0 \tag{8.7}$$

ここで，u は流速，p は圧力である。

時間ステップごとに式 (8.6)，(8.7) の定常解を求めることとする。境界条件は金型表面で $u = 0$，メルトフロントで $p = 0$ とする。

溶融樹脂の流速と圧力は SIMPLE (semi-implicit method for pressure-linked equations) 法[1) を使って解くことができる。

8.2.3　SIMPLE 法のアルゴリズム

SIMPLE 法の計算手順は**図 8.1** に示すとおりである。

まず，運動量保存の式 (8.7) より次式が成立する。

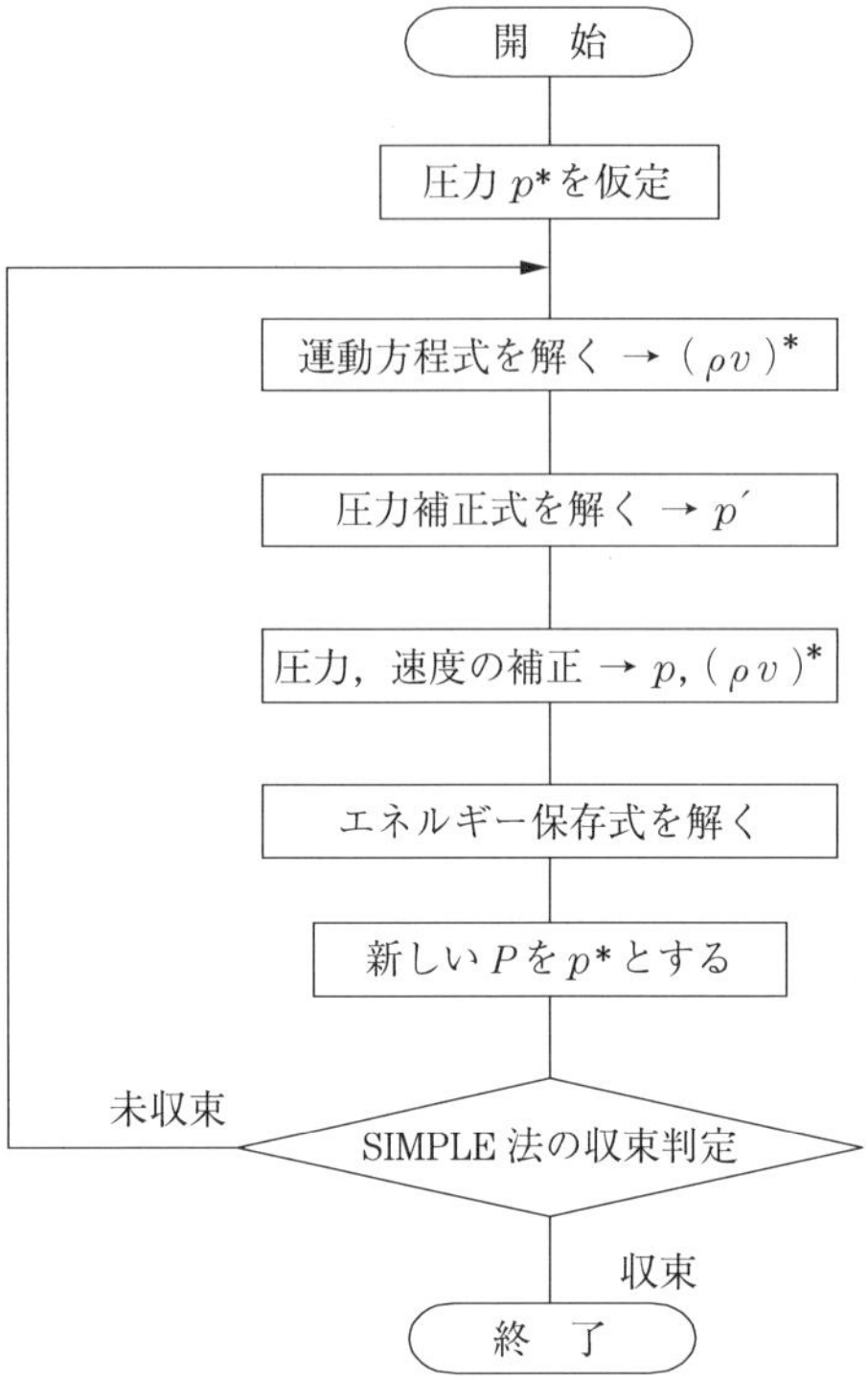

図 8.1　SIMPLE 法の計算手順

$$\varDelta u - \frac{1}{\eta}\,\mathrm{grad}\,p = 0 \tag{8.8}$$

上式をつぎのように書く

$$Au + Bp = 0 \tag{8.9}$$

すなわち A はラプラシアンのマトリックスであり B は $-(1/\eta)\,\mathrm{grad}$ のベクトルである。

式 (8.9) に適用した SIMPLE 法のアルゴリズムはつぎのように書ける。

0)　圧力の初期値 p^* を定める。

1)　次式を解いて，流速の推定値 u^* を求める。

$$Au^* = -Bp^* \tag{8.10}$$

2)　次式を解いて，圧力補正量 δp を求める。

$$\mathrm{div} D^{-1}B(\delta p) = \mathrm{div}\, u^* \tag{8.11}$$

ここでの D はマトリックス A の対角成分である。$u = u^* - D^{-1}B(p - p^*)$ と考えて，$\mathrm{div}\, u = 0$ により，式 (8.11) を得る。

3)　δp が大きいとき，$p^* = p^* + \delta p$ として 1) に戻る。

4)　δp が小さいとき，式 (8.12)，(8.13) により p，u を求める。

$$p = p^* + \delta p \tag{8.12}$$

$$u = u^* - D^{-1}B(\delta p) \tag{8.13}$$

8.2.4 離散化式

〔1〕 **式 (8.10) の離散化**　　式 (8.10) の両辺に形状関数 N_j を掛けて積分する。

$$\int \Delta u^* N_j dv = -\int \left(\frac{1}{\eta}\right) \mathrm{grad}\, p\, N_j dv \tag{8.14}$$

右辺をマスランプすると上式は次式となる。

$$\sum_i u^*{}_i \int \left(\frac{\partial N_i}{\partial x}\right) \cdot \left(\frac{\partial N_j}{\partial x}\right) dv = -\, p_j \int \left(\frac{1}{\eta}\right) \left(\frac{\partial N_j}{\partial x}\right) dv \tag{8.15}$$

〔2〕 **式 (8.11) の離散化**　　式 (8.11) の両辺に形状関数 N_j を掛けて積分すると，形式的に次式となる。

$$\int \left(\frac{1}{\eta}\right) \mathrm{div} D^{-1} \mathrm{grad}(\delta p) N_j dv = \int \mathrm{div}\, u\, N_j dv \tag{8.16}$$

D^{-1} を D の要素平均の逆数とする（D の要素平均の逆数を $D^{-}{}_A$ と書く）。

$$\int \left(\frac{1}{\eta}\right) \mathrm{div}\, D^{-1}{}_A \mathrm{grad}(\delta p) N_j dv = \int \mathrm{div}\, u\, N_j dv \tag{8.17}$$

部分積分をすることにより上式は次式となる。

$$\sum_i \delta p_i \int \left(\frac{1}{\eta}\right) D^{-1}{}_A \left(\frac{\partial N_i}{\partial x}\right) \cdot \left(\frac{\partial N_j}{\partial x}\right) dv = \sum_i u_i \cdot \int N_i \left(\frac{\partial N_j}{\partial x}\right) dv \tag{8.18}$$

つぎに　マトリックス D は次式で求める。

$$D = \mathrm{diag}\left(\int \left(\frac{\partial N_i}{\partial x}\right) \cdot \left(\frac{\partial N_j}{\partial x}\right) dv \right) (N_j dv)^{-1} \tag{8.19}$$

ここで $(\int N_j dv)$ とは (i, j) 要素が $\int N_i dv$ である対数角行列である。

式 (8.19) はつぎの意味をもつ。

まず，一般のラプラス方程式 $\varDelta\phi = \psi$ を有限要素法で離散化することを考える。

$$\sum_i \phi_i \int \left(\frac{\partial N_i}{\partial x}\right)\cdot\left(\frac{\partial N_j}{\partial x}\right) dv = \sum_i \psi_j \int N_i \left(\frac{\partial N_j}{\partial x}\right) dv$$

右辺をマスランプすると

$$\sum_i \phi_i \int \left(\frac{\partial N_i}{\partial x}\right)\cdot\left(\frac{\partial N_j}{\partial x}\right) dv = \psi_1 \int \left(\frac{\partial N_j}{\partial x}\right) dv$$

変形して

$$\sum_i \phi_i \left(\int \left(\frac{\partial N_i}{\partial x}\right)\cdot\left(\frac{\partial N_j}{\partial x}\right) dv\right)\left(\int N_j dv\right)^{-1} = \psi_j$$

これは　ラプラシアンの行列が

$$\left(\int \left(\frac{\partial N_i}{\partial x}\right)\cdot\left(\frac{\partial N_j}{\partial x}\right) dv\right)\left(\int N_j dv\right)^{-1}$$

であることを示している。

8.3　3次元特有の取扱い

射出成形における溶融樹脂流体の流れは非定常流れであり，流動先端と時間の関係を求める必要がある。

8.3.1　自由表面の表現

自由表面は樹脂充てん率 f によって表す。

$f = 0$　　　未充てん

$f = 1$　　　完全充てん

$0 < f < 1$　　一部充てん

f についてはつぎの移流方程式が成立する

$$\frac{\partial f}{\partial t} = u\frac{\partial f}{\partial x} + v\frac{\partial f}{\partial y} + w\frac{\partial f}{\partial z} \tag{8.20}$$

f は移流方程式におけるクーラン条件を満たす必要があるため，タイムステップはメルトフロントが1メッシュを超えないように設定する。

8.3.2 境　界　条　件

圧力，流速についてはつぎの境界条件を用いる。

金型表面：流速ゼロ，メルトフロント先端：圧力ゼロ

温度についてはつぎの境界条件を用いる。

金型表面：熱伝達，メルトフロント先端：断熱

8.4 検　証　事　例

8.4.1 モ デ ル 形 状

モデル形状として**図 8.2**，**図 8.3** に示すような 10 cm × 5 cm × 1 cm の平板を用いた。樹脂としては　三菱エンジニアリングプラスチックス(株)ポリカ

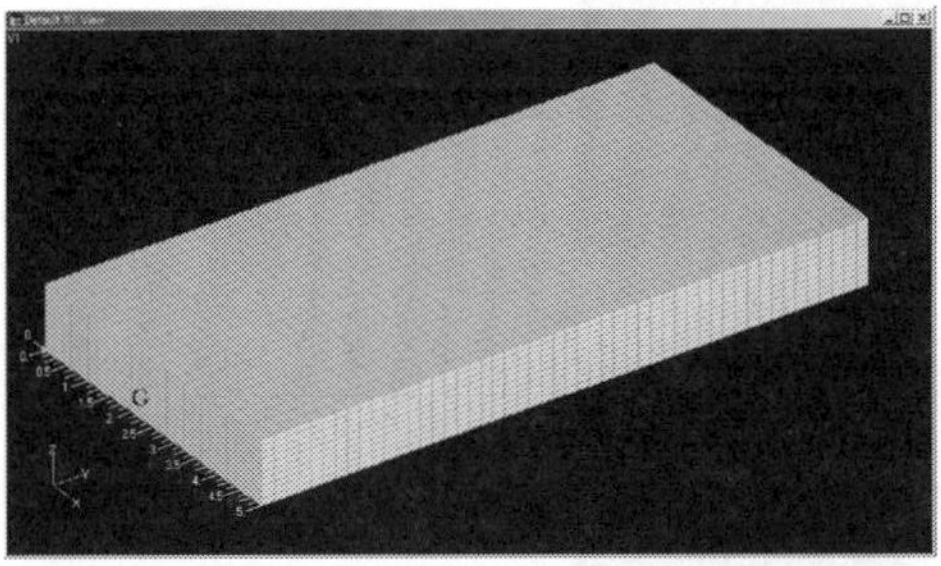

図 8.2　モデル形状斜視図
(10 cm × 5 cm × 1 cm,
樹脂注入位置 G)

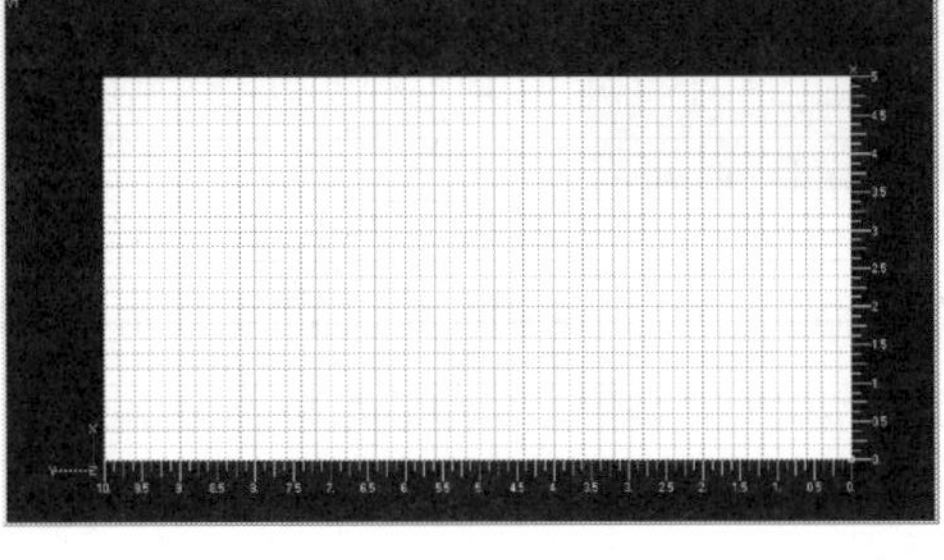

図 8.3　モデル形状上面図
(10 cm × 5 cm × 1 cm)

ーボネート樹脂 S 2000 を用いた。射出時の樹脂温度 280 °C，金型温度 100 °C，射出速度 40 cm³/s とした。樹脂の注入位置は図 8.2 の手前端部の中央部である。

8.4.2 充てん解析結果

この解析における樹脂の充てん状況を図 8.4〜図 8.27 に示す。充てん開始状態から充てん完了（1.25 秒経過）までの流速ベクトルを図 8.4，図 8.13 に示す。

充てん開始から 0.01 秒経過時の流速ベクトルを**図 8.4**，**図 8.5** に示す。樹脂が金型壁に到達していないため，流速ベクトルは球状になっていることが認められる。

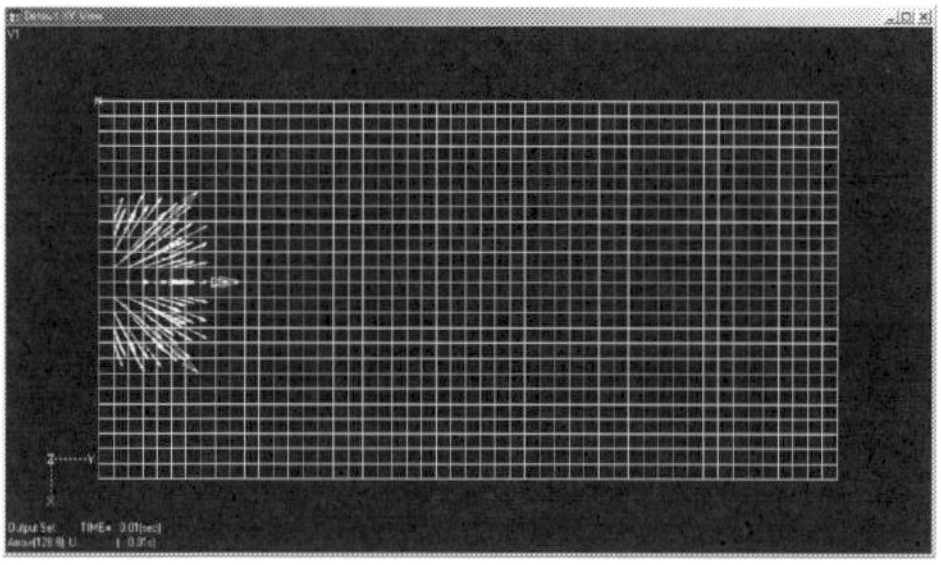

図 8.4　0.01 秒経過時の速度ベクトル（xy 上面）

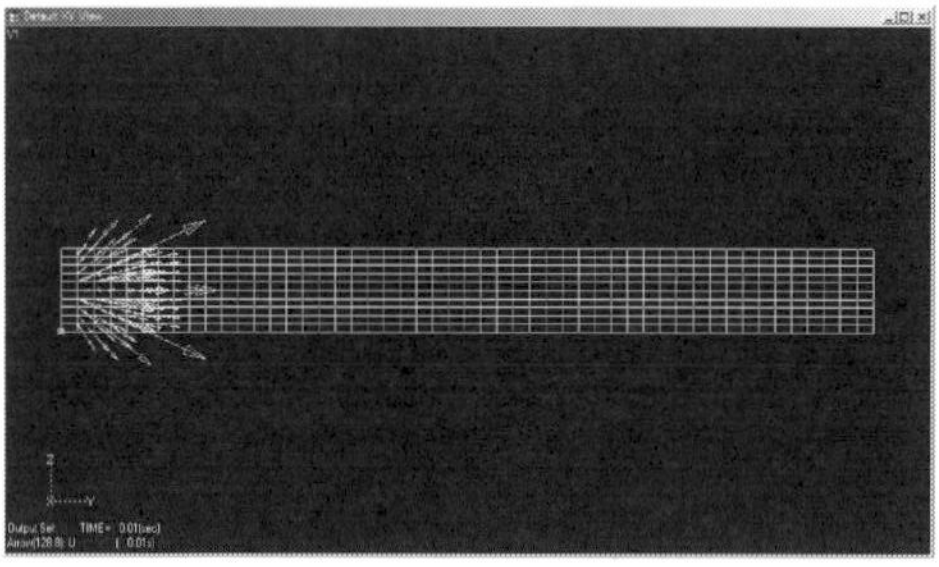

図 8.5　0.01 秒経過時の速度ベクトル（yz 側面）

充てん開始から 0.1 秒経過時の流速ベクトルを**図 8.6**，**図 8.7** に示す。0.01 秒経過時とは異なり樹脂は上下金型壁面に到達しているため x 軸中央部近傍では流速ベクトルは上下面に沿って平行となることがわかる。

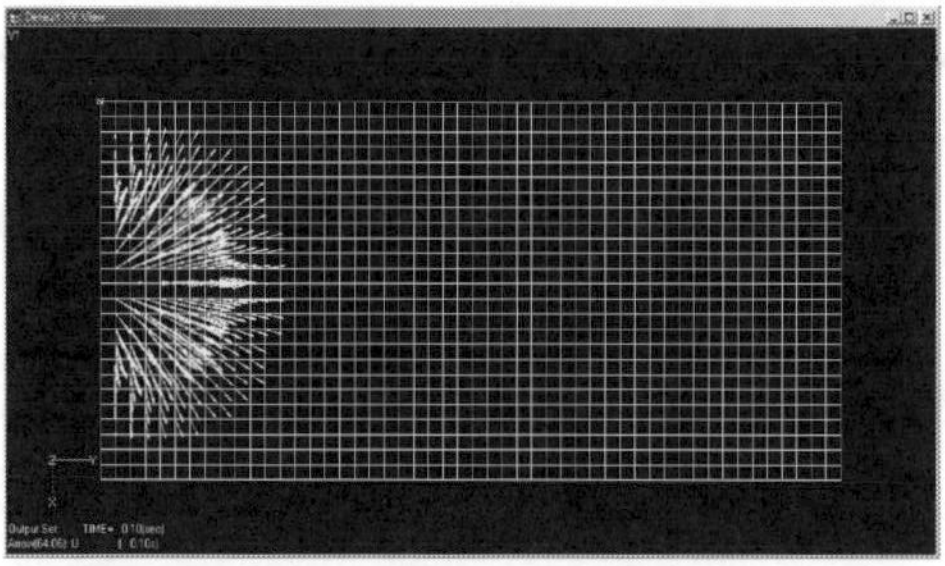

図 8.6　0.1 秒経過時の速度ベクトル（xy 上面）

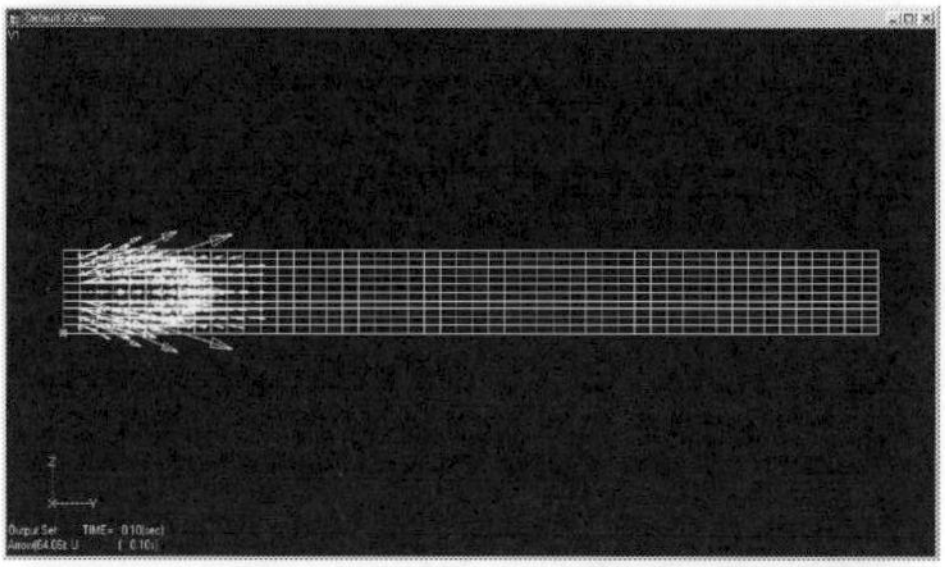

図 8.7　0.1 秒経過時の速度ベクトル（yz 側面）

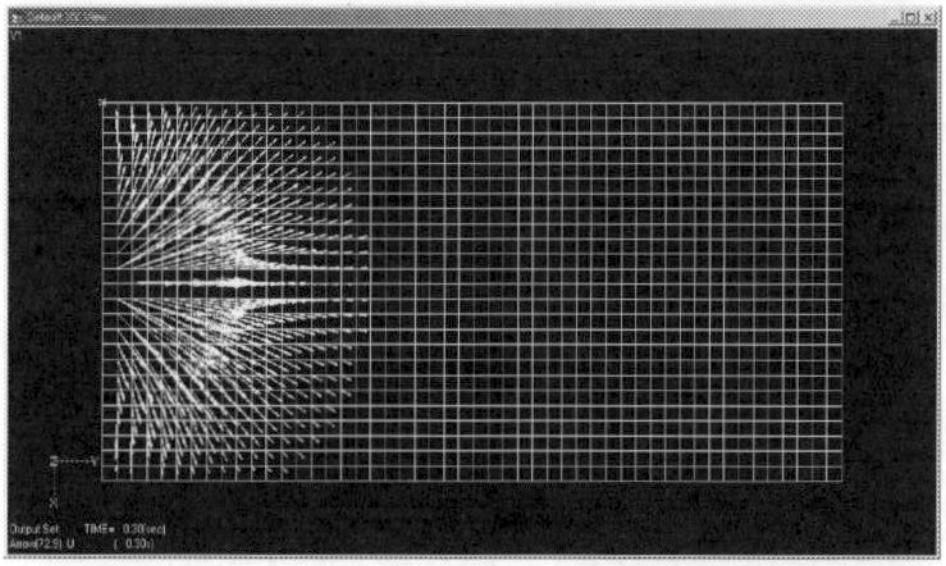

図 8.8　0.3 秒経過時の速度ベクトル（xy 上面）

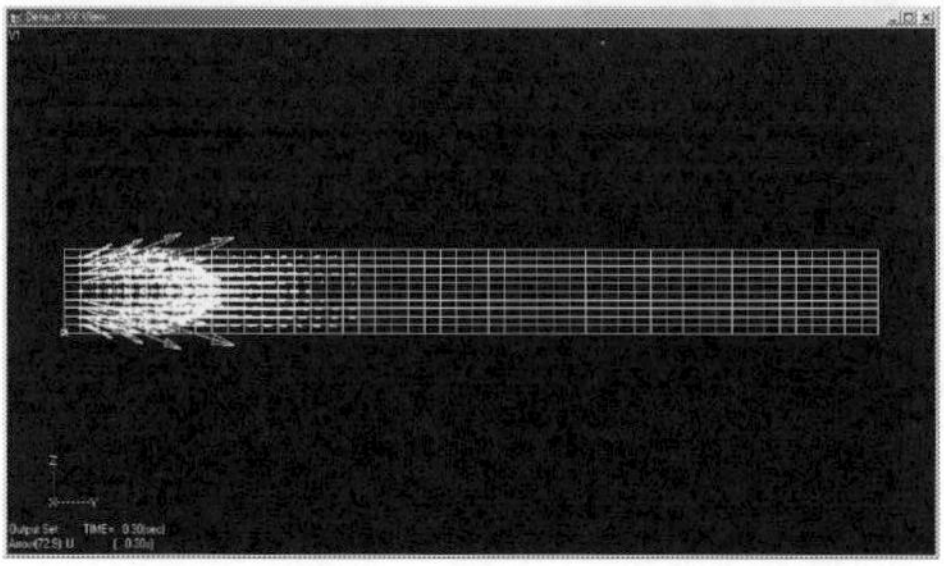

図 8.9　0.3 秒経過時の速度ベクトル（yz 側面）

充てん開始から0.3秒経過時の流速ベクトルを**図8.8，図8.9**に示す。0.1秒経過時と同様で樹脂は上下金型壁面に到達しているため流速ベクトルは上下面に沿って平行となりまた左右金型壁面にも到達しているためこのこの傾向はより顕著になることがわかる。

充てん開始から0.5秒経過時の流速ベクトルを**図8.10，図8.11**に示す。樹脂は上下左右金型壁面に到達しているため上下金型壁面に沿って平行となる領域が大きくなる。

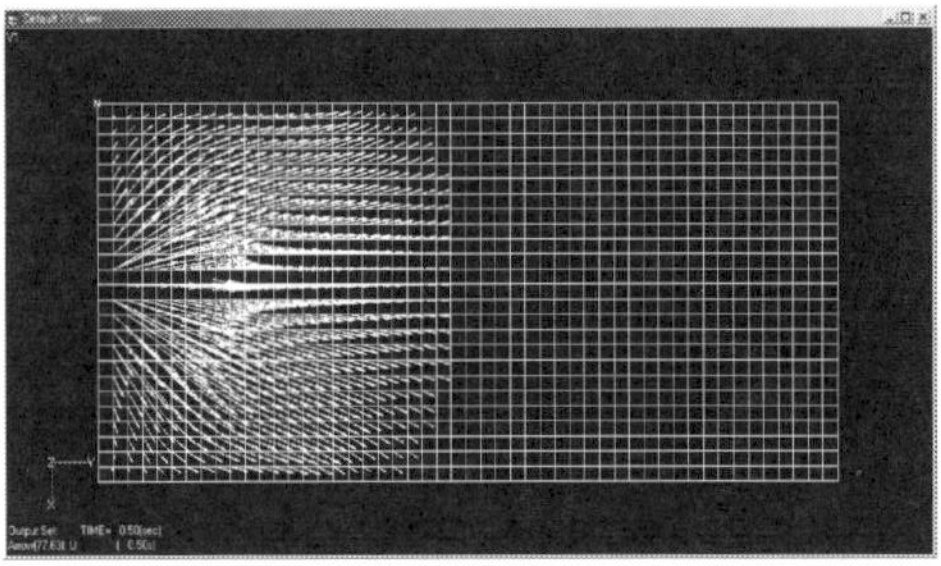

図8.10　0.5秒経過時の速度ベクトル（xy 上面）

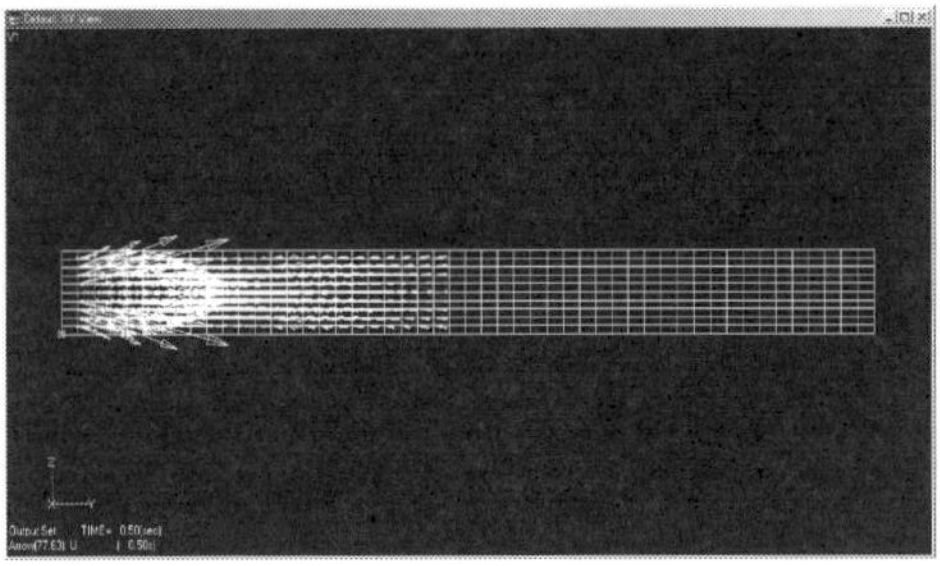

図8.11　0.5秒経過時の速度ベクトル（yz 側面）

充てん完了時の流速ベクトルを**図8.12，図8.13**に示す。図8.12からゲート対辺の中央では流れが止まり流速はゼロとなり，左右の最終充てん位置近傍にては流速が高くなっていることがわかる。図8.13からは，断面中央部の流速は高く，上下金型壁面近傍での流速は著しく低くなっている。

充てん完了時の流速コンターを図8.14～図8.16に示す。**図8.14**においてゲート部以外では流速がゼロになっている。境界条件として金型壁面の流速は

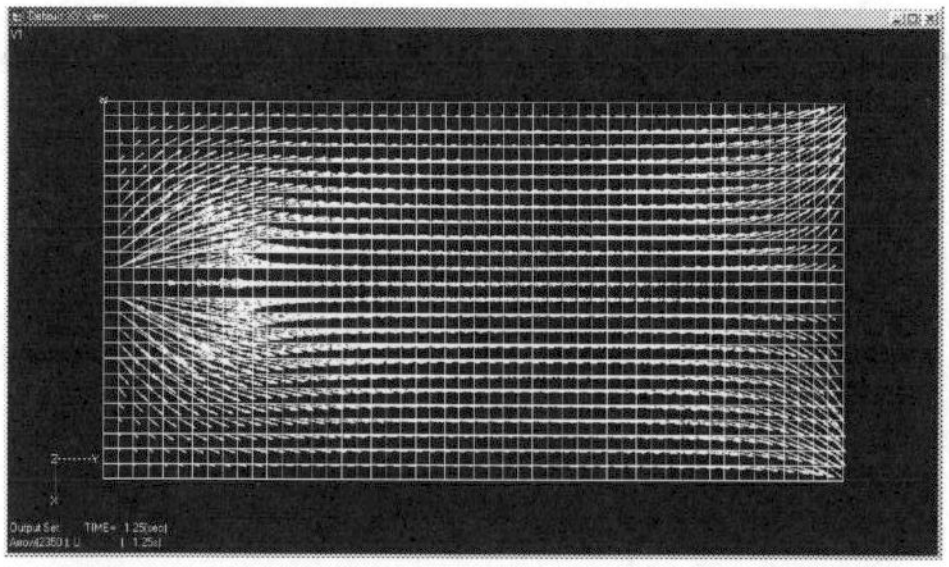

図 8.12 1.25 秒経過時の速度ベクトル（xy 上面）

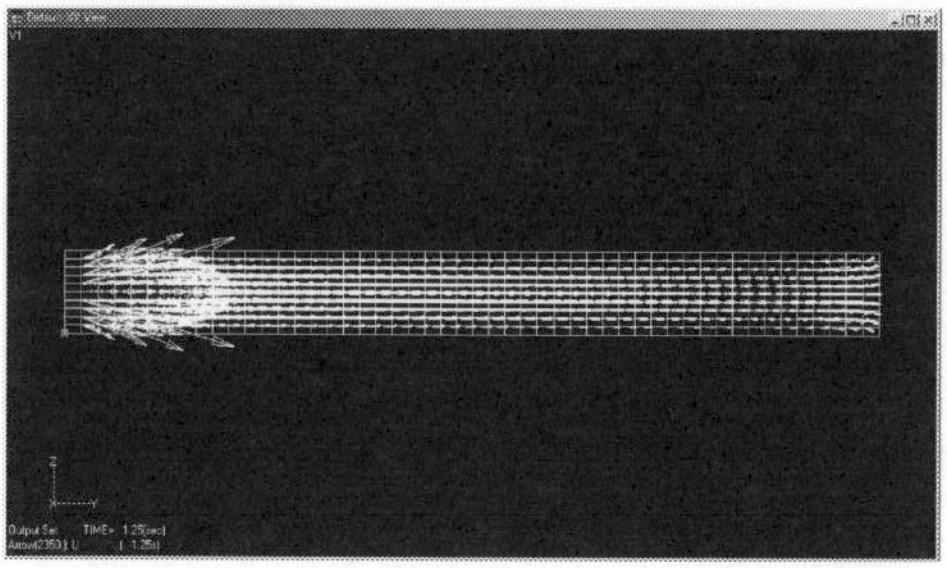

図 8.13 1.25 秒経過時の速度ベクトル（yz 側面）

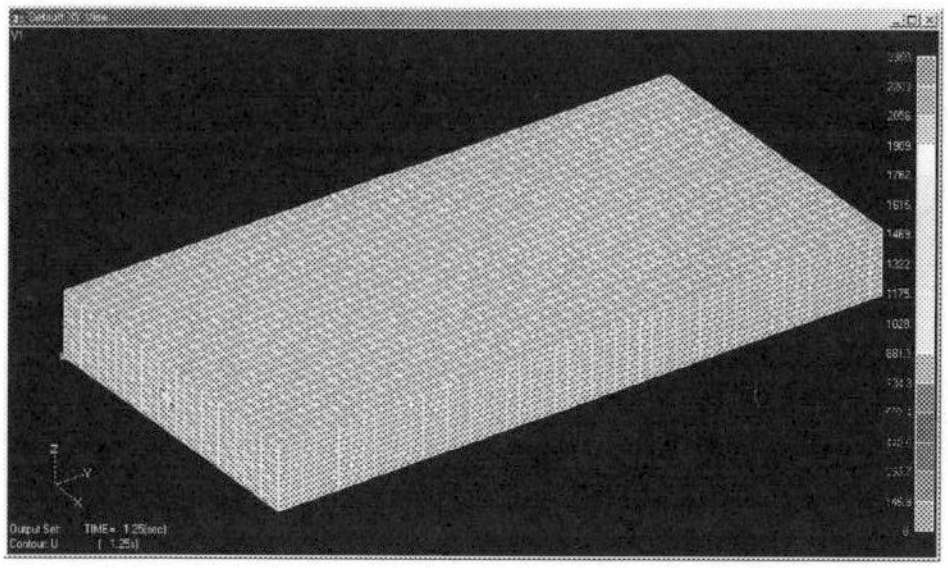

図 8.14 1.25 秒経過時の流速コンター全体図

ゼロとしているので当然のことである。**図 8.15** は z 軸方向中央断面の流速分布であるが，ゲート近傍の流速は著しく高い。左右壁面近傍での流速は著しく低く，ゲート対辺中央部の流速も著しく低い。**図 8.16** は x 軸方向中央断面の流速分布であるが，当然のことながらゲート近傍の流速は著しく高く上下金型壁面近傍の流速は低く，上下金型壁面中央部の流速は高い。**図 8.17** は充てん完了時のゲート対辺の流速分布である。流動末端左右部の流速は高く中央部は低い。この結果は流速ベクトル分布の結果ともよく一致している。

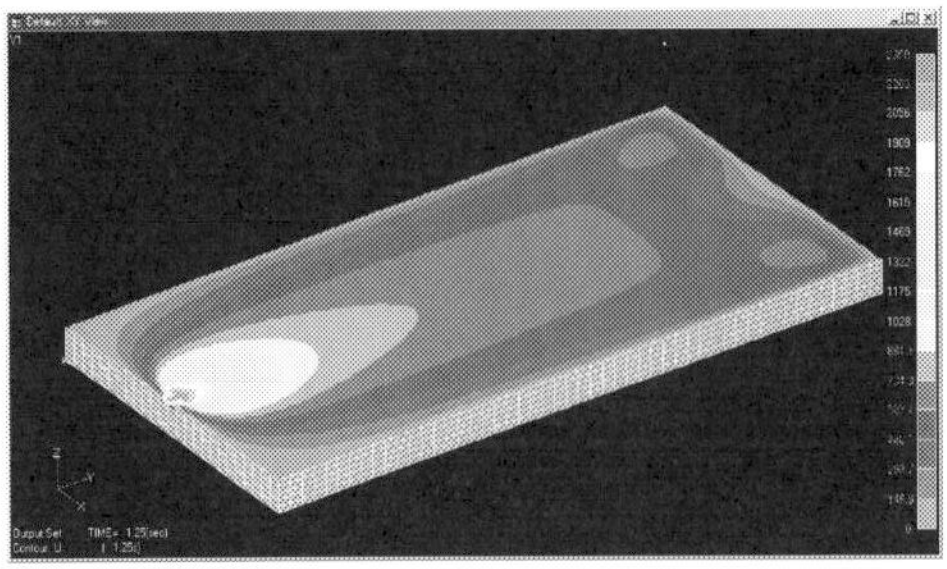

図 8.15　1.25 秒経過時の流速コンター（z 軸中央断面）

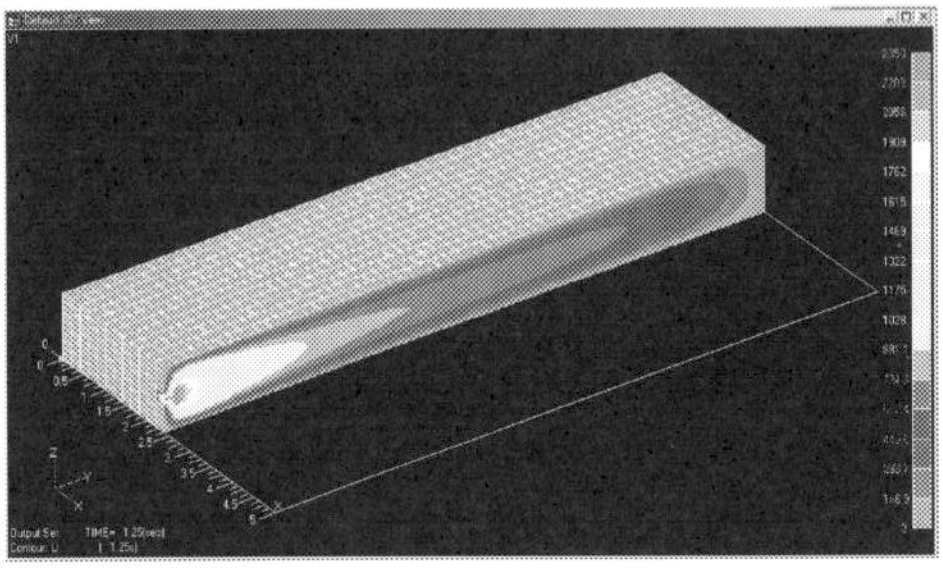

図 8.16　1.25 秒経過時の流速コンター（x 軸中央断面）

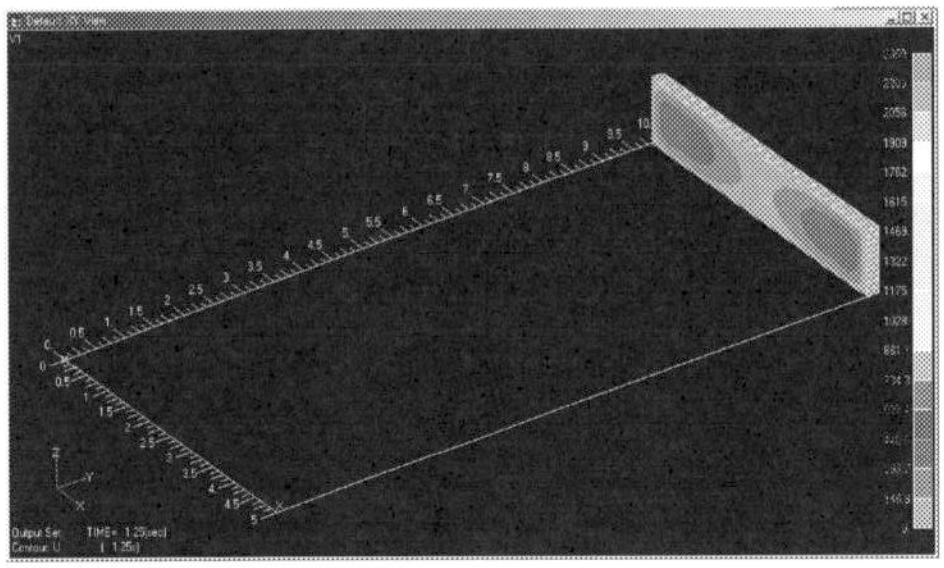

図 8.17　1.25 秒経過時の流速コンター（流動端部）

図 8.18 は充てん完了時のメルトフロント全体図，**図 8.19** は z 軸中央断面メルトフロント図，**図 8.20** は x 軸中央断面メルトフロントである。メルトフロントの断面は放物形状になっている。

図 8.21 は充てん完了時の温度分布全体図，**図 8.22** は z 軸中央断面メルトフロント図，**図 8.23** は x 軸中央断面の温度分布図である。図 8.21 から初期に充てんしている手前左右のコーナー部は流れも停止し高温の樹脂も流入してこないので温度は低い状態にある。図 8.22 はゲート近傍においては，流速が

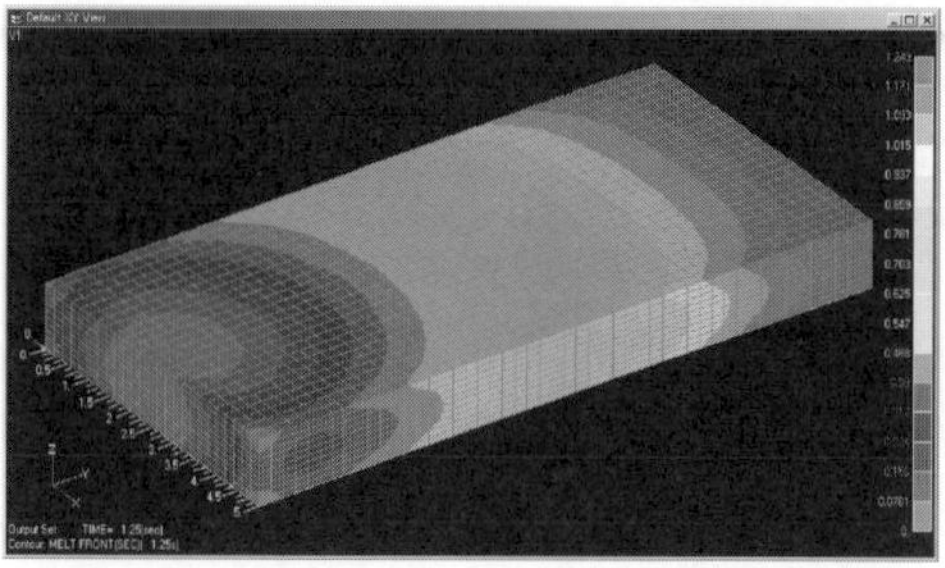

図 8.18　1.25 秒経過時の
メルトフロント（全体図）

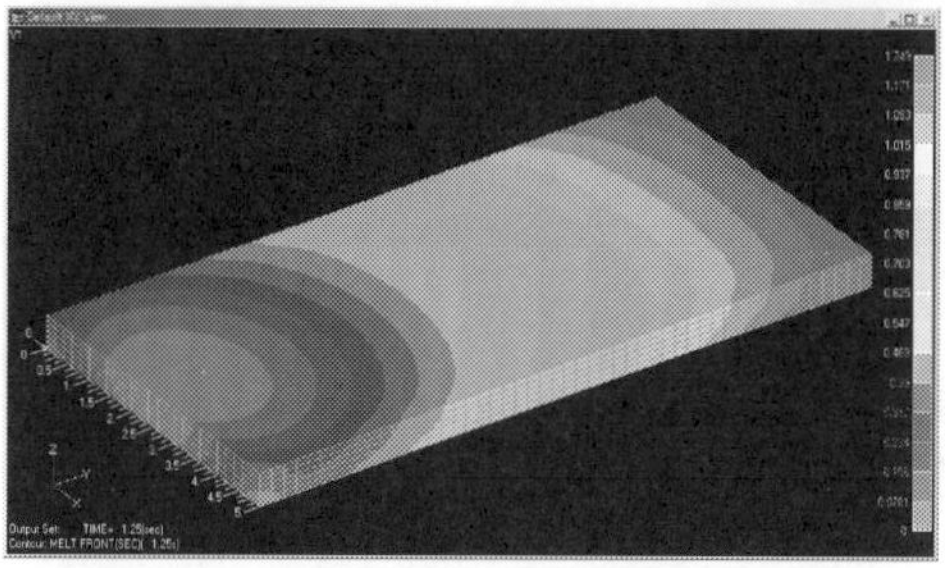

図 8.19　1.25 秒経過時の
メルトフロント（z 軸中央断面）

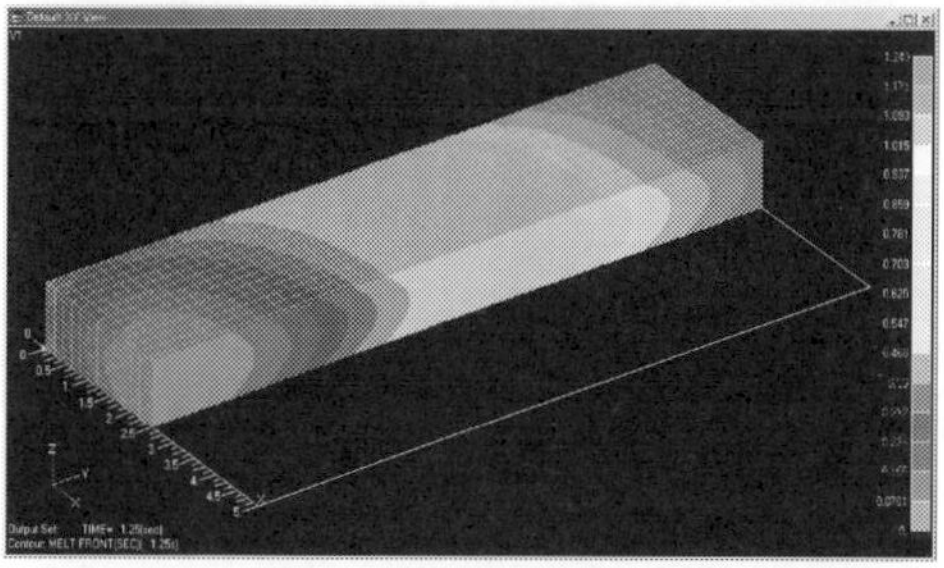

図 8.20　1.25 秒経過時の
メルトフロント（x 軸中央断面）

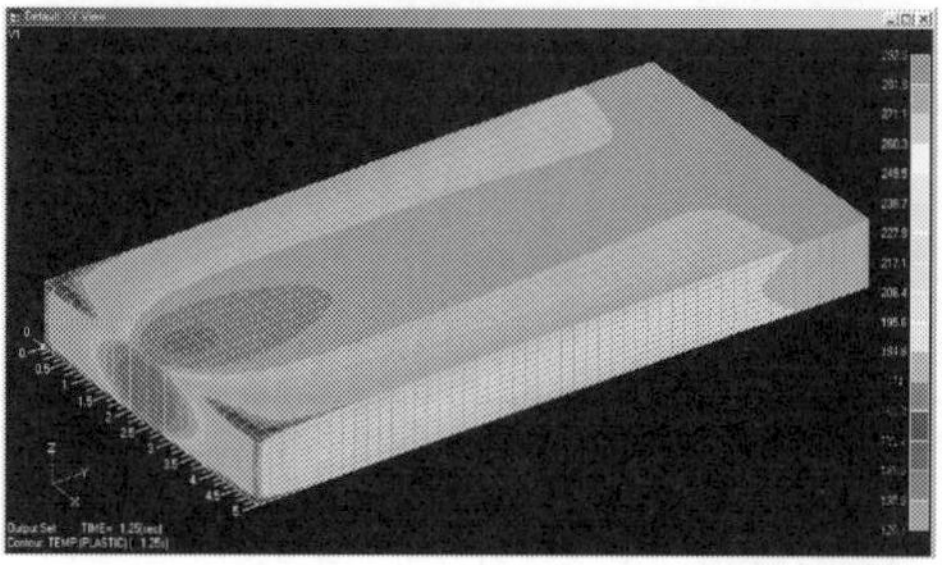

図 8.21　1.25 秒経過時の
温度分布（全体図）

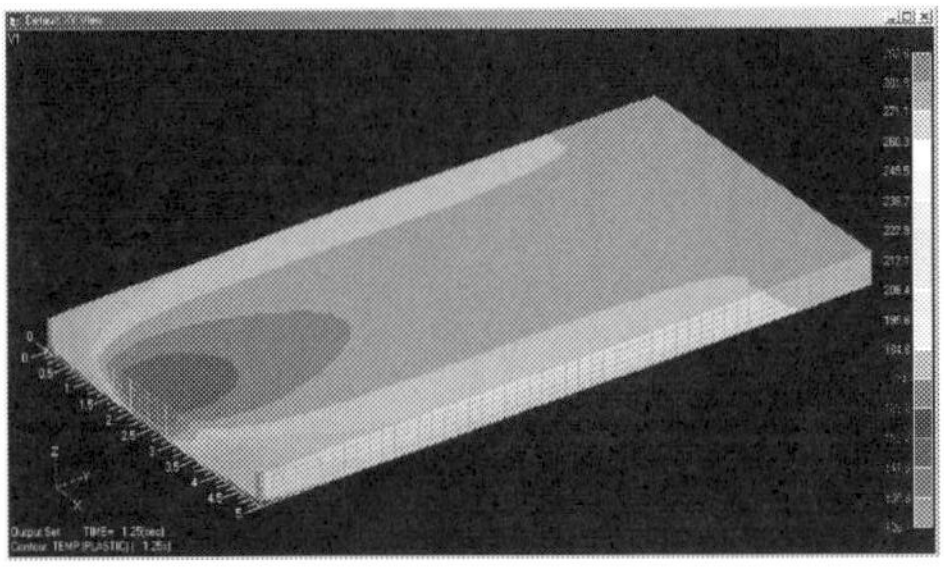

図 8.22　1.25 秒経過時の温度分布（z 軸中央断面）

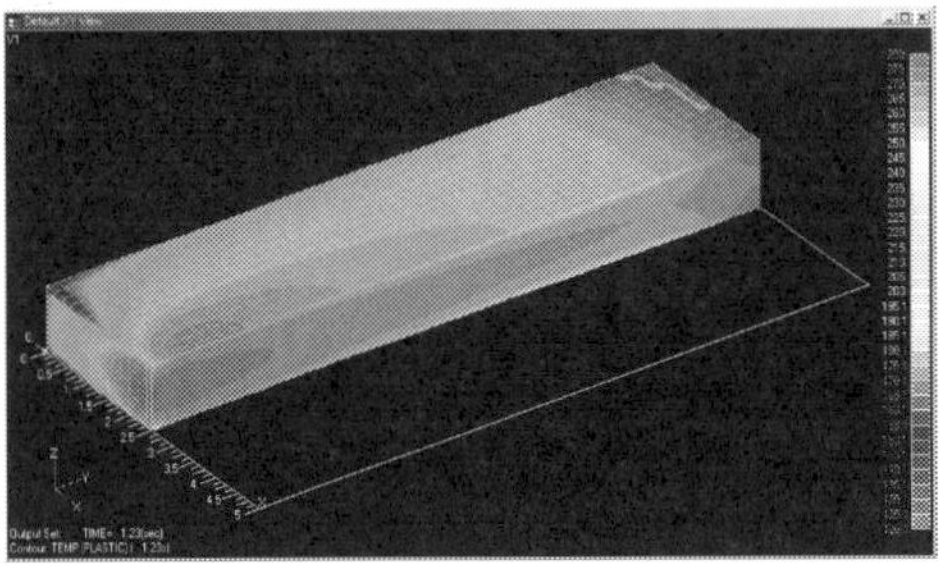

図 8.23　1.25 秒経過時の温度分布（x 軸中央断面）

大で摩擦発熱も大きく，温度は高くなっている。図 8.23 もゲート近傍において　同様に高温になることが認められる。また，断面中央部は温度が高いことが認められる。これは金型壁面からの熱伝導によるものである。

図 8.24 は充てん完了時の圧力分布全体図，**図 8.25** は z 軸中央断面メルトフロント図，**図 8.26** は x 軸中央断面の圧力分布図，**図 8.27** は流動端部の圧力分布図である。これらの図の断面を観察すると充てん領域においては上下面方向には圧力は均一である。このことは，上下方向に流れがほとんどないこと

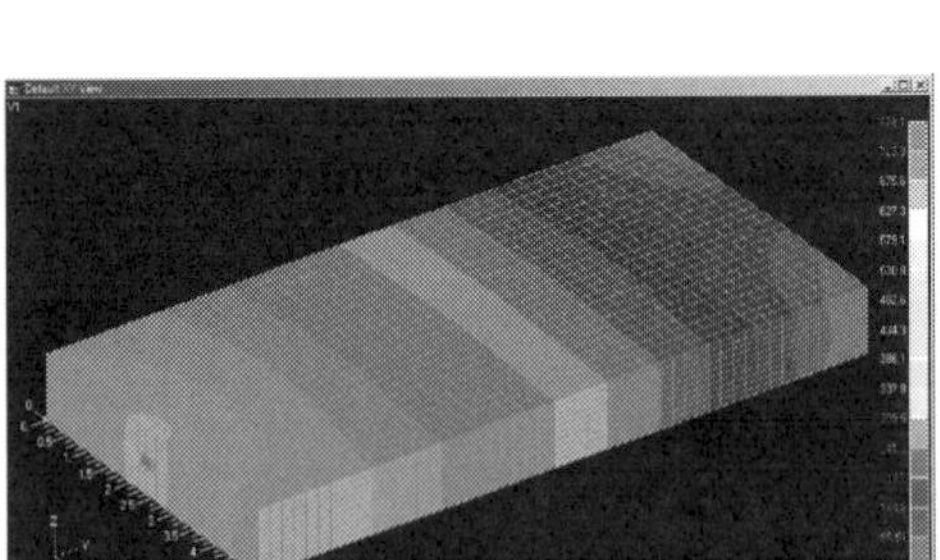

図 8.24　1.25 秒経過時の圧力分布（全体図）

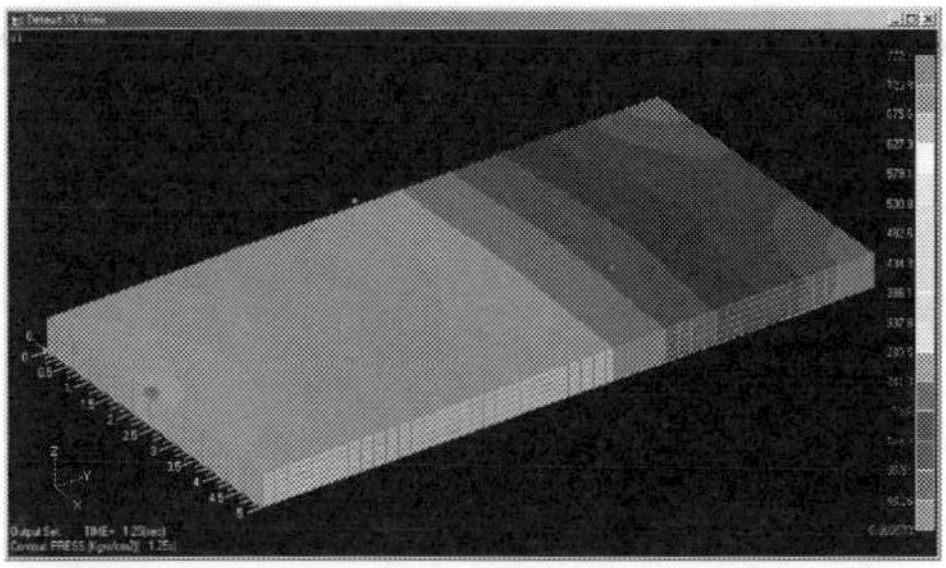

図 8.25 1.25 秒経過時の圧力分布（z 軸中央断面）

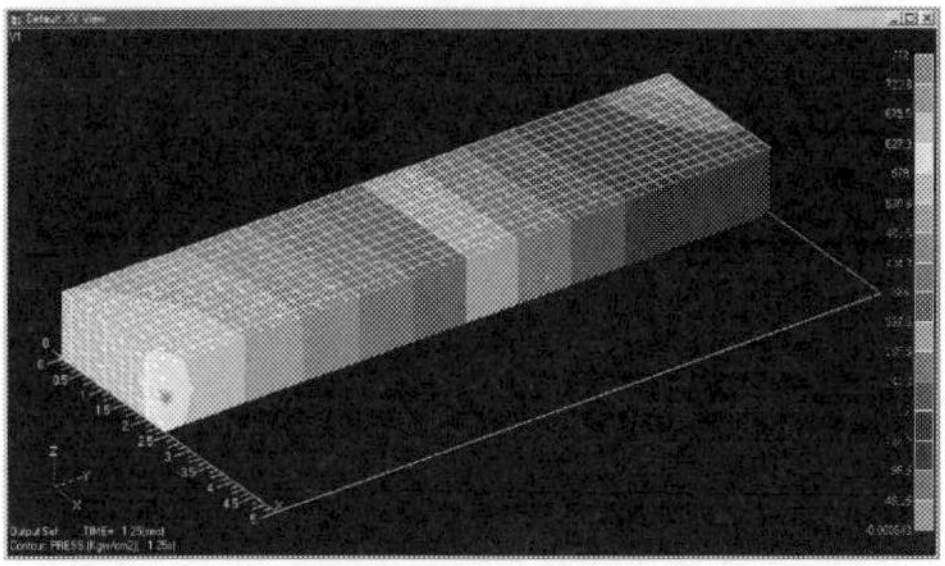

図 8.26 1.25 秒経過時の圧力分布（x 軸中央断面）

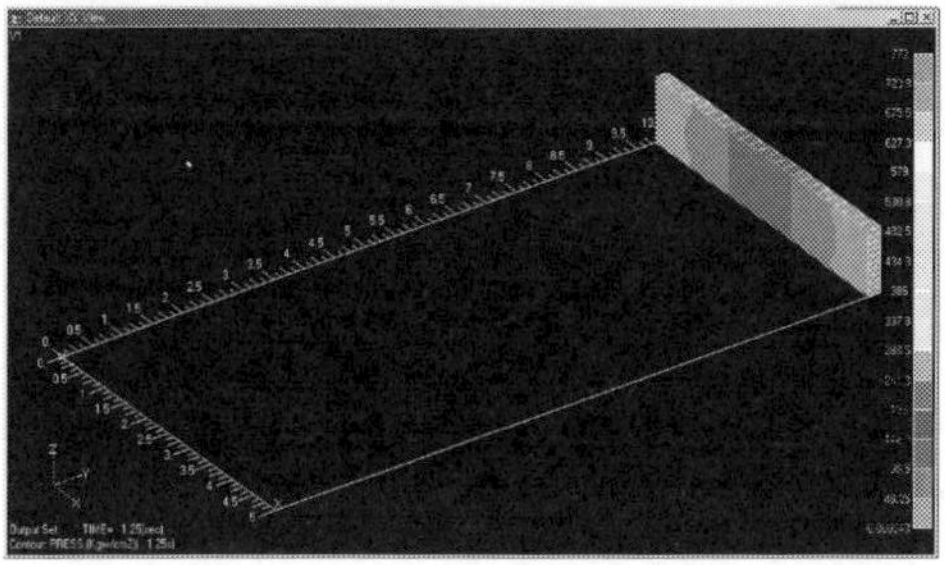

図 8.27 1.25 秒経過時の圧力分布（流動端部）

を意味するが，ゲート部（図 8.26）と流動末端（図 8.27）においては上下方向の圧力分布が認められ，これらの部分においては上下方向の流動も認められる。

9. メッシュ分割

9.1 概　　　　要

射出成形品はボス・リブ構造などの複雑形状を有しており，また成形上の形状自由度が高いことを利用して意匠デザインのための自由曲面形状を有することも多い。

射出成形シミュレーションにおいてはこのような複雑形状をメッシュ分割することが必要になるが，実務においてメッシュ分割は解析作業全体の70〜80%を占める最も手間のかかる作業であり，メッシュ分割がCAE解析のボトルネックとなることも多い。また，解析の精度はメッシュに依存することも多いことから，数値解析の理論に精通していない人でも精度上問題のないメッシュを生成することのできるよう，メッシュの自動生成技術が求められている。

本章では，まず基本的な三角形メッシュ分割手法としてデローニ三角形分割(Delaunay triangulation) とアドバンシングフロント法を紹介する。

一方，近年3次元CADの活用が進み，金型製作と連動させるために製品設計も3次元CADで行われることが多い。CAE解析も3次元CADデータから全自動で直接実行できることが求められている。こうした3次元CADとのリンクを行うための中立面生成やデュアルドメイン解析，3次元ボクセル解析についても簡単に述べる。

9.2 デローニ三角形分割

FEMでは，メッシュ分割を行うことによって領域内の未知関数を単純な補間関数の組合せとして表現する。このとき，例えば**図9.1**に示すように，要素形状としてはできるだけ細長い形状を避けることが望ましい。未知関数が滑らかに変化していると考えれば，三角形要素もできるだけ正三角形に近い方が正しく近似できるということが直感的に理解できるであろう。

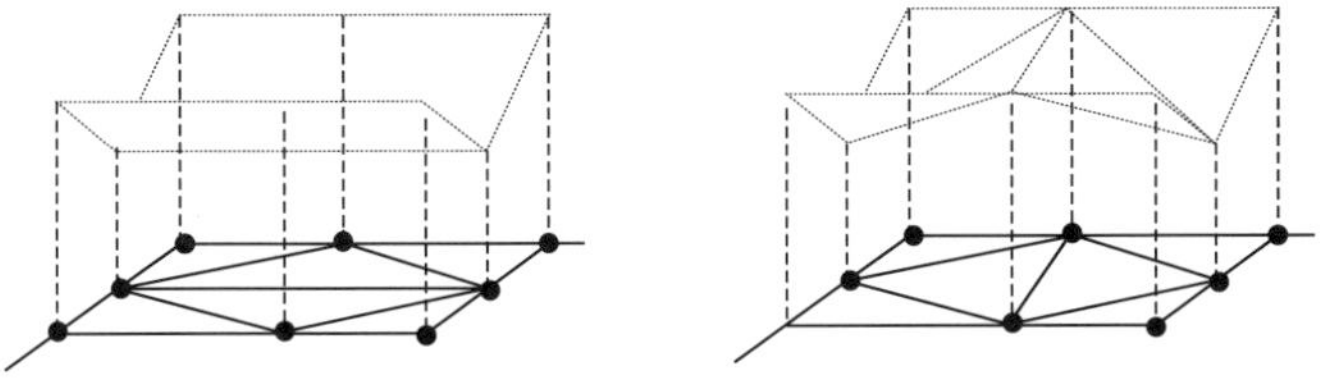

図9.1 三角形形状による近似の違い

したがって三角形メッシュ分割を行う場合は，三角形の最小角度を最大にするようなメッシュ分割が望ましいことになる。デローニ三角形分割は，与えられた点群から三角形の最小角度を最大化するようなメッシュ分割を行う手法であり，三角形要素分割手法として最も一般的に用いられている。

例えば，四つの節点を二つの三角形に分割する場合，**図9.2**(a)の辺ijを(b)のように辺klに変更することにより，最小角度を増大させることができる。このように局所的に辺を交換する操作を辺フリップ（edge flip）と呼ぶ。

ある辺をフリップすべきかどうかは，つぎのようにして定めることができる。「二つの三角形i-j-kとi-j-lがあり，Cを三角形i-j-kの外接円とする。

図9.2 辺フリップ操作の例

このとき，点lがCの内部にあれば，辺ijはフリップすべきである」。

図9.3に辺フリップ判定の概念図を示している。デローニ分割によれば，領域を三角形に分割したときすべての要素の外接円はその要素頂点以外の節点を含まないように分割される。

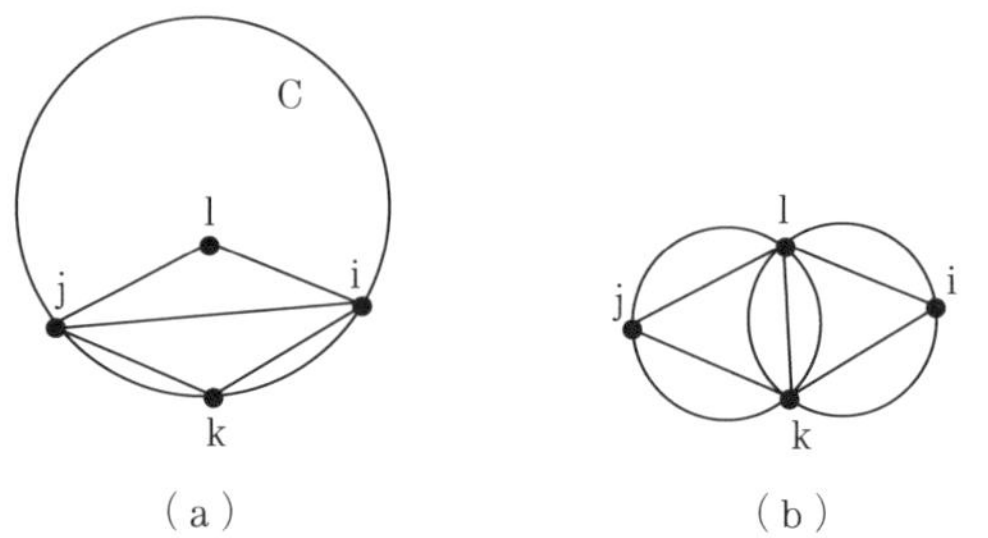

図9.3　辺フリップ判定の概念図

上記のように局所的な辺フリップを繰り返していけば，最終的に，どの2辺も交差せず，角度が最大化された三角形によって領域が分割される。デローニ分割によるメッシュの生成方法については，文献[1),2)]に詳細に述べられているので，ここでは簡単に手順を紹介する。

1）　分割領域に節点集合Pを発生させる。

2）　節点集合Pを含む大きな三角形要素を作成する。

3）　Pから一つの節点を選び，作成した要素に加える。

4）　必要な辺フリップがなくなるまで，フリップを繰り返す。

5）　追加する節点がなくなるまで，3）4）を繰り返す。

6）　領域外の要素を消去する。

以上の手順により，領域のデローニ分割が得られる。**図9.4**にデローニ三角形分割の例を示す。

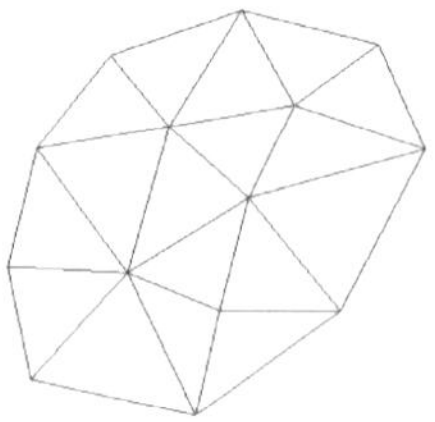

図9.4　デローニ三角形分割の例

9.3 アドバンシングフロント法

デローニ分割は原理的に精度のよいメッシュが得られるが，外部要素の削除などに手間がかかる。アドバンシングフロント法（advancing front method）は領域境界を分割してから，内部に節点を発生しながら要素生成を進めていく手法であり，自動的に内部領域のみ分割される。**図 9.5** に概念図を示す。

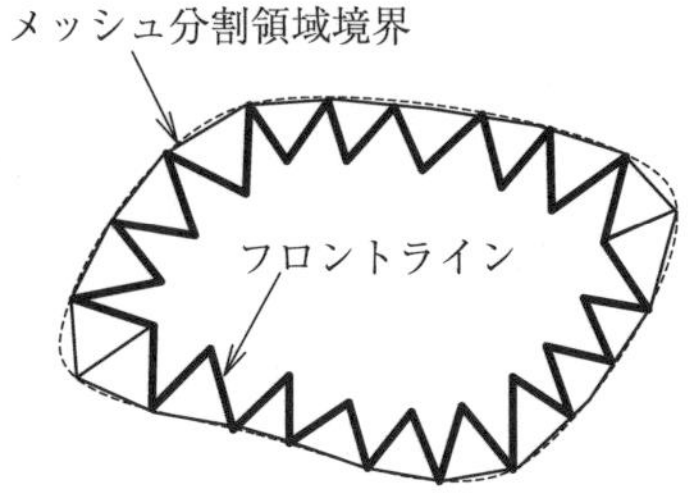

図 9.5 アドバンシングフロント法の概念図

アドバンシングフロント法の手順を以下に示す。

1） 領域境界を線分に分割し，フロントとする。

2） フロントより進展する線分を選択する。

3） 2）の近傍の既存節点をサーチする。

4） 2）に対応する新規節点を仮定する。

5） 3），4）より最適な節点を選択し，要素を生成する。

6） 2）の線分を消去し，新規に発生した線分をフロントへ加える。

7） 2）へ戻り，フロントがなくなるまで繰り返す。

アドバンシングフロント法では，4）の新規節点生成において，フロント節点からの距離をコントロールすることが容易にできるため，発生する要素の密度制御も容易である。また，一般に高速なメッシュ分割が可能であることから，市販のソフトウェアに採用されている例も多い。

9.4 中 立 面 生 成

3 次元 CAD データは製品形状表面の曲面情報をもっている。薄肉成形品の形状は対向する表裏の面により構成されるが，2 次元解析を行うためには中立面（mid-plane）におけるシェル要素を作成する必要がある。したがって CAD データより自動メッシュ分割を行う場合には，中立面生成（mid-plane generation）がポイントとなる。

図 9.6 は 3 次元形状に対応する中立面の概念図を示している。このような中立面を生成するアルゴリズムとして，表面にメッシュを生成したのちに肉厚の中間面を生成したり，内部に仮想的な球を生成してその中心を結ぶことで中立面を自動生成する方法などが提案されている。しかし分岐部分や段差部分など，対向面の探索が困難な場合には中立面の定義ができず，後から手作業により修正する必要が生じることも多い。

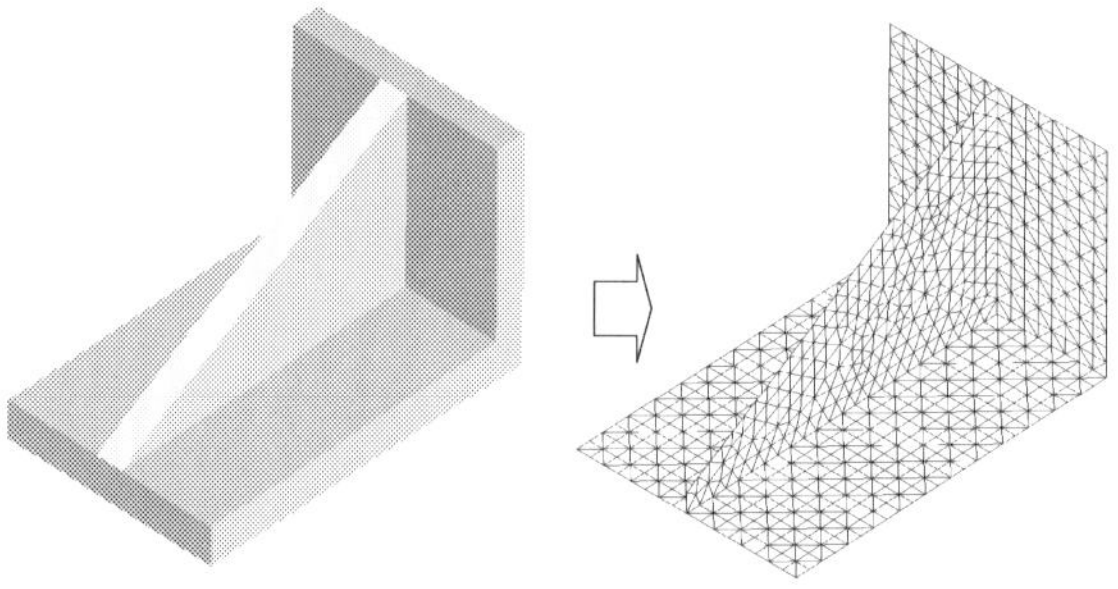

図 9.6　中立面の概念図

9.5 デュアルドメイン法

前述のように，中立面生成は成形品形状や CAD データの品質によっては必ずしも全自動とはできないことが多い。一方，3 次元 CAD データからソリッド要素を自動生成することは比較的容易であるが，3次元解析を精度よく行うためには一般的に膨大な数のソリッド要素に分割する必要が生じる。そこで3次元CADデータの表面をシェル要素に分割し，表面全体を用いて流動解析を行う技術がMoldflow社のデュアルドメイン法（dual domain™ method）である[3]。

デュアルドメイン法では，まず成形品表面を平面要素で分割し全体を覆う。流動解析はこの全表面を覆うシェル要素を用いて実行するが，このとき上下面の対向する部分で同期をとり（synchronize），両側の流れが整合するよう調整している。**図9.7**にデュアルドメイン法の概念図を示す。この方法によれば，CADデータの表面のみメッシュ分割することで流動解析が可能となるためメッシュ分割が容易であり，また形状内部をソリッド要素に分割する場合と比較して節点自由度を小さく抑えることが可能であることから，計算時間も短時間に抑えることができる。

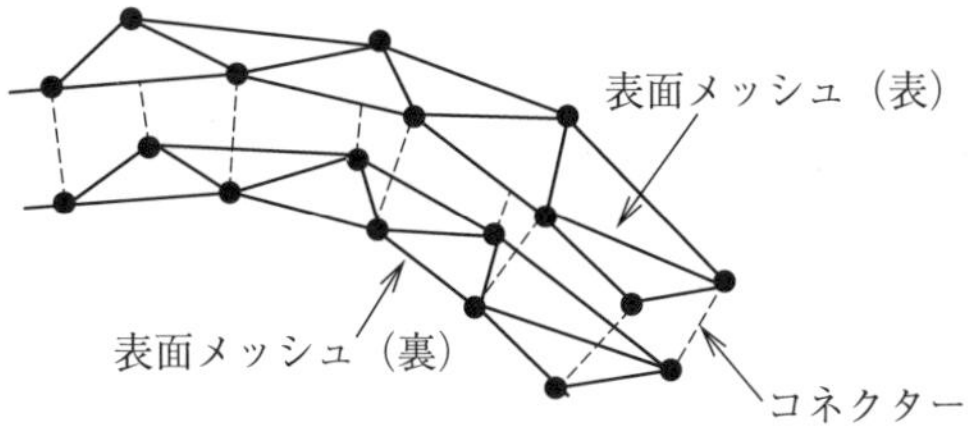

図9.7 デュアルドメイン法の概念図

9.6 ボクセル法

3次元CADデータを3次元ソリッド要素に分割する方法としては，前述のデローニ分割法を3次元に適用し，テトラ要素に分割する手法が一般的である。一方，CADデータを高速かつ安定して3次元メッシュ分割する方法としてボクセル法（voxel method）がある。ボクセル法は**図9.8**に示すように，形状を差分法と同様に直交格子で近似する手法である。

ボクセル法はCADデータに多少の不具合があっても問題なくメッシュ分割

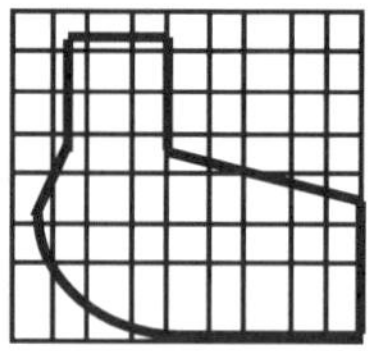

図 9.8　ボクセル法の直交格子

できるという利点がある。例えばCADで作成したラピッドプロトタイピング用のSTLデータを用いてボクセルメッシュを作成する場合を考える。STLデータは製品形状表面を三角形のファセット（facet）で覆うことで，3次元形状を定義するデータ構造である。STLのファセット間に隙間があったり，ファセットの重なりや突抜けなどの不整合があった場合も，ボクセルメッシュでは空間に定義された直交ボクセルの内部に物体が含まれる割合によって要素のオンオフが判定されることから，ボクセルサイズよりも小さい不整合はほとんどの場合無視され，メッシュ生成に影響を及ぼさない。このためボクセル法は非常にタフなメッシュ生成法であるといえる。

また，ボクセル法ではメッシュ形状も単純のため，解析コードが単純化され，使用メモリーも大幅に低減できる。中野ら[4)]は**図 9.9** に示すようにいったん直交格子に分割した後に節点をCADデータの表面に移動し，形状近似精度を高める手法を射出成形CAEに適用した。

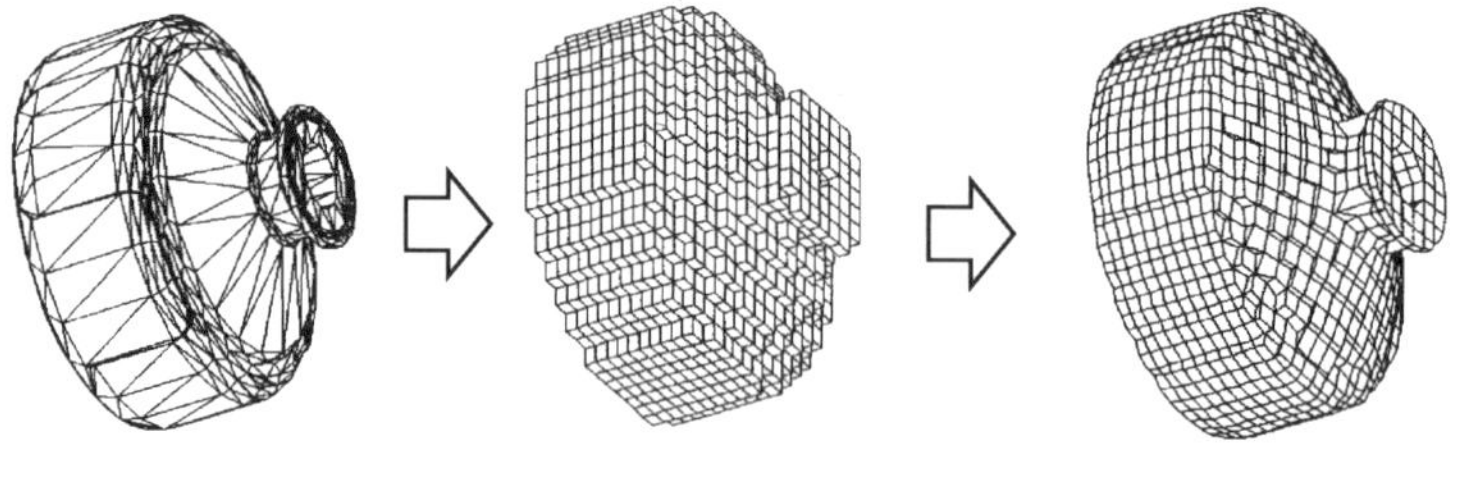

図 9.9　表面節点移動による形状近似精度の向上

10. 射出成形シミュレーションの活用事例

10.1　金型設計への活用

射出成形シミュレーションは，樹脂成形品の設計における肉厚やリブ形状などの検討，金型設計におけるランナー・ゲートシステムや冷却回路の決定，最適な成形条件の検討，試作検討時に発生したトラブルへの対策検討などに活用されている。射出成形シミュレーションの利用者と活用方法の代表的な例について，**表 10.1** にまとめた。

表 10.1　射出成形シミュレーションの利用者と活用方法の例

生産技術研究者（金型内可視化ツール）	
成形不良原因の究明 新規成形法の研究	反り，ひけ不良原因と対策立案 射出圧縮，インサート成形などの可能性
生産技術者（品質管理・改善支援ツール）	
金型方案の初期検討 コスト見積り 金型手配チェック 成形不良対策	ショートショット，ウェルド位置，ひけ要因 型締め力予測，サイクルタイム推定 充てん不良，ガス焼け，ウェルド，バリ ウェルド，ひけ，反り
金型設計者（金型設計支援ツール）	
冷却管配置の検証 多数個取りの検証 成形不良の予測	金型温度分布の制御 ランナーバランス 充てん・ひけに関するチェック，反り
製品設計者	
製品形状の検証 他の FEM 連携	充てん圧力と肉厚の相関関係 繊維配向，反り，初期ひずみを想定した解析

この中で最も頻繁にシミュレーションが活用されている例としては，成形技術開発部署において，試作段階のトラブルに対し金型設計を修正する場合が挙げられる。製品のライフサイクルの短縮に伴って開発期間の短期化が進む中で，金型修正のトライアンドエラーは大きなボトルネックとなっていた。シミュレーションの活用による試作回数の低減は開発期間と開発コストの低減につながり，現在では樹脂成形品開発において必須のツールとなっている。

以下，金型設計への射出成形シミュレーションの適用例として，収縮・反り変形解析と流動解析の活用事例を示す。

10.1.1　歯車の収縮・反り変形解析

図 10.1 は歯車の収縮・反り変形解析を行い，収縮率を予測した例である。金型設計では材料の成形収縮率データを参考に収縮率をあらかじめ見込み，製品寸法に対して金型寸法を補正する。一般に成形収縮率は材料ごとにカタログデータが準備されているが，実際の収縮率は一様でなく成形品形状や成形条件により変化する。通常は試作を行い，トライアンドエラーで入れ子を作り直して製品精度を作り込んでいる。

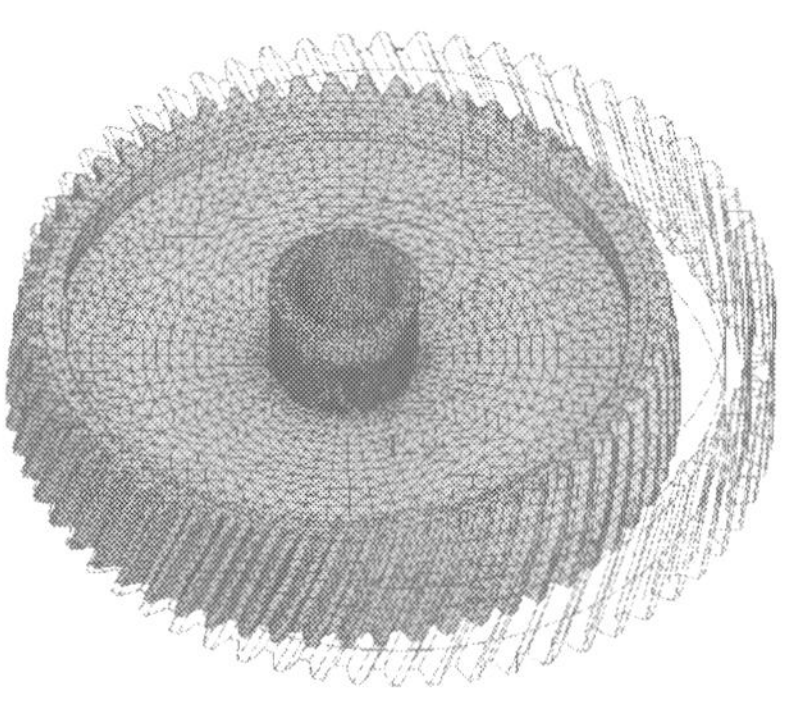

変形量を 10 倍に拡大して表示

図 10.1　歯車の収縮解析例

成形収縮率をシミュレーションにより予測し，金型の微調整で精度を出すことができれば，金型製作コストや製品開発期間を大幅に短縮することができる。図 10.1 の例では歯車の肉厚形状を正確に表現するため，3 次元解析を適用した。

あらかじめコンピュータ上でシミュレーションを繰り返し，収縮ばらつきの少ない金型設計や成形条件を探索し，さらに成形後の収縮率を予測することにより金型寸法を決定する。仮想試作を事前に繰返し行うことにより，最初の試作金型をできるだけ完成品に近づけようという試みを行い，金型製作コストの削減が達成することができた例である。

10.1.2　ファミリーモールド解析

図 10.2 は流動バランスの検討に射出成形シミュレーションを適用した例を示している。この部品は左右一対の自動車部品であり，一つの金型で同時成形されるいわゆるファミリーモールド（family mold）成形が適用された。ファミリーモールドとは，異なる形状の成形品を一つの金型で同時に成形する手法である。この製品の場合も左右の形状が同一ではないため，普通にランナー・ゲート定義を行うと一方が先行充てんし，他方の充てんが遅れる不均一充てんとなることがある。

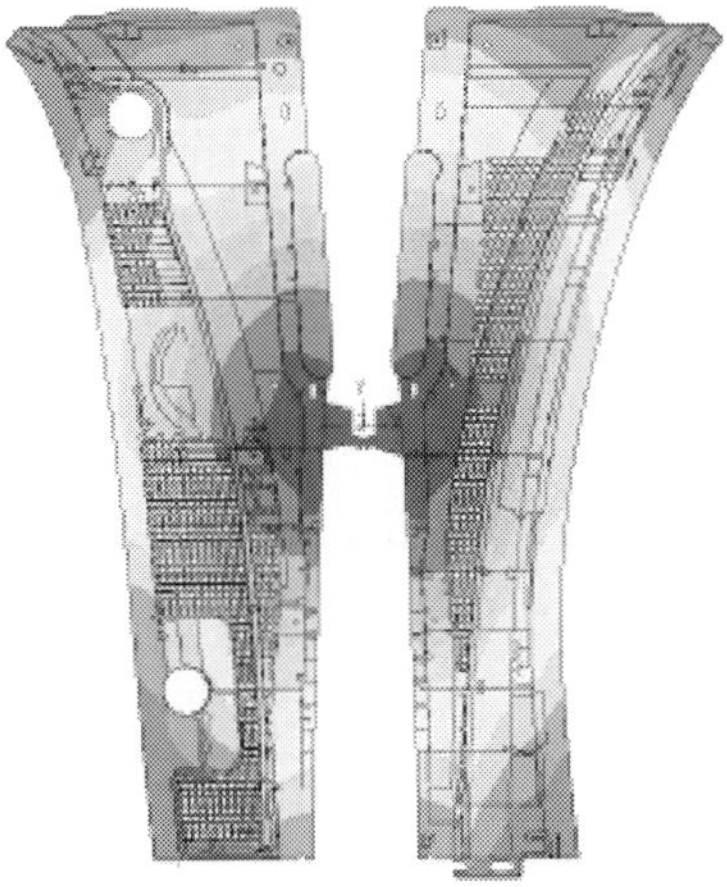

図 10.2　自動車部品のファミリーモールド

図 10.3 に単純形状のファミリーモールドの解析例を示す。充てんバランスのとれていないファミリーモールド成形を行うと，一方のキャビティ充てんが

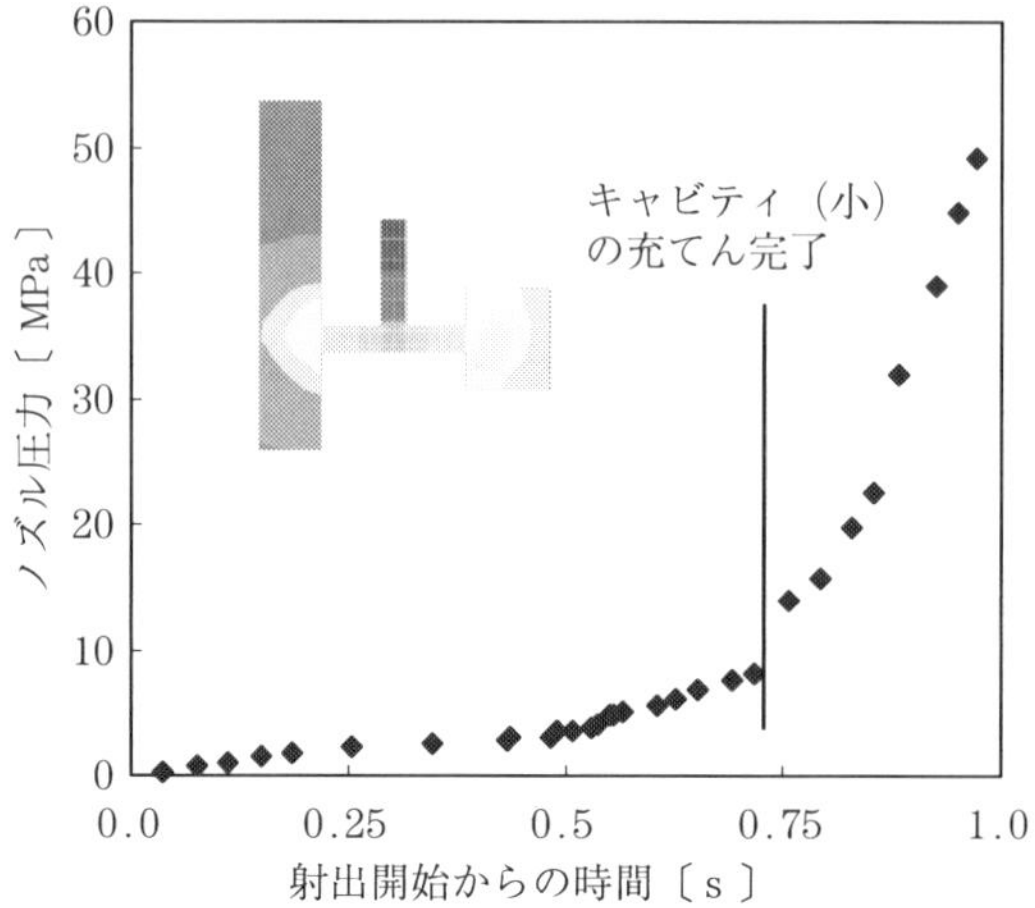

図 10.3　ファミリーモールドの圧力履歴例

終了した後にノズル部の圧力が急激に上昇する現象が発生する。これは未充てんキャビティに対して一定流量で樹脂充てんしようとするためである。このような圧力上昇が発生すると，充てん圧が不足した場合には充てん不良（short shot）が発生したり，先行充てんしたキャビティの圧力が急上昇して金型のパーティング面が開き，隙間に樹脂が漏れ出してバリが発生したりする。そこでランナー径やゲート径を調整し，両方のキャビティが同時充てんするように金型設計検討を行うことが多い。

図 10.2 の例では左右のランナー径を調整することによって充てんバランス検討を行い，充てん必要圧を下げることができた。充てん圧を下げることにより型締め力が下がり，成形機のランクを 1 ランク下げることができたため，製品コストの低減に貢献できた例である。

10.1.3　ランナー・ゲート設計

図 10.4 の例では，金型の更新時にゲート点数の低減を検討した。ゲート点数の低減に伴い，ランナー部の樹脂量を削減できるため歩留りが向上し製品コストの削減が期待できる。また，ピンゲートからサブマリンゲートへ変更する

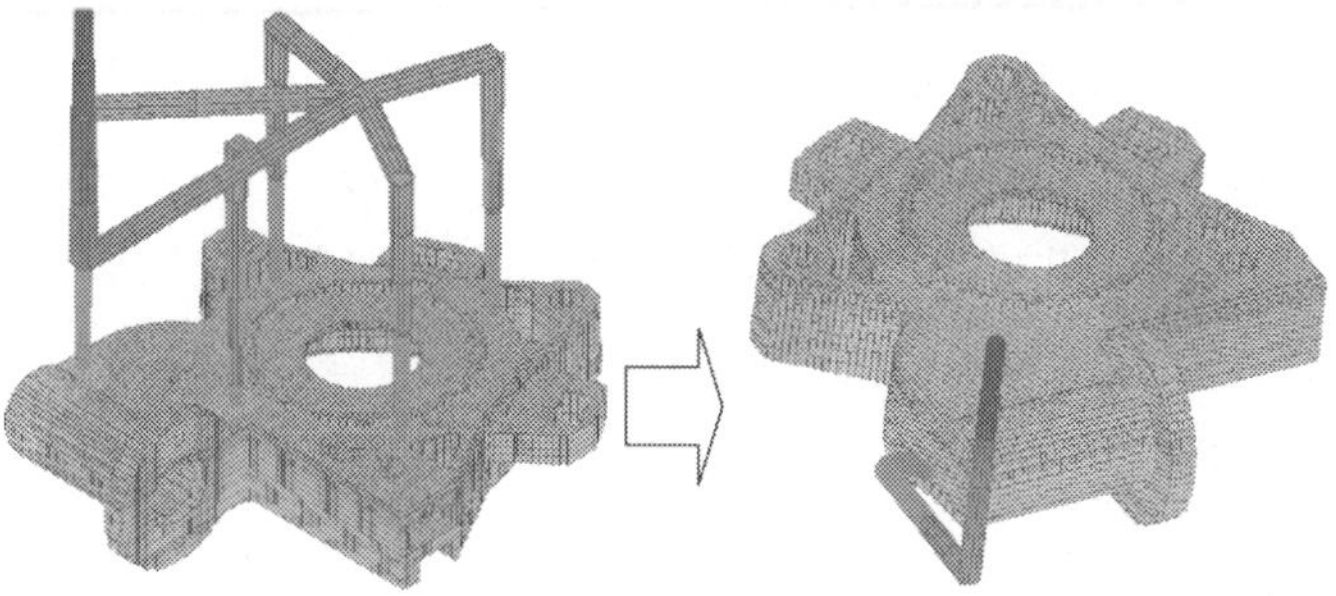

（a） 初期ランナー・ゲート設計　（b） 修　正　後

図 10.4　ゲート点数低減検討事例

ことにより，金型構造も 3 プレートから 2 プレートへ簡略化されるため，金型費も削減できる。

ゲート点数減により充てん不良と圧力不足による反りの増大が懸念されたため，まずシミュレーションにより充てん可能性が検討された。その結果，ゲート点数 5 点から 1 点へ低減した場合の充てん圧力は 105 MPa 程度であり，流動性に大きな問題はないことが判明した。つぎに反り解析により変形量の変化を検討した結果，1 点ゲートとした場合も反り変形の増加は見られず，実成形への適用を進めた。

実際にゲート点数低減を実施した結果，充てん圧力は 117 MPa であり流動性に問題は見られなかった。また，反り変形も 5 点ゲートと比べて変化なく，十分に成形可能と判明した。最終的に本金型修正の結果，金型構造の簡素化による金型費低減，ランナー部分体積の低減による歩留りの向上，ランナー部分の蓄熱低減による成形サイクルの削減に成功し，トータルとして約 18 %という大幅なコスト低減を達成することができた。

10.2　金型設計の最適化事例

射出成形シミュレーションに限らず，一般的な CAE は設計案に対する評価検討を行うツールとして活用され，設計案を考え出すのはあくまで人間ということになる。これに対して最適化技術は，設計作業の部分もある程度コンピュータに置き換えることをねらうものである。最適化技術としては実験計画法の応用や遺伝的アルゴリズム（genetic algorithm）など多様な手法が提案され，実用に供されている。ここでは射出成形シミュレーションに最適化技術を応用し，金型設計に適用した事例を紹介する。

10.2.1　ゲート最適化によるウェルドラインの位置制御

図 10.5 に示すような射出成形品のウェルドライン（weld line）位置を所望の位置へ移動することを検討した。ウェルドラインとは樹脂の合流部分の表面に線状に見られる外観不良である。樹脂の合流部分に発生することから，充てん時の樹脂流動パターンを変更することにより，ウェルドライン位置を移動させることができる。

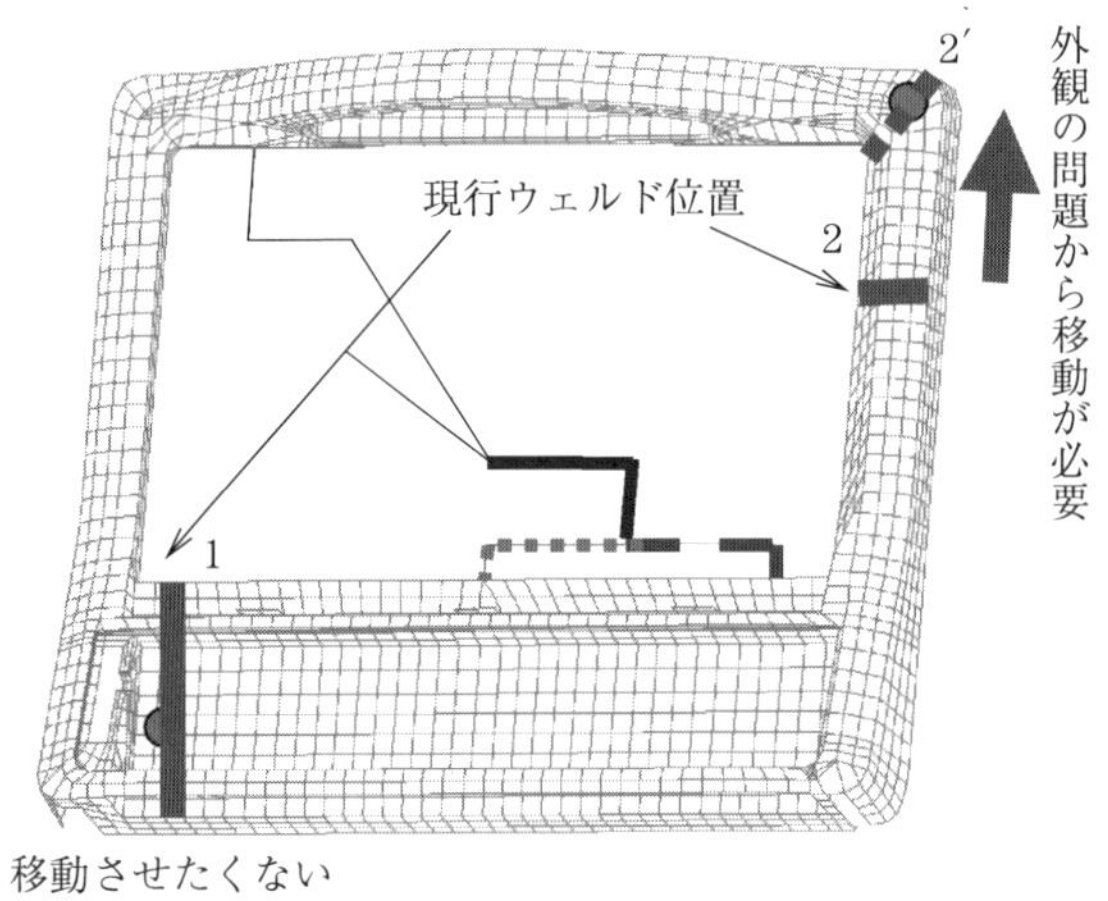

図 10.5　ウェルドラインの移動検討例

この場合，ウェルドライン 1 は製品の角部にあり特に目立たないため移動させないこと，ウェルドライン 2 は破線で示す角 2′ に移動させることを考えた。

設計変数として，**図 10.6** に示すランナー寸法を修正することとした。この

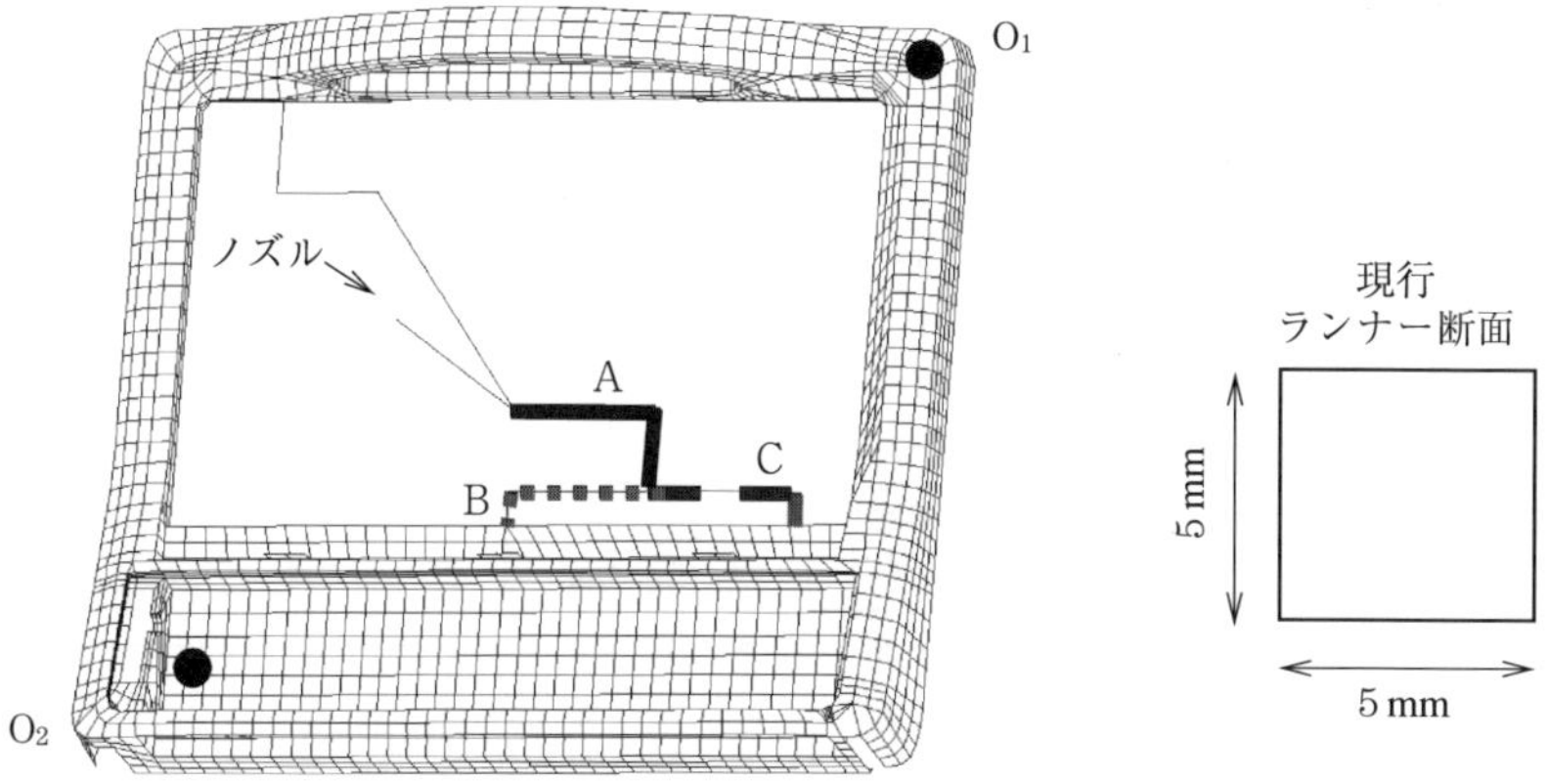

設計変数　ランナー A，B，C 断面の幅 h〔mm〕
設計条件　5 mm ≦ h ≦ 8 mm
目的関数　充てん時間〔s〕
目的条件　O_1，O_2 の充てん時間を最大化

図 10.6　設　計　変　数

成形品の場合，3 点ゲートのため，図に示す A，B，C 3 箇所のランナー幅を調整することにより，ウェルド位置を移動させる。このランナー幅の調整をコンピューターにより自動的に実行し，最適値を求める。

最適化計算では目的関数を設定し，目的関数を最大化（あるいは最小化）することとして問題を定義する。この場合の目的関数はウェルドライン位置であるが，目的関数は連続的な値とした方が取扱い上容易となるため，つぎのように目的関数を定義した。

ウェルドラインは流動先端の合流部分で発生し，この場合二つのウェルドラインはいずれも流動末端で合流する突当て形のウェルドである。したがって所望のウェルドライン位置を T とし，T に含まれる節点 i への流動先端到達時間を t_i としたとき，ウェルドラインを T のできるだけ近くに移動させるためには t_i の総和を目的関数 F とし，F を最大化すればよい。すなわち問題は以下のように表される。

$$\max(F) \quad F = \sum_i t_i \quad i \in T$$

最適化計算は**図 10.7** に示すシステムにより実行した。まず，前記設計変数と目的関数の設定を行い，L 16 の実験計画法により基本となる条件水準の組合せを設定し，シミュレーションを実行する。この結果をもとに曲面近似法に基づく応答曲面を生成する。

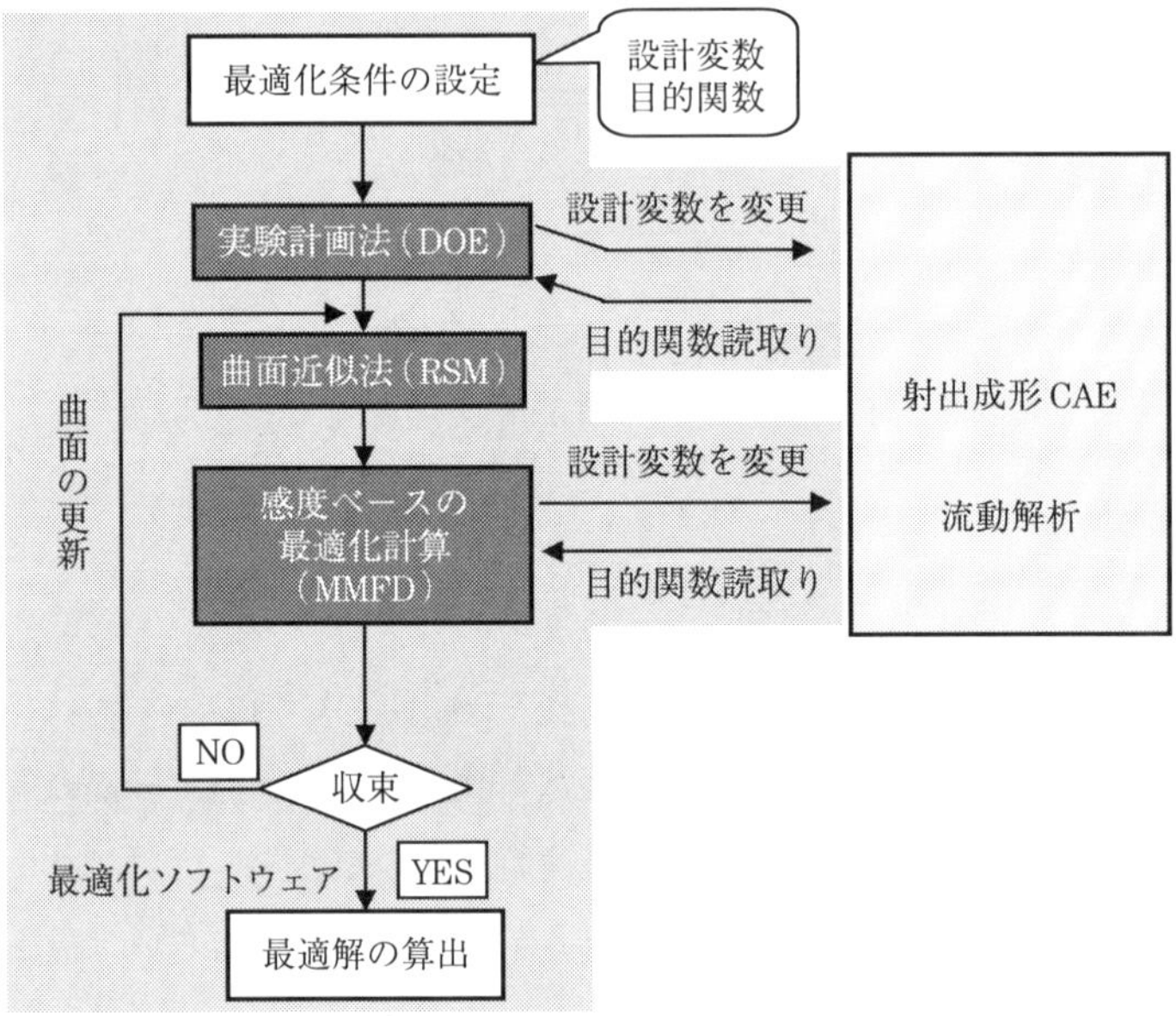

図 10.7　ゲート位置の最適化システム

図 10.8 は応答曲面のイメージ図である。続いて感度ベースの最適化を行い，応答曲面内での最適値を求める。この過程でシミュレーションから得られた解析データをもとに応答曲面を修正しながら，収束するまで反復する。

本最適化手法により，ランナー径 1 を 50 % 増，ランナー径 2 は変化なし，ランナー径 3 は 25 % 増という結果が得られ，ウェルドラインを所望の位置へ移動させることができた。本解析計算は全体で 20 ケースの条件を自動的に変更して解析を実行し，3.5 時間で最適解を得ることができた。ソフトウェアは最適化に iSIGHT，射出成形シミュレーションに 3 D TIMON を用いた。

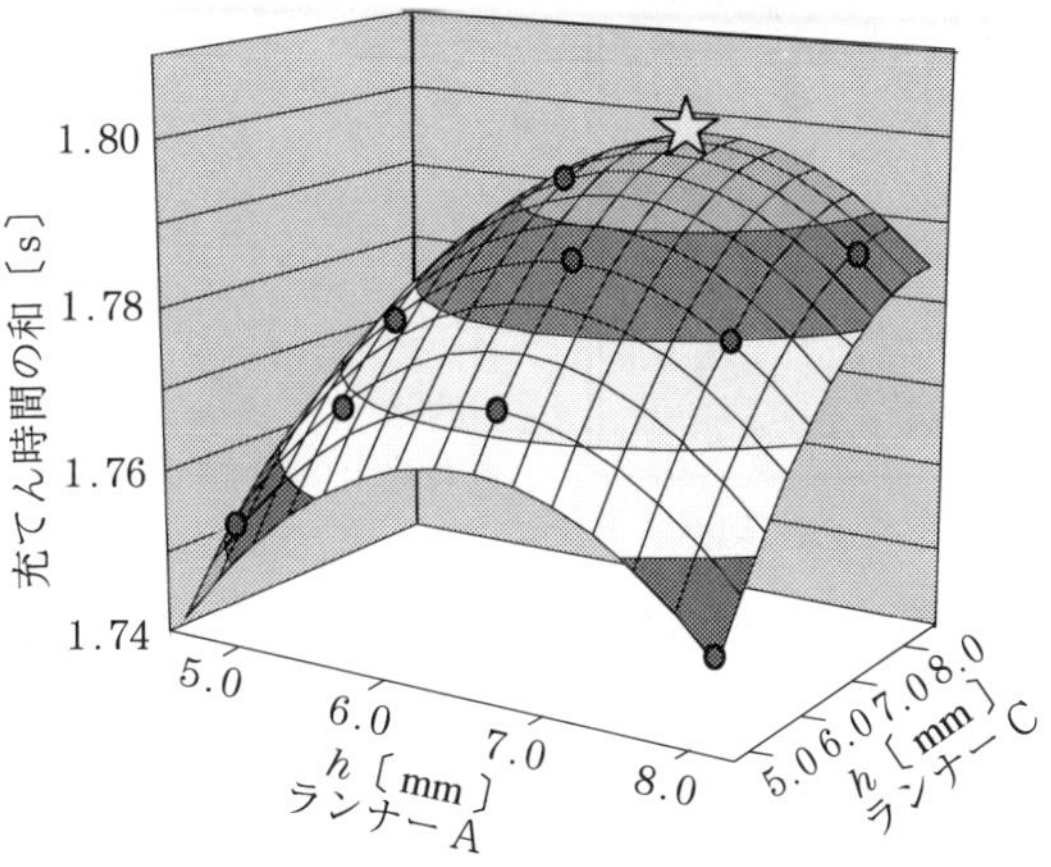

図 10.8　応答曲面のイメージ図

10.2.2　ゲート最適化による型締め力の低減

つぎに，遊技機用プラスチック枠（樹脂：ABS）の充てん解析を行い，型締め力を低減するためのゲートレイアウトを最適化した例を示す。

金型内に樹脂が充てんするとき，キャビティ内圧力によって金型パーティング面を押し広げようとする力が働く。成形機の型締め装置は充てん圧による力に対して型が開くことのないように押さえる機能を有しており，その荷重を型締め力と呼ぶ。キャビティ内圧力に対して成形機の型締め力が十分に大きくない場合，パーティング面が開いてバリなどの成形不良が発生する。また，型締め力は成形機のサイズを決める主要な指標であり，型締め力を下げることができれば小形の成形機で成形可能となるため，生産コストの低減につながる。

そこで，**図 10.9** に示す 3 点のゲート位置を最適化することにより，型締め力を低減することを検討した。図の灰色部分は，あらかじめ定めた各ゲートの移動可能範囲を示している。図中に設計最適化条件をあわせて示している。

図 10.10 に最適化計算に用いたシステムの構成を示す。ゲート位置は既存の節点位置に設定するため，設計変数は離散的な値となる。そこで最適化手法として遺伝的アルゴリズム（GA）を用いることとした。最適化計算ソフトウェ

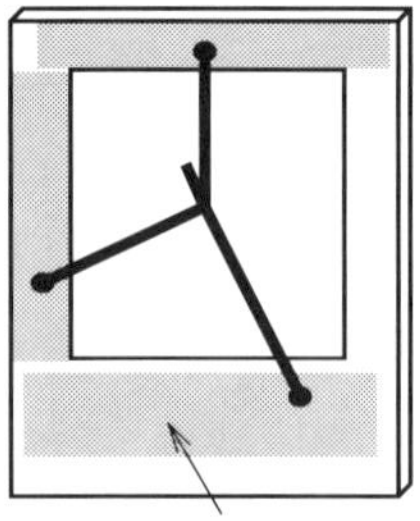
設計変数　ゲート位置
目的関数　型締め力
目的条件　型締め力最小化
探索範囲

図 10.9　遊技機用プラスチック枠のゲート位置最適化

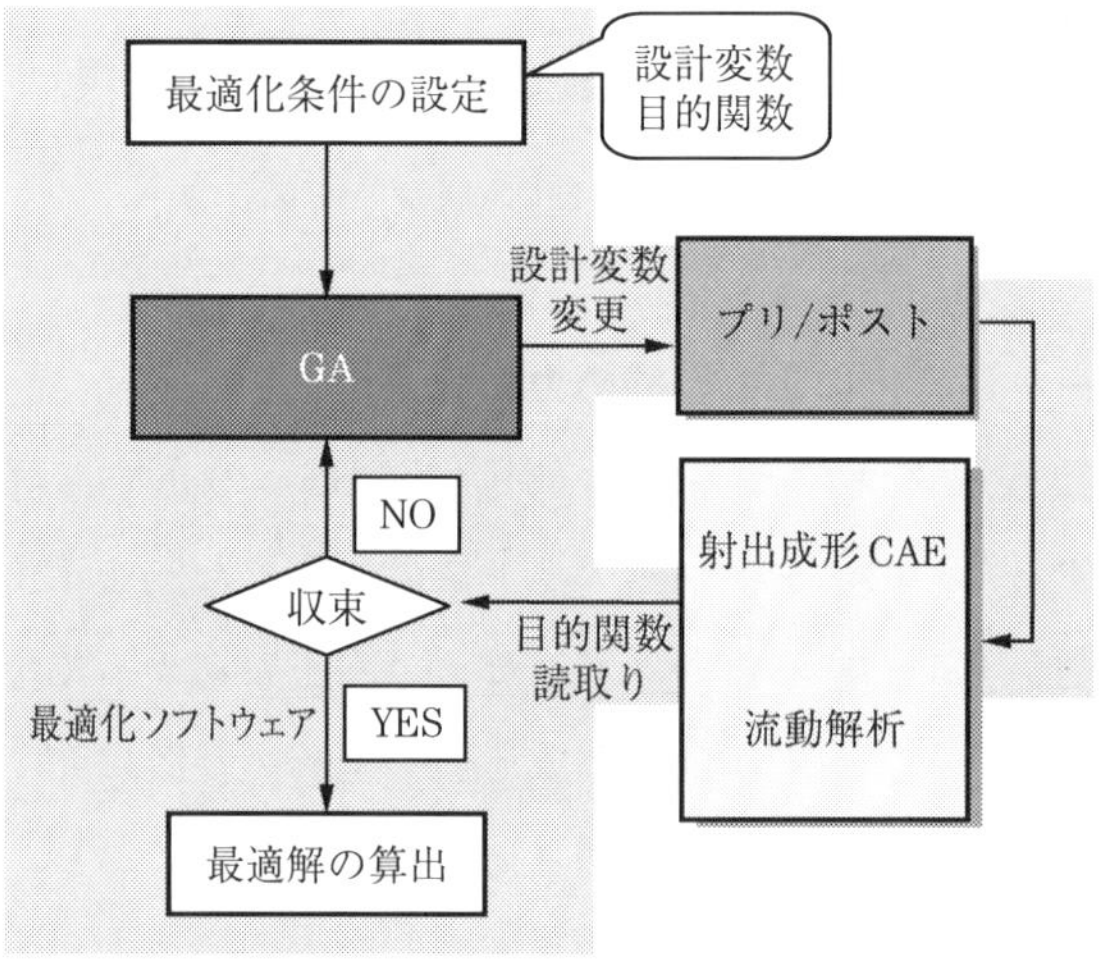

図 10.10　ゲート位置の最適化システム構成

アにより節点の移動を行い，プリポストプロセッサー（pre/post processor）上のマクロプログラムによってランナー・ゲートが自動的に生成される。このランナー・ゲート系によって射出成形充てん解析を行い，求められたキャビティ圧力に型締め方向の投影面積を乗じて充てんに必要な型締め力が求められる。この型締め力を目的関数としてさらにゲート位置の修正が行われる。以上のプロセスを繰り返すことによって，ゲート位置の最適解が得られる。

表 10.2 に最適化計算に要した時間を示す。遺伝的アルゴリズムを用いてい

表 10.2　ゲート位置最適化計算に要した時間

節点数	4 268
要素数	4 493
計算時間	13 分/ケース
GA 計算回数	1 018 回
最適化計算時間	45.5 h

表 10.3　ゲート位置最適化による型締め力の低減効果

解析ケース	型締め力〔t〕
最適化前	896.4
最適化後	479.1
低減率	46.6 %

るため，計算回数は 1 000 回以上と多く 45 時間を要したが，すべて全自動で最適解を得ることができた。型締め力の低減効果を**表 10.3** に示す。本検討では初期のゲート設定位置に対して型締め力を 46 % 低減することができた。

10.2.3　ノートパソコン筐体の反り低減検討

ノートパソコン用筐体（樹脂：ナイロン 6）の成形時反りを低減する検討に最適化を活用した例を示す。ノートパソコン用筐体は軽量化のため薄肉化が進み，充てんが困難となるため多点ゲートが用いられることが多い。**図 10.11** はランナーシステムの概念図を示している。図中の絞り部分について，各ゲートに対してランナー幅を個別に絞ることによって反り変形を低減することを検討する。

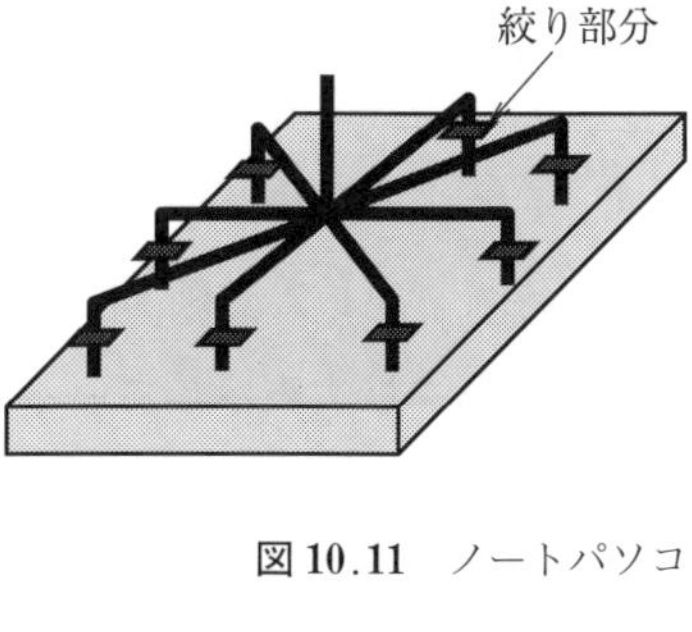

図 10.11　ノートパソコン用筐体の反り低減最適化

本製品は CF（炭素繊維）強化ナイロン樹脂を用いており，反り変形に対して繊維配向による異方性が強く影響する。繊維配向は流動方向によって大きく変化するため，多点ゲートの場合にはゲートからキャビティへ流入する流量を制御することによって繊維配向状態を変え，反り変形をある程度制御することができる。

図 10.11 中には最適化条件をあわせて示している。絞り部分の幅は 0.1 mm から 4.7 mm まで変更する。0.1 mm とした場合は当該部分のゲートからの流入をなくすことに対応する。

ここで，絞り部分の幅は図 10.11 に示した離散的な値とした。**図 10.12** に最適化システムの構成を示す。前述と同様に GA を用い，射出成形 CAE として充てん～反り解析用ソフトウェアを用いている。

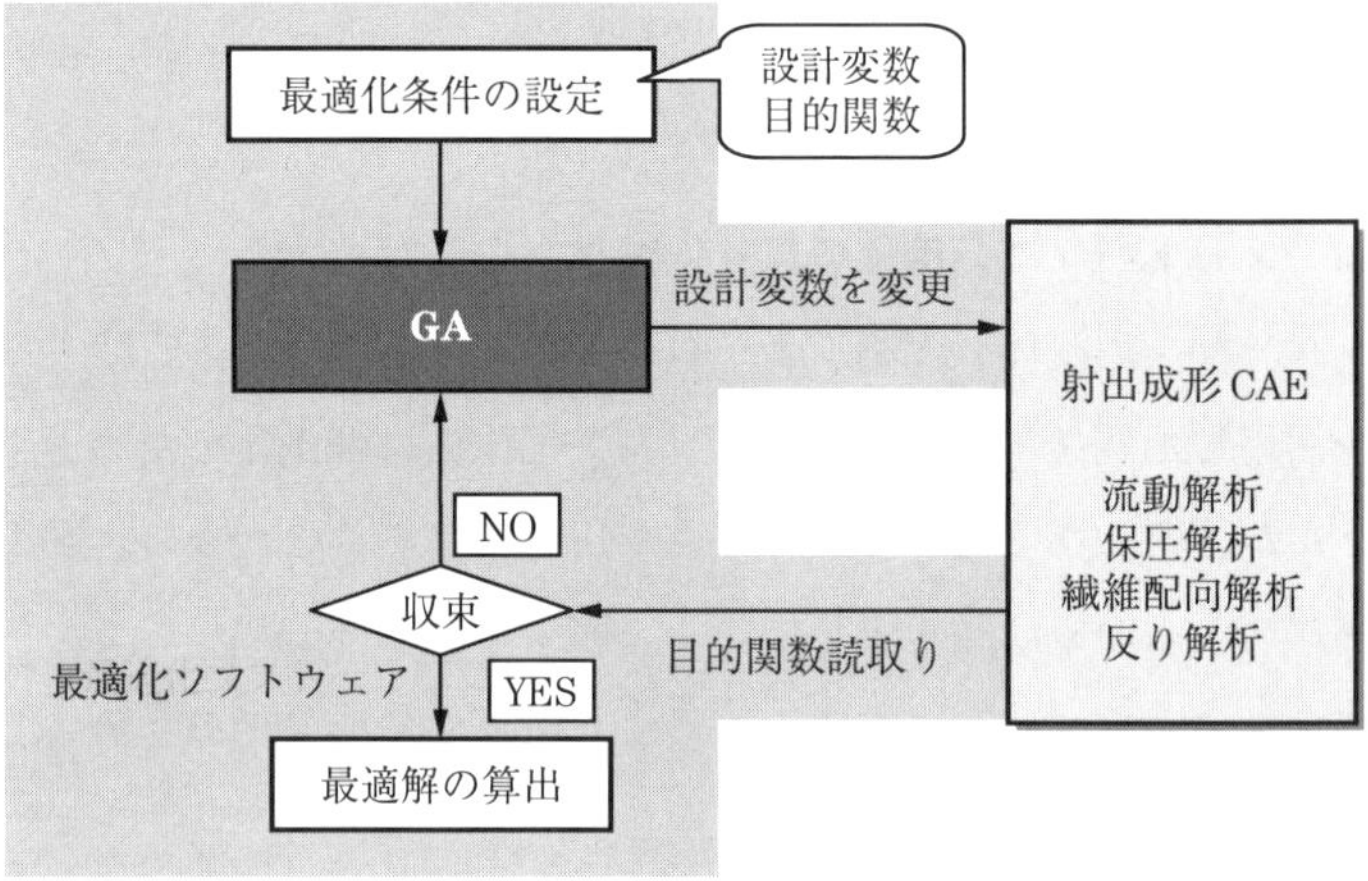

図 10.12　最適化システムの構成

表 10.4 に最適化計算に要した時間を示す。1 ケースの計算に 6 分を要し，この場合 1 756 回の反復計算を行ったため 25 時間を要した。**図 10.13** に最適化前後の反り変形図を示す。なお，ここで図は変形を拡大表示している。ラン

表 10.4　ノートパソコン筐体の反り低減最適化計算に要した時間

節点数	4 055
要素数	4 100
計算時間	6 分/ケース
GA 計算回数	1 756 回
最適化計算時間	25 h

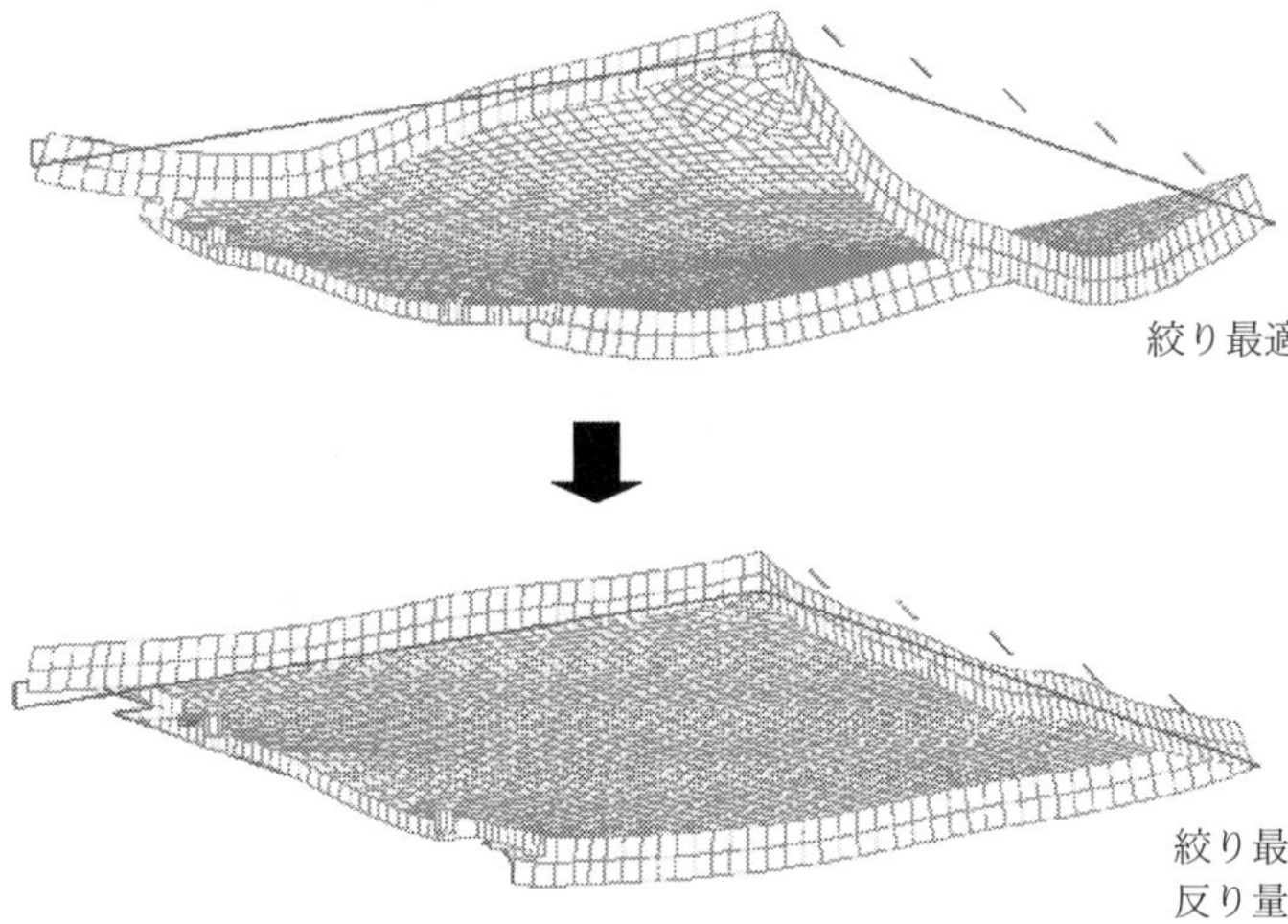

図 10.13 ノートパソコン用筐体の反り低減検討結果

ナー絞りの最適化によって，反り変形量を 70 % 低減することができた。

10.2.4 製品開発へのディジタルエンジニアリングの応用

顧客の嗜好や市場の変化へ敏感に対応することが生残りの条件となり，製品のライフサイクルはますます短縮する傾向にある。特に携帯電話などのモデルチェンジや新製品発売を考えると，製品開発期間の短縮が重要なポイントであることが理解できる。

図 10.14 は，製品設計を行う顧客から入手した CAD データをもとに，CAE と光造形によるラピッドプロトタイピング（rapid prototyping）を組み合わせて，製品設計のチェックを事前に素早く行って金型設計へ生かすシステムの例である。

CAE 解析結果や光造形の実物形状が後述する CAD データからの変換により簡単に得られ，設計元との詳細な事前検討が可能となる。このため設計上の不具合が事前に発見され，試作後の手戻りがなくなることによって大幅な開発期間の短縮が実現した。

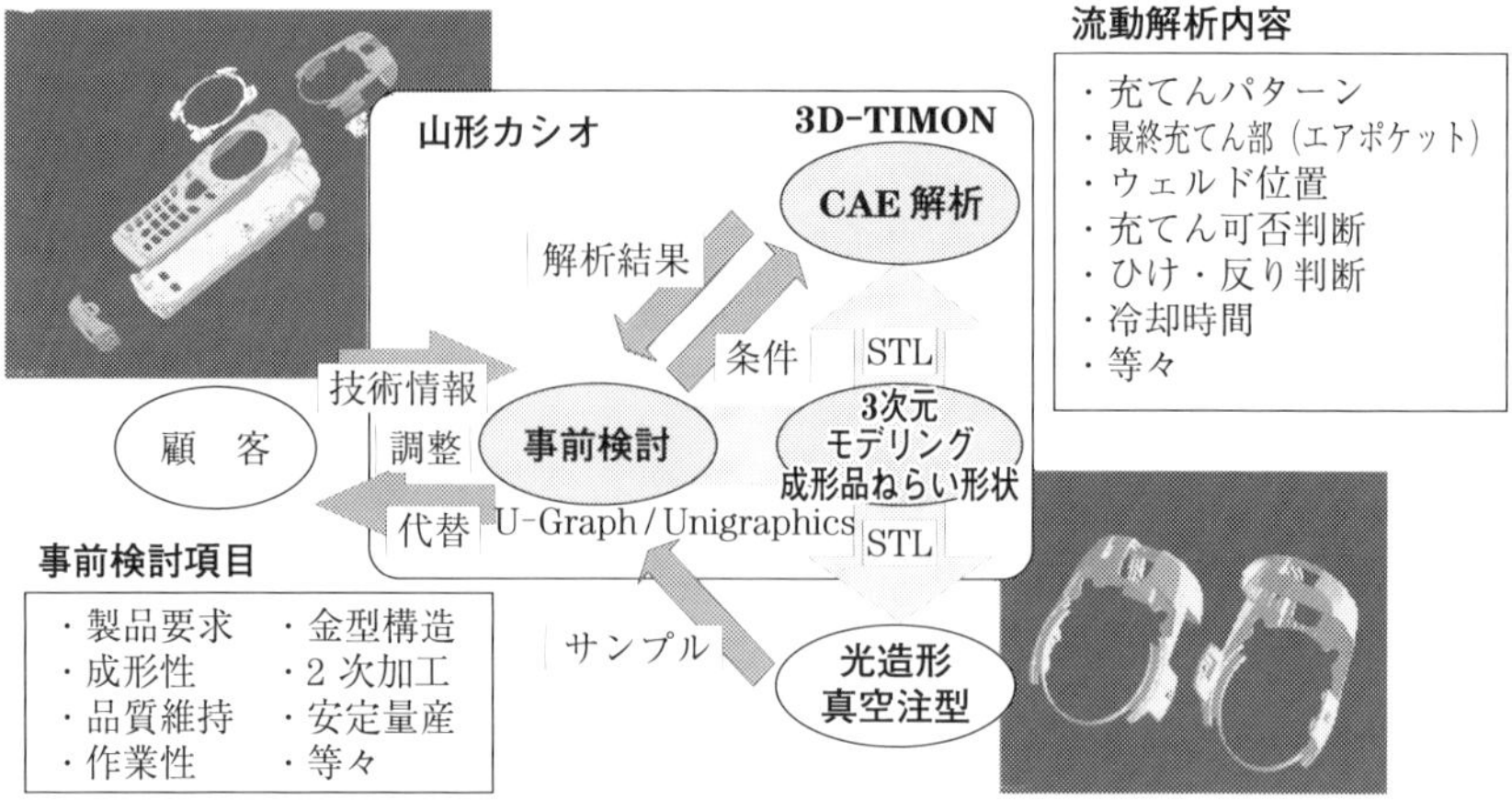

図 10.14　3 次元モデリングをベースとした製品開発システム例
〔山形カシオ(株)：型技術 ’02 年 5 月号より〕

10.3　CAD との統合

製品設計への普及が急速に進み，製品の形状データを立体として CAD で作成し，CAM データへ変換して金型製作につなげたり，ラピッドプロトタイピング技術を活用して光造形などによる試作品製作に活用され，画期的な効率化が実現されている。

一方，CAE のメッシュデータ作成に際しても 3 次元 CAD データの活用が進み，多くのプリポストプロセッサーは 3 次元 CAD とのインタフェースをもち，3 次元 CAD から出力される形状データを読み込むことができるようになっている。

3 次元 CAD から出力される形状データには STEP や IGES といった標準規格に属する形式や，各 CAD ソフトに固有のデータ形式で出力されるものがある。各 CAD データ固有の形式はネイティブ形式（native format）と呼ばれ，完全な形状を受け渡すことができるが，CAD の種類やバージョンが異なると受渡しができなくなることがある。そこで実際の製品開発では，会社間のデータ共有は標準規格の形式でやり取りされることが多い。

例えばIGESデータはポイントやカーブ，サーフェスという基本的な形状データが出力されている。このような基本データは3次元形状を表現するうえで基本的かつ共通的な情報のみ有しており，異なるCAD間でデータを引き渡すと情報の欠落がおこり，サーフェスの接続などに不整合がおこることがある。

このため，CAEのプリポストプロセッサーでCADデータを読み込んだときにこのような不整合を手作業で修正する必要が生じる。このようなCADデータの不具合を自動的あるいは半自動的に修正するヒーリングツール（healing tool）も市販されている。

また，CADデータは一般に3次元形状がそのまま表現されているため，4章で説明したような2次元の射出成形シミュレーションを適用するためには中立面を抽出してシェル構造のメッシュを作成しなければならない。中立面の抽出は完全に自動で行うことは難しく，この場合も手作業でメッシュ生成を行わなければならない。

こうした問題を解決するために，いくつかの手法に基づくソフトウェアが市販されている。デュアルドメイン法（dual domain method）はCADのサーフェス情報を用いて表面全体を覆うシェル要素を自動生成し，肉厚の上下をシンクロさせながら充てんを進めることによって全自動でCADデータからCAE解析を行うことを可能にした。

また，ボクセル法は不具合のあるCADデータからもロバストに全自動でメッシュ生成することができるため，同様にCADとシームレスにリンクすることができる。**図10.15**にボクセル法によるメッシュ分割の例を示す。

このようにコンピュータのハードウェアの能力向上とソフトウェアの進化によってCADとCAEの統合が進み，設計者は解析用の要素分割を意識することなくシミュレーションを行い，設計情報を得ることができるようになってきた。

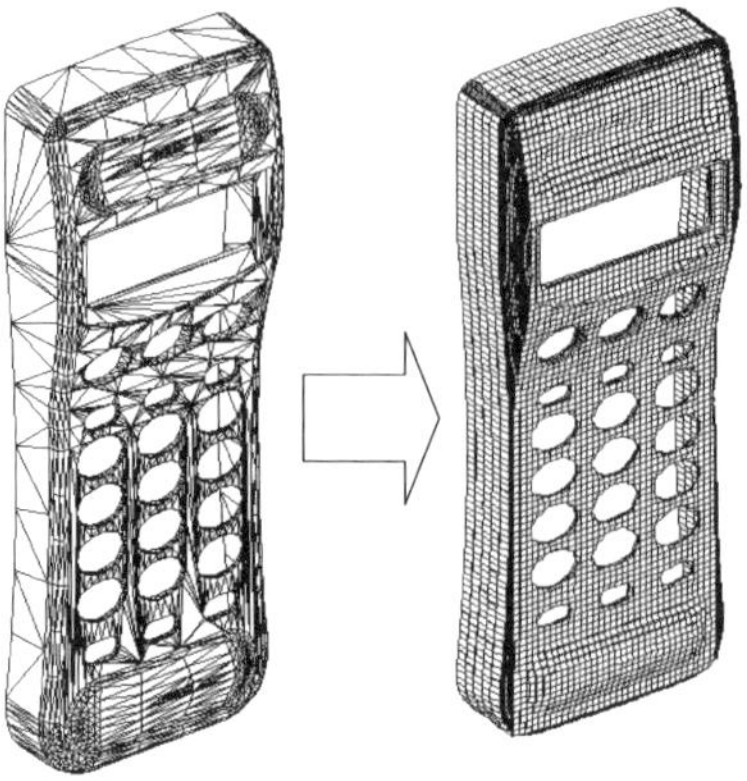

図 10.15　ボクセル法による メッシュ分割の例

図 10.16　に示すようにCADデータに対して簡単にランナー・ゲートを定義し，樹脂材料を選択すればボタン一つで**図 10.17**のように充てん解析を行うことができる。従来は解析専門部署に解析を依頼し，長時間をかけて解析情報を入手していたのに対し，設計者自身が解析を行うことによって短時間に解析結果が判明し，的確な問題対策を検討することができる。このようなCAD統合化の流れは今後も広がっていくと考えられる。

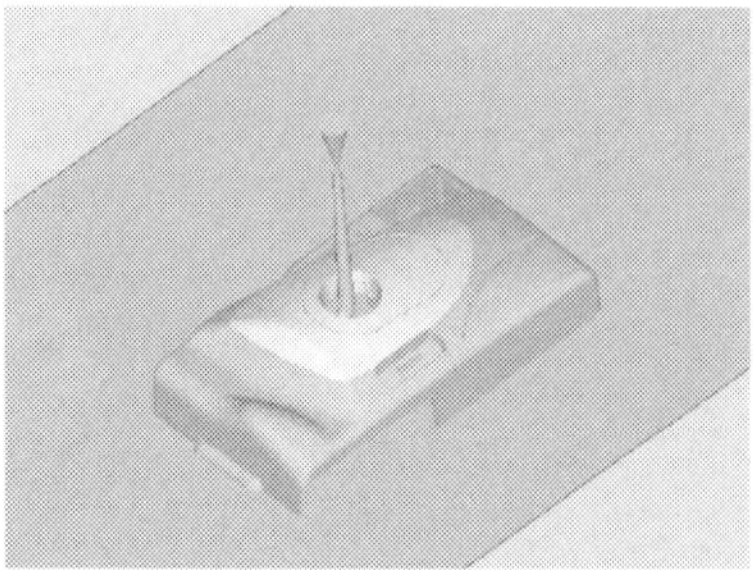

図 10.16　CADデータ上のランナー・ゲート定義

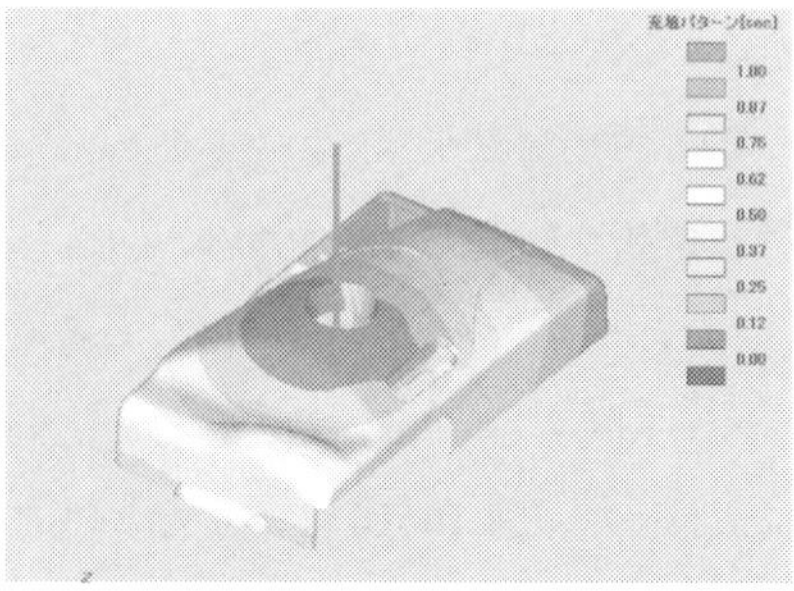

図 10.17　充てん解析結果の例

10.4 構造解析とのリンク

有限要素法による構造解析と射出成形シミュレーションとの連成計算の例としては，例えば**表 10.5** に示すようなケースが挙げられる。

表 10.5 構造解析とのリンクの例

インサート成形	成形中のインサート金属の変形
	成形後のインサートを含む反り変形
金型変形	成形中の圧力による中子，コアの変形
材料物性計算	残留応力計算による強度予測
(構造解析)	結晶化度計算による物性予測
	繊維配向解析による異方性物性予測
反り変形活用	反り変形形状を考慮した構造解析

金属インサート成形（metal insert molding）とは，例えば端子などの金属部品を金型キャビティ内に設置し，周辺に樹脂をオーバーモールドする成形方法である。インサート成形では射出充てん中に金属部品に圧力が作用し，金属部品に変形が生じることがある。そこで**図 10.18** に示すように，射出成形シミ

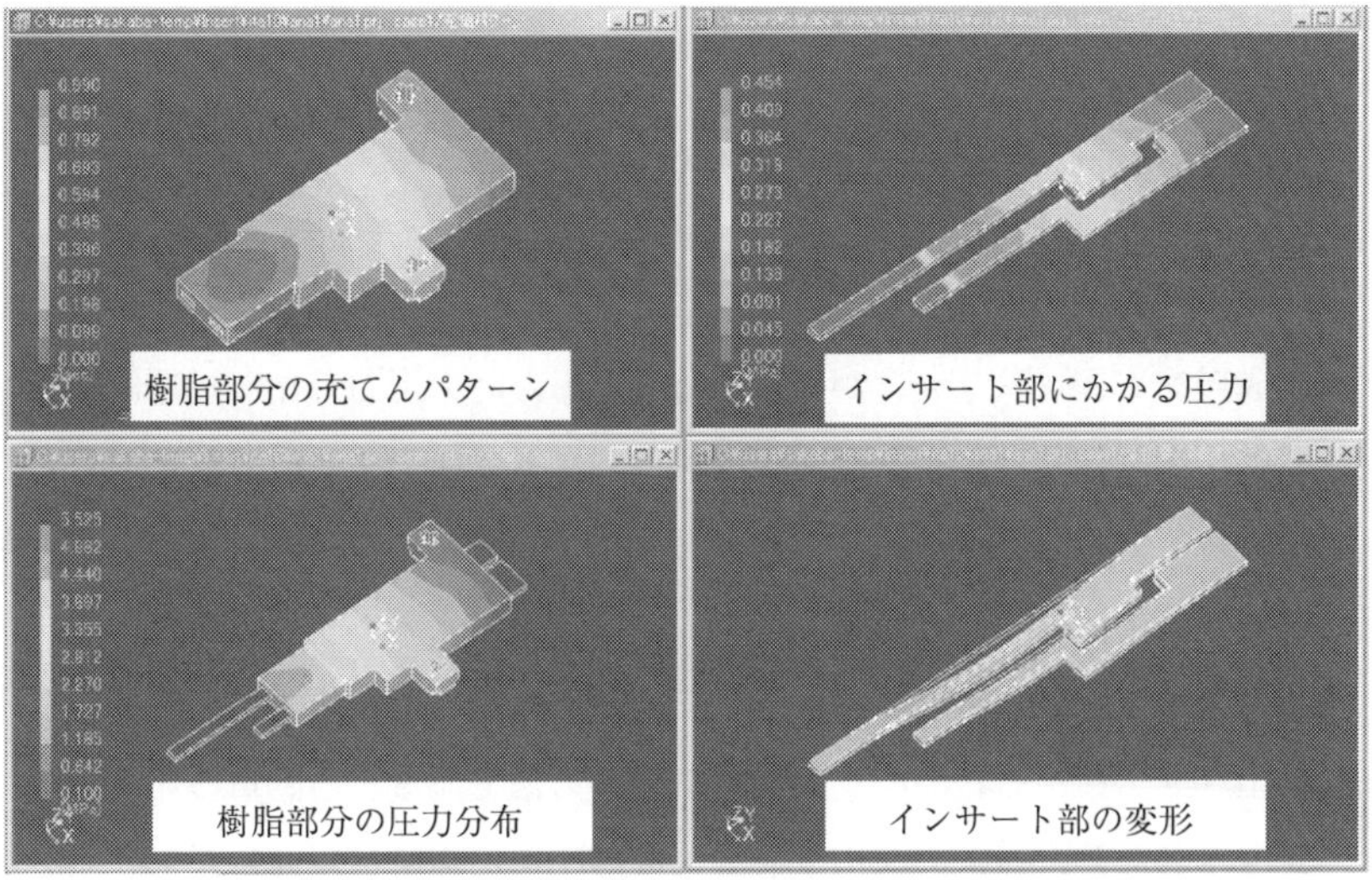

図 10.18 インサート金属の変形解析の例

ュレーションによってインサート金属部品にかかる圧力を予測し，構造解析により金属部品の変形を解析することが行われている。ゲート位置や金属部品の設置位置などを調整することにより，金属部品にかかる圧力のバランスを改善して金属の変形を抑えることができる。

インサート金属が変形すると，一般に樹脂の流動するキャビティ厚さが変化し充てんに対しても影響を与えることになる。そこで**図 10.19**(b)に示すように，充てん解析と構造解析を交互に繰り返しながら解析を進める手法が考えられる。これに対して充てんに対する影響を省略し，(a)に示すように一方向の連成解析を行い，簡便に条件の最適化を行うことも多い。

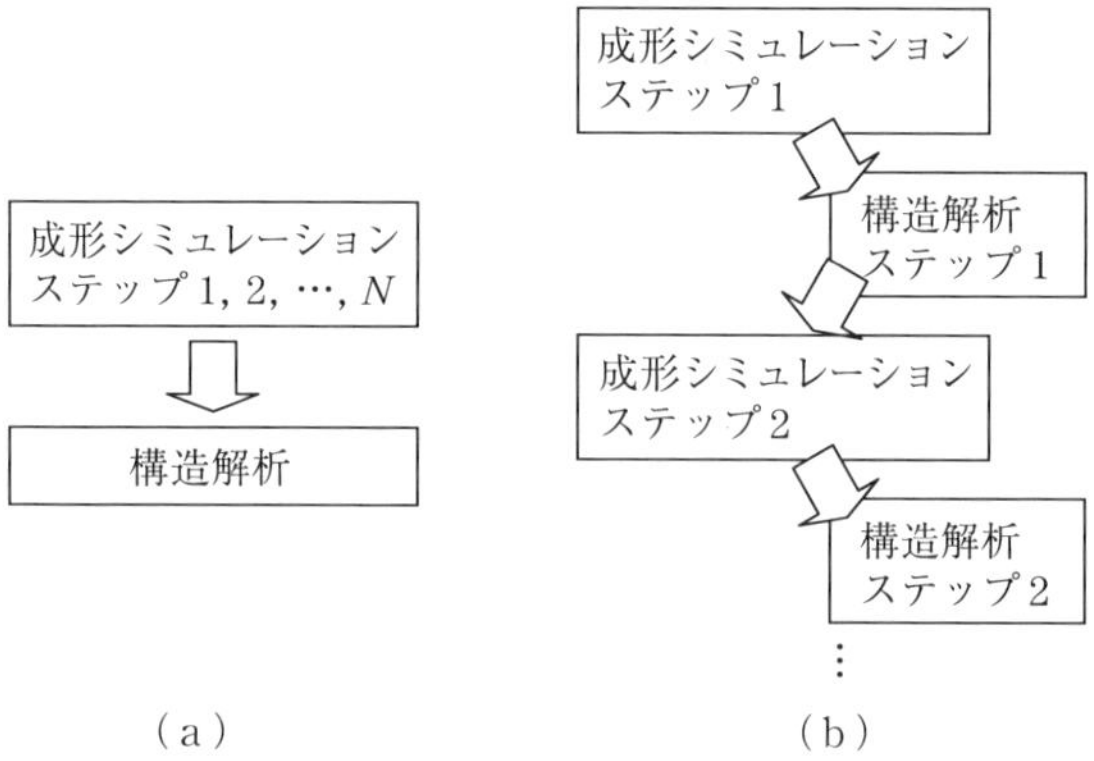

図 10.19　構造解析とのリンクのタイプ

射出成形シミュレーションから得られた充てん時の圧力分布を構造解析に活用する解析例としては，インサート成形以外にもコネクターの成形におけるピンの倒れ解析や，溶融中子法（meltable core method）における中子の倒れ解析などが実際に活用されている。

溶融中子法は低融点合金を中子として周りに樹脂を射出成形し，成形後に中子を溶出させて複雑形状の中空品を得る成形方法である。自動車のインテークマニホールドなど，通常の射出成形では成形困難な複雑に屈曲した形状もこの方法によって成形することができる。しかし低融点合金は一般に剛性も低いため射出時の圧力により変形をおこしやすい。そこで，充てん時の樹脂圧力による中子変形をあらかじめ予測し，変形の少ないゲート位置や成形条件，中子取付け条件などの検討にシミュレーションが活用されている。**図 10.20** は射出充てん時の圧力による中子の変形を解析した例である。

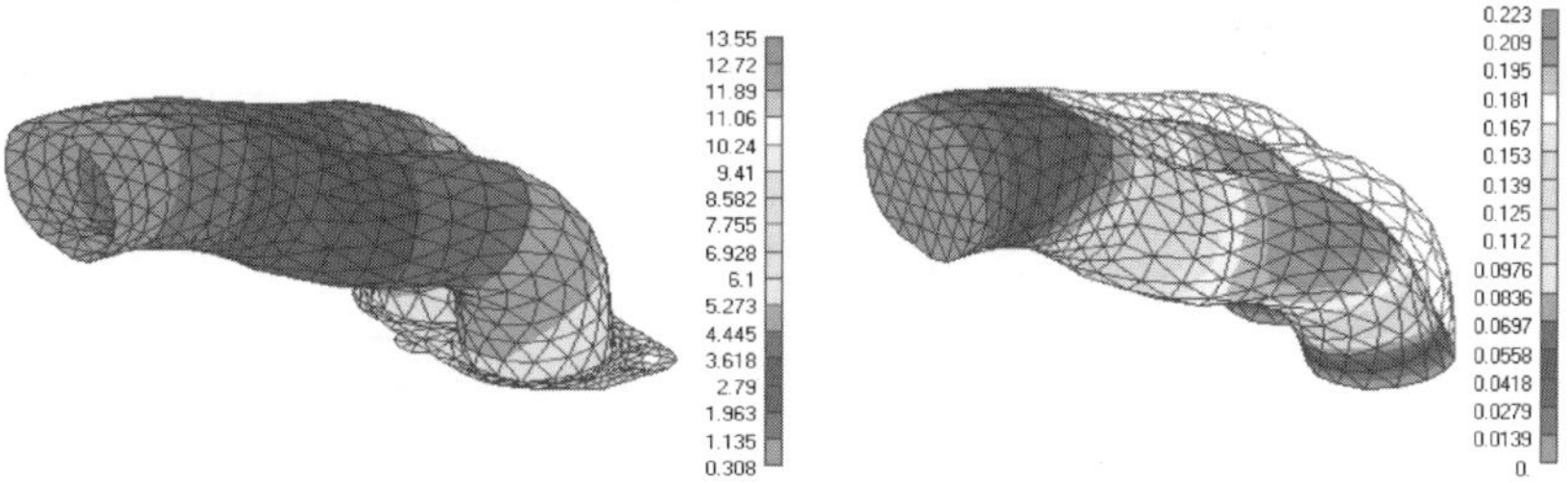

（a）　樹脂圧力分布　　　（b）　中子の変形図と変形量

図 10.20　溶融中子法における中子の変形解析

その他の構造解析とのリンク例として，ガラス短繊維（grass short fiber）などの繊維強化樹脂（fiber reinforced plastics，FRP）を用いた成形品の場合，成形シミュレーションにより樹脂流動状態に基づく繊維配向（fiber orientation）を求め，構造解析に活用することができる。繊維強化樹脂の射出成形品はゲートからの流動状態によって成形品各部の弾性率などの物性値が異なり，さらに方向によって異なる異方性を示す。射出成形シミュレーションでは，繊維配向解析によってキャビティ各部の繊維配向方向とばらつきが求められる。これらの配向解析結果より，複合則（composite law）を用いて成形品の異方性弾性係数や線膨張係数を求めることができる。**図 10.21** に繊維配向解析結果と，配向分布より求めたヤング率分布の例を示す。

こうして求めた物性値を用いて強度・剛性解析や振動解析などを行うことによって，構造解析の精度をより高めることができる。また，ゲート位置などの成形因子を考慮した解析が可能となる。

構造解析とリンクした別の例として，反り変形形状をもとに構造解析を行い，反り変形が強度・剛性に及ぼす影響などを検討することもできる。一例と

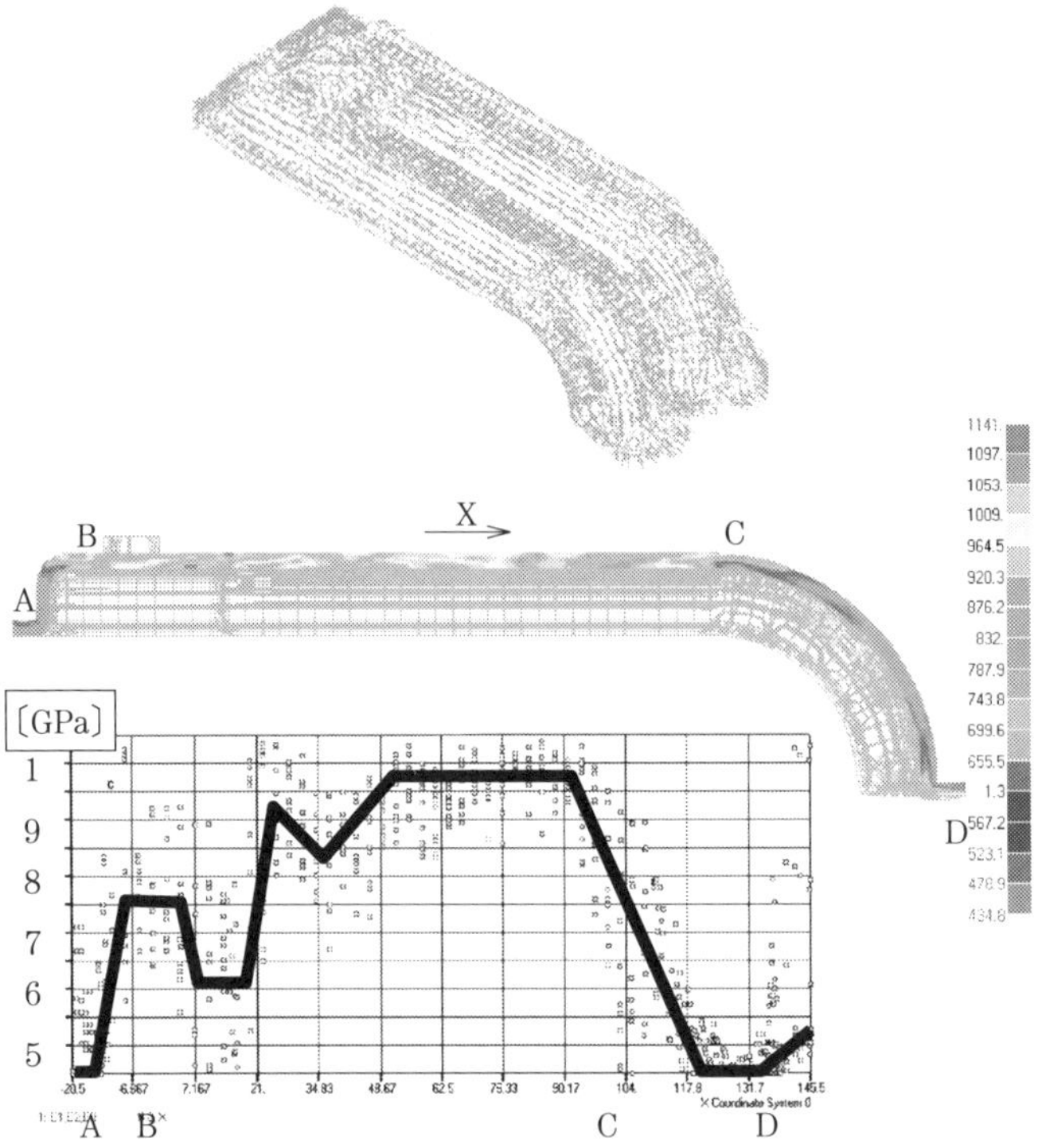

図 10.21　繊維配向解析結果と長手方向ヤング率分布

して自動車のインテークマニホールドの反り変形と強度検討の例を示す。

インテークマニホールドの成形加工法としては，前述の溶融中子法に加えて振動溶着工法が用いられることが多い。複雑形状の中空品を成形するため，まず，製品を上下 2 分割など射出可能な複数のパーツに分割して成形を行う。続いて 2 次加工にて二つのパーツを加圧しながら相対的に振動させることによって接合部を溶融接着する工法である。

シミュレーションではまず，**図 10.22** に示すようにおのおののパーツについて通常の射出成形シミュレーションを行い，反り変形形状を求める。続いて反り変形した二つの解析モデルを組み合わせ，接合部分が一致するように強制変位を与えて構造解析を行う。さらに，所定の内圧を負荷したときに発生する接合部分の応力分布より，接合時の強度低下を検討することができる。

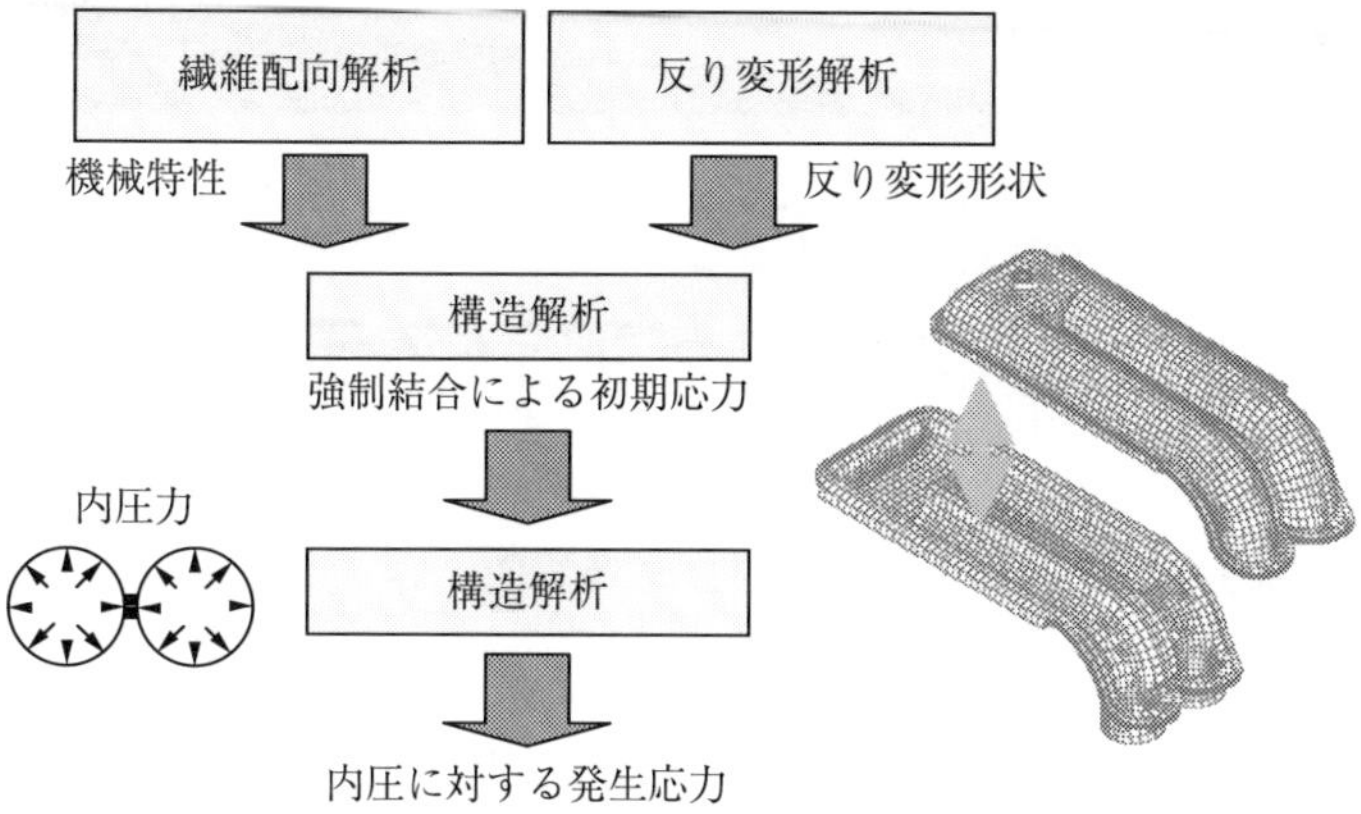

図 10.22　振動溶着強度解析のフローチャート

11. 射出成形シミュレーションソフトウェアシステム

11.1　統合システムの紹介

射出成形における製品の開発や製造にかかわる各種検討を支援する射出成形CAEは，現状では，充てん開始から離型までの成形過程の一連の解析を行うことが可能であり，また，形状入力から各種解析および結果の表示までを一貫して処理できる統合システムとなっている。本節では射出成形CAEシステムの構成やその入出力データについて紹介する。

11.1.1　射出成形CAEシステムの全体構成

射出成形CAEシステムは**図11.1**に一例を示すように，システムの中核をなす各種解析プログラム群とそれを取り巻く制御システム，プリプロセッサー，ポストプロセッサーなどのユーザーインタフェースプログラムから構成されている。

CAEの中核である解析プログラムは，有限要素法，境界要素法，差分法などの数値解析技術を用いて，成形過程におけるさまざまな物理現象をシミュレートするプログラムであり，シミュレートする物理現象に対応して種々のプログラムが用意されている。解析プログラムにより予測される計算結果を分析して，製品設計，金型設計，生産技術の検討，製品の性能評価などにかかわるさまざまな検討を行うことができる。

ユーザーインタフェースはCAEのユーザーと解析プログラムの間に介在

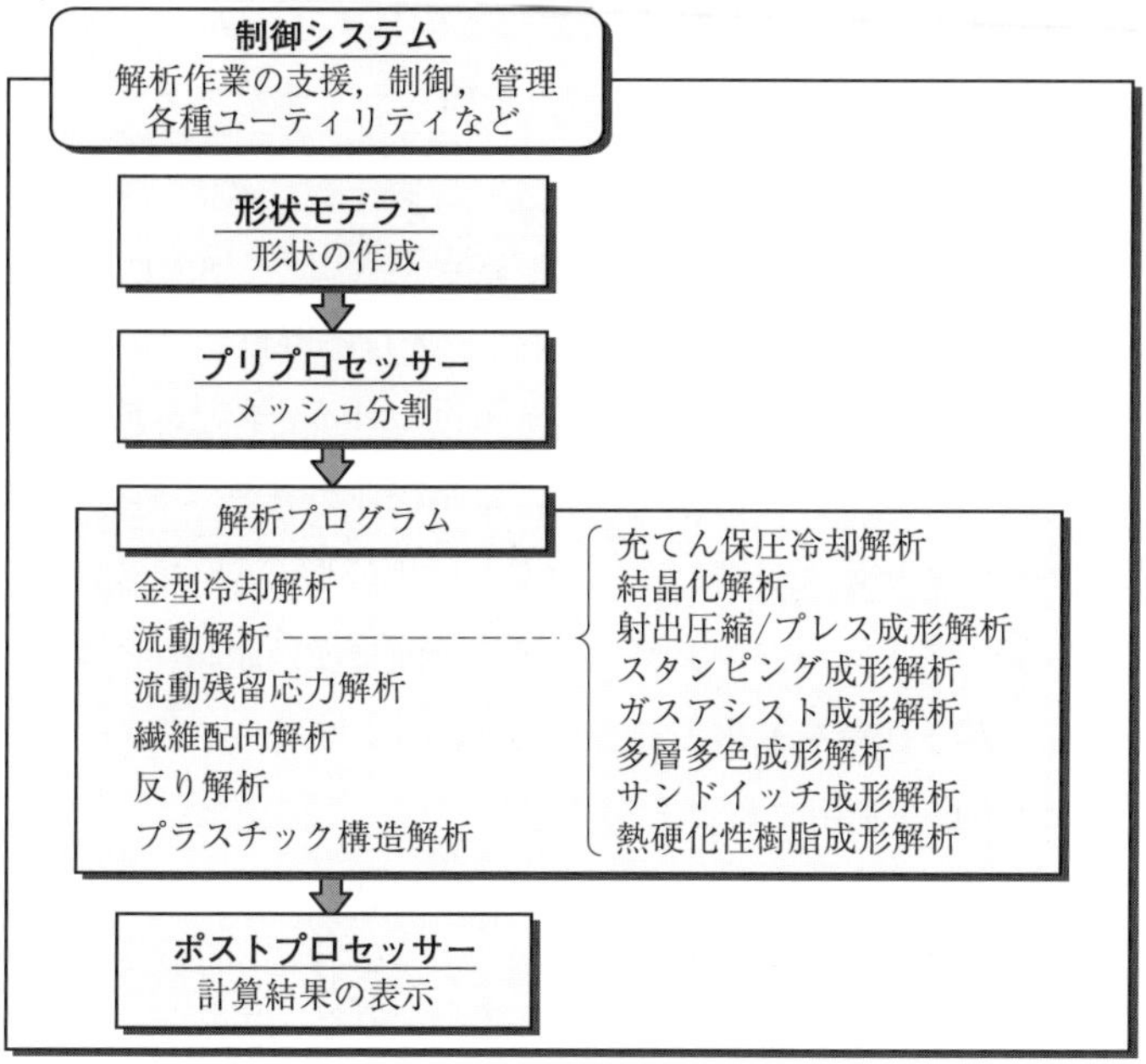

図 11.1 射出成形 CAE システムの全体構成の例

し，形状の作成，入力データ作成の支援，解析プログラムの実行，計算結果の表示，計算結果の管理など，解析にかかわる作業の支援や制御や管理を行うプログラムである。

CAE による解析作業は基本的に

① 成形品や流路の形状を入力（形状モデラー）

② 入力された形状をメッシュ分割してメッシュデータを作成（プリプロセッサー）

③ 樹脂物性データファイルを作成（フィッティングツールなど）

④ 成形条件を指定して解析を実行（制御システム，解析プログラム）

⑤ 計算結果を評価（ポストプロセッサー）

のような手順となる。

11.1.2 ユーザーインタフェース

射出成形 CAE に一般に用意されている各種ユーザーインタフェースについて以下で概説する。

〔1〕 **制御システム**　CAE における一連の作業の支援や制御や管理を行う GUI システムであり，プリプロセッサーの実行，解析プログラムの実行，計算結果の表示などは制御システムを通して行われる。また，成形条件などの入力データ作成の支援，計算結果の管理，樹脂物性データベースの管理などの機能や各種ユーティリティが備わっている。射出成形 CAE システムを起動すると，まず制御システムが立ち上がる。操作画面に従いオンラインヘルプなどを適宜参照しながら作業を進めることができ，コンピュータや OS の知識がなくても手軽に CAE を利用することができる。

〔2〕 **形状モデラー，プリプロセッサー**　形状モデラーやプリプロセッサーを用いて，成形品，流路，金型，冷却管などの形状をディジタルデータとして作成する。さらにプリプロセッサーを用いて，その形状をメッシュ分割することにより，解析用のメッシュデータを作成する。

形状の作成としては汎用 CAD を利用することもでき，形状がすでに CAD により作成されている場合は，プリプロセッサーでその CAD データを取り込んでメッシュ分割を行う。

〔3〕 **ポストプロセッサー**　解析プログラムにより予測された各種計算結果をポストプロセッサーでディスプレイに評価しやすい形式で表示し，計算結果を視覚的に分析することができる。表示形式としては，時刻歴，層分布，経路分布といったグラフ図やコンター図，ベクトル図，変形図，アニメーションなどがある。

〔4〕 **フィッティングツール**　樹脂物性のうち粘度や PVT 特性などは近似式で表現したうえで計算に用いられる。ユーティリティとして用意されているフィッティングツールを用いて，これら近似式のパラメータを算出する。

11.1.3 解析プログラム

射出成形は可塑化段階，充てん段階，保圧冷却段階，自然放冷段階に大別される。**図 11.2** は射出成形 CAE における解析プログラムの構成の一例を示したものであり，射出成形過程の各段階および製品の使用段階に対応して各種の解析プログラムが用意されており，一連の射出成形過程における樹脂や金型にかかわるさまざまな現象を予測することができる。ただし現状の射出成形 CAE は可塑化段階を対象としていない。また解析プログラムには，薄板シェル要素を基本とした 2.5 次元解析プログラムとソリッド要素を基本とした 3 次元解析プログラムが用意されている。

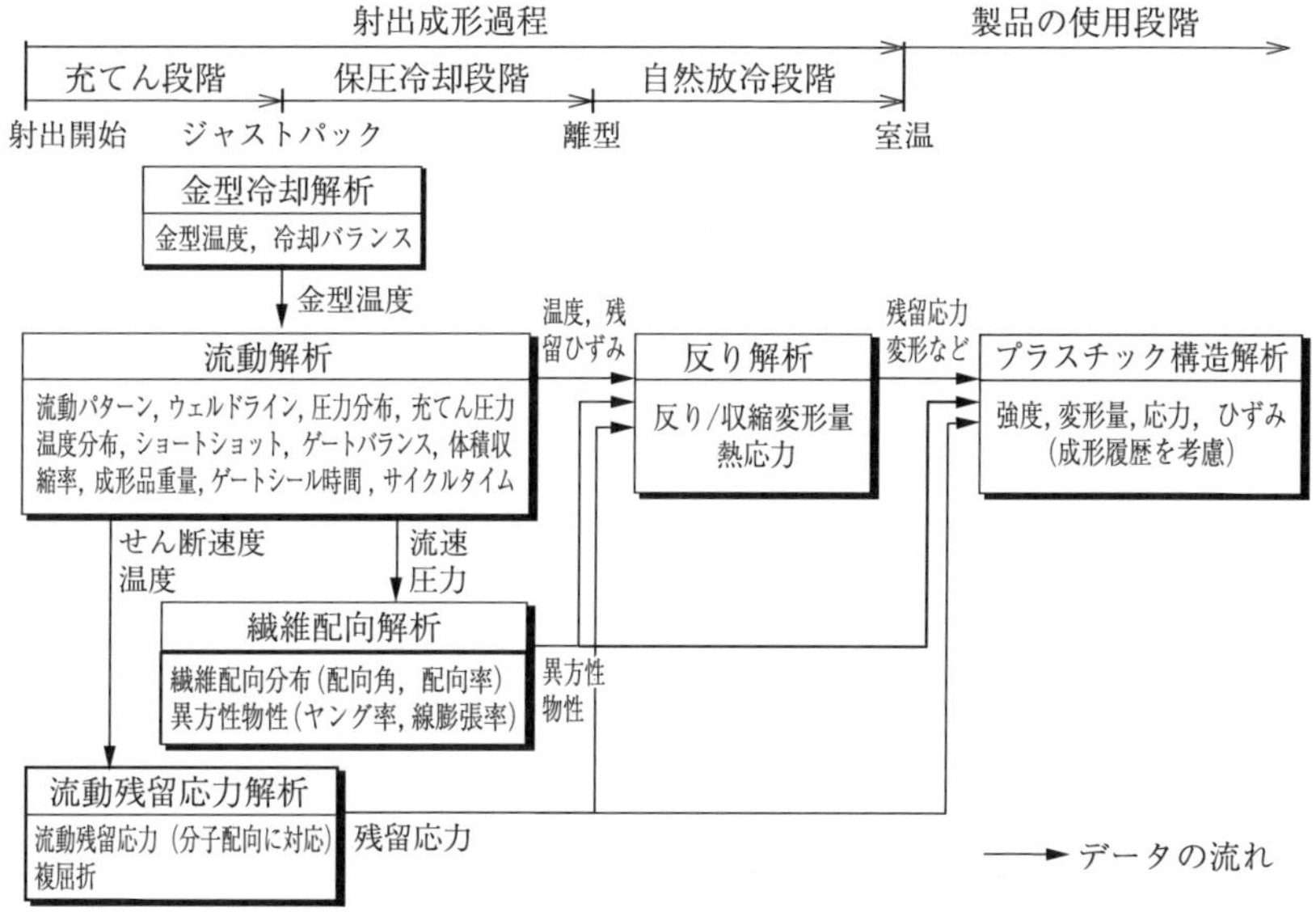

図 11.2 射出成形過程と解析プログラムの例

解析プログラムを実行するには，制御システムやプリプロセッサーなどを用いてメッシュデータ，樹脂物性，成形条件などをあらかじめ用意しておく必要がある。図 11.2 の矢印は解析プログラム間のデータの流れを表したものであり，他の解析プログラムによる計算結果が必要な場合がある。

以下ではこれらの解析プログラムの機能や特徴について概説する。

〔1〕 **流 動 解 析**　　流動解析プログラムは，充てん開始から離型までの金型内の樹脂の熱流動挙動をシミュレートする。流動パターン，圧力分布，温度分布，密度分布，射出圧力，ゲートシール時間，成形品の体積収縮率分布，重量，型締め力などが計算される。これらの計算結果から適正な成形機や成形条件，ウェルドラインの位置や最終充てん位置（ガス抜きに関連），多点ゲートや多数個取りにおけるランナー/ゲートバランス，ショートショットの可能性，サイクルタイム，成形品の寸法精度などの検討ができる。

この流動解析プログラムには，結晶性樹脂の成形過程での結晶化挙動（結晶化度や球晶サイズ）をシミュレートし結晶化に依存した樹脂物性を予測する結晶化シミュレーションが用意されているシステムもある。また，流動解析には通常の射出成形を対象とした充てん保圧冷却解析のほかに，射出圧縮/プレス成形，ガスアシスト成形，多層多色成形，サンドイッチ成形，熱硬化性樹脂成形などを対象とした解析プログラムもある。

〔2〕 **金型冷却解析**　　金型の冷却系により決定される金型の温度分布は，成形品の形状精度（反り変形など）に大きな影響を及ぼす。金型冷却解析プログラムは金型構造や冷却管の配置を考慮して金型内の温度分布を計算する。これらの温度分布からキャビティ側とコア側の冷却バランスを把握し，冷却系の設計や冷却条件などを検討することができる。

〔3〕 **流動残留応力解析**　　流動に起因した残留応力は，製品の割れや光学製品（光ディスクなど）の性能として重要となる複屈折の要因となる。流動残留応力解析プログラムではLeonovモデル（3.2.2項参照）を用いて充てん開始から離型までの樹脂の流動により生じた応力の緩和・凍結をシミュレートし，流動に起因した残留応力や複屈折を予測する。この流動に起因した残留応力は分子配向に対応するものであり，成形品の機械特性（ヤング率や線膨張率など）の異方性に関係し，この機械特性の異方性は成形品の反り/収縮変形に影響を及ぼす。

〔4〕 **繊維配向解析**　　製品の機械特性などを強化するために，繊維を樹脂に混入した複合材が多く使われている。繊維は流動時のせん断応力の影響を受

けて配向し，成形品の機械特性の異方性や反り変形の原因となる。繊維配向解析プログラムは繊維の配向分布（配向角や配向率）を計算し，さらに，計算された繊維配向分布に基づき成形品の異方性機械特性を予測する。予測された異方性機械特性は，反り解析やプラスチック構造解析プログラムで物性として用いられる。

〔5〕 **反り解析**　成形品の反り変形については経験的な予測が特に難しいこともあり，CAE に対する期待が大きい。反りの方向や量を予測し，あらかじめ反りを少なくするためのゲート位置の検討，リブ構造の検討，冷却条件の検討などが行えれば，品質向上や生産性向上が図れることになる。反り解析プログラムは冷却過程で成形品に生ずる熱ひずみ（熱収縮）に基づき，流動に起因した残留応力，分子配向や繊維配向による機械特性の異方性，結晶化に伴う収縮などを反り要因として考慮し，成形品の反り/収縮変形を予測する。

〔6〕 **プラスチック構造解析**　製品は使用される段階でさまざまな荷重(力や熱）を受けることになる。プラスチック構造解析プログラムは使用環境下でのさまざまな荷重に対する変形/応力を予測し，製品の変形量や強度などの検討を支援する。汎用の構造解析プログラムを利用することも可能であるが，プラスチック製品の形状や機械特性は成形過程の影響を大きく受けるため，繊維配向による異方性機械特性や収縮板厚などの成形履歴を考慮できるプラスチック専用の構造解析プログラムを利用すべきである。

11.1.4 計算に必要なデータ

射出成形 CAE を用いて解析を行うには，前述のように，成形品や金型などの形状，樹脂物性，成形条件を入力データとして用意しておく必要がある。以下では形状データ，樹脂物性，成形条件について説明する。これら入力データは計算結果に大きな影響を及ぼすため，精度のよいデータまたは実現象に即したデータを入力する必要がある。

〔1〕 **形状データ**　CAE を用いて樹脂の流動や成形品の変形などを計算する場合には，まず，成形品や流路の形状を CAD やプリプロセッサーを利用

してディジタルデータとして入力する。解析プログラムでは有限要素法などの計算手法を用いているため，入力された形状を要素の集合体，すなわちメッシュとして表現する必要がある。プリプロセッサーを用いて入力された形状をメッシュに分割し，メッシュデータを作成する。

前述のように射出成形CAEには2.5次元解析と3次元解析がある。一般的に射出成形品は薄肉であるため，通常は薄板シェル要素を用いた2.5次元解析を利用するが，小物部品や精密部品などのマッシブな成形品（例えばギヤやレンズ）に対しては，薄板シェル要素でモデル化するのも困難であるためソリッド要素を用いた3次元解析を利用する。

（a） 2.5次元解析の形状データ　薄肉の成形品は三角形または四角形の薄板シェル要素で，流路のような線状の部分は線要素（円筒状の2節点要素）でメッシュ分割して形状を表現する。**図11.3**は薄板シェル要素や線要素により表現された2.5次元解析用のメッシュデータの例を示したものである。

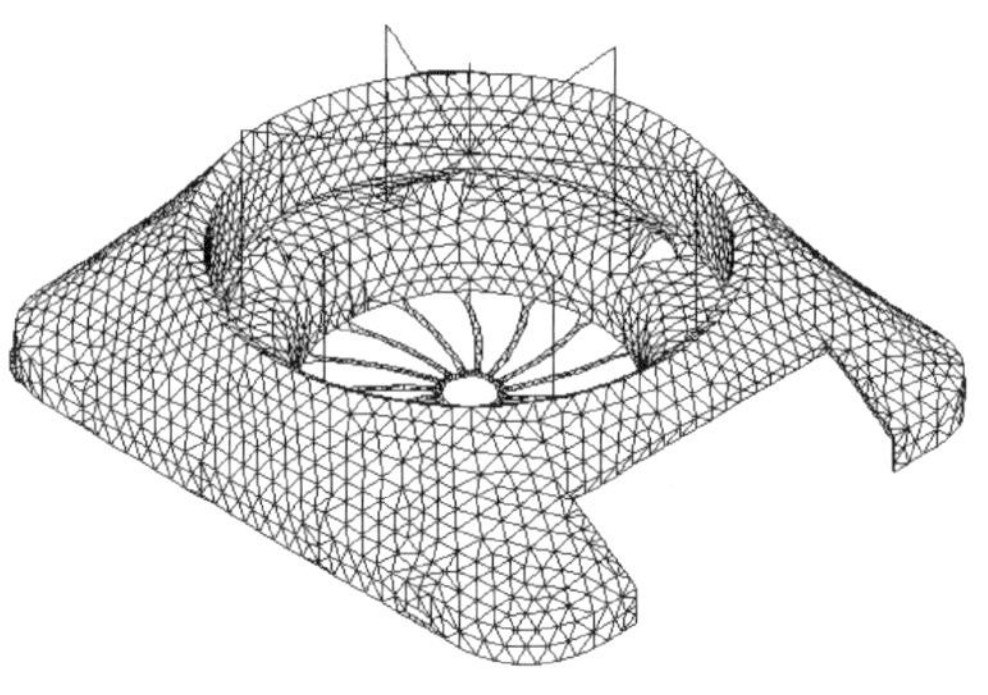

図11.3　メッシュデータ（薄板シェル要素）

射出成形においては，薄肉の成形品の板厚方向で流速や温度が大きく変化する。2.5次元解析ではこの板厚方向の流速分布や温度分布を表現するために，**図11.4**に示すように薄板シェル要素の板厚方向を層分割して計算を行っている（このように単純な2次元解析ではないために2.5次元解析と呼ばれている）。流路などに用いられる線要素は同様にその径方向に層分割される。

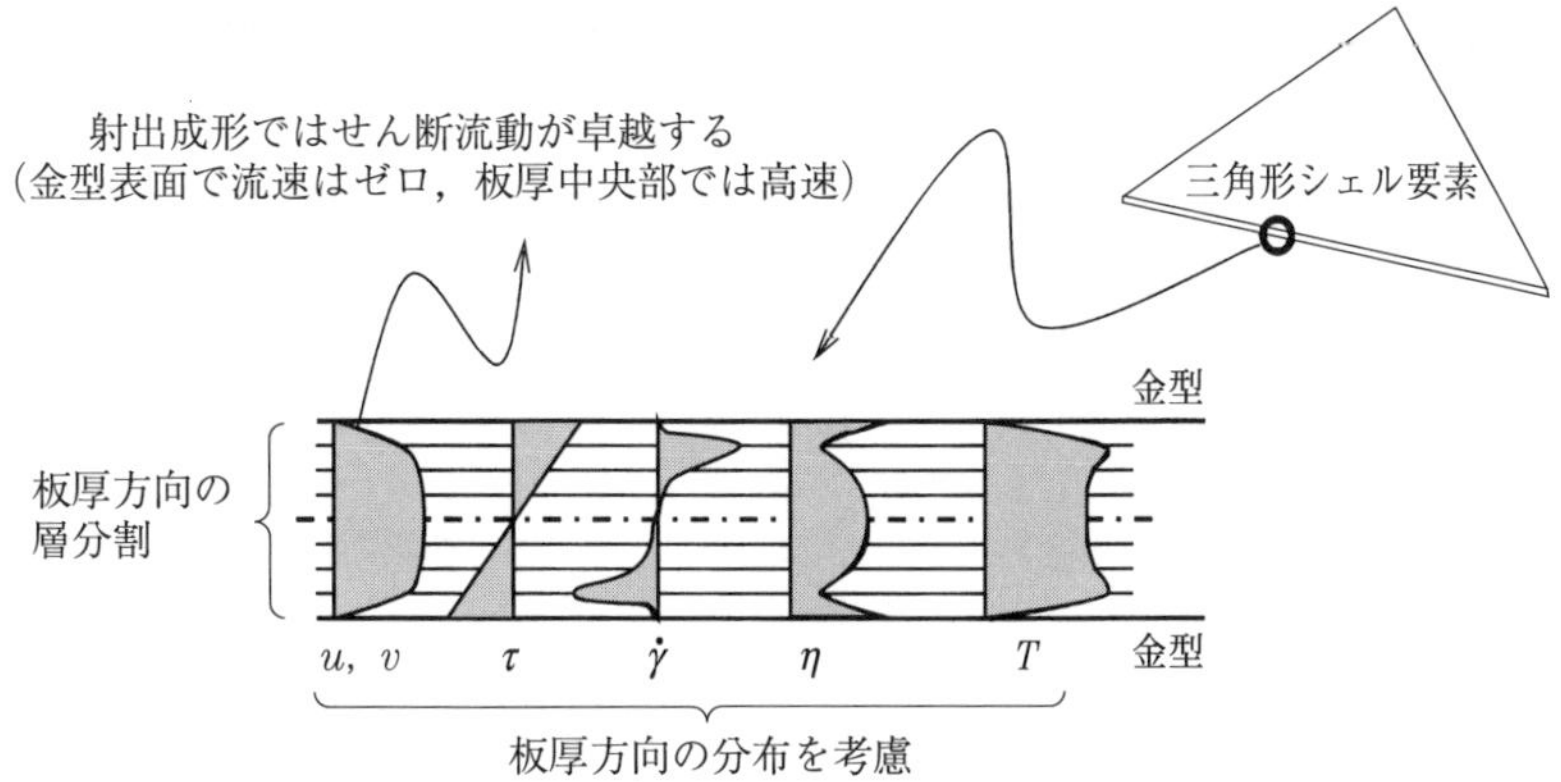

u，v：流速，τ：せん断応力，$\dot{\gamma}$：せん断速度，η：粘度，T：温度

図 11.4　層分割と板厚方向の分布

3 次元 CAD の普及に伴い製品設計が 3 次元で行われる場合が多くなってきているが，2.5 次元解析を行う場合には，3 次元 CAD データをそのまま利用してメッシュデータを作成することはできず，改めて解析用の形状を作成する，または 3 次元 CAD データを編集して面データを作成する，などの処理が必要となる。最近の射出成形 CAE には 3 次元 CAD で定義された STL データから中立面を作成し，その中立面を薄板シェル要素に分割してメッシュデータを作成するツールもあり，比較的に短時間で解析用のメッシュデータを作成することができる。

（b）　3 次元解析の形状データ　　3 次元解析では，3 次元 CAD データをそのまま 3 次元のソリッド要素で分割して計算を行うことができる。**図 11.5** は 3 次元 CAD データを利用して作成されたソリッド要素によるメッシュデータの例を示したものである。

3 次元 CAD データがある場合には，3 次元解析の方がメッシュデータを作成するうえで非常に有利であるが，3 次元解析は計算時間がかかる，形状を修正（例えば板厚の変更など）するのに手間がかかる，薄肉成形品では温度などの板厚方向の分布を表現するために細かくメッシュ分割しなければならないなどの問題があるため，薄肉成形品については 2.5 次元解析が一般に用いられて

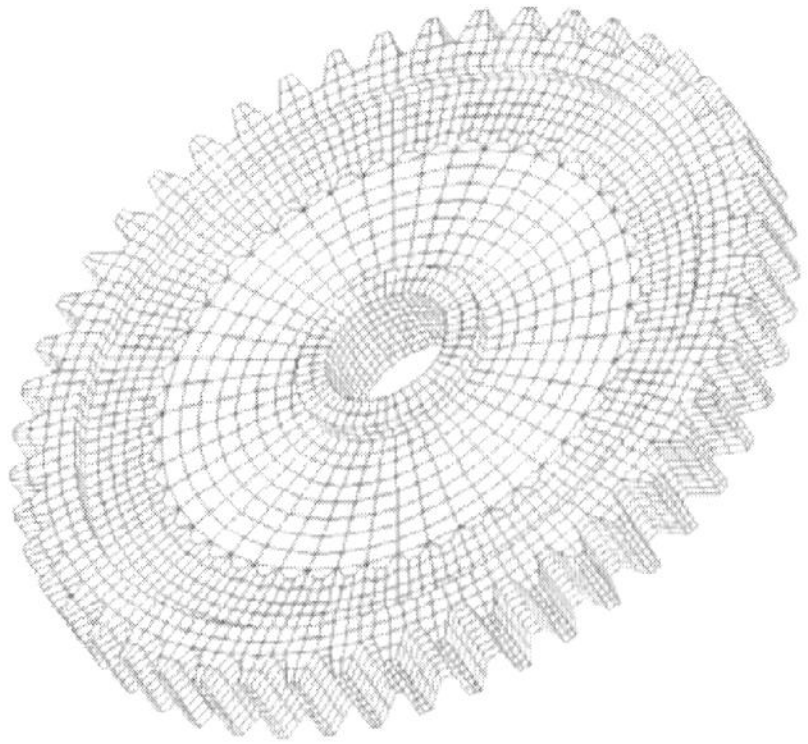

図 11.5　メッシュデータ（ソリッド要素）

いる。また 3 次元解析では，流路もソリッド要素でモデル化して計算することができるが，一般には 2.5 次元解析と同様に線要素でモデル化する場合が多い。

〔2〕 **樹脂物性**　CAE で用いられる樹脂物性は熱流動特性と機械特性に大別される。熱流動特性は流動解析で用いられる樹脂物性であり，粘度，熱伝導率，比熱，PVT 特性などである。また，機械特性は反り解析などで成形品の変形計算に用いられる樹脂物性であり，ヤング率，線膨張率，ポアソン比，クリープ特性などである。

これらの樹脂物性はあらかじめ所定の方法で樹脂ごとに測定しておき，樹脂物性データベースに登録しておく必要がある。射出成形 CAE で用いる樹脂物性について，その代表的な測定方法や CAE での使われ方を**表 11.1** に示す。これらの樹脂物性は温度やせん断ひずみ速度や圧力といったさまざまな状態量に依存するため，測定条件としてそれらの状態量を変化させて測定される。

〔3〕 **成形条件**　金型内に樹脂をどのように射出するか，また成形品をどのように冷却するかなどの制御を行う成形条件を指定して計算を行うことになる。これらの成形条件のうち，樹脂の流動にかかわる成形条件は流動解析の入力データとして，金型の冷却にかかわる成形条件は金型冷却解析の入力データとして定義される。

表 11.1　射出成形 CAE で用いるおもな樹脂物性

樹脂物性		意　味	代表的な測定方法	CAE での使われ方
熱流動特性	粘　度	流動抵抗を表す。粘度が高いと流れ難くなる。	キャピラリーレオメーター 回転形レオメーター	温度依存，せん断ひずみ速度依存のデータとして測定し，Cross-WLF モデルなどの粘度近似式でフィッティングして使用
	熱伝導率	熱の伝わりやすさを表す。熱伝導率が大きいと冷えやすい。	熱線法 交流通電加熱法	温度依存のデータとして測定し，計算された温度に対しては測定データを補間して使用
	比　熱	熱容量を表す。比熱が大きいと温度変化が小さくなる。	示差走査熱量分析(DSC)	温度依存のデータとして測定し，計算された温度に対しては測定データを補間して使用
	PVT 特性	圧力 P と比容積 V と温度 T の関係を表す	直接法 間接法	温度依存，圧力依存の比容積データとして測定し，Tait 式などの近似式でフィッティングして使用
	動的粘弾性 (G'，G'')	粘弾性特性を表す	回転形レオメーター	温度依存，周波数依存のデータとして測定し，Leonov モデルや断面急縮圧損の評価に使用
機　械 特　性	ヤング率	硬さを表す	引張試験装置	温度依存のデータとして測定し，測定データを補間して使用
	ポアソン比	縦方向と横方向のひずみの比	引張試験装置	温度依存のデータとして測定し，測定データを補間して使用
	線膨張率	熱による膨張率，収縮率	熱機械分析装置	温度依存のデータとして測定し，測定データを補間して使用
	クリープ特性	クリープひずみの発生の度合いを表す	引張試験機 曲げ試験機	温度依存，応力依存の経時変化データとして測定し，測定データを近似式でフィッティングして使用

(注)　no-flow 温度（流動停止温度）というデータを入力することがあるが，この no-flow 温度は低温での粘度上昇を補正するためのチューニングパラメーターであり樹脂物性とはいえない。

射出成形CAEの計算に必要な成形条件を一例として**表11.2**に示す。以下ではおもな成形条件について，入力データとしての設定方法などを説明する。

表 11.2　射出成形CAEで用いる成形条件

解析種別	項目	一般に入力される値	備考
流動解析	樹脂温度	ノズル設定温度	
	金型温度	冷媒の設定温度	金型冷却解析を行う場合は不要
	充てん時間または射出速度	充てん時間	多段射出設定が可能
	保圧切替え制御	ジャストパック切替え	制御方法を選択
	保　圧	油圧換算値	多段設定が可能
	保圧時間	設定値	
	冷却時間	設定値	保圧終了から離型まで
	ホットランナー設定温度	設定値	樹脂と金型の温度
	メカニカルバルブ作動条件	設定値	時刻と開閉の制御
金型冷却解析	冷媒温度	設定値	
	冷媒流量	設定値	
	大気温度	25 °C 程度	
	サイクルタイム	設定値	充てん開始から離型まで
	型開き時間	設定値	離型から型締めまで

（**a**）　**樹脂温度**　　樹脂は最終的には成形機のシリンダー先端部やノズルの周囲に設けられたヒーターによって温度が制御され金型内へと射出される。したがって計算に用いる樹脂温度としてはヒーターで制御される樹脂の設定温度を用いるのが一般である。しかしながら，成形機から射出される樹脂の温度は，ノズル部入口での圧縮発熱などによって一般に設定温度より高くなり，ABSなどの粘度の高い樹脂では20～30 °Cも高くなることがある。この温度上昇は成形機によっても異なるため，エアショット実験などにより成形機の特性として把握しておくべきである。樹脂温度は計算される圧力に大きく影響するため，ノズル部での温度上昇を考慮して樹脂温度を設定する必要がある。

（**b**）　**金型温度**　　金型温度としては一般に冷媒の設定温度が用いられる。充てん段階での樹脂の圧力は金型温度の影響をあまり受けないので，流動解析を行う場合にはそれほど厳密な値を入力する必要はないが，反り解析を行う場合にはこの金型温度によって反り変形の状態が大きく変わることがあるため，その設定には十分注意する必要がある。反り解析まで行う場合には金型冷却解析により計算された金型温度を用いて流動解析を行うべきである。

（c）充てん時間または射出流量　樹脂をどのくらいの流量で金型に射出するかは，充てん時間または射出流量で定義する。

充てん時間を入力した場合，その時間でキャビティが充満するような流量がプログラム内で求められ（流路とキャビティの体積を充てん時間で割って算出），この流量による一定の射出流量で充てんする。

射出流量を与えた場合には，入力された射出流量に従って充てんされる。射出流量を入力する場合には，時間区分ごとに射出流量をステップ状に変化させて射出を制御する多段射出設定が可能である。計算に用いる射出流量としては，一般に成形機で設定されたスクリュー移動速度にシリンダーの断面積を乗じた値が用いられる。しかしながら，スクリューの移動速度はその設定値になるまでの立上りに時間がかかり，樹脂が多少なりとも逆流する場合もあり，またノズル付近で樹脂が圧縮されるなどにより，一般には設定どおりの流量で金型に射出されるわけではない。スクリューの立上り特性などは成形機によって大きく異なるため，成形機のモニターで確認するなどの経験を積んで，計算に用いる射出流量を定めるべきである。

（d）保圧切替え制御　成形機では，スクリューが移動してある位置に到達したら保圧への切替えを行うという制御が一般的である。現状の射出成形CAEではスクリュー部分は解析に含まれていないため，CAEには保圧への切替えとして，

ジャストパック切替え：ジャストパックした時点で切替え
充てん率を指定　　　：充てんした樹脂の体積が指定した充てん率になったら切替え
充てん量を指定　　　：充てんした樹脂の体積が指定した充てん量になったら切替え
時間を指定　　　　　：指定された時間になったら切替え
圧力を指定　　　　　：充てん圧力が指定された圧力になったら切替え

などの機能が用意されている。

（e）保　圧　成形機では一般に駆動ユニット部の油圧で保圧を制御して

いる。計算に用いる保圧は樹脂の注入点での圧力であるため，保圧として油圧換算値などを用いる場合が多い。油圧換算値とは成形機で制御される油圧をスクリュー先端の圧力に面積換算した圧力である。しかしながら，スクリューの先端と金型の入口である樹脂の注入点の間にはノズルの圧損などがあるため，油圧換算値は計算にとって正確な保圧ではないことに留意する必要がある。上述の射出速度と同様に，一般に時間区分ごとに保圧を変化させる多段保圧設定が可能である。

11.1.5　計算結果と評価

CAE による計算結果をポストプロセッサーを用いてコンター図（等値線図），ベクトル図，グラフ図（時刻歴図，層分布図，経路分布図など）やアニメーションとして表示することにより，金型内の樹脂挙動などの成形現象を把握し，計算結果を分析することにより製品設計，金型設計，生産技術の検討，製品の性能評価にかかわる各種検討を行う。このような CAE による検討においては，安定した成形が行えるような設計を心がけることも重要であり，また，実際の成形において結果的に不具合が発生したとしても金型修正が簡便に行えるような設計を心がけることも重要である。

射出成形 CAE の各種解析プログラムによる代表的な計算結果を**図 11.6～図 11.13** に例として示す。以下では流動解析，金型冷却解析，反り解析について，計算結果の評価方法などを概説する。

〔**1**〕 **流 動 解 析**（図 11.7，図 11.8）　　製品設計や金型設計などによく用いられる流動解析の計算結果としては，流動パターン（メルトフロント），圧力，型締め力，温度，体積収縮率などがある。

（a） **流動パターン**　　流動パターンは樹脂の到達時間の分布をコンターとして表した図であり，値が大きいほど樹脂が後から到達することを意味する。この流動パターンからウェルドラインの位置，エアトラップの可能性やその位置，ガス抜きの位置などを把握することができる。ウェルドラインはその位置によっては外観不良となるため，ゲート位置や一部の板厚を変更した計算など

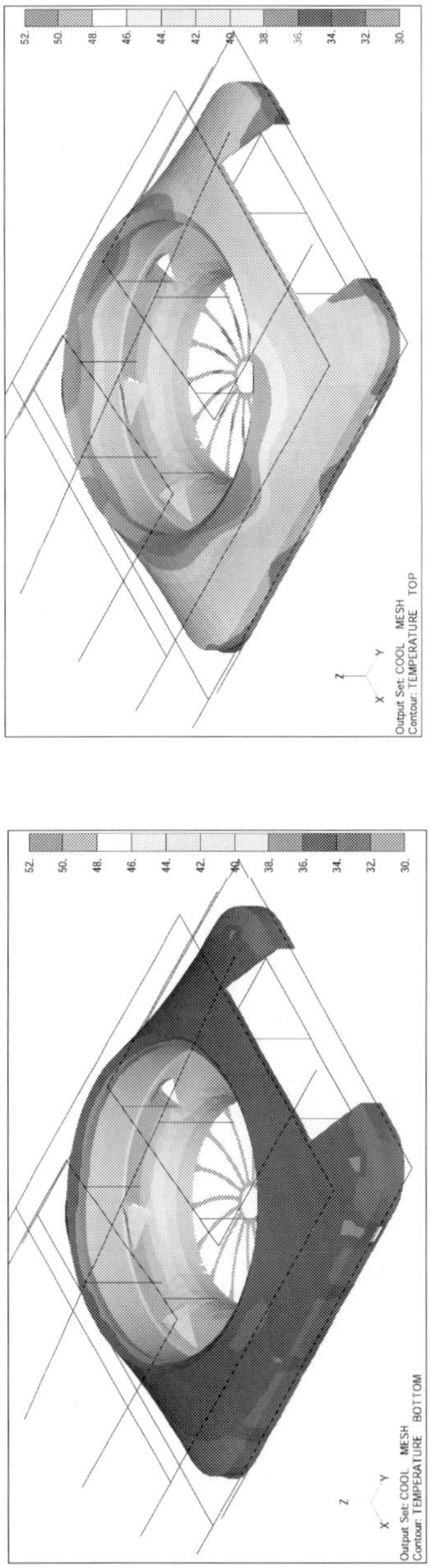

（a） 固 定 側

（b） 可 動 側

図 11.6 金型冷却解析の計算結果，金型温度分布

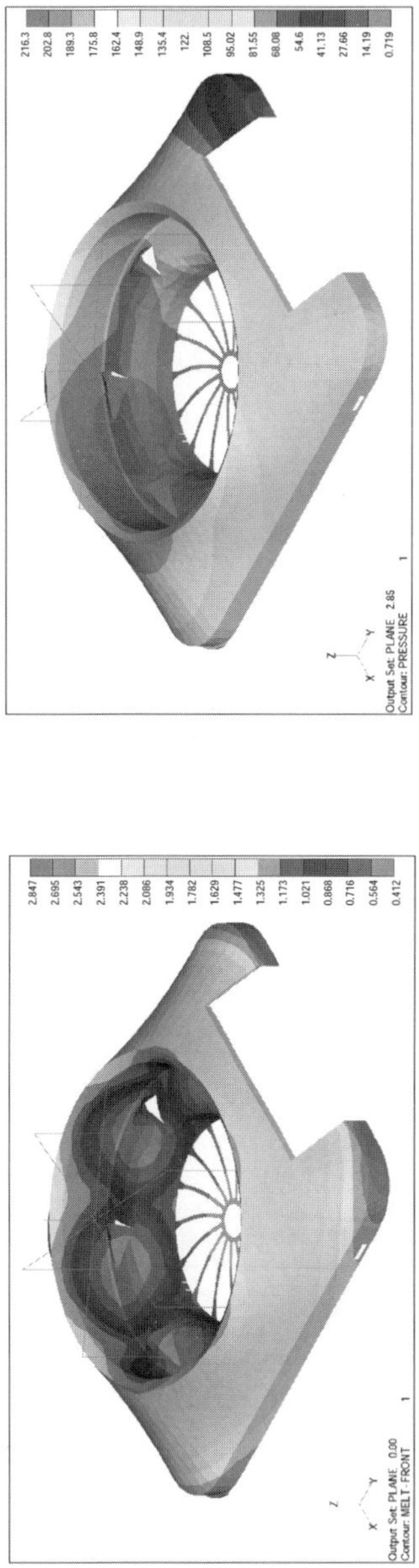

（a） 流動パターン（メルトフロント）

（b） 圧力分布，ジャストパック時

図 11.7 流動解析の計算結果

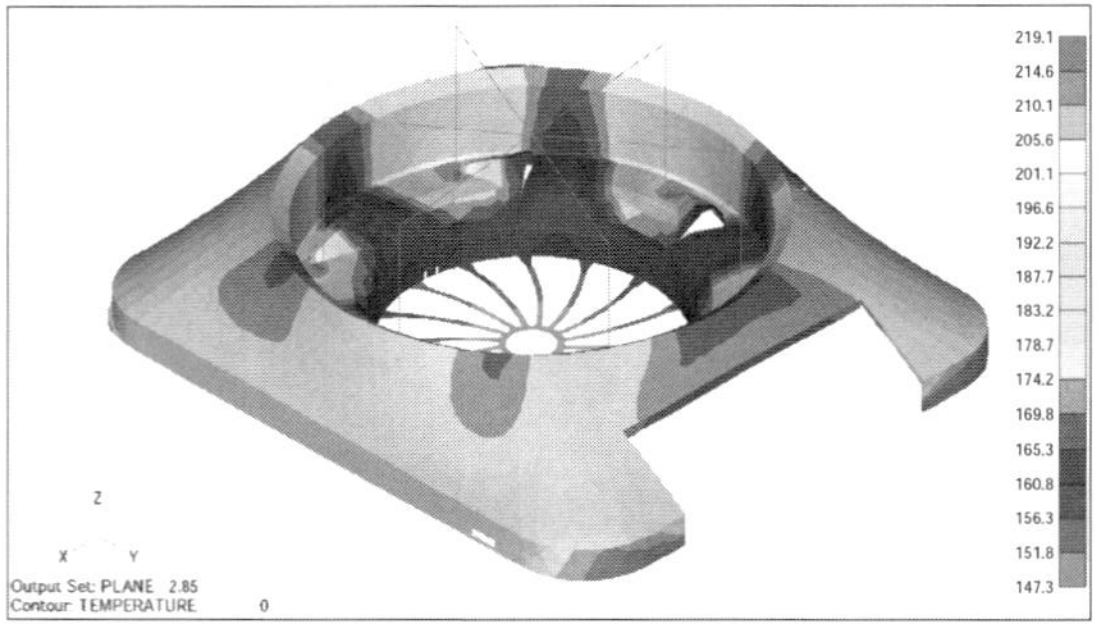

（a） 樹脂温度分布，ジャストパック時

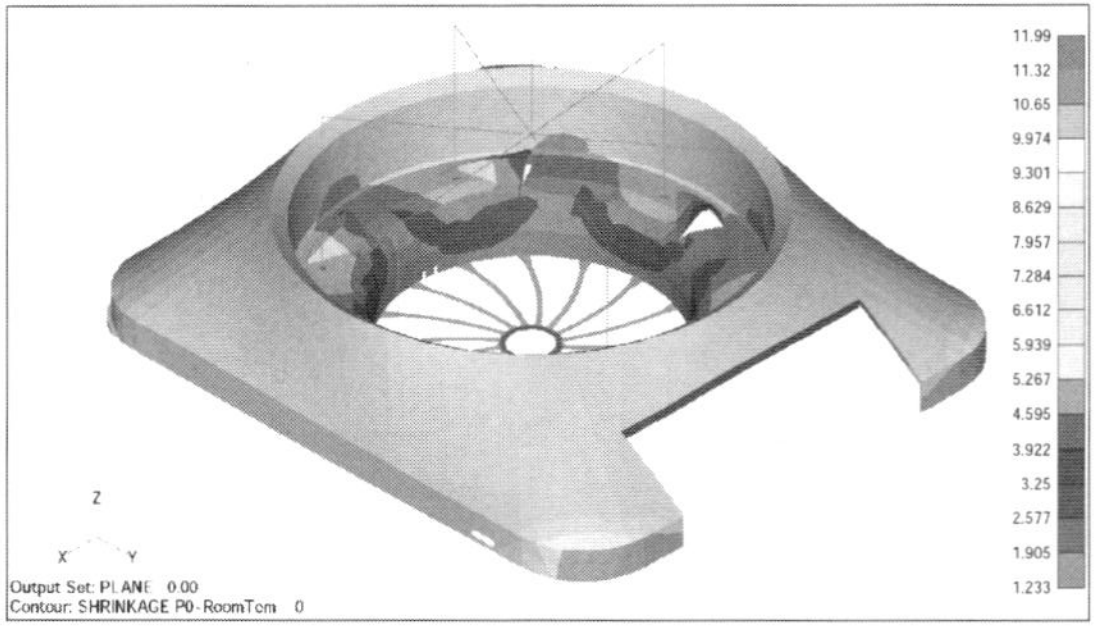

（b） 体積収縮率分布

図 11.8　流動解析の計算結果

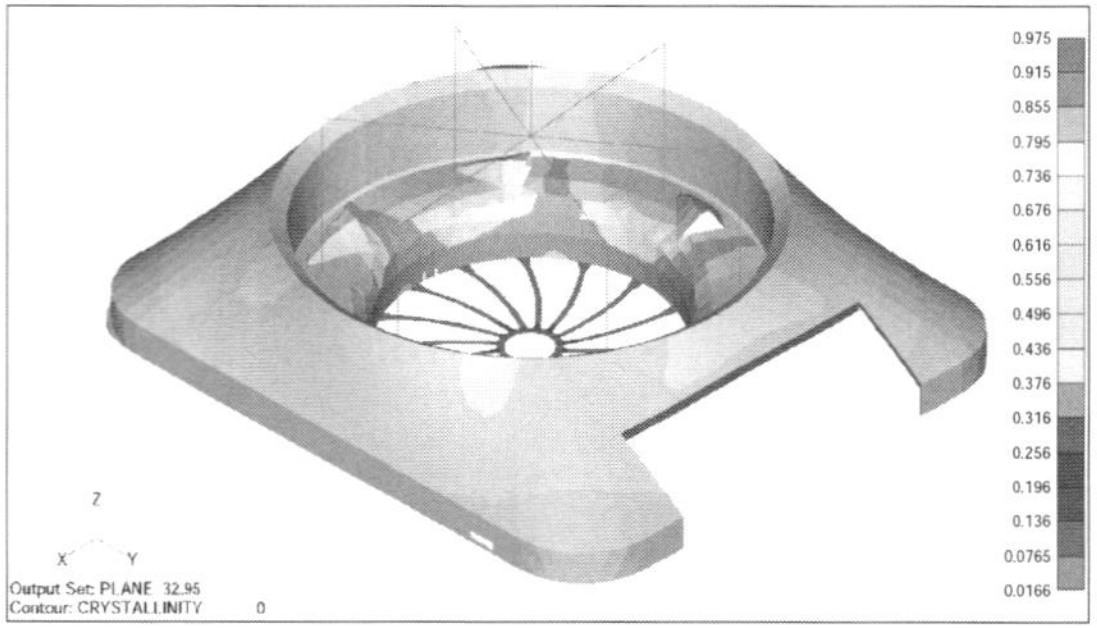

（a） 結晶化度分布

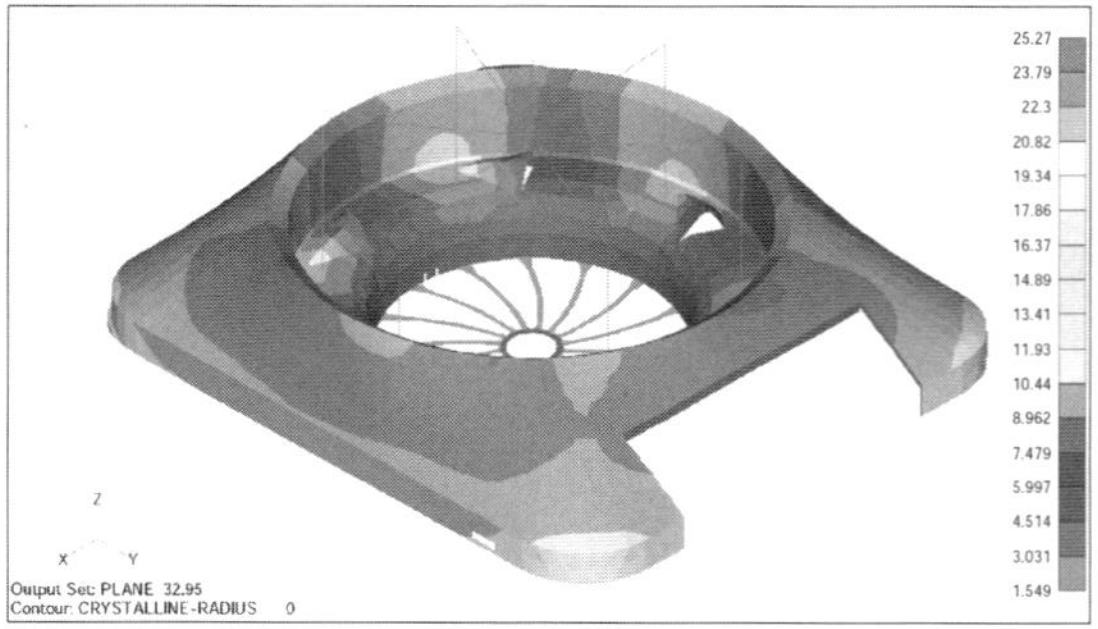

（b） 球晶サイズ分布

図 11.9　結晶化シミュレーションの計算結果

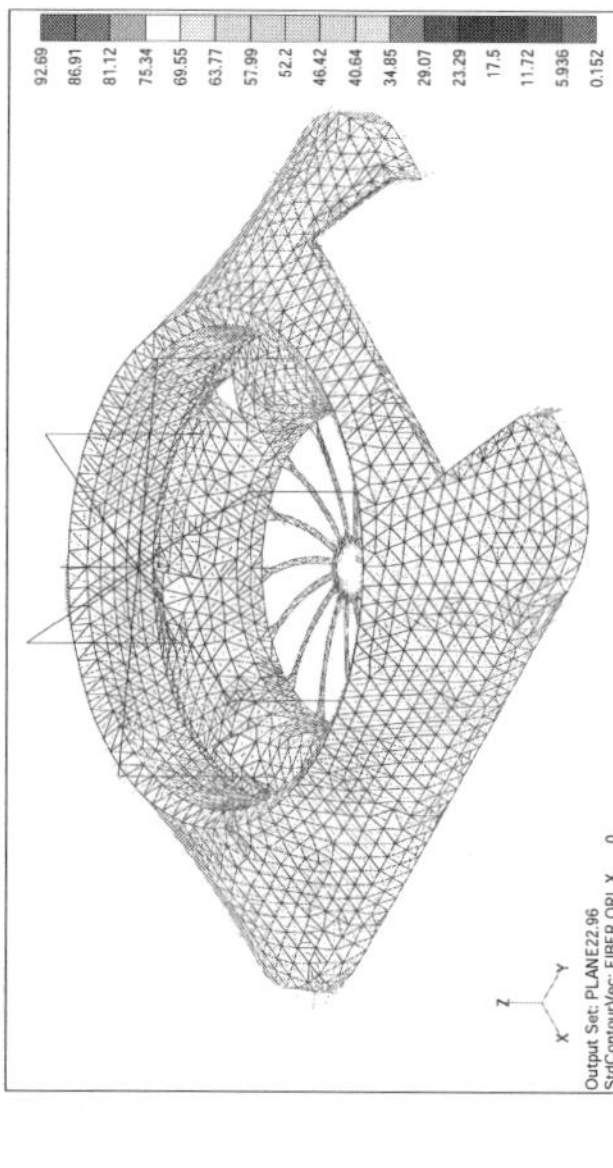

図 11.10　繊維配向解析の計算結果，繊維配向分布

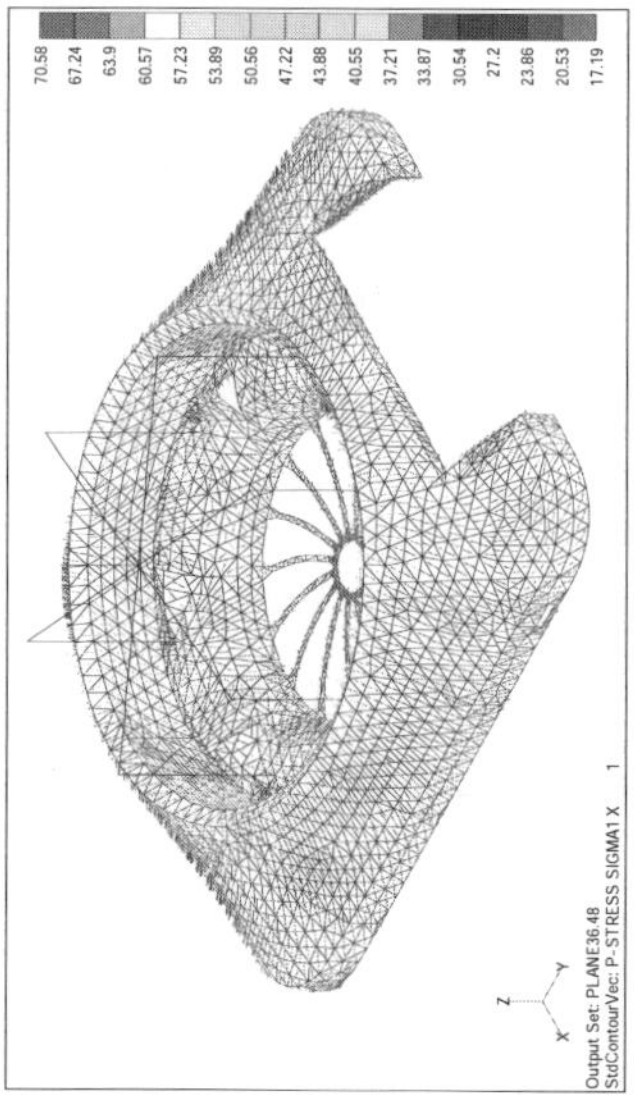

図 11.11　流動残留応力解析の計算結果，流動に起因した残留応力分布

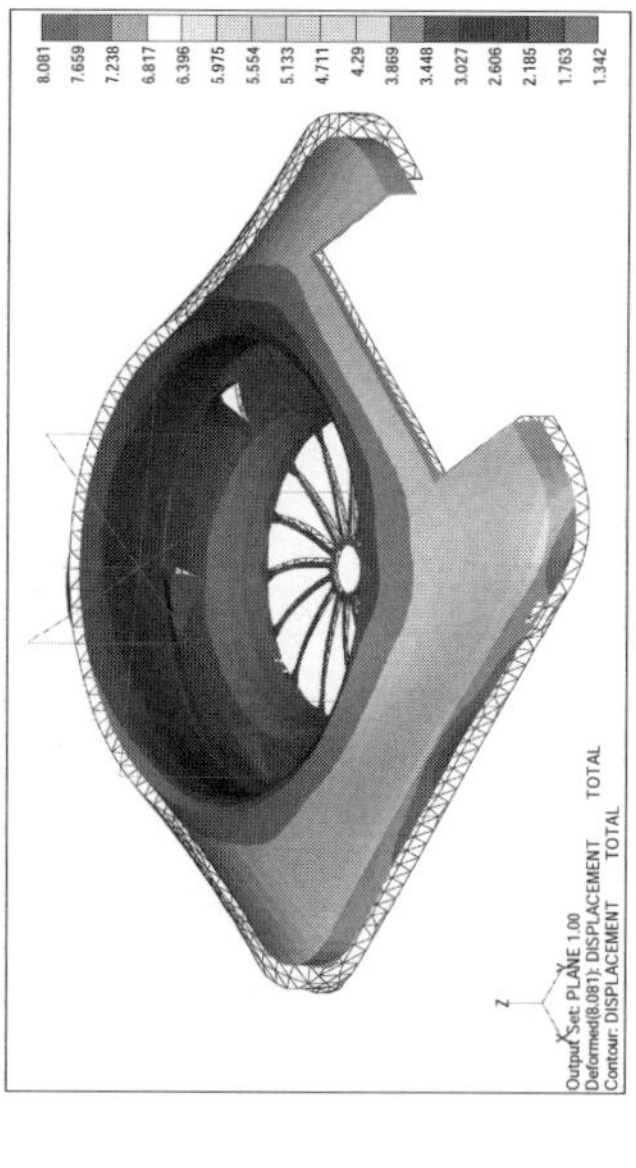

図 11.12　反り解析の計算結果，反り/収縮変形分布

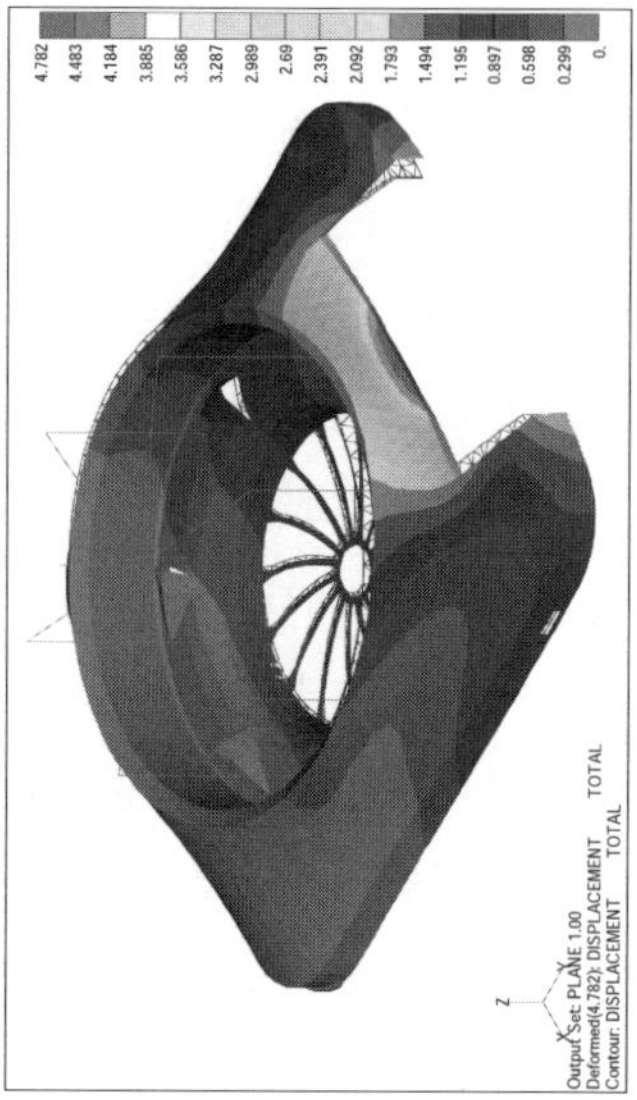

図 11.13　プラスチック構造解析の計算結果，変形分布

を行い，ウェルドラインが出ないようにする，または見え難い位置にウェルドラインが出るようにするなどの検討を行う。

（b） **圧力，型締め力**　　計算されたジャストパック時の圧力から必要な射出圧力が把握でき，実際に成形できるかを判断する。計算された射出圧力が成形機の能力を超えている場合にはショートショットとなる可能性があり，さらに大きな成形機を使わなくてはならなくなる。射出圧力を低減するには樹脂温度を上げる，ゲート数を増やす，ゲートの位置を変更する，ランナーやゲートの径を変更するなどの対策が必要となる。ただし，ゲート数を増すと一般にウェルドラインの発生する位置も増えることから外観上問題となる場合が多い。

計算される型締め力は成形品の圧力分布に成形品の投影面積（型締め方向に垂直な面への投影）を乗じて計算される。すなわち成形に最低限必要な型締め力を意味する。したがって，計算された型締め力が成形機の型締め能力を超える場合には，成形中に型が開く可能性があり，バリが出る可能性がある。型締め力を低減するには，上述の射出圧力の低減と同様の対策を検討することになる。

（c） **温度，体積収縮率**　　金型内に射出された樹脂は，金型による冷却とせん断発熱を伴いつつ金型内を流動し，最終的には金型によって冷却されその温度が低下する。一般に，樹脂温度はゲート近傍ではゲート部でのせん断発熱により高くなり，また成形品の板厚分布を反映して厚肉部で高くなる傾向がある（厚肉部は薄肉部より冷えにくい）。また最終的には金型温度の影響を受け，金型温度が高い部分では一般的に成形品の温度も高くなる。せん断発熱により樹脂温度は上昇するが，樹脂温度があまりにも高くなると焼けと呼ばれる成形不良をおこすので，計算された樹脂温度をその目安とすることもできる。

成形品は金型のキャビティの寸法よりも一般に収縮して小さくなる。この寸法変化が成形収縮率である。流動解析で計算される体積収縮率は，寸法（長さ）ではなく体積の収縮率を表す。この体積収縮率は成形品の温度分布や圧力分布に依存するため，成形品の板厚分布や金型温度分布，保圧，保圧時間などの成形条件の影響を受ける。体積収縮率の局所的に大きい部分はひけと呼ばれる成形不良をおこす可能性がある。

樹脂の温度分布や体積収縮率分布は成形品内で均一なほど一般に成形不良などは少なくなるが，樹脂温度や体積収縮率分布には上述のようにさまざまな要因がかかわっているため，それを均一化することは難しい。

〔2〕 **金型冷却解析**（図11.6） 金型冷却解析による固定側と可動側のキャビティ表面の金型温度やそれら温度差などの計算結果に基づき，冷却系の設計，冷却条件の検討，生産性などの検討を行うことができる。

キャビティ表面の金型温度は，成形品の形状，冷却管の径やその位置，冷媒の流量や温度などの影響を受ける。このキャビティ表面の金型温度も均一なほど基本的には成形不良などが少なくなるため，均一になるような冷却系の設計，冷却条件の設定が望まれる。特に固定側と可動側の温度差は反り変形などの要因となるため，適切な冷却系の設計を行い固定側と可動側の冷却バランスをとる必要がある。また金型温度が高い場合には成形品が冷却され難くなり，サイクルタイムが長くなり生産性の低下を招くことになる。

例えば箱状の金型では，箱の内部には熱がこもりやすいために外側（一般に固定側）より内側（一般に可動側）のキャビティ表面の金型温度が高くなる。そこで可動側にバッフル管などを配置して，内側の冷却効率を上げるなどの対策を行う。

〔3〕 **反り解析**（図11.12） 反り解析で計算される反り/収縮変形に基づき，製品設計，金型設計，性能評価などを行い，品質向上や生産性向上が図れることになる。成形品の反り変形の要因はさまざまであるが，

・固定側と可動側の金型温度差

・成形品の温度分布や体積収縮率分布

・射出速度，保圧，保圧時間などの成形条件

・繊維配向などによる機械特性の異方性

などがそのおもな要因である。

計算された反り変形が許容値を超えた場合には，反り低減の対策を講ずる必要がある。変形分布に加え，上述の金型温度分布，樹脂の温度分布や圧力分

布，体積収縮率分布，繊維配向分布などの計算結果を検討し，まずは反り変形の要因を分析する。この要因の分析を行うためには，金型温度を一定にした計算，成形条件を変更した計算，ゲートの位置や板厚を変更した計算，機械特性を等方性とした計算などが必要となる場合もある。反りの要因が分析されたら，その要因を低減するような入力データを設定して計算を行いその効果を確認する。例えば，反り変形の要因が固定側と可動側の金型温度差であるならば，金型冷却解析を用いて冷却バランスを改善する検討を行う必要があり，その要因がリブにある場合にはリブの板厚などを変更して検討を行い，反り要因が繊維配向にある場合にはゲートの位置を変更して検討するなど，CAE を駆使して反り低減を図ることになる。

また計算された反り/収縮変形から，前述の成形収縮率を評価することができ，製品の設計寸法に対する金型寸法の倍率の目安を得ることもできる。

11.2　ガスアシスト射出成形シミュレーション

ガスアシスト射出成形法の特長は，従来の射出成形法に比較して低圧成形が可能で良好な表面外観が得られることである。すなわち，従来の射出成形では厚肉部にひけが生じやすい欠点があるが，ガスアシスト射出成形ではガス射出圧により厚肉部のひけを防止することができ，偏肉設計も可能となることである。このような特長から，ガスアシスト射出成形法は短期間で著しく実用化が進み現在に至っている。このガスアシスト射出成形金型の設計においては，ガス流動路の設定が重要であり，ガスの流動経路を予測する手法が期待されている。しかしながら，この成形法に関する射出成形シミュレーション手法は溶融樹脂のみならずガスの流動も考慮する必要があり，一般の成形法に比較して複雑である。

本節においては，この問題を解決するツールとして著者らが開発に携わったガスアシスト射出成形シミュレーションシステムに関して述べる。

11.2.1　解　析　手　法

ガスアシスト射出成形は樹脂射出工程とガス射出工程2工程の組合せにより行われる。樹脂射出工程のシミュレーションは従来から行われている手法にて行われる。樹脂射出停止後にガス射出が行われるが，このシミュレーションには，温度，圧力の変化による樹脂体積の変化を見込む必要があり，ガスの進展と樹脂の流動を同時に解く必要がある。従来から行われている樹脂流動シミュレーションに関しては，多くの解説[1),2)]がなされている。ガス射出工程のシミュレーションにおいては，圧力の式，エネルギー式は一般の樹脂流動シミュレーションと同じ式を採用しているが，連続の式に関しては密度は流動過程において変化するため従来使用されているものとは異なる。密度 ρ と x，y（流動平面軸方向）と z（厚み方向）の流速 u，v，w および時間 t の関係は次式に示すとおりである。

$$\frac{\partial\rho}{\partial t}+\rho\left(\frac{\partial u}{\partial x}+\frac{\partial v}{\partial y}\right)+u\frac{\partial\rho}{\partial x}+v\frac{\partial\rho}{\partial y}+\frac{\partial}{\partial z}(\rho w)=0 \tag{11.1}$$

厚み z 方向の流速 w および密度変化をゼロとした場合，上式は次式に書くことができる。

$$\frac{\partial\bar{\rho}}{\partial t}+\frac{1}{b}\int_0^b\left\{\rho\left(\frac{\partial u}{\partial x}+\frac{\partial v}{\partial y}\right)\right\}dz=0 \tag{11.2}$$

上式は式 (11.3)，(11.4) に示すとおりとなる。

$$\frac{\partial\bar{\rho}}{\partial t}+\frac{\bar{\rho}}{b}\left\{\frac{\partial}{\partial x}(b\bar{u})+\frac{\partial}{\partial y}(b\bar{v})\right\}=0 \tag{11.3}$$

$$\frac{\partial\ln\bar{\rho}}{\partial t}=\frac{1}{b}\left\{\frac{\partial}{\partial x}(b\bar{u})+\frac{\partial}{\partial y}(b\bar{v})\right\}=0 \tag{11.4}$$

z，b および s を式 (11.5)，(11.6) とすると

$$z=\pm\,b(x,\ y),\ \ b=\frac{h}{2} \tag{11.5}$$

$$s=\int_0^b\frac{z^2}{\eta}dz=\frac{h^3}{24\eta} \tag{11.6}$$

u，v の平均流速 $\bar{u}$，$\bar{v}$ は式 (11.7) で表すことができ，式 (11.4) は式 (11.8) に書くことができる。

$$\bar{u} = -\frac{s}{b}\frac{\partial P}{\partial x},\quad \bar{v} = -\frac{s}{b}\frac{\partial P}{\partial y} \tag{11.7}$$

$$\frac{\partial \ln \bar{\rho}}{\partial t} = \frac{1}{b}\left\{\frac{\partial}{\partial x}\left(s\frac{\partial P}{\partial x}\right) + \frac{\partial}{\partial y}\left(s\frac{\partial P}{\partial y}\right)\right\} = 0 \tag{11.8}$$

樹脂の密度 ρ，圧力 P および温度 T の関係を式 (11.9) の Spencer–Gilmore の式で表すと，式 (11.9) は式 (11.10) で表すことができる。ここにおいて G，F 項は下記に示すとおりである。

$$(P + P_c)\left(\frac{1}{\rho} - \frac{1}{\rho_c}\right) = RT \tag{11.9}$$

$$\left.\begin{aligned}
&\frac{\partial \ln \bar{\rho}}{\partial t} = G(x, y, t)\frac{\partial P}{\partial t} + F(x, y, t)\\
&G(x, y, t) = \frac{1}{b}\left(\frac{1}{P + P_c}\right)\int_0^b\left(1 - \frac{\rho}{\rho_c}\right)dz\\
&F(x, y, t) = -\frac{1}{b}\int_0^b\left(1 - \frac{\rho}{\rho_c}\right)dz\,\frac{\partial \ln T}{\partial t}
\end{aligned}\right\} \tag{11.10}$$

式 (11.8) に上式を代入すると次式の関係が成り立つ。

$$G(x, y, t)\frac{\partial P}{\partial t} - \frac{1}{b}\left\{\frac{\partial}{\partial x}\left(s\frac{\partial P}{\partial x}\right) + \frac{\partial}{\partial y}\left(s\frac{\partial P}{\partial y}\right)\right\} = -F(x, y, t) \tag{11.11}$$

ガスアシスト成形のような多相流動解析には各相の界面の自由表面の進展状況を決定する必要がある。自由表面の表現方法としては VOF 法[3] を採用した。VOF 法は各メッシュごとに流体の存在率にあたる VOF 関数 f を定義して，この f の移流方程式を解くことにより自由表面を定義するもので，本流動解析には適切であると考えた。

自由表面の移動は，VOF 関数の移流方程式として表現される。VOF 関数の移流方程式は，微小体積に流速（u，v）をもって出入りする流体の保存則を考慮することにより得られ，次式で表現できる。

$$\frac{\partial f}{\partial t} + \frac{\partial \bar{u} f}{\partial x} + \frac{\partial \bar{v} f}{\partial y} = 0 \tag{11.12}$$

11.2.2　流動解析事例

一般に，ガスアシスト射出成形は，①樹脂充てん過程，②保圧冷却過程，③ガス射出過程の 3 段階にて行われている。これら 3 過程についてそれぞれの流動解析を順次に行った。解析の対象物としてガスアシスト成形法の検討のために製作したモデル金型を使用した。解析モデル図を**図 11.14** に示す。本解析においては樹脂注入口 R から溶融樹脂を注入し金型キャビティに樹脂が充てんされた後にガス注入口 G からガスを注入する過程のガスアシスト射出成形に関する数値解析シミュレーションを行った。

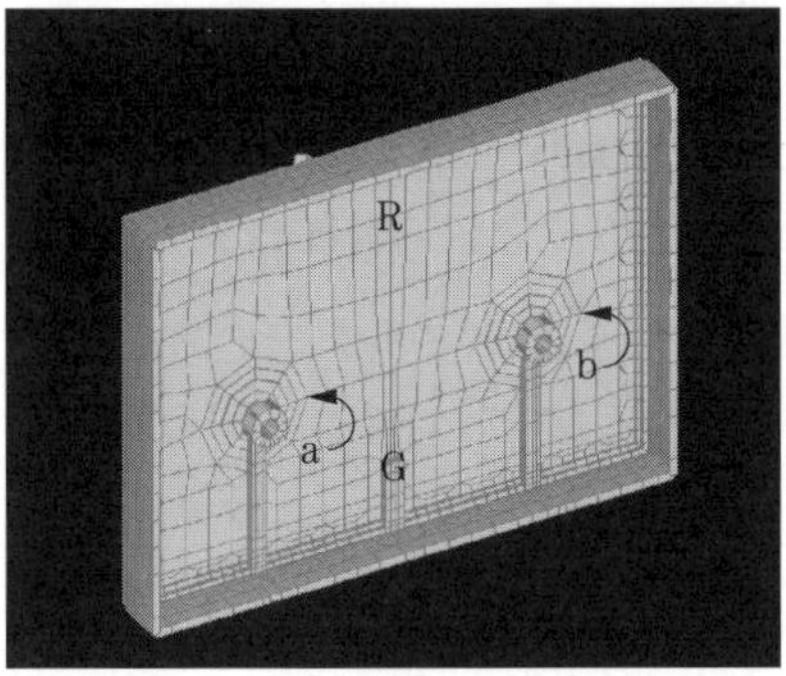

図 11.14　解析モデル図

〔1〕 **解析条件**　　解析にはポリカーボネート樹脂を用いた。この樹脂の粘度は，**図 11.15** に示すとおりであり，このデータを式 (11.13) に示す 4 定数

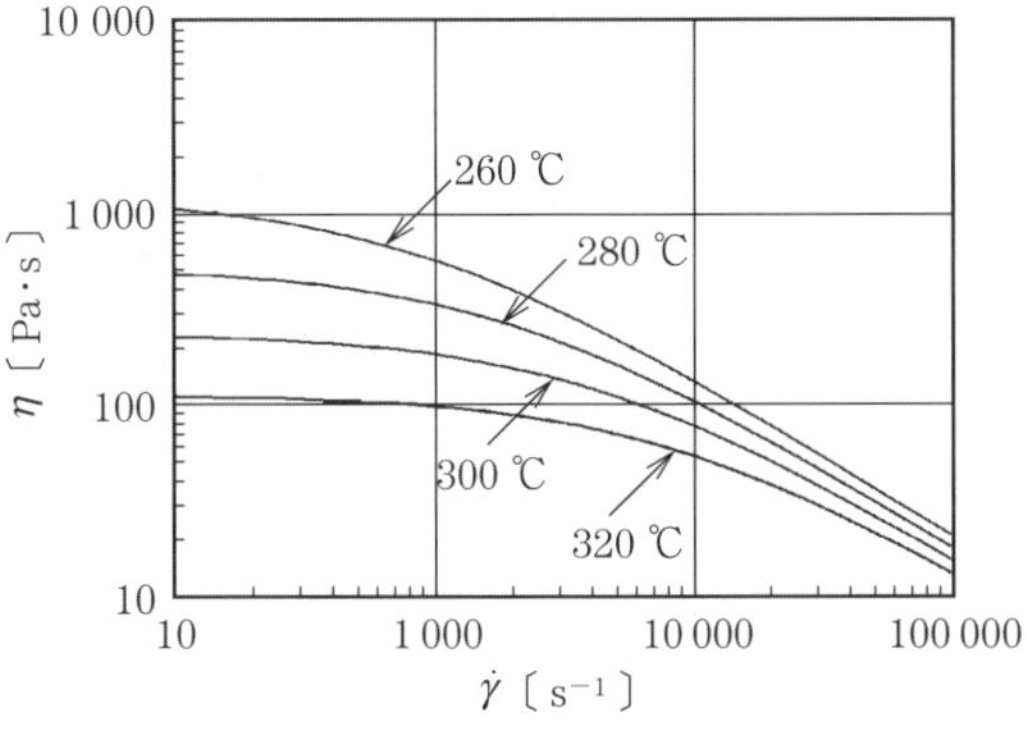

図 11.15　粘度曲線〔ポリカーボネート樹脂　三菱エンジニアリングプラスチックス(株) ユーピロン S 3000〕

表 11.3　溶融樹脂物性値

λ〔W/(m·K)〕	0.232
C_p〔kJ/(kg·K)〕	2.06
ρ〔kg/m³〕	1.20×10^3
4 定数式 (11.13) の定数	
$B_0 = 1.038 \times 10^{-8}$	
$T_b = 1.375 \times 10^4$	
$n = 0.299\,2$	
$\tau_0 = 5.406 \times 10^5$	

式で表した場合の 4 定数，比熱，熱伝導度および密度は**表 11.3** に示すとおりである。

$$\eta = \frac{\eta_0}{1 + (\eta_0\,\dot{\gamma}/\tau_0)^{(1-n)}}, \qquad \eta_0 = B_0 \exp\left(\frac{T_b}{T}\right) \tag{11.13}$$

溶融樹脂はその圧力 P，温度 T により体積 V は変化する。この圧力-体積-温度の関係 PVT 状態量は PVT 樹脂特性測定装置を用いて求めた。

この関係は**図 11.16** に示すとおりで，流動解析には樹脂体積をこの状態量関係を補間することにより求め使用している。

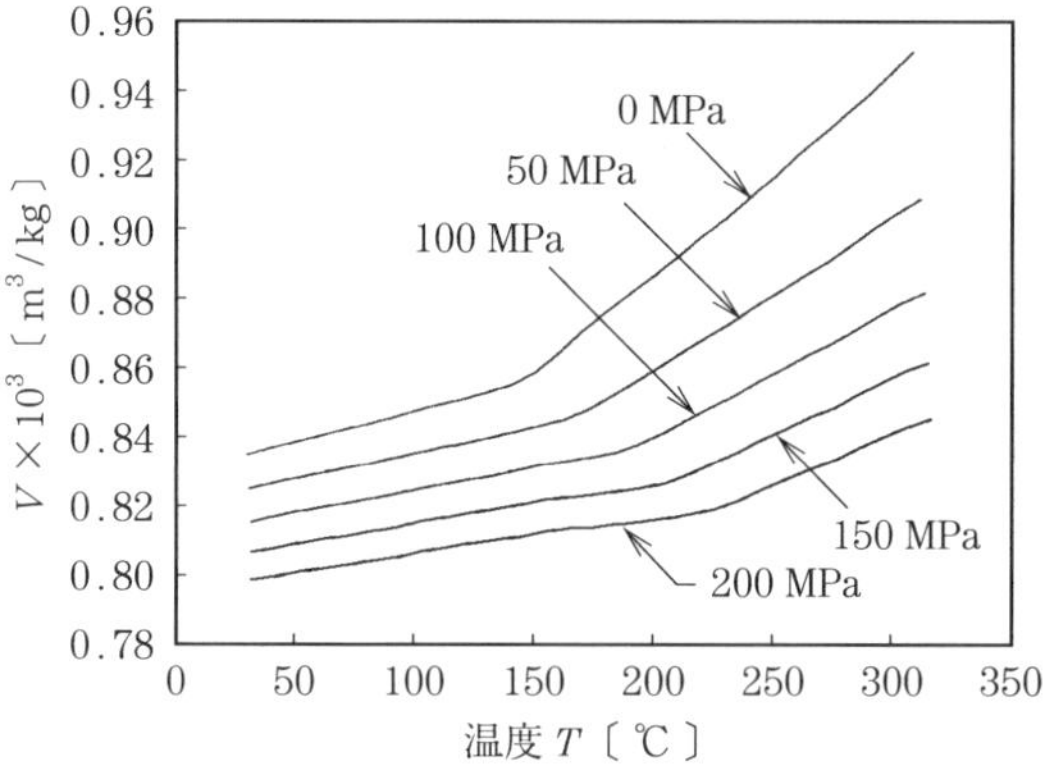

図 11.16　PVT 線図〔ポリカーボネート樹脂　三菱エンジニアリングプラスチックス(株)　ユーピロン S 3000〕

解析で仮定した成形工程は後述の実験に合わせ**図 11.17** に示すとおりとし，①樹脂充てん，②保圧冷却，③ガス射出の 3 過程とした。

成形工程における①樹脂充てん過程の解析条件は，**表 11.4** に示すとおりとした。このとき，充てん時間は 2.3 秒である。樹脂をキャビティに注入し充てんさせた後，②保圧冷却過程となるが，このとき，樹脂の注入量はゼロとな

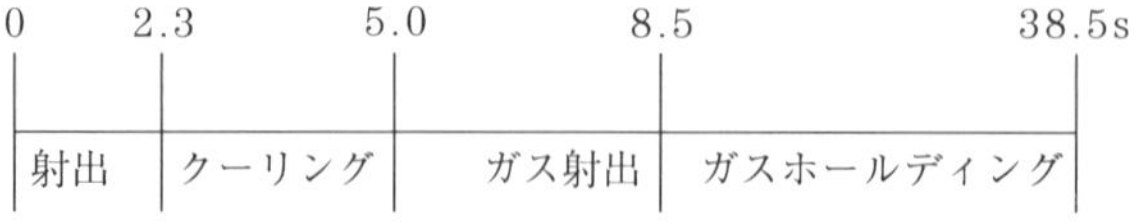

図 11.17　ガスアシスト射出成形工程

表 11.4　射出成形条件

樹脂初期温度	300 °C
金 型 温 度	87 °C
射 出 速 度	40 cm³/s

り，冷却により樹脂体積は減少し圧力はゼロに近くなり，冷却過程が続く。この冷却過程は2.3秒から5.0秒の2.7秒間である。冷却過程の後，③ガス射出過程に入るが，このときのガス圧は6.96 MPa（後述の実験に合わせ）とした。5.0秒から8.5秒の3.5秒間ガスを射出し，その後30秒間（樹脂射出開始から38.5秒）ガス保圧し成形を完了する。この過程にて樹脂の収縮に伴いガスが進展する。

〔2〕 **解 析 結 果**

（a） **樹脂充てん過程**　図11.14に示した樹脂注入口Rから溶融樹脂射出を開始し，注入する過程の数値解析シミュレーションを行った。樹脂充てん開始から0.30，0.95，1.53，1.93秒経過の樹脂メルトフロントパターンを**図11.18**に示す。また，樹脂充てん完了時の温度分布および圧力分布を**図11.19**および**図11.20**に示す。

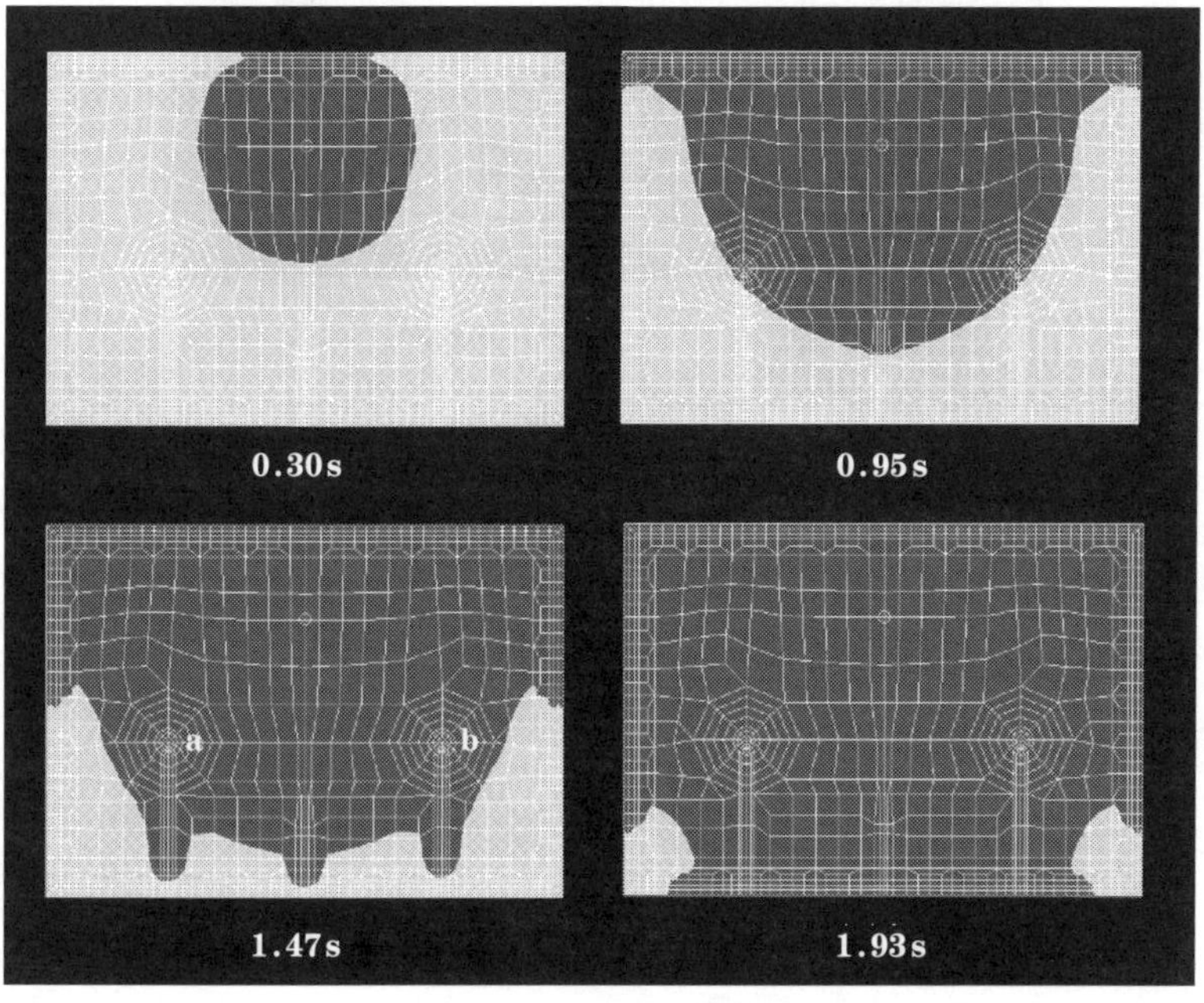

図11.18　メルトフロント

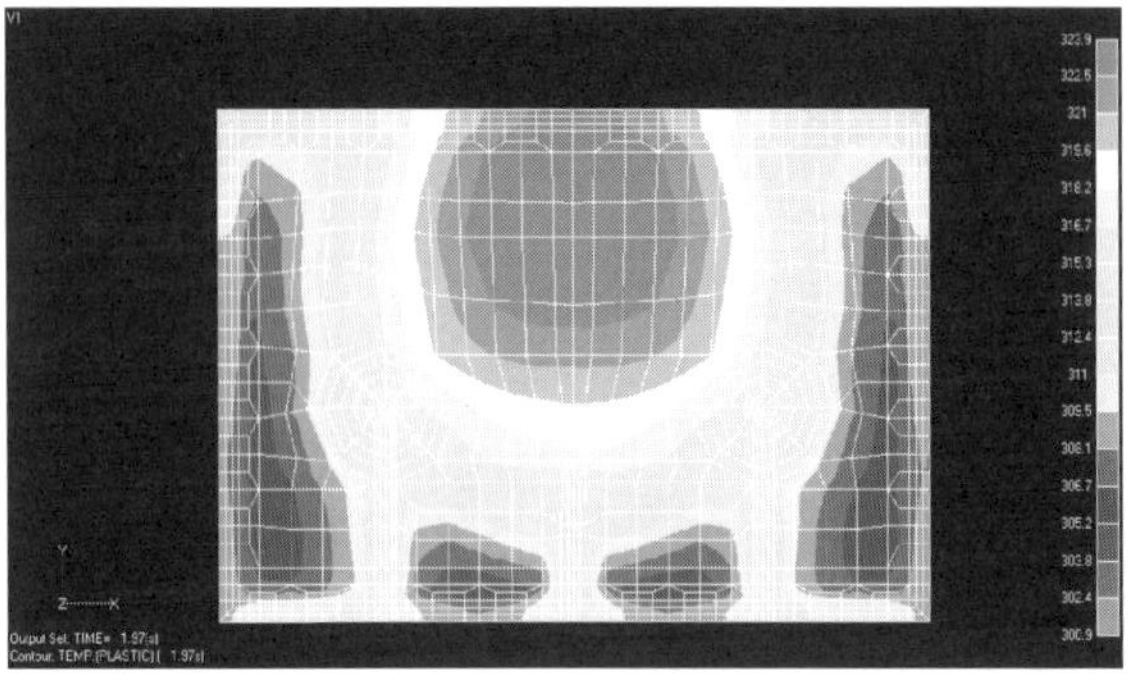

図 11.19　樹脂充てん時における溶融樹脂の温度分布

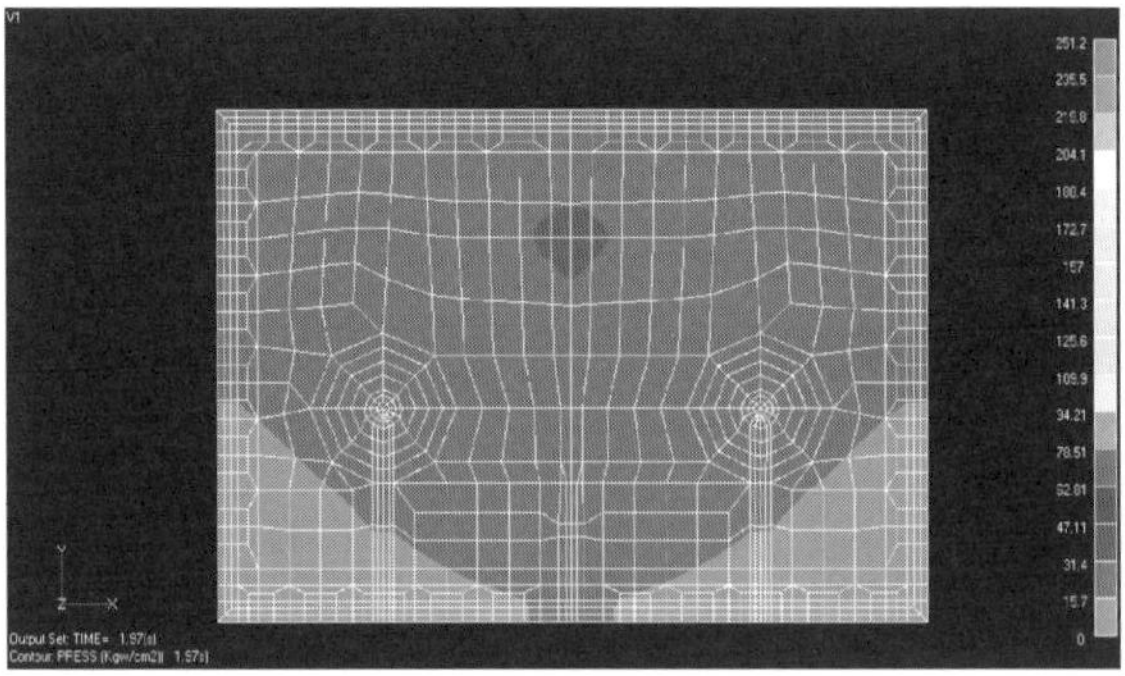

図 11.20　樹脂充てん時における溶融樹脂の圧力分布

（b） **保圧冷却過程**　上記の状態で樹脂注入を停止した段階から 2.7 秒経過した場合の温度分布を**図 11.21** に示す。図 11.19 と図 11.21 を比較すると，肉厚の大である部分は冷却速度が遅く肉厚の薄い部分に比較して温度が高いことがわかる。温度の高い部分は樹脂の粘度も低く，樹脂の収縮も大きくガスの進展路になりやすいと考えられる。

（c） **ガス射出過程**　図 11.21 の状態にてガス圧を 6.96 MPa として図 11.14 に示したガス注入口 G からガス射出を開始し注入する過程の数値解析を行った。数値解析におけるガス射出完了時のガス進展形状を**図 11.22** に示す。このときの温度分布および圧力分布を**図 11.23** および**図 11.24** に示す。

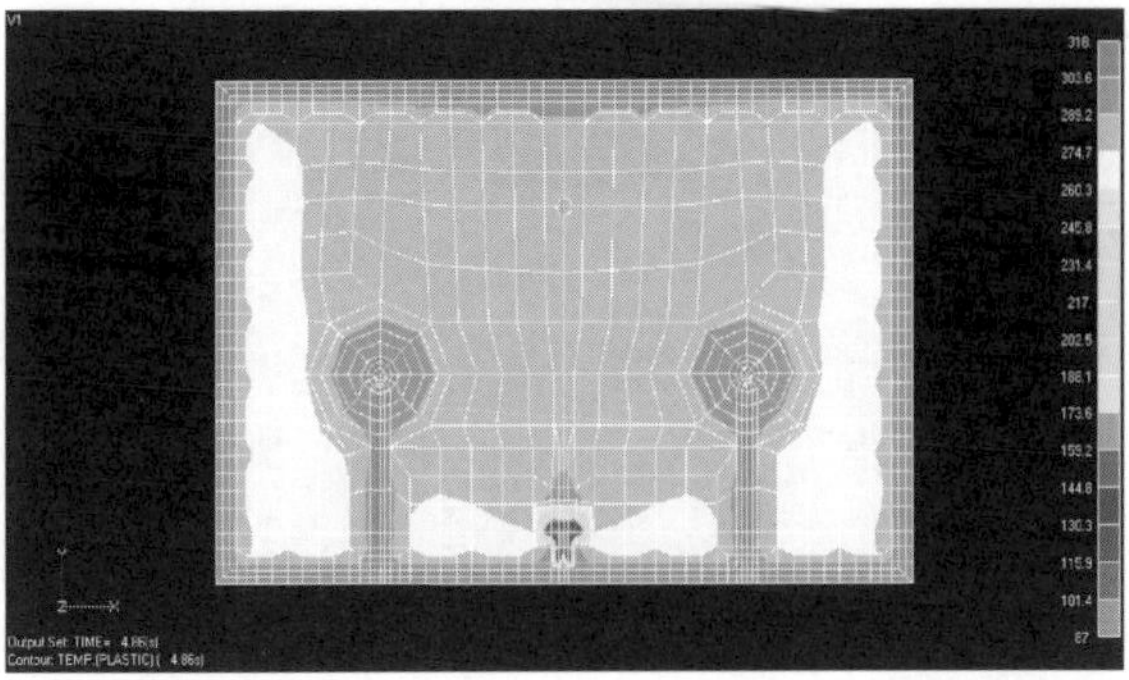

図 11.21　樹脂充てん完了から 2.7 秒後の温度分布

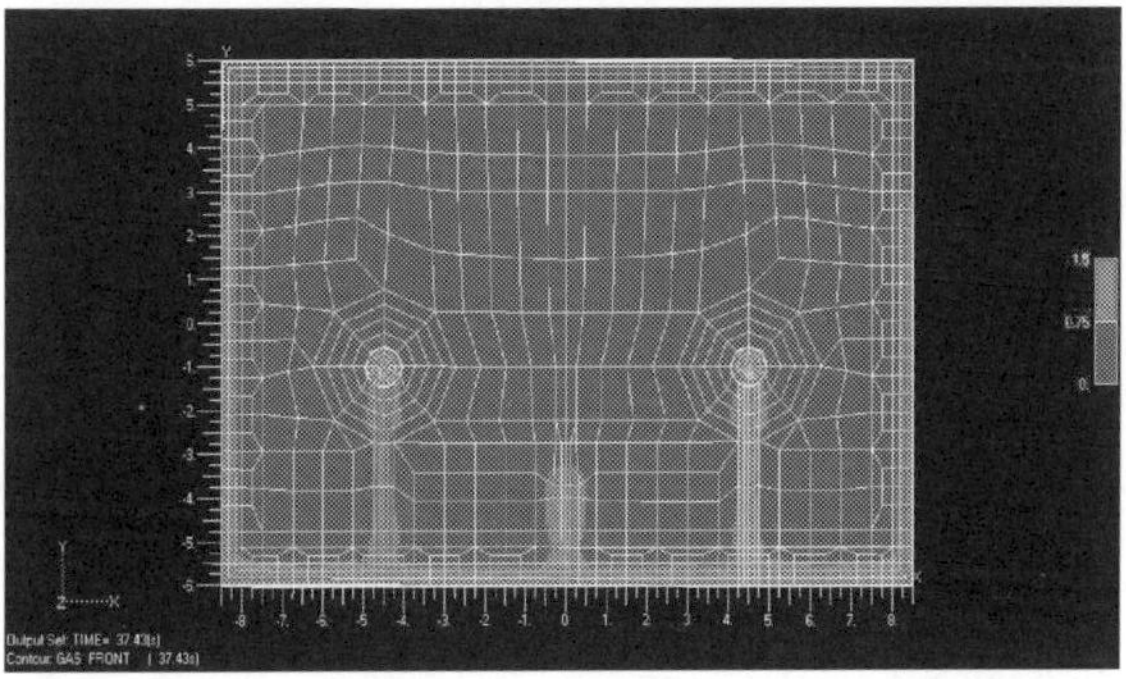

図 11.22　成形開始から 38.5 秒経過時のガスフロントパターン

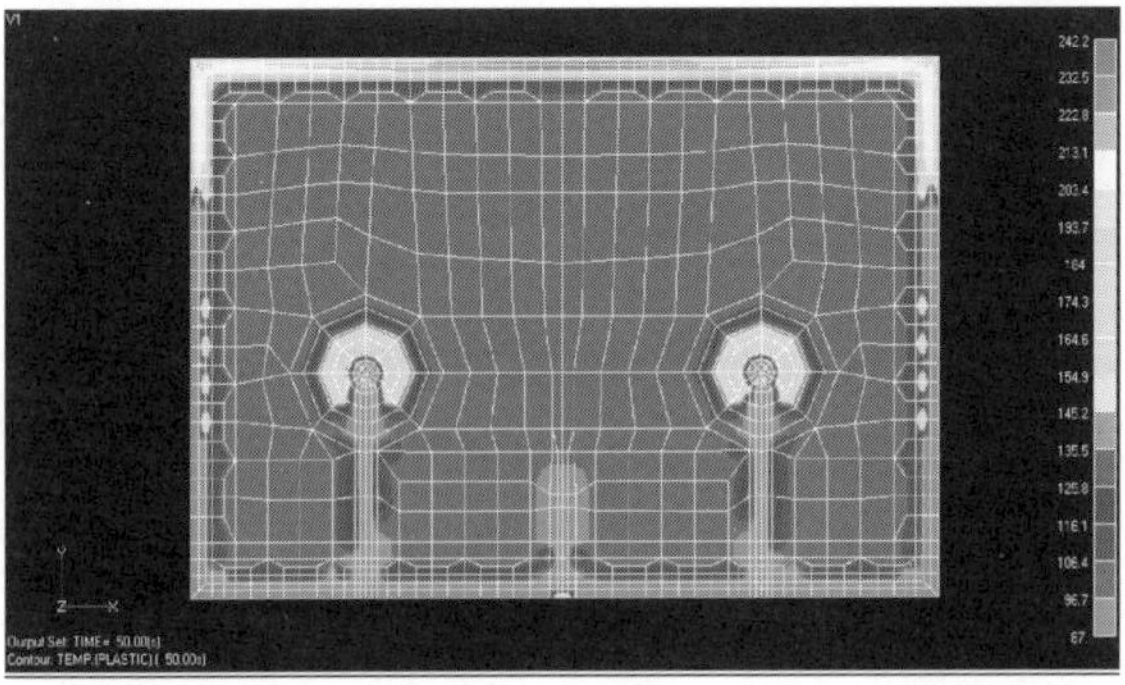

図 11.23　成形開始から 38.5 秒後の温度分布

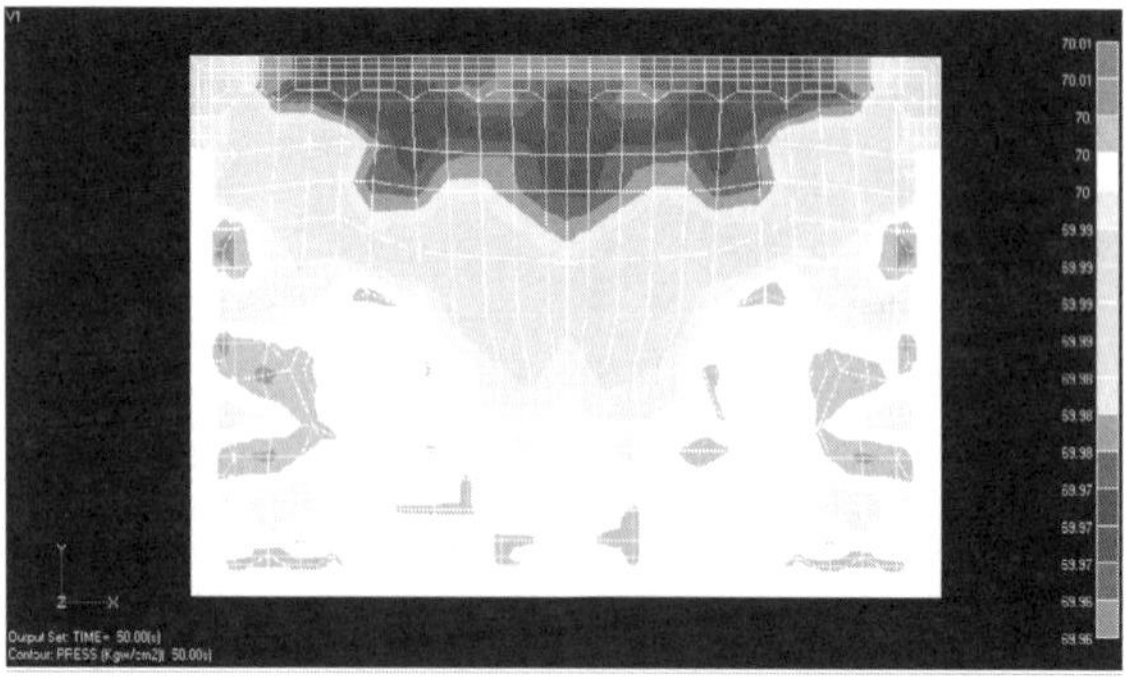

図 11.24　成形開始から 38.5 秒経過時の圧力分布

11.2.3　ガスアシスト射出成形法による流動実験

〔1〕 **実 験 方 法**　　射出成形機ノズルの設定温度は 28 °C，樹脂流動速度は 40.45 cm³/s に設定した。この際，ノズルの部分で摩擦熱により発熱するため金型外に試験射出を行い，温度計 HL-200 BS 2 形（安立計器(株)）で温度上昇を測定した。試験射出樹脂塊の内部温度（射出後 2 から 3 秒後）は 315 °C であった。金型キャビティ壁面温度は，表面温度計 HL-200 UT 形（安立計器(株)）で測定したが 87 °C であった。

〔2〕 **実 験 結 果**

（a） **樹脂充てん過程実験結果**　　表 11.4 の条件で射出成形を行い，最大ラム圧を測定した。最大ラム圧は 21.41 MPa であった。また樹脂充てんを 12.9，40.9，65.9，83.1 % 充てんで停止しショートショット成形物を取り出した。これらショートショット成形品を**図 11.25** に示す。

（a） 12.9 %　　（b） 40.9 %　　（c） 65.9 %　　（d） 83.1 %

図 11.25　ショートショット成形品

（b） ガス射出過程実験結果　樹脂充てん後2.7秒間の樹脂の注入を停止し冷却した後，3.5秒間ガスを注入しガス圧を6.96 MPaにした。30秒間のガス保圧後，ガスパージし成形物を取り出した。このときのガスの進展状況は**図11.26**に示すとおりである。この写真は成形物の空洞部には赤インキを注入し，空洞部に色を付け撮影したものである。

図11.26　ガス進展状況

11.2.4　流動解析結果と実験の比較

〔1〕 樹脂射出過程　図11.18に示した流動解析によるメルトフロントパターンと図11.25のショートショット成形物の形状を比較すると，著しく酷似している。しかしながらより注意深く比較すると，初期の段階ではよく一致しているが，図11.18の解析によるメルトフロントパターンではa，b部の肉厚部の部分が実験による結果に比較して突出していることがわかる。これは，数値解析ではHele-Shaw流れを仮定しており，流動チャンネルの両サイド部分の抵抗を考慮に入れていないためである。

〔2〕 ガス射出過程　ガス射出過程におけるガスフロント形状の流動解析結果（図11.22）と実験結果（図11.26）とを比較すると，よい一致が認められる。保圧・冷却解析による温度分布結果（図11.21）とガスフロント流動解析結果（図11.22）とを比較すると，温度の高いところに沿ってガスが分布することがわかる。

一般的な射出成形においては，状態量を組み込んでいないHele-Shaw流れを基礎にした流動解析手法でも十分有効な情報（ウェルドライン位置，温度分布，圧力分布，所要型締め力など）を得ることができる。しかしながらガスアシスト成形法においては，樹脂の収縮を補いながらガスが進展するために，金型内樹脂の密度-時間変化を的確に推定しながら流動解析を実施する必要がある。今回の報告においては，PVT状態量を正確に求め，それを有限要素法による流動解析手法に連生させ，成形実験に忠実な条件にて流動解析を実施し，実験結果と対比させた。

その結果，メルトフロント形状，ガスフロント形状などのガスアシスト金型設計に重要な情報が得られることがわかった。ただ，〔1〕項に述べたように，実際の現象とHele-Shaw流れの過程の差異によりガスチャンネル（肉厚部）の流動抵抗に差異が発生する。この点はHele-Shaw流れ解析の今後の課題である。

11.3　射出圧縮成形シミュレーション

射出圧縮成形法は，射出成形法に比べ低圧成形が可能で経済的であり，反り，ひけを低減させた高品質な成形品を得ることができるため，大形成形品，薄肉成形品，LSIなどの封止部品などの成形に適用されている。しかしながら，射出圧縮成形行程における樹脂流動に対する型締め効果は，キャビティ厚み方向と型締め方向の角度や肉厚によって変化する。したがって，射出圧縮成形を用いて複雑な形状の製品を成形する場合，経験のみからメルトフロント履歴を予想し，ゲートバランスをとることは通常の射出成形以上に困難である。このような背景から，射出圧縮成形の数値解析が必要となる。

SMC，BMCに用いられる圧縮成形法の流動解析に関してはいくつかの研究が25年以上前から報告されている。Silva-Nietoら[4]は伝熱を無視し，樹脂体積を一定としたニュートン流体の圧縮成形について差分法を用いた数値解析を行っている。Tuckerら[5]は伝熱を考慮し樹脂体積一定とした非ニュートン流体の圧縮成形について有限要素法を用いた数値解析を検討しており，メルトフロント履歴の数値解析結果は実験とよく一致していることを報告している。しかし，これらの研究では圧縮流動開始時の温度分布を一定としており，樹脂の圧縮性を考慮していないといった問題があり，そのまま射出圧縮成形法の数値解析に用いることはできない。

ここでは，射出圧縮成形法の数値解析プログラムを用いて，フィルムをインサートしたガラス窓の射出圧縮成形について数値解析を行った事例について報告する。

11.3.1　射出圧縮成形法の理論

射出圧縮成形法は，①金型を若干開いた状態で金型キャビティに一定量の樹脂を注入する射出工程と，②金型を締め，樹脂をキャビティ全体に充てんさせる圧縮工程の 2 工程からなる。ここにおいてはおのおのの工程の理論について述べる。

〔**1**〕 **射 出 工 程**　射出工程の支配方程式は次式に示すとおりである。

$$\rho \frac{\partial}{\partial x}\left(s\frac{\partial P}{\partial x}\right) + \rho\frac{\partial}{\partial y}\left(s\frac{\partial P}{\partial y}\right) = 0 \tag{11.14}$$

$$s = \int_0^h \frac{z(z-h)}{2\eta}dz = -\frac{h^3}{12\eta}$$

ここで，x，y は流動平面，s は Hele-Shaw 流れの流動コンダクタンス，h はキャビティ厚み，P は圧力である。また樹脂流動工程の伝熱，摩擦発熱はつぎのエネルギー式で表現される。

$$\rho C_p\left(\frac{\partial T}{\partial t} + \bar{u}\frac{\partial T}{\partial x} + \bar{v}\frac{\partial T}{\partial y}\right) = \kappa\frac{\partial^2 T}{\partial z^2} + \eta\left\{\left(\frac{\partial u}{\partial z}\right)^2 + \left(\frac{\partial v}{\partial z}\right)^2\right\} \tag{11.15}$$

ここで，ρ は樹脂密度，C_p は比熱，T は温度，$\bar{u}$，$\bar{v}$ はおのおの x，y 方向の平均流速，κ は熱伝導率，η は粘度，z はキャビティ厚み方向である。これは一般の射出成形法の場合と同様である。

ここで，簡単のため体積および粘度を一定とすると，一方向流れの場合圧力 P は次式で表される。

$$P(x) = \frac{12\eta\bar{u}}{h^2}(L - x) \tag{11.16}$$

ここで，L は樹脂流動開始端からメルトフロントまでの距離，x は樹脂注入位置から任意の位置までの距離である。

また，円盤流れの場合の圧力 P は次式で表される。

$$P(r) = \frac{6\eta Q}{\pi h^3} \ln \frac{R}{r} \tag{11.17}$$

ここで，Q は射出流量，R は中心からメルトフロントまでの距離，r は中心から樹脂流動域内の任意の位置までの距離である。

〔2〕 圧 縮 工 程　　圧縮工程においてせん断応力以外を無視できるとすると圧縮工程の支配方程式は次式で表される。

$$h\frac{\partial\bar{\rho}}{\partial t} + \rho\frac{\partial}{\partial x}\left(s\frac{\partial P}{\partial x}\right) + \rho\frac{\partial}{\partial y}\left(s\frac{\partial P}{\partial y}\right) + \rho\frac{\partial h}{\partial t} = 0 \tag{11.18}$$

ここで，左辺第1項は温度，圧力の変化に応じた体積変化を意味する。第4項は型締めによる効果を意味している。エネルギー式は射出工程と同様式(11.15)を用いる。

ここで，簡単のため体積および粘度一定とすると一方向流れの場合の圧力 P は次式で表される。

$$P(x) = \frac{6\eta\dot{h}}{h^3}(L^2 - x^2) \tag{11.19}$$

ここで，L は流動開始端からメルトフロントまでの距離，x は流動開始端からの樹脂流動域内の任意の位置までの距離，$\dot{h}$ は型締め速度（$\dot{h} = -dh/dt$）である。また，円盤流れの場合の圧力 P は次式で表される。

$$P(r) = \frac{3\eta\dot{h}}{h^3}(R^2 - r_2) \tag{11.20}$$

ここで，R は中心からメルトフロントまでの距離，r は中心から樹脂流動域内の任意の位置までの距離である。

〔3〕 射出圧縮成形と射出成形の比較　　参考のため，上記の理論値を用いて射出圧縮成形と射出成形の圧力分布を比較する。

（a） 射出工程　　射出圧縮成形の射出工程では一定量だけ金型を開いてお

く。したがって，当然のことながら式 (11.16)，(11.17) からもわかるように肉厚 h が大きい射出圧縮成形の方が通常の射出成形に比べ圧力は小さくなる。

（b） 圧縮工程　圧縮工程では，一方向流れ，円盤流れともに流速は流動長に依存する。そこで，樹脂充てん完了時点の圧力分布を想定し，その時点の肉厚およびメルトフロントでの流速が等しい状態における圧縮成形の圧力と射出成形のそれとを比較する。

一方向流れにおいて，射出成形のメルトフロントでの流速と圧縮成形でのメルトフロントでの流速が一致する型締め速度は次式で表される。

$$\dot{h} = \frac{h\bar{u}}{L} \tag{11.21}$$

上式を式 (11.19) に代入して式 (11.16) と比較する。**図 11.27** に射出成形と射出圧縮成形の一方向流れでの圧力と流動長の関係を示す。図に示したように，射出成形の圧力分布は流動開始端の $x/L = 0$ に近づくにつれ直線的に増加するが，射出圧縮成形の圧力分布は放物線を描き，最大圧力は射出成形の 1/2 にしかならない。

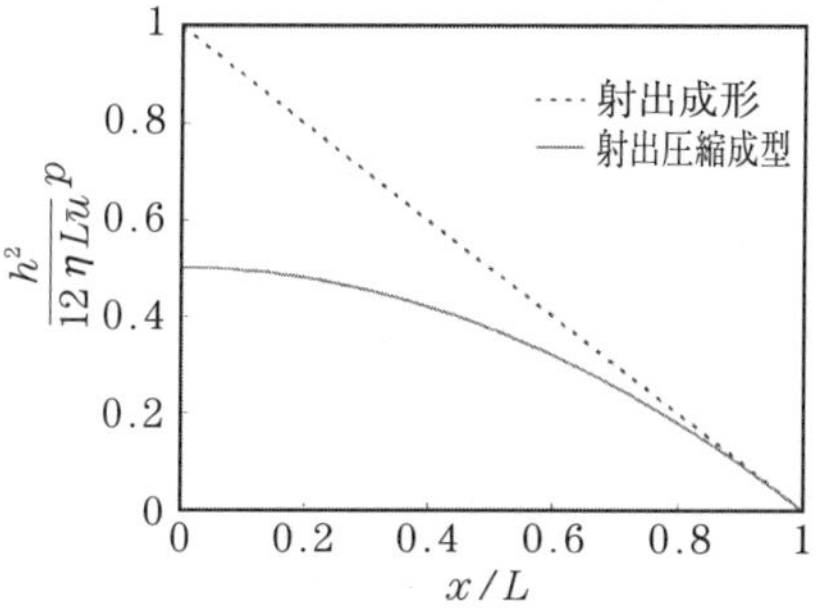

図 11.27　一方向流れの圧力分布

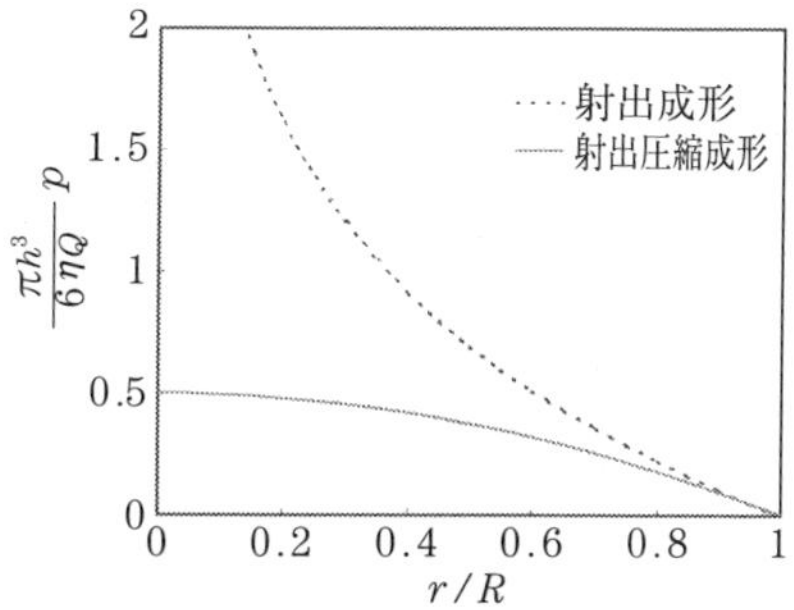

図 11.28　円盤流れの圧力分布

円盤流れにおいて，射出成形のメルトフロントでの流速と圧縮成形のメルトフロントでの流速が一致する型締め速度は次式で表される。

$$\dot{h} = \frac{Q}{\pi R^2} \tag{11.22}$$

上式を式 (11.20) に代入し式 (11.17) と比較する。**図 11.28** に射出成形と射出圧縮成形の円盤流れでの圧力と流動長の関係を示す。射出成形の圧力分布は中心に近づくにつれ指数関数的に増加し，$r/R = 0$ で無限大となる。一方，射出圧縮成形の圧力分布は一方向流れの場合と同様に放物線を描き，射出成形に比べ低圧となる。

以上のように，射出圧縮成形法は射出成形法のように局所的に圧力の高い部分が存在せず，樹脂流動域全体が低圧となっていることがわかる。このため射出圧縮成形法を用いれば局所的に圧力が高くなることはない。

11.3.2 フィルムをインサートした射出圧縮成形解析事例

射出圧縮成形法は，通常の射出成形に比較して，射出圧力を小さくできるなどの特徴がある。このため自動車の窓のような投影面積の大きな部品などの成形に応用されている。ここでは表面処理したフィルムをインサートした射出圧縮成形による PC 製の車窓材の解析事例を示す。

〔1〕 **形　　状**　窓部材形状を**図 11.29** に示す。投影面で約 1 000 mm，500 mm，厚み 4 mm（フィルムの厚みを除く）の部材製作を目的としている。

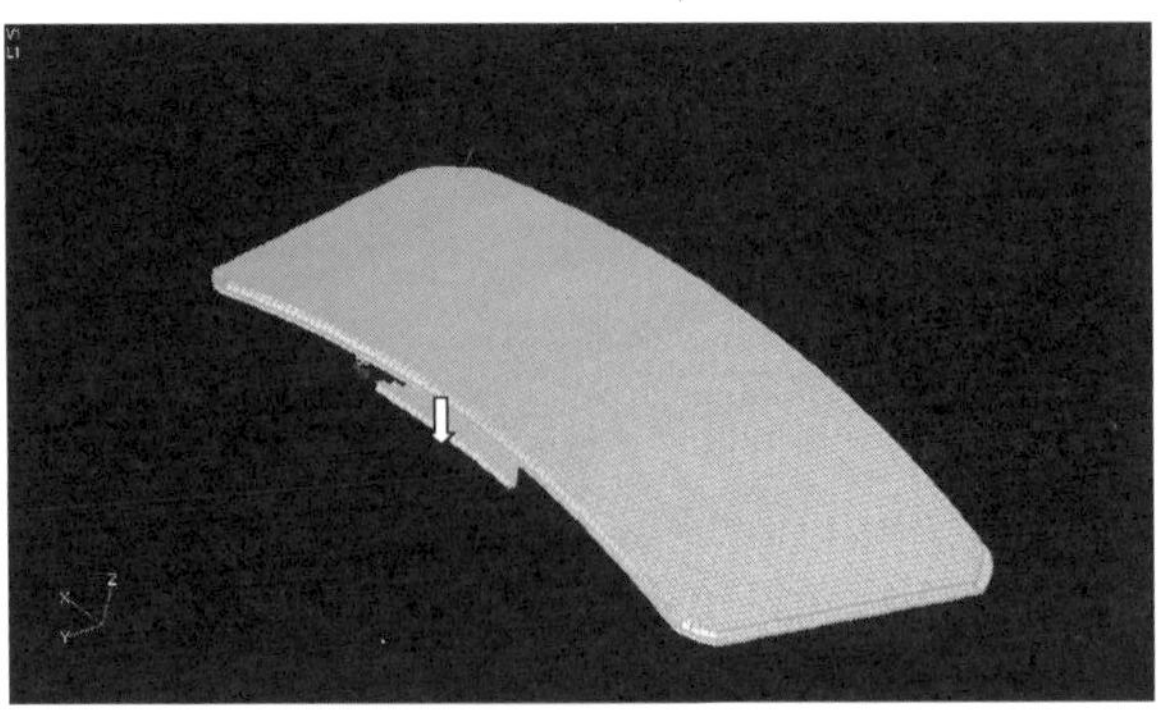

図 11.29　窓部材形状（矢印：ゲート位置）

〔2〕 **射出成形で 4 mm 部材を成形した場合の解析**　図 11.29 の矢印部より樹脂を注入する。樹脂は三菱エンジニアリングプラスチックス(株)製ポリ

カーボネートS3000を使用した。このとき樹脂射出速度500 cm³/s，樹脂温度300 ℃，金型温度100 ℃とした。

解析結果として**図11.30～図11.32**におのおの射出成形完了時のメルトフロント，圧力分布，温度分布を示す。

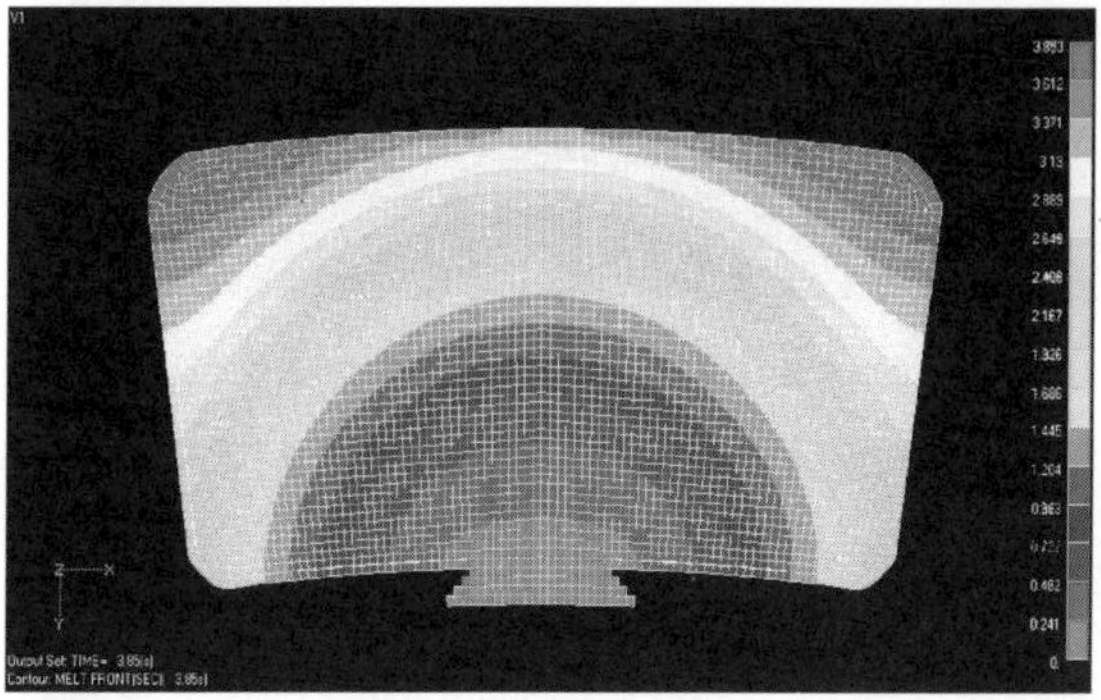

図11.30　4 mm厚射出成形完了時メルトフロント

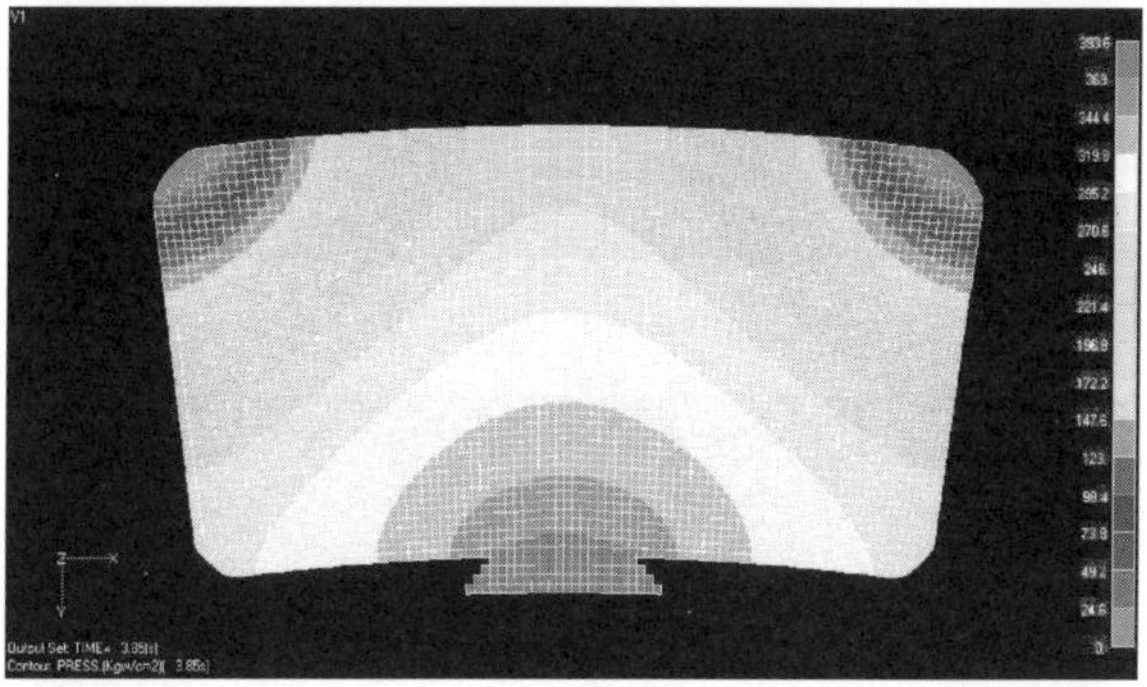

図11.31　4 mm厚射出成形完了時圧力分布

〔3〕 **射出圧縮成形の解析**　キャビティ厚みが5 mmになるように金型を1 mm開いた状態に保ち樹脂を注入する。厚みが5 mmの型の充てん完了時のメルトフロント解析結果を**図11.33**に示す。この解析結果（メルトフロント，温度，圧力分布）をもとに圧縮型締め開始の状態（80 %充てん時の解析結果，**図11.34**）を入力データとして使用して圧縮解析を行った。圧縮型締め

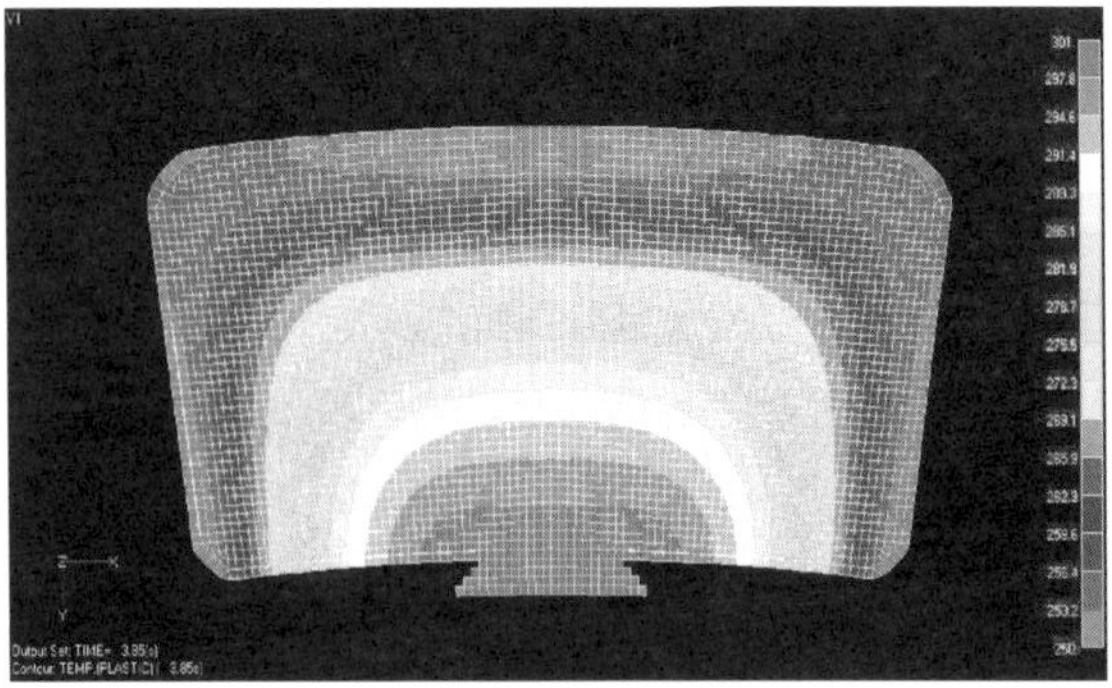

図 11.32　4 mm 厚射出成形完了時温度分布

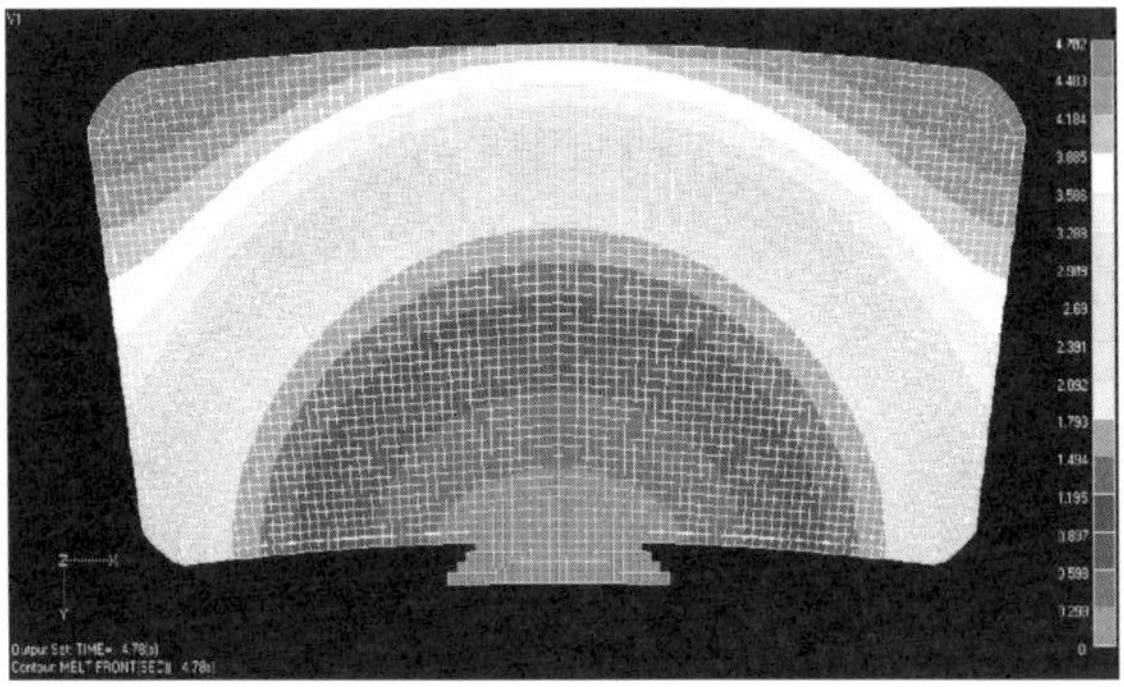

図 11.33　5 mm 厚射出成形完了時メルトフロント

図 11.34　圧縮型締め開始時のメルトフロント

完了時のメルトフロントを**図 11.35** に示す。また，このときの圧力，温度分布をおのおの**図 11.36** および**図 11.37** に示す。

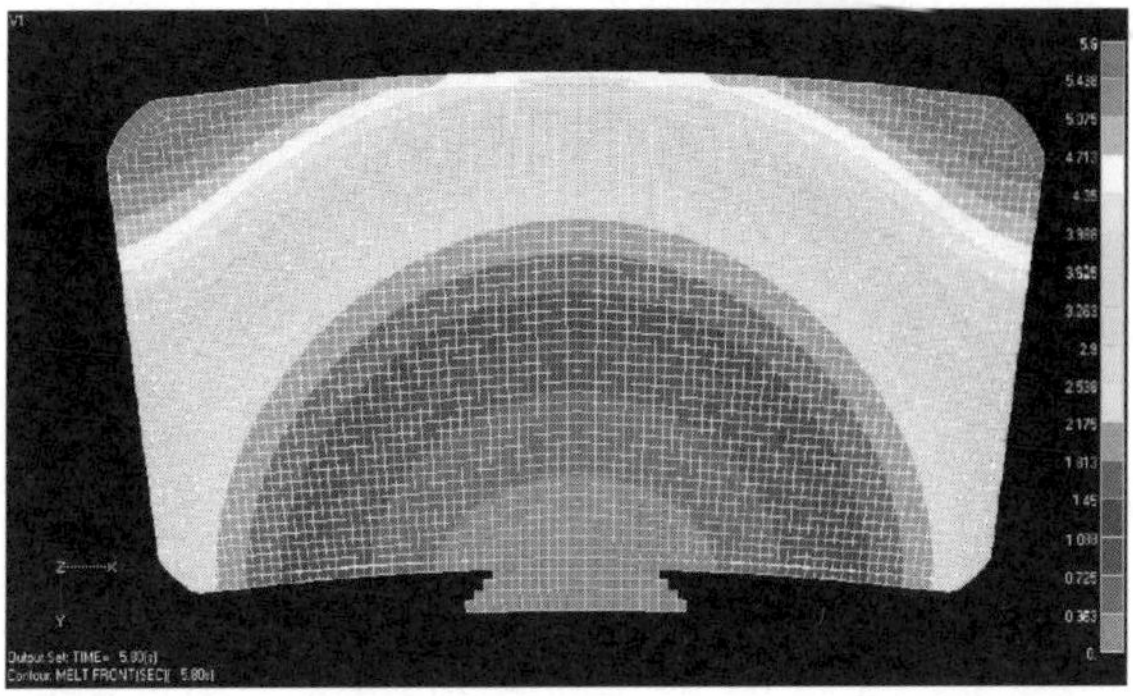

図 11.35　圧縮型締め完了時のメルトフロント

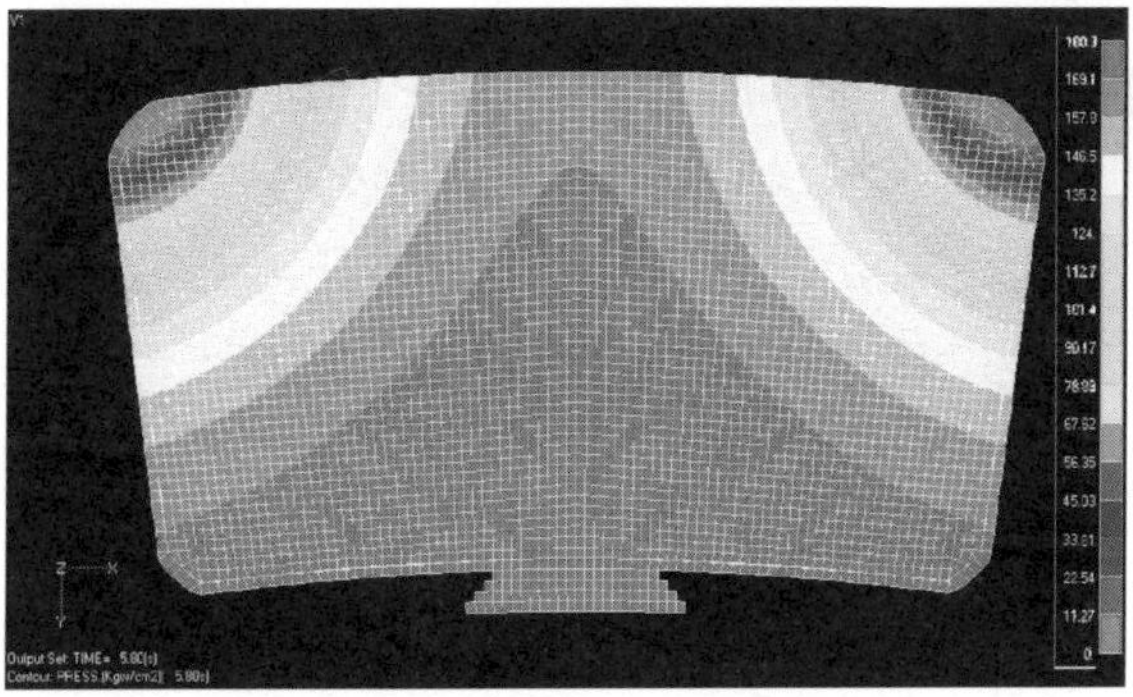

図 11.36　圧縮型締め完了時の圧力分布

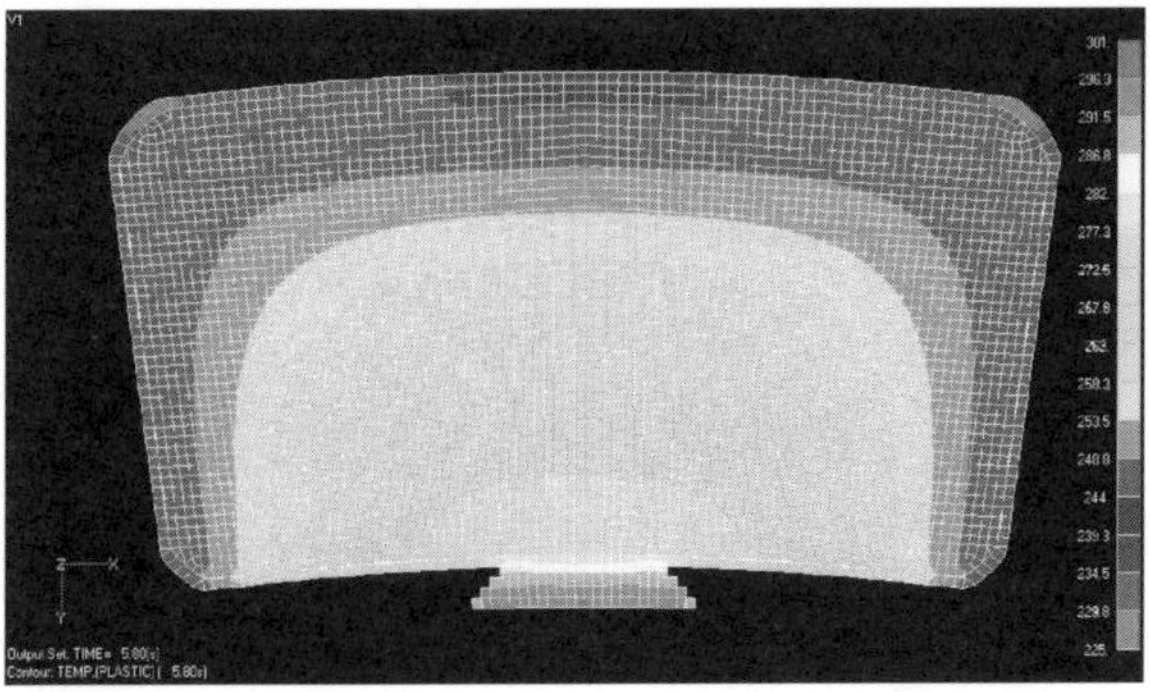

図 11.37　圧縮型締め完了時の温度分布

〔4〕 **射出成形と射出圧縮成形結果の比較**　射出成形完了時の圧力分布図(図 11.31) と射出圧縮成形完了時圧力分布図 (図 11.36) を比較すると射出成形での最大圧力は 39.2 MPa(400 kgf/cm^2), 射出圧縮成形での最大圧力は 17.7 MPa(180 kgf/cm^2) となり, 射出圧縮成形では射出成形に比較して最大圧力は低く, また圧力分布もフラットとなり, ハードコートフィルムを挿入して成形するような場合, よい条件を得ることができる。また　温度分布に関しても比較してみると, 図 11.32 (射出成形完了時温度分布) のフィルムゲート近傍温度は 301 ℃ で　図 11.33 (射出圧縮完了時) の 286 ℃ に比較してかなり高い。一般にハードコートフィルムには周辺部には黒縁印刷が施されている場合が多く, 樹脂温度が高い場合, ハードコートおよびインクが溶け出すことがある。このような点から射出圧縮成形は優れており　これらの特徴を予見するためにも射出圧縮成形シミュレーションは有効なツールと考えられる。

11.4　射出成形機との統合

11.4.1　は　じ　め　に

樹脂流動解析は, プラスチック射出成形製品の設計・開発・量産のすべての工程において, 成形不良現象の予測と設計品質の検証手段として, また, 3 次元 CAD データを活用したディジタルエンジニアリングの効果を高めるために必要不可欠な技術として定着しつつある。

シェルベースでの樹脂流動解析がまだ主流であったころにおいては, 解析モデルの作成に多大な工数と高度なモデリングスキルが必要であった。そのため, 多くの樹脂流動解析は, 成形不良が発生した後で不良現象の再現と原因究明を行うことを目的とした事後検証がおもな用途であった。近年の自動ソリッドメッシュ作成技術の実用化と 3 次元樹脂流動解析ソルバーの普及は, 設計者自身が設計作業を行う中で, 日常的に樹脂流動解析システムを利用することで成形不良現象の予測と設計品質の事前検証を可能にし, 開発期間の短縮と試作回数および金型修正回数の削減によるコストダウンの実現を可能にした。

その一方で，いわゆる成形メーカーを中心とした成形現場における樹脂流動解析の活用は，製品設計・金型設計と比べ遅れているといえる。むしろ樹脂流動解析の精度・機能の限界から，熟練技術者の技能と経験が解析結果より信頼され，普及には至らない状況にあるといえる。

しかし，近年における中国の台頭に象徴される安価な労働力を背景とした国際的な製造業における構造変革は，世界の最先端を誇る日本の生産技術も改革の必要に迫られている。とりわけ，日本の製造業の現場における技能と経験と試行錯誤に依存していた生産現場の作業においても，IT 技術を活用した生産技術の革新が求められている。

本節では，富士通(株)・ファナック(株)・東レ(株)の 3 社が共同開発した射出成形 CAM（computer aided molding）システム「MOLDEST」[6)]を例に，樹脂流動解析と射出成形機の連携による成形現場への樹脂流動解析の適用と IT 化の方向について述べる。

11.4.2 MOLDEST について

MOLDEST は，従来の射出成形現場における勘と経験と試行錯誤に代わる次世代の生産技術の確立を目的として開発された。成形機や樹脂に関する実測データを用いた補正を行うことで，樹脂流動解析によるシミュレーション結果から実成形機における成形条件を導き出すシステムである。熟練者でなくともジャストパック状態の成形品を自動的に得ることで，現場におけるオペレーターの技能に依存することなく，試作・量産条件出しにかかわる時間の短縮を実現する。

MOLDEST のシステム構成を**図 11.38** に，MOLDEST を用いた成形手順と通常の樹脂流動解析手順の比較を**図 11.39** に示す。樹脂流動解析においては，金型内部における樹脂の挙動に着目しているため，通常射出成形機の型式，仕様を意識する必要はない。MOLDEST においては，射出成形機における射出圧力を算出することを目的としているため，ターゲットとする射出成形機を特定する必要がある。

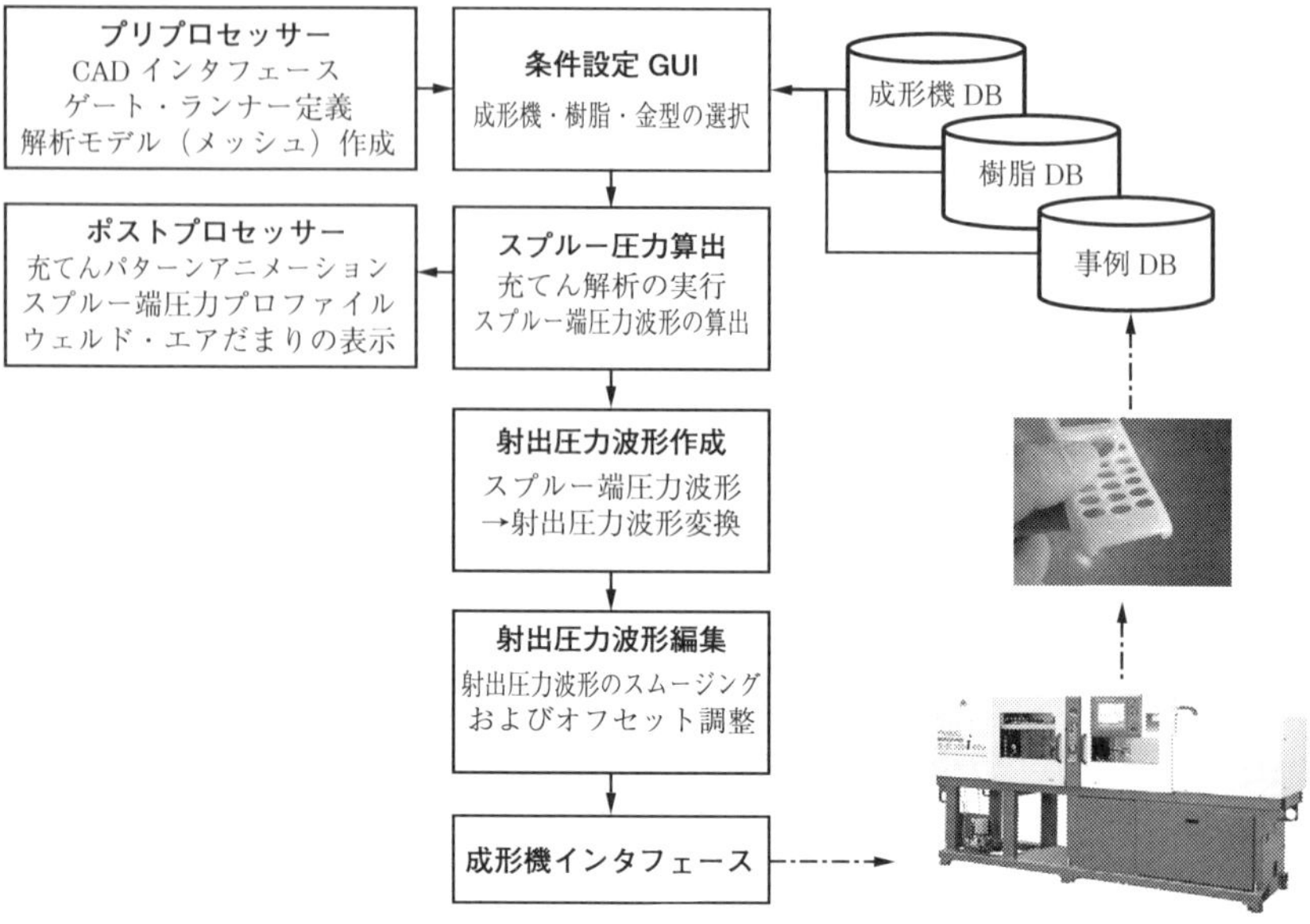

図 11.38　MOLDEST のシステム構成

図 11.39　MOLDEST と樹脂流動解析の違い（操作手順）

MOLDEST では，樹脂流動解析結果を用いて成形条件を算出する機能以外に，以下の機能を提供している。(**図 11.40**)

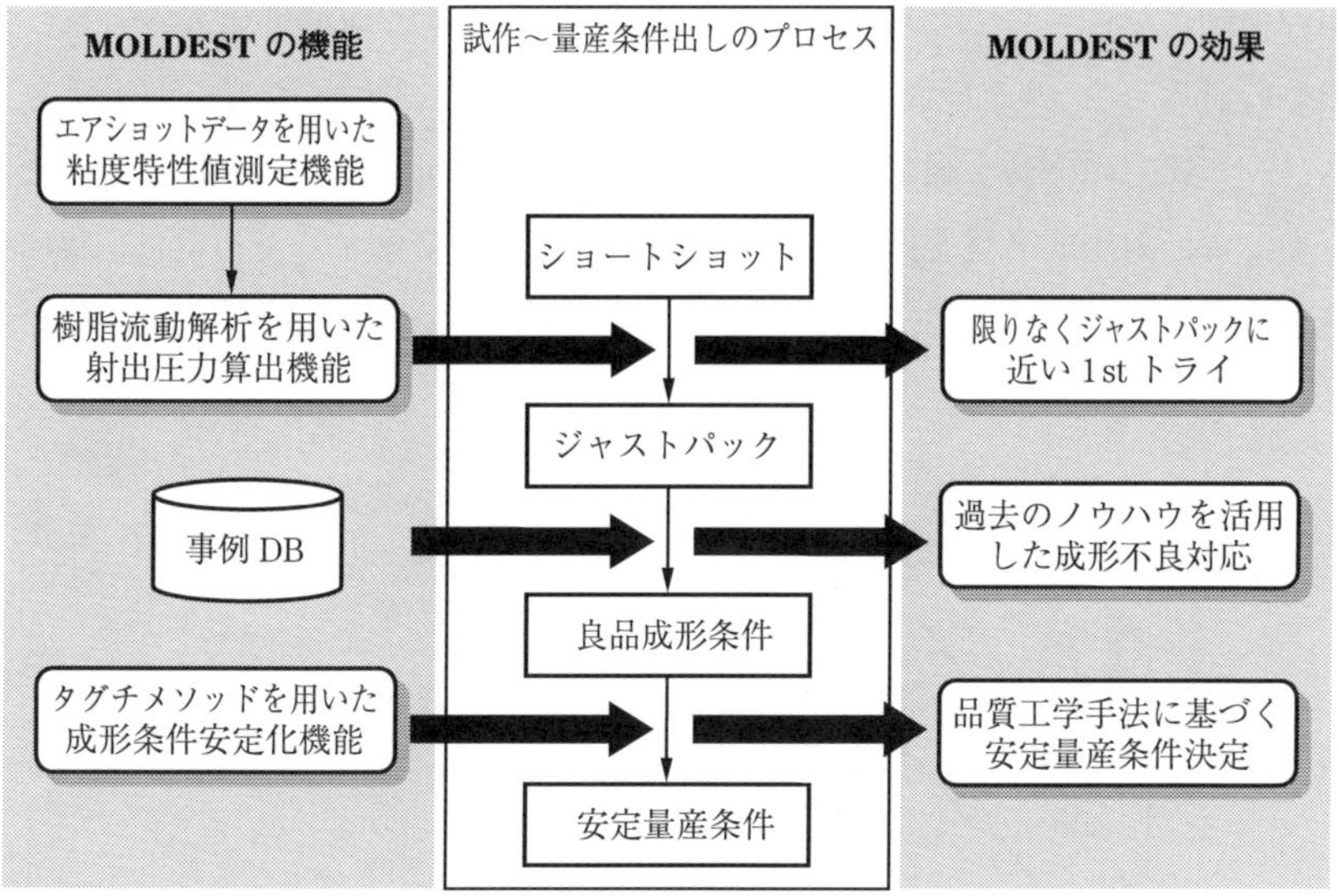

図 11.40　試作をトータルに支援する MOLDEST

① 良品を得るまでの試行錯誤の経過と結果を残し，知識・ノウハウの共有を図る事例データベース

② エアショット（金型を取り付けずに大気中に樹脂を射出すること）を用いた樹脂粘度特性測定機能

③ タグチメソッドを用いた成形条件安定化機能

MOLDEST を実現するに際して重要な技術の一つにファナック(株)が開発した AI 圧力波形追従制御がある。これは，良品が得られたときの圧力波形を追従するように射出成形機を制御する技術であり，安定した成形品を得ることができる。MOLDEST では，この AI 圧力波形追従制御に着目し，ロードセルにおけるディジタル圧力波形の形で成形条件を生成している。

11.4.3 射出圧力波形による射出成形

樹脂流動解析は，理想状態におかれた金型内における理想的な物性をもつ樹脂の挙動をシミュレートする技術であり，得られる圧力波形は通常スプルー端のもの（スプルー圧力という）である。現実の射出成形時における射出圧力とスプルー圧力の関係を**図 11.41** に示す。樹脂流動解析で得られるスプルー圧力をもとに，射出成形機を作動するための射出圧力に変換するためには，ΔP で示される圧力損失の補正と，ΔT で示される時間のずれを補正する必要がある。

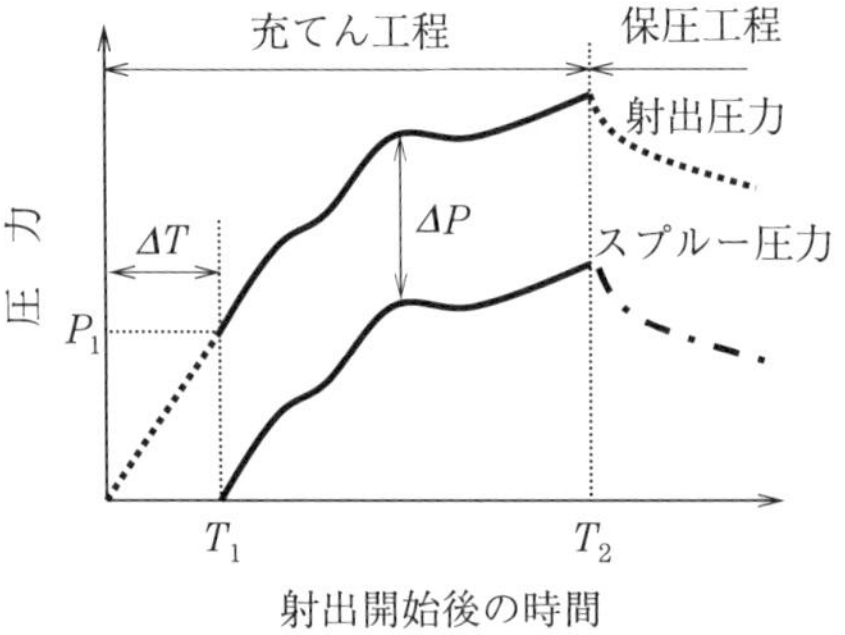

図 11.41　スプルー圧力と射出圧力の関係

MOLDEST では，スプルー圧の算出には東レ(株)が開発した射出成形CAE システム：3D TIMON の充てん解析機能を MOLDEST 専用に改造を行い実装している。

射出成形機シリンダー内部における圧力損失はノズル部分が支配的と考え，Cross-WFL の粘度式（8 定数モデル）を用いてノズル部分の圧力損失を求め，ΔP を求めている。この ΔP を用いて解析で得られたスプルー圧力を射出圧力に変換する操作を便宜上 S/N 変換と呼んでいる。

ΔT については，現在の MOLDEST の仕様においては，図 11.41 における S/N 変換された射出圧力における P_1 に着目し，実成形において射出圧力 ＝ P_1 となるまでは速度制御モードで射出成形機を動かし，実射出圧力 ＝ P_1 となった後，MOLDEST が算出した射出圧力を用いた圧力波形追従制御モードとなる。この機能を実現するために，射出成形機（ファナック(株)製ROBOSHOT）側に，MOLDEST 専用のシーケンスを新たに開発した。

11.4.4　実成形樹脂の粘度特性測定

射出成形に用いられる樹脂の粘度は，着色剤・難燃剤などの添加剤の影響，あるいは樹脂のロット違いにより異なる。樹脂流動解析を用いて正確なスプルー圧力を求めるには，射出成形に用いる樹脂それぞれに対し粘度測定を行う必要性があるが，これまでは不可能であった。MOLDEST では，オプションとして射出成形機を用いた粘度特性測定機能を提供している。これは，射出成形機に取り付けたれたノズル形状を，相当半径と相当長をもった円管と仮定し，複数の樹脂温度条件および射出速度条件の組合せにおけるエアショット時に射出成形機でモニターされる射出圧力より樹脂の粘度（3 定数モデル）を求めるものである。

成形時とほぼ同じせん断速度領域での測定であり，実際に射出成形に用いる樹脂に対する測定であることから，より精度の高い射出圧力を求めるために不可欠な技術と位置付けている。

11.4.5　最適成形条件

最適成形条件で射出成形を行うことはすべての成形技術者における理想ではあるが，どのような成形条件が最適成形条件であるかを一意的に決めることは難しい。現実に量産を行っている成形条件が最適な成形条件であるかは誰にも評価できないのが現実である。MOLDEST ではこの課題に対し，二つのアプローチを提示している。

一つは，スプルー圧力作成段階における射出圧力を最低となる射出速度を採用することである。スプルー圧力を算出するためには射出速度を決める必要があるが，MOLDEST では射出速度決定のための自動モードを用意している。自動モードを選択すれば，3 水準の射出速度を設定し，それぞれの射出速度における最大射出圧力を自動的に算出する。算出された最大射出圧力は，射出速度に対する2次関数に置き換えられ，最大射出圧力が最低となる射出速度を最適射出速度として採用する機能である。射出圧力を最低にすることで射出成形に必要な射出成形機容量を最小にすることができ，量産コストの低減が図れるとの考え方を採用している。

もう一つのアプローチは，成形条件安定化に対する品質工学的な処理である。これはタグチメソッドを用いることで，よりロバストな成形条件を導きだす手順を提供している。以下にその手順を示す。

1）成形品の寸法，重量など評価する項目を定義する。

2）最大射出圧，保圧条件など成形条件における制御因子と水準を定義する。

3）直行表に沿った成形実験を行い，評価項目の測定を行う。このとき，MOLDEST で作成した成形条件を初期値に用いることで，自動的に直行表に対応した各成形条件（射出圧力波形）を自動作成することができる。

4）成形実験結果に対する要因効果図より，評価項目に対する主要因と傾向を見，安定成形条件を推定する。

5）寸法など評価項目に対する統計上の推測値を目標とする成形条件を検討する。

MOLDEST が生成する圧力波形は，成形技術者が慣れ親しんだ速度/位置切替えによる成形条件設定と異なり，成形条件の設定変更が成形品に及ぼす影響を予測しにくい面がある。そのため，目的とする成形品の諸元と圧力波形に対する制御因子の相関を成形結果から得ることにより，目的とする成形品を得るための成形条件を，品質工学に基づき導き出せる。

また，タグチメソッドを用いることで，あらかじめ成形実験水準を設定できることから，成形現場作業における試行錯誤が不要となる。加えて評価項目に対する主要因を品質工学的に評価できることから，成形条件調整の指標を得ることができる。

11.4.6 今　　　後

現実の成形現場においては，成形不良現象をおこすことなく，いかにサイクルタイムを短縮し，安定した良品を生産できるかが鍵である。現状の樹脂流動解析技術では，すべての成形不良現象を予測することは難しい。したがって射出成形条件を，試作を行うことなくシミュレーション（＝バーチャルな世界）だけで決定することは難しいといえる。

MOLDEST においては，実成形機の特性，実成形に用いる樹脂の粘度特性，タグチメソッドを用いた試作結果評価などの実測データ（＝リアルな世界）を利用することにより，バーチャルな世界における精度を改善し，リアルな世界での有効活用を可能とした。

射出成形機における仕様や能力の個体差，樹脂の粘度特性におけるロット差や調合違い，これらの現実におけるばらつきを，これまではオペレータの技能と現場における試行錯誤が吸収してきていた。MOLDEST は，これらの現場作業に依存していた部分に，樹脂流動解析で得られた圧力波形をもって光を当てたといえる。

樹脂流動解析の機能および精度，操作性は今後さらに改善されていくものと考えられる。解析精度の向上に伴い，実成形における変動要因と解析における誤差要因がより明確になり，その差異を把握することがますます重要になるもと考える。MOLDEST の提案するバーチャルとリアルの融合は，今後さらに重要になるものと考える。

11.5 製品設計との統合化

射出成形シミュレーションの究極的完成像は二つある。一つは成形技術者を対象に，射出成形不良の原因分析と対策立案が完璧にできる，きわめて信頼性の高いコンピュータ内での射出成形再現システムである。もう一つの完成像は，CAD システムと完全に統合して，設計者の意志決定を支援するシステムである。後者について以下概略する。

射出成形ではプラスチック製品設計とその後の金型設計という二つの機械設計が実施されている。製品設計者は市場の動向や要求を勘案して，優れた機能と高い性能の成形品を3次元CADを用いて設計する。その際，成形シミュレーションの物性発現予測による製品性能の確認や，成形性予測による製品コストの推定などが高い精度で実現されれば，製品設計での材料や形状などの意志決定は製造段階まで考慮した最適な組合せが実現でき，成形の失敗が少なく，コストの安い製品を生みだすことができる。

金型設計は，製品設計の要求どおりの成形品を生み出すための金型を設計する。成形品を生み出すキャビティと呼ばれる空間だけでなく，樹脂を流すスプルー，ランナー，ゲートといった流路の設計に加えて，型板の組合せ，冷却システムの配置，離型のための突出しや型割り構造も設計しなければならない。

特に，キャビティ設計ではプラスチックの収縮率が大きいために，設計された成形品形状と同じになるキャビティ空間の形状を創造しなければならない。また，スイッチやコネクターなど小さな成形品の場合，経済性を高めるために一つの金型で多数の成形品を同時に成形させるため，いくつものキャビティが同時に充てんさせるような流路を設計しなければならない。このような複雑な機械設計をCADシステムを用いて進める際，最適な形状選択と寸法決定をするうえで成形シミュレーションは効果絶大である。

このような機械設計者の利用環境のあるべき姿として，**図11.42**に示す3次元CADと成形シミュレーションが強固に統合された環境が考えられている。例えば，設計者がある部分の寸法決定に際して，CADで寸法を定義したらただちに成形シミュレーションが起動し，成形コストがあるレベル以下でありかつ外観不良や強度欠陥のない寸法になっているか確認できるという環境が得られれば，製品設計や金型設計の成功確率はたいへん高くなり，迅速で最適な設計が実現できる。

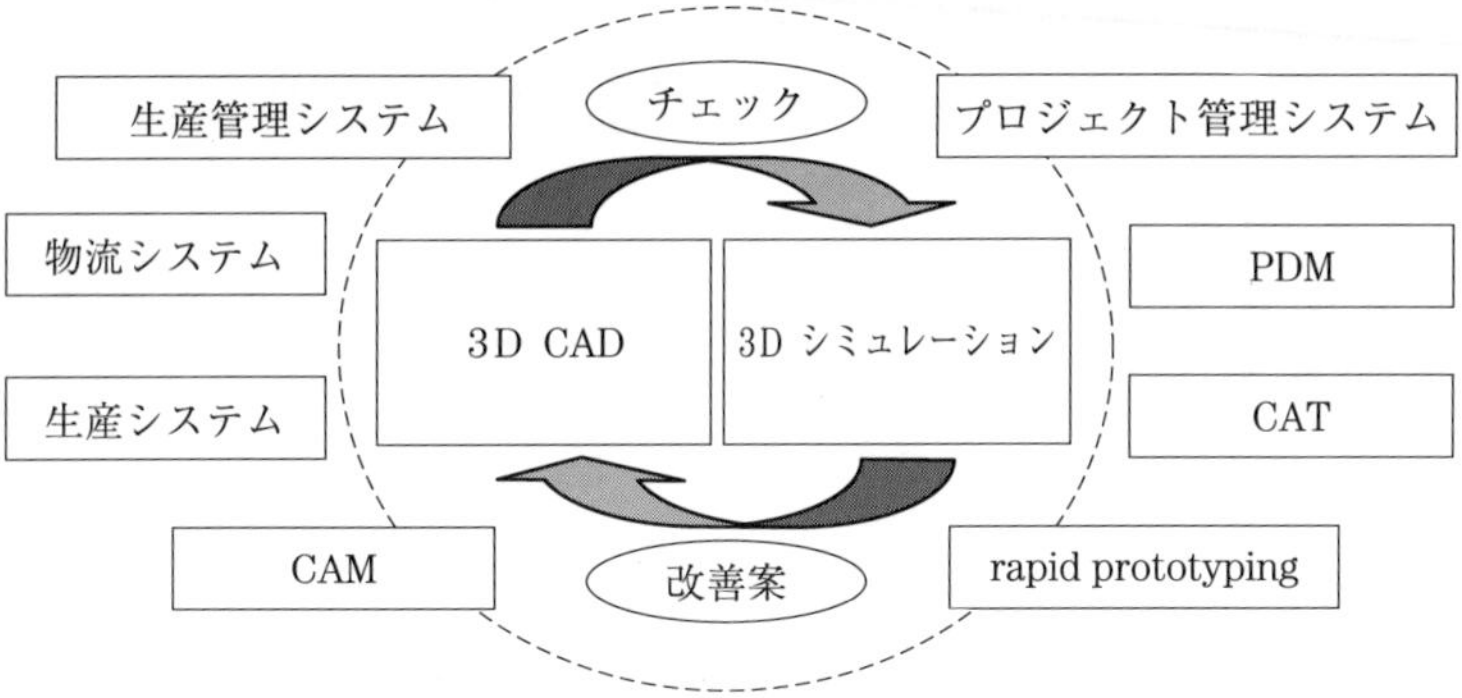

図 11.42　3 次元 CAD と成形シミュレーションの強固な結合

12. 押出し成形シミュレーション

12.1 概　　要

本章と次章では，射出成形以外のプラスチック成形加工のシミュレーションについて述べる。

歴史的に見ると，米国 Cornell 大学の CIMP（Cornell Injection Molding Program）研究組合や Moldflow にて射出成形技術および CAE の実験研究が開始されたのは 1970 年代初めであるが，同時期には，カナダの McMaster 大学の CAPPA-D（Centre for Advanced Polymer Processing and Design）にて押出し成形のシミュレーションの研究開発がスタートしている[1)]。しかしながら，一般に樹脂流動解析といえば射出成形充てん段階の流動解析がイメージされるように，プラスチック成形加工シミュレーションは射出成形 CAE を中心に進展してきており，押出し成形やブロー成形，熱成形用の CAE は普及が遅れている。それでも，近年の国内外の学会発表では押出し関連の発表件数が射出成形関連の発表と同等か，逆に上回るほどになっており，押出し成形 CAE への期待は確実に高まっている。

押出し成形用 CAE を解析対象領域で分類すると，**図 12.1** に示すように 3 種類に分類される[2),3)]。

① スクリュー押出し機内成形状況解析

② ダイ内流動状況解析

③ ダイ流出後の押出し物形状の予測解析

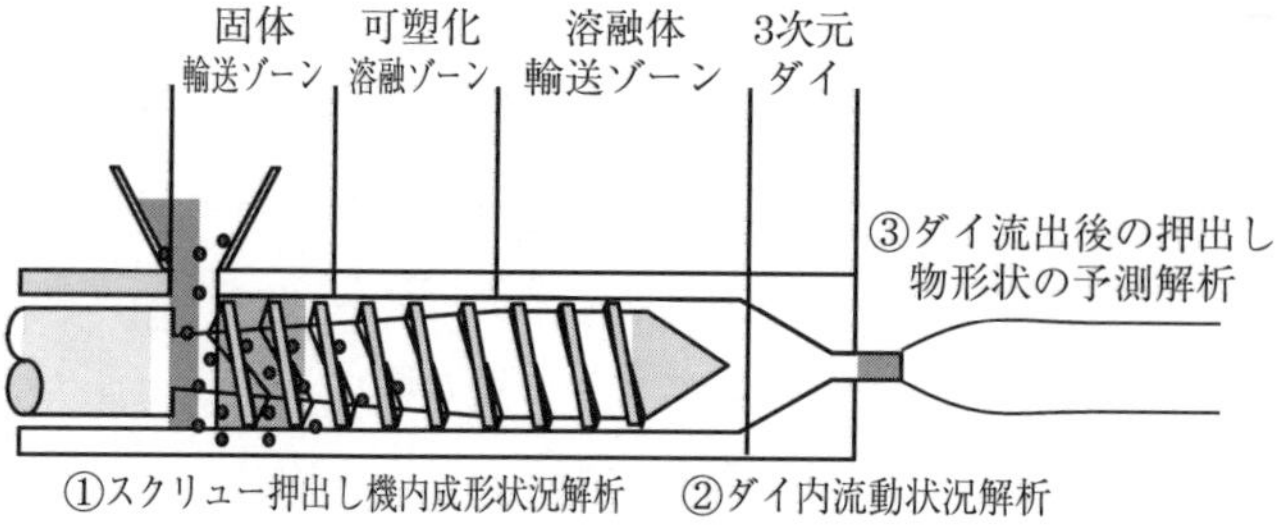

図 12.1　押出し成形用 CAE の解析対象領域

なお，③ダイ流出後の予測を行う際には②ダイ内の流動状況とあわせて評価することが多く，ここでは②と③をまとめて，ダイ内，ダイ流出後のシミュレーションとして取り扱っている。

また，各領域の解析はさらに，

(A タイプ)　特定のスクリュー，ダイ向けの簡略評価ソフトウェアを利用する方法

(B タイプ)　汎用 3 次元流体解析ソフトウェアを流用する方法

(C タイプ)　樹脂流動解析に特化した専用解析ソフトウェアを利用する方法

に分類される[4)]。主として現場の成形技術者や金型設計技術者が利用するのが (A タイプ)，研究所の数値解析技術者が利用するのが (B タイプ)，両者の中間に位置するのが (C タイプ) ということになろうか。

本章では，このような分類に基づいて押出し成形用 CAE の動向を述べる。

12.2　押出し機内のシミュレーション

12.2.1　研　究　理　論

スクリュー押出し機内の成形ゾーンは，図 12.1 に示したように顆粒状ペレットがスクリューの牽引力を受けて下流側に搬送される固体輸送ゾーン，ペレットがせん断発熱とヒーターによる加熱の影響を受け固相から液相に相変化する可塑化溶融ゾーン，完全な溶融体が下流側に輸送される溶融体輸送ゾーンに

大別される。

1950年代後半から単軸スクリュー押出し機を中心に各ゾーンの理論的研究が開始された。固体輸送ゾーンについては，**図12.2**に示すようにスクリューを平面に展開して，スクリュー溝とシリンダー内面によって囲まれる空間内の粉粒体（固体）がスクリューの回転によって進む際の送り量と圧力上昇の関係を幾何学的・力学的に求める研究発表がなされた[5)]。

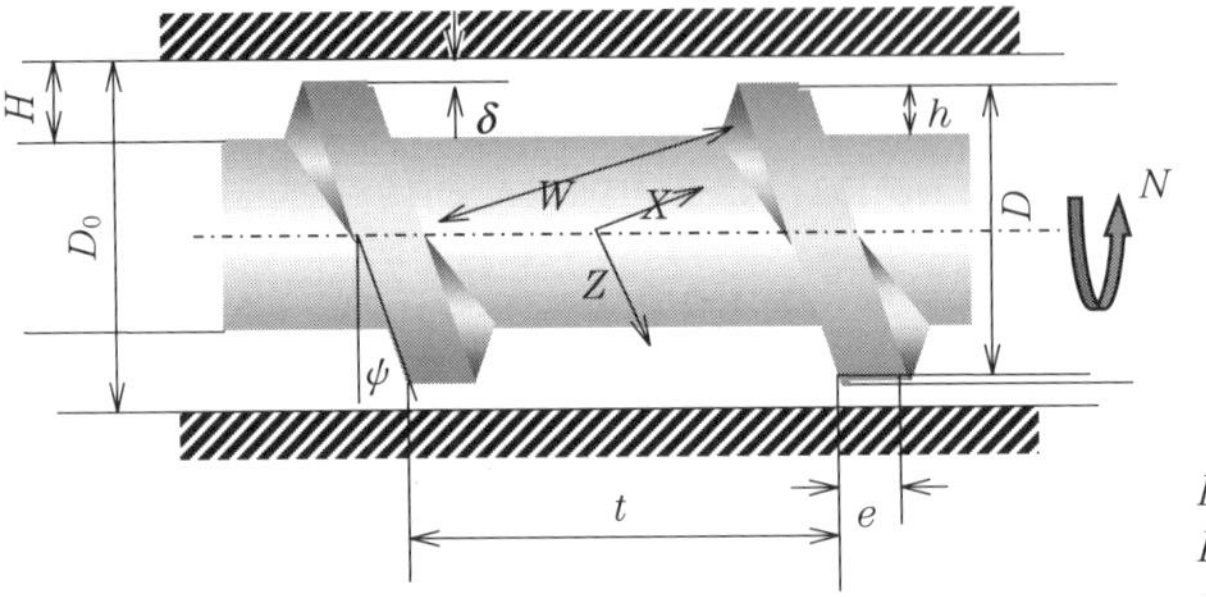

（a）　スクリューの形状

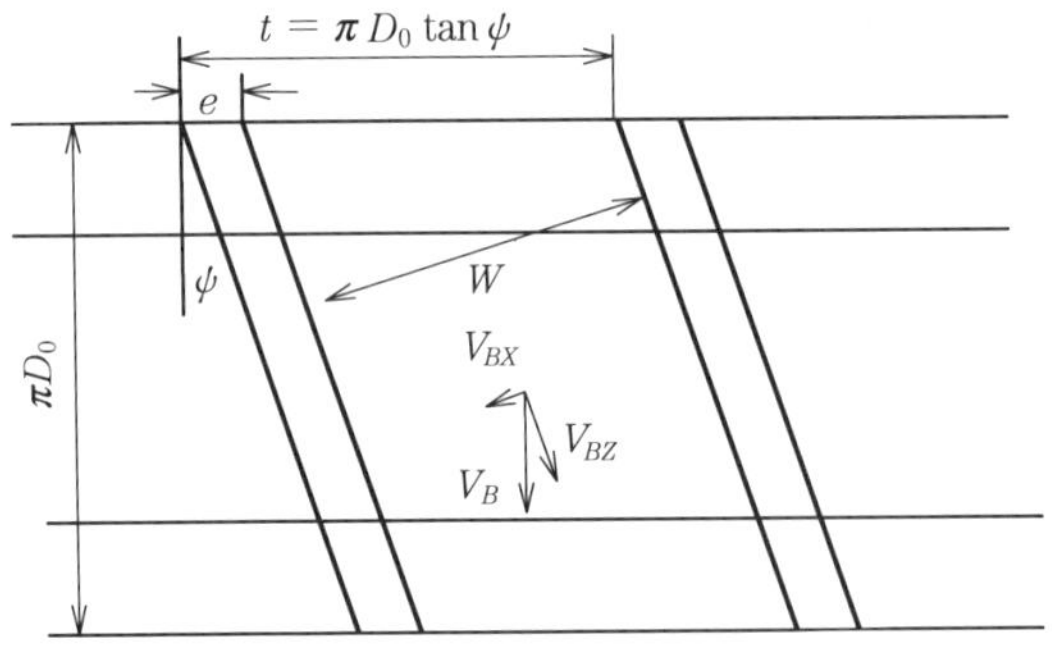

（b）　スクリューの展開図

D：スクリュー径
D_0：バレル内径
e：スクリュー山幅
h：スクリュー山高さ
N：回転数
t：スクリューピッチ
V_B：バレル表面速度
V_{BZ}：バレル表面速度（z 方向成分）
W：溝　幅
ψ：スクリューリード角

図12.2　スクリュー形状のモデル図

可塑化溶融ゾーンについても，1958年ころより理論モデル研究が始まった。これらの研究では，**図12.3**に示すように両サイドのフライト側面，バレル内面，スクリュー溝底面で囲まれる空間内には，固体状の未溶融物（ソリッドベッド）と，溶融部分（メルトプール）および，ソリッドベッドとバレル内面間

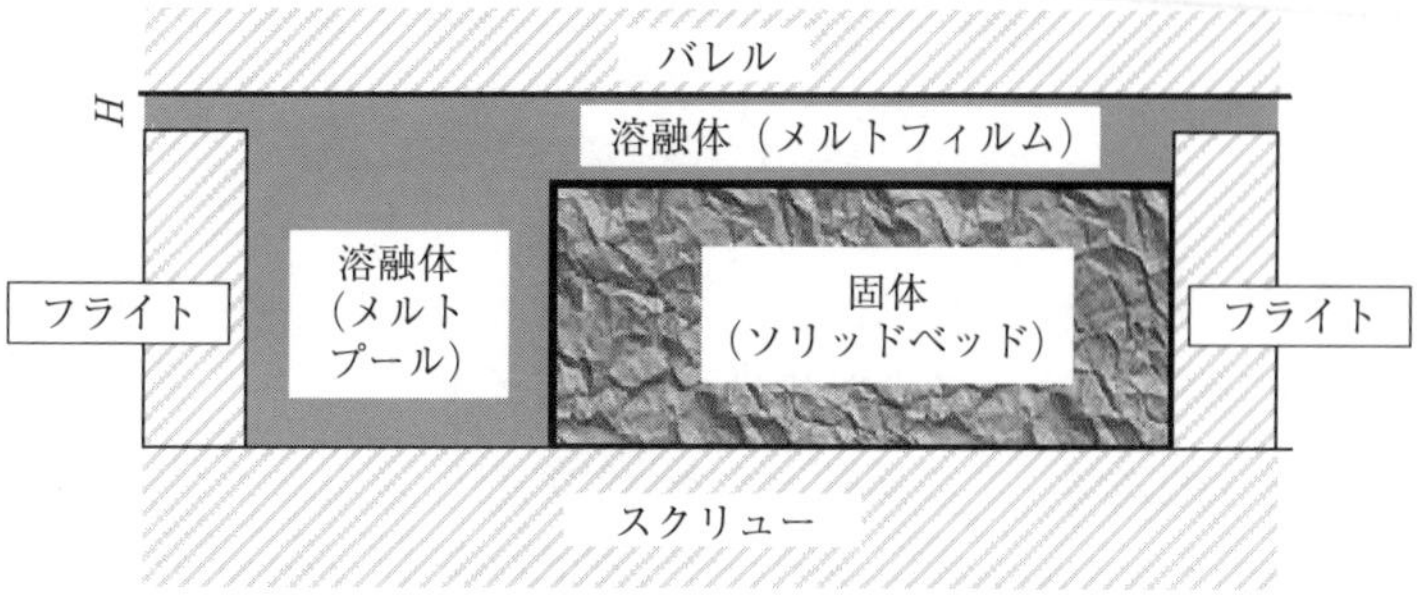

図 12.3　可塑化工程模式図

の溶融部分（メルトフィルム）が共存しており，ソリッドベッドへの入熱によりスクリュー先端に移動するに従ってソリッドベッドが減少するとともに溶融部が増えていくとするものである[5)]。最も著名な Tadmor モデル[6)]では，周囲からソリッドベッドへの熱入力，メルトフィルム内でのせん断発熱などを理論的に解析して，ソリッドベッドの幅や高さの変化を計算している。Tadmor モデルの計算方法については白井が詳説している[7)]。

押出し機の溶融体輸送ゾーンについても 1951 年ころより理論研究が進んできた。これらのモデルも固体輸送ゾーンのモデルと同様に，スクリュー形状を平面に展開して理論式を導出するものである。図 12.2 のスクリュー形状・展開図に対し，スクリューの曲面を無視，スクリュー山とバレル間のクリアランス δ 無視（$D = D_0$，$H = h$），ニュートン流体の仮定などの単純化理論を適用すると，スクリュー溝内の流速分布 V_Z や押出し流量 Q が，スクリュー回転による推進流と圧力こう配による圧力流の和で表せる[5)]。

$$V_Z = \frac{V_{BZ}y}{H} - \frac{(y^2 - Hy)}{2\eta}\cdot\frac{dP}{dz} \tag{12.1}$$

$$Q = \frac{\pi D_0 H(t-e)\cos^2\psi}{2} - \frac{H^3(t-e)\sin\psi\cos\psi}{12\eta}\cdot\frac{\Delta P_1}{t} \tag{12.2}$$

ここで，x，y，z はスクリュー展開図での溝幅方向，深さ方向，流動方向の座標，Q は押出し流量，V_Z は樹脂流速（z 成分），V_{BZ} はバレル表面速度（z

成分)，H はスクリュー溝の深さ，P は圧力，η はせん断粘度，t はスクリューピッチ，e はスクリュー山幅，D_0 はバレル内径，ϕ はスクリューねじれ角である。

このような理論に基づくニュートン流体，非ニュートン流体の場合の溶融体輸送流量の計算方法についても白井が詳説している[7),8)]。

一方，溶融体輸送ゾーンの流動現象を，3 次元ナビエ-ストークス方程式，あるいは慣性力を無視した 3 次元ストークス方程式などで定式化し，有限差分法，有限要素法，境界要素法など各種の流体解析方法で数値解析する研究も行われている。

12.2.2　簡略評価ソフトウェア（A タイプ）

前項のようにスクリュー押出し機内の固体輸送ゾーン，可塑化溶融ゾーン，溶融体輸送ゾーンについては簡略理論モデルにより計算することが可能である。これらのモデルと溶融体輸送ゾーンの 2 次元有限要素法流体解析と組み合わせて商用ソフト化されているのが PolyDynamics 社の EXTRUCAD[9)] である。EXTRUCAD の主要機能を**表 12.1** に，計算例を**図 12.4** に示す。固体輸

表 12.1　EXTRUCAD の主要機能

項　目	内　容	備　考
計算対象領域	単軸スクリュー押出し機の固体輸送ゾーン，可塑化溶融ゾーン，計量ゾーン	
解析可能なスクリュー形式	シングルフライト・ダブルフライトスクリュー，バリアスクリュー，分散形ミキシングエレメントベントスクリュー	
入力項目	バレル径 スクリュー（ゾーン数，タイプ，ゾーン長，チャンネル深さ） 運転条件，樹脂データ	
計算項目	吐出し量 スクリュー軸方向分布（ソリッドベッド，圧力，温度，せん断速度，せん断応力） チャンネル深さ方向分布（速度，温度，せん断速度，せん断応力）	グラフ図出力

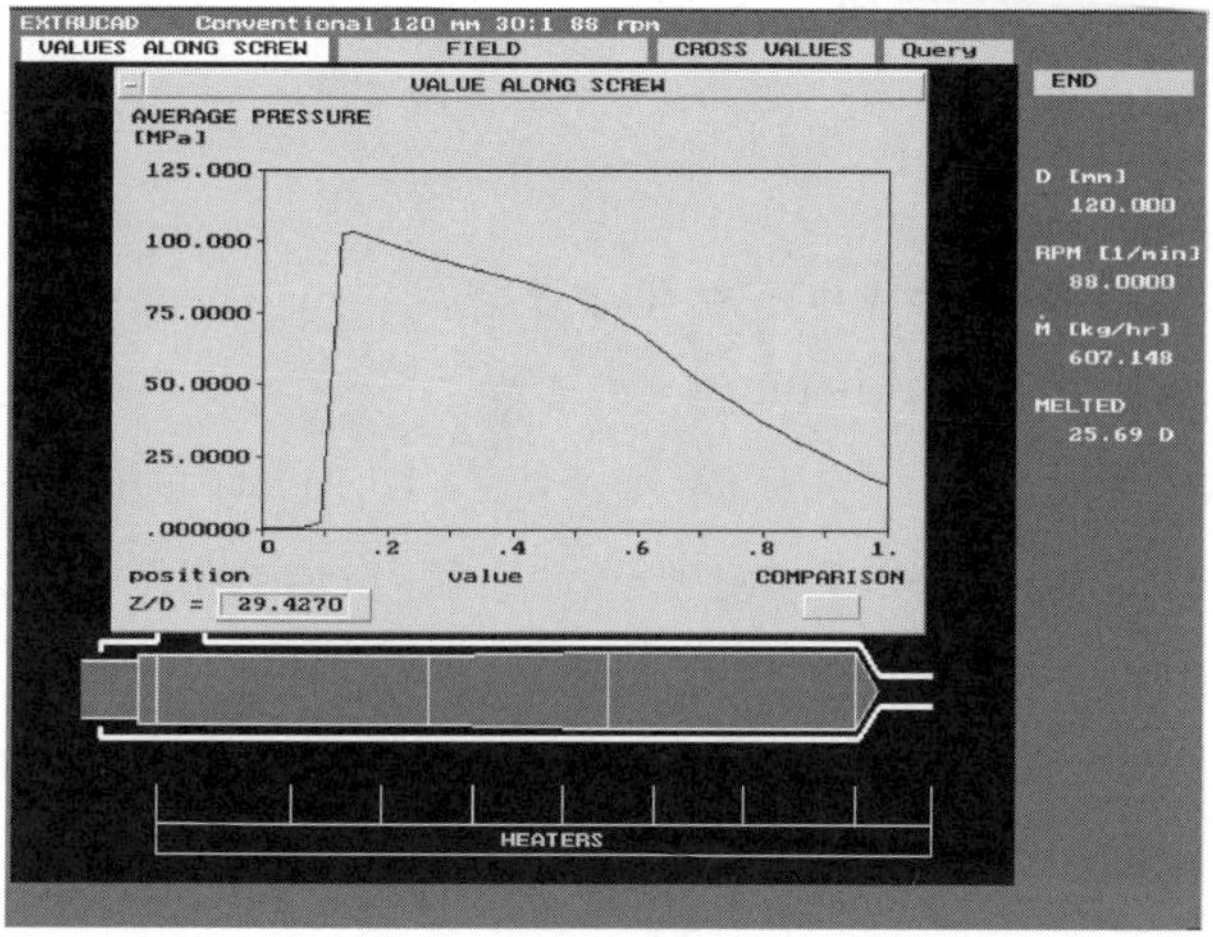

図 12.4 スクリュー軸方向の圧力分布計算例 EXTRUCAD

送ゾーンから可塑化溶融ゾーン，溶融体輸送ゾーンの全領域にわたって手軽に解析ができるので，スクリュー設計や，樹脂の検討，最適な運転条件を見いだすための実用的な解析システムとなっている。二軸スクリュー押出し機についても，単軸スクリュー同様に平面展開して各ゾーンの理論解析を行う各種の方法が報告されており[10]，一部では上市されている。

12.2.3 汎用解析ソフトウェア（B タイプ）

押出し機内の熱流動現象について，3 次元数値流体解析手法を用いて力ずくで計算してやろうという研究も活発化してきている[11]。例えば，ベルギーの Rouvan 大学での研究成果をもとに開発された汎用流体解析プログラム POLYFLOW は 3 次元粘弾性流動解析ができる代表的なソフトウェアであるが，最近，POLYFLOW に複数メッシュ系の解析ができるメッシュスーパーポジション技術が導入され，二軸スクリュー押出し機の 3 次元熱流動解析が可能になったと報告されている[12]。この機能を利用することにより，スクリューの回転に合わせて有限要素メッシュをリメッシングする必要がなくなり解析のロバスト性が向上したとされている。このように，汎用流体解析ソフトウェアをベースにして，高分子物性，複雑形状，移動境界問題を取り扱おうという動きも出始めている。

12.2.4　専用解析ソフトウェア（C タイプ）

A タイプソフトウェアの使い勝手のよさ，B タイプソフトウェアの詳細解析という特徴をともに取り入れて，スクリュー押出し機内流動解析専用ソフトウェアを研究開発しようという動きもある。国内では九州大学における基礎研究が有名であるが[11]，民間企業による研究開発も活性化してきた。(株)プラメディアで開発した単軸スクリュー押出し機内溶融樹脂 3 次元シミュレーションシステム SCREWFLOW-SINGLE は，スクリューは静止したままで逆方向にバレルを回転させるという回転座標系を利用して解析を単純化させた 3 次元有限要素法熱流動解析プログラムである[3]。さらに，プラメディアは攪拌槽流動解析で定評のある（株)アールフローと組んで二軸スクリュー押出し機内の 3 次元熱流動解析システム SCREWFLOW-MULTI を開発した[13]。このシステムは，有限体積法を拡張した動的マルチブロック法と呼ばれる計算体系と

表 12.2　SCREWFLOW-MULTI の主要機能

項　目	内　容	備　考
解析可能な成形機	同方向回転・異方向回転二軸スクリュー押出し機，単軸スクリュー押出し機，ミキサー，射出成形機	
計算対象領域	スクリュー押出し機内の固体輸送ゾーン，可塑化溶融ゾーン，計量ゾーン	非圧縮・完全充満を仮定
入力項目	標準タイプのスクリューについては，スクリュー径やバレル隙間などの代表的寸法を入力して基本形状や解析メッシュを定義できる	形状データの手入力・修正機能も完備
解析機能	3 次元熱流動解析（圧力，流速，温度，せん断速度，せん断応力，濃度，粘度） 固体粒子の輸送解析 混合効率評価・滞留時間分布評価 反応解析（分解反応など）	・動的マルチブロック法（差分法）による高速解法 ・離散粒子法（DEM） ・Ottino の混合効率モデル ・Tzogannakis の分子量モーメントモデル

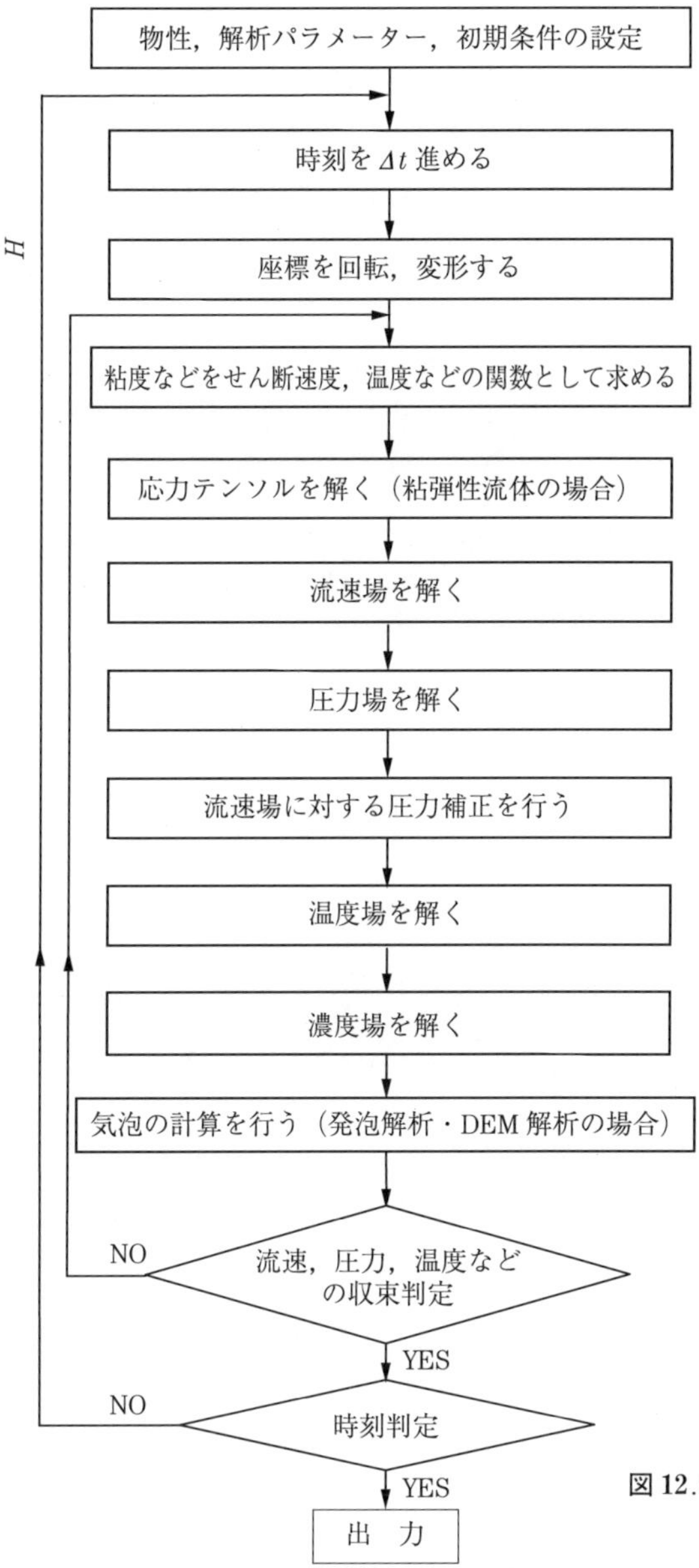

図 12.5　SCREWFLOW-MULTI 計算フロー

SIMPLE 法をベースとした数値計算法を用いて高速・高精度解析を目指している。また，スクリュー形状もフルフライトセルフワイピング形，ニーディングディスク形，単軸ダルメージ部，ピン部など標準形状データが登録されているので，ユーザーの形状，メッシュ生成の負荷が低減できるようになっている。SCREWFLOW-MULTI の主要機能を**表 12.2** に，また，計算フローを**図 12.5** に，解析事例，検証事例を**図 12.6**，**図 12.7** に示す。

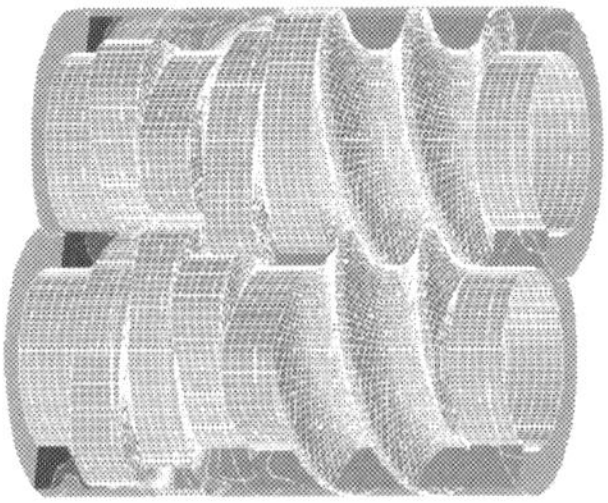

（a）　圧力分布図

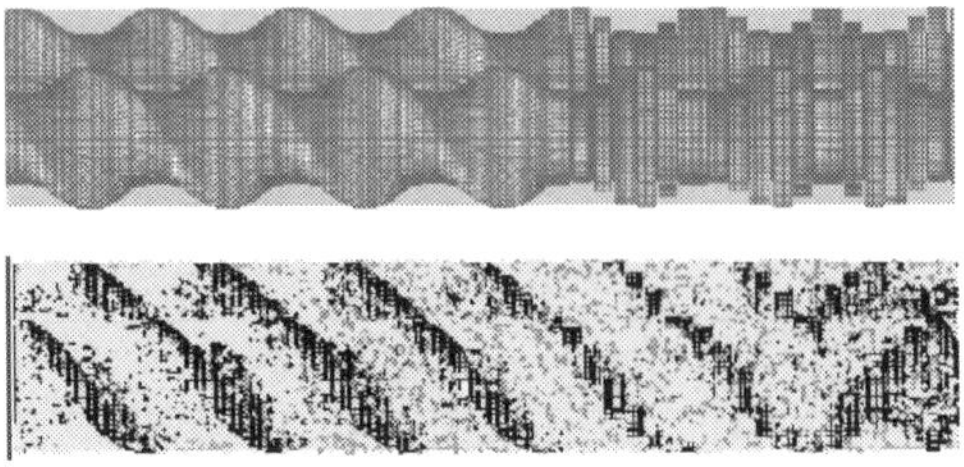

（b）　ニーディングディスクの混合効果

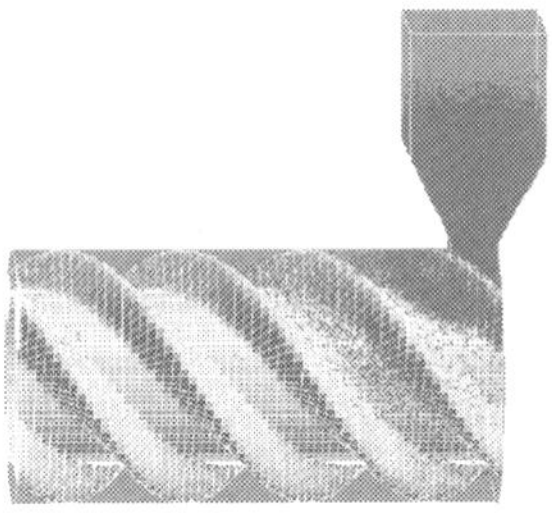

（c）　ペレット輸送

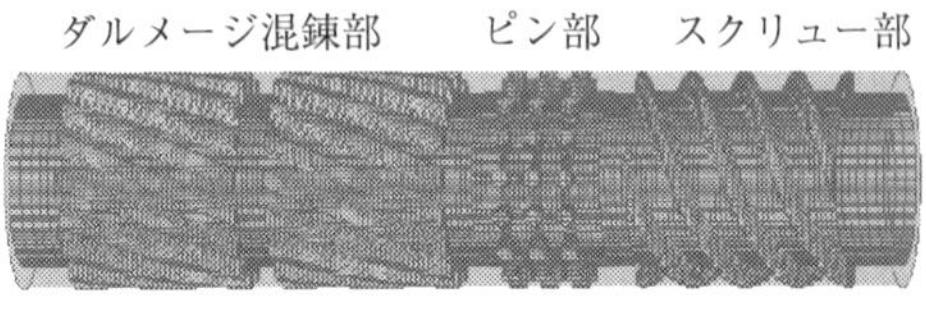

（d）　単軸スクリュー押出し機モデル自動生成例

図 12.6　SCREWFLOW-MULTI 解析事例

さらに，スクリュー押出し機内の化学反応・分解反応をより詳細にモデル化する 3 次元解析[14)]，未充満領域を含む 3 次元解析[15)]，繊維挙動の解析[16)] など精力的な研究活動が進められており，これらの機能が一部包含された商用ソフトウェアも出始めている。

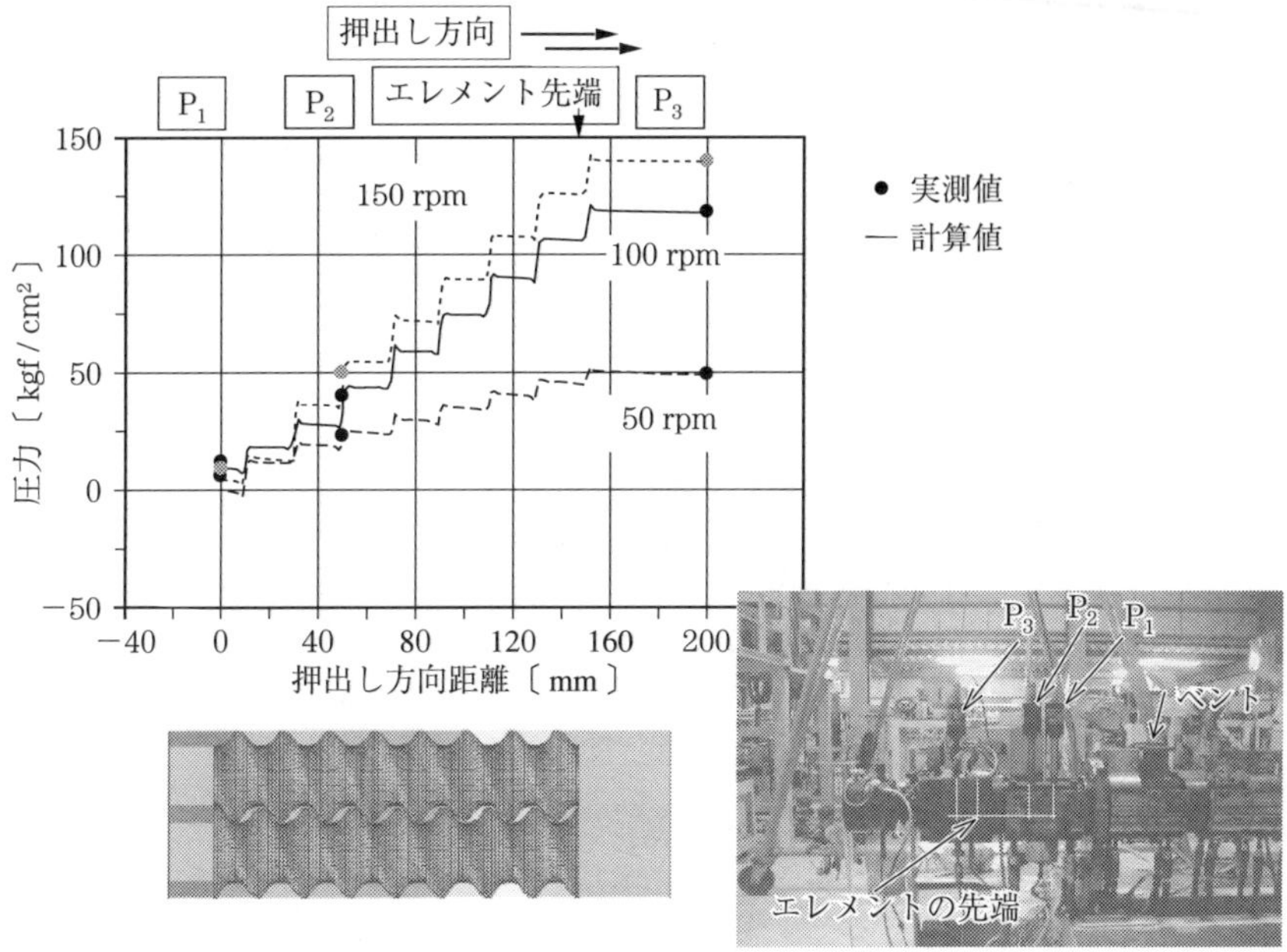

図 12.7 SCREWFLOW-MULTI 検証事例（スクリュー軸方向の圧力分布）

12.2.5 ま と め

スクリュー押出し機内のシミュレーションを，簡略評価，汎用解析，専用解析という観点から評価してきた。各タイプの代表的なソフトウェアを**表 12.3**に整理している。しかしながら，汎用解析，専用解析では，計量ゾーンの熱流動解析がやっと実用化に近づいてきた段階で，固体が溶融していく過程のモデル化方法，未充満領域の評価，あるいは計算メッシュ・計算時間などの問題が残っており，固体輸送ゾーンから溶融体輸送ゾーンまでの一貫解析についてはまだ研究段階である。ユーザーの関心が高いと思われる，「押出し機のどの辺からどのように溶け出すか，混合物やフィラーの混合はどうか，スクリュー構成をどう変えたら混合溶融が促進されるか」などの要望に迅速に答えが出せるようになるためにはいま一歩の工夫が必要と感じられる。

表 12.3　各タイプのスクリュー押出し機内流動解析ソフトウェアの比較

ソフトウェア分類	A タイプ 特定押出し機設計用解析ソフトウェア	B タイプ 汎用流体解析ソフトウェア	C タイプ スクリュー押出し機流動解析専用ソフトウェア
ソフトウェア名	EXTRUCAD (POLYCAD)	POLYFLOW	SCREWFLOW-MULTI
開発者	PolyDynamics　Inc. (カナダ)	POLYFLOW　s.a. (ベルギー)	プラメディア・ アールフロー
国内営業窓口	P.D.I.Japan	計算力学研究センター	プラメディア
解析対象	単軸スクリュー押出し機	一軸/二軸スクリュー押出し機	一軸/二軸スクリュー押出し機
解析目的	スクリューの設計，樹脂の検討，運転条件模索	スクリュー内物理現象の詳細評価	スクリュー内物理現象の詳細評価
解析手法	2 次元 FEM	3 次元 FEM	3 次元 BFC（動的マルチブロック）
出力内容	・吐出し量 ・軸方向のソリッドベッド，温度，せん断速度，せん断応力 ・チャンネル深さ方向の速度，温度，せん断速度，せん断応力	3 次元分布（圧力・温度・流速・せん断速度・せん断応力・粘度）	吐出し量・滞留時間分布・混合効率 3 次元分布（圧力・温度・流速・せん断速度・せん断応力・粘度・分子量・成分濃度）吐出し量・滞留時間分布・混合効率・トルク
特　徴	操作が簡単で計算時間も短いので誰でも使える。固体輸送ゾーンから流動ゾーンまでを一貫して扱える。固体輸送には Darnell と Mol's の評価方法，溶融ゾーンには Tadmor モデルなど簡略手法が用いられているが，カナダの MacMaster 大学での 30 年間にわたる研究成果が取り込まれた実用的な設計評価用システムとなっている。	粘弾性流体解析，自由表面解析，反応・発泡など各種の解析機能がある。有限要素法なので各汎用プリポストプロセッサーと対応がとられているが，スクリュー形状の構築機能もある。押出し機内だけでなく，ダイ流出後解析，ブロー成形解析なども行える汎用流動解析プログラムである。	スクリュー形状の定義から解析，結果表示までの押出し機内流動解析の専用システム。DEM 法に基づく粉体輸送解析や粘弾性解析，反応・発泡解析が可能。スクリュー形状データベースや専用プリポストプロセッサー，高速 3 次元非定常熱流動解析に特徴がある。
課　題	標準タイプ以外の形状や二軸スクリューへの対応が不可。3 次元詳細情報は得ることができない。	計算時間，操作性，解析信頼度（押出し機の検証解析事例が少ない）	解析信頼度（押出し機の検証解析事例が少ない）

12.3　ダイ内・ダイ流出後の押出し成形シミュレーション

12.3.1　研　究　理　論

ダイ内の熱流動状況については，3 次元非圧縮純粘性非ニュートン流体モデルで取り扱えることが多く，汎用解析ソフトウェアなど一般的な流体解析手法で解析することも可能である。しかしながら，3 次元熱流動解析では計算時間・計算容量，あるいはメッシュ生成の負荷が大きいため，簡略化の工夫がなされてきた[5]。

例えば，フィルムやシート用のコートハンガーダイ（T ダイ）内での樹脂流動解析用には，射出成形充てん解析と同様の薄肉近似が適用され，Hele-Shaw 流れモデルでの解析を利用する方法がとられた。**図 12.8** に示すように，このモデルでは

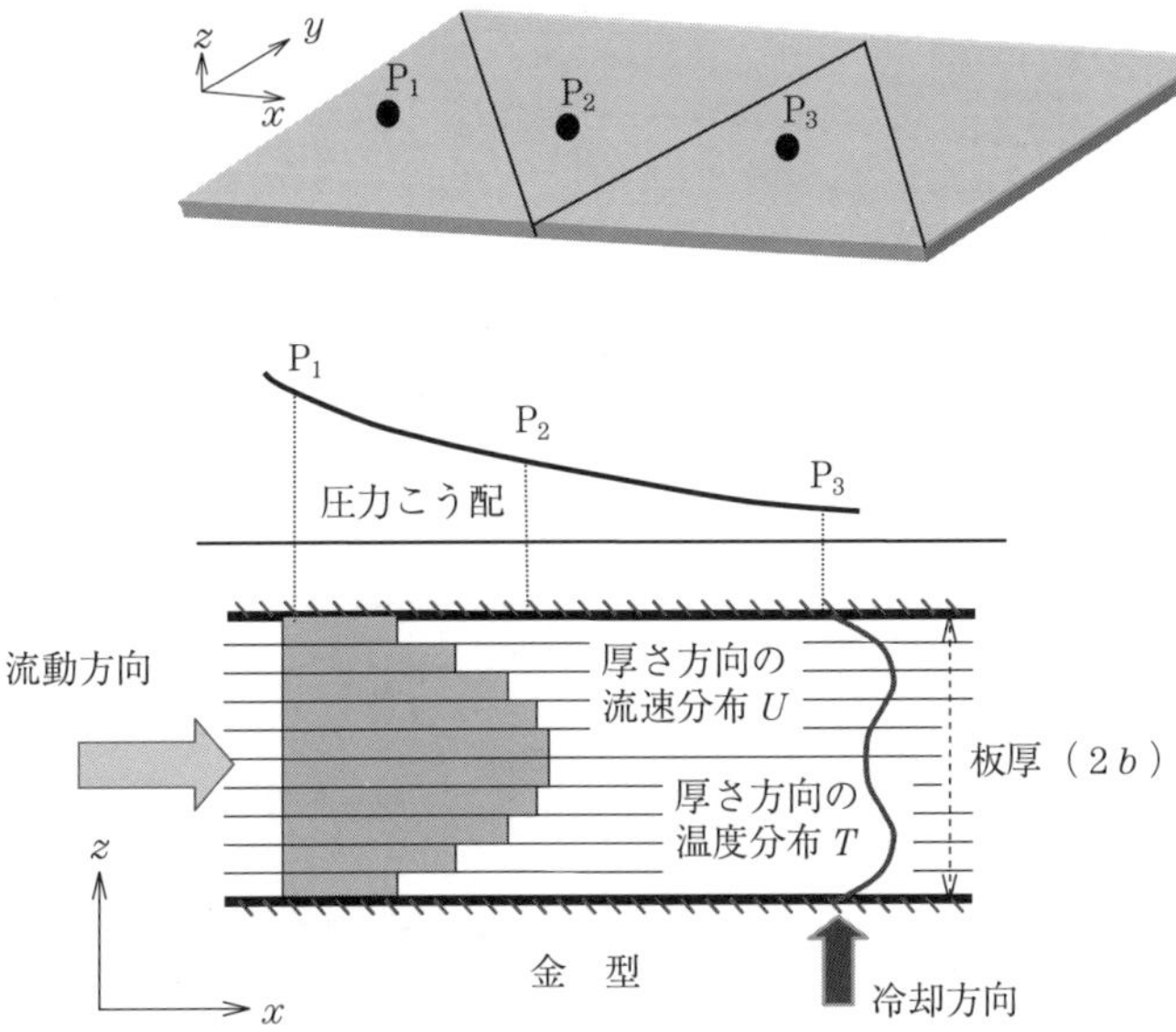

図 12.8　薄肉流れ近似模式図

$$\frac{\partial}{\partial z}\left(\eta\,\frac{\partial u}{\partial z}\right)-\frac{\partial P}{\partial x}=0 \tag{12.3}$$

$$\frac{\partial}{\partial z}\left(\eta\,\frac{\partial v}{\partial z}\right)-\frac{\partial P}{\partial y}=0 \tag{12.4}$$

$$\frac{\partial \rho}{\partial t}+\frac{\partial}{\partial x}(b\bar{u})+\frac{\partial}{\partial y}(b\bar{v})=0 \tag{12.5}$$

$$\rho C_P\left(\frac{\partial T}{\partial t}+u\,\frac{\partial T}{\partial u}+v\,\frac{\partial T}{\partial y}\right)=\frac{\partial}{\partial z}\left(\kappa\,\frac{\partial T}{\partial z}\right)+\eta\dot{\gamma}^2 \tag{12.6}$$

で表される体系を有限要素法等で解析することになる。ここで，P，T は圧力，温度，u，v は x，y 方向の樹脂流速，b は流路の厚み方向（z 方向）の厚さの半分，$\bar{u}$，$\bar{v}$ は u，v の厚み方向平均速度，$\dot{\gamma}$，η，ρ，C_p，κ はせん断速度，粘度，密度，比熱，熱伝導率である。

また，異形押出し成形での十分長いダイ内の流れに対しては，**図 12.9** に示すような発達流れ近似が適用でき

$$u=v=0 \tag{12.7}$$

$$\frac{\partial w}{\partial z}=0 \tag{12.8}$$

$$\frac{\partial}{\partial x}\left(\eta\,\frac{\partial w}{\partial x}\right)+\frac{\partial}{\partial y}\left(\eta\,\frac{\partial w}{\partial y}\right)=\frac{\partial P}{\partial z} \tag{12.9}$$

$$\frac{\partial}{\partial x}\left(\kappa\,\frac{\partial T}{\partial x}\right)+\frac{\partial}{\partial y}\left(\kappa\,\frac{\partial T}{\partial y}\right)+\eta\dot{\gamma}^2=0 \tag{12.10}$$

というモデル化で計算される。

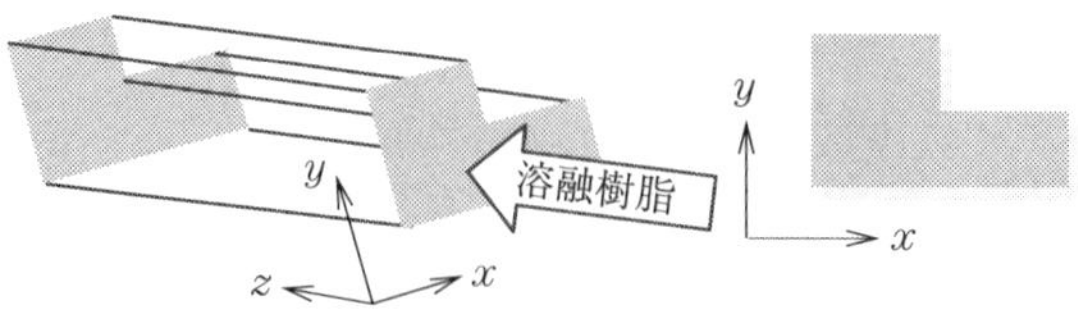

図 12.9　発達流れ模式図

これらの単純化モデルとは違って，ダイ流出後の押出し形状予測推定のためには通常の 3 次元熱流動解析モデルに加えて，自由表面を予測するモデルが必

要になってくる。一般的には自由表面形状の予測のためには，高さ関数法(height function method)[17] などの Lagrangian 法，Euler Lagrangian 混合法(ALE 法)[18] が利用される。**図 12.10** に示す高さ関数方程式を用いる場合の基礎式は以下のとおりである。

$$\frac{\partial H_x(x, z)}{\partial x} = \frac{u}{w}, \quad \frac{\partial H_y(y, z)}{\partial y} = \frac{v}{w} \qquad (12.11)$$

ここで，H_x，H_y は高さ関数（2 次元）の x 方向，y 方向成分である。

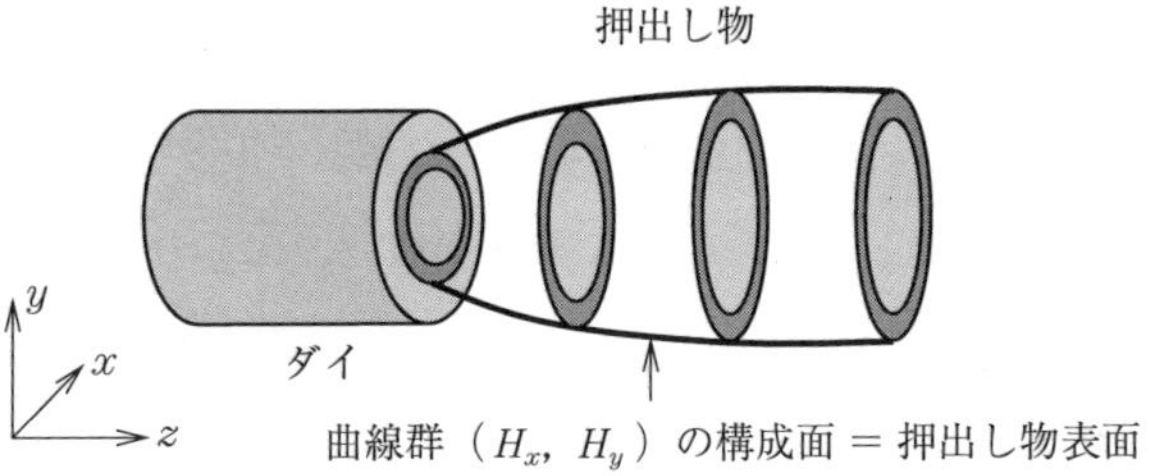

図 12.10　高さ関数方程式モデル図

また，多層押出し解析，非定常解析などの場合には樹脂界面を VOF（volume of fluid)[19] 関数を用いて表現する方法もとられる。**図 12.11** に VOF 関数モデル図を示すが，通常は 3 次元のナビエ-ストークス方程式や連続の式とあわせて以下の VOF 関数の輸送方程式を解いて界面移動を評価する。

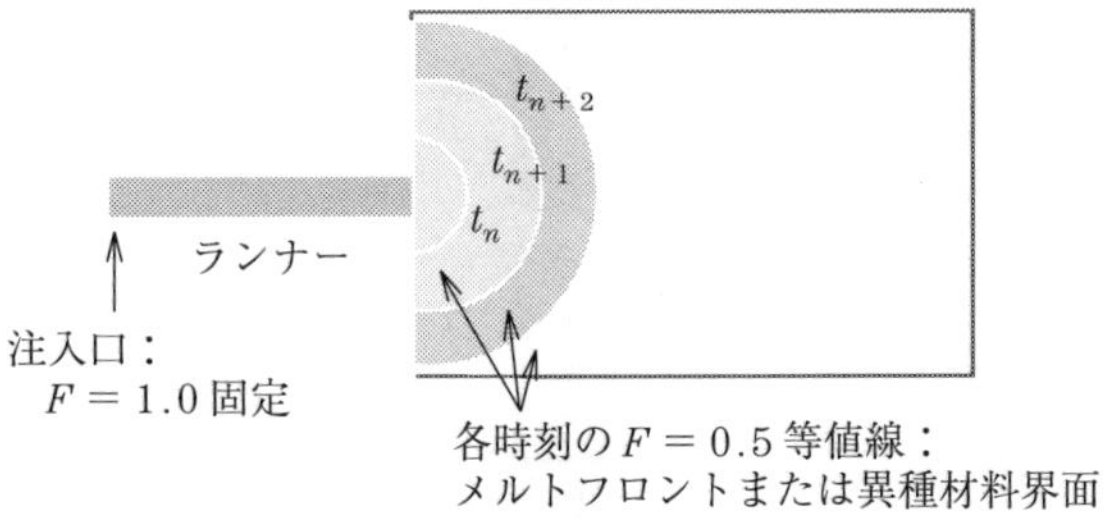

図 12.11　VOF 関数モデル図

$$\frac{D}{Dt}F = 0 \tag{12.12}$$

ここで，F はVOF関数（$F = 1.0$ は完全に樹脂で充満，または樹脂1が100%）である。

12.3.2 簡略評価ソフトウェア（Aタイプ）

ダイ内の樹脂の熱流動を簡略評価する代表的なソフトウェアとして前述のPolyDynamics社のPOLYCADファミリー[9)]がある。これはMcMaster大学のJ. Vlachopoulos教授を中心に開発された押出し成形加工/設計支援用ソフトウェア群で，例えばフィルムやシート用のフラットダイ内での樹脂流動を解析するFLATCADは，Hele-Shaw流れ近似により射出成形充てん解析と同様の2.5次元解析を実現したものである。また，異形ダイ断面内の流速分布を解析するPROFILECADは，十分長いダイを想定し発達流れを仮定することにより簡略化したものである。FLATCAD，PROFILECADの解析事例をそれぞれ**図12.12**，**図12.13**に示す。このほか，POLYCADファミリーには，スパイラルマンドレルダイ用のSPIRALCAD，インフレーションフィルム成形用のB-FILMCAD，多層押出しダイ用のLAYERCAD，カレンダー成形用のCALENDERCADなど特定のダイ，賦形プロセス専用の解析ソフトウェアがある。

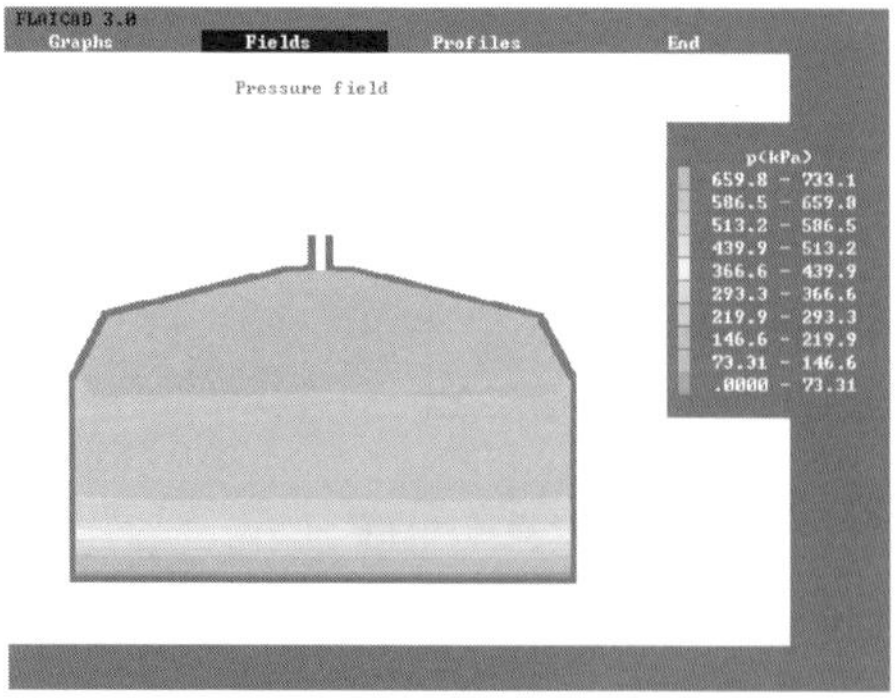

コートハンガーダイの圧力分布

図12.12　FLATCAD解析事例

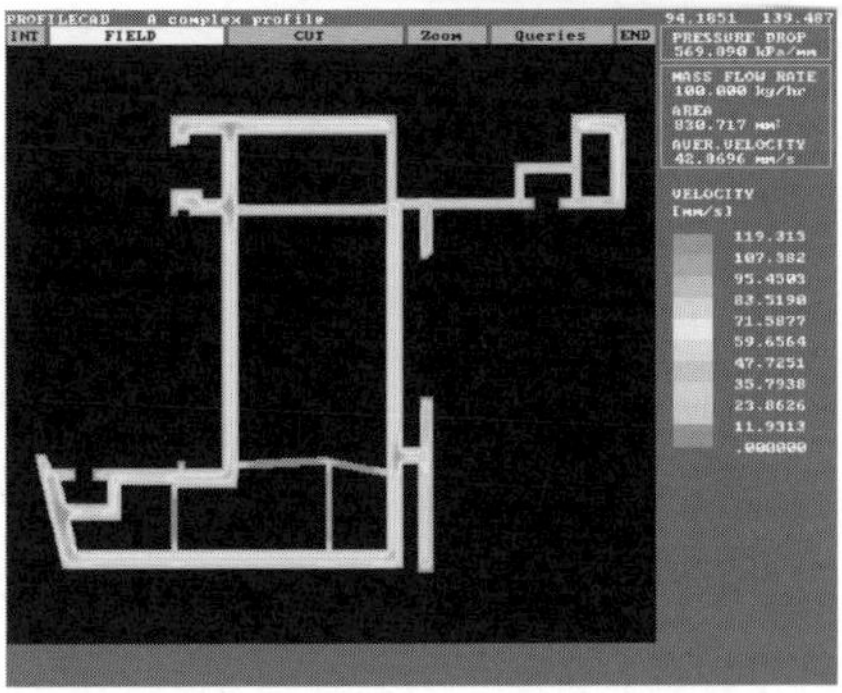

異形ダイ内の流速分布

図 12.13　PROFILECAD 解析事例

12.3.3　汎用解析ソフトウェア（B タイプ）

1970 年代半ばころより特に原子力分野を中心にして流体の 3 次元数値解析手法の研究開発が活性化し始め，これら汎用流動解析手法をプラスチックの押出し成形プロセスへ適用しようという研究も行われてきた。特に 1982 年にベルギーの Rouvan 大学で研究開発が開始された POLYFLOW は，3 次元粘弾性解析機能やダイ形状の最適化機能など他の汎用ソフトウェアにはない機能を含んでおり，フラットダイ，多層押出し，フィルム成形，紡糸過程，コーティング，発泡解析などへの適用研究が始まっている[20)]。

また，米国 Altair Engineering Inc. が開発した Hyper Xtrud[2)] は，3 次元有限要素法を用いた押出し過程解析ソフトウェアであるが，hp アダプティブ法と呼ばれるメッシュ分割機能を取り入れており，解析の効率化を図るとともに，ダイ形状や押出し条件の最適化解析を目指している。

また，プラメディアが 1995 年に開発した高粘性流体 3 次元熱流動解析プログラム SUNDY•BASIC[21)] は，射出成形解析，押出し成形解析，汎用解析ができる有限要素法解析ソフトウェアである。メッシュスーパーインポーズ機能，VOF 法と ALE 法という 2 種類の自由表面解析機能，移動境界解析機能などがあり，さまざまなテーマでの研究解析が進められている。

12.3.4 専用解析ソフトウェア（C タイプ）

ダイ内熱流動状況，およびダイ流出後の押出し物形状を予測する機能は，基本的にはほとんどすべての汎用流体解析プログラムに備わっているといっても過言ではない。しかしながら，ダイから出てくる押出し物の形状や流動特性を予測するダイスウェルシミュレーションの研究をはじめ，粘弾性レオロジー特性の評価，自由表面計算アルゴリズム，ダイ界面でのすべり現象，伝熱現象の評価方法など，実用解析を行うためには多くの検討項目が残されており，各機関の研究者を中心に基礎的な研究解析が続けられている状況であるといえよう。

プラメディアがブロー成形解析システム SIMBLOW の一環として開発してきた押出し過程解析プログラム DIFLOW･2 D は，ダイスウェルおよびドローダウン効果を厳密に表現できる数少ないソフトウェアの一つである[22),23)]。K-BKZ 積分形粘弾性モデルと流線要素法と呼ばれる解析スキームを用いて，粘弾性効果を表現している。DIFLOW・2 D の解析事例を**図 12.14** に示す。

一方，フラットダイ，スパイラルダイ，異形押出しダイなどのダイ設計・成形現場では，押出し成形の精密化，ナノコンポジットや高機能材料の押出し成形，環境問題対応形の成形手法に対応すべく，従来の簡略評価ソフトウェアよりも詳細な評価を手軽に行えるソフトウェアへのニーズが高まっている。プラメディアが 2002 年に開発した押出し成形専用解析システム SUNDYXTRUD（サンディエクストゥルード）は，特定ダイ設計用簡略ソフトウェア（A タイプ）と 3 次元汎用流体解析ソフトウェア（B タイプ）の長所を併合して，研究者はもとより，現場の成形技術者，設計技術者が押出し成形の詳細評価を手軽に，かつ効率よく行えるように設計開発された CAE システムである[4)]。この SUNDYXTRUD には，応答曲面法（response surface method，RSM）を利用した最適化解析[24)] を通じて，異形ダイ押出し断面形状を得るためのダイリップ形状設計や，流量配分を最適化させるダイランド設計支援機能があり，CAE から一歩進んだ CAO（computer-aided optimization）へと進化中のソ

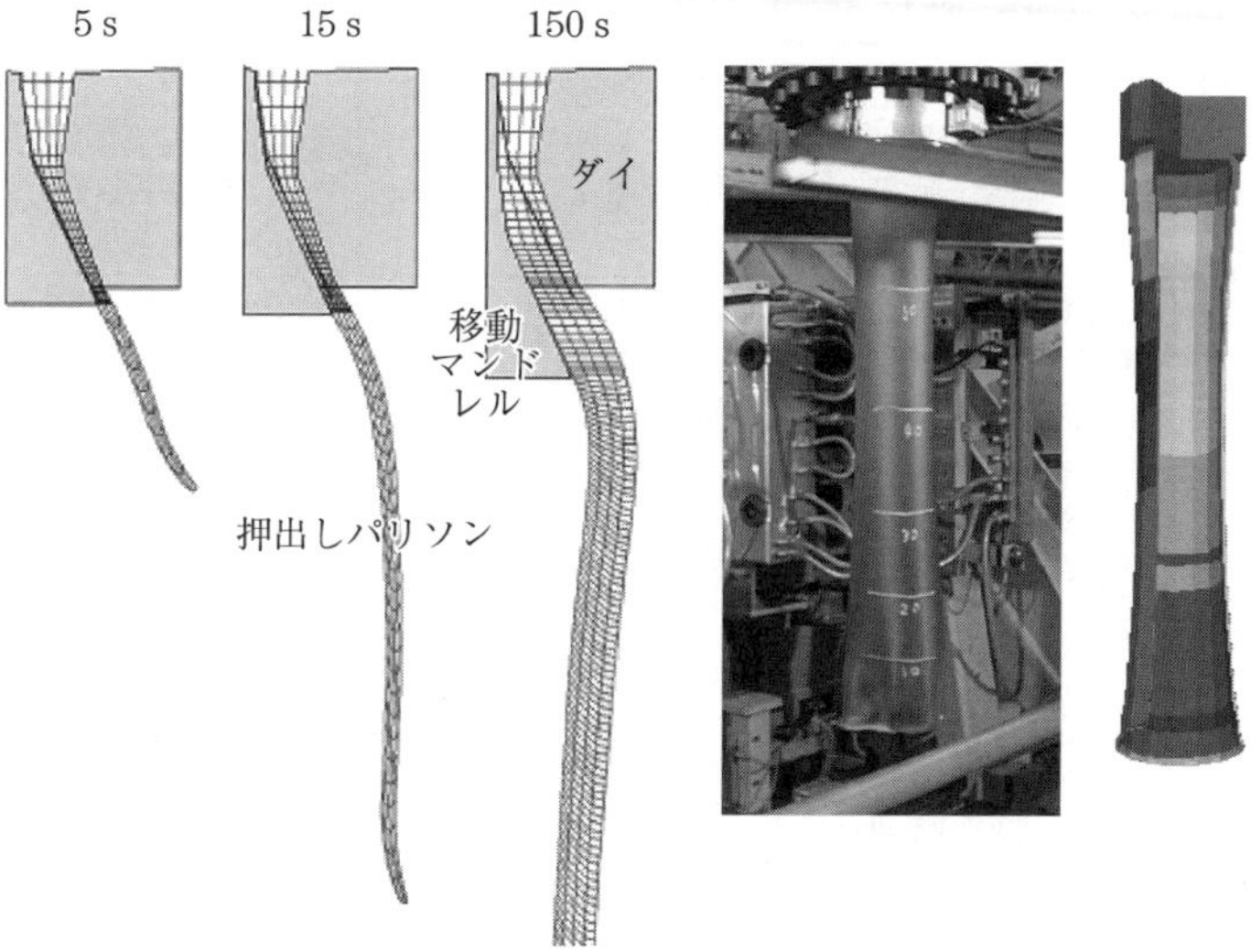

（a）　パリソン形状変化の解析例

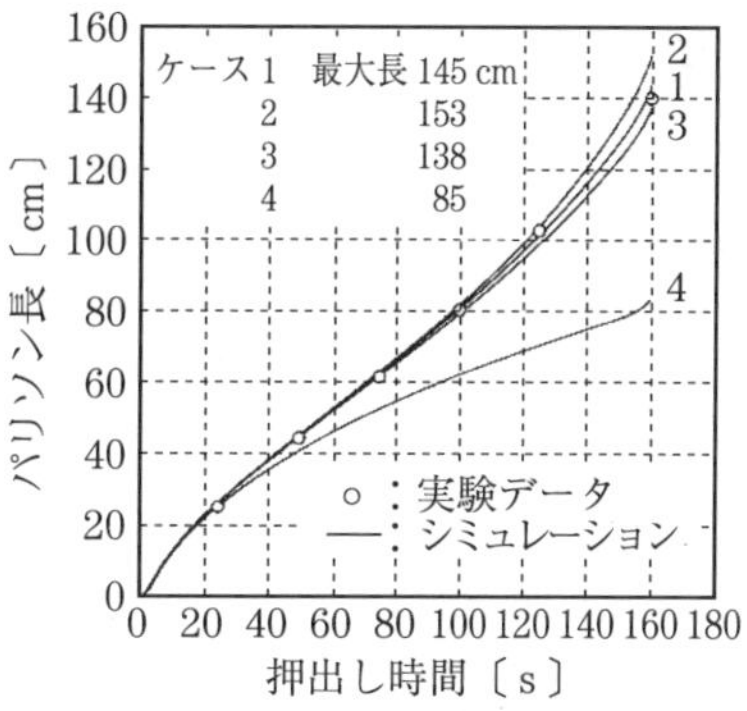

（b）　パリソン長の検証解析

図 12.14　パリソンコントローラーを考慮した押出しパリソンの挙動解析 DIFLOW•2 D

フトウェアということができよう。

SUNDYXTRUD の主要な機能を**表 12.4** に，解析事例を**図 12.15** に示す。

表 12.4　SUNDYXTRUD の主要機能

項　目	内　　容	備　考
解析手法	3 次元有限要素法，ソリッド要素 2 次元有限要素法，平面要素	3 次元汎用流体解析ソフトウェア SUNDYBASIC をベースとする。
主要解析機能・用途	ダイ内熱流動解析（フラットダイ・スパイラルマンドレルダイ・異形押出しイ） ダイ流出後の押出し形状予測，自由表面解析 多層解析機能 異種要素結合機能（スーパーインポーズ法） 最適ダイ設計支援機能（ダイリップ・ダイランド形状の最適化など） ダイスウェル変形評価 移動境界条件	・3 次元解析，断面内熱流動解析 ・VOF 法，ALE 法 ・応答曲面法（RSM）による最適化計算処理 ・簡易粘弾性評価モデル

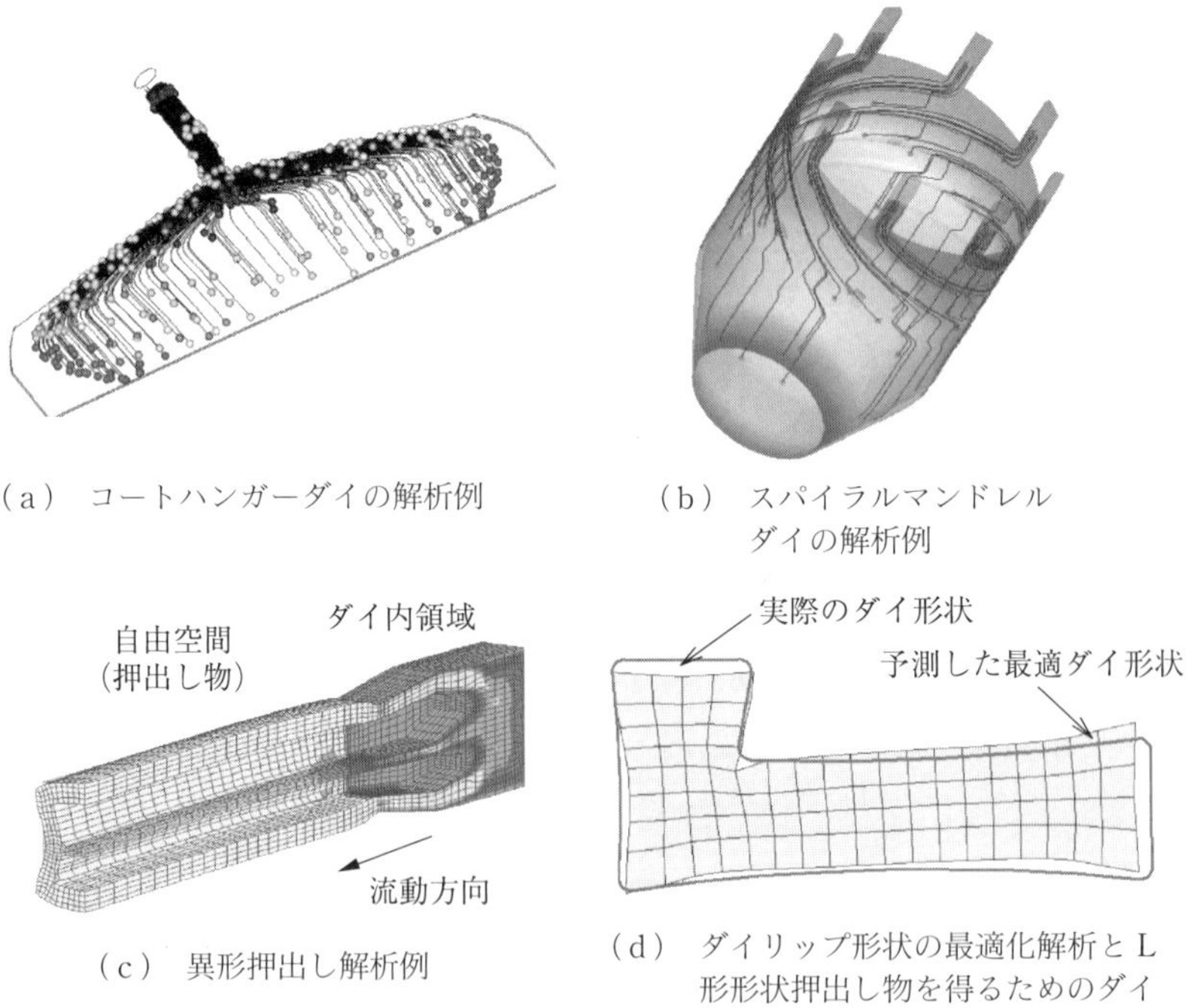

（a）　コートハンガーダイの解析例

（b）　スパイラルマンドレルダイの解析例

（c）　異形押出し解析例

（d）　ダイリップ形状の最適化解析と L 形形状押出し物を得るためのダイ形状（最適化解析と実成形ダイ形状の比較）

図 12.15　SUNDYXTRUD 解析事例

12.3.5　ま　と　め

ダイ内，およびダイ流出後の押出しシミュレーションを，簡略評価，汎用解析，専用解析という観点から評価してきた。各タイプの代表的なソフトウェアを**表 12.5** に整理している。これまで，押出し成形におけるダイの設計・製作・調整は長年の経験と勘，試作トライが必須の泥臭い技術とされてきたが，SUNDYXTRUD のような押出し成形専用ソフトウェアの利用により，生産技術の高度化，技術の伝承が進んでいくものと期待される。

表 12.5　各タイプの押出し解析ソフトウェアの比較

ソフトウェア分類	A タイプ 特定ダイ設計用簡略評価ソフトウェア	B タイプ 汎用流体解析ソフトウェア	C タイプ 押出し解析専用ソフトウェア
代表的ソフトウェア名	POLYCAD	POLYFLOW	SUNDYXTRUD
解析対象	各種ダイ内の 2 次元流動解析	ダイ内・ダイ流出後の 3 次元粘弾性解析	ダイ内・ダイ流出後の 3 次元純粘性解析
解析目的	ダイ設計	詳細評価	押出し過程の実用解析 ダイ設計
解析手法	2 次元 FEM など	3 次元 FEM	2/3 次元 FE 最適化解析手法
出力内容	①ダイ出口断面の流速・温度分布 ②ダイの圧力損失	① 3 次元分布（圧力・温度・流速・せん断速度・せん断応力・粘度） ②押出し物形状 ③厚さ	① 3 次元分布（圧力・温度・流速・せん断速度・せん断応力・粘度） ②異型押出し物形状 ③最適ダイ形状
長　所	①ダイ種別に対応したソフトウェア ② 2 次元の簡略計算手法 ③成形技術者が手軽に使える GUI（グラフィックユーザインタフェース） ④実験での検証が豊富 ⑤比較的安価	① 3 次元粘弾性流体解析機能がある。 ②自由表面解析機能，反応・発泡など各種の解析機能がある ③有限要素法なので各汎用プリポストプロセッサーと対応がとられている。 ④押出し機内流動解析，ブロー成形解析，紡糸，コーティングなどの解析にも利用できる汎用流動解析プログラムである。	①押出し成形の用途に応じた利用（簡略評価・詳細評価・最適設計）。 ②成形技術者，設計技術者が手軽に利用できる。 ③ダイ形状の最適化機能 ④コストパフォーマンス
短　所	①特定ダイ形状以外には利用できない。 ②決められた項目以外は出力できない。 ③ 3 次元詳細情報は得ることができない。	①計算時間/計算容量が膨大 ②操作が難 ③検証解析事例が比較的少 ④ソフトウェアのコスト高	①汎用コードと違って押出し成形以外の解析には適さない。 ②簡略設計コードに比べると計算条件設定の手間，計算時間がかかる。

13. ブロー成形シミュレーション

13.1 概　　要

前章でも触れたが，プラスチックの解析システムとして最もポピュラーな射出成形用 CAE は，1980 年代に充てん段階の流動解析から始まった。その後，解析制御システム，プリプロセッサー・ポストプロセッサー，樹脂データベース，反り解析などを含む射出成形統合解析システムへと発展し，さらには 3 次元 CAD システムと直結した CAD・CAM・CAE システムが台頭してきている。これに対して，ブロー成形用 CAE は 10 年ほど遅れているといえよう[1)]。この要因としては，ブロー成形は成形現象が物理的には射出成形以上に困難なこと，マーケット規模が比較的小さいことなどが挙げられる[2)]。例えば，射出成形の流動現象がキャビティ内の薄肉流れ近似で表現できるのに対し，ブロー成形工程を評価するためには固定領域と自由空間の両方での流動・変形過程の解析が必要になる。

しかしながら，近年，自動車部品・OA 部品などの大形・複雑形状の押出しブロー成形や，PET ボトルなどの射出ブロー，さらには多層ブロー，3 次元ブロー成形など各種ハイテクブロー成形法の進歩，環境問題，省資源リサイクルの要請から[3),4)]，こういった成形過程に関する解析ニーズが高まり，解析技術の進歩，CAE の普及が見られるようになってきた。本章では，ブロー成形，および類似の物理的挙動を示す熱成形/真空成形に関する CAE の動向について概説する。

13.2 パリソン形成過程のシミュレーション

押出しブロー（ダイレクトブロー）成形の場合，成形プロセスは**図 13.1** に示すように，溶融樹脂を二重管から押し出し，パリソンと呼ばれる袋状の成形素材を形成するプロセス（パリソン形成過程）と，その後，パリソンを金型内で拘束膨張させて製品を成形するプロセス（ブローアップ過程：型締め・吹込み冷却過程）の 2 ステップに分けられる[5]。パリソン形成過程については，前章で述べたダイ内・ダイ流出後のシミュレーションと同様の解析技術が必要となるが，ここではブロー成形に関して特に重要とされるスウェルとドローダウン現象の評価手法について言及する。

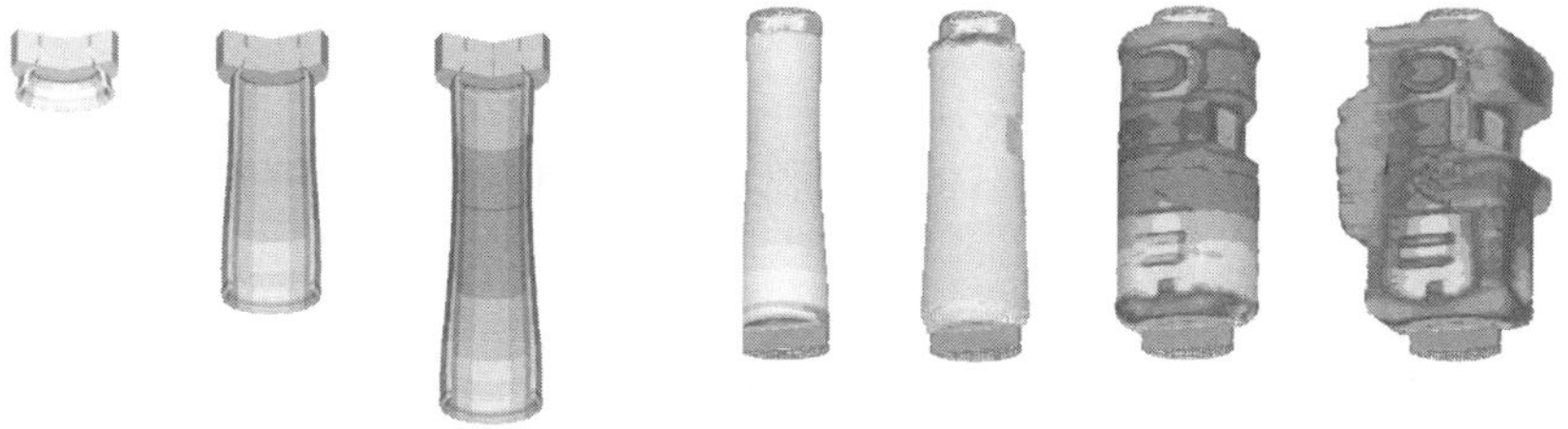

（a） パリソン形成過程　　（b） ブローアップ過程

図 13.1　押出しブロー成形プロセス

13.2.1 ス ウ ェ ル

パリソン形成過程では，ダイ流出後の押出し物形状が径方向へ膨張するスウェル現象が重視される。**図 13.2** にスウェルのメカニズムの略図を示すが，一般にスウェルは流速分布の再配置と弾性回復（応力分布の再配置）により生じるとされている。

このスウェル現象の定量化研究については，1970 年代後半より開始され，自由表面を伴う純粘性流体の有限差分法あるいは有限要素法解析を通して，非ニュートン性，慣性力，重力，表面張力などが自由表面形状に与える影響につ

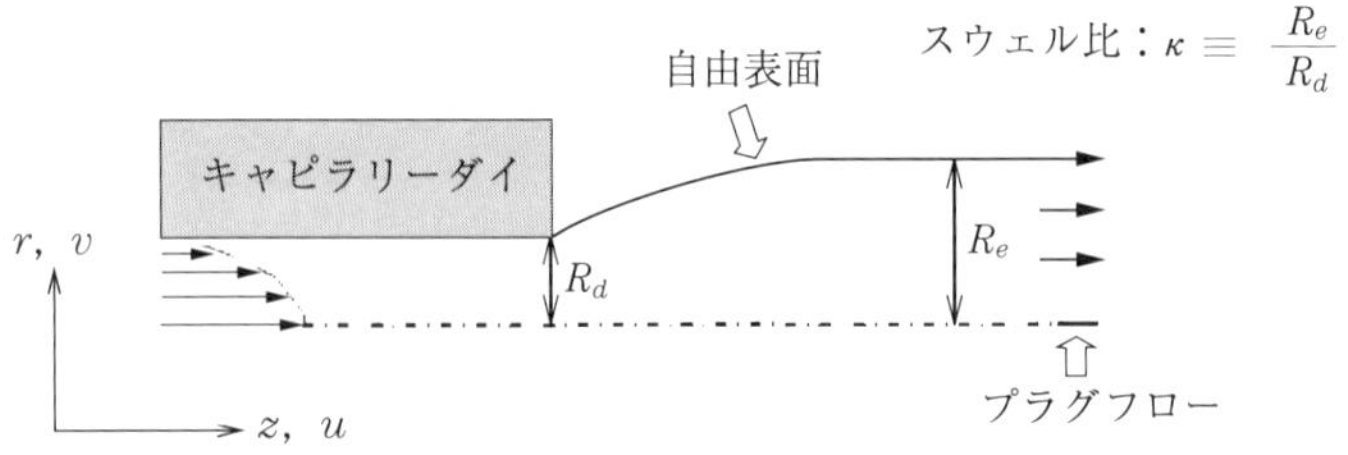

図 13.2　スウェルの生成メカニズム

いて検討された。

その後，1980 年代初頭からは，法線応力差を考慮するために構成方程式が純粘性から粘弾性に拡張され，スウェル現象の本格的な研究がスタートした。当初の自由表面を伴う粘弾性流体の数値シミュレーションでは，弾性が支配的になると計算が不安定になり，解が得難くなるという高ワイセンベルグ数問題が指摘されていた。

1980 年代中期からは，多くの研究者が粘弾性構成方程式の精密化などの方

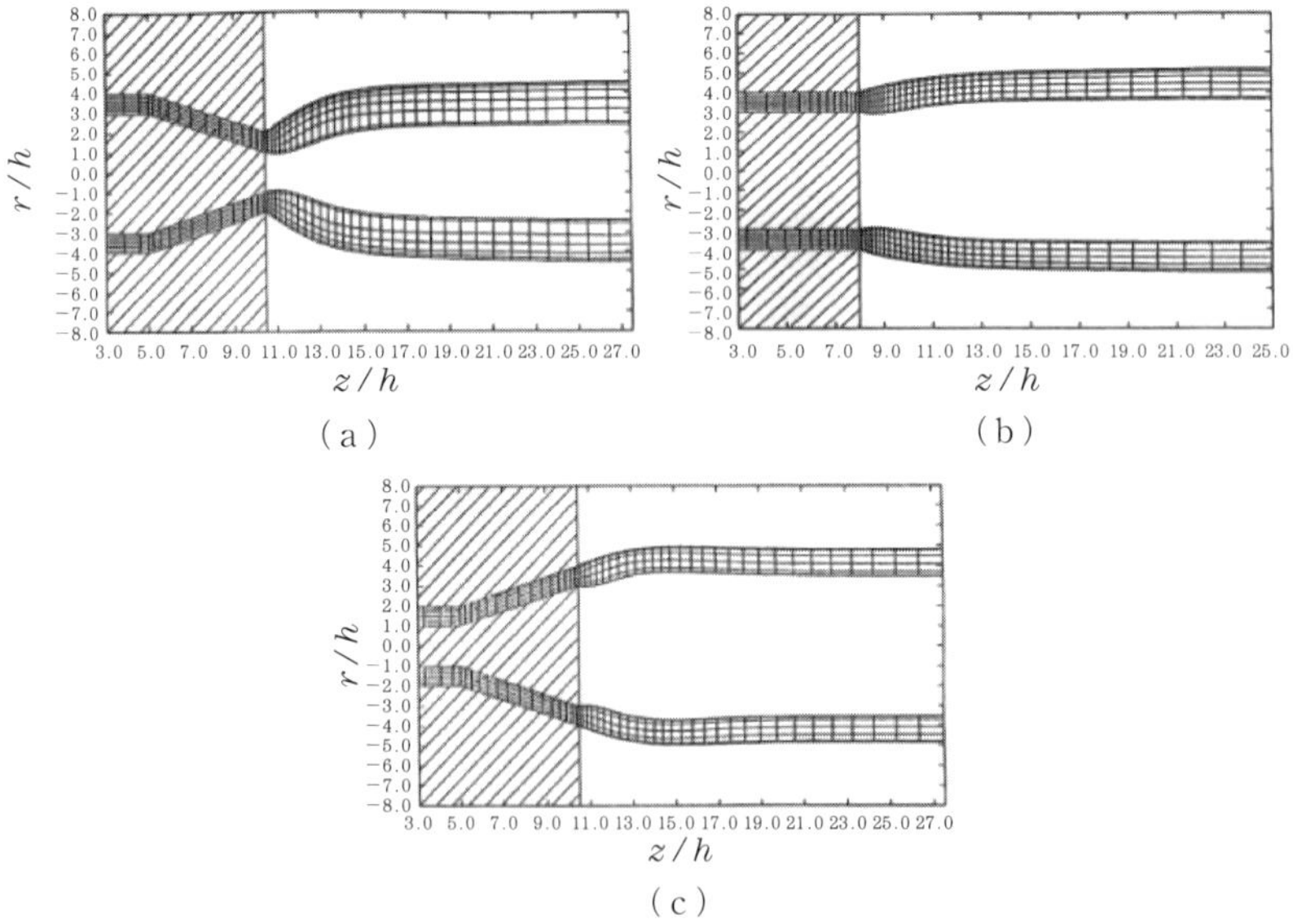

図 13.3　二重管ダイからの押出し形状の予測例〔Luo ら〕

策によりこの難問に挑戦してきている。中でも，Luo と Tanner は，K-BKZ 粘弾性モデルと粘弾性応力の評価に有効な流線要素法（streamline element method）[6] を開発し，それまで実用レベルでの評価が困難であった二重管ダイスウェルシミュレーションに成功を収めた[7]。

図 13.3 にさまざまな断面形状をもつ二重管ダイから流出する高密度ポリエチレン溶融樹脂の押出し形状の予測例[7] を示す。

今日では，実用成形条件を考慮した定常粘弾性流動解析が可能になりつつあり，非線形レオロジー特性とスウェル現象の相関について詳細な検証が進められている[8),9]。

13.2.2 ドローダウン

ドローダウンは図 13.1 に示したように，ダイ流出後の押出し物が重力（自重）の影響を受けて引き伸ばされる現象で，大形成形品になるにつれて成形精度に対する影響が大きくなる。そのため大形ブロー成形機ではパリソンコントローラーによりダイクリアランスを意図的に変化させ，パリソンの径や肉厚を調整する方法が多用されている。スウェルやドローダウン，パリソンコントローラーの効果を評価するためには，非定常粘弾性流体の詳細解析が必要となっている。(株)プラメディアでは，ブロー成形一貫解析システム SIMBLOW の研究開発（1991～）においてガソリンタンクのパリソン押出し形状を予測した[10]。ここで，採用されている K-BKZ 積分形粘弾性モデルは，現在最も進んだ粘弾性モデルの一つであるとされているが，その概要を以下に示す。

溶融樹脂の流動挙動は流体の保存方程式 (13.1)，(13.2)，(13.3) および構成方程式 (13.4) で表す[11]。

$$\nabla \cdot v = 0 \tag{13.1}$$

$$\rho \frac{Dv}{Dt} = \nabla \cdot \tau - \nabla p \tag{13.2}$$

$$\rho C_P \frac{DT}{Dt} = \kappa \Delta T + Q_c \tag{13.3}$$

$$\tau(t)=\int_{-\infty}^{t}\mu(t-t')\phi(t,t')\{(1+b)[C_t^{-1}(t')-\delta]+b[C_t(t')-\delta]\}dt' \tag{13.4}$$

ここで，v は流速ベクトル，ρ は密度，τ は余剰応力テンソル，p は圧力，C_P は比熱，T は温度，κ は熱伝導率，Q_C は粘性発熱項，δ は単位テンソル，μ は記憶関数，ϕ は減衰関数である。

記憶関数 μ は，時間経過に伴って過去のひずみが応力に寄与する影響が薄れることを表現し，貯蔵弾性率・損失弾性率の実測データより決定される離散モード k の緩和弾性率 G_k と緩和時間 λ_k を用いて

$$\mu(t-t')=\sum_k\frac{G_k}{\lambda_k}\exp\left(-\frac{t-t'}{\lambda_k}\right) \tag{13.5}$$

で与えられる。

また，減衰関数 ϕ は PSM モデル[12] の場合

$$\phi(t,t')=\frac{\alpha}{\alpha+I(t,t')} \tag{13.6}$$

Wagner モデル[13] の場合

$$\phi(t,t)=\exp\{-\alpha\sqrt{I(t,t')}\} \tag{13.7}$$

である。ここで，ひずみ $I(t,t')$ は Finger ひずみテンソル C^{-1} と Cauchy ひずみテンソル C の第一不変量：

$$I_1(t,t')=tr[C_t^{-1}(t')],\ \ I_2=tr[C_t(t')] \tag{13.8}$$

を用いて

$$I(t,t')=\beta I_1(t,t')+(1-\beta)I_2(t,t')-3 \tag{13.9}$$

と定義される。

パラメーター b は，せん断流動における第二法線応力差 N_2 と第一法線応力差 N_1 の比

$$b=\frac{N_2}{N_1} \tag{13.10}$$

を表す。また，α と β は，せん断粘度のずり流動化や伸長粘度のひずみ硬化などの非線形レオロジー特性実測データによって決定される物質パラメーター

である。

このような方法を用いて予測されたパリソンコントローラー使用時の押出しパリソン形状の時間変化と実験値との比較を**図 13.4** に示す。また，パリソン長についての計算値と実験値の比較を**図 13.5** に示しているが，定量的にもきわめて一致している[10)]。

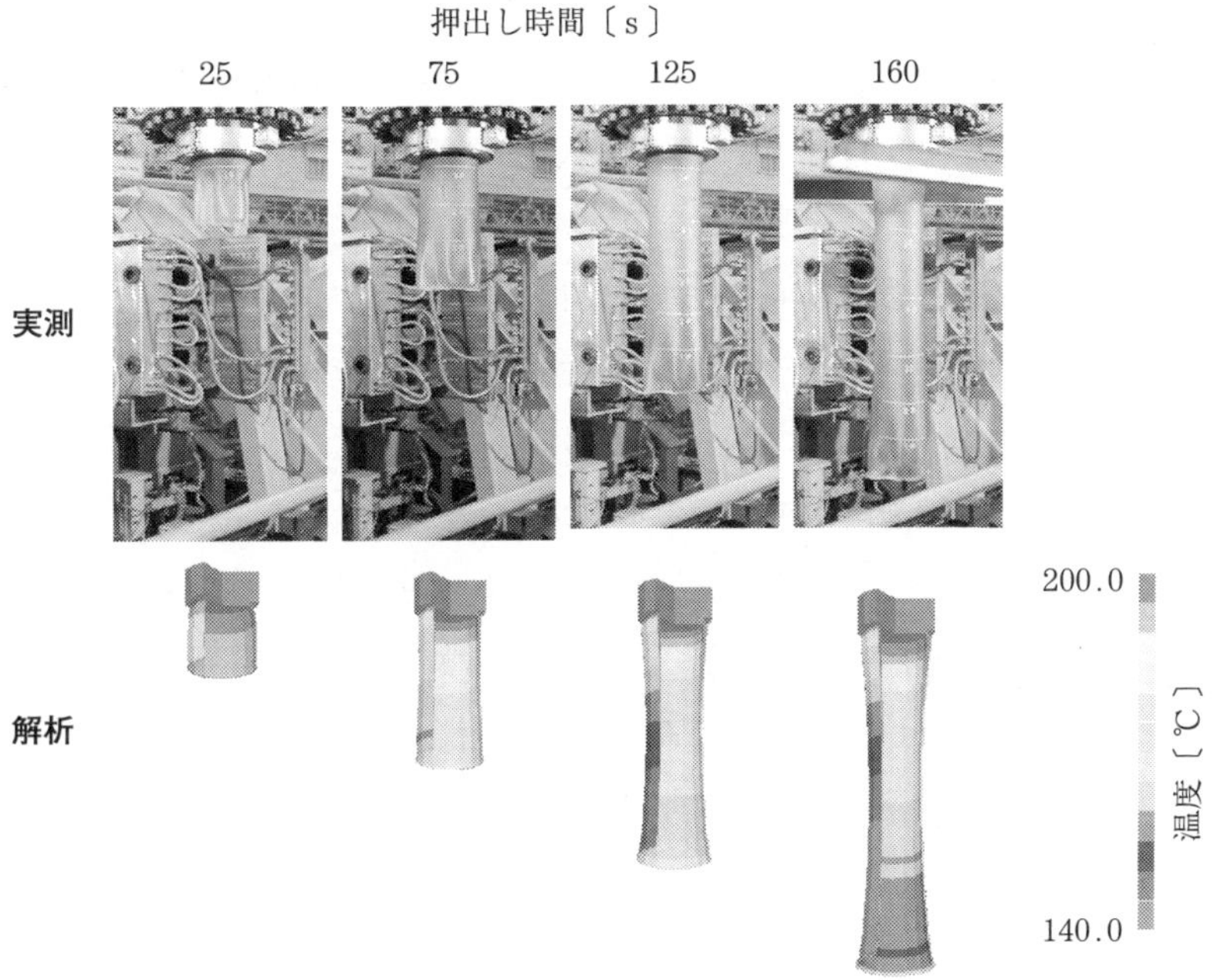

図 13.4　非定常押出し解析結果と実験値の比較

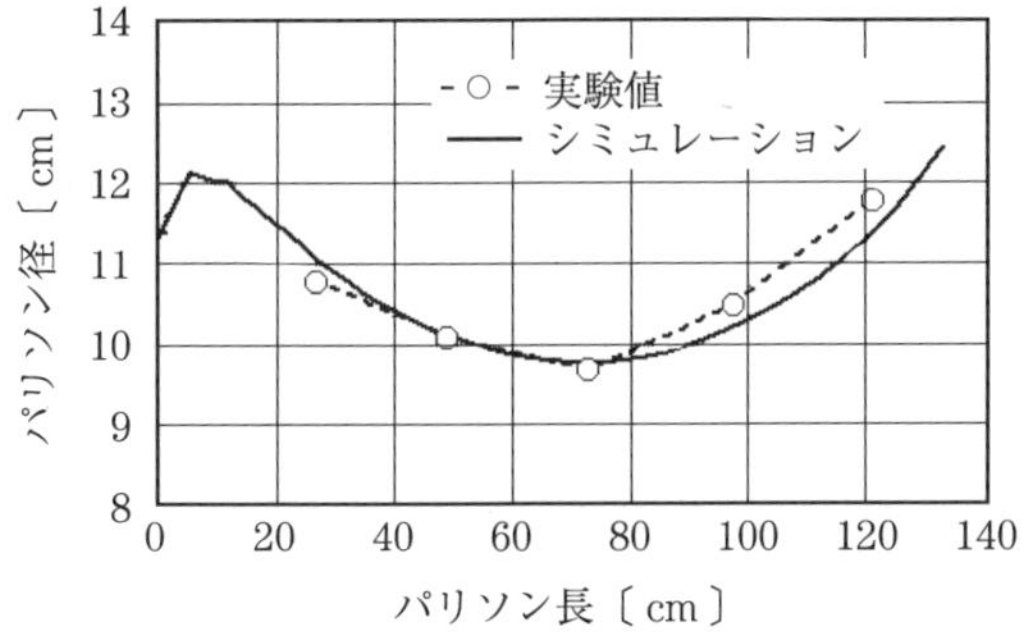

図 13.5　パリソン径解析結果と実験値の比較

13.3　ブローアップ過程のシミュレーション

ブロー製品の品質の向上，製品開発コストの低減，開発期間の短縮のためには，特に，ブローアップ過程（型締め・吹込み冷却過程）におけるパリソンの変形挙動を精度よく評価し，金型設計や成形条件にフィードバックすることが重要である。型締めによるパリソンの変形と，エア吹込み膨張による変形，肉厚分布の変化をシミュレートするCAE技術も向上してきており，いまでは実用化レベルに到達しているといえよう。

ブローアップ過程の解析手法は，大変形構造解析手法を用いる方法と，粘塑性流体解析手法に大別できるが，以下に各手法の概要と解析事例を示す。

13.3.1　大変形構造解析手法によるアプローチ

ブローアップ過程でも，延伸比（ブロー比とも呼ばれ，一般にはパリソンなどの初期肉厚を成形品の肉厚で割った値で評価することが多く，延伸比が3以上になると成形も難しいといわれるが解析も困難になってくる）の小さな押出しブローの場合は，線形あるいは非線形の大変形構造解析手法によるシミュレーションでも対応が可能で，汎用の有限要素法構造解析プログラムで計算した事例も数多く紹介されている[2)]。

これらのシミュレーションで一般的に採用されているモデル化方法を以下に示す。

運動方程式：$\nabla\cdot\sigma + \rho\cdot f = \rho\ddot{X}$　　(13.11)

構成方程式：$\sigma = E\varepsilon$　　(13.12)

エネルギー方程式：$\rho C_P \dfrac{DT}{Dt} = \kappa\Delta T + Q_C$　　(13.13)

ここで，ρ，σ，ε は密度，応力，ひずみ，f，$\ddot{X}$，E は体積力，加速度，弾性率，T，C_P，κ，Q_C は温度，比熱，熱伝導率，発熱量である。

弾性率についても各種の工夫がなされており，以下のような等価弾性率モデル式がよく用いられる。

① 線形弾性率モデル

$$E = E(T) \tag{13.14}$$

② 非線形弾性率モデル

$$E(T, \varepsilon, \dot{\varepsilon}) = E(T_r, \varepsilon, \dot{\varepsilon}_r)\exp\left[\frac{\varepsilon}{\lambda\dot{\varepsilon}_r} - \frac{\varepsilon}{a_T\lambda\dot{\varepsilon}}\right] \tag{13.15}$$

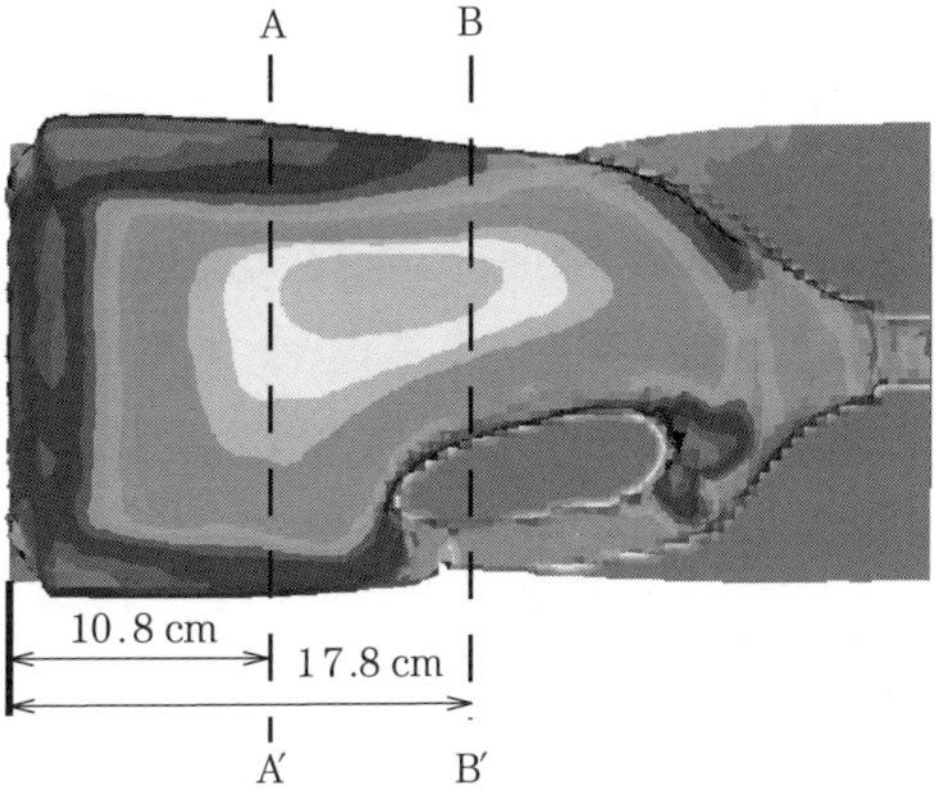

（a） 解析結果（肉厚分布コンター図）と比較位置

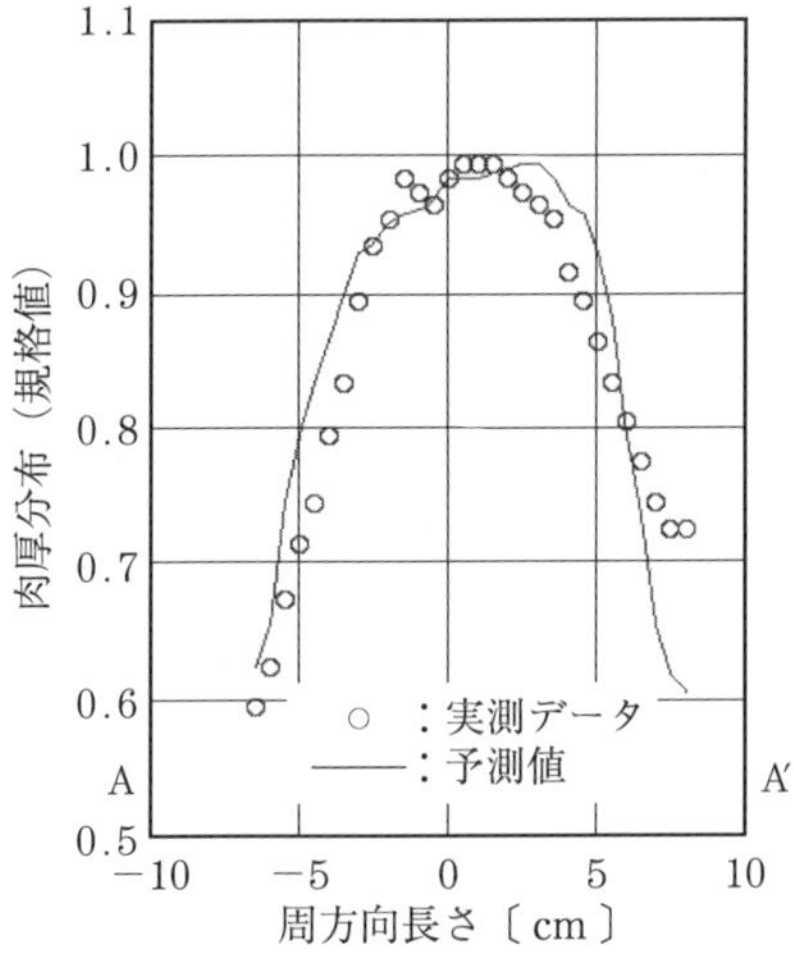

（b） A-A′断面の肉厚分布比較図

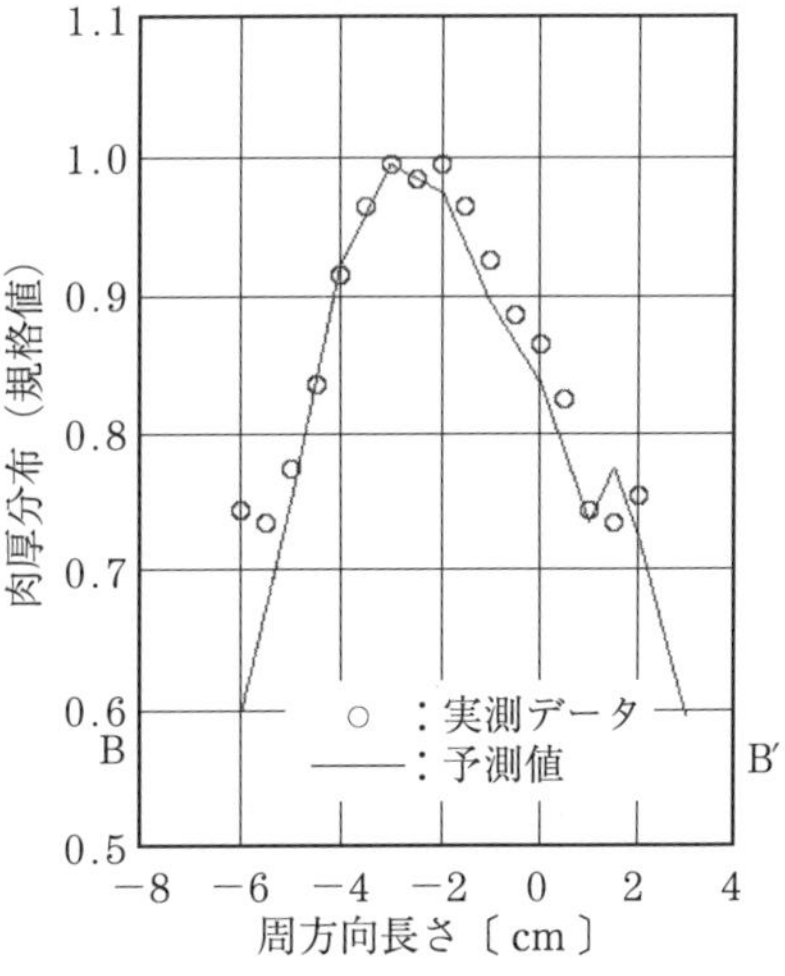

（c） B-B′断面の肉厚分布比較図

図 13.6　取っ手付きボトルのブローアップ過程（解析結果と実測値との比較）

③ 線形粘弾性モデル（Maxwell モデル）

$$E(t) = E_1 + (E_0 - E_1)\exp\left(-\frac{t}{\lambda_1}\right) \tag{13.16}$$

ここで，T_r，$\dot{\varepsilon}_r$，λ，a_T は基準温度，基準ひずみ速度，緩和時間，シフトファクターである。

プラメディアが SIMBLOW を用いて行った取っ手付きボトル（押出しブロー成形品）の解析結果と実測値との比較例を**図 13.6** に示す[1)]。この例は膜要素，線形弾性率モデルにより解析したものであるが，実測値ときわめてよい一致を見せている。しかしながら，PET ボトルなどの延伸ブローや熱成形/真空成形プロセスなど延伸比の大きな変形現象を予測する場合には，構造解析手法では解析精度が悪かったり，解析不能に陥ることが多く，以下の粘塑性流体解析手法が利用されるようになってきた。

13.3.2　粘塑性流体解析手法によるアプローチ

ポリプロピレン，ポリエチレン，ポリカーボネート，ナイロンなどの一般的なプラスチックの材料特性を応力ひずみ線図（SS カーブ）で表すと**図 13.7** のパターンのようになることが多く，延伸比が大きくなる成形に対しては，もはや弾性率をベースとした構造解析的な取扱いで変形挙動を評価することは困難になってくる。このような大変形挙動については，流体問題として考え，粘塑性解析，あるいは粘弾性解析として取り扱う方法が有力である。

粘塑性解析ではパリソンの大変形挙動は，以下に示す非圧縮性粘性流体の支

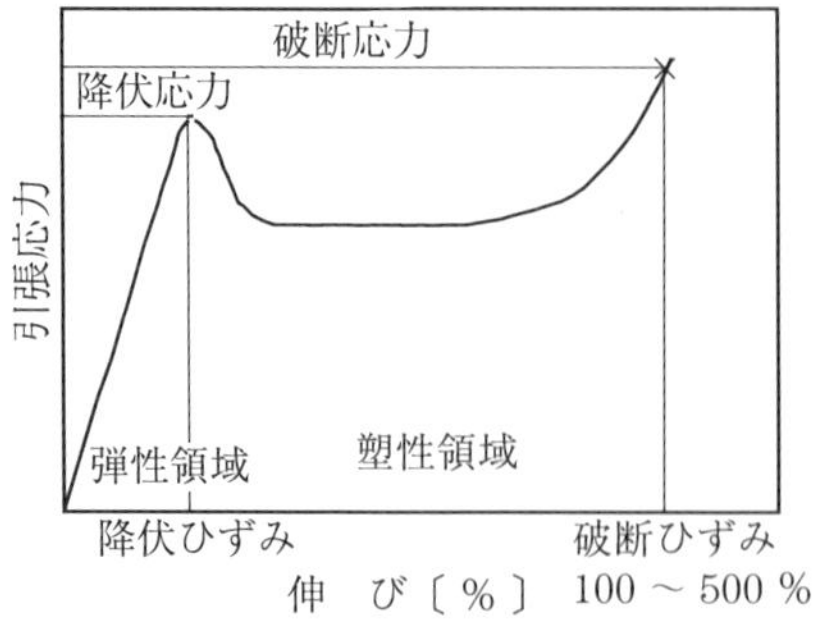

図 13.7　パリソン径解析結果と実験値の比較

表 13.1　SIMBLOW-F 1 の機能

項　目		機　能（内　容）
解析対象		非弾性領域を含む大変形現象 ①押出しブロー（ダイレクトブロー）成形 ②射出ブロー成形（延伸ブロー）成形 ③ 3 次元ブロー成形 ④熱成形/真空成形 ⑤その他の粘塑性大変形現象など
解析目的		変形過程，肉厚分布，温度分布などの予測 初期条件（形状・肉厚・温度），成形条件（圧力パターン・金型やアシストプラグの移動速度・温度），金型形状，樹脂物性などの最適化が検討可能
解析モデル	計算座標系	3 次元デカルト座標系，軸対称円筒座標系（開発中）
	保存方程式	連続方程式，運動量方程式，エネルギー方程式
	構成方程式	粘塑性モデル，K-BKZ 形粘弾性モデル
	初期条件	パリソンやシートの形状，肉厚，温度分布
	境界条件	金型，ロッド・プラグ条件（形状・移動速度・温度），圧力条件，表面摩擦係数
数値解析法	空間離散化法	有限要素法（FEM）
	要素タイプ	膜要素，ソリッド要素・多層要素
	自動リメッシング機能	メッシュサイズが大きくなった部分は自動細分化
	時間離散化法	完全陰解法
その他の機能	入出力制御	日本語メニューによる GUI
	プリプロセッサー	パリソンやシートの初期形状・初期メッシュの自動生成機能。肉厚分布，温度分布の設定も容易
	ポストプロセッサー	温度や肉厚分布のコンター図，変形図，グラフ図，アニメーション出力が可能
	金型形状	プリプロセッサーで作成することも 3 次元 CAD データ（STL ファイル形式など）とインタフェースをとることも可能
	一貫解析機能	①ダイレクトブローの場合は，パリソン形成過程解析（SIMBLOW）からの一貫解析が可能。 ②射出延伸ブローの場合は，射出成形解析（PLANETS）からの一貫解析が可能
	肉厚情報転写機能	解析した最終肉厚を別途構造解析モデル用のメッシュデータに転写し，衝撃解析などにつなげることが可能
	肉厚最適化機能	製品の目標肉厚を与えておいて，それを満足する初期パリソンの肉厚条件を逆解析により推定
	樹脂物性評価	伸長粘度，定常せん断粘度，動粘度などの物性測定データから K-BKZ 粘弾性モデルパラメーターを決定する。押出し形状の簡易予測機能もサポート
システム構成		粘塑性解析プログラムに日本語 GUI，プリ・ポストプロセッサー FEMAP，樹脂物性評価機能がついたシステムをバンドルセット販売

配方程式によって定式化される。

$$\nabla \cdot V = 0 \tag{13.17}$$

$$\nabla \cdot \tau - \nabla p = 0 \tag{13.18}$$

$$\rho C_P \frac{DT}{Dt} = \kappa \Delta T + Q_C \tag{13.19}$$

ここで，V は流速，p は圧力，T は温度，ρ は密度，C_P は比熱，κ は熱伝導率，τ は余剰応力テンソルを表す。

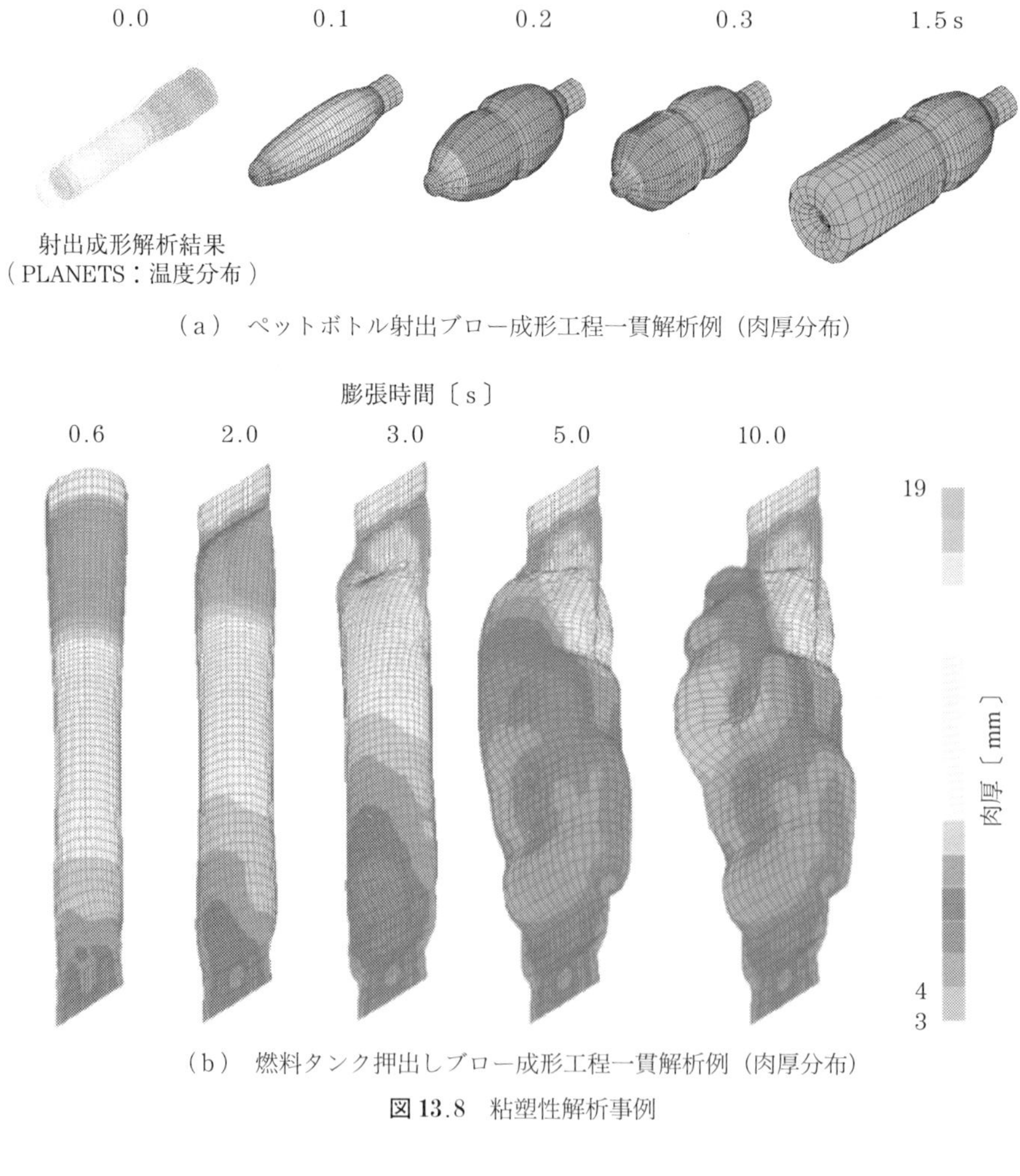

（a）　ペットボトル射出ブロー成形工程一貫解析例（肉厚分布）

（b）　燃料タンク押出しブロー成形工程一貫解析例（肉厚分布）

図 13.8　粘塑性解析事例

ブロー成形時のパリソンの変形様相には一軸と二軸伸長変形が混在する。SIMBLOW の粘塑性陰解法バージョンである SIMBLOW-F 1 では，計算時刻ごとに各要素の変形様相が一軸あるいは二軸伸長変形のいずれが支配的であるかを自動判別し，余剰応力テンソル τ に関する構成方程式を評価するようにしている[11]。

SIMBLOW-F 1 によるペットボトルと樹脂燃料タンクのブローアップ解析事例を**図 13.8** に示す[10),14)]。

ペットボトルは射出成形工程の解析でプリフォームの初期温度を予測し，その結果を初期条件としてブローアップ成形解析を実行したものであり，また，燃料タンクの解析は図 13.4 に示したパリソン形成過程の解析結果を初期条件としてブローアップ成形解析を実行したものである。

このような複数工程にわたる一貫解析により，現実的なシミュレーションが可能になってきている。最後に，SIMBLOW-F 1 の機能概要を**表 13.1** に示す[14]。

13.4　熱成形シミュレーション

熱成形とは，熱可塑性樹脂の板，シートあるいはフィルムを加熱軟化させ，軟らかい間に外力を加えて成形する方法であり，原理的にはブロー成形と似通ったところがある。熱成形における加圧プラグなどはブロー成形の延伸ロッドと同様の取扱いができる。したがってブロー成形用シミュレーションソフトウェアで熱成形用のシミュレーションを行うことも可能である。

熱成形シミュレーションの一例として，アクリル樹脂の真空成形解析事例を**図 13.9** に示す[15]。成形品の肉厚分布の計算値と実測値の比較を**図 13.10** に示しているが，かなり良好な一致を見せており熱成形シミュレーションも実用化段階に近づいてきている。

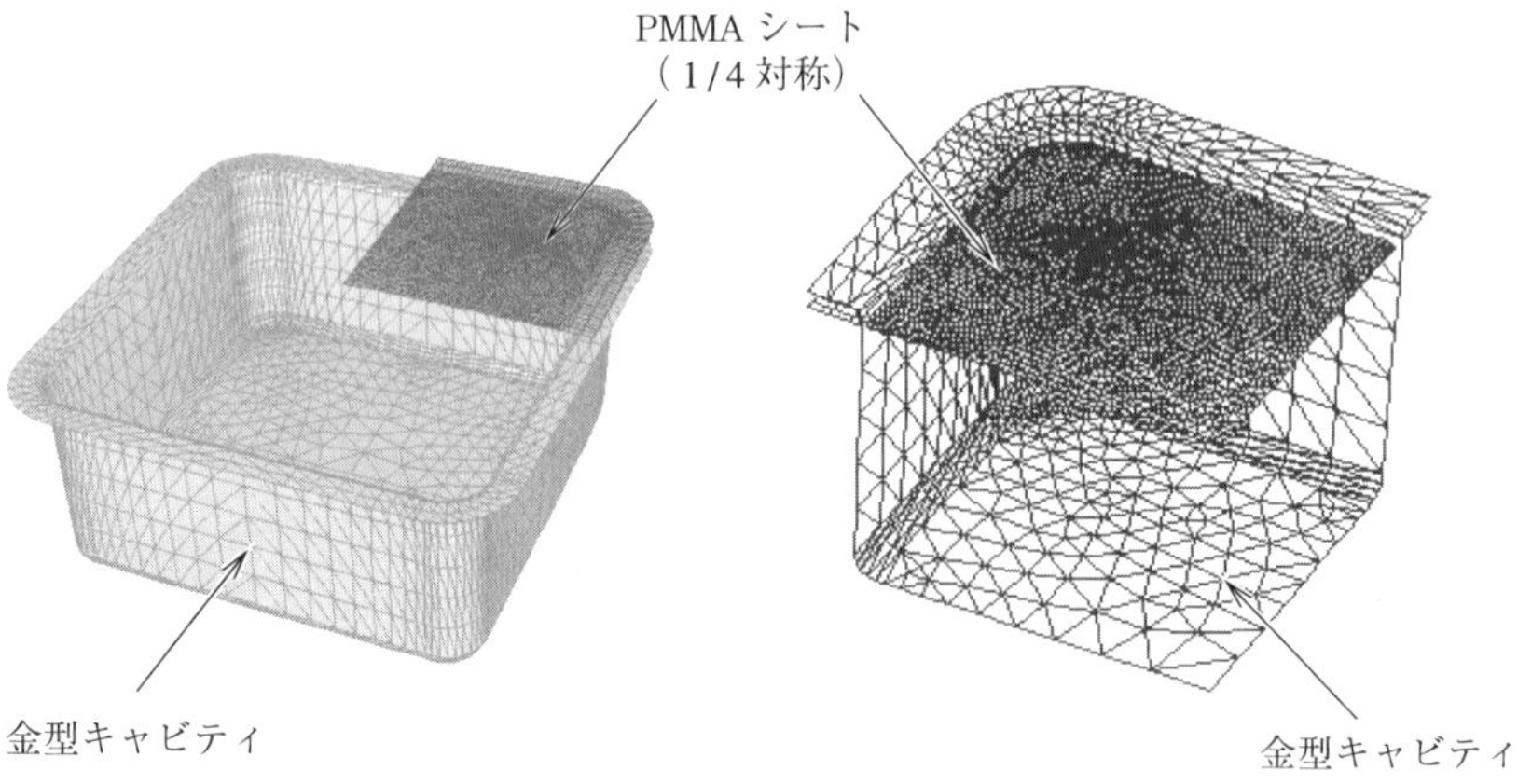

図 13.9　アクリル樹脂の真空成形解析事例（シート初期メッシュと金型メッシュ）

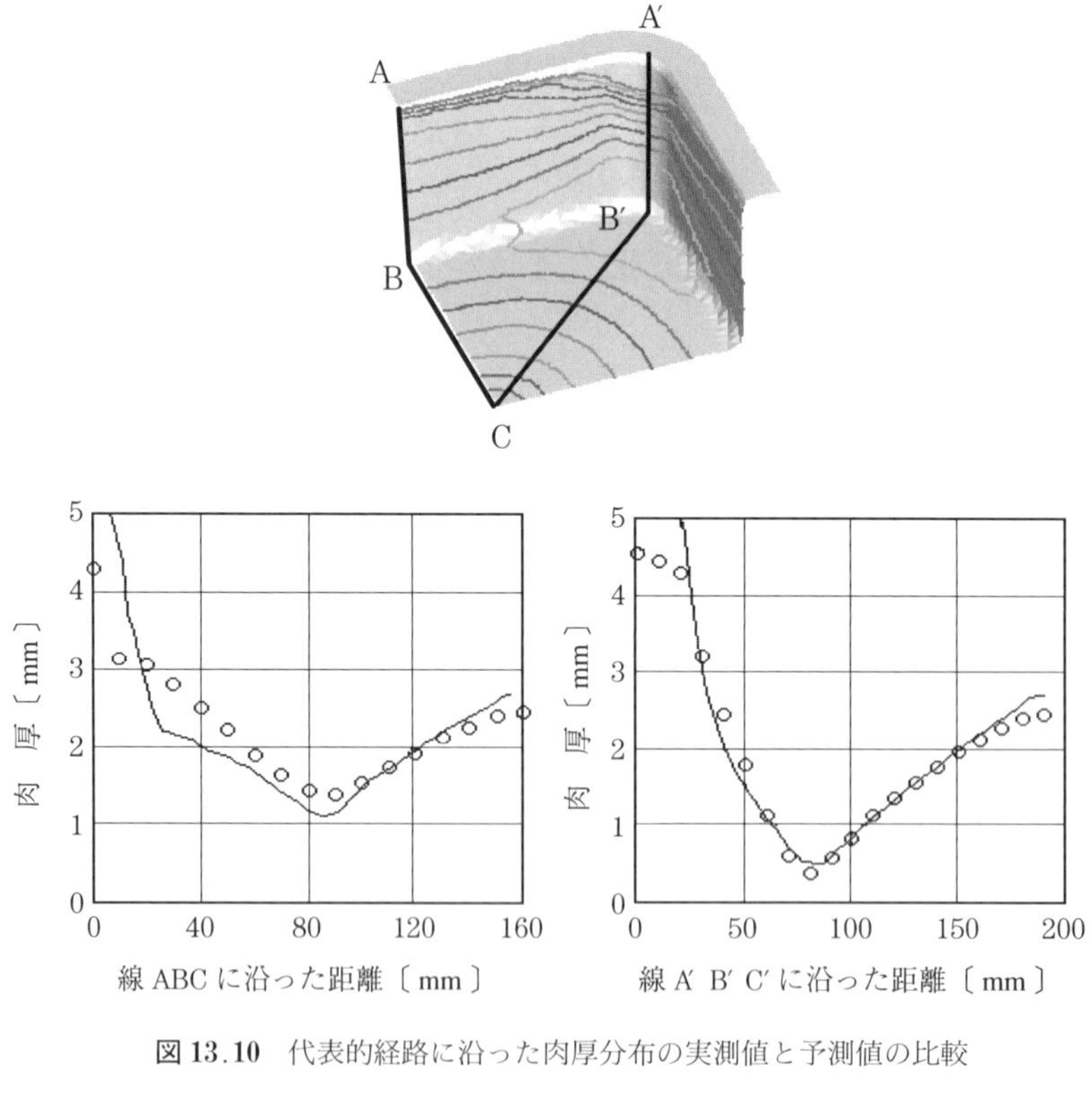

図 13.10　代表的経路に沿った肉厚分布の実測値と予測値の比較

13.5　今後のブロー成形シミュレーション

ブロー成形，熱成形シミュレーション技術の進歩も著しく，実用レベルに到達したといえよう。最近では，さらにプラスチック成形解析の目的として最適成形条件の探求が要求されてくることも多い。ブロー成形に関しても最適化解析（CAO）による最適成形条件探索が開始されている[16]。**図 13.11** に，成形するペットボトルの目標肉厚と成形条件を与えて，それを満足する初期パリソンの肉厚分布を予測した結果を示している。このほか，延伸ロッドの移動速度，加圧速度，成形温度，使用樹脂などについての最適化検討も進んできている。

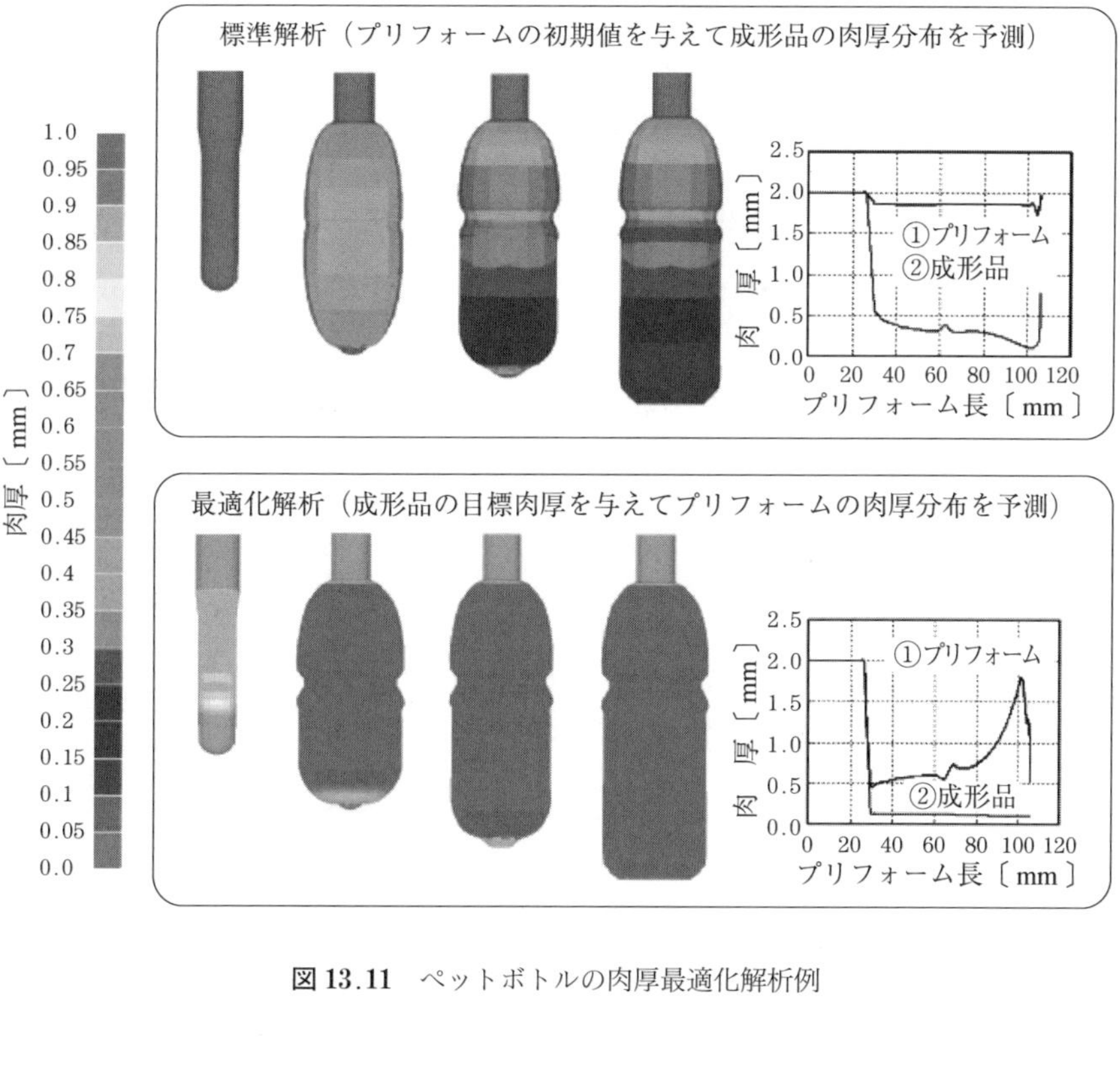

図 13.11　ペットボトルの肉厚最適化解析例

また，熱成形シミュレーションにおいても，初期シートの温度分布や加熱方法，被覆方法などに関する最適化研究も行われており，今後，シミュレーション（CAE）から最適化（CAO）への発展が加速するものと思われる。

一方，成形過程のシミュレーションで予測された製品形状や肉厚分布，温度分布データなどをもとにして，製品の構造解析・衝撃解析を実施する計算機上の製品試験も試行されている。**図 13.12** にペットボトルの成形/座屈試験解析例を示している[14]。また，3 次元 CAD システムとのシームレスな連結をはじめ，樹脂物性データベース・各種プリポストプロセッサー・他の CAE システム・ナビゲーションシステム・最適化ソフトウェアとのリンクなど統合化システム構築の気運も高まってきている。

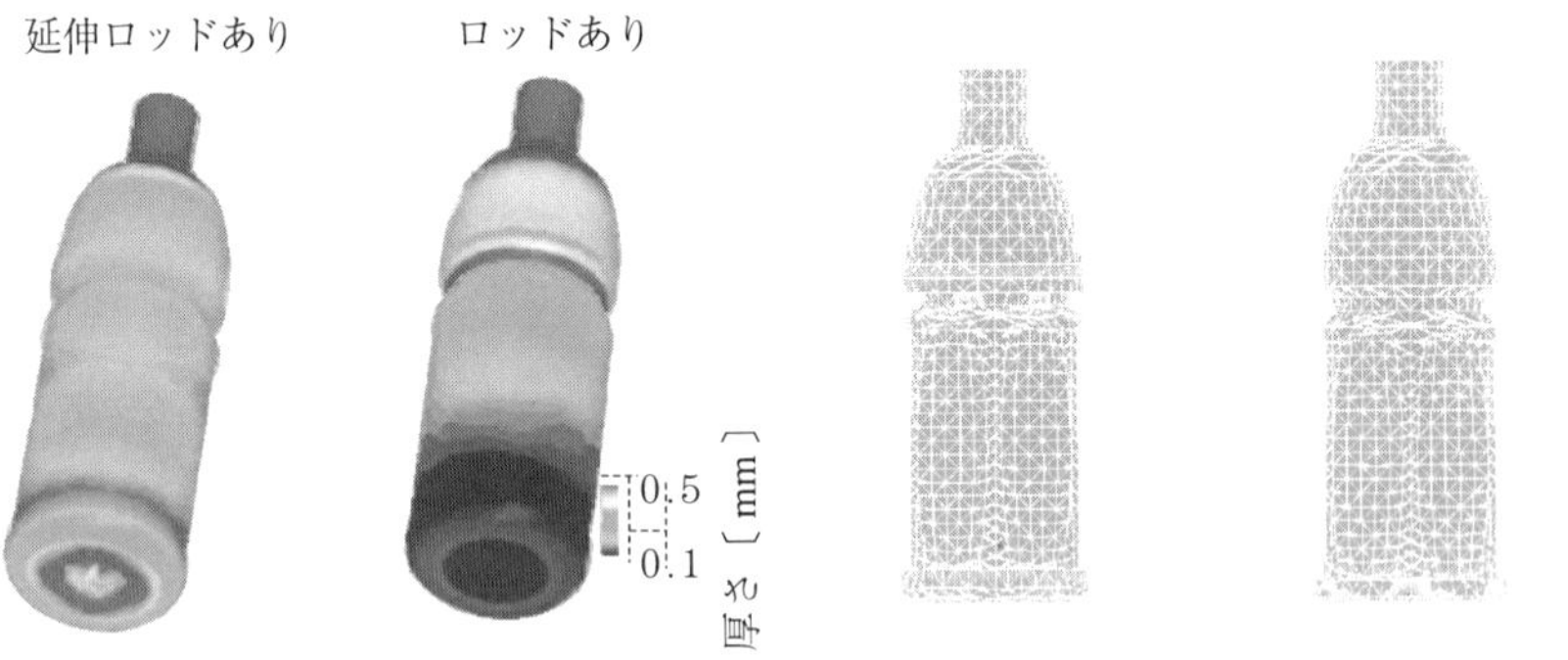

（a） ブロー成形解析結果（肉厚）　　（b） 座屈解析結果（変位）

図 13.12　パリソン肉厚解析結果とそれをもとにした座屈解析結果（延伸ロッド制御の有無による比較）

多品種少量生産，高機能，省エネ・低コスト化，スピードアップ時代への対応策としてコンピュータシミュレーションはなくてはならないものになりつつあるが，今後はさらに生産技術の革新に向けた応用展開が進んでくると期待される。

14. プログラミング

14.1　樹脂流動解析プログラムの構造

射出成形充てん解析の基本を理解してもらうため，本章では簡単なシミュレーションプログラムを作成する。ここでは解析の流れを理解してもらうことを目的とするため，プログラムができる限りシンプルな形となるように単純な2次元等温ニュートン流れを仮定した充てんシミュレーションについて解説する。サンプルプログラムは付属のCD-ROMにソースファイルおよび実行ファイルを保存しているので参照願いたい。なお，プログラムの実行は読者の責任において行っていただき，著者は本プログラムに関する問合せを受け付けない点をご了解願いたい。

なお，本プログラムはFortran 90言語による記述を前提としており，筆者はつぎの環境にて動作を確認している。

コンパイラ：Compac Visual Fortran Standard Edition 6.1.0

OS：Microsoft Windows 95，Windows Me

プログラムの解析フローチャートは**図14.1**に示すようになっている。はじめに形状データと解析条件をそれぞれ外部ファイルより読み込み（サブルーチン名INPUTMESH，INPUTCOND)，圧力と流量の関係を記述した連立1次方程式の係数により構成された圧力-流量マトリックスを作成する(MATRIXGEN)。本プログラムは粘度や肉厚が一定の等温ニュートン流体を仮定しているため，マトリックスの作成は時間ステップとともに更新する必要

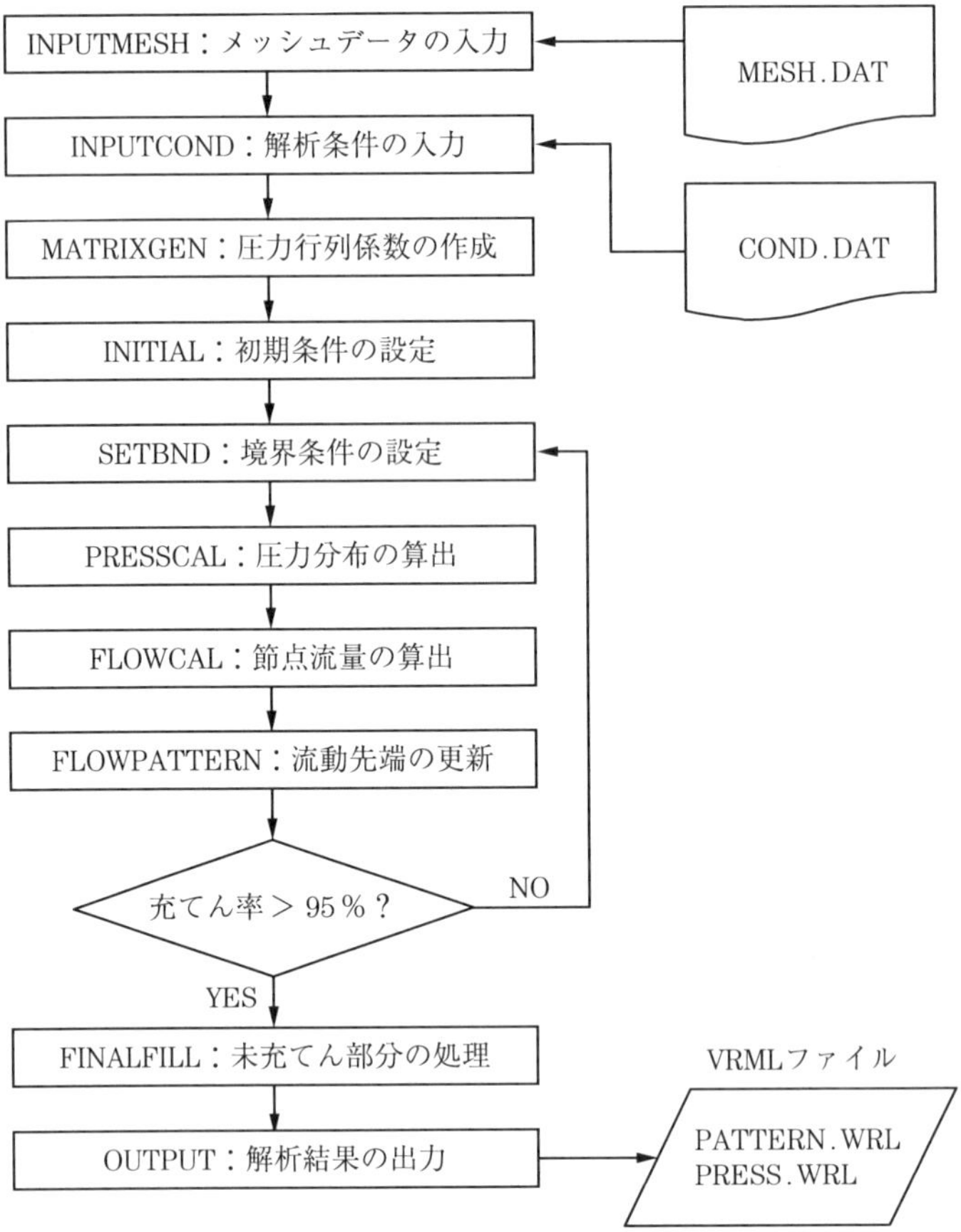

図 14.1　プログラムの解析フローチャート

はなく，最初に一度作成すればよい。

続いて初期状態（INITIAL）を設定した後に充てん解析がスタートする。現在の充てん状態をもとに境界条件を設定し（SETBND），前述の圧力-流量マトリックスを解くことによって圧力分布が算出され（PRESSCAL），流動先端の流量が算出される（FLOWCAL）。

流動先端の流量からつぎの未充てん節点が充てんされ（FLOWPATTER-N），流動先端が更新されてつぎのタイムステップに進む。

本プログラムは充てん率が95％となった段階で充てん解析が終了するように設定されている。充てんが終了すると，残りの未充てん部分を処理し(FINALFILL)，解析結果が出力される（OUTPUT)。未充てん部分の処理とは，充てんパターンをコンター表示した際に未充てん部分の充てん時間がゼロとなって表示されることを防ぐため，未充てん部分の節点充てん時間に最終充てん時間を設定している。

解析結果としては**図14.2**に例を示すように節点充てん時間をコンター（等高線）表示することによって得られる充てんパターンと，最終充てん時の圧力分布図がVRML 2.0ファイルとして出力される。図のような解析結果のコンター図は，VRMLファイルのブラウザを用いて表示することができる。

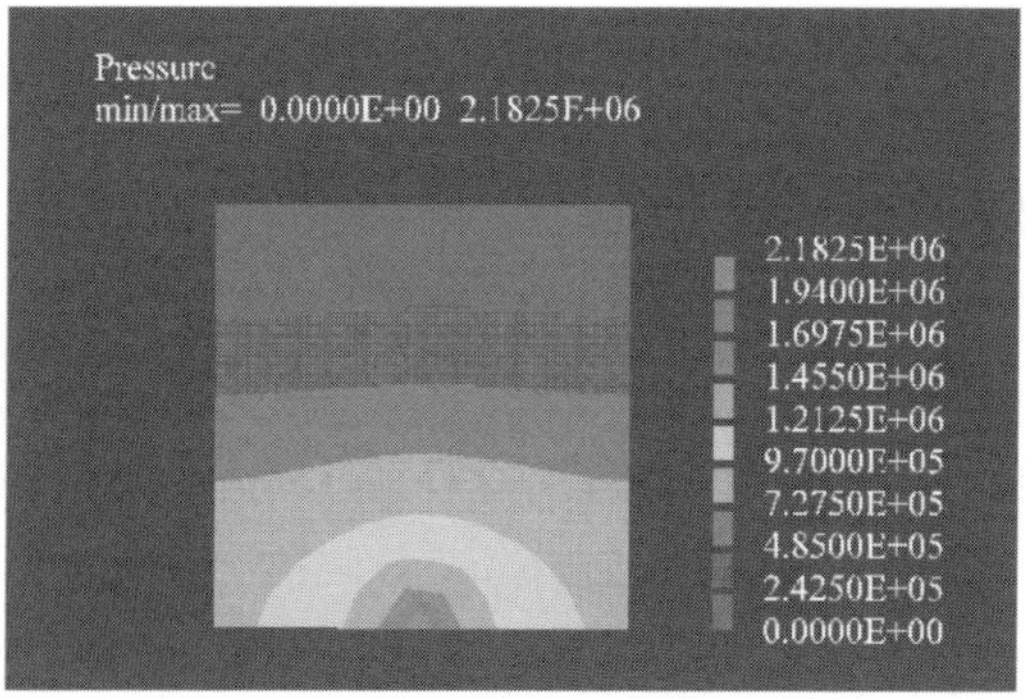

図14.2　解析結果の例

14.2　樹脂流動解析プログラムの定式化

2次元定常粘性流体の仮定より，基礎方程式として2章で示した圧力方程式が得られる。

$$\frac{\partial}{\partial x}\left(S\frac{\partial p}{\partial x}\right)+\frac{\partial}{\partial y}\left(S\frac{\partial p}{\partial y}\right)=0 \qquad (14.1)$$

$$S = \int_0^{H/2} \frac{z^2}{\mu} dz \tag{14.2}$$

ここで，H は肉厚，μ は粘度である。さらに，本プログラムではニュートン流体を仮定するため，粘度 μ は一定となり，流動コンダクタンス S はつぎのように簡単になる。

$$S = -\frac{H^3}{12\eta} \tag{14.3}$$

境界条件として，ゲート部分では射出流量を与える。

$$Q = Q_e \qquad \text{at gate} \tag{14.4}$$

流動先端の圧力はゼロとする。

$$p = 0 \qquad \text{at unfill} \tag{14.5}$$

式 (14.1) は定常熱伝導と同様のポアソン形方程式であり，境界条件式 (14.4)，式 (14.5) のもとに有限要素法などよく知られた手法によりつぎの離散化方程式を導くことができる。

$$[K]\{p\} = \{q\} \tag{14.6}$$

ここで，$\{p\}$ は節点の圧力ベクトル，$\{q\}$ は流量ベクトルであり，$[K]$ は圧力-流量行列である。ここではガラーキン法に基づきつぎの要素行列 $[k_e]$ をアセンブルして，式 (14.6) の圧力-流量行列を求めた。

$$[k_e] = \frac{S}{4\Delta}\begin{bmatrix} b_1^2 + c_1^2 & b_1b_2 + c_1c_2 & b_1b_3 + c_1c_3 \\ & b_2^2 + c_2^2 & b_2b_3 + c_2c_3 \\ \text{sym.} & & b_3^2 + c_3^2 \end{bmatrix}$$

ただし，Δ は要素面積であり，b_i，c_i は要素を構成する節点の座標値 (x_1, y_1) などより，つぎのように求める。

$$b_1 = y_2 - y_3,\quad c_1 = x_3 - x_2$$

$$b_2 = y_3 - y_1,\quad c_2 = x_1 - x_3$$

$$b_3 = y_1 - y_2,\quad c_3 = x_2 - x_1$$

充てん部分をつぎのコントロールボリューム充満率 f により定義する。

$$
\left.\begin{array}{ll}
① \ f = 1 & ：充てん済み節点 \\
② \ 0 < f < 1 & ：流動先端節点 \\
③ \ f = 0 & ：未充てん節点
\end{array}\right\} \quad (14.7)
$$

時間増分 Δt 間の充てん領域の進行はつぎのように算出する。流動先端節点 i のコントロールボリュームへの流入流量 q_i より，充満率 f の時間変化をつぎのように求める。

$$
f_i^{n+1} = f_i^n + \frac{q_i^n \Delta t}{V_i} \quad (14.8)
$$

ここで，V_i はコントロールボリューム体積である。時間増分ごとに充満率を更新し，$f = 1$ となった充てん済み節点について式 (14.6) の連立1次方程式を解けば次ステップの圧力分布と流動先端流量が得られる。このステップを充てん完了まで繰り返すことによって，キャビティ充てんの進行と各ステップにおける圧力分布を得ることができる。

14.3　主要な変数について

本プログラムの主要な変数はすべてメインプログラムの冒頭にて宣言されており，サブルーチン間では引数の形式によって参照されている。おもな変数について，以下にまとめる。ここで〔　〕は通常用いる単位を示している。

（1）　メッシュ定義に関連する変数

MXNODE	最大節点数（=10 000）
MXELEM	最大要素数（=10 000）
NNODE	節点数
NELEM	三角形要素数
IELEM(MXELEM,3)	要素構成節点番号
X(MXNODE),Y(MXNODE)	節点座標〔mm〕
THICK(MXELEM)	要素肉厚〔mm〕

（2）　行列定義に関連する変数

MXBAND	節点の最大接続サイズ（=20）
NCOLUMN(MXNODE)	第 i 行の非ゼロ成分数
COLUMN(MXNODE,MXBAND)	第 i 行の非ゼロ成分列番号
MATRIX(MXNODE,MXBAND)	第 i 行の非ゼロ成分値
NDOF	自由度数
NODENO(MXNODE)	自由度 i に対応する節点番号
DOFNO(MXNODE)	節点 i に対応する自由度番号

（3）　解析条件に関連する変数

NGATE	ゲート節点数
GATENO(1000)	ゲート節点番号
INJECTIONRATE	射出率〔mm^3/s〕
VISCOSITY	粘度〔Pa・s〕

（4）　解析中の変数

TIME	充てん開始からの時間〔s〕
RATE	充てん率
PRESS(MXNODE)	節点圧力〔Pa〕
VOLNODE(MXNODE)	節点体積〔mm^3〕
FLOWNODE(MXNODE)	節点流量〔mm^3/s〕
FILLRATE(MXNODE)	節点充てん率
FILLTIME(MXNODE)	節点充てん時間〔s〕

14.4　主要サブルーチンのプログラミング

メインプログラムからコールされる主要サブルーチンについて，入出力内容や内部動作を説明する。

（1）　解析条件入力

サブルーチン　INPUTMESH

用　途　　　メッシュファイルより，節点・要素情報を入力する。

入　力　IINP　INT　メッシュデータファイルの Open 番号

出　力　NNODE　INT　節点数

NELEM　INT　三角形要素数

IELEM(i,j)　INT　i = 1...NELEM, j = 1...3 要素構成節点番号

X(i), Y(i)　REAL(8)　i = 1...NNODE 節点座標

THICK(:)　REAL(8)　i = 1...NELEM 要素肉厚

説　明　メッシュデータはアスキー形式で下記のフォーマットにより記載する。ファイル名は MESH.DAT としている。**図 14.3** にメッシュデータファイルの例を示す。メッシュデータの作成は以下の注意事項に従うこと。

1）節点番号と要素番号は 1 番から連番とし，途中に飛び番のないこと。

2）要素構成節点は左回り（反時計回り）の順に節点を定義すること。

3）節点数と要素数の上限は 10 000 とする（プログラム中の MXNODE, MXELEM で変更可能）。

4）一つの節点に接続した節点の総数が 20 を超えないこと（最大値はプロ

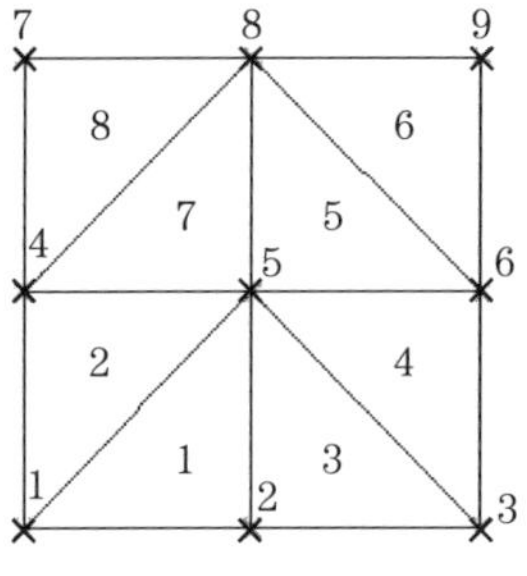


```
9
0.0  0.0
10.  0.0
20.  0.0
0.0  10.
10.  10.
20.  10.
0.0  20.
10.  20.
20.  20.
8
1 2 5  1.0
5 4 1  1.0
2 3 5  1.0
5 3 6  1.0
4 5 8  1.0
8 7 4  1.0
5 6 8  1.0
8 6 9  1.0
```

図 14.3　メッシュデータファイルの例

グラム中の MXBAND で変更可能)。

メッシュデータファイル（MESH.DAT）のフォーマット

INT　節点数（NNODE）
REAL(8) REAL(8)　節点座標（X, Y）
：　NNODE 行
REAL(8) REAL(8)
INT　要素数（NELEM）
INT INT INT REAL(8)　要素構成節点（IELEM），要素肉厚（THICK）
：　NELEM 行
INT INT INT REAL(8)

サブルーチン　INPUTCOND

用　途　条件設定ファイルより，成形条件などの解析条件を入力する。

入　力　IINP　INT　条件設定ファイルの Open 番号

出　力　NGATE　INT　ゲート節点数
GATENO(i)　INT　i = 1...NGATE ゲート節点番号
INJECTIONRATE　REAL(8)　射出率
VISCOSITY　REAL(8)　粘度

説　明　ゲート節点は材料の流入口となる節点であり，最大 1 000 点まで設定することができる。ゲート節点はキャビティのエッジ部・内部のいずれでもよく，連続した節点を設定することもできる。したがってフィルムゲートのように幅広のゲートの場合は連続した節点を選択して表現することができる。

射出率とはシリンダーより単位時間当りに射出される流量であり，ゲート節点に単位時間当りに流入する材料体積の総量を意味している。節点座標値を mm（ミリメートル）系で入力しているとすれば，射出率の単位は mm^3/s となる。ここで入力する射出率は総量であり，ゲート節点が複数の場合はゲート節点数で割った値がおのおののゲート節点に振り分けられる。粘度の単位は Pa•s などが用いられ，ここでの単位が解析結果として得られる圧力の単位に対応する。

各解析条件はアスキー形式の条件設定ファイルにて下記のように設定する。ファイルはCOND.DATとする。

条件設定ファイル（COND.DAT）のフォーマット

INT	ゲート節点数（NGATE）
INT　INT　INT　...	ゲート節点番号（GATENO）
REAL(8)	射出率（INJECTIONRATE）
REAL(8)	粘度（VISCOSITY）

（2）　解析前処理

サブルーチン	VOLUMECAL		
用　途	メッシュデータより，各節点のコントロールボリューム体積を求める。		
入　力	NNODE	INT	節点数
	NELEM	INT	要素数
	IELEM(i,j)	INT	i = 1...NNODE, j = 1...3　要素構成節点番号
	X(i), Y(i)	REAL(8)	i = 1...NNODE 節点座標
	THICK(:)	REAL(8)	i = 1...NELEM 要素肉厚
出　力	VOLNODE(i)	REAL(8)	i = 1...NNODE 節点体積
説　明	要素体積の1/3が構成節点に振り分けられる。		

サブルーチン	INITIAL		
用　途	初期条件を設定する。		
入　力	NGATE	INT	ゲート節点数
	GATENO(i)	INT	i = 1...NGATE ゲート節点番号
出　力	TIME	REAL(8)	現在時刻
	RATE	REAL(8)	現在の充てん率
	FILLTIME(i)	REAL(8)	i = 1...NNODE　各節点の充てん時間

FILLRATE(i)　REAL(8) i = 1 ...NNODE　各節点の充てん率

説　明　　各変数がつぎのように初期化される。

TIME = RATE = 0

FILLTIME(i) = 0

FILLRATE(i) = 1.0　i：ゲート節点のとき

= 0.0　i：ゲート節点以外のとき

（3）　行列生成

サブルーチン　MATRIXGEN

用　途　　圧力-流量行列を作成する。

入　力　　NNODE　　INT　節点数

NELEM　　INT　要素数

IELEM(i,j)　INT　i = 1...NNODE,j = 1...3　要素構成節点番号

X(i), Y(i)　REAL(8)　i = 1...NNODE 節点座標

THICK(i)　REAL(8)　i = 1...NELEM 要素肉厚

VISCOSITY　REAL(8)　粘度

出　力　　NCOLUMN(i) INT　i = 1...NNODE　i 行の非ゼロ成分数

COLUMN(i,j) INT　i = 1...NNODE, j = 1...NCOLUMN　列番号

MATRIX(i,j) REAL(8)　i = 1...NNODE, j = 1...NCOLUMN　行列成分

説　明　　圧力-流量行列は節点 i の圧力値 p_i と流量 q_i を関連付ける連立1次方程式の係数マトリックスである。節点 i の流量 q_i は，i を含む周囲の節点 j の圧力 p_j より線形和として表すことができ，この係数 K_{ij} がつぎの圧力-流量行列の成分となる。

$$[K]\{p\} = \{q\} \tag{14.9}$$

ここで，$[K]$ は圧力-流量行列，$\{p\}$ は圧力ベクトル，$\{q\}$ は流量ベクトルであ

る。

したがって行列の第 i 行では，隣り合う節点 j に対応する列以外の列成分はゼロとなることから，計算機メモリーの節約とアクセス高速化のためにゼロ成分を除いて非ゼロ成分のみを配列に保存する。保存の形式を**図 14.4** に示す。第 i 行のゼロ成分の列数が変数 NCOLUMN(i) に，対応する列番号が COLUMN(i,j) に保管され，行列成分の値は MATRIX(i,j) に保管される。

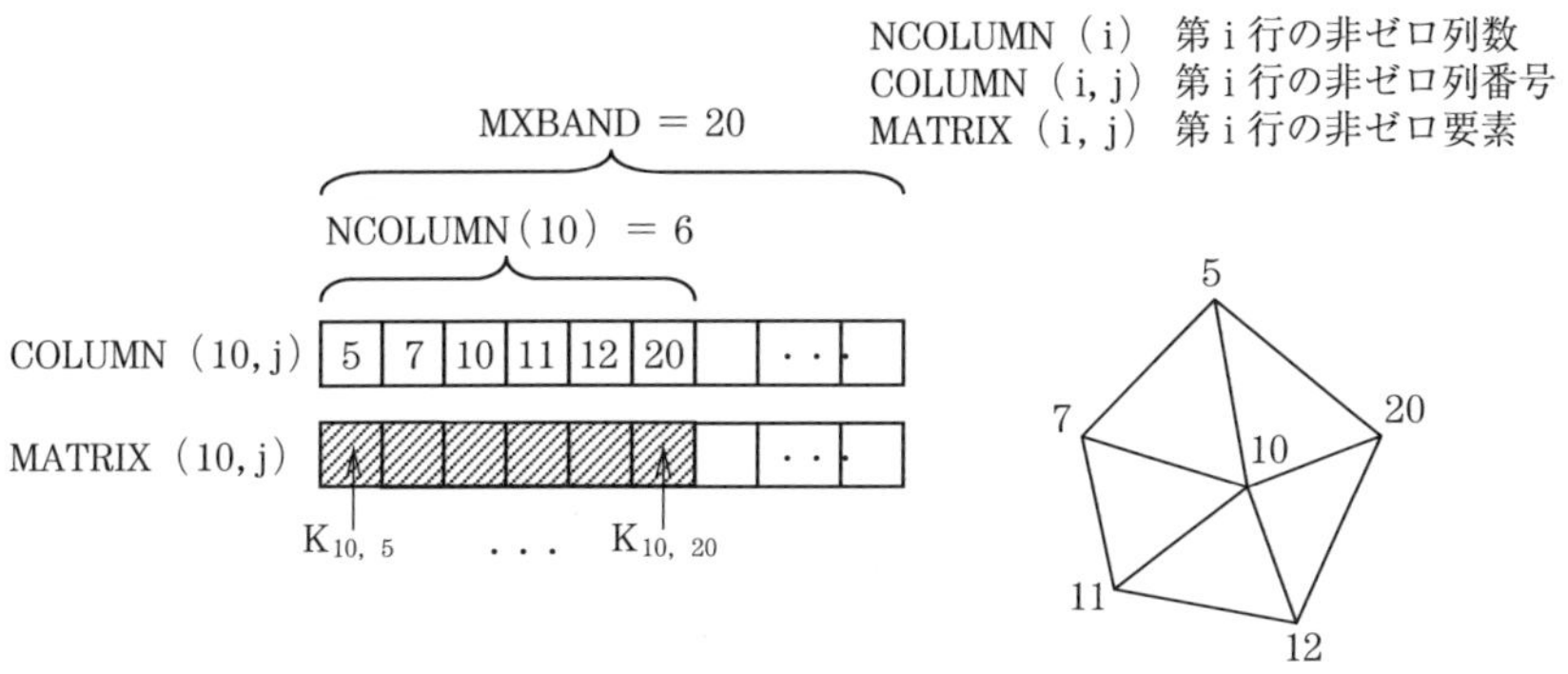

図 14.4　圧力-流量行列の保存形式

本プログラムでは行列成分を 2 次元配列（COLUMN および MATRIX）で表しており，各行の非ゼロ成分数の最大値が 2 次元配列の第 2 成分サイズ上限を超えないように注意する必要がある。非ゼロ成分の数は，節点 i に関して自分自身を含む周囲の接続節点数で決まるため，メッシュ分割を行う際に意識してもらいたい。例えば図 14.4 に示した節点番号 10 の場合，非ゼロ成分の数は 6 となる。デフォルトの第 2 成分サイズ上限は 20 であり，メインプログラムの変数 MXBAND で定義されている。

（4）　圧力計算

サブルーチン　SETBND

用　途　　自由度と流量の境界条件を設定する。

入　力　　NNODE　　INT　　節点数

	FILLRATE(i)	REAL(8)	i=1...NNODE　各節点の充てん率
	NGATE	INT	ゲート節点数
	GATENO(i)	INT	i=1...NGATE ゲート節点番号
	INJECTIONRATE	REAL(8)	射出率
出　力	NDOF	INT	全自由度数
	NODENO(i)	INT	i=1...NDOF　自由度に対応する節点番号
	DOFNO(i)	INT	i=1...NNODE 節点に対応する自由度番号
	FLOWNODE(i)	REAL(8)	i=1...NNODE 節点の流量配列

説　明　　節点 i の充てん率を表す FILLRATE (i) が 0.99 以上のとき，その節点 i は充てん済みとみなし，圧力計算を行う自由度に加える。未充てん部分（FILLRATE = 0）および流動先端部分（0 < FILLRATE < 0.99）の節点は自由度から外され，圧力値がゼロに拘束されることになる（圧力値はサブルーチン INITIAL にてあらかじめゼロに初期化されている）。自由度番号は節点番号の小さい方から順番に割り振られ，NODENO および DOFNO に番号付けされた結果が保管される。自由度をもたない節点については DOFNO = 0 となる。

またゲート節点に対して流量境界条件が設定される。流量は射出率（INJECTIONRATE）を各ゲートに対して均等に割り振られる。この段階では，ゲート節点以外の節点において FLOWNODE = 0 となる。

以上の操作を行列式で表すとつぎのような操作に対応する。式 (14.9) の圧力-流量の関係を表す連立 1 次方程式を既知圧力（= 0）と，未知圧力（p_{unknown}）の部分に分けて並べ替えると，対応する流量も既知と未知部分に分かれるため，つぎのように表される。

$$\begin{bmatrix} K_{11} & K_{12} \\ K_{21} & K_{22} \end{bmatrix} \begin{Bmatrix} p_{\mathrm{unknown}} \\ 0 \end{Bmatrix} = \begin{Bmatrix} q_{\mathrm{known}} \\ q_{\mathrm{unknown}} \end{Bmatrix} \tag{14.10}$$

右辺の流量ベクトルは充てん済み部分でゼロ，ゲート部分で射出率となる。

$$q_{\mathrm{known}} = \begin{cases} 0 & \text{at filled node} \\ q_{\mathrm{inlet}} & \text{at inlet node} \end{cases} \tag{14.11}$$

上式よりつぎの連立１次方程式を解くことによって，充てん部分の未知圧力分布を得ることができる。

$$[K_{11}]\{p_{\mathrm{unknown}}\} = \{q_{\mathrm{known}}\} \tag{14.12}$$

サブルーチン　PRESSCAL

用　途　圧力分布を計算する。

入　力
NNODE　INT　節点数
NDOF　INT　全自由度数
NODENO(i)　INT　i = 1...NDOF　自由度に対応する節点番号
DOFNO(i)　INT　i = 1...NNODE 節点に対応する自由度番号
FLOWNODE(i)　REAL(8)　i = 1...NNODE 節点の流量配列
NCOLUMN(i)　INT　i = 1...NNODE　i 行の非ゼロ成分数
COLUMN(i,j)　INT　i = 1...NNODE,j = 1...NCOLUMN 列番号
MATRIX(i,j) REAL(8)　i = 1...NNODE,j = 1...NCOLUMN 行列成分
W 1～W 7(i)　REAL(8)　i = 1...NNODE 行列計算用の作業配列

出　力　PRESS(i)　REAL(8)　i = 1...NNODE 節点の圧力配列

説　明　自由度をもつ節点の圧力を計算し，PRESS 配列に答を代入して返す。W 1 から W 7 は PRESSCAL の内部で活用する作業配列であり，

入力時に値を設定する必要はない。圧力-流量行列にて定義される連立1次方程式（14.12）を，反復解法の一種である共役こう配法（CG法）により解き，節点圧力値が求められる。この時点では節点流量（FLOWNODE）は変化せず，ゲート節点の流量のみ保存されている。

（5）　パターン計算

サブルーチン　FLOWCAL

用　途　　節点流量を計算する。

入　力　　NNODE　INT　節点数

PRESS(i)　REAL(8)　i＝1...NNODE 節点の圧力配列

NCOLUMN(i)　INT　i＝1...NNODE　i行の非ゼロ成分数

COLUMN(i,j)　INT　i＝1...NNODE,j＝1...NCOLUMN 列番号

MATRIX(i,j)　REAL(8)　i＝1...NNODE,j＝1...NCOLUMN 行列成分

出　力　　FLOWNODE(i)　REAL(8)　i＝1...NNODE 節点の流量配列

説　明　　充てん済み節点の圧力値 p_{unknown} が求められたので，式（14.10）より，次式を用いて節点流量 q_{unknown} を計算する。

$$\{q_{\mathrm{unknown}}\} = [K_{21}]\{p_{\mathrm{unknown}}\} \tag{14.13}$$

充てん済み領域の内部では質量保存則により節点流量の総和はゼロとなり，ゲート節点で正，流動先端の節点で負の値をとる。すべてのゲート節点からの流入流量の総和は射出率となり，流動先端節点での流量の総和と絶対値が一致する。

サブルーチン　FLOWPATTERN

用　途　　流動先端を更新し，時間増分を進める。

入　力　　NNODE　INT　節点数

TIME　REAL(8)　現在時間

RATE　REAL(8)　現在の充てん率

	FILLRATE(i)	REAL(8)	i＝1...NNODE 各節点の充てん率
	FLOWNODE(i)	REAL(8)	i＝1...NNODE 節点の流量配列
	VOLNODE(i)	REAL(8)	i＝1...NNODE 節点体積
出　力	TIME	REAL(8)	次ステップ時間
	RATE	REAL(8)	次ステップ充てん率
	FILLTIME(i)	REAL(8)	i＝1...NNODE 各節点の充てん時間
	FILLRATE(i)	REAL(8)	i＝1...NNODE 各節点の更新された充てん率
	ENDFLAG	LOGICAL	TRUE：充てん完了

説　明　　流動先端節点の流量と現在の充てん率より，つぎの節点が充てんされる時間を求め，次ステップへの時間増分を決定する。すべての流動先端節点について，現在の節点流量をもとに次ステップの充てん率が算出され，FILLRATE が更新される。このとき，充てん率が 0.99 以上の節点については充てん済みとされ，次ステップ時間が FILLTIME に設定される。また，全節点の充てん率より全体の充てん率が次ステップでの値に更新される。

次ステップに充てんされる節点が見つからない場合は，ENDFLAG に TRUE が入り，メインプログラムで時間ループが終了する。なお，圧力計算は必ず未充てん節点が必要となるため，メインプログラムでは充てん率が 0.95 以上となった段階で時間ループから抜けるように設定されている。

（6） 後処理

サブルーチン	FINALFILL		
用　途	最終充てん時に未充てん節点の処理を行う。		
入　力	NNODE	INT	節点数
	TIME	REAL(8)	現在時間

FILLRATE(i)　REAL(8)　　i = 1...NNODE　各節点の充てん率

出　力　　FILLTIME(i)　REAL(8)　　i = 1...NNODE　各節点の充てん時間

FILLRATE(i)　REAL(8)　　i = 1...NNODE　各節点の更新された充てん率

説　明　　本プログラムでは非圧縮性流体を仮定しているため，圧力計算では基準圧力となる圧力ゼロの境界条件，すなわち未充てん部分が必要となる。すべての節点が充てんされてしまうとゲートからの流入に対して流出部分がなくなり，質量保存則が満足されなくなるためである。そこでメインプログラムにて充てん率が 0.95 を超えると時間ループを抜けて解析が終了するように設定されている。しかしその状態で解析結果を表示すると，残りの 5％部分の充てん時間がゼロとなり，不自然な充てんパターンが表示されてしまう。そこで本サブルーチンは未充てん節点の充てん時間に現在時刻を設定し，充てん済みとして返す働きをもっている。

サブルーチン　OUTPUT

用　途　　解析結果を出力する。

入　力　　NNODE　INT　節点数

NELEM　INT　要素数

IELEM(i,j)　INT　　i = 1...NNODE,j = 1...3　要素構成節点番号

X(i), Y(i)　REAL(8)　　i = 1...NNODE 節点座標

FILLTIME(i) REAL(8)　　i = 1...NNODE　各節点の充てん時間

FILLRATE(i) REAL(8)　　i = 1...NNODE　各節点の更新された充てん率

PRESS(i)　REAL (8)　　i = 1...NNODE 節点の圧力配列

出力　　　　（ファイル出力のみ）

説　明　　　解析結果は充てんパターンと圧力分布のコンター図を出力する。本プログラムでは専用のポストプロセッサーをもたないため，VRML 2.0 形式のファイルでコンター図を出力し，フリーソフトとして配布されているブラウザを利用して表示することとした。筆者はブラウザとして Cosmo Player 2.1.1（http://cosmosoftware.com/products/player）を利用した。

ただし VRML ファイルは容量が大きく，充てんパターンや圧力それぞれについて別個に作成されるなど冗長な部分も多いため，手元にあるポストプロセッサー用に結果を出力する形式に書き換えて活用されることを勧める。

コンター図としてつぎの二つのファイルが出力される。

PATTERN.WRL　：充てんパターン

PRESS.WRL　　：最終充てん時の圧力分布

コンター図はデータの最大値と最小値の間を 9 段階に色分けされて出力される。

引用・参考文献

1 章

1） 高分子学会：高分子データハンドブック，培風館（1986）
2） 産業調査会：実用プラスチック成形加工事典（1997）
3） 廣恵章利，本吉正信：プラスチック成形加工入門，日刊工業新聞社（1979）
4） プラスチック成形加工学会：流す，形にする，固める，シグマ出版（1996）
5） 横井英俊，村田泰彦：東京大学生産技術研究所リーフレット（1988）
6） Z. Tadmor, E. Broyer and C. Gutfinger：Flow Analysis Network (FAN)—A method for solving flow problems in polymer processing, J. Polymer Eng. Sci., **14**, 9, p. 660（1974）
7） C. Kiparissides and J. Vlachopoulos：Finite element analysis of calendering, Polymer Eng. Sci., **16**, pp. 712〜719（1976）
8） G. Menges, W. Michaeli, E. Baur, V. Lessenich and C. Schwenzer：Computer-aides plastic parts design for injection molding, Advances in Polymer Technology, **8**, 4, pp. 355〜365（1988）
9） K. Wang et al.：Computer-Aided Injection Molding System, Progress Reports Nos. 1〜15, Cornell Injection Molding Program, Cornell University（1975〜1990）
10） R. Bird, W. Stewart and E. Lightfood：Transport Phenomena, John Wiley and Sons（1960）
11） 高橋秀郎，松岡孝明：射出成形技術の高度化，高分子，**29**, 10, p. 762（1980）
12） 須賀康雄，田中豊喜，中野　亮：射出成形用 CAE システム，日本機械学会第 3 回設計自動化後援会論文集，p. 66（1985）

3 章

1） 石島　守，山部　昌：材料データが射出成形シミュレーションに及ぼす影響について，成形加工，**5**, 3, p. 155（1993）
2） 中田公明，小早川益律：射出成形充填過程シミュレーションにおける材料特性の影響，成形加工，**5**, 3, p. 164（1993）
3） 辻村勇夫：材料データベースと CAE，成形加工，**6**, 9, p. 606（1994）
4） 船津和守：高分子・複合材料の成形加工，p. 40，信山社出版（1992）

5）松井裕次，宮本　玲，丹　淳二，橋本寿正：ポリプロピレン射出成形品の物性評価と CAE への応用，高分子学会予稿集，**42**, 11, p. 4586（1993）
6）菊地時雄，長谷川隆，渡部　修，小山清人：ポリプロピレンの熱伝導率の圧力依存性，成形加工，**8**, 2, p. 92（1996）
7）今村伸二，森陽一郎，金田　勉，九島行正：PVT 測定精度の射出成形シミュレーションへの影響，高分子論文集，**53**, 11, p. 693（1996）
8）伊藤浩志，堤　康裕，南川慶二，多田和美，小山清人：射出成形における結晶化シミュレーション，成形加工，**6**, 4, p. 265（1994）
9）多田和美：結晶性樹脂のプラスチック CAE，合成樹脂，**42**, 2, p. 27（1996）

5章

1）H. Schlichting：Boundary-Layer Theory, McGraw-Hill, New York（1968）
2）B.W. Thompson：Secondary flow in a Hele-Shaw cell, J. Fluid Mech., **31**, p. 379（1968）
3）J.R.A. Pearson：Mech. Princ. Polym. Proc., Pergamon Press, Oxford（1966）
4）D.H. Harry and R.G. Parrot：Numerical simulation of injection mold filling, Polym. Eng. Sci., **10**, p. 209（1970）
5）M.R. Kamal and S. Kenig：The injection molding of thermoplastics, Polym. Eng. Sci., **12**, pp. 294 and 302（1972）
6）J.L. Berger and C.G. Gogos：A numerical simulation of the cavity filling process with PVC in injection molding, Polym. Eng. Sci., **13**, p. 102（1973）
7）P.C. Wu, C.F. Huang and C.G. Gogos：Simulation of mold filling process, Polym. Eng. Sci., **14**, p. 223（1974）
8）H.A. Lord and G. Williams：Mold-filling studies for the injection molding of thermoplastics materials, Part II：The transient flow of plastic materials in the cavities of injection molding dies, Polym. Eng. Sci., **15**, p. 569（1975）
9）J.F. Stevenson, A. Galskoy, K.K. Wang, I. Chen and D.H. Reber：Injection molding in disk-shaped cavities, Polym. Eng. Sci., **17**, p. 706（1977）
10）H.A. Load：Mold-filling studies for the injection molding of thermoplastic materials, Polym. Eng. Sci., **17**, p. 705（1977）
11）E. Broyer, Z. Tadmor and C. Gutfinger：Filling of rectangular channel with a Newtonian fluid, Israel J. Technology, **11**, pp. 189～193（1973）
12）Z. Tadmor, E. Broyer and C. Gutfinger：Flow Analysis Network (FAN)—A method for solving flow problems in polymer processing, Polym. Eng. Sci, **14**, pp. 660～665（1974）
13）E. Broyer, C. Gutfinger and Z. Tadmor：A theoretical model for the cavity

filling process in injection molding, Trans. Soc. Rheol., **19**, pp. 423～444 (1975)

14) W.L. Krueger and Z. Tadmor：Injection molding into a rectangular cavity with inserts, Polym. Eng. Sci., **20**, pp. 426～431 (1980)

15) V.W. Wang, C.A. Hieber and K.K. Wang：Dynamic simulation and graphics for the injection molding of three-dimensional thin parts, J. Polym. Eng., **7**, 1 (1986)

16) 岡田有司，速水弘樹，中野　亮：エネルギー・圧力方程式への多層モデル導入による樹脂流動解析圧力予測精度向上について，成形加工シンポジア，pp. 75～76 (2002)

6 章

1) M.St. Jacques：An analysis of thermal warpage in injection molded flat parts due to unbalanced cooling, Polym. Eng. Sci., **22**, p. 241 (1982)

2) 松岡，山本：境界要素法による射出成形金型の熱解析，境界要素法研究会第 36 回例会 (1991)

3) T. Matsuoka, J. Takabatake, A. Koiwai, Y. Inoue, S. Yamamoto and H. Takahashi：Integrated simulation to predict warpage of injection molded parts, Polym. Eng. Sci., **31**, 14, pp. 1043～1050 (1991)

4) 例えば，神谷，大西：境界要素法による計算力学，森北出版 (1985)

5) 例えば，矢川：流れと熱伝導の有限要素法入門，培風館 (1983)

6) 大井：三次元冷却解析システムの開発，成形加工，**14**, 9 (2002)

7 章

1) A.I. Isayev：Injection and Compression Molding Fundamentals, Marcel Dekker, New York (1987)

2) L.C.E. Struik：Internal Stresses, Dimensional Instabilities and Molecular Orientations in Plastics, Wiley & Sons, New York (1990)

3) A.I. Isayev and D.L. Crouthamel：Residual stress development in the injection molding of polymers, Polym. Plast. Technol. Eng., **22**, p. 177 (1984)

4) F.T.P. Baaijens：Calculation of residual stresses in injection molded products, Rheol. Acta, **30**, p. 284 (1991)

5) A.A.M. Flaman：Buildup and relaxation of molecular orientation in injection molding, Part I：Formulation, Polym. Eng. Sci., **33**, p. 193 (1993)

6) A.A.M. Flaman：Buildup and relaxation of molecular orientation in injection molding, Part II：Experimental verification, Polym. Eng. Sci., **33**, p. 202

(1993)
7) 多田和美，新藤和美：射出成形における残留応力の予測，成形加工，**2**，4，pp. 317〜324 (1990)
8) M. Jacques : An analysis of thermal warpage in injection molded flat parts due to unbalanced cooling, Polym. Eng. Sci., **22**, 4, pp. 241〜247 (1982)
9) M. Thompson : The effect of a temperature gradient on residual stresses and distortion in injection moldings, Polym. Eng. Sci., **24**, 4, pp. 227〜241 (1984)
10) M. Akay, S. Ozden and T. Tansey : Prediction of process induced warpage in injection molded thermoplastics, Polym. Eng. Sci., **36**, 13, pp. 1839〜1846 (1996)
11) 田中豊喜，須賀康雄：日経メカニカル別冊 CAD/CAM/CAE，p. 144 (1985)
12) F. Boitout, J.F. Agassant and M. Vincent : Elastic calculation of residual stresses in injection molding, Int. Polym. Process, **10**, pp. 237〜242 (1995)
13) K.M.B. Jansen and G. Titomanlio : Effect of pressure history on shrinkage and residual stresses in injection molding with constrained shrinkage, Polym. Eng. Sci., **36**, 15, pp. 2029〜2040 (1996)
14) G. Titomanlio and K.M.B. Jansen : In-mold shrinkage and stresses prediction in injection molding, Polym. Eng. Sci., **36**, 5, pp. 2041〜2049 (1996)
15) K.M.B. Jansen, R. Pantani and G. Titomanlio : As-molded shrinkage measurements in polystyrene injection molded products, Polym. Eng. Sci., **38**, 2, pp. 254〜264 (1998)
16) W.F. Zoetelief, L.F.A. Douven and A.J. Ingen : Residual thermal stresses in injection molded products, Polym. Eng. Sci., **36**, 14, pp. 1886〜1896 (1996)
17) Shin-Jung Liu : Modeling and simulation of thermally induced stress and warpage in injection molded thermoplastics, Polym. Eng. Sci., **36**, 6, pp. 807〜818 (1996)
18) W.C. Bushko and V.K. Stokes : Solidification of thermoviscoelastic melts, Part I : Formulation of model problem, polym. Eng. Sci., **35**, 4, pp. 315〜364 (1995)
19) W.C. Bushko and V.K. Stokes : Solidification of thermoviscoelastic melts, Part II : Effect of process conditions on shrinkage and residual stresses, Polym. Eng. Sci., **35**, 4, pp. 365〜383 (1995)
20) O. Denizart, M. Vincent and J.F. Agassant : Thermal stresses and strains in injection moulding : experiments and computations, J. Mater. Sci., **30**, p. 552 (1995)
21) K.K. Kabanemi and M.J. Crochet : Thermoviscoelastic calculation of resid-

ual stresses and residual shapes of injection molded parts, Int. Polym. Process, **7**, pp. 60～70 (1992)

22) K.K. Kabanemi, H. Vallancourt, H. Wang and G. Shalloum：Residual stresses, shrinkage and warpage of complex injection molded products：Numerical simulation and experimental validation, J. Polym. Eng. Sci., **38**, 1, pp. 21～37, (1998)

23) D.-S. Choi and Y.-T. Im：Prediction of shrinkage and warpage in consideration of residual stress in integrated simulation of injection molding, Composite Structure, **47**, pp. 655～665 (1999)

24) T. Matsuoka, J. Takabatake, A. Koiwai, Y. Inoue, S. Yamamoto and H. Takahashi：Integrated simulation to predict warpage of injection molded parts, Polym. Eng. Sci., **31**, 14, pp. 1043～1050 (1991)

25) 田中豊喜：射出成形加工 CAE—開発状況と今後の展望—，成形加工，**10**, 7, pp. 525～530 (1998)

8 章

1) S.V. Patnker：Numerical Heat Transfer and Fluid Flow, McGraw-Hill (1980)

9 章

1) M. ドバーグ，M. ファン・クリベルド，M. オーバーマーズ，O. シュワルツコップ，浅野訳：コンピュータ・ジオメトリ，近代科学社 (2000)

2) 谷口健男：FEM のための要素自動分割，森北出版 (1992)

3) 特表 2001-519069，PCT/AU 98/00130

4) 坂場克哉，中野　亮，田中豊喜：射出成形 CAE システムの 3 次元化，成形加工，**10**, 5 (1998)

11 章

1) Z. Tadmor, E. Broyer and C. Gutfinger：Flow Analysis Network (FAN)—A method for solving flow problem in polymer processing, Polym. Eng. Sci., **14**, p. 660 (1974)

2) K.K. Wang, S.F. Shen, C. Cohen et al.：Cornell Injection Molding Project. Progress Report, **8**, p. 23 (1981)

3) C.W. Hirt et al.：Volume of fluid method for dynamics of free boundaries, J. Computational Physics, **39**, p. 201 (1981)

4) R.J. Silva-Nieto, B.C. Fisher and A.W. Birley：Prediction Mold Flow for

Unsaturated Polyester Resin Sheet Molding Compounds, Polym. Compos., **1**, p. 14 (1980)
5) C.L. Tucker and F.P. Folgar：A model of compression mold filling, Polym. Eng. Sci., **23**, p. 69 (1983)
6) 西山秀作，高崎育史：CAE と射出成形機の統合システムについて，第 7 回成形加工夏季セミナー予稿集，pp. 43〜48 (2001)
7) N. Suh：Principles of Design, Oxford University Press (1989)
8) 須賀康雄：製造資源のネットワーク化によるモノづくり戦略，精密工学，**67**, 11, p. 1769 (2001)

12 章

1) 吉川秀雄：プラスチック成形加工　シミュレーションの現状と今後，プラスチックス　現場で役立つ成形技術 2002，**53**，4 別冊，p. 169 (2002)
2) 中村　健，重田徳博：最新プラスチック押出成形用シミュレーションの概要とその解析事例，プラスチックス，**51**, 5, p. 38 (2000)
3) 谷藤眞一郎：スクリュ押出機内溶融樹脂流動三次元シミュレーションソフトウェア〈SCREWFLOW〉，プラスチックスエージ，**44**, 9, p. 132 (1998)
4) 吉川秀雄：押出成形用 CAE の最新動向，プラスチックスエージ，**47**, 8, p. 119 (2001)
5) 村上健吉：押出成形（第 7 版），プラスチックスエージ (1989)
6) Z. Tadmor：Polym. Eng. Sci., **6**, p. 185 (1966)
7) 白井達郎：パソコンでできる高分子加工のシミュレーション解析 (5)，プラスチックス，**50**, 3, p. 90 (1999)
8) 白井達郎：パソコンでできる高分子加工のシミュレーション解析 (4)，プラスチックス，**50**, 2, p. 86 (1999)
9) 中村　健：押出成形用 CAE，合成樹脂，**42**, 2, p. 46 (1996)
10) 元田武彦，石原　誠：二軸押出機内の樹脂挙動解明―溶融・吐出ステップにおける二次元樹脂流動モデルと解析―，成形加工，**10**, 9, p. 742 (1998)
11) 吉永　誠，船津和守：二軸押出機に関する流動シミュレーションソフト開発の現状と将来，プラスチックスエージ，**43**, 8, p. 30 (1997)
12) T. Avalosse and Y. Rubin：Analysis of mixing in corotating twin screw extruders through numerical simulation, Intern. Polymer Processing, **XV**, 2, p. 117 (2000)
13) 吉川秀雄，佐藤武志，竹田　宏：2 軸スクリュー押出し機内樹脂流動解析システムの開発，情報処理振興事業協会・平成 10 年度情報ベンチャー事業化支援ソフトウェア等開発事業に係る発表論文集 (2001)

14) 福岡孝政，Kyonsuku Min：二軸スクリュ押出機におけるリアクティブプロセッシングの流動解析，成形加工，**7**, 8, p. 521 (1995)
15) V. Nassehi and M.H.R. Ghoreishy：Finite element analysis of mixing in partially filled twin blade internal mixers, Intern. Polymer Processing **VIII**, 3, p. 231 (1998)
16) 山本　智，松岡孝明，谷藤眞一郎，他：スクリュー押出機内の繊維運動シミュレーション，成形加工 ’00，p. 261 (2000)
17) C.W. Hirt, B.D. Nichols and N.C. Romero；SOLA—A Numerical Solution Algorithm for Transient Fluid Flows, Los Alamos Scientific Laboratory Report LA-5852 (1975)
18) A.A. Amsden, H.M. Ruppel and C.W. Hirt：SALE：A Simplified ALE Computer Program for Fluid Flow at all Speeds, Los Alamos Scientific Laboratory Report LA-8095 (1980)
19) B.D. Nichols, C.W. Hirt and R.S. Hotchkiss：SOLA—VOF：A Solution Algorithm for Transient Fluid Flow with Multiple Free Boundaries, Los Alamos Scientific Laboratory Report LA-8355 (1980)
20) トバグスＮハエダル，塩原真由美，嶋田喜隆：ダイスウェルの数値解析と実験との比較，成形加工シンポジア ’01，p. 111 (2001)
21) 谷藤眞一郎，滝本淳一，小山清人：自由表面を伴う非ニュートン熱流動の３次元有限要素法非定常解析，計算工学講演会論文集，**2**, 1, p. 183 (1997)
22) 吉川秀雄：ブロー成形解析の最前線，プラスチックスエージ，**44**, 10, p. 113 (1998)
23) S. Tanifuji：Overall numerical simulation of extrusion blow molding process, Polymer Eng. Sci., **40**, 8, p. 1878 (2000)
24) 轟　章，R.T. Haftka：積層パラメータを変数とした座屈荷重応答局面を用いた遺伝的アルゴリズムによる複合材料積層構成最適化，日本機械学会論文集，**A64**, p. 618 (1998)

13章

1) 吉川秀雄：ブロー成形解析の最前線，プラスチックスエージ，**44**, 10, p. 113 (1998)
2) 江原賢二：ブロー成形のシミュレーションの進歩，プラスチックス，**46**, 11, p. 10 (1995)
3) 秦　範男：ハイテクブロー成形—3次元ブロー成形，深絞り二重壁成形など—，プラスチックス，**46**, 11, p. 16 (1995)
4) 井上　眞：押出ブロー成形，成形加工，**10**, 3, p. 173 (1998)

5） 谷藤眞一郎，他：ブロー成形とコンピュータシミュレーション―ブロー成形 CAE システム SIMBLOW―，プラスチック成形技術，**10**, 8, p. 9（1993）

6） X.-L. Luo and R.I. Tanner：A streamline element scheme for solving viscoelastic flow problems, Part II：Integral constitutive models, J. Non-Newt. Fluid. Mech., **22**, pp. 61～89（1986）

7） X.-L. Luo and E. Mitsoulis：Memory phenomena in extrudate swell simulations for annular dies, J. Rheol., **33**, 8, pp. 1307～1327（1989）

8） A. Goublomme, B. Draily and M.J. Crochet：Numerical prediction of extrudate swell of a high-density polyethylene, J. Non-Newt. Fluid. Mech., **44**, p. 171（1992）

9） Y. Otuki, T. Kajiwara and K. Funatsu：Numerical simulations of annular extrudate swell of polymer melts, Polym. Eng. Sci., **37**, 7, pp. 1171～1181（1997）

10） S. Tanifuji, T. Kikuchi, J. Takimoto and K. Koyama：Overall numerical simulation of extrusion blow molding process, Polym. Eng. Sci., **40**, 8, p. 1878（2000）

11） 谷藤眞一郎，滝本淳一，小山清人：押出ブロー成形におけるパリソン形成過程の数値解析，成形加工，8, 9, p. 590（1996）

12） A.C. Papanastasiou, L.E. Scriven and C.W. Macosko：An integral constitutive equation for mixed flows：Viscoelastic characterization, J. Rheol., **27**, 4, pp. 387～410（1983）

13） M.H. Wagner：A constitutive analysis of uniaxial elongational flow data of a low-density polyethylene melt, J. Non-Newt. Fluid. Mech., **4**, pp. 39～55（1978）

14） 吉川秀雄：実用的ブロー成形・熱成形プログラム，プラスチックス，**51**, 3, p. 36（2000）

15） 小倉公司，谷藤眞一郎，高橋雅興：メタアクリル樹脂の真空成形過程のコンピューターシミュレーション，成形加工シンポジア '99, p. 111（1999）

16） 吉川秀雄：プラスチック成形加工　シミュレーションの現状と今後，プラスチックス　現場で役立つ成形技術 2002，**53**, 4 別冊，p. 169（2002）

索　　　　引

流動解析―プラスチック成形
Flow Simulation―Plastics Molding

2004 年 10 月 28 日　初版第 1 刷発行
2011 年 6 月 10 日　初版第 2 刷発行

検印省略

編　　者　社団法人　日本塑性加工学会
東京都港区芝大門 1-3-11
Y・S・K ビル 4 F
発行者　株式会社　コロナ社
代表者　牛来真也
印刷所　壮光舎印刷株式会社

112-0011　東京都文京区千石 4-46-10
発行所　株式会社　**コロナ社**
CORONA PUBLISHING CO., LTD.
Tokyo　Japan
振替 00140-8-14844・電話(03)3941-3131(代)
ホームページ http://www.coronasha.co.jp

ISBN 978-4-339-04504-8 （高橋）　（製本：牧製本印刷）
Printed in Japan

SERIE:
AMÉRICA LATINA

〔全面改訂版〕

ラテンアメリカ 政治と社会

ラテンアメリカ・シリーズ 1

松下洋
乗浩子
編

新評論

発刊のことば

コロンブスの新大陸到達に象徴される近代ヨーロッパの膨張は、非ヨーロッパ世界に対するヨーロッパ化・植民地化の端緒として、歴史を画するものとなった。以後五〇〇年を経た現代ラテンアメリカの諸相を検討する作業は、未だ終焉しない「近代」とは何かという問いかけに、南から応えていくものでもあろう。冷戦体制が崩壊して東西イデオロギーの対立が過去のものとなった現在、豊かな北と貧しい南という南北関係の構造が、より複雑な様相を帯びつつ深刻なテーマとして再浮上してきた。新世界の中で北のアメリカ合衆国が超大国へと発展をとげたのに対して、南のラテンアメリカは今なお発展途上にある。しかも第三世界の中ではヨーロッパが土着化したユニークな地域である。ラテンアメリカへの理解を深めることは、複雑な南北問題の本質を根本から捉えなおす機会ともなりえよう。

以上のような意図に基づいて企画されたのが、この「ラテンアメリカ・シリーズ」である。現代ラテンアメリカの現実と問題点を知るのに適切な「政治」「経済」「国際関係」「人と社会」「子ども」「宗教」「環境と開発」をテーマにして、それぞれがもつ実像の総体を的確に捉え、二一世紀へ向けた新たな課題の総合をめざした。多数のラテンアメリカ研究者の参加による、わが国最初の総合的なラテンアメリカ研究シリーズの発刊である。広く一般読者の方々を対象とし、大学や研究会のテキストとしても、読みやすいものにと心がけた。ラテンアメリカへの視野の拡大と、新鮮で豊かなラテンアメリカ像の構築に役立てて頂ければ幸いである。

一九九三年一月

編者一同

全面改訂版に寄せて

本書の初版は一九九三年一〇月に刊行された。それから一〇年余りを経て、今回改訂版を上梓するにあたり、内容的に大幅な修正を行った。「一〇年一昔」の喩えの通り、この一〇年間に、ラテンアメリカの政治を取り巻く環境は大きく変わりつつあるからである。なかでも、一〇年前にはまだ不安定さを拭えなかったこの地域の民主主義がほぼ定着したかにみえることは政治面における特筆すべき変化といえよう。

この民主主義の定着という現象には、この地域を取り巻く国際関係や域内の協力関係の変化、さらには民主主義を支えるさまざまなメカニズム形成のための努力などが深くかかわっている。しかしながら、各国内では、いまなお民主主義を支えるに足る社会的経済的条件が成熟したとは言いがたい状況にある。なかでも、最近一〇年間におけるグローバリゼーションの進展は、域内の国々を厳しい国際競争にさらし、さなきだに弱い工業部門を衰退させ、失業率の高騰、貧困人口の増大などの社会問題を引き起こしてきた。こうした社会状況に注目する時、「はしがき」で記すように、この地域の民主主義を「砂上の楼閣」と呼んでもあながち誇張ではないであろう。

ただし、そんな脆弱な民主主義にも、近年刮目すべき変化がいくつか生じている。労働運動の政治力の低下や軍部の影響力の後退と、それに伴うコーポラティズム（協調組合国家主義）的体制の弱体化、市民社会の台頭、先住民の政治参加の活発化などは、その好例といってよい。なかでも、先住民自らがＮＧＯ（非政府組織）と協働して政治参加への道を切り開き、反グローバリゼーション運動の最前線に立っている事例がいくつかの国で見られることは、従来受動的な役割に甘んじてきただけに、極めて注目すべきことであろう。また、軍部の政治からの後退が政党の意義を以前とは比較にならないほど高めていることも、この地域の多くの国に共通する現象といえよう。

こうしたさまざまな変化を踏まえ、本改訂版では章立てにもかなりの修正を加えた。とくに、市民社会（10章）、先住民の反グローバリゼーション運動（13章）、米州機構（ＯＡＳ）の民主主義擁護の取り組みを扱った章（11章）を新たに設け、また、政党の重要性が高まっていることに鑑み、地域全体の政党を扱った章（4

章）に加えて、ブラジルの労働者党（ＰＴ）に関する章（５章）を新たに設けた。ＰＴをとくに取り上げたのは、社会運動的要素を多分に備えているという同党のユニークさに加え、同党から出馬して二〇〇三年に初めて大統領となったルーラの内政と外交（とくに対米関係）が国際的に注目されているからである。

その他の章のテーマは旧版でも扱われているが、大幅に改稿している。序章では近年の政治研究の動向を加味し、１章と２章でも最近の動きをカバーしてある。３章の政治制度は、旧版ではスペイン系アメリカとブラジルを二章に分けたが、ブラジルを担当された矢谷通朗氏が鬼籍に入られたため、今回はブラジルを含めて一つの章とせざるを得なかった。宗教を扱った章（７章）では、旧版がカトリック教会を主なテーマとしていたとすれば、この改訂版ではプロテスタント、イスラムに関してもかなり頁を割いている。軍部（６章）、労働運動（８章）、民主化（９章）の各章でも一九九〇年代の動きをかなり取り入れてある。なかでも、九〇年代にソ連の崩壊という激震に見舞われたキューバ（12章）については、カストロの社会主義体制がそうした変化にいかに対応してきたかを主要なテーマとしている。

総じて、この全面改訂版では、一九九〇年代以降の新しい動向に最大限の注意を払い、今日のラテンアメリカ政治を取り巻く諸問題が浮き彫りになるように心がけた。その試みが成功しているか否かは、読者の判断に委ねたい。

なお、改訂版では巻末に索引（人名・事項）とラテンアメリカ政治史年表、各国便覧を新たに加えた。これらの資料の作成に協力してくれた日本大学他非常勤講師の睦月規子さんと神戸大学大学院生の山田泰子さん、舟橋恵美さんに感謝したい。

また、新評論の山田洋氏には旧版に引き続き、今回も企画・編集などの面で大変お世話になった。同社の吉住亜矢さんには、編集から校正全般、本の完成に至るまで懇切極まるお仕事をして頂いた。その熱意に促され、編者二名も、用語や人名・地名の表記の統一や、一部は文体の調整にも意を注いだ。一二名の共同執筆者からなる本書がある種の統一性を保ち得たとしたら、それは本書の完成のために注いで下さった吉住さんのすさまじいエネルギーの賜物である。記して謝意を表したい。

二〇〇四年四月

編　者

はしがき

一九世紀初葉に独立を達成して以来、ラテンアメリカ諸国の政治は軍部の頻繁な介入と極度の不安定性によって特徴づけられてきたが、二一世紀に入って急速にその相貌を変えつつある。軍政が姿を消し、政治体系が合法性を高め、民主的な政権交代が多くの国々で定着しつつあることがそれである。この劇的な変化は、一九七〇年代末に始まり九〇年代までに地域のほぼ全域を覆った民主化の大波の産物だが、この傾向が今世紀に入ってますます強まっているのである。もちろん、まだこの地域の民主主義には未熟な点が多いし、民主化後も大衆の反政府運動に抗し切れずに任期半ばで退陣を余儀なくされた政権も複数存在する。しかしながら、軍事クーデターによる政権交代の可能性がほとんどなくなったことは、世紀単位の大きな変動がこの地域を席巻していることを示す何よりの証左といえよう。

さらに、外交面でも急速な変化が生じている。その好例がさまざまなレベルにおける地域統合の進展である。なかでも一九九四年の北米自由貿易協定（ＮＡＦＴＡ）と翌年の南米南部共同市場（メルコスル）の発足は、この地域の経済統合の動きに大きな刺激を与えた。中米、アンデス、カリブ海諸国では、すでに存在していた経済統合の動きを再活性化させたし、一国あるいは数カ国単位で域外の国々や組織（ヨーロッパ連合：ＥＵ）との間に自由貿易協定を締結する動きも活発化している。二〇〇五年末までには米州全体を包含した自由貿易協定（米州自由貿易圏：ＦＴＡＡ）が締結されようとしている。しかも、政治的に注目されるのは、この種の経済統合組織のなかには、加盟国の民主主義の擁護を謳っているものも現れていることである。そうした動きに歩調を合わせて、米州機構（ＯＡ

S）も近年民主主義擁護の姿勢を強めており、このことは個々の国の民主主義を外部から支える国際的条件が重層的に形成されつつあることを物語っている。

では、それぞれの国内において民主主義を支える社会・経済条件は形成されたのであろうか。残念ながら、未だしの感は否めない。かつて地域の宿弊《しゅくへい》と見なされていたインフレはほぼ克服されたものの、なお累積債務の重圧にあえいでいる国がほとんどである。経済のグローバリゼーションに順応して成長を遂げている少数の国がある一方では、適応に失敗して国内産業が衰退し、失業と貧困の拡大といった社会問題が深刻化している国も数多い。こうした経済と社会の現実に目を向けるとき、この地域の民主主義は脆弱な社会・経済構造の上に築かれた「砂上の楼閣」といっても決して過言ではないであろう。

本書は、ラテンアメリカの政治に生じた民主主義の進展という劇的な変化と、その民主主義が内包する脆弱性など、地域の政治に関わる今日的課題を、歴史的視点を加味して多角的に分析したものである。ただし、本書の扱うテーマはごく限られており、分析の対象となっている国もこの地域を構成する三三カ国のなかのごく一部にとどまっている。まことに「群盲象をなでる」の感無きにしもあらずである。しかしながら、今世紀初頭におけるこの地域の主要な政治問題はほぼカバーされていると思うし、本書を通して、読者の皆さんがこの地域の政治に関する理解を幾分なりとも深めて頂ければ幸いである。

二〇〇四年四月

編　者

ラテンアメリカ・シリーズ①

〔全面改訂版〕ラテンアメリカ　政治と社会／目次

装幀　山田英春＋根本貴美枝

――ラテンアメリカ・シリーズ①

〔全面改訂版〕

ラテンアメリカ　政治と社会

ラテンアメリカ全図（2004年4月現在）

□南米　▨中米

序章

地域の政治分析枠組の変遷

●松下　洋

はじめに

本書の導入部にあたるこの章では、ラテンアメリカの政治を分析するためにどんな視座が利用されてきたかを述べてみたい。もちろん、政治の見方は、その人の関心や政治的立場などによって異なるものである。したがって、同時代に属する研究者の間にも視座の違いが当然のことながら存在する。それにもかかわらず、地域の政治状況の変化に応じて、研究者の主な関心が時代ごとに大きく変化してきたこともまた事実なのである。たとえば、一九六〇年代から七〇年代にかけてこの地域で軍政が相次いで登場すると、研究者の関心は軍部にまつわる問題に集中する傾向が強かった。ところが、八〇年代以降に民主化が進むと今度は議会や政党への関心が増大している。その意味では、地域の政治的変化が政治研究の動向に大きな影響を与えているといえよう。ただし、本章ではそれだけでなく、ラテンアメリカの政治研究の方向に大きな影響を与えてきたアメリカ政治学の動向にも注目する。というのは、国際的に見た場合にラテンアメリカの政治研究の中心は米国であり、米国におけるラテンアメリカ政治研究はアメリカ政治学の影響を多分に受けているからである。このことは、ラテンアメリカ政治研究の視座の変遷を辿るには、少なくとも、地域の政治変動とアメリカ政治学の理論的変遷という二つの側面を見る必要があることを示唆している。ただし、地域の大きな政治変動に関しては1章で論じているので、ここでは主としてアメリカ政治学の動向に注目しながら、ラテンアメリカ政治研究の視座の変化を跡づけることにしよう。

また、アメリカ政治学の変遷については邦語文献（たとえば、山川、一九七七）を含め多くの著作が存在するが、ここではイーストンの論文（イーストン、一九八五）に依拠しながらその流れをごく簡単に追うことにしたい。同論文はアメリカ政治学を四つの時代に分けてその流れを極めて簡潔にまとめてくれているだけでなく、ラテンアメリカ政治研究の流れもそうした時代区分とかなり照応するように思われるからである。すなわち、イーストンによれば、一九世紀後半以降のアメリカ政治学は、①フォーマルまたは法学的段階、②インフォーマルまたは伝統的段階、③行動論の段階、④脱行動論の段階、に分けられるとしているが、ラテンアメリカ政治研究も基本的にはこうした段階を辿っているといってよいだろう。以下、それぞれの段階がいかなるものであり、それがラテンアメリカ政治研究にどのように反映されてきたかを検討したい。

一　フォーマルまたは法学的段階

イーストンのいう第一段階の政治学とは一九世紀後半から二〇世紀初葉にかけてアメリカ政治学の主流を占めたもので、その特徴は政治研究を法学研究と同一視したことにあった。つまり、憲法や公職保持者の権限を規定した法律を検討することを通して、政治を理解しようとする方法であった。憲法や法律の規定にもとづいて政治が機能する以上、憲法や法律を見れば政治も理解できるはずだという発想である。具体的には、司法、立法、行政の三権の間に存在する「抑制と均衡」の分析を中心に、各権力の権限などを分析してゆくことが政治の研究とみなされたのであった。いうまでもなく、こうした研究方法にもとづく具体的な政治研究は現在でもその意義を失っていないし、歴史的に見ても二〇世紀の前半には、米国でもラテンアメリカ政治研究において永らく主流の立場を占めていた。とくに、ラテンアメリカでは、社会科学において法学が圧倒的優位に立っていたことから、政治の研究とは法学的な研究、とくに憲法学に近かった。現在でも憲法学が法学と政治学の接点にある学問として重視されている国はラテンアメリカでは少なくないといってもよいであろう。

二　インフォーマルまたは伝統的段階

ところが、米国の政治学界では法学的政治研究はすでに二〇世紀の初めからさまざまな批判を受けていた。そのひとつは、公職保持者に関する規定を研究するだけでは実際の政治は理解できないとするものであった。つまり、「政治的公職や政治制度のフォーマルな構造のまわりに、決定の作成に実質的権力を持っている可能性のある、あらゆる種類のインフォーマルな行動や組織がむらがっている」（イーストン、一〇一頁）以上、現実の政治を理解するにはインフォーマルな部分にも光が当てられなければならないというのであった。こうした視点から、インフォーマルな組織としての政党や圧力団体などに関する研究が二〇世紀前半には政治研究の主流となっていき、イーストンはこの段階の政治学を「伝統的政治学」と呼んでいる。

この段階の政治学の手法は、ラテンアメリカ政治の分析枠組としても利用された。アレキサンダーによるラテンアメリカ政治の概説書（Alexander, 1965）は、その好例だった。同書では、行政府、立法府、司法府というフォーマルな制度面を分析する章と政党、軍部、労働組合、教会、学生運動などといった政治勢力を扱った章とに大別され、それぞれについての簡単な描写がなされていた。

しかしながら、伝統的政治学が問題を抱えていたことも否定できなかった。そのひとつは、インフォーマルな勢力の分析のための理論的枠組が欠如し、単なる個性記述的な描写にとどまったことである。また、分析の手法も洗練されていなかった。こうした状況の打破をめざして、新たな政治学の構築を試みる動きが第二次大戦後に起こった。それが行動論であり、イーストン論文では、その登場をもって政治学が新しい段階、すなわち第三段階に入ったとしている。

三　行動論の段階

では、第三段階を特徴づけた行動論とは何だったのか。イーストン自身によれば、それは次のような特色をもつという。①人間行動には斉一性が存在すると信じたこと、②斉一性を経験的に確証できるとする確信、③データの収集と分析方法に関するより大きい厳密性への意欲、④理論的洗練化、なかんずく、体系的な理解を強調したこと、⑤価値中立的研究を志向、⑥基礎理論ないし純粋理論の強調（イーストン、一〇四〜五頁）、であった。

これらの特色のいくつかを立ち入って見ておこう。まず、行動論がそれ以前の政治学と相違する重要なポイントは、それが理論化を強く志向していたことである。このことは、④と⑥でも指摘されていることだが、政治学における行動論の理論的貢献として重要なのが、イーストン自身によって編み出されたシステム論であった。ここで彼のシステム論を見ておくと、図1にあるように、「政治体系」は、「環境」（国際社会を含むが、とりあえずは国内社会と見てよい）から大きな影響を受ける。いいかえれば、社会の成員は自分に望ましい価値の配分を求めて政治体系に対してさまざまな働きかけを行う。それが「入力」であり、具体的にはある政策への「支持」、あるいはある政策の実施を求める「要求」として表現される。こうした「入力」を受けて政治体系は、価値の配分に関わる何らかの「決定」もしくは「行為（処置）」を行う。それが「出力」にほかならない。そして、出力の内容によって、反対者は新たな「要求」を提起し、賛成者は支持を与えることになる。つまり、「出力」が新たな「入力」を生み出すのであり、このプロセスをイーストンは「フィードバック」と名づけている。

図1　イーストンのモデル

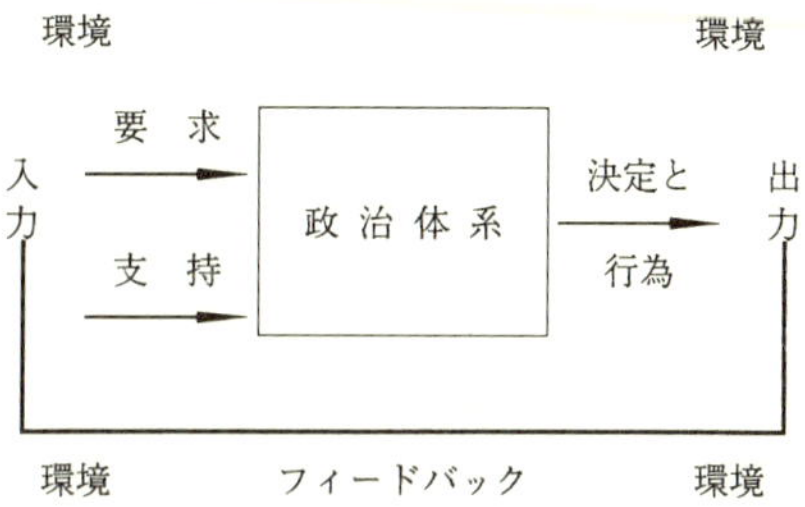

出所：イーストン／岡村忠夫訳（1968）『政治分析の基礎』みすず書房、131頁より作成。

図2　アーモンドのモデル（1960年）

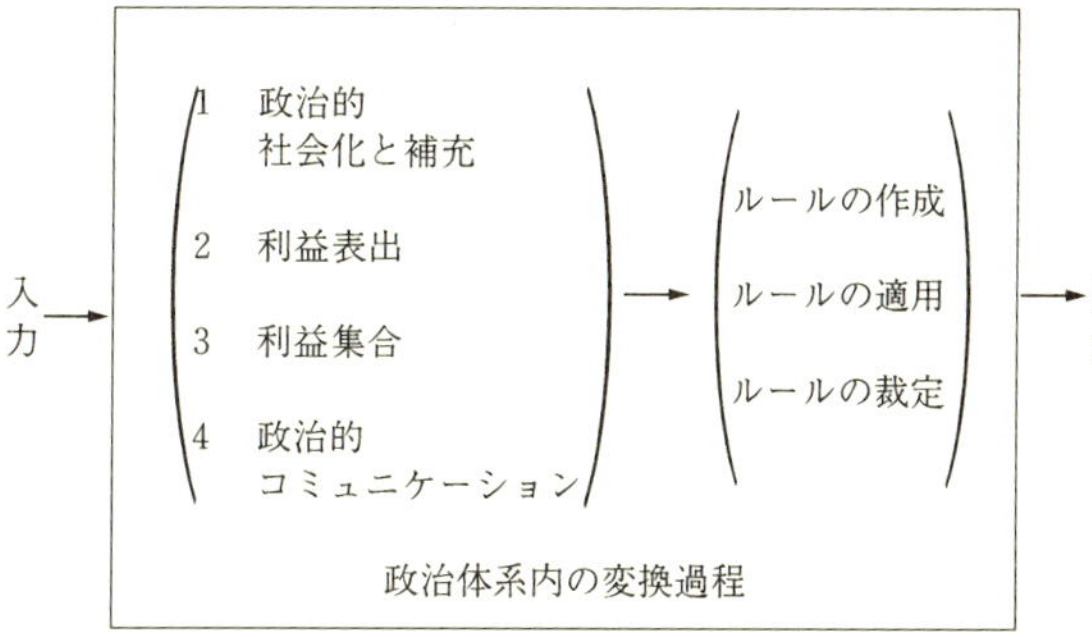

出所：飯坂良明（1968）『現代政治学』NHKブックス、43頁による。

こうした「入力」から「出力」へと至るプロセスは、政治体系だけでなく広く組織一般に見られることだが、政治体系において特徴的なことは、「出力」すなわち「決定と行為」が成員を拘束することである。従うことを拒否した者には制裁が課せられるのである。政治体系における価値の配分は権威に裏づけられているといってもよい。政治と社会をこのように把握することから、イーストンの有名な政治の定義、すなわち、政治とは「ある社会に対する価値の権威的配分」（イーストン、一〇〇頁）という定義が生まれたのだった。

　このイーストンの一般化にヒントを得て、それを比較政治に利用しやすいように新たな理論化を図ったのがアーモンドだった（アーモンド、一九八二）。アーモンド自身は一九六〇年に最初の枠組を提示して以来さまざまな修正を試みているが、ここでは一九六〇年に提出したモデルを見ておこう。**図2**にあるように、アーモンドはイーストンの「入力」と「出力」という枠組を継承しつつも、入力を四つの機能、出力を三つの機能に分け、「政治体系」を入力から出力への変換過程として捉えている。四つの入力とは、①政治的社会化と政治的補充（前者は社会の成員が家族あるいは学校などを通して政治的に学習してゆくことを意味し、後者は政治体系を機能させる能力をもつ政治エリートを絶えず補充してゆく機能を指す）、②利益表出（ある組織の要求を政治体系に伝達すること）、③利益集合（政党などが複数の組織、セクターの利益を調整し、集約化して、政治体系に伝える機能）、④政治的コミュニケーション（政治体系が機能する上で不可欠な情報を伝達する機能）、である。出力を構成する三つとはルールの作成、適用、裁定の機能を指すとされる。それぞれ立法、行政、司法に照応する機能である。

このように機能を設定した上で、アーモンドはそれぞれの機能がそれに照応する構造をもつとする。たとえば、②の利益表出機能に関わる構造には、⑴制度的利益集団――立法府、行政府、軍隊、官僚制、教会など、⑵非結社型利益集団――血縁、親族集団、人種集団、地域集団など、⑶アノミー型利益集団――暴動などのように、自然発生的に生まれる集団、⑷結社型利益集団――労働組合、企業家組織、市民団体など、があるという（アーモンド、一二六～七頁、ただし一部訳語を変更）。同様に、出力機能もそれに照応する構造をもっており、ルールの作成は立法府、適用は行政府、裁定は司法府に関わる。ただし、第一段階の政治学のように三権の「抑制と均衡」を重視するのではなく、それぞれの出力機能がいかなる構造によって担われているかを問題とするのであり、ルール作成機能には立法府だけでなく、他の二権も関わるとされる。このように、機能を構造と結びつけることから、アーモンドの分析枠組は「構造機能主義」とも呼ばれている。

では、イーストンやアーモンドのモデルに従った場合に、ラテンアメリカの政治はどのように把握されるのであろうか。その最初の試みがアーモンドとコールマンによる共編著のなかでブランクステンによってなされている（Blanksten, 1960）ので、その内容をかいつまんで述べてみよう。

アーモンド・モデルから見たラテンアメリカ政治の特色■

ブランクステンは政治体系を入力と出力に分け、前者については、政治集団として政党、思想運動、アノミー運動を挙げ、利益集団を制度的、非結社型、結社型の三つに分けている。アノミー運動の位置づけがアーモンドとは異なっているが、他の点ではアーモンドの枠組にほぼ沿っており、ラテンアメリカ政治について次のような特色を指摘している。

第一に、ラテンアメリカでは、利益集団と政党との機能面での相違が欧米ほど明確ではないことである。これには、政党のあり方が深く関わっており、ラテンアメリカでは多党制をとっている国が多く、個々の政党は相対的に少数の利益を代表する傾向が強い。その結果、政党は利益集合という機能を欧米の政党ほど果たしておらず、利益集団と政党との境界が不鮮明となりがちである。第二に、利益表出が極めて限られている。すなわち、「代表されず、形成されず、表明さえされない広範な利益」(*Ibid.*, p.512) が存在するのである。とくに、白人の利益が代表されることに比べると、先住民やメスティソ(先住民と白人の混血)の利益が表出されることは極めて少ない。第三に、利益の表出が不十分であるとはいえ、効果的に利益を表出している組織としてカトリック教会と軍部が存在することである。しかも、両勢力は利益の集合機能にも関わっており、さらに、利益集合には時としてマスコミや土地所有者も関わることがあるという。第四に、非結社型利益集団のなかでは、農村部では血縁関係や姻戚関係が政治的に重要な意味をもつことを指摘している。それは、先住民の間では、業績本位よりも所属本位的価値観が優先されるからだという。また、結社型集団のなかでは、地主、外資系企業、学生団体などが重要だとしている。第五に、軍部とカトリック教会は、政治的補充にも無視しがたい影響力を発揮してきた。また、政治的社会化については、それが社会的動員、経済発展、扇動、革命といった経路を通して起こることが多いこと、ただし、社会的動員が先住民やメスティソの政治体系への編入を意味することは稀だとしている。

出力については、ルール形成における特色として憲法制定議会が重要な役割を果たしてきたこと、ただし、ルール形成の主たる担い手は大統領であり、行政府の力が突出していることもこの地域の政治体系の大きな特色としている。立法府や行政府以外にも軍部や教会がルール形成に関わることがあるが、教会は軍部とは異なり、ルール形成者としてよりも、拒否権行使者として関わることが多い。ルールの適用においても、行政組織の上位者がその権限を下位に委譲せずに自らルールを適用することが多く、大統領が些細な地方の問題にまで首を突っ込む傾向がある。その一方で、農村の先住民共同体に対するルール適用においては、政府の役人（その多くは白人）が、共同体の年長者などに頼ってルールを適用することが多く、その形態は英国植民地における「間接統治」に類似しているという（*Ibid.*, p.527）。ルールの裁定では、裁判所がその機能を果たす点では欧米と変わらないが、裁定の最終的な決定権が行政府とか、教会、軍部にある点が地域の特色といえる。

このように、アーモンドのモデルに依拠しながら、ブランクステンはラテンアメリカの政治を、入力と出力に分けてその特色を明らかにし、なかでも、政治機能のさまざまな側面における軍部と教会の重要な役割を強調したのだった。もっとも、この論文が一九六〇年に発表されてから今日に至るまで、ラテンアメリカの政治には重要な変化が生じており、現状にそぐわない点も少なくない。しかしながら、政党と利益集団との境界が明確ではないことや、血縁関係の重要性を指摘している点などは今日でもなお該当する見解といってよいだろう。実際に、イーストンやアーモンドの研究は、六〇年代に米国のラテンアメリカ政治研究に少なからぬ影響を与えたのだった（たとえば、Burnett & Johnson, 1968）。ただし、イーストンやアーモンドの分析枠組が地域の研究者によって無条件に受容されたのではなかった。六〇年代末に米国のあるラテンアメリカ研究者は「イーストンのモデルとラテンアメリカ政治を比べて直ちに気づくことは、ほとんどすべてのラテンアメリカ諸国で、政治体系の機能に参加できたのは、国民のほんの一部にすぎないことだ」（Kantor, 1969, p.720）として、イーストン・モデルのラテンアメリカへの適用に疑問を提起していた。そのほか、あまりに静態的で、地域の政治のダイナミックスを捉えるには不適切であるなどの批判も少なくなかった。

政治発展論と近代化論■

こうした批判に答える形で、行動論者はシステム論の動態化を図った。そのひとつが政治発展論であり、アーモンドは社会のなかに存在する政治的価値観（それを吸収してゆく過程が先述の政治的社会化）の変化に着目し、それを未分化型、臣民型、参加型に分けて、政治発展の経路を提示した。こうした政治発展論は、当時の社会学で支配的となっていたいわゆる近代化論からも大きな影響を受けており、両者とも次のような見方を共有していたといえよう。すなわち、①欧米を発展した地域と見なすだけでなく、第三世界もやがてはそうした段階に到達するとする発想（単線的発展論）、②政治発展（たとえば、民主主義の進展）を、地域の経済・社会的発展の函数と捉えること、③地域の伝統的価値観が経済発展や政治的民主主義の発展を阻害していると見ることなどであった。これらのなかでとくに②に関連して、社会学者のリプセットは、一九五九年に発表した論文（Lipset, 1959）の中で、民主主義の必要条件として経済発展の重要性を強調していたが、そうした発想は当時のラテンアメリカ政治研究に大きな影響を与えたのだった。

　しかしながら、システム論に代表される行動論は一九七〇年代に入って激しい批判にさらされることになった。それは、六〇年代の半ばから七〇年代にかけて、ラテンアメリカ諸国で民主体制が相次いで崩壊し、政治は発展するどころか逆行してしまったからである。なかでも、システム論への批判はすさまじかった。軍政下ではほとんど「入力」は機能せず、これらの国にイーストンやアーモンドのモデルを当てはめてもあまり意味がないことは明らかだったからである。いいかえれば、ラテンアメリカ政治の分析には、行動論に代わる分析枠組が必要なことが認識され、それを模索する動きが活発化したのである。さらに、そうした動きに拍車をかけたのが、アメリカ政治学の中に六〇年代の末期から顕在化した「脱行動論」の動きだった。脱行動論の一つの方向として、地域の個性や歴史を重視する動きが起こり、それは個性追求型の地域研究に刺激を与えたからである。以下では、まずアメリカ政治学における脱行動論の動きを一瞥《いちべつ》したあと、それがどのようにラテンアメリカ研究に投影されたかを見てみたい。

四　脱行動論の段階

地域の個性追求に向けて■

アメリカ政治学の第四段階を画することになる脱行動論への動きに大きな刺激を与えたのは、一九六九年のアメリカ政治学会の会長就任に際してイーストン自身が行った「政治学における新しい革命」と題する演説だった。そこで、彼は行動論の没価値性と研究者の現実回避の姿勢などを批判したのだが、イーストン自身が行動論の主導者だっただけに演説は大きな反響を引き起こすことになったという（山川、二二七〜八頁）。ここで脱行動論とは何かを詳しく論じる余裕はないが、イーストン自身によれば、それは「行動論によって生み出された解決されない諸問題のいくつかと取り組もうとする努力のなかから生まれた」ものだったという。そうした問題とは「倫理的判断への無関心、科学的方法の使用から帰結する形式的・数学的言明への行きすぎたコミットメント、社会的争点のことを無視して理論的基準に関心を集中すること、重要な認知的（合理的）要素を見逃して社会的諸力を政治過程における行動の決定因と考える先入見、現在の政治体系が形成されるにいたった歴史のことを全く忘却していたこと、など」であった（イーストン、一一七頁）。こうした問題点のなかで地域研究との関連で注目に値するのは、「歴史のことを全く忘却していた」との反省と「重要な認知的（合理的）要素を見逃して」いたとの指摘である。というのは、前者は個性追求型の地域研究を、後者は逆に普遍的な合理的選択論（後述）を促すことにつながったからである。この二つの流れのうち、ラテンアメリカ研究に最初に影響を与えたのは、地域の歴史や個性を追求する動きだった。それは、すでに述べたように、六〇年代後半から七〇年代前半のラテンアメリカを襲った軍政の多発化という地域独特の政治状況が、一般理論の適用をますます困難にしていたからである。いいかえれば、地域の新しい政治状況とアメリカ政治学における脱行動論（とくにそのなかの歴史重視の動き）がほぼ同時に起こったことが、ラテンアメリカの特殊性を追求する研究を活発化させたといってよいだろう。

ウィーアルダのコーポラティズム論

そうした研究方向を示した視座としてまず注目に値するのは、ラテンアメリカの政治文化に地域の特殊性を求めたウィーアルダのコーポラティズム論だろう。彼は軍政の多発化に見られる地域の権威主義的傾向は、植民地時代に移植されたイベリア伝来のカトリック的、権威主義的かつ封建的な特質に由来するとみなし、これらの特質を総称してコーポラティズム（協調組合国家主義）と名づけた。この体制の下では、個人の権利は重視されず、むしろ、国家が社会の諸勢力の調停者として重要な役割を果たしていた。したがって、そうした社会の政治を分析するには、欧米の経験から導き出され、個人の政治参加を重視するイーストンやアーモンドのモデルは役に立たないのであった。いいかえれば、イベリアに起源をもつラテンアメリカの政治体系を理解するには、地域「それ自身の言葉」によらなければならないというのであった（Wiarda, 1973）。

こうしたウィーアルダの立論からすれば、ラテンアメリカの政治は、基本的に非民主的で権威主義的であり、軍事クーデターが多発しても、それは伝統的政治文化の発露とされた。一九七〇年代初めに提起されたこのコーポラティズム論が大きな反響を引き起こした一因も、この理論が軍政の多発化という当時のラテンアメリカの政治状況をよく説明していたからだった。ただし、コーポラティズム論は、ラテンアメリカが保守的で変化のない社会であることを強調するものではなかったことは注意すべきであろう。コーポラティヴ体制は、変化に対して柔軟に対応できる能力を備えており、実際に、新しい社会勢力が台頭すると、それにある種の譲歩を行って体制内に抱き込むことによって、その体制を存続させることに成功してきたからである。ウィーアルダは、抱き込みに伴う譲歩がコーポラティヴ体制のもとでの政治変動にほかならないとみなし、その例として中間層の台頭に対して支配層が選挙権の付与による抱き込みを図ったことや、労働権を認めて労働者の懐柔を図ったことを挙げている。この種の譲歩を行う主体は国家であり、その意味で彼のコーポラティズム論は、地域の文化的要素を重視するだけでなく、国家の役割を強調するという特色をもっていた。この点でも国家の役割を軽視したシステム論による分析とは明らかに異なっていた。

従属論

ウィーアルダのコーポラティズム論が地域の政治文化のもつ特殊性を重視する立場から行動論を批判したものだったとすれば、ほぼ同時期に登場した従属論は、地域の経済構造の特殊性に注目した枠組といってよい。もっとも、従属論はもともと経済学に起源をもち、政治学の範疇には入らないともいえるが、一時期のラテンアメリカの政治研究に大きな影響を与えたことは否定できないので、ここでも取り上げることにしたい。なかでも、その先駆者ともいえるフランクの所説は、従属国＝衛星と先進国＝中枢との質的差異を強調して、途上国がやがては先進国に到達するとのそれまでの社会科学の常識を真っ向から否定したのだった。いいかえれば、途上国は従属状態にある限り、発展はありえないというのである。では、途上国ではなぜ、発展がありえないのか。フランクによれば、それは中枢と衛星という二つの部分から世界資本主義システムが構成されており、前者は後者から余剰を収奪しながら発展するので、衛星は世界資本主義システムに結びつけられている限り、低開発を深化させざるを得ないからであった。いわゆる「低開発の発展」が起こるというのである。この状況から脱するには、キューバ革命（一九五九年）のような社会主義革命が不可欠であり、そのための手段としてゲリラ運動を正当化するというのがフランクの従属論の骨子だった（フランク、一九七六）。

このように、世界資本主義システムを構成する要素を二分して捉える発想は、当然のことながら途上国では先進国とは異なった歴史的発展を辿ることを想定している。では、衛星における政治は中枢とどのように違うのか。この点に関して、フランク自身は掘り下げなかったが、彼に触発されたブラジルのドス・サントスは以下のように述べる。衛星では自国での資本家による収奪だけでなく、中枢による搾取も加わるため、余剰の収奪が一層激しくなり、民衆の不満が高まりがちとなる。こうした不満を抑えるために、支配層は軍事力に依拠しようとするので、従属国では強権的政治が行われることが多くなるとし、彼はこれを「従属ファシズム」と名づけた（松下・遅野井、一九八六、一二～三頁）。この見方は従属という経済状態と政治的権威主義との関係を明確に示しているが、二つの関係をあまりに短絡させている面も否めなかった。というのは経済的に従属状態にある国でも、政治的には権威主義に陥ることを回避している国も少なくなかったからである。とすると、「従属ファシズム」説は否定されるのであろうか。

官僚的権威主義体制

この点に関してアルゼンチンの政治学者ギジェルモ・オドンネル（オドーネルとも表記する）は、従属と権威主義との間には「選択的親和性」があると見た。つまり、従属は絶えず権威主義を引き起こすわけではないが、ある程度高い経済水準に達している途上国が、輸入代替工業化を終えると、権威主義が出現しやすくなるという。それはこうである。消費財の輸入代替工業化を終えた途上国は、より高度な工業化をめざすが、国内の資本形成が不足しているために外資の誘致に努めなければならない。しかし、外国資本は資本の投下に当たって良好な経済環境（物価の安定や健全な財政）を要求するために、引き締め政策を余儀なくされる。その一方で、輸入代替工業化を経て、購買力を高めた人民部門はその政治力を高めており、彼らに犠牲を強いるような引き締め政策には強く抵抗する。この結果、引き締め政策が実施されてもそれがすぐに放棄されるといった形で経済政策の動揺が起こり、この動揺を見かねた軍のテクノクラート（技術官僚）と文民派のテクノクラートが同盟して、クーデターを起こす。それが成功した場合には、大衆の不満を軍事力で抑えつつ、高度の工業化をめざす「官僚的権威主義体制」が出現することになる（O'Donnell,1973）（本書8章一七八頁以降も参照）。

このように、オドンネルは従属国では経済発展が進むと政治的民主主義が阻害されかねない可能性があることを明らかにし、経済発展が常に民主主義を促進するとは限らないとした。その意味で、一九五〇年代に経済発展と民主主義の間に正の関係があるとした上述のリプセットの主張がラテンアメリカでは通用しないことをみごとに論証したのだった。このことは、途上国の政治は先進国の分析枠組によって裁断されるべきでないことを示唆しており、オドンネルの論考はラテンアメリカのみならず、第三世界の政治研究に大きなインパクトを与えたのだった。

民主化と合理的選択論の台頭■

ところが、一九八〇年代に入って、ラテンアメリカの政治は再び大きな転回を経験する。それは、軍政から民主化への動きが澎湃《ほうはい》として起こり、しかも民主化後の政治が従来とは様相を異にしていたことである。すなわち、従来は軍政と民政が交互に繰り返されることが多かったこの地域で、今回の民主化は軍政への移行が容易に起こりそうもないことが時間の経過とともに明らかになったことだった。この新しい事態が、ラテンアメリカ研究者に従来の発想の見直しを迫ることになったのも当然だろう。とくに、軍政の多発化が、地域の個性重視の方向を決定づけていたとすれば、民主化は逆の方向、すなわち、先進国と共通する枠組を追求させることになったのだった。さらにこうした傾向を加速したのが、米国の脱行動論の中から登場したもうひとつの流れ、すなわち政治的アクターの認知的・合理的判断を重視する立場が、八〇年代ごろから米国内で一層力を得たことだった。この立場はいわゆる合理的選択論と総称されているものだが、その特徴は「⑴人間は利己的利益を追求する、⑵個人の選好は不変で、選好間の順位は首尾一貫している、⑶そして、所与の状況下で、期待効用を最大化する選択肢を選ぶ」（リード／坂本、一九九六、一〇六頁）という点にあった。つまり、システム論のように社会との関係を重視するのではなく、むしろ、政治アクターが効用の最大化をめざしていかに合理的に行動するかに焦点を合わせる分析枠組なのである。したがって、どの地域でも利用可能な普遍性の高い枠組となっている。もっとも、普遍性といっても、それは主として米国の政治的経験から導き出された理論だったが、それが米国内で急速に力を得ていったのは、一九八〇年代から冷戦における西側の優位が決定的になったことを受けて、第三世界の文化を高く評価する文化的相対主義に代わって、西欧の価値観の優位性を強調する潮流が米国内に生まれたこと（青木、一九八八およびジョンソン、一九九四）などによるものであろう。こうした米国の学問に生じた新しい潮流とラテンアメリカにおける民主化（それは、軍政時に比べればラテンアメリカが欧米に近接していることを改めて認識させた）という二つの動きが相乗効果を起こして、一般理論を志向した合理的選択論がラテンアメリカ研究でも次第に採り入れられていったのだった。

ただし、一口に合理的選択論といっても、多様なタイプが存在する。なかでも、ラテンアメリカ政治研究では、特定の政治制度がアクターの選択に与える影響に注目した合理的選択制度論や、あるアクターが他のアクターの選択に影響を及ぼそうとして採用する戦略に着目した合理的選択戦略論などさまざまな枠組が提出されており、分析対象も議員や議会から軍部、教会など多方面にわたっている（Huber & Dion, 2002）。ここでは、これらの諸研究を網羅的に扱うのは紙幅の関係から不可能なので、コリアーとノーデン（Collier & Norden, 1992）が合理的選択戦略論の一例としているシュミッターとオドンネルによる民主化論（シュミッター／オドンネル、一九八六）を取り上げるのは、合理的選択論の一端を説明してみたい。同書を取り上げるのは、著者の一人であるオドンネルは、官僚的権威主義論では、経済的社会的諸条件が政治的権威主義を生み出すと見たのに対して、民主化論ではアクターの選択や戦略を重視しており、研究視座の変化を示す好例と思われるからである。

シュミッターとオドンネルは、権威主義体制からの移行が極度の不確実性によって特徴づけられているとみなし、こうした状況においては、マクロ的構造よりも、むしろ特定の個人の才能（徳）や、予期せぬ出来事、極度に不安定な情報、性急で向こう見ずな選択などが大きな影響を与えうると見る。つまり、権威主義から民主主義体制への移行の場合には、経済的社会的条件よりも、アクターの個人的な才能や判断、決断などが重要だというのである。なかでも、民主主義への移行を捉す前提として重要なのは、ハト派が政権内に生まれることである。ハト派が軍政の継続に固執するタカ派を説得して、自由化と民主化の動きに同意させるという説得戦略が成功しなければならないのである。この説得が功を奏し、民主化への動きが強まると、政府と反対勢力との間で、民政への移行に向けた協定が結ばれる。こうして、次第にハト派がタカ派を圧倒して、反対派との交渉が開始され、さらに社会のさまざまな階層が民主化を求める動きに参加し、人民大攻勢が起こる。そこから民主化への移行のための選挙（出口選挙）への道が準備され、民主化が実現される。

これがシュミッターとオドンネルによる権威主義から民主化へと至るごく大雑把な経路だが、移行に際してハト派などを中心としたアクターの主体的努力を重視していることは明らかである。シュミッターとオドンネルの著作が、主意主義（意志を重視する立場）の一例ともみなされている（Remmer, 1991）のはこのためである。官僚的権威主義の成立を社会経済的条件から説明したオドンネルが、民主化論ではアクターの意志を軸に分析したのは、今見たように、権威主義への移行と民主化とは対照的なプロセスでないという判断があったからだが、一九八〇年代における合理的選択論の台頭に影響されていたことも無視できないであろう。その意味でオドンネルとシュミッターの著作は、合理的選択論が有力となっていった当時の潮流をラテンアメリカ研究（ただし、同書はラテンアメリカに限定していないが）の中に反映するものといえるだろう。

合理的選択論への批判■

合理的選択論は一九九〇年代に入ってラテンアメリカ研究でもその応用範囲が拡大していったが、近年はこの視座に対してもさまざまな批判が寄せられている。たとえばオドンネルは、シュミッターとの共著では人民セクターの果たした貢献を適切に考慮しなかったことを自己批判している（O'Donnell, 1997, p.18）。また、民主化後のラテンアメリカの一部の国で、大統領が議会をバイパスして国民の支持に直接訴える体制が出現していることに注目し、これを委任型民主主義と名づけ、その起源を歴史的文化的要因に求めている（*Ibid.*, ch.10）。要するに、地域の分析にあたっては地域の歴史や文化面での特殊性をやはり忘却すべきではないというのである。この見方に対しては、世論の成長や国民の権利意識の自覚など、民主化後の政治文化の変化を十分評価していないという批判（Peruzzotti, 2001）もあるが、この批判もオドンネルとは別の意味で政治文化を重視している点は注目してよいであろう。

さらに、合理的選択論が仮定するように、はたして政治アクターは常に期待効用を最大限に実現する手段を選択するかといった疑問も提起されている。こうした問題提起のなかには、経済学の分野で、カーネマンなどが編み出したプロスペクト・セオリー（予測理論）の影響も認められる。カーネマンは効用理論を批判して、心理的要因を組み込んだ学説を打ち出し、二〇〇二年度のノーベル経済学賞を受賞しているが、政治学の合理的選択論も効用理論に基本的に依拠してきたものであった。とすれば、プロスペクト・セオリーを用いて合理的選択論を批判することも可能なはずであり、米国のラテンアメリカ研究者ウィランドは、ラテンアメリカに近年登場したネオポピュリスト（新人民主義）政権が、その支持基盤である労働者の支持を失う危険があるにもかかわらず、新自由主義（ネオリベラリズム）的政策を推進したという事実は合理的選択論では説明できないとして、プロスペクト・セオリーの有効性を主張している（Weyland, 2002）。こうした見方がどれだけ説得力をもつかは今後なお検討を要するが、ラテンアメリカ研究における合理的選択論を批判したひとつのパラダイムとして注目に値するように思われる。

結び■

ラテンアメリカの政治研究の歩みを把握するには、多様な方法がありうるであろうが、ここでは、地域の政治変動を横軸、アメリカ政治学を中心とする政治学の一般理論の推移を縦軸として、二つのベクトルがいかにラテンアメリカ研究に関わり、視座の変化をもたらしてきたかという観点からまとめてみた。紙幅の関係から、ごく限られた視座しか検討しえなかったが、このささやかな作業からもラテンアメリカの政治研究がそれなりの進化を遂げてきたことはすでに明らかにされたであろう。とくに理論的な深化は著しいものがある。ただし、地域の政治を理解するには、一般理論からのアプローチだけでなく、地域の個性や特殊性とその歴史を知ることが重要であることも明らかにされたであろう。ますますグローバリゼーションが進展しつつあるとはいえ、地域の個性が簡単に消滅することはありえないからである。おそらくは、本章でその一端を紹介したような一般理論と地域の個性とのせめぎ合いのなかに、ラテンアメリカの政治を分析する重要な手がかりが潜んでいるのではあるまいか。その意味で、ラテンアメリカの政治を学ぶには地域の歴史・文化や政治に関する正確な知識とともに、さまざまな政治理論に関する理解が必要とされよう。以下に続く章は、それぞれのテーマについての理論的考察とともに、地域の歴史と政治の現実に関するできるかぎり正確な情報を提供することをめざしている。

参考文献（一般理論に関わるものは解題を省略）

● Alexander, Robert J. (1965), *Latin American Politics and Government*. New York : Harper & Row Publishers. ラテンアメリカの政治制度と政治勢力に関する簡潔な入門書。

● アーモンド（Almond, Gabriel A.）／川原彰訳（一九八二）「比較政治のための機能的アプローチ」（G・アーモンド／内山秀夫他訳『現代政治学と歴史意識』勁草書房）。

● 青木保（一九八八）『文化の否定性』中央公論社。

● Blanksten, George I. (1960), "The Politics of Latin America," in Alomnd, Gabriel A. & James Coleman (eds.), *The Politics of the Developing Area*. Princeton : Princeton University Press. ラテンアメリカの政治を主としてアーモンドの理論に依拠して論じたもの。発表後四〇年以上を経ているが、なお多くの示唆を含む。

● Burnett, Ben G. & Kenneth F. Johnson (1968), *Political Forces in Latin America, Dimensions of the Quest for Stability*. Belmont, California : Wadsworth Publishing Company, Inc. 国別に政治制度と「入力」や「政治的社会化」の状況を概説。

● Collier, David & Deborah L. Norden (1992), "Strategic Choice Models of Political Change in Latin America," *Comparative Politics*, Vol.24, No.2 (January). ラテンアメリカ研究における合理的選択戦略論の意義を知るうえで有益。

● イーストン（Easton, David）（一九八五）「アメリカ合衆国における政治学――その過去と現在」（『思想』三月号）

● フランク（Frank, André Gunder）／大崎正治他訳（一九七六）『世界資本主義と低開発』柘植書房。フランクの従属論を理解するうえで、とくに重要な著作。

● Huber, Evelyne & Michelle Dion (2002), "Revolution or Contribution ? Rational Choice Approaches in the Study of Latin American Politics," *Latin America, Politics and Society*, Vol.44, No.3 (Fall). ラテンアメリカにおける合理的選択論の応用例を詳述。

● ジョンソン（Johnson,Chalmers）（一九九四）「もっと日本を知的に捉えようではないか」（『This is 読売』一〇月号）

● Kantor, Harry (1969), *Patterns of Politics and Political Systems in Latin America*. Chicago : Rand McNally & Company. 各国別に政治制度、政党などを紹介した概説書。

● Lipset, Seymour Martin (1959), "Some social requisites of Democracy : Economic Development and Political Legitimacy," *The American Political Science Review*, Vol.53, No.1 (March). 経済発展が民主主義発展の基礎となるとした近代化論の代表的論文。

● 松下洋・遅野井茂雄（一九八六）『一九八〇年代ラテンアメリカの民主化』アジア経済研究所。早い時期に地域の民主化の動きを邦語で理論的・実証的に整理したもの。

● O'Donnell, Guillermo (1973), *Modernization and Bureaucratic-Authoritarianism. Studies in South American Politics*. Berkeley : University of California. 官僚的権威主義体制の出現を理論的・実証的に明らかにしたものとして国際的に大きな反響を呼んだ著作。

● ————— (1997), *Contrapuntos*. Buenos Aires : Editorial Paidós. 「委任型民主主義論」を含む論文集。

● Peruzzotti, Enrique (2001), "The Nature of the New Argentine Democracy. The Delegative Democracy Argument Revisted," *Journal of Latin American Studies*, Vol.33, Part 1 (February). 委任型民主主義論への痛烈な批判。

● リード（Reed, Steven）／坂本隆幸（一九九六）「合理的選択論——合意点を求めて」（『レヴァイアサン』一九巻、秋季号）

● Remmer, Karen L. (1991), "New Wine or Old Bottlenecks ? The Study of Latin American Democracy," *Comparative Politics*, Vol.23, No.4 (July). 民主化後のラテンアメリカ政治研究の学問的混乱を活写。

● シュミッター（Schumitter, Philippe C.）／オドンネル（O'Donnell, Guillermo）／真柄秀子・井戸正伸訳（一九八六）『民主化の比較政治学』未來社。民主化における政治アクターの意志や戦略の重要性を説く。

● Weyland, Kurt (2002), *The Politics of Market Reforms in Fragile Democracies, Argentina, Brazil, Peru, and Venezuel*. Princeton & Oxford : Princeton University Press. プロスペクト・セオリーからネオポピュリズムを分析。

● Wiarda, Howard J. (1973), "Toward a Framework for the Study of Political Change in the Iberic-Latin Tradition : The Corporative Model," *The World Politics*, Vol.15, No.1 (January). ラテンアメリカの政治文化をコーポラティズムと捉え、国際的にも議論を巻き起こした論文。

● 山川雄巳（一九七七）『アメリカ政治学研究』世界思想社。

第一部　歴史的視点から

1章

政治と社会の歩み

●乗　浩子

はじめに

近代ヨーロッパの膨張によって形成された新大陸の中で、北の米国が超大国へと発展したのに対して、ラテンアメリカはいまだ政治的経済的に発展途上にある。しかし発展途上地域のなかではヨーロッパが土着化したユニークな地域である。三世紀におよぶ植民地時代に、イベリア文化を頂点に先住民文化・黒人文化を基層とする重層的権威主義的階層社会が定着し、その伝統は現代の政治に大きな影を落としているが、地域による差も大きい。イベリア諸国から政治的離脱を遂げたのち、欧米型の政治をモデルとする国家形成を志向しつつも実態は皮相的なものであった。

国民国家形成の動きが本格化するのは二〇世紀に入って、具体的には一九一〇年に始まるメキシコ革命以後である。三〇年代以降主要国でポピュリズム（人民主義）政権がこの役割を担い、輸入代替工業化による経済的自立をめざした。ラテンアメリカにおける冷戦体制はキューバ革命（五九年）の進展によって激化し、反革命としての軍事政権が南米を覆い、中米は代理戦争の舞台と化した。きびしい治安政策によって域内の冷戦構造を消滅させた軍は政治の表舞台から退き、八〇年代には民主体制が回復した。しかし累積債務危機から経済自由化政策への政策転換が行われるなかで所得格差が拡大し、新たな秩序が模索されている。

一　征服から植民地時代へ

イベリア諸国による征服

一四九二年にコロンブスが到着するはるか以前から、新大陸にはモンゴロイド系の人々が大規模な文明圏を形成していた。なかでもメソアメリカ（メキシコ・中米）と中央アンデス地域（ペルー、ボリビアなど）には数世紀にわたってマヤ、アステカ、インカなどの高度な古代文明が開花し、複雑な政治組織を持つ帝国（または国家）が繁栄した。スペイン人の征服によって崩壊した後も統治機構は一部温存され、その共同体的土地所有の伝統はのちに先住民社会主義に理念化された。現在も先住民人口が稠密で、先住民ナショナリズムの強い地域である。

一方、旧大陸のイベリア半島の国々（とくにスペイン）では、ユダヤ教・キリスト教の伝統とギリシア・ローマの文化を受け継ぎながらも、他の西欧諸国に比べてエリート主義的、階層的側面がみられた。北アフリカからイベリア半島に侵入したイスラム教徒によって八世紀間支配され、さらに異教徒からの国土回復をはかるレコンキスタ（再征服運動）の過程で、他の西欧諸国に先がけて統一国家を形成したスペインとポルトガルは、世界的商業革命の担い手として登場する。レコンキスタの延長としてフロンティアを新大陸にまで拡大したスペインは、専制的階層的な社会とエトス（精神・価値観）を新世界に移植した。

スペイン人による征服はカリブ海地域に始まり、アステカ帝国、インカ帝国の征服で本格化した。南米のコロンビア、ベネズエラ地方の征服は遅れ、チリのアラウカーノ族は根強い抵抗を示した。遊牧的先住民が割拠し貴金属も乏しかったラプラタ地方（現在のアルゼンチン、ウルグアイ、パラグアイ）の征服は、一五八〇年にブエノスアイレス市再建によって成就され、ここにスペインによる新大陸征服のサイクルが完了する。東洋貿易に専念していたポルトガルにとって、染色用の紅木《ブラジル》のほかに金も発見されず高度の先住民文明圏も存在しないブラジルは、魅力の乏しい地域であった。ブラジルへの到達は一五〇〇年のカブラル（ポルトガルの航海者）の漂着に遡るが、征服の時代を経ず、一五二〇年代以降北東部海岸への植民の時代に入り、カピタニア（行政区）制、ついで総督制を導入する。

黄金と福音を求めてやってきた征服者は、史上例をみないほどのスピードで広大な土地を征服した。その残忍な略奪と殺戮によって先住民の生活と文明は破壊されたが、なかでも最初にスペイン人が上陸したカリブ海地域の先住民が絶滅の危機に瀕したため、労働力としてアフリカから黒人が導入される。以後四世紀にわたる黒人奴隷制のもとで、奴隷として新大陸に導入されたアフリカ人の九割が現在のラテンアメリカ（ブラジル北東部を含む環カリブ海地域）に定着し、この地域の人種構成と文化を変えた。

植民地体制とその動揺■

征服と植民とは非西欧世界の西欧化とキリスト教化に重点を置きつつその富を有効に吸い上げることをめざすものであり、この目的のために植民地に対して権威主義的政策が不可欠とされた。ヨーロッパの新しい流れから取り残された宗主国のきびしい支配のもとで三世紀間を過ごしたラテンアメリカは、前近代的性格を色濃く残すことになる。植民地統治のために本国と現地にさまざまな統治組織が設けられた。これらの組織の性格が垂直的・権威主義的であった上に、植民地の代理人に対する王権の不信感ゆえに権限が曖昧にされていたために、独立後、権力分立が脅かされる傾向を生んだ。スペインは膨大なインディアス法をはじめとする諸法を植民地統治のために作成、適用したが、「服すれど守らず」という状況のもとで、法の支配は空洞化しがちであった。

植民地では、換金作物栽培のための強制労働システムであるエンコミエンダ制や黒人奴隷によるプランテーション経営、さらに鉱山地帯の強制労働徴用制によって熱帯農産物や貴金属が生産・開発された。これら新大陸の物産はスペインの重商主義的貿易政策のもとでヨーロッパに輸出されてヨーロッパの発展を促すとともに、世界経済におけるラテンアメリカの周縁的役割を位置づけた。エンコミエンダ制は大土地所有制につながるものであり、これを基盤としたエリート層を頂点とするピラミッド型社会構造が形成されることになった。植民地時代初期の白人対先住民という二元的社会は次第に変質し、ペニンスラール（本国生まれの白人）―クリオーリョ（植民地生まれの白人）―さまざまな混血―先住民・黒人という重層的身分階層社会が出現する。

一八世紀以降スペイン帝国の覇権の喪失とイギリスなどヨーロッパ列強の台頭、さらには貿易の自由化を求める内外の圧力を受けて、スペイン・ブルボン王朝は植民地の再編・強化を迫られた。しかし貿易の自由化、中央集権制の強化、民兵制の導入など新たに採られた政策は、スペインの思惑とは逆に、反乱や一層の自由化要求を生むことになる。

一方、ポルトガルはスペインに併合された時期（一五八〇～一六四〇年）に東インド貿易から撤退したため、ブラジル経済への依存を強め、一八世紀初頭にブラジルを副王領に格上げして、特許会社を設ける。しかしポルトガルの植民地統治力と組織は弱体であり、実際にブラジルを支配したのは北東部で黒人奴隷を使って砂糖を生産・輸出する大農場主《ファゼンデイロ》であった。一八世紀に経済の中心はゴールドラッシュに沸く内陸部に移り、国境は西へ拡大された。ブラジルの富のイギリスへの流出を阻止して本国への還流を確実にするため、宰相ポンバルは行政改革や徴税の徹底をはかった。しかしこの重商主義政策の強化は抵抗を生み、独立の機運を醸成していく。

二　独立とその後

独立と国家形成期

ラテンアメリカ諸国の独立の直接の契機は国際関係の変化にあり、スペイン支配体制の弱体化とフランス革命（一七八九年～）の影響に負うところが大きい。フランス革命の進展はその植民地ハイチに奴隷反乱を引き起こし、西半球で最初の黒人共和国を誕生させた（一八〇四年）。アンデスの反乱やこのハイチ革命における民衆の動きに脅威を覚えた白人は、独立に消極的であった。しかしナポレオン軍の征服による宗主国の動揺に加えて、啓蒙思想による思想的覚醒や、ペニンスラールとクリオーリョの反目などが本国からの離脱を促した。

独立戦争は一八一〇～二四年にわたる長期間に多様な展開を遂げ、キューバとプエルトリコを除く全スペイン領が独立した。メキシコでは社会改革を要求した民衆蜂起が弾圧された後、宗主国の自由主義政策に反発する保守的クリオーリョによって独立が達成され、中米諸国もこれに従った。南米では北部をシモン・ボリーバルが曲折を経たのち解放し、南部をサン・マルティン（アルゼンチンの軍人）が独立に導いた。スペイン系諸国は植民地時代の行政区分に基づいて独立国家を形成し、南米北部諸国は一時大《グラン》コロンビア共和国を、中米諸国は連邦を結成するが、いずれも分離独立する。

独立戦争の結果、先住民の貢納の禁止、奴隷制の制限あるいは廃止、宗教裁判所の廃止などの改革が打ち出された。しかし政治・社会に変革をもたらすものではなく、頂点の権力者がペニンスラールからクリオーリョに交代したにすぎなかった。独立戦争は「分離の戦争」にすぎず、内発性に乏しい保守的性格であったといえよう。

南米の「解放者」S．ボリーバル（ベネズエラ出身の軍人・政治家、1783～1830）。

ブラジルの場合、ナポレオンの侵入を受けたポルトガル王室が植民地ブラジルに脱出したこともあって、急進的独立運動の可能性は封じられ、上からの独立への道を開いた。国王ジョアン六世が皇太子を残して本国に帰国したのち、穏健な自由主義派に支援された皇太子（ペドロ一世）が一八二二年に帝政国家としてブラジルの独立を宣言し、平和裡に離脱を遂げた。

独立後ラテンアメリカ諸国は米国の憲法やフランスの人権宣言などをモデルにした憲法を制定し、近代国家としてのスタートを切った。しかし実際には欧米型民主主義・共和主義が根づく条件が欠けていた。ボリーバルはボリビア憲法草案のなかに後継者の任命権を持つ終身大統領制を規定して、権威主義的でアナーキーな現実との妥協をはからざるを得なかった。

独立戦争後の権力の空白期に実権を握ったのは、軍人出身のカウディーリョ（統領）であった。法ではなく軍事力に権力の正統性を認めるカウディーリョは、強力なカリスマ性と家父長主義（パターナリズム）によって民衆の支持を得た。メキシコのサンタ・アナ、アルゼンチンのロサスなどがその代表であり、帝政ブラジルなどわずかな国を除いて、ラテンアメリカの各地にカウディーリョが跋扈《ばっこ》する。

当時のエリート政治家はスペイン絶対主義体制に固執する保守主義派と欧米型近代化を求める自由主義派に分裂した。両派は新国家建設の基礎を中央集権制とすべきか連邦制をとるべきかの争点をめぐって争い、政治は無政府状態に陥りがちであった。カウディーリョの出現は力による政治的安定をもたらしたものの、議会制民主主義を空洞化させ、強力な個人支配―独裁制の伝統を生んだ。

帝政国家として独立し、地理的分裂とカウディーリョの支配を免れたブラジルでは、ペドロ一世によって一八二四年に帝国憲法が制定された。皇帝に対して行政権に加えて、三権とは別の第四権ともいうべき調停権《ポデール・モデラドール》を認めており、のち共和制に移行後この調停権が軍に属するものとみなされ、軍に政治関与を正当化する口実を与えることになる。

近代化と周縁化——自由貿易主義の帰結■

独立後、欧米に門戸を開いたラテンアメリカは、政治的に安定する一九世紀後半から二〇世紀初頭にかけて一次産品の生産と輸出に力を入れ、未曾有《みぞう》の発展を遂げる。ラテンアメリカ諸国は原料と食料と市場を提供することで欧米の産業革命を外から支えたが、独立前後から芽生えていた工業化の芽はつみとられてしまった。自由貿易の原則のもとにイギリスとの経済関係を強めたアルゼンチン、ブラジルなどの国々は、イギリスの非公式帝国の一角を構成した。やがてイギリスに代わって米国の資本と工業製品が流入し、中米・カリブ海諸国は熱帯農産物、アンデス諸国（ペルー、エクアドル、コロンビアなど）とメキシコは鉱物資源、南米南部諸国（アルゼンチン、ウルグアイなど）は温帯農畜産物の生産と輸出を強化する。

こうして自由貿易による国際分業体制のもとで一次産品輸出型経済構造が定着し、モノカルチュア（単一栽培）に特化した非自立経済─低開発が深化する。一次産品を生産し輸出する大土地所有者は、いわゆる寡頭勢力《オリガルキア》を形成するが、米国資本はこの勢力と結び、寡頭支配社会の温存と安定をはかった。

キューバ独立運動の志士ホセ・マルティは「モノカルチュアに依存する民族は自殺する」と警告したが、こうした意見は少数派にすぎなかった。多くのエリートは当時流行した実証主義や社会進化論を受容し、欧米からの資本と製品を導入して経済発展を促進し、欧米をモデルとする国づくりを理想とした（2章参照）。政治的安定＝秩序のもとで、進歩＝近代化＝西欧化＝文明化が謳われ、教育の振興、鉄道・通信網の整備、白人移民の導入が積極的に実施される一方で、たとえばアルゼンチンでは「野蛮」のシンボルたる先住民を討伐する作戦が展開される。

近代化のイデオロギーとしての実証主義はラテンアメリカ諸国を席巻したが、なかでもメキシコのテクノクラート（技術官僚）の科学主義者《シエンティフィコス》たちはディアス独裁体制（後述）を支え、ブラジルでは「秩序と進歩」を信奉する軍人の指導のもとに帝政が廃止され、共和制が樹立される。近代化の進展によって寡頭勢力は物質的繁栄を謳歌し、中間層も台頭した。しかし民衆の生活レベルは低く労働条件は劣悪であり、農村の共有地は大土地所有者のもとに併合された。近代化＝進歩と信じたエリートの政策が、むしろラテンアメリカの低開発を定着させたといえよう。

メキシコ革命の群雄たち。エミリアーノ・サパタ（中央左）とパンチョ・ビリャ（右）。（出所：Sánchez - Barba, M. H., *Gran Enciclopedia de España y América*, tomo VI, 1984, p. 65.）

三　改革とナショナリズムの時代

メキシコ革命と諸改革■

輸出経済の発展にともなって中間層や労働者階級が台頭し、大量の白人移民の到来によってヨーロッパの社会主義やアナルコ＝サンディカリズム（8章参照）の思想が流入した。二〇世紀になると寡頭支配体制や大土地所有制、さらには外国資本に対する批判と現状改革の動きが起き始める。それが激しい革命として爆発したのがディアス独裁（一八七六〜一九一一年）のもとで貧富の差が拡大していたメキシコである。

　メキシコ革命は一九一〇年、ディアス再選を阻止する政治的民主化運動に始まった。これが土地改革を要求する農民の急進派や、憲法を擁護しつつ民族的要求を掲げる穏健派など、さまざまな地域や階層の利益を代表する勢力の群雄割拠の武力闘争期を経て、一九一七年の憲法制定（ケレタロ憲法）によって革命は一応終息する。この憲法は、土地や地下資源が国家に帰属すること（第二七条）を規定してのちの資源ナショナリズム（自国資源に対する主権の確立によって経済的自立をはかる動き）の法的根拠ともなる一方で、労働権（第一二三条）を確立した。当時の世界で最も先駆的な憲法を生み出したメキシコ革命は、反帝国主義的ナショナリズムと先住民の復権をめざす初めての社会革命であり、ラテンアメリカの各地に改革運動を誘発した。

　一九世紀後半に欧州移民が流入した南米南部諸国では、

中間層が中心となって議会制の枠内で漸進的改革が進められた。アルゼンチンやチリでは男子普通選挙法によって急進党政権が成立し、労働法など社会立法実現の方向に向かう。ウルグアイではバジェ大統領のもとで労働法や社会保障法が制定され、公共企業が国有化される。農牧業に基礎を置く同国の福祉制度が破綻するのは第二次世界大戦後である。

世界恐慌とポピュリズムの台頭■

一九二九年に始まる世界恐慌はラテンアメリカ諸国を直撃した。一次産品輸出は激減し、輸入能力も低下して経済は壊滅的打撃を受け、経済を支え政治を支配してきた寡頭支配体制の権威は失墜した。この構造的危機に対応して登場したのが人民主義《ポピュリズム》の政治である。

ポピュリズムはラテンアメリカ独自の政治運動であり、都市中間層を中心とする多階級同盟（国家の統制のもとに資本と労働の利害が調整される組合国家的性格を持つ）を形成し、カリスマ的リーダーのもとで国家統合と所得再分配のための構造改革をめざした。輸出指向型経済が危機を招いたとの認識から、輸入代替工業化による内向的発展を重視する。自由主義・国際主義から民族主義へ、あるいは国家主導型開発への転換である。この人民主義型政治は第二次世界大戦後最盛期を迎えるが、一九六〇年代に挫折し、軍事政権の登場によって崩壊する。

人民主義の先駆はメキシコ革命だが、代表的なものとしてペルーのアメリカ人民革命同盟（ＡＰＲＡ《アプラ》）やアルゼンチンのペロニズムがある。ＡＰＲＡはアヤ・デ・ラ・トーレが亡命先のメキシコで一九二四年に組織したもので、マルクス主義的立場から先住民の国民生活への統合（インド・アメリカ主義）と反帝国主義を鮮明にした。ＡＰＲＡは保守派と軍部に阻まれて政権を掌握できず、次第に保守化する。六〇年代末になって人民主義的改革を実施したのが軍事政権であったという皮肉な経緯を経て、初めてペルー・アプラ党が政権を掌握するのは八五年のことである。

一方ペロニズムは、アルゼンチンのペロン大統領（任期一九四六～五五、七三～七四年）によって始められた政治運動で、人民主義の典型とみられている。労働者の保護と管理、工業化、主要産業の国有化、自主外交などの政策によって、社会正義と経済的自立をめざした。五五年のペロン失脚後、軍部との角遂のうちに労働者独自の運動として展開し、分裂する。一時ペロンは復帰するが、軍政期を経て、八〇年代末にペロン派はペロニスタ党として政権を掌握する(8章参照)。

以上のほか、家父長制的支配体制のもとで民族主義政策と工業化を進めたブラジルのヴァルガス大統領(一九三〇~四五、五一~五四年)、農地改革を徹底し石油国有化を断行して革命を進展させたメキシコのカルデナス大統領(一九三四~四〇年)も、ともに代表的なポピュリストである。さらに錫鉱山の国有化や普通選挙を実現したボリビアの民族主義的革命運動(MNR)や、社会改革を実施したベネズエラの民主行動党(AD)も人民主義の例である。

第二次世界大戦から冷戦へ■

積極的軍事介入政策を進めて中米・カリブ海地域を裏庭化した米国は、一九三〇年代に善隣外交政策で軌道修正した。善隣外交に好意を寄せたラテンアメリカ諸国は、次第に米国の反枢軸政策を支持してその制度化に協力する。第二次世界大戦に際して、ブラジルとメキシコ両国は実際に派兵し、カリブ海地域の国々は軍事基地を提供した。多くの国々は連合国側に食料や戦略物資を供給して経済的に潤ったのである。民主勢力がファシズムに勝利したこの大戦の終結は、ラテンアメリカ諸国にも民主化の風潮を引き起こし、次第に独裁者や軍事政権が姿を消した。

冷戦体制への移行にともない、米国は米州相互援助条約(リオ条約、一九四七年調印)や米州機構(OAS、四八年成立)を通して、反共陣営としてのラテンアメリカ諸国との結束を強化し始める。グアテマラ革命の挫折(五四年)の例にみるように、米国は改革運動を国際共産主義の陰謀とみなして武力鎮圧した。こうして米国の政策はラテンアメリカの右翼独裁政権を温存・強化しつつ、社会改革の芽をつみとってしまった。また米国政府はラテンアメリカの社会・経済発展にはほとんど無関心であった。このような米国の姿勢に対して、ラテンアメリカでは批判的な機運が次第に醸成された。五〇年代末に米国側でも政策修正の兆しが見え始めるが、明確な政策転換を迫られるのは、キューバ革命が起きた後である。

四　冷戦期——革命・軍政・内戦

キューバ革命の衝撃と各国の対応■

一九五九年初頭、キューバのフィデル・カストロ（のちキューバ共産党第一書記、国家評議会議長）はゲリラ作戦によって独裁者バティスタを追放して権力を奪取し、ラテンアメリカは激動の時代を迎えた。農地改革など急進的な政策を進めるキューバに対して米国は国交を断絶し、六一年四月に武力侵攻を試みて失敗する。社会主義革命を宣言したキューバはソ連など社会主義諸国との関係を強化し、各地の革命運動を支援したため、ＯＡＳから除名された。キューバをめぐる米ソの緊張は六二年一〇月のキューバ・ミサイル危機で頂点に達した。キューバに核ミサイルの配備を計画したソ連に対し、米国は臨戦態勢をもってミサイル撤去を求め、世界は全面的核戦争の瀬戸際に立たされた。しかしソ連がミサイル撤去に応じ、危機は回避された。

米州における社会主義体制の成立とソ連の進出を米州安全保障への深刻な脅威と受け止めた米国は、改革によって社会的不公正を是正し、革命の根を断つ「進歩のための同盟」政策と、直接的な反共軍事援助政策の両面作戦に出た。しかし農地改革などを条件に米国が援助を約束したこの画期的な同盟政策は、はかばかしい効果を生まなかった。他方、外敵よりも内部の敵（ゲリラ）に戦略の照準を移し、「第二のキューバ」阻止のため文民よりも軍部に期待する米国の軍事援助政策は、のちに述べるようにラテンアメリカ諸国における軍事政権の樹立を助長することになる。

ミサイル危機後、ソ連不信に陥ったキューバは、ソ連の平和共存路線を否定して急進的な革命支援を行ったので、各地で革命運動が活発化した。キューバ化を恐れるラテンアメリカ諸国はメキシコを除いてキューバと断交し、キューバは米州で孤立する。一九六〇年代末以降キューバは経済政策と革命路線の行き詰まりから政策転換を余儀なくされ、七〇年代になるとソ連をモデルとする社会主義体制の制度化が進行する。

一九六〇年代末から七〇年代初頭にかけて、南米においても左翼ナショナリズムが高揚する。ペルーでは改革主義的なベラスコ軍事政権（六八～七五年）、チリではアジェンデ社会主義政権（七〇～七三年）が成立し、中米のパナマでもトリホス大統領が米国からのパナマ運河返還闘争を展開した。この動きは第一次石油危機（七三年）を契機に高まった世界的資源ナショナリズムで頂点に達し、七四年に国連における新国際経済秩序（ＮＩＥＯ）樹立に関する宣言へと発展する。翌七五年には経済協力をめざすラテンアメリカ経済機構（ＳＥＬＡ）が米国を除きキューバを加えて成立した。米州におけるキューバをめぐる雪解けを背景に、キューバはそのプロレタリア国際主義の新しい舞台をアフリカに転じた。

長期軍政時代■

一九六四年にブラジル軍部がクーデターによって政権を掌握したのを皮切りに、ペルー、ボリビアが軍政化された。七〇年代になると社会主義政権のチリ、福祉国家のウルグアイなど民主的伝統を誇る南米南部諸国にまで軍政化の波が及んだ。

軍部をクーデターに駆り立てた背景には、輸入代替工業化政策が行き詰まり、キューバ革命によって政治が急進化したため、人民主義政策を支える階級同盟が破綻し、その統治能力が減退した事情がある。こうした状況に危機感を持った軍部が「国家安全保障と経済発展」というスローガンのもとに政権を奪取し、一時的な危機管理だけではなく、拡大防衛観に基づいて長期政権をめざしたのである。この新しい型の軍政（官僚的権威主義体制）は、近代化レベルの高いブラジル、アルゼンチン、チリなどにおいては特に保守的、抑圧的であった（8章一七八頁以降参照）。高度工業化のために必要な外国資本を導入するには、賃金とインフレの抑制や緊縮財政など反人民主義的政策が不可欠であり、軍人と文民テクノクラートの同盟によってこの政策が遂行されたからである。

官僚的権威主義体制のもとで民衆勢力の排除・抹殺、議会の解散、司法への介入、行政権の拡大・強化がはかられた。外資導入による輸出指向型工業化を進めたブラジルは奇跡的な成長を遂げるが、一九七三年の石油危機後翳りが生じた。チリ、アルゼンチンでは、マネタリズム（通貨政策）による経済自由化政策が工業を壊滅状態に陥れ、チリでは回復に向かったものの、はかばかしい経済実績を生まなかった。むしろ貧富の差や膨大な累積債務を残すことになった。また過度の安全保障政策のもとで行われたゲリラ掃討作戦（「汚い戦争」）はおびただしい数の「行方不明者」を生み、軍事政権による人権侵害は内外の厳しい批判を招いた。こうして官僚的権威主義体制は次第に政治からの撤退を余儀なくされた（6章参照）。

新興独立諸国の動向■

カリブ海地域の旧欧州（主に英領）植民地は二〇世紀後半に独立を遂げはじめる。一九六〇年代にはジャマイカ、ガイアナなど、七〇年代にはアンティール諸島の小国が、八〇年代には中米のベリーズなども加わり、計一三の独立国が誕生した（巻末「各国便覧」参照）。カリブ海地域はヨーロッパ列強がその領有にしのぎを削り、四世紀にわたるアフリカ人奴隷による砂糖プランテーション経営によって、世界経済における周縁化が定着した地域である。奴隷制廃止（一八三〇年代）後、インド人や中国人が導入されたものの、カリブ海地域は黒人世界であり、そのアイデンティティはアフリカに求められた。アフリカ人、アフリカ系人の主体性の回復とアフリカの独立・復権をめざし、一九世紀に始まるパン・アフリカニズム運動は、カリブ海地域出身の知識人によってイギリスや米国を舞台に進められ、第二次世界大戦後これをひきついだアフリカ人たちによってアフリカ諸国の独立が実現する。

カリブ海諸国のナショナリズムの性格は大西洋横断的スケールを持ち、次第にアフロ・カリブ人意識が醸成された。奴隷反乱の経験を背景に持つ独立運動は漸進的に実を結び、ジャマイカなど三島は自治政府の樹立を経て、一九六二年に英連邦の一員として独立する。これら三島の独立に加えて、六〇年代初頭におけるブラック・アフリカ諸国の独立やキューバ革命の進展も、カリブ海地域の独立を促すことになった。

新興の一三カ国中九カ国が立憲君主制で英国型の議院内閣制を採用し、共和国は南米のガイアナ、スリナムなど四カ国にすぎない。ミニステートから成るこれら新興諸国は、政治的団結力に乏しいが、経済的には自国の小規模かつ脆弱な市場と構造を意識して、統合への意欲は盛んであり、カリブ共同体・共同市場（CARICOM）を結成した。これらの国々はロメ協定（欧州諸国と旧植民地国との協力協定）に参加するなど旧宗主国との結びつきが強い。言語・文化・政治制度の点で他のラテンアメリカ諸国との差は大きいが、OASに加盟するなど次第に米州共同体への帰属感が生まれており、国連ラテンアメリカ経済委員会（ECLA、一九四八年設立）も八四年にカリブを加えた名称（ＥＣＬＡＣ）に改めた。

旧宗主国に加えて、政治的・経済的にカリブ海諸国に強い影響力を持つのが、この地域を安全保障上の要衝とみる米国である。キューバ革命、ニカラグア革命（後述）の波及を恐れる米国は、一九六〇年代にはガイアナのマルクス主義的な政権の弱体化をはかり、八三年には東カリブ海諸国機構（ＯＥＣＳ、旧英領国が加盟。八一年設立）軍を率いてグレナダに侵攻し、人民革命政権を崩壊させた。

中米紛争■

一九七九年、中米のニカラグアでは半世紀近くにおよぶソモサ一族の独裁を倒してサンディニスタ民族解放戦線（ＦＳＬＮ）が政権を掌握、周辺諸国に影響が及び、寡頭支配体制のもとで合法的改革の道が閉ざされていたエルサルバドルでは軍事クーデターが起き、グアテマラでは土地を求める農村ゲリラが再生する。サンディニスタ政権は社会主義を志向しながら政治的多元主義・混合経済・非同盟外交を政策の基本に掲げ、改革に着手した。またエルサルバドルでは八〇年代に軍事政権と左翼反政府ゲリラの武力衝突が激化する。米国のレーガン政権（八一～八九年）はこの地域の革命を新冷戦期における国際共産主義運動の一環と捉え、前述のようにグレナダの人民革命政権を打倒する一方、軍事援助をはじめとするあらゆる戦略を駆使してエルサルバドルとグアテマラの政府軍を支援し、反革命軍を組織してサンディニスタ政権の打倒をはかった。これらの国々は悲惨な内戦に陥り、多くの人々がテロや無差別殺戮の犠牲となった。

中米革命の代理戦争化を憂慮し、地域の自主性に基づく平和的解決を求めて一九八三年に結成されたのが、メキシコ、ベネズエラ、コロンビア、パナマの四カ国から成る調停組織コンタドーラ・グループである。ついで、このグループの構想を継承するかたちで中米諸国自らが和平努力に乗り出し、八七年にグアテマラで中米五カ国が合意に達した。停戦、国民的和解、外国からの軍事援助の停止、民主化などに関する合意内容に基づいて、ニカラグアでは九〇年、九二年にエルサルバドル、九六年にはグアテマラで和平合意が成立する。

五　冷戦後のラテンアメリカ

民主化と債務危機■

南米では一九七〇年代末から民主化の動きが活発になった（9章参照）。エクアドル、ペルーなどのアンデス諸国が相次いで軍政から民政に移行したのをはじめとして、八二年にマルビナス（フォークランド）戦争で軍部が威信を失墜させたアルゼンチン、八五年にはウルグアイとブラジル、さらにパラグアイが八九年（軍事政権崩壊）、チリが九〇年に民政移管して、長い軍事独裁体制に終止符を打った。中米諸国においても先に述べた和平交渉を経て国民的和解が徐々に進んだ。こうしてラテンアメリカは、南米の軍政と中米の内戦に象徴される熾烈な冷戦時代を終えることになる。米ソ両国にとっての冷戦体制は、局地的（朝鮮半島・ベトナム・アフリカに加えてラテンアメリカにおける）熱戦を伴うものだった。ソ連の軍事・経済援助に依存してきたキューバは、ソ連の解体によって自立を迫られた。九一年の第四回共産党大会では社会主義体制の堅持を明らかにしつつも、市場経済を限定的に採り入れて活路を見出している（12章参照）。

一九九〇年代以降、ラテンアメリカから軍政や独裁（キューバを除く）が姿を消した。非識字者にも選挙権が認められて有権者数が増大し、選挙による政権交代が定着する。しかし軍部主導で民政化した国が多く、特権を保持する軍の存在は民主主義にとって依然脅威である（6章参照）。

民主化したラテンアメリカを襲ったのは深刻な債務危機であった。一九八〇年代には軍政から厖大な累積債務を相続した国々をはじめ、ほとんどのラテンアメリカ諸国が債務危機に見舞われ、きびしい不況、インフレ、国際収支の赤字に陥った。この「失われた一〇年」の時代に貧困、麻薬問題、環境破壊は深刻化する。

民政移管後の政治を担ったポピュリスト政権は、債務国が要求する緊縮財政策を斥け、価格凍結によりインフレ抑制をはかったが（ヘテロドックス政策）、逆に高インフレを招いて挫折し、政策転換を余儀なくされる。こうして八〇年代末から新自由主義（ネオリベラリズム）経済政策に転換して活路を求める国が増えた。

ネオリベラリズムへの転換■

ラテンアメリカ諸国の債務処理を指導した国際通貨基金（ＩＭＦ）や世界銀行などワシントンに本部を置く国際金融機関は米国政府との協力のもとに、その融資条件にきびしい構造調整政策を課した。このワシントン・コンセンサスは市場原理の導入と緊縮財政をめざして、国家の市場介入を限定し、貿易・投資の自由化、民営化、規制緩和など経済の自由化をはかるもので、世界的潮流の一環でもある。こうした新自由主義政策は、ラテンアメリカ諸国が半世紀間採用してきた保護主義的な輸入代替工業化政策が国際競争力を失ったとの認識から、開発戦略の大転換を迫るものだった。国家主導の内向的発展から民間主導の外向的発展への転換である。

一九九〇年代に新自由主義政策を採用して構造改革を進めた政権には、ネオポピュリストと称されるアルゼンチンのメネム政権（八九～九九年）、ペルーのフジモリ政権（九〇～二〇〇〇年）などがある。各々労働組合と新都市住民の支持で成立しながら、国営企業を売却し、高インフレを抑え込み（ペルーではゲリラも鎮圧し）、反民衆的経済・社会政策と行政優位のポピュリスト的政治スタイルを維持した。これに対する反発は根強く、九六年にペルーの首都リマで起きた日本大使公邸人質事件は、強権的なフジモリ政権とこれを支える日本政府を標的にしたゲリラ作戦であった。

欧州経済統合の成功も刺激となって、ラテンアメリカ諸国は一九六〇年代から水平的地域統合を試みてきたが、本格化したのは九〇年代半ばからである。九四年一月、米国、カナダ、メキシコによる北米自由貿易協定（ＮＡＦＴＡ）がスタートし、翌九五年にアルゼンチン、ブラジル、ウルグアイ、パラグアイが南米南部共同市場（メルコスル）を結成し、アンデス、中米、カリブ海地域の各共同市場も再編成された。ＮＡＦＴＡを米州全体に拡大しようとする米国主導の米州自由貿易圏（ＦＴＡＡ）構想に警戒的なブラジルは、南米の経済統合を重視する。

一九九〇年代になると新自由主義政策の推進にともなってマクロの経済指標が好転し、経済は活気を取り戻した。インフレの沈静化、外資の流入、国営・公営企業の売却あるいは民営化、規制緩和などによって経済実績は改善されたが、倒産・失業・賃金カットをともない、歴史的構造的に格差の大きいラテンアメリカ社会を一層不平等にした。

貧困層は拡大し、中間層の生活の質は低下し、犯罪の増加と治安の悪化を招いている。このような状況からみると、参加と平等を志向する政治的民主主義と新自由主義的経済政策とは両立し難い、トレードオフ（片方の達成がもう片方の犠牲において行われるような状態）関係ではないかとの疑念が生じる（9章二〇九頁参照）。

グローバリズムとラテンアメリカ■

コロンブスの新大陸到着およびブラジル「発見」五〇〇周年にあたる一九九二年と二〇〇〇年は、世界がグローバルに拡大した広義のグローバリズムの原点に関わる年なのだが、同時に征服と受難の始まりでもあるので、各地で騒然と催事が行われた。九二年のノーベル平和賞がグアテマラ出身の先住民で人権擁護活動に携わるリゴベルタ・メンチュウに授与され、国連が九三年を「国際先住民年」と定めたことも、グローバリズムの両義性を物語っている。九二年にはブラジルのリオデジャネイロで第一回国連環境開発会議（地球サミット）が開催された。アマゾン熱帯雨林の破壊などが地球規模の問題として議論され、先住民の権利やNGO（非政府組織）の積極的役割が認められた。

先住民の自立的な政治運動は、一九九〇年代以降顕著になった（13章参照）。九四年一月のNAFTA発効に照準を合わせてメキシコで蜂起した先住民組織「サパティスタ民族解放軍（EZLN）」は、ネオリベラリズムと制度的革命党（PRI）体制批判を世界に発信する。またボリビアの先住民組織は民政移管に大きな役割を果たし、エクアドルでもクーデターや政権に参加するなどその動きは活発である。

軍事クーデター30年後の、処刑された人々の遺族会のデモ。2003年9月11日、チリ、サンティアゴ。（浦部浩之氏撮影）

グローバリズムは新自由主義経済の波を世界規模に拡大し、世界各地でネオリベラリズムへの抵抗の動きを惹起しているが、一方で国際組織や国際世論が関わって民主主義を擁護・強化する動きもみられる。選挙監視などの経験を持つ国連は米国とともに、一九九四年に多国籍軍派遣を通告して、軍事クーデターで追放されたハイチのアリスティド大統領の復帰を実現した。またメルコスルは経済統合体ながら、九六年と九九年にパラグアイで起きた軍事クーデターを未然に防止するのに貢献している。チリのピノチェト元大統領（終身上院議員）が、九八年に療養中のイギリスでスペインの要請により逮捕・拘禁された。長期軍政時代の人権侵害の責任追及は、国内では軍の権力が強いため不問に付されていたが、グローバリズムは司法の面にも及んだ。

一九世紀後半の経済的リベラリズムから世界恐慌後の国家主導型工業化へ、そして冷戦後のネオリベラリズムへと、いわば極端から極端へと大きな振幅で揺れ動いてきたラテンアメリカの政治経済の潮流にも、二一世紀に入って軌道修正の兆しがみえてきた。社会と民主国家の提携をめざす動きである。ブラジルで圧倒的支持を得て二〇〇三年に就任した労働者党（PT）のルーラ大統領は「飢餓撲滅計画」を打ち出して民主的国家の役割を強調し、ネオリベラリズム路線の先頭を走っていて経済危機に陥ったアルゼンチンで同年に大統領に選出されたキルチネルは、公共事業による国家再建をめざして新自由主義政策の修正を明らかにした。また産油国ベネズエラのチャベス大統領（一九九九年〜）のネオリベラリズムに抵抗するポピュリスト的政治姿勢は、拡大する貧困層にアピールしている。

結び■

二〇〇一年の米国同時多発テロ以降、ラテンアメリカも「テロとの戦い」に巻き込まれることになった。ラテンアメリカ諸国のなかでイラク戦争に派兵した国は少なく（中米のホンジュラス、エルサルバドル、ニカラグアおよびドミニカ共和国の四カ国のみ）、米国の政策には距離を置いている。しかしテロの脅威に対応して安全保障政策に力を入れると、民主主義や人権が犠牲にされる恐れがある。

二一世紀を迎えてからも、アルゼンチン、ボリビア、ハイチで主に経済政策の失敗から任期中の大統領が辞任を余儀なくされた。またベネズエラとペルーでも大統領の退陣が要求されており、ラテンアメリカの政治は依然不安定という印象を拭いきれない。民主制をいかに定着させるかが今後も課題である。

参考文献

●Bethell, Leslie (ed.) (1984–), *The Cambridge History of Latin America*, 11 vols. Cambridge : Cambridge University Press. 時代ごとにまとめられた厖大な論文集。

●加茂雄三他（一九九九）『ラテンアメリカ』国際情勢ベーシックシリーズ⑨、自由国民社。地域や国を中心に近代以降の構造的変化を分析。

●Keen, Benjamin & Keith Haynes (2000), *A History of Latin America*. Boston : Houghton Mifflin Company. 従属学派による通史で、二〇世紀は地域別・国別に扱われている。

●国本伊代（二〇〇一）『改訂新版　概説ラテンアメリカ史』新評論。コロンブスの到着から二〇世紀末に至る歴史を概観するバランスのとれた入門書。

●増田義郎・山田睦男編（一九九九）『ラテン・アメリカ史Ⅰ　メキシコ・中央アメリカ・カリブ海』、増田義郎編（二〇〇〇）『ラテン・アメリカ史Ⅱ　南アメリカ』山川出版社。いずれも古代から現代までの歴史を各国別に扱った本格的な概説書。

●歴史学研究会編（一九九一～九三）『南北アメリカの五〇〇年』全五巻、青木書店。南北アメリカ研究者による通史的論文集。

●Williamson, Edwin (1992), *The Penguin History of Latin America*. Harmondsworth : The Penguin Books. 通史だが、近現代に重点が置かれている。

2章

政治思想の歩み

●松下　マルタ（坂野鉄也・睦月規子　訳）

はじめに

思想史家は、思想を理解する上でこれまで二つの考え方を取ってきた。一つは、思想はある時代や国家の社会的、経済的、政治的状況が映し出されたものであるという考え方であり、もう一つは、思想はこれらの現実から自立したものであり、この自立性ゆえに現実と対峙し、現実を作りあげることが可能となるという考え方である。大多数の思想史家は、この二つの考え方の双方を組み合わせる立場に立っている。つまり、思想は現実に従属しているとしながら、他方である程度自立していると考えているのである。

ラテンアメリカの歴史において、思想は常に不可欠な要素である。とくに、独立革命期には、思想は非常に能動的な役割を果たした。いいかえれば、思想は新たな社会勢力にその存在意義と進むべき道を示し、新しい権力と文化を生み出すことに貢献したのである。とくにラテンアメリカは若い世界であり、多くの可能性が開かれているがゆえに、思想家が政治面でも大きな影響力を持つことが可能であった。実際、思想家であると同時に大統領、閣僚、ブレーン等の形で政治の場で活動した人物は枚挙に暇がないほどである。このことは、ラテンアメリカでは現実を作りあげる上で思想が大きな力を持ってきたことを示しており、知識人の政治参加が顕著なことは、この地域における政治のひとつの特徴といえよう。本章では、思想が政治に果たしてきたこうした重要性に鑑み、一九世紀初めの独立期から今日に至るまでの政治思想の流れを追ってみたい。

一 自由主義

ヨーロッパの啓蒙的自由主義思想の影響

一九世紀初頭のラテンアメリカの独立期において、政治に大きな影響を与えた思想はヨーロッパの啓蒙的自由主義思想だった。この思想は一八世紀以降のフランスや英国の思想、米国の独立革命、スペインの改革主義を通してラテンアメリカに伝わり、スペインからの独立運動を鼓舞した。同時に、自由主義とともに合理主義も伝わった。合理主義とは、個人の人権を守りつつ、行政においては公正化と効率化を図り、宗教や政治の分野においては権力や専制に反対するというものであった。経済の分野では、英国のアダム・スミスやジェレミー・ベンサムといった自由主義学派の思想を受容して、経済活動の自由を最大限認めることが理想とされた。そこから、スペイン植民地下の絶対主義体制や中央集権体制を払拭して、国家は改革しうるという確信が生まれた。つまり、自由主義における中心的課題は、政治面では立憲制を実現すること、法的には市民の基本的人権を確保し、権力の乱用を防ぐ憲法やその他の法を確立すること、経済面では個人の活動を最大限許容することであった。

　こうした発想は植民地時代の制約を打破する必要性を認識させ、独立への意欲を高めるのに貢献したが、独立の指導者たちの間では社会や政治の現実をどう捉えるべきか、また、いかなる政治体制を築くべきかに関して見解は一致していなかった。たとえば、君主制か共和制かをめぐって対立があったし、連邦制か中央集権体制かをめぐる対立も熾烈だった。さらに、自由主義者の間でも、社会経済構造の抜本的改革を指向する急進的自由主義（アルゼンチンのマリアノ・モレノ、チリのカレラ兄弟、メキシコのミゲル・イダルゴやホセ・モレーロスなど）と保守的自由主義との分裂があった。

　自由主義はまた、政治面でも独立以後の政治行動や新たな国家編成を方向づけるさまざまな対立的モデルを提供していた。その一つは、フランス革命の民主主義と平等主義のモデルだった。ラテンアメリカではフランスの思想は広く知られており、その影響、とりわけルソーの影響が強調されている。しかしフランスのモデルはアナーキー（無政府状態）や社会不安を引き起こす危険があるとみなされていたので、指導者の間にはそれに対する不信も徐々に生まれてきた。とくに、独立直後に無政府状態が拡大して、大衆の統制が困難になるにつれて、フランス型自由主義に対する不信がますます増大していった。解放者であり、五つの共和国の建国に関わったシモン・ボリーバルやフランスの「人権宣言」をスペイン語に翻訳したアントニオ・ナリーニョでさえ、スペイン系アメリカにおいて民主主義を実現することは困難であるとみなし、エリート層による指導を主張した。ボリーバルは理論的には民主主義を賞賛したけれども、スペイン系アメリカのように人種的、社会的に多様で、公徳心が欠如し、政治参加の経験を欠いた「無知な大衆」からなる国では、民主主義は好ましい体制ではないと考えた。また、民主主義は近未来には達成不可能な遠い目標であり、国民の側で民主主義への準備が整うまでは反民主主義的政策が必要であるとみなし、そうした政策を提案した。たとえば、一八一九年にベネズエラのアンゴストゥーラで行った演説においてボリーバルは世襲制の上院を提案し(ただし、拒否される)、一八二六年に自ら起草したボリビア憲法では、教育、慣習、公的モラルを監視する監察院の創設を盛り込むことに成功している。

もう一つの政治モデルは英国型の自由主義だった。ボリーバルはそれにも大きな影響を受けていたが、その基本的特徴は、政治的安定のためには君主制と民主制を合わせた政府が望ましく、また、国内事情を考慮した制度を築く必要があるというものであった。この見方をよく体現し、のちに大陸全体に影響を与えることになった一八三三年のチリ憲法は、大統領に「王冠なき王」といえるような大幅な権限を与えていた。

また、米国型モデルの信奉者たちは、共和制だけでなく連邦制を主張したが、それは、連邦制が植民地時代から受け継いだ過度の中央集権体制を打破し、地域間に存在する多様性や経済的利害の違いを尊重する体制と考えられたからであった。ただし、連邦制に対しては、米国ではそれが諸州を結びつける機能を果たしたとしても、スペイン系アメリカ諸国では逆に統一国家を解体に向かわせることになるとする反対論も少なくなかった。

秩序と自由の対立

自由主義者たちは、国民にその思想を広める上で過激に走ることが多かった。たとえば、アルゼンチンではモレノの手になるとされる『作戦計画』(一八一一年)の中では、いかなる犠牲を払っても新秩序を確立する必要があるとされ、ボリーバルは革命派にスペインに対する死を賭けた闘争を呼びかけていた。また、穏健な自由主義者の間でさえ、新しい政治秩序を確立するためには、敵対する者だけでなく非協力的な者もすべて掃討すべきであると考える者もあった。大衆は受動的存在とみなされ、エリート層は、大衆の意に反しても彼らを自由へと導く責務を負っているとされた。

自由主義者たちは独立後の自国が無政府状態に陥っただけでなく、国民とエリート層に社会が分断され、軍事力に依拠したカリスマ的なカウディーリョ(統領)に支配されるという現実に直面した。こうした新しい事態は、秩序と自由のバランスをいかにして保つかという問題を彼らに突きつけることになった。独立運動の最大の立役者であるボリーバルの思想は、秩序と自由の対立というこの問題を非常によく示している。彼は、当初の自由主義から、（ボリビア憲法において、大統領に後継者を選ぶ権利を与えたことに示されるような）権威主義へと最終的に変化した。晩年になって自ら樹立した国家が無政府状態に陥り、崩壊するのを見た彼は、反民主主義的、権威主義的施策に訴えたが、それは国の統一が脅かされている状況の下では制度や権力を強化せざるを得ないと判断したからだった。彼は、国内の秩序を守るには強大な権力を持つ行政府による中央集権的体制が、また、対外的秩序を維持するにはスペイン系アメリカ諸国家の同盟が、不可欠だと考えた。しかし、スペイン系アメリカの統一はもとより、秩序の中に自由な体制を創設するという夢も実らぬまま、ボリーバルは一八三〇年に永遠の眠りについた。晩年のボリーバルは、秩序と自由という二つの目標を同時に達成しえないことを認識し、「秩序なき自由」よりも「自由なき秩序」の方が望ましいとの立場を取ったのだった。

二　ロマン主義的歴史主義

歴史主義から見た政治の現実

フランス革命を準備した啓蒙思想の後に、ヨーロッパで支配的となった思潮はロマン主義だったが、ラテンアメリカでも一八三〇年代にその影響が認められるようになる。とくに、一八一〇年前後に生を受け、三〇年代頃から政治や文化の世界で活躍し始めた知識人のなかにその支持者が多数出現した。彼らはロマン主義と、またそれと深く結びついた歴史主義（国や地域の歴史・伝統を重視する立場）を受容してゆく過程で、地域の個性、すなわち、国民性やそれが文化や政治にもたらす影響といった問題を追究した。彼らのこうした独自性への関心において注目に値するのは、それが進歩への意欲を含んでいたことだった。というのは、彼らにとって進歩とは、他国の制度を模倣することではなく独自なものを発展させることだったからである。彼らは、自由主義者と保守主義者の内戦、経済的後進性、暴力とカリスマ性に基づく権力形態としてのカウディーリョ支配に直面し、これらの地域に独自の現象が、文化と精神の面で

D. F. サルミエント（1811～88）。アルゼンチンの政治家、教育者。欧米をモデルとした国づくりを提起し、国の針路に大きな影響を与えた。

の独立が達成されていないこと、つまり伝統的メンタリティを克服していないことに起因するとした。その意味で当時の歴史主義は反スペイン主義であり、反カトリック的であった。かつての支配者スペインは社会的、政治的に全く遅れた国家とみなされ、反スペイン主義はヨーロッパの先進諸国、とくにフランス、英国への礼賛と結びついていた。したがって、この世代の人々は、自国独自の路線を取るべきであることは認めながらも、スペイン的モデルを排し、フランス、英国のモデルを採用することを進歩とみなしたのであった。

歴史主義では、一国の政治体制は歴史的、地理的状況から生まれる国民性の結果であるとされた。しかし、スペイン系アメリカで支配的だったのは、現実の国民性を受動的に受け入れるのではなく、法によって現実を変え、教育によって強制的に国民に近代的メンタリティを植えつけ、結果としてフランス型の国民性を作りあげねばならないとする立場であった。アルゼンチンではこの歴史主義的思想の先達たちは、一八三七年にブエノスアイレスの文学サロンに集まり、国家が直面している問題を議論し始めたので、「一八三七年の世代」と呼ばれている。彼らの多くは当時の独裁者ロサスに反対したために国外に追放された結果、「ウルグアイの一八四〇年の世代」や「チリの一八四二年の世代」の形成に大きな影響を与えることになった。これらの思想家の考え方は細部において多様であったが、主要な点では一致していた。まず、彼らは現実を否定的に捉え、この現実を生み出したのは、スペイン的伝統と独立革命を指導した世代のユートピア的な思想であるとした。さらに、この現実を変えるには国民の意識を改めることが必要であり、その手段を教育に求めた。また、労働の習慣を身につけさせるために、模範としてヨーロッパ移民を奨励した。

彼らは自由主義者と同様に、スペイン系アメリカ諸国において民主主義は近未来には実現不可能で、将来の目標であるとみなし、民主主義は政治だけでなく経済や文化にも必要不可欠なものであるが、経済的進歩と大衆の教育が達成されて初めて適用できるものとした。したがって、その段階に至るまでは知的エリート層が国民のために政治を行わねばならず、政治が大衆によって牛耳られてはならないとした。

国民性の変革■

歴史主義の傑出した人物としては、アルゼンチンの一八五三年憲法の草案を書いたフアン・バウティスタ・アルベルディと、アルゼンチンの大統領であり、教育に力を注いだことから「ラテンアメリカの教師」と呼ばれたドミンゴ・ファウスティーノ・サルミエントがいる。アルベルディはその著『法律研究入門』（一八三七年）において、進歩を「それぞれの国が有する独自性の発展」と定義し、進歩を選択肢の一つではなく義務、すなわち、国家の生存を保障するために絶対に実現しなければならないものであるとした。さらに、秩序と国内和平を求める立場から、進歩は革命的ではなく平和的に実現されるべきものであると主張した。また、一八五三年憲法の制定に大きな影響を与えた『アルゼンチン共和国の政治組織化のための基盤と出発点』（一八五二年）においては、進歩についての見方を一層発展させ、それを「ヨーロッパ化」と同一視し、祖国の前に立ちはだかる敵、すなわち広大で未開発のパンパ（アルゼンチン中央部の大平原）の存在により引き起こされている後進性は、ヨーロッパから人と思想、資本が自由に導入されることによって打破されねばならないとした。法的平等と宗教の自由を保障しながらヨーロッパ移民に国土を全面的に開放するというのが、一八五三年憲法に盛り込まれた施策であった。

一方、サルミエントは、その主著『ファクンド——文明と野蛮』（一八四五年）の中でガウチョ（パンパのカウボーイのこと）を通してアルゼンチンの国民性を分析した。彼は、パンパの広大な地勢が他の世界から隔絶した野蛮なガウチョを生み出したとし、そこにスペイン人から受け継いださまざまな性格が加味された結果、個人主義、傲慢さ、力への賞賛、教育の蔑視、自由に関する身勝手な解釈、怠惰といった特質がガウチョに付与されたと見た。そしてこのようなガウチョたちが、独裁者であるカウディーリョを支持していたことに強い危機意識をいだいていた。というのは、これらの特質が単にガウチョだけでなく、アルゼンチンの国民性となっていたからであった。つまり、ガウチョに典型的に見られる国民性が、文明国家に相応しくないカウディーリョ体制を生んだのである。したがってその体制を打破するためには、国民性の変革、すなわち農村に教育とヨーロッパ移民を導入し、「野蛮状態」を打破することが必要であった。サルミエントは弁証法的分析によってこの国が歩んできた歴史を、文明と野蛮、都市と農村、進歩と伝統の間の闘争と捉え、独立後に続く長い内戦を説明した。そして、都市部に局地的に閉じ込められている文明を全土に普及させることによって、農村に存在する野蛮状態を打破し、カウディーリョ体制に止《とど》めを刺す必要性を説いた。

三　実証主義

秩序と進歩の思想■

歴史主義の立場から歴史的、地理的条件を通して国の抱える諸問題の分析を試みた多くの思想家たちは、壮年期に至って実証主義の影響を受けることになる。実証主義もヨーロッパにその起源を有し、一九世紀の初めにフランスのオーギュスト・コントらによって提起され、同世紀の半ば以降英国に広がり、ラテンアメリカにも波及した。実証主義のラテンアメリカにおける受容の一つの特色は、それが人種論と結びついたことだった。つまり、後進性をスペイン人や先住民の民族的、人種的劣等性によって説明しようとしたのである。実証主義は一九世紀末の政治、文化に強い影響力を持ち、近代的国民国家の形成・確立に決定的影響を与えた。実証主義に対しては、敬虔なカトリック教徒が、無神論であり物質主義であるとして反対したが、その思想的広がりを食い止めることはできなかった。

実証主義は、コントの影響を強く受け、形而上学的メンタリティを否定した。また政府が科学的視点に立って社会問題を解決できるという発想や、基本的な知識が国民全体に広がるような網羅的・段階的教育を通して社会的調和が達成されるという思想もコントから受け継いだものであった。実証主義においては、進歩の条件としての秩序が強調された。さらに、実証主義は反カトリック的性格を有しており、学校教育においては一種の精神的「訓練」として宗教から独立したモラルの重要性が強調された。最も有名な例はメキシコの中等・高等学校である。これは、一八六七年にコント主義者のガビーノ・バレダが組織したもので、そこで育った実証主義者たちがのちにディアス大統領のブレーンとなり、一九一〇年の革命までメキシコの政治に大きな影響を及ぼしたのだった。その他、アルゼンチンのパラナ師範学校、ブラジルの陸軍学校、チリ大学付属高等学校などでも実証主義の教育が積極的に実施された。

実証主義者は社会面では、民事婚、もしくは戸籍法といった世俗化運動を推進し、カトリック教会の権力を排除することに努めた。政治面では、ハーバート・スペンサーの影響が顕著で、政治的秩序と物質的進歩を重視し、双方を実現するために、科学に基づく進歩を実現できる能力を持ったエリートのテクノクラート（技術官僚）による支配体制を支持した。こうした体制のもとで、国民を政治から遠ざけて、労働に専念させ、物質的進歩に向かわせようとした。「労働と富は国民を統合し、政治は国民を分裂させる」というのが実証主義のスローガンであった。

実証主義者は漸進的進歩を高く評価し、革命は進歩を蝕む「病」として非難した。国家は自然に軍国主義の時代から産業ブルジョワジーの時代へと進化するものであり、革命は、急激な変化を企図している点において、国家の自然の進化を妨げるというのであった。実証主義者は一般に自由な体制への進化を認めていたが、スペイン系アメリカ諸国は物質的に遅れていて、国民は無知であり、交通網、通信網が整っていないことなどから自由に対する準備ができておらず、その準備には強力な政府が必要であると考えた。したがって、実証主義者は、メキシコのディアス政権（一八七七～一九一一年）のようなテクノクラートによる「科学的」独裁体制を支持するなど保守的な政治姿勢を取っていた。

人種主義との結びつき

また、実証主義者は、社会ダーウィニズム（ダーウィンのいう適者生存が社会にもあてはまるとする立場）を受け入れていた。そして、経済分野における干渉に反対し、弱者の救済をめざす福祉国家を、経済秩序を乱し進歩を抑制するものとして非難した。むしろ国家は生存競争の結果を国民に遵守させるだけの審判者でなければならないというのだった。また、社会ダーウィニズムの思想はヨーロッパから輸入した人種主義思想と結びつけられ、ラテンアメリカのエリート層の次のような二つの発想を強める役割を果たした。すなわち、第一に、有色人種を劣等視する発想は多くの先住民、黒人、メスティソ（先住民と白人の混血）人口を抱えるラテンアメリカ諸国においてなぜ安定した秩序を築くことができなかったかを説明し、クリオーリョ（新大陸生まれの白人）のエリート層が持つ支配願望を正当化する根拠となった。第二に、人種主義的発想は実証主義が主張する進歩の可能性に疑問を抱かせることになったことである。というのは、有色人種が多い地域では進歩の可能性はないということになってしまうからである。この問題を解決するために、人種主義者はヨーロッパ移民の誘致による人口の「白人化」を期待せざるを得なかったのである。極端な人種主義者としては、先住民人口が多く白人エリート層が少ないボリビアではアルシデス・アルゲダスが、ほぼヨーロッパ化されたアルゼンチンではホセ・インヘニエロスなどがいた。アルゼンチンは大量のヨーロッパ移民の導入と先住民掃討戦（一八七六～七九年）の結果「白人化」を達成した国家として、人種主義者にとって一種のモデルであった。また、人種主義者は、精神と政治面での不安定性を生み出すものとしてメスティソに批判的だった。ただし、実証主義は多義的であり、実証主義者の中には先住民に対する教育の必要性を説き、彼らに進歩の可能性を認めたり、メスティソを実証主義の立場から価値のある存在であるとする人々もいた。その好例としては、メキシコのフスト・シエラがいた。最も傑出した実証主義者の一人だった彼は、メスティソをメキシコ社会の動的な構成要素とみなしていた。

なお実証主義は二〇世紀の初頭まで思想界をリードしていたが、その衰退後も、物質的発展を重視する発想や世俗主義、科学的なメンタリティとしてこの地域の思想に痕跡をとどめている。

四 理想主義

実証主義の後に登場した理想主義は、実証主義の実利主義的理念、先住民に対する軽蔑、そして、唯一の進歩モデルとされたアングロサクソン・モデルに対する反発として生まれた。つまり、理性よりも意志や直観を重視する新しい哲学（ニーチェやベルクソンなど）の影響や、キューバの独立戦争（一八九五～九八年）が生んだ特異な精神的、政治的雰囲気の中で生まれたものだった。キューバの独立戦争に米国が介入して始まった米西戦争（一八九八年）とスペインの敗北は、ラテン文化に対するアングロサクソン文化の勝利とみなされた。キューバの独立はラテンアメリカ諸国にとって歓迎すべきことではあったが、この独立によってキューバが米国の勢力圏に入ったことは誰の目にも明らかであった。そしてこのことは、米国に対する劣等感、自らの存在形態や文化に対する疑念、さらに、米国によるラテンアメリカへの侵略の恐怖を助長することになった。

理想主義者がめざしたのは、このメンタリティを克服することであった。ウルグアイにおける理想主義を代表したホセ・エンリケ・ロドーは、ラテンアメリカの若者に向けたメッセージの書『アリエル』（一九〇〇年）において、米国の実利的文化がラテンアメリカを席捲しようとしていることに対して闘うことを呼びかけた。理想主義者は、米国を模倣することは米国に対する劣等感や恐怖を生み出すことになるとして反対し、ラテンアメリカはその文化的アイデンティティを保持することが必要であると主張した。また、米国の影響のもとで物質主義に陥っている世界を救済できるのは、一〇〇〇年に及ぶラテン文化の伝統を受け継ぐラテンアメリカであると主張した。

理想主義者は、物質主義をはびこらせている責任の一端は民主主義にあるとした。それは民主主義の理想とする平等が精神の世界では実現されえないため、ほぼ公平な分配が実現されうる物質的状況を生み出すことに重点を置いた理念だからだった。しかし、理想主義者は民主主義を否定するのではなく、部分的には必要悪として受け入れた。つまり、出発点における平等（機会の均等）を認めたのであって、到達点における平等（個人の長所や努力によって決定されるさまざまな成果を否定すること）は受け入れなかった。また、理想主義者は反帝国主義を強く主張した。この点で、左翼も右翼も理想主義を高く評価していた。理想主義者は、米国には自らの文化を過信し、自らの文化が世界で最善であるとする傲慢さがあり、それが自らの文化を力に訴えてもラテンアメリカに押しつけようという帝国主義を生み出していると考えた。そして、ラテンアメリカはこのような意図に抵抗すべきであり、そのためにはラテンアメリカの統一が不可欠だとした。国家間に共通の文化が存在するラテンアメリカは、米国の強まる影響力に対して一つのブロックとして対抗することができるはずであった。その際重視されたのはスペイン文化ではなく、むしろラテン文化であり、この見解はジョセフ・エルネスト・ルナンのようなフランスの思想家の影響を強く受けていた。したがって、アルゼンチンやウルグアイなど文化的にフランスの影響を受けた国々では、この見解は大きな反響を呼んだが、逆に、先住民やメスティソが大多数を占める国々では、少なくともインディヘニスモ（土着主義）に対して示された反応と比べると、それほどの反響はなかったといってよい。

五　マルクス主義とインディヘニスモ

経済問題としての先住民問題

インディヘニスモとは、一九世紀後半、先住民を登場人物とした文学におけるロマン主義と、ペルーのマヌエル・ゴンサレス・プラダらによって提起されたアナーキズム的急進主義との融合によって生まれた政治運動であった。今まで見てきた諸思想がヨーロッパに起源をもつとすれば、インディヘニスモは、ラテンアメリカ土着の思想という性格を強くもっている。その中にもさまざまな立場があったが、先駆者のゴンサレス・プラダは先住民問題を人種問題ではなく基本的には経済問題として捉え、先住民を貧困や隷属から救うためには教育や法的、行政的改革が必要であるという自由主義的見解を否定して、先住民の復権には革命的手段によって、大土地所有制を解体し、かつての所有者である先住民に土地を返還することが必要であると説いた。また、彼は強い反教権主義の立場に立ち、先住民大衆を支配している国家、大土地所有者、教会という三位一体体制を非難した。そして、政治の分野におけるあらゆる自由主義的、改革主義的活動と種々の先住民保護活動によって、先住民は必然的にカトリック教会と敵対せざるを得なくなると指摘した。ゴンサレス・プラダによる経済的側面からのアプローチは、革命を理想とする左翼青年たちに対して広範な影響を及ぼした。彼は先住民の解放は個々の国の問題であると同時に、全世界の被抑圧者を解放するための世界革命の一環をなさなければならないと考え、存在するもの全ての破壊を主張した。また、実証主義に見られる先住民蔑視は偏見や無知の結果であるとして完全に否定し、彼らを国家再編の基盤であるとみなした。ゴンサレス・プラダの後継者たちは、明確な革命戦略が欠如しているとして彼を批判し、革命戦略を確定しようとした。その中には、マルクス主義的視点に立つホセ・カルロス・マリアテギやポピュリズム（人民主義）の視点に立つビクトル・ラウル・アヤ・デ・ラ・トーレがいた。ポピュリズムについては本書の別の箇所でも触れられているので（とくに4、8章）、ここではマリアテギについてその思想の大枠を述べることにしたい。

先住民を主人公とした革命──マリアテギの思想■

ラテンアメリカのマルクス主義者が直面した大きな問題の一つは、ヨーロッパと経済社会状況を異にするラテンアメリカでマルクス主義を適用することが可能か否かを吟味し、可能であるとすれば、それはいかなる修正を必要とするかを見極めることであった。もちろん、そうした修正を施さなくても適用は可能だとする見方もあったが、マリアテギはラテンアメリカ独自のマルクス主義を模索した最初のマルクス主義者といってもよいであろう。そうした修正のなかで、とくに重要なのは、彼が人種問題を持ち込んだことだった。このために、コミンテルン（共産主義インターナショナル。共産党の国際組織）と対立することになるのだが、マルクス主義の立場から先住民の復権という信念の重要性を提示したところに彼の思想の大きな意義があったといってよいだろう。

マリアテギは、祖国ペルーにおける先住民問題を「国内のマイノリティ」問題として扱う考えを排し、逆に先住民は多数派であり、彼らを中心としなければ国家建設はできないとした。マリアテギによれば、ペルーは、インカ帝国の滅亡（一五三二年）以来、多数派である先住民の文化を基盤にしたアイデンティティの確立と国民の意志統一という、国家建設のために不可欠な要素を欠いているので、見せかけの国家にすぎなかった。彼の思想に含まれるこうしたインディヘニスタ的側面は、多くの正統派マルクス主義者から批判を浴びたが、マリアテギは自分がインディヘニスモという国内の問題に目を開かれたのは社会主義を通してだったと反論していた。つまり、彼の見解では、民族主義と社会主義とは対立するものではなかったのである。ラテンアメリカでは資本主義は帝国主義による植民地化を意味したので、民族主義者は誰でも社会主義者であり、逆もまた真であった。

マリアテギは、社会主義革命に関して先住民大衆がヨーロッパ人とは異なる態度を示す理由を、過去の共同体の伝

J.C.マリアテギ（1894～1930）。ペルーの思想家。マルクス主義をペルーの歴史と現実の分析に適用し、先住民共同体を軸とした独自の革命論を展開。

統の中に見出した。彼は主著『ペルーの現実解釈のための七試論』（一九二八年）において、ペルーはスペインの征服によって中断された弁証法的プロセスの中にあるとした。そして、インカの共同体的伝統を持つ先住民大衆にとって、社会主義は最も自然な解決策であると見た。しかもマリアテギは、ラテンアメリカでは社会主義を実現する上で、ブルジョワ民主主義革命は不必要との立場をとった。この点でもマリアテギはコミンテルンと大きく相違していたが、それはラテンアメリカの国内には民主主義を実現する能力を持った国内ブルジョワジーが存在しないため、社会主義の前段階としてのブルジョワ民主主義を経る必要はないと見たからだった。つまり、ペルーに存在した共同体的伝統と、ヨーロッパとは異質なペルーの発展経路が、マリアテギに社会主義の道を現実的な選択肢として認識させていたのである。

さらに、社会主義革命によって、マリアテギは大土地所有制が解体され、同時に、大土地所有制に由来する社会的、政治的、文化的諸問題も解決されることに期待を寄せた。先住民が肉体的にも精神的にも脆弱なのも、祖先伝来の土地を奪われたために彼らが活力を失ったことに由来するというのが彼の判断だった。そして大土地所有制の解体は、ただ革命的手段によってのみ可能であった。なぜなら、自由主義的な解決策、すなわち、合法的で教育による国民の意識改革という解決策は、寡頭支配層が法令を無視できるほどの権力を持つかぎり効果はなかったからである。革命には、主役として先住民が必要であり、先住民大衆を動員する知識人、労働者、学生からなる都市の革命的前衛が必要であった。

六　キューバ革命と民主化後の左翼運動の動向

ゲバラ思想と左翼の急進化■

マリアテギの唱えた革命がペルーはもとより、ラテンアメリカの他の国々でも成就しなかったなかで、一九五九年のキューバ革命の成功は、ラテンアメリカの左翼運動に強烈な刺激を与えた。それは、革命がラテンアメリカで多く見られる軍部の蜂起によってではなく、民族解放勢力が既存の支配体制を打倒し政権の座に就いたという点で、それまでの革命の常識から外れた特異なケースとなったからであった。革命の担い手も、労働者階級というよりも急進的ブルジョワ層に属し、若干の党歴があるにせよ、マルクス主義内部の論争にさほどコミットすることなく、外国かぶれした党エリートに裏切られたと感じて共産党やその他の左翼政党から離党した人々も含まれていた。米ソの冷戦の最中にあって、世界革命の必要性が叫ばれていた時期で

チェ・ゲバラ（1928～67）と彼の生家（アルゼンチン、ロサリオ市）を含む建物。

あったことから、ソ連もこの異端の革命を好意的に受け入れ、フィデル・カストロやエルネスト・チェ・ゲバラといった革命の指導者は、マルクス＝レーニン主義理論が直接行動や革命のための指針として有効であることを示したのだった。なかでも思想的に重要なのは、キューバ革命の経験を基に独自の革命論を提起したゲバラだった。

ゲバラの革命論はさまざまな側面をもつが、第一の重要性は、革命の実現には、革命を成就させる客観的条件よりも、革命勢力の主体的役割が重要であることを強調したことであった。つまり、革命勢力の意識や規律、イデオロギー的明確性など、あくまで革命勢力の主体的側面を中心に置いたことである。第二は、ゲリラ戦術をはじめとして、革命における軍事的側面を重視したことである。ゲバラは、独裁体制の存在する国、帝国主義による侵略が実施されている地域や、アフリカの反植民地的独裁体制などの状況に対して独自の軍事的戦術を立て、それを実施に移した。彼がボリビアを最後の活動の舞台に選んだのも、権力を奪取するためというよりも、広範な革命計画を掲げることによって、民族革命の種が近隣諸国に散布されることを期待したからだった。彼は、ラテンアメリカ全体を貫く単一の

民族解放戦線が形成され、作動すると考えたのだった。

キューバ革命の衝撃は他のラテンアメリカ諸国のなかにより急進的で過激な左翼を生むことになった。穏健左翼（社会民主主義やキリスト教社会主義、民族ポピュリスト）や合法的マルクス主義左翼の一部に大きな衝撃を与え、多くのゲリラ・グループが都市部を中心に形成され、農村や都市においてゲリラ運動が企てられた。とくに一九六〇年代前半には、ゲバラの革命論に沿って農村ゲリラこそが「人民の革命戦争」に向かうあらゆる戦術を導くと想定された。そして、左翼の過激派は革命が目睫《もくしょう》に迫っていると判断し、実力行動を称揚し、行動が組織や政党、国家、新しい人間を生み出すと考えた。この左翼のスポークスマンの一人であるブラジルのカルロス・マリゲーラは、行動こそが運動の新しさであり、そこからすべてが導かれていくと述べている。大衆の政治化や意識の覚醒は、伝統的左翼が主張してきたように、必ずしも武装闘争に先立つものではないというのである。

イデオロギー的には、この左翼過激派は、サルトルやレジス・ドブレなどヨーロッパの思想家の影響を受けていたが、基本的にはゲバラの革命論を根底に据えて、一九六〇～七〇年代にかけては、次のような立場をとっていたといってよいだろう。①客観的な状況（経済的・政治的・文化的停滞、周辺性など）がやがては革命を大陸全体に波及させるであろうが、そうした客観的状況にない場合でも、革命的状況を主体的に創出することは可能である。②資本主義は周辺国を低開発へと導くものであり、革命はあくまで社会主義革命でなければならない（ここには従属論の影響がある）。③革命は武装闘争によってのみ達成可能であり、武装闘争は戦術であると同時に、社会主義建設への革命的戦略でもある。④急進化したプチ・ブルジョワジーは、多階級的同盟や統一戦線などの革命的諸勢力の同盟関係を維持することにおいてのみ、指導的役割を果たす。⑤共産党はラテンアメリカの歴史的発展過程を正しく解釈してこなかった点や、革命の世界的連帯をラテンアメリカの大陸革命に優先させてきた点において責任があり、もはや革命勢力としては命脈が尽きている。

このような理論的前提に基づく左翼のゲリラ運動は、しかしながら、社会の大多数を取り込むことができなかった。一九七〇年代には、体制側の対ゲリラ戦略が極めて抑圧的になり、左翼運動は、国家安全保障ドクトリンに基づく軍の弾圧に屈することを余儀なくされた。そうしたなかで、武装闘争を通じて、七九年に革命を成功させたニカラグアのサンディニスタ民族解放戦線（FSLN）は非同盟、政治的・イデオロギー的多元主義を宣言して対話姿勢で臨み、八〇年代における左翼過激派の刷新を象徴する存在となった。しかしながら、九〇年の大統領選で敗北し、野に下ることを余儀なくされた。

民主主義への道――一九八〇年代以降■

ここまで見てきたように、一九七〇年代までは革命と社会主義が左翼の中心的課題であったが、八〇年代になると、民主主義が重要なテーマとなった。それは、ラテンアメリカ全域で民主化の動きが本格化したことによるが、今ひとつの要因として無視できないのは、多くの亡命左翼知識人が東欧諸国における社会主義体制の崩壊や民主主義体制への移行を目の当たりにし、フランスのルイ・アルチュセールやニコス・プーランツァスの構造主義や、イタリアのアントニオ・グラムシの思想から影響を受けていたことである。民主主義の重要性が強調されればされるほど、マルクス主義は、その還元主義（政治的なプロセスを経済問題に還元して考える立場）や、現実の政治分析には適さなくなっていたその古典的な解釈が批判の的となり、民主主義は革命ではなく協定から生まれるという考え方に道が開かれた。改革主義者や保守派に転向したかつての革命派の多くは、ユートピアの建設を断念し、ヨーロッパ流の福祉国家に近い、ヒューマニズムと資本主義の統合を追求し始めた。ポスト・マルクス主義は、社会階級など、それまで左翼が社会現象を理解するうえで重視してきた発想を問い直し、階級闘争から離れて、イデオロギー性を捨象した新しい中立的な秩序に接近しつつある。マルクス主義に代わってポスト・マルクス主義が力を得ているのは、前者がその革命的潜在力として期待していた労働階級の政治力が低下したことによるところが大きい。ポスト・マルクス主義では、いまや資本の蓄積・再生産の本質的メカニズムとしての資本家による労働階級の搾取はテーマとして消滅し、新しい闘争の形は、多様な階層や団体、社会運動のさまざまな利益を統合しなければならないと主張された。上述したサンディニスタ革命の経験は、変革への衝動が労働者階級や労働者―農民同盟のみならず、中産階級の知識人層、進歩的キリスト教徒、プチ・ブルジョワ、そしてさまざまな社会運動の中からも生じることを示していた。

このことは、ラテンアメリカでは武装闘争の意義がもはや完全に失われたことを意味するものではない。依然としてコロンビアではゲリラ闘争が繰り広げられているし、本書13章で論じられているように、メキシコでは一九九四年一月にサパティスタ民族解放軍（EZLN）の武装蜂起が起こっている。また、ラテンアメリカでは、九〇年代以降広範にネオリベラリズム（新自由主義）政策が採用された結果、かつてないほど社会経済的な格差が拡大し、弱者が疎外される状況となっている。その意味では、政治・経済・社会的変革をめざすという革命的左翼グループの問題提起は、依然として効力を持ち続けている、というよりはむしろ、ますます重要性を帯びているといえるだろう。そうしたなかで、ブラジルでNGO（非政府組織）を含む、内陸部の農民層や労働組合、知識人などからなる「土地なし農民」運動（MST）が起こったことは注目に値する（5章参照）。というのは、階級路線を否定している点で、それはポストモダンの運動であるが、民主主義を重視し、暴力による権力の奪取を目標としていない点において、武闘路線に代わる有力な選択肢を提示しているように思えるからである。

結び

ラテンアメリカの思想は、その多くが、かなりのタイム・ラグを経て入ってくるヨーロッパの思想潮流に影響を受けてきた。また、普遍的で重要な理論を生み出すことはなかったとはいえ、外国の思想の単なるコピーでもなかった。ラテンアメリカの現実に適応した思想を創造することを意図して、ヨーロッパ思想を再構成したのである。そして、アイデンティティの確立、すなわちラテンアメリカとは何であり、どのように存在すべきかを探求するために、過去の思想、政治、文化、経済などが分析され、解釈されてきたのだった。こうした歴史解釈から判断すると、ラテンアメリカでは思想が常に積極的な役目を果たしてきたことが知られる。というのは、思想に基づいて現実が分析され、その分析に基づいて解決策が提示されてきたからである。思想は、解決策を探る過程で社会、経済、政治に対して、そしてラテンアメリカの人々のメンタリティに対してさえ変化を求めた。したがって、思想が暴力を常に推奨したわけではなかったが、ラテンアメリカ諸国の国民の在り方や考え方に広範な変化を求めたとの意味で、この地域の思想には革命的意味合いが込められることが多かったのである。

ラテンアメリカ思想史の権威であるメキシコのレオポルド・セアは、この地域ではある段階から次の段階に思想が移行するさいに、先行思想を完全に否定するという意味での弁証法的な否定は起こらなかったと述べている。つまり、ラテンアメリカではどの思想も完全には捨て去られていないために、絶えず同じ問題が蒸し返され、同じような選択肢が提起されることになるというのである。たしかに、ラテンアメリカとは一体何であるのか、何に基づいてその文化的アイデンティティを確立するのか、自由な体制の下でどのようにして秩序と進歩が達成されるのか、という昔からの問題が繰り返し登場する。これらの問いには、決定的な答えは出されていないが、こうした問いの中に、ラテンアメリカ人の歴史観が垣間見られる。それは、社会は進歩するものであるという楽観的な見方であり、いかなる思想的基盤に基づくとしても、人はより高次元の目的を求める自由を持つという考え方である。いずれにせよ、ラテンアメリカの思想は社会的、政治的変化の可能性を確信し、それを達成するために必要な知識人のリーダーシップの重要性を表明しているといってよいだろう。

参考文献

● Biagini,Hugo (1989), *Filosofía Americana e identidad.* Buenos Aires : Eudeba. ラテンアメリカの哲学的基盤をアイデンティティの模索とみなし、こうした視点から独立以降のこの地域の哲学的思想を分析している。

● Davis, Harold Eugene (1972), *Latin American Thought, A Historical Introduction.* Baton Rouge : Louisiana State University Press. 植民地時代からの思想の流れを追い、この地域の思想の特質として、革命的特質とアイデンティティの模索を強調している。

● Jorrín, Miguel & John D. Martz (1970), *Latin American Political Thought and Ideology.* Chapel Hill : The University of North Carolina Press. 一九世紀を権威主義と自由主義の対立、二〇世紀を国家と社会の対立と捉え、独立から一九六〇年代までの思想を分析している。

● Romero, José Luis (1981), *Situaciones e ideologías en Latinoamérica.* México : UNAM. 政治、社会、経済の状況とイデオロギーの相互作用という視点から、一九世紀と二〇世紀におけるラテンアメリカの思想を分析している。

● Stabb, Martin S., traducción de Mario Giacchino (1967), *América*

Latina en busca de una identidad. Venezuela : Monte Avila Editores. ラテンアメリカの思想に見られる楽観論と悲観論の対立と、オリジナリティの探求に注目しながら、一八九〇～一九六〇年の期間を中心に思想の流れを分析している。

●セア、レオポルド（Zea, Leopoldo）編／小林一宏・三橋利光共訳（二〇〇二）『現代ラテンアメリカ思想の先駆者たち』刀水書房。編者はメキシコの哲学者でラテンアメリカ政治思想研究の権威。一〇名の思想家の代表的著作のアンソロジー。序文には編者によるラテンアメリカ思想史の簡潔な解説がある。

3章

政治制度の変遷

●岸川　毅

はじめに

独立後のラテンアメリカ諸国では、憲法に基づくフォーマルな政治制度と、伝統や機能的要請などに基づくインフォーマルな制度ないし慣行とが並存し、両者の織り成す複雑な過程が政治の現実を形づくってきた。本章では、前者すなわち憲法体制が実際にどのように機能しているかという視点から、ラテンアメリカ諸国に共通してみられる主要な要素を抽出しつつ、制度と政治との関わりとその変化について考察する。

ラテンアメリカ諸国の政治は、従来は憲法体制との乖離という観点から語られることが多かった。しかし民主化の進んだ一九八〇年代以降、憲法に基づく政治運営が、不安定要因を抱えながらも一定の持続性をもって行われるようになったのも確かである。そこで本章では、まず伝統的なラテンアメリカ政治という観点から、憲法の成立過程とその特質、三権の機能やその相互関係、中央と地方の関係を検討し、その後に民主化後の変化について考察していきたい。併せて、非ラテン系カリブ諸国の政治制度についてもふれる。

一　ラテンアメリカ諸国の憲法

成立の経緯

ラテンアメリカは世界的にみてもかなり早い時期に近代的憲法の成立をみた地域である。一九世紀初頭の相次ぐ独立によって王権が消滅したスペイン系アメリカ諸国では、政治的正統性の空白が生じた。そこでいかなる正統な原理をもって国家を運営するかという問題を前に導入されたのが、米国独立とフランス革命以来西洋で広がりつつあった共和制や自由主義のモデルであった。フランスの「人および市民の権利宣言」（一七八九年）や「アメリカ合衆国憲法」（一七八八年）が、独立後まもなく制定された各国憲法の模範となった。スペインの「カディス憲法」（一八一二年）も一部の国の憲法に強く影響した。ブラジルの場合も、ポルトガル王室の移転を受けて立憲王政として独立した経緯からより保守的な内容とはなったものの、基本的には自由主義政治思想の影響を受けた西洋的憲法を採用した。

しかし独立は、スペイン系アメリカ諸国の場合は本国生まれのスペイン人ペニンスラール層と植民地生まれのスペイン人クリオーリョ層との対立、ブラジルの場合はポルトガル本国人とブラジル植民者との対立を反映して達成されたものであり、いずれの場合も住民のごく一部を代表するにすぎなかった。国家建設の担い手となった新たな支配層には共和制や自由主義を支える社会契約思想が根づいていたわけでもなければ、新たなモデルへの転換を支援すべき市民層の台頭や成熟を迎えていたわけでもなかった。したがって独立後も実際の国家運営においては、むしろ権威主義的で位階的なイベリア半島の絶対主義的伝統が色濃く反映されることになった。憲法に謳われた諸原則は、現実から遠くかけ離れた起草者たちの理想にすぎず、現実と理想の乖離はその後も長らくラテンアメリカ政治を特徴づけることになる。

憲法の特徴と変遷■

実はこうした事情は憲法の条文自体にもある程度反映され、ラテンアメリカ諸国の憲法に共通の特徴となっている。基本原則として国民主権、代議制民主主義、三権分立、基本的人権などが謳われている点では世界の大半の国々の憲法と変わりはないが、それと同時に条文のなかには、これらの原則とは逆行・矛盾する規定や制限も設けられているのである。

第一に、ほとんどすべての憲法が一方で三権分立を謳いながらも、他方で立法府と司法府を凌ぐ権限を行政府に与えており、これが中央集権の伝統と相俟って行政府優位を揺るぎないものにしている。第二に、ほとんどの憲法が国家的危機に際して憲法体制の暫定的停止を認める「例外国家」の規定を持っている。その間議会の機能や国民の基本的権利は停止ないし制限される。多くの大統領がこの規定を活用して危機に対処するとともに自己の権力の極大化を図った。

第三に、多くの憲法が文民優位や軍部の非政治性を規定しながらも、「国家の統一性を守り秩序を維持する」権限を軍部に与えており、憲法に明記されていない場合でも軍の基本法に同様の規定がみられる。軍部はこれを国家問題の最終的裁定者としての特殊な地位が自らに与えられていると解釈し、「憲法体制の擁護者」を自認してきた。混乱に際しては秩序維持を名目に軍が政治に介入し、秩序回復後には憲法体制に復帰することを約束するというパターンが繰り返し現れた。そもそもラテンアメリカでは軍人と文民の境界が明確ではなく、文民政権のもとでも多くの軍人が閣僚として登用され、しばしば大統領自身軍部の出身であった。

結果としてラテンアメリカ諸国の政治史においては、大統領権限に基づくものであれ軍のクーデターによるものであれ、憲法が部分的あるいは全面的に停止される事態は「例外」と呼べないほど常態的なものとなった。これらの行為は多くの場合、大統領や軍指導者の個人的野望に基づくものにすぎなかった。しかし同時にこうした例外国家への移行に際しては常に憲法的正統化が図られたのであり、憲法秩序と憲法外的状態とのこの連続性もまたひとつのラテンアメリカ的伝統であった。

そしてこの伝統は、近代化とともに消え去る性格のものでもなかった。というのも、「組織としての軍部」の長期介入はむしろ二〇世紀後半に入ってから本格化したからである。一九六〇年代半ば以降ブラジル、アルゼンチン、チリ、ウルグアイと次々に成立したいわゆる「官僚的権威主義体制」（G・オドーネル）は、軍が憲法体制への速やかな復帰を約束することなく長期にわたって自ら政治を運営する新しい事態を生みだした（8章一七八頁以降参照）。この時期軍部は、憲法と同等の効力を有する政令を通して統治する形をとることで、支配の正統化を図ろうとした。しかしこ

（上）アルゼンチン、下院議事堂。（筆者撮影）
（下）チリ、民政移管後に新設された国会議事堂。（浦部浩之氏撮影）

の時代も八〇年代に民政移管が進むことで終わりを告げ、現在ラテンアメリカのほとんどすべての国が正常な憲法体制に戻っている。

こうした経緯を経ながらも、一九世紀に生まれたラテンアメリカの憲法は、部分的修正を受けつつも基本的な形は現代まで受け継がれている。アルゼンチン（一八五三年憲法、一九九四年に新憲法発布）やコロンビア（一八八六年憲法、一九九一年に新憲法発布）のようにひとつの憲法を一〇〇年以上保持した例もあれば、頻繁に憲法を取り替えてきた国もある。たとえばベネズエラはこれまでに二〇以上の憲法を採用した。しかし重要なことは、新憲法が発布されても基本的な内容は変わっていないことである。これはひとつには、クーデターなどで憲法秩序が停止されるたびに新憲法の採用という形で新体制の正統化が図られることに起因している。修正や再解釈が新憲法という形で公布されることもある。これには憲法の規定の細かさも関連している。一般にこの地域の憲法の規定はかなり細部にわたっているため、日本などでは法律の改正で済むことでも憲法改正の形をとることになるのである。したがってラテンアメリカの憲法的伝統はむしろ安定しているということができる。独立時に採用された基本的枠組が現行憲法に受け継がれているのである。ただ、メキシコ一九一七年憲法（ケレタロ憲法）がラテンアメリカの憲法史において果たした役割は挙げておく必要があろう。メキシコ革命が生んだこの憲法は、労働や教育、家族、経済秩序に関して国民の社会的権利と義務を定めた規定を導入し、これが以後のラテンアメリカ諸国の憲法に採り入れられて新たな共通の要素となった。

では次節では、ラテンアメリカの憲法の定める政府形態の基本的性格を、三権の機能と相互関係および中央・地方関係という視点から検討していく。

二　三権の機能と中央・地方関係

強い大統領――行政府の優越■

現在、キューバを除くラテンアメリカのすべての国が大統領制を採用している（表1）。大統領制は米国に起源を発するが、ラテンアメリカにおいては伝統的に国家権力が大統領個人に著しく集中し、米国にみられるような三権の間の抑制と均衡はほとんど存在しなかった。大統領の任期

表1　ラテンアメリカ諸国の大統領制

国名	現行憲法	大統領任期	連続再選
アルゼンチン	1994	4年	可
ボリビア	1967	5年	可
ブラジル	1988	4年	可
チリ	1981	6年	不可
コロンビア	1991	4年	不可
コスタリカ	1949	4年	不可＊
キューバ＊＊	1976	5年（間接）	可
ドミニカ共和国	1966	4年	不可
エクアドル	1998	4年	不可
エルサルバドル	1983	5年	不可
グアテマラ	1986	4年	不可＊
ハイチ	1987	5年	不可
ホンジュラス	1982	4年	不可＊
メキシコ	1917	6年	不可＊
ニカラグア	1987	5年	不可
パナマ	1972	5年	不可
パラグアイ	1992	5年	不可＊
ペルー	1993	5年	可
ウルグアイ	1967	5年	不可
ベネズエラ	1999	6年	可

＊いかなる再選も不可。
＊＊大統領制ではないが、比較のために掲載した。国家元首（国家評議会議長）は、5年ごとに改選される人民権力全国議会において選出される。
（出所：各国政府資料および、Central Intelligence Agency, *The World Fact Book*【http : // www. cia. gov / cia / publications / factbook / index. html】より作成）

は通常四年から六年で、直接選挙によって選出される。任期中大統領はいわば立憲的独裁者として振る舞うことができる。大統領は国家元首であると同時に行政府の長であり、軍最高司令官でもあって、戒厳令の発令、非常事態の宣言、憲法上の保障の停止、大統領令による統治、連邦国家においては州行政への介入などの絶大な権限が与えられている。さらに予算案の提出、行政ポストの新設、公務員の任免と給与の増額、軍隊の編成変えの提議権なども大統領の権限である。権限が立法権にまで及んでいる点は重要である。ラテンアメリカにおいては多くの重要な立法が大統領令の形で立法府を通さずに成立する。さらに、多くの場合大統領は与党の党首であり、軍出身の場合にはそこからの支持も当てにできる。報道の検閲や情報組織の設立による社会の統制が政治の道具として用いられることもある。

ラテンアメリカ諸国の政治は事実上大統領を中心に動いてきたといってよい。そのため大統領の地位をめぐる争いは熾烈をきわめ、選挙に基づく定期的で平和的な交替が困難だった理由のひとつもここにある。そしていったんその地位につくと大統領は簡単にはそれを手放そうとはしなかった。大統領の強さが、歴史的要因とりわけイベリア半島の絶対君主の伝統に由来しているということはH・J・ウィーアルダなどの論者が強調してきたところである。ラテンアメリカ諸国は独立後もこの伝統を大統領制のなかに再現させてきた。つまり大統領は憲法上の国家・政府の長であり、また伝統的な家父長でもあるという二重の性格を持っている。コンティヌイスモ（法的制限を越えて任期を延ばすこと）や、ペルソナリスモ（組織より指導者個人に権力が集中する傾向）、マチスモ（強権の行使を強く男らしい行為として肯定する傾向）といったラテンアメリカ特有の政治用語はこうした要因を背景に地域に定着したものである。

二〇世紀の近代化過程における行政府の役割拡大は権力の集中をいっそう促した。国家主導の急速な開発が目指されるなか、数多くの行政法人や国営企業が新設され、行政府がこれらを統括することで大統領の力の及ぶ範囲が拡大したのである。この種の機関は価格・賃金の規制機関や、鉄鋼、石油化学、鉱業、電気、砂糖、コーヒー、煙草などの国営企業、そして教育、社会保障、住宅などの社会計画にいたるまで実に多様である。国民経済に占める公的セクターの割合は拡大し、経済への国家の統制力は絶大なものとなった。一九八〇年代後半以降、国営企業は続々と民営化されており、その意味で行政府の経済的役割も低下する傾向にあるが、この民営化自体、負担が大きすぎると感じた行政府の主導で実施された面がある。

大統領権力制限の試み■

しかしその一方で、独裁へと走りがちな大統領の権力を制限する数々の制度上の試みがなされてきたのも事実である。H・カンターはその例として再選禁止、集団統治制、議院内閣制、準議院内閣制、議会による閣僚任命の承認、行政部内での権力分散、議会による大統領弾劾等を挙げている。なかでも再選禁止はコンティヌイスモを阻止するための手段としてほとんどの国の憲法に何らかの規定がある。メキシコ革命の成果のひとつはこのコンティヌイスモの打破であった。同国では以後数十年にわたり、この原則に基づく六年ごとの政権交替が行われている。集団統治制はウルグアイで試みられた（一九五二～六七年）。九名からなる統治委員会が行政を担当するこの制度は画期的な実験ではあったが、組織の効率性といった問題もあって失敗に終わり、大統領制が復活した。議院内閣制はチリで一八九一～一九二四年にかけて採用されたが、多党分立の混乱状態のなかで軍部の介入を招き、大統領制に戻った。その他の努力のほとんどはその効果さえ確かめられないうちに挫折した。大統領への最大の抑止力は軍部であるという状況がここにみられるが、しばしばその大統領自身が軍人であった。

表2　ラテンアメリカ諸国の議会

国名	現行憲法	下　院 任期／議席数	上　院 任期／議員数
アルゼンチン	1994	4年／257	6年／ 76
ボリビア	1967	5年／130	5年／ 27
ブラジル	1988	4年／513	8年／ 81
チリ	1981	4年／120	6年／ 49
コロンビア	1991	4年／166	4年／102
コスタリカ	1949	4年／ 57	（一院制）
キューバ	1976	5年／601	（一院制）
ドミニカ共和国	1966	4年／149	4年／ 30
エクアドル	1998	4年／123	（一院制）
エルサルバドル	1983	3年／ 84	（一院制）
グアテマラ	1986	4年／113	（一院制）
ハイチ	1987	4年／ 83	6年／ 27
ホンジュラス	1982	4年／128	（一院制）
メキシコ	1917	3年／500	6年／128
ニカラグア	1987	5年／ 93	（一院制）
パナマ	1972	5年／ 71	（一院制）
パラグアイ	1992	5年／ 80	5年／ 45
ペルー	1993	5年／120	（一院制）
ウルグアイ	1967	5年／ 99	5年／ 30
ベネズエラ	1999	5年／165	（一院制）

出所：表1に同じ

弱い議会——立法府の存在意義■

各国議会の大まかな構成は表2に示されている。中米諸国などの小国を除くと二院制を採用している国が多い。二院にはそれぞれ異なった権能が与えられているが、立法行為に関する両院の憲法上の地位に大差はない。

これらラテンアメリカ諸国の議会の力は、強い大統領とは対照的に、きわめて限られている。憲法の条文の上では、法律の制定はもちろん、予算の承認、条約の批准など国家の政治方針を決定し行政府を監視する広範な権限が議会に付与されている。しかし強力な大統領が立法行為までも行い、また緊急事態宣言を頻発するなかで立法府の役割はごく小さなものとなった。この背景には議会政治の伝統の欠如もある。一九世紀以来多くの国の議会が、譲歩や妥協のない不毛な抗争を続け、現実離れした内容の論議を続けてきたのも事実であった。

ラテンアメリカ諸国の議会の主な役割は立法とは考えられてこなかった。議会は大統領に従属する機関であり、その主たる役割は、大統領の行為を援助・支持することであった。また議会は友人や仲間に報いる場所、新顔を政府に引き込む場所、そして反対勢力に発言権を与えながらも少数派に止めて置く場所として用いられた。こうした背景のため、一見激しい議論が展開されることはあっても、それは国民向けのポーズであることが多かった。かりに議会が対立姿勢を強めたとしても、大統領の力ですぐに解散させられた。概して会期が短いため（一九世紀には会期が二年に一回以下の憲法も複数あった）、議会休会中に大統領が重要な政策を決定するというのも常套手段であった。議員の多くは別に仕事を持ち、その職を専業とは考えていない。議員の職務を支える専任職員の数も不足していると指摘されてきた。

もっともそうした限界のなかで、議会がさまざまな意見が表明される場所として要求表出の機能を果たしたのは確かである。ラテンアメリカの議員は伝統的に弁護士やジャーナリスト、医師、技術者、教師といった専門職業の人々からなっていたが、これに後から労働組合や農民組織、先住民組織などの代表が加わり、構成は多様化されてきた。国によっては議会が相当の独立性を持ち重要な役割を果たした場合もある。議院内閣制下のチリ議会はそのひとつの例であるが、大統領制に移行した後もチリは議会政治の確立した国として知られていた。大統領令を出す権限が限られていて大統領権力が比較的弱いコスタリカでもまた、一九四九年の軍隊廃止以後、立憲体制のもとで議会が重要な役割を果たしてきた。ウルグアイも長年議会政治の伝統を保ってきた。チリ（七三〜九〇年）とウルグアイ（七三〜八五年）では軍政下に入って議会が停止したが、民政移管後この伝統は復活しつつある。

民主化の流れのなかで、議会の強化に向けた改革の必要性が強く認識されるようになった。会期を増やす、議員数を減らし効率的な議会運営を行う、議員がその職務に集中できるように職員を充実させ、またできるだけ多様な集団の代表が参加できるように選挙制度を改正する、といった案が提出され実施され始めている。そして議会運営の要である政党活動の活発化と相俟って、近年は立法府が力を増す方向にある。

司法府の地位■

司法府も政治的には議会と同様、行政府に従属する機関であった。行政府の影響はとくに判事の任命に現れる。アルゼンチン、チリ、コロンビア、メキシコ、パラグアイ、ペルー、パナマでは大統領が最高裁判事の任命権を持っている。その任期は大統領より長い場合が多いが、規定の上で終身とされていても、たとえばメキシコでは六年ごとの大統領交替に合わせて最高裁判事も辞任するのが慣例であった。また裁判所（通常裁判所、最高裁判所、もしくは憲法裁判所）は多くの場合、行政府と立法府の制定する立法の合憲性を判断する違憲審査権を持っているが、現実にはこの権限はほとんど行使されてこなかった。一般にラテ

パラグアイ、大統領府。（浦部浩之氏撮影）

ンアメリカの司法府は政治判断を避ける傾向が強い。アルゼンチン最高裁はこれまで、クーデターで成立した政権も「事実上の政府」として承認してきた。

しかし職務遂行に際しての司法府の独立は、概して立法府の場合よりは保障されている。それはひとつには、司法府の職務の持つ専門性のためである。人員の補充に際しては一定期間の専門的経験が必要条件として定められている。判事の任命はおおむね互選によって行われ、司法行政はある程度内部自治を確保している。したがって行政府との利害対立の少ない低次の司法段階でならラテンアメリカの司法は一定の独立性をもって機能している。実効性には限界があるものの、憲法が個人に保障した権利が官憲や行政の侵害を受けた場合の訴訟制度として、保護請求（メキシコ、アルゼンチンなど）、保護訴訟（コロンビア）といった人権保護制度を有している点は特筆に値する。

司法府の役割にも変化の兆しが見えつつある。近年では司法が大統領の再選や選挙手続きの正当性など重要な政治争点に対して判断を下すようになってきている。

連邦制と単一国制

大統領優位の構造は、中央と地方の関係にも現れる。ラテンアメリカには連邦制の国も単一国制の国もあるが、どちらを選択するかは独立後の最大の政治的焦点のひとつであった。連邦主義による国づくりを目指した国は、米国の連邦制をモデルとした。しかし諸州が自主的に集まって緩やかな連邦を形成した米国の場合とは異なり、ラテンアメリカの連邦制はもともと一元的であった行政単位を州（エスタドもしくはプロビンシア）に分割し、中央の介入を牽制すべくつくられたものである。

現在アルゼンチン、メキシコ、ベネズエラ、ブラジルが連邦制をとっており、その他の国は単一国制である。しかしラテンアメリカにおいて両者の区別はさほど大きな意味を持たない。いずれの場合も中央政府の力が強大で、連邦国家といえども中央政府が州への介入の権限を持つ。各州の法体系はほぼ完全に国家の法体系に従属している。中央政府の権力がまだ弱かった一九世紀には、スペイン系諸国ではカウディーリョ、ブラジルではコロネルと呼ばれる地方ボスが各地を支配する事実上の分権状態にあったが、近代化の過程で中央への権力集中が進み、州の自立性は法的にも現実にも失われていった。たとえばアルゼンチン憲法の条文には「共和政体を維持するため」に連邦政府が州領土に介入できるという規定がある。この曖昧な表現は、現実には中央政府がその意に反する州のいかなる行動にも介入することを可能にしている。メキシコの場合は、制度的革命党（ＰＲＩ）による一党支配のもとで中央集権が保障され、名目上は選挙によって選ばれる州知事も事実上党中央の意思で決められてきた。ベネズエラの場合連邦制はもともと名目上だけのものといっていいほど弱かった。

メキシコ、下院議事堂。（箕輪茂氏撮影）

　単一国制の国々の地方行政単位――国によって呼び名は違うが――すなわちプロビンシアやデパルタメント（県）、さらにその下のムニシピオ（市町村）には重要な権限はほとんど与えられず、事実上中央が独占してきた。通常内務省がこれらを統括し、ほとんどの要職は中央からの指名であった。税や社会政策の管理・運営はすべて中央の司令に基づいて行われた。

　もっとも最近は連邦制か単一国制かにかかわらず中央集権を和らげる傾向が現れている。中央集権がきわめて強かったペルーでは一九七九年憲法において初めて地方自治が採用され、八七年には地方行政法の成立をみた。コロンビアの九一年憲法は、県知事選出を大統領による任命から住民の直接選挙に変えた。メキシコでは八九年以来の野党州知事の増加とともに、州が中央の統制を離れて独自の動きを強めつつある。

キューバの特殊性■

一九五九年革命後のキューバの政治体制は原理的に他のラテンアメリカ諸国とは異なっているので、簡単にその構造を述べておきたい。現在キューバはマルクス＝レーニン主義に基づく一九七六年憲法のもとにある。三権に類する機関としては、まず立法府にあたる人民権力全国議会があり、憲法改正、法律の改廃、国政の監視、議長の選出といった機能を果たすことになっている。そのなかから国家評議会のメンバーと議長（国家元首）が選ばれ、さらにそれとは別に最高行政機関として閣僚評議会が組織される。司法府は人民最高裁判所を頂点に組織される。しかし実質的な国家的決定はすべて「社会・国家の指導的勢力」と憲法に規定されたキューバ共産党（ＰＣＣ）が行うため、国家機構は共産党の支配の道具となっている。しかも革命以来の最高指導者で、党第一書記、国家評議会議長、閣僚評議会議長、軍最高指令官を兼任するフィデル・カストロ個人にいまだに権力が集中している。中央・地方関係に関しては、県と各地方自治体に人民権力議会が置かれ、地方から全国へと段階的に代表を選んでいく全国的なヒエラルキーができている。近年いくぶんかの分権化が図られているとはいえ、この基本構造に今のところ変化はない。ただ、ある意味でキューバの体制も、指導者個人に権力が集中するラテンアメリカ地域の伝統を受け継いでいるとみなし得ることは指摘しておきたい（12章参照）。

以上みてきたのは憲法に基づく政治制度と、ラテンアメリカ的文脈におけるその機能の仕方であった。これまでラテンアメリカ政治の現実のダイナミズムは、憲法のようなフォーマルな政治制度よりも、伝統的政治文化やパトロン＝クライエント（親分＝子分）関係、国家コーポラティズム（国家機構と結びついた限られた数の職能団体の間で行われる利害調整）などからの方がうまく説明できると指摘されることが多かった。しかし独立後一世紀半以上を経て、憲法がこの地域のある種の目標もしくは拘束要因として根づいてきたこともまた事実である。外見を繕うという面があったことは否定できないにしても、独立後のラテンアメリカ政治において憲法はまぎれもなく「正統なもの」とみなされてきたのであり、それゆえ軍事独裁政権といえども憲法による支配の正統化にこだわった。そして一九八〇年代に始まる民主化の流れのなかで、この側面はさらに強くなりつつある。そこで最後に、民主化後の変化に眼を向けたい。

三　民主化後の政治制度

「正常な」大統領制へ■

一九八〇年代に軍事政権が次々と民政移管を始めた時には、この流れもラテンアメリカを特徴づけてきた政治的周期の一部にすぎず、文民政権が行き詰まれば再び軍事政権の時代が来るとの見方があった。しかしそれから二〇年を経たいま、軍部の政治介入の動きが止んだわけではないにしても、憲法体制の長い中断や本格的な軍政への回帰は起こっていない。クーデターの企ての多くは国民の不支持と周辺諸国や国際機関からの圧力によって挫折しており、たとえ起こっても正常な憲法体制への早期の復帰が実現している。アルゼンチンのメネムやブラジルのカルドーゾなど、自由選挙を通して連続再選される大統領が誕生したのもラテンアメリカの政治史のなかでは画期的な出来事であった。再選に関する規定は、連続二期までは認める形で緩和される傾向がみられ、コンティヌイスモへの警戒心が薄らぎつつあるようにもみえる。

この間ラテンアメリカでは大統領制の再検討がなされた。大統領個人への過度の権力集中に特徴づけられてきたこの伝統的制度を、新たな民主的環境のなかでどのように運用していくのか。当初は大統領制そのものを準大統領制（フランス第五共和制）や議院内閣制など別の政府形態に変える提案がいくつかの国で検討され、ブラジルでは一九九三年に政府形態の変更を問う国民投票も実施された。しかし最終的にはほぼすべてのラテンアメリカ諸国が大統領制のもとで民主主義を構築する道を選択した。時代の流れを反映して先住民の権利保障や地方自治など新たな要素も盛り込まれるようになったが、例外国家の規定も含め独立以来の憲法の基本枠組は保持されている。

そこで課題は、大統領制という枠組を前提としたうえで、憲法が本来想定している三権の均衡と抑制を常態化させ、例外国家への頻繁な移行のない「正常な」大統領制に変えるという点に収斂していく。換言するならば、議会が大統領に劣らない権限をもって立法を行うとともに大統領の権力行使を監視し、司法府が憲法問題も含め大統領の行動に対して独立の判断を下し、また連邦制の採用如何にかかわらず地方政府が中央からの一定の自立性をもって政策を決定し実施できるようにすることである。

とりわけ代議制民主主義の要としての議会の自立化と、議会運営の主役としての政党組織の強化が必要とされている（4章参照）。ラテンアメリカ諸国の多くは比例代表制を採用し、多党システムに特徴づけられるが、政党が微弱で細分化していては議事の混乱や停滞を来たすばかりで大統領に対抗し得ない。円滑な議会運営のためには、政党の組織的安定や連合形成能力は絶対的条件である。強力で交渉力のある議会のみが均衡の取れた大統領制を作り出すのである。ただし多党システム下での大統領制というラテンアメリカ的状況は、小選挙区制と二大政党システムを前提とした米国の大統領制とは異なったものとなるだろう。そこでとくに問われるのは、主義主張の異なる政治組織や政府機関の間で合意を作り出すことのできる政治指導者の資質である。

このような「正常な」大統領制はメキシコやブラジルで徐々に構築されつつあるようにみえるが、逆にその難しさを印象づける例も少なくない。一九九〇年代に入っても、大統領と議会の対立による機能麻痺、大統領個人に一度に期待が寄せられては失望に終わる悪循環、大統領自身による議会の解散と憲法停止など、オドーネルが「委任型民主主義」と名づけ、J・リンスが「大統領制の失敗」と呼んだ種々の弊害が露呈している。とりわけ、軍の支持を背景に議会を閉鎖し、司法判断を無視した強引な三選達成を果たし、最終的には事実上の亡命を余儀なくされたペルーのフジモリ大統領や、クーデターを試みて失敗した後に大統領に当選し、政治的混乱のなかで独断的政治手法を取り続けるベネズエラのチャベス大統領は、「伝統的な」ラテンアメリカの大統領そのものである。理由は一様ではないがこの他にもグアテマラ、パラグアイ、エクアドル、コロンビアなど大統領制の躓《つまず》きの例は枚挙にいとまがなく、楽観的な見通しが可能な状況にはない。

しかしそもそも制度とは民主主義構築のための枠組である。民主制度の円滑な運用には、政治家・国民双方の行動や態度に民主主義が深く浸透することも必要である。ペルソナリスモや中央集権の強固な伝統が一夜にして消え去るわけではなく、変革には時間がかかる。対決型・即決型の政治様式の克服には、粘り強い審議や交渉を厭わず合意や妥協点を追求する政治指導者の姿勢に加え、それを支える国民意識や市民社会の成熟も必要となる。政府の示す経済的社会的な政策遂行能力も民主体制の信用に深く関わってくる。大統領制という歴史的建造物を修理しつつ、いかに有効な民主体制を作り上げていくのか、ラテンアメリカはいまこの困難な課題に取り組みつつある。

四　非ラテン系カリブ諸国の政治制度

最後に、ここまでふれなかった非ラテン系カリブ諸国（巻末「各国便覧」の「新興独立国」13カ国を参照）についても簡単に述べておきたい。これらの小国は、旧オランダ植民地のスリナムを除けばすべて、一九六〇年代から八〇年代初頭にかけて英国から独立した国家であり、それゆえ英国の政治制度を受け継いでいる。そのほとんどが英連邦の一員として英国女王を元首とする立憲君主制のもとにある（ドミニカとトリニダード・トバゴおよびガイアナは大統領を元首とする共和制）。

一九八〇年以降大統領が行政権を行使するようになったガイアナを除けば、すべての国が議院内閣制を採用していて、大統領制が優勢なラテンアメリカ諸国とは対照をなしている。各国の政治状況をここで論じる余裕はないが、バハマやバルバドスなど、議院内閣制下の二大政党システムという英国風の比較的安定した民主体制を築いている国が少なくないことは注目に値する。旧宗主国の政治制度や政治文化が独立後にも影響を及ぼしている点で、これら非ラテン系カリブ諸国とラテン系のカリブ諸国とが、興味深い比較の対象である点は指摘しておきたい。

参考文献

● ラテンアメリカ諸国の憲法は各政府が発行する原文の他に、Georgetown University / Organization of American States, Political Database of the America, "Constitutions and Constitutional Studies" (http : // www. georgetown. edu / pdba / Constitutions / constudies.

html）で原文を参照できる。
●各国の政府機構については、The Library of Congress, Federal Research Division, *Country Studies*（http://memory.loc.gov/frd/cs/cshome.html）および、Central Intelligence Agency, *The World Fact Book*（http://www.cia.gov/cia/publications/factbook/index.html）で参照できる（各国のデータを書籍として購入することも可能）。
●邦語文献としては、中川和彦・矢谷通朗編（一九八八）『ラテンアメリカ諸国の法制度』アジア経済研究所、が主要国の憲法構造および法制度を解説している。
●独立以降の立憲主義の変遷については、Colomer Vidal, Antonio（1990）, *Introducción al constitucionalismo iberoamericano*. Madrid: Ediciones de Cultura Hispánica が共通性と多様性両面から論じている。
●憲法秩序と例外国家がどのように連関づけられてきたかについては、Loveman, Brian（1993）, *The Constitution of Tyranny: Regimes of Exception in Spanish America*. Pittsburgh: University of Pittsburgh Press が体系的に検証している。
●大統領制については、DiBacco, Thomas V.（ed.）（1977）, *Presidantial Power in Latin America*. New York: Praeger が大統領権力の歴史的変遷やその抑制の試みについて論じている。
●民主化後の制度改革の動きについては、Nohlen, Dieter & Mario Fernandez（eds.）（1991）, *Presidencialismo versus parlamentarismo: America Latina*. Caracas: Nueva Sociedad.
●大統領制と政党システムおよび選挙制度の関わりについては、Mainwaring, Scott & Timothy R. Scully（eds.）（1995）, *Building Democratic Institutions: Party Systems in Latin America*. Stanford: Stanford University Press が各国の事情も含め詳細に分析を行っている。
●また、憲法的秩序と伝統的秩序を関連づけながらラテンアメリカ諸国の政治構造を解説しているテキストとして、Wiarda, Howard J. & Harvey F. Kline（eds.）（1990）, *Latin American Politics and Development*. Boulder: Westview Press がある。ただしウィーアルダは、Wiarda, Howard J.（1990）, *The Democratic Revolution in Latin America: History, Politics, and U.S. Policy*. New York: Holmes & Meier において、ラテンアメリカ地域が民主化の時代を迎えたことでそうした伝統と決別するのではないかとの見方も示している。

第二部　政治勢力

4章

政党──グローバル化時代の危機と再生

●遅野井　茂雄

はじめに――危機に立つ政党制■

「ペルーにおいて政党は選挙マシーンと化し、政治決定を独占し、市民を操作している。問題は民主主義の存在否かではなく、政党による独裁である。党内民主主義もなく、党の領袖によって選出議員は決められる。議会では党益で議員を拘束し、議員が政策を判断する自主性を奪い、国民の利害とかけ離れたところで物事が決定される。つまり政党を通じた市民の政治参加は狭められ、市民の利益は党益によってフィルターにかけられる。私が反対するのは政党ではない。市民参加を妨げるエリート主義的な制度である。意図するところは政党の排除ではない。政党を通じて社会と国家を繋ぐ真の連結の構築であり、根本的な民主的変革である」。

これは、一九九二年五月一八日に開催された米州機構（OAS）外相会議でのフジモリ演説の一節である。同年四月五日フジモリ政権が行った国会閉鎖などの「自主クーデター」に国際社会は反発し、民主制度の早期回復を要求したが、それに応える形で憲法改正と立法権限をもつ民主制憲議会の召集を約束した際に行った厳しい政党批判であった。

ラテンアメリカ諸国は一九八〇年代に軍政を脱し、九〇年代以降、民主主義の定着が喫緊の課題となった。しかし、その課題において根幹の役割を果たすべき政党は、グローバル化と市場経済化の奔流の中で機能を果たせなかった。

ラティノバロメトロの調査（本部をチリ・サンティアゴに置く同名の非営利機関によるラテンアメリカ一七カ国の世論調査、一九九五年から開始）によると、全般に制度への信頼が低い中でも、政党は一一％（二〇〇三年）と最低の信頼感しか獲得していない（表参照）。

一九九〇年、政治家として無名の日系人が、並み居る有力候補を押しのけて当選した「ツナミ現象」こそ、有権者の政党不信の高さを示すバロメーターであった。九二年フジモリの強権発動（自主クーデター）に対する高い支持（八〇％）と、逆に閉鎖させられた議会や政党に対する低い支持（二〇％）が、政党政治への不満の大きさを物語っていた。フジモリは、議会、司法など民主制度が機能不全に陥ったとして強権を正当化した。

二大政党制が確立したとみられたベネズエラでも、一九九二年クーデター未遂が発生し、政党政治は危機に立たされた。指導者のチャベス落下傘部隊長は、腐敗にまみれ

(左)問題の多かった2000年のペルー選挙の投票用紙。左側が大統領、右側が議員選挙。

表　ラテンアメリカの制度に対する信頼感（%）

年	1996	2001	2003
教会	76	72	62
テレビ	50	49	36
軍	41	38	30
大統領	39	30	31
警察	30	30	29
司法	33	27	20
議会	27	24	17
政党	20	19	11
第三者	20	17	17

＊成人男女を対象にしたもので各国1000～1200人が回答。
（出所：Informe-Resumen Latinobarómetro, 2003. www.latinobarometro.org）

「政党の専制」に堕したと二大政党制を指弾した。軍の決起は、石油大国において国民生活の窮乏化をまねいた政党政治への不満に火をつけ、四〇年続いた二大政党制の幕引きを告げた。チャベスは釈放された後、第五共和国運動を軸に左派政党と愛国同盟を結成、政党政治の打倒と腐敗一掃を掲げて、九八年大統領に当選したのである。

だが、政党批判を追い風に権力を手にしたメシア的指導者も、新たな政党制度の創設者となるとはかぎらない。民衆の支持に支えられ、民意を反映した「真の民主主義」の建設を豪語したフジモリは、政党システムの再構築どころか、長期政権を目指す中で、自身が批判した「政党による独裁」から諜報政治に支えられた新たな独裁へと転形して八年後、二〇〇〇年の選挙を経て破綻する。また貧者のための「ボリーバル革命」を掲げたチャベスも、自らが指弾した「政党の専制」から新たな専制へと転化し、民主制度の再生どころか国内の亀裂を深めている。

政党政治への不信、あるいは政党制の機能低下は、空前の経済破綻に至ったアルゼンチンはもとより、確固とした政党制に支えられていると考えられたコスタリカ、ウルグアイのような国でも多かれ少なかれ進行中の現象である。

ある意味でそれは、一九八〇年代以降の民主化とグローバル化の進展の結果であり、それに対応できない伝統的な政党政治との軋《きし》みから生じていると考えられる。

容赦ないグローバル化への対応は、国際通貨基金（ＩＭＦ）など国際機関との協調のもと、国際派テクノクラート（技術官僚）の手に重要な政策決定を委ねる傾向を強め、政党の代表能力を失わせた。政党政治の危機は、所得や教育など資産の格差が大きいラテンアメリカの階層的社会にあって、大多数の民衆層にとって排他的でエリート主義的な政党制度全体にかかわる問題に帰着する。民主化の過程で、民族、住民、ジェンダー（社会的文化的性差）、人権など多様なイシューにかかわる利害が噴出しているが、複雑化し参加を求める社会を政党は適切に代表できず、利害の調整・仲介機能を担えないでいる。民主化は平等化の原理を内包せざるをえないが、根本的に不平等な社会には、民意を集約して政策につなぐといった、政党に担わされた機能を制約する構造的要因が内在しているともいえよう。

政党の機能低下は政治的無関心を広げ、政党政治への不信から無党派の指導者に過度の権力を委ねることにつながり、民主制度の危殆をまねくのだが、同時に排除された側からの要求はしばしば直接行動となって政治舞台に現れる。力の示威を通じて直接、政府との交渉の場を開き、政党制度を超えたところで問題を解決しようとする。市民や先住民の抗議行動がときに暴動に発展し、大統領辞任や政権崩壊をまねく例が増えている（13章参照）。

民主化が開始して二〇年余が経過し、グローバリズムの諸力が浸透する二一世紀のとば口において、市場経済への不満や怒りが渦巻き、反発が各地で発生し、民主主義の定着に関する悲観論が台頭している。そうした危機的局面において、政党システムの再編と再生が問われている。グローバル化の要請に応えて改革を進めつつ、生活の改善、雇用の創出、格差の是正を求めて苛立ちを強める社会の要請に応えるため、政党がそれにふさわしい再生と刷新を図り、政治を民主的に誘導する本来の機能を確保することは可能だろうか。本章では、ラテンアメリカの政党がよって立つ基礎と政党政治の変遷をたどり、こうした課題を探ることとする。

一 政治文化と政党の特色

ラテンアメリカの政治社会は、C・アンダースンの指摘する「生ける博物館」に等しい。ある歴史段階が次の発展段階によって乗り越えられるのではなく、過去の歴史経験や発展段階に対応した思想や制度・組織が共存し、せめぎあう多様な空間が形成されている。共同体主義と絶対的権威主義に特徴づけられた先住文明の基層の上に、約三世紀にわたる植民地の時代に家産制、権威主義、半封建制、中世的な身分制秩序が根を下ろした。これらの伝統的な政治権威は政治文化の古層を形成し、一九世紀初頭の独立期以降に導入された立憲共和制、自由主義、民主主義など近代的な政治権威と折衷・混交し、現実政治に作用し続けてきた。

ラテンアメリカ社会には、所得、教育、民族などの点で、大きな格差と排除が構造的に埋め込まれている。先住民を抱えた国では植民地以来、白人を頂点に混血層を介し、底辺に先住民をとどめる身分制的な階層社会を特徴とした。身分制的秩序は、民主制度を導入した一八〇年前の独立期に法的には解消され、二〇世紀の近代化にともない変容したが、本質的特徴は残り、民衆層にとって法の前の平等や機会均等の原則も死文にすぎない厳しい現実がある。多くの人々が社会経済的権利から排除され、政治参加の機会を奪われている。大土地所有制に代表されるような資産の集中をまねく構造とともに、インフォーマルな差別構造が歴然としている。白人が持ち込んだ支配的文化による五世紀に及ぶ一元化の過程で、白人・メスティソ（先住民と白人の混血）よりは先住民や黒人が、男性よりは女性が、スペイン語話者よりは土着語を話す者が、都市よりは農村の居住者が差別を受けやすい構造が形成されている。

社会的流動性を抑える構造的諸条件は、カトリックの儀礼を介在させて、広範なパトロン＝クライエント（親分＝子分）関係を作り上げてきた。身分や財産、権力と地位の異なる二者の間での、忠誠への見返りとして庇護や恩恵を期待する直接的な関係である。政治文化としての特殊な人間関係や人物重視の傾向（ペルソナリスモ）が加わり、親族・友人を軸とした個人的なネットワークとともに、垂直的な依存関係がこの不平等な社会をタテに貫く。大衆化された都市社会においてこの関係は複雑化するが、上に立つパトロンは、個人的に信頼のおける部下に組織の一定領域の支配について裁量権を委ね、部下も同じように下方にクライエントを作り、分断支配を特徴とするピラミッドを構成することになる。政党も、理念や階級を基礎とするよりは、個人的指導者中心の、役得や公職を求めて集まる人々の集合体である場合が多く、パトロン＝クライエント関係を介在させる階層横断的な性格を帯びることとなる。

選挙にせよクーデターにせよ、こうした集合体が公職を争うための国家機構の争奪を賭けた闘争であった。中立的な官僚システムが歴史的に育成されなかったため、パトロン＝クライエント集団が政権を握ると、M・ウェーバーが類型化した家産制に近いものを作り出すことになる。政府が、権益や裁量権、規制をテコに、役得や縁故に支えられ、人間的絆を基礎に動く機構と化す。政府は支持者のための雇用創出機関となり、公権力が一部の利害によって私物化される傾向が生まれやすい。どんな犠牲を払っても勝ち、政府を獲得するといったメンタリティがいまだ強いのには理由があるのである。

一般に党首は党の創設者、カリスマ性を帯びた無謬のカウディーリョ（統領）であり、党と追随者に意味を与える。追随者は個人的で特殊な関係を通じて党首から特権を引き出し、自分の部下との間にも類似の関係を作り出す。その垂直的関係は政党内部の階梯を通じて下方へと再生産される。党内の決定は民主的手続きを経るよりは、党首など一握りの領袖によって行われる。幹部と追随者、指導者と民衆の関係には、寡頭的でエリート主義的、温情主義的な傾向がみられる。民族的亀裂が投影されて、エリートの民衆に対する態度には保護と蔑視が隣り合わせになっている。無謬の党首が死去すると、組織の分裂は避けられない。

二　保守政党（保守党と自由党）

ラテンアメリカ諸国に政党が出現するのは独立以降である。独立後二つの政治勢力が生まれ、対立を繰り返し、混乱を助長した。保守主義者と自由主義者の相克である。前者が、植民地以来の中央集権制、カトリック教会の権益の維持や重商主義的保護主義をより所としていたのに対し、自由主義者は米国独立革命（一七七六年）やフランス革命（一七八九年）の影響を受け、権力の分割や連邦制、反教会主義（政教分離）、自由貿易による資本主義的発展を掲げた。この対立は、メキシコのレフォルマ期（一八五五～六七年、自由主義勢力の改革の時代）からディアス独裁期（一八七六～一九一一年、ディアス大統領が実権を握ってからメキシコ革命勃発まで）、中米、アンデス諸国での自由主義者の革命、ブラジルにおける共和制への移行（一八八九年）など、一九世紀後半から末にかけて各国で自由主義勢力が勝利することで決着をみた。資本主義の世界大の発展と帝国主義の時代にあって、政権を獲得した自由主義勢力は、資源と市場を外資に開放し、一次産品の開発と輸出に特化する方策を選択した。政治的には大農園主や輸出業者など自由主義的エリートを中心に、国内市場を向いた伝統的自足的地主層をマイナーなパートナーとするオリガルキア支配、すなわち一握りの富裕層による寡頭支配体制が成立したのである。多くの国で参加を制限した寡頭的な議会主義が定着化した。

しかし自由党も保守党も、政治の大衆化が進む二〇世紀前半、主要政党としての役割を終えて退場し、その影響力を今日まで残している国は少ない。コロンビアでは自由党と保守党が地縁と血縁を軸に全国政党として発展し、寡頭的民主主義と呼ばれる二大政党制を定着させた。チリでも、両政党とも保守勢力として重要な役割を演じ、一九六〇年代、左翼や中道政党の台頭を前に保守合同を図り、国民党（PN）として今日に至っている。ホンジュラスでは自由党は農地改革などの改革を進めることで生き残ったが、これらは例外といってよい。保守的権益が強固に残存しているラテンアメリカで、寡頭的保守勢力は、その黄金時代においてイデオロギーと組織力を培って国民政党として発展することはなかった。家系や産業上の利害などの対立から、支配層が決して一枚岩でなく離合集散を繰り返したところにその理由の一端がある。健全な保守政党が発展しなかったため、アルゼンチン、中米諸国では軍がそのスペースを埋め、中間層・労働者層の政治進出にともなって軍の政治介入が頻繁となった（6章参照）。

アルゼンチンやチリでは経済発展につれて早くから都市化が進み、保守・自由党とは別に中産階級を主体とする政党が誕生した。アルゼンチンの急進的市民連合（急進党：UCR）、チリの急進党（PR）、ウルグアイのコロラド党がその代表例である。アルゼンチンの急進党は、一九一六年イリゴージェンの下で政権を獲得、民主化直後の八三年にはアルフォンシン政権が誕生した。チリの急進党は、大恐慌後のアレサンドリ政権の誕生と、三八年の人民戦線（FP）政府の結成に主導権を握ったほか、最近まで政党政治において主要な役割を果たした。

三　民族主義的改革政党（ポピュリスト政党）と社会主義政党

民衆への蔑視と保護――ポピュリズムの台頭■

二〇世紀に入り開放経済のもとで発展し輸出ブームが続くと、都市を中心に中間層が出現した。移民を通じてヨーロッパからアナーキズムやサンディカリズム、社会主義思想が持ち込まれ、都市や鉱山、プランテーションでは労働運動が組織化され、寡頭支配体制への反発を強めた。第一次世界大戦をはさみ、ロシア革命（一九一七年）の影響を受けて革命的変革を唱える左翼運動が伸長した。

しかし一九三〇年代、世界恐慌の影響を受けて寡頭支配体制が揺らぐと、ヘゲモニーを握るのはマルクス主義政党ではなく、むしろ中間層を主体とし労働者や農民層を動員する民族主義的改革運動、いわゆるポピュリズム（人民主義）であった。それまでの外資の浸透・支配に対抗して反米帝国主義と民族主義を基調とし、外資と結託した富裕層の支配に対抗するため、普通選挙の導入により政治参加を労働者層まで拡大し、主導権を握った。経済的には、民族ブルジョワジーと労働者層との間で、輸入代替工業化による経済自立を目指す連携が成立し、保護主義に基づく国家主導型の工業化路線が進められた。

この改革運動の担い手は基本的に知識人や軍人など中間層出身のエリートであり、労働者層や農民層は多くの場合、労働立法の制定による保護や、国によっては農地改革を通じて、ポピュリスト的体制への支持と動員の対象となった。両者の関係には中間層出身の指導者の、民衆に対する蔑視と保護、温情主義といったエリート主義が投影されていた。

ペルーにおける民族主義的改革運動であるアプラ（APRA、アメリカ人民革命同盟）を創設したアヤ・デ・ラ・トーレと、ペルー社会党（PS、ペルー共産党の前身）を創設したマリアテギとの論争は、変革の担い手をめぐる認識の差を明確に表している。アヤは、資本主義の未発達な社会では労働者階級も未成熟で、社会主義革命を独自で担うことはできないとし、むしろ革命の中心となるべきは帝国主義の浸透によって最も犠牲を被った中産階級や中小の地主・商人であり、なかでも知識人が反帝国主義的な階級同盟を指導すべきと主張した。これに対してマリアテギは、スペイン人が持ち込んだ文化を継承するクリオーリョ（現地生まれのスペイン人）文化を模倣し支配層におもねる中産階級に、真の革命運動を担う能力はないとして、労働者階級を中心に大多数を占める先住民農民が担い手となるべきと規定した。マリアテギが帝国主義勢力の一掃とともに社会主義の建設を目指したのに対し、アヤは階級同盟による「反帝国主義国家」を建設して、帝国主義との交渉力の強化を通じた国家資本主義的発展を目指した。結果的には、後者がポピュリスト政党の下で各国の民族主義的改革を推し進める基本路線となる。

演説するペルー・アプラ党首、アラン・ガルシア。アプラ党は1985年初めて単独で政権を奪取した。

　一九二四年、亡命先のメキシコで、アヤは「反ヤンキー帝国主義、ラテンアメリカの政治的統合、土地と産業の国有化、パナマ運河の国際化、全世界の被抑圧民族との連帯」の五大綱領を発表し、米帝国主義と連携した地主寡頭支配に対抗する大陸規模の民族主義的改革運動、アプラ運動を創設した。アプラ運動はペルーでは三〇年代以降、ペルー・アプラ党（ＰＡＰ）として改革の主導権を握るものの、その急進性のため支配層と連携した軍部によって弾圧され、改革プログラムは六〇年代末まで引き延ばされた。

　しかし、アプラ運動は各国の改革運動に影響を与えた。ポピュリスト系政党としては、ボリビア革命（一九五二～六四年）を先導した民族主義的革命運動（ＭＮＲ）、ベネズエラの民主行動党（ＡＤ）、コスタリカの国民解放党（ＰＬＮ）、メキシコ革命の収拾過程から誕生し一党支配を確立した制度的革命党（ＰＲＩ）、さらにはアルゼンチンのフアン・ペロン率いるペロニスタ党（ＰＪ）や、ブラジルのジェトゥリオ・ヴァルガス、エクアドルのベラスコ・イバラなどポピュリスト的独裁者に率いられた諸運動がこのカテゴリーに入る。いずれも政権党として各国政治に決定的な足跡を残した。

マルクス主義政党■

これに対しマルクス主義政党は、ポピュリスト政党との対抗上、支配層に利用され、共産党と社会党の対立や分裂を抱え、第二次世界大戦前はチリの人民戦線（FP）政府への参加などに限定された。しかし、一九五九年のキューバ革命の成功と共産党政権の誕生は、社会主義革命の新たな条件を創りだした。各国でゲリラ闘争が展開され、チリでは七〇年、アジェンデ率いる社共連合の人民連合（UP）政権が誕生した。しかし一方で、中ソ対立はイデオロギー対立を左翼勢力にもたらした。

一九七〇年代、マルクス主義政党は、この時期に誕生した反共的軍事政権によって多くが弾圧され影響力を減じたが、中米では、ニカラグアのサンディニスタ民族解放戦線（FSLN）が政権を奪取することに成功し（ニカラグア革命、七九年）、またエルサルバドルのファラブンド・マルティ民族解放戦線（FMLN）や、グアテマラの民族革命連合（URNG）などゲリラ勢力が攻勢を強め、紛争が拡大した。八〇年代にはペルーの統一左翼（IU）、ブラジルの労働者党（PT）の存在が注目されたが、前者はアプラ党ガルシア政権の破綻と既成政党批判の高まりの中で解体する。八〇年代後半の経済破綻、ソ連・東欧社会主義の解体、グローバルな市場化の流れ、冷戦の終結の中で、マルクス主義に対する幻滅が広がり、左翼政党も思想的支柱を失い、支持を低下させた。

1980年代、リマ市長を務めたバランテス統一左翼議長（ペルー）。机上にはマリアテギの像が置かれている。

四　カトリックと軍部

カトリック系政党の発展■

植民地以来、ラテンアメリカにおいてカトリックと軍は特別な役割を帯び、それは現代の政党政治にも大きな影響を与えている。カトリックは保守党を中心に伝統政党を支持し、階層社会の秩序を支えてきた。二〇世紀に入るとバチカン（ローマ教皇庁）の社会教義を反映したカトリック系諸政党が誕生する。これらは資本主義と共産主義の対立を乗り越え、社会的連帯と共同体主義による人間性回復を求める改革勢力として登場し、なかでもチリのキリスト教民主党（ＰＤＣ）は一九六〇年代以降、チリにおける最大の改革勢力となった（後述）。六四年には「自由の中の革命」を唱えるエドゥアルド・フレイ・モンタルバ政権が誕生し、農地改革や米国系銅産業のチリ化を進めた。ペルー、エルサルバドル、グアテマラなどでもキリスト教民主党が生まれ、中間層を基盤とし漸進的改革と民主主義を柱に民衆層からも支持を集めた。保守的傾向をもつ社会キリスト教系の政党としては、ベネズエラのコペイ党（ＣＯＰＥＩ）、コスタリカのキリスト教社会連合党（ＰＵＳＣ）、メキシコの国民行動党（ＰＡＮ）、ペルーのキリスト教人民党（ＰＰＣ）があり、いずれも連立を含め政権担当の経験を持つ。

カトリック系諸政党の発展には、第二バチカン公会議（一九六二～六五年）以降、カトリック教会における思想的変化が影響を与えた。基本的人権、社会的正義への配慮とその実現を目指す新たな姿勢は、「解放の神学」に至ってマルクス主義との接点を可能にし、若手聖職者を中心に基礎共同体の建設など民衆の組織化を推し進める運動へと発展した。「解放の神学」は、一九七〇年代以降の軍政下において、軍政の弾圧から民衆を保護する砦、あるいは民主化の推進役となったのであり、とくに中米では革命運動の重要な担い手となる。

軍の政治介入■

軍もまた政治において絶大な役割を果たし、クーデターで政権を奪った軍人が個人的な政党を創ることが少なくなかった。ペルーのように、大恐慌を境に誕生した急進的改革主義の動き（アプラ）を軍部が弾圧する一方、一九七〇年代前半にかけてのベラスコ軍政下での大規模な改革の例にみられるように、軍の介入にはさまざまな特徴がみられた。六〇年代以降の軍の政治介入の要因としては、ポピュリズム型の文民政権が、キューバ革命後に高まった社会的要求や左翼勢力の攻勢、高まる革命の危機を前に安定した政治を維持できなかったことがあげられる。六四年のブラジルのクーデターを皮切りに各国で誕生した軍政は、開発の推進による民生向上を国家安全保障確保の柱とし、政党や組合運動を排除し、軍官僚による長期の直接支配の下で新しい政治経済秩序を構築しようとした。改革と開発を同時に進めたペルーのベラスコ軍政は、伝統的な政党に代わり、国民動員機構(SINAMOS)を通じ、改革の結果誕生した社会勢力をコーポラティスト(団体統合主義)的な代表構造の中に統制しようとした。

軍には、政争と分裂に明け暮れ、非効率と腐敗にまみれた政党政治に対する強い不信感と、自らの社会工学的な開発能力に対する強い自信があった。だが政党制に代わる新たな代表制度を構築しようとした軍の試みは、開発主義に基づく経済実績が悪化する中で挫折した。軍は、政党に代わって国家と社会を結びつける利害の調整機能を果たすことも、独自の代表構造を構築することもできなかった。むしろ政権に対する不満に武力で対応するにつれ人権侵害が深刻化して軍は孤立し、また長期支配の下で軍自体が政治化して分裂の危機に立ち、一九八〇年代の民主化へと移行していったのである(6章参照)。

長期軍政はその後の民主化の時代にプラス、マイナス両面の影響を残した。軍政期には政党活動が停止されたために、旧来の政党に代わるより民主的で草の根的な社会運動の誕生が促され、市民社会は大きな変化をとげた。しかし他方で、既存政党は長期間、社会との接触の機会を奪われ、市民社会の変動の現実に大幅な遅れをとったことは否めなかった。民主化とともに一九八〇年代に政党政治は復活したが、旧弊を引きずるものが多く、それが今日の民主化後の時代において、政党と社会との間に大きな乖離を生む原因となった。

五　イデオロギーの国際化と民主化

一九八〇年代に潮流となった民主化は、イデオロギーの国際化の結果ととらえられる。一つの流れは社会主義インターナショナル（社会民主主義の国際組織）に属す社会民主主義勢力との協力関係である。一九五一年に結成された社会主義インターナショナルは、イギリスの労働党、ドイツの社民党、フランスの社会党などヨーロッパの主要政党がリードしたが、この流れにラテンアメリカのポピュリスト系改革主義政党の多くが合流した。スペインの社会労働党、ポルトガルの社会党といった、イベリア半島の民主化を担った社民系政党を介し、民政を維持したベネズエラの民主行動党、コスタリカの国民解放党、メキシコの制度的革命党、あるいはジャマイカの人民国家党（ＰＮＰ）などが仲介となって大陸大に広がる民主化を促進した。民主化の過程ではペルーのアプラ党、ドミニカ共和国の革命党（ＰＲＤ）、ボリビアの人民民主連合（ＵＤＰ）や左翼革命運動（ＭＩＲ）、ブラジルの民主運動党（ＰＭＤＢ）、エクアドルの民主左翼（ＩＤ）などの社民系政党が中心的役割を担った。社会主義インターナショナル国際大会が七九年カナダで開かれ、民主化と中米の革命運動への支持が打ち出され、八六年にはガルシア・アプラ党政権下のペルーで開催され、民主化の推進とともに対外債務問題が主要テーマとなった。

もう一つの流れはキリスト教民主主義である。一九六一年、世界キリスト教民主党連盟がチリにおける世界大会を機に結成された。前述の、六四年に誕生したチリ・キリスト教民主党（ＰＤＣ）政権は、七〇年人民連合（ＵＰ）に政権を譲ったものの、ＰＤＣは軍政下の民主化の過程で中心的役割を果たし、九〇年の民政移管でエイルウィン政権の誕生を実現させている。また七八年、ベネズエラのコペイ党のルイス・エレーラ・カンピンス、コスタリカの国民連合党（ＣＵ）のロドリゴ・カラソが政権についた。七九年にはカラカスでアメリカ大陸・キリスト教民主組織の大会が開催され、民主化と中米の改革を支援するという方針を打ち出す。エルサルバドルでは七九年キリスト教民主党（ＰＤＣ）が軍民政権に参加し、八四年にはドゥアルテ政権が誕生、グアテマラでは八六年ビニシオ・セレソ政権が民政移管の過程で誕生した。エクアドルでは七九年人民民主主義（ＤＰ）が民主化直後のロルドス政権に参加し、ロルドスの死後副大統領であった党首のウルタドが大統領に就任した。

六　冷戦の終結とグローバル化

グローバル化のもう一つの流れは市場経済化の席巻である。債務危機を機に一九八〇年代、各国は深刻な不況にみまわれた（「失われた一〇年」）。この破綻を機に、世界経済から国内市場を保護し、国家主導型で非効率な産業化を推進し、近代部門の大企業や労組など組織権力に利益が誘導された従来の開発モデルが再検討を迫られた。世界経済に統合し、より効率的な経済構造に転換するため、規制撤廃や公営企業の民営化など自由化政策が短期間に進められた。各国は市場の世界化の流れに合流することで経済再構築を図ったのである。この過程で、大恐慌を機に始まり、主に民族主義的改革政党や軍によって率いられた経済自立を求める経済民族主義の時代が幕を閉じた。

ネオリベラリズム（新自由主義）が支配的潮流となり、各政党は思想的政策的な対応を迫られたが、多くの民族主義的改革政党は自ら構築した開発モデルを自らの手で葬った。一時二五〇〇〇パーセントに及ぶハイパーインフレに襲われたボリビアでは、一九八五年、政権に返り咲いた民族主義的革命運動の党首パス・エステンソロが新経済政策を断行した。メキシコの制度的革命党はサリナス政権の下で民営化を推し進め、長年の国是である反米主義と民族主義路線を放棄し、米国との市場統合（北米自由貿易協定・NAFTA）を実現した。ペレス政権下のベネズエラの民主行動党、メネム政権下のアルゼンチンのペロニスタ党など、いずれもIMFとの合意のもとで大胆な経済改革に着手した。

ネオリベラリズムの潮流は当然ながら保守勢力にも刺激を与え、知識人や企業家層の中にニューライトの動きを促した。反共の立場から急進的改革や政治不安に対処するため軍の介入を支持した企業家層は、民主的手続きを受け入れて資本主義発展を目指すため、影響力を政治に及ぼそうとした。典型例は一九八七年のガルシア政権の銀行国有化政策に対する反対運動を機に誕生したペルーの自由運動である。

作家バルガス・リョサが指導するこの運動は、最大の財閥ロメロ・グループをはじめとする企業家集団の支援を受け、一九九〇年大統領選挙に向け、人民行動党（AP）およびキリスト教人民党（PPC）と民主戦線を結成、リョサを大統領候補に擁立した。同大統領選挙では、日系のフジモリが当選する皮肉をみたが、経済界はフジモリ政権による経済改革を支援した。アルソガライを指導者として頭角を現したアルゼンチンの保守系の民主中道連合（UCeDé）は、メネム・ペロニスタ党政権に参加し経済改革を支援した。チリでは国民党から分離した革新派が民政移管後、軍政の残した自由主義経済の成果を維持しつつも社会投資支出を確保するためエイルウィン政権が導入した税制改革に合意した。エルサルバドルでも、国民革命同盟（ARENA）のクリスティアニ政権は経済界の支援を受けて改革を進め、ゲリラ勢力との間で和平合意にこぎつけた。メキシコの国民行動党も八九年の地方選挙以降勢力を伸ばし、二〇〇〇年には企業家出身のフォックスを大統領に当選させ、七一年続いた制度的革命党による一党支配の幕を引いた。

東西冷戦の終結とソ連邦の崩壊は、マルクス主義勢力、左翼政党に転換を迫った。経済破綻による失業増と雇用のインフォーマル化、また民営化、労働法の柔軟化など構造改革の進展、サービス産業の拡大は、支持母体である労組の基盤を弱体化した。さらに軍政下における民主主義喪失の代償の大きさへの反省がある。チリの社会党は、民主主義の維持を基調にし、健全な経済運営や市場経済化の要請をとり入れる現実的な対応をみせた。「民主主義のための政党（PPD）」として分離した社会党革新派も、他の社会党各派とともに反軍政派のコンセルタシオン（民主連合）に参加してキリスト教民主党のエイルウィン、エドゥアルド・フレイ・ルイス・タグレ両政権を支え、一九九九年には党首ラゴスが民主連合から出馬し大統領に当選、マクロ経済の均衡を重視する経済運営と輸出指向型経済モデルを堅持している。かつての従属論者カルドーゾを大統領としたブラジルの社会民主党（PSDB）政権も、経済安定とともに民営化に着手し、グローバルな経済との統合を目指す現実的政策を展開した。さらに、冷戦の終結やマルクス主義の破綻は、大きすぎた内戦の代償とあいまって、中米やコロンビアのゲリラ勢力「四月一九日運動（M19）」に和平を進めさせた。

七　市場経済化への不満と左傾化、自立する先住民

グローバル化が生んだ政治への不満■

市場経済化に向けた開発のパラダイム転換は短期間に実施され、インフレの克服や投資流入を受け、マクロ経済は回復した。だが各国は持続的成長に道を開くに至らなかった。一九九〇年代一〇年間の年平均国内総生産（GDP）成長率は三・三％と、改革にともない払った犠牲や期待の大きさに比して成長率は低いものだった。民営化や合理化により、失業率は一〇％と高止まりで推移し、貧富の格差は拡大し、治安が悪化するなど全体として大きな失望感を誘っている。とくに国際金融危機の影響で九八年以降、ラテンアメリカは「失われた五年」と呼ばれる不況に再び突入した。金融不安に揺れたアルゼンチンでは二〇〇一年末、住民暴動からデフォルト（債務不履行）、変動相場制移行へと最悪の破綻劇にみまわれた。この破綻は政治に対する国民の信頼を完全に失墜させ、政党、政治家への人々の怒りは頂点に達した。多くの国で自由市場化への不満が渦巻き、グローバル化批判は米国批判となって現れ、しばしば暴力的な様相を呈しはじめた。経済破綻とグローバル化にともない勢力を削がれた左翼勢力が、この反動の中で活動の空間を広げた。

先住民運動の展開と政党■

グローバル化は新自由主義的な経済空間を広げて先住民の生活環境を脅かす力学をもつが、同時にIT（情報技術）の活用など、彼らの抵抗のための活動空間を世界大に広げる両面の作用をもたらした。一九九〇年代に入りメキシコ、エクアドル、ボリビアなどで先住民の自立化傾向が顕著となった（13章参照）。人口の半数を占めながらも、メスティソを軸とする国民国家への同化や統合の対象とみなされ、運動としても既存の改革勢力や左翼勢力、社会運動の中でマージナルな位置に甘んじてきた先住民が、アイデンティティに基づく自前の政治運動を結成し、独自の大統領候補を擁立するなど政治変化の主体となったのである。以下に紹介するように、先住民を主体とした社会運動が政治的代表を獲得し民主制度に統合されていく姿が見られるが、共同体的原理に基づく先住民運動は、近代市民社会の個人主義的な構成原理に立つ代表民主制と根本的に相容れ

ない反システム的な特徴を秘めており、民主制度の安定に資するかは未知数である。

先住民の自立化傾向の先駆的な運動を展開したのが、エクアドルの先住民連合(CONAIE)である。一九九〇年六月、首都キトでの教会占拠など実力行使を行い、固有の土着文化の尊重、自治権の獲得、憲法での多民族国家の規定などの要求を掲げた。九三年には農村共有地まで市場経済の原理を浸透させようとするドゥラン政府の農業開発法に反対しこれを修正させ、九六年選挙では先住民の声を代表する政治運動(パチャクティック新国家運動)を結成、八名の代表を国政に送った。九七年には自由市場改革に異を唱えてブカラム政権の倒壊を導き、九八年新憲法で多民族多文化社会を憲法で定めることに成功した。二〇〇〇年一月、ドル暴落に対処するためドル化政策が発表されると、先住民勢力は首都に集結し、若手軍人らの支持で国会に乱入、マワ大統領を追放した。軍、社会運動との連携で樹立した救国評議会は、国際的孤立を恐れた軍首脳部の巻き返しで頓挫したが、CONAIEはこれら一連の運動により、非暴力の動員によって権力構造の「全面転換」を目指す革命勢力としての存在を印象づけた。二年後の選挙(決戦投票)でCONAIEは、クーデターに加担した若手軍人、ルシオ・グティエレスを大統領に当選させ、指導者を入閣させた。

ボリビアでも一九九三年、新自由主義の旗手、民族主義的革命運動のサンチェス・デ・ロサダ候補が、市場経済の恩恵を先住民や貧困層に及ぼそうとトゥパック・カタリ運動の指導者カルデナスを副大統領候補に抜擢して当選、九四年には多民族多文化を憲法で定め、大衆参加に基づく地方分権化を進めた。だが九八年以降、バンセル政権の下で不況にみまわれると二〇〇〇年、農民たちは麻薬撲滅政策や水道民営化に反対する抗議行動を展開した。さらに二年後の選挙では、抗議運動を指導したアイマラ系先住民指導者エボ・モラレスが社会主義運動(MAS)を結成し、民営化企業の再国営化、米州自由貿易圏(FTAA)反対、経済政策の変更、米国支援の麻薬撲滅への反対を唱え、二位につける空前の躍進を果たした。キスペが指導し六議席を獲得したパチャクティ先住民運動(MIP)と合わせると、先住民勢力は四分の一の議席(四一議席)を確保、政権に返り咲いた新自由主義者サンチェス政権の下で最大の野党勢力となった。二〇〇三年には米国へのチリ経由での天然ガス輸出に抗議する行動を展開し、サンチェス大統領を追放した（13章参照）。

左翼勢力の展開

一方、一九七九年に組合運動から誕生し、翌年正式に発足したブラジルの労働者党（PT）は、一〇年後の大統領決選投票で党首のルーラ・ダ・シルヴァ候補が四七％を獲得、その後、最大の左翼政党に成長した。二〇〇二年の大統領選ではルーラ候補が四度目の戦いを挑み、市場経済の見直しを訴えFTAAに反対するなど、国民の不満を吸い上げ政権に到達した（5章参照）。経済破綻後のアルゼンチンでは、〇三年の選挙でペロニスタ党左派のキルチネル政権が誕生した。九八年左派が合流して誕生したベネズエラのチャベス政権は貧困救済と腐敗撲滅を目指す独自の改革運動（ボリーバル革命）を進め、キューバとの接近など米国に対する対抗意識を鮮明にした。ペルーでは電力公社の民営化が住民暴動で凍結されるなど、「人間の顔をした市場経済」を掲げたトレド政権は窮地に立たされた。

冷戦の終結やテロ対策によって左派ゲリラは総じて勢力を失っており、ペルーのセンデロ・ルミノソ（「輝ける道」）とトゥパック・アマル革命運動（MRTA）もフジモリ政権の治安対策の結果、組織は解体された。だがMRTAは一九九六年一二月、残余部隊が日本大使公邸を襲撃し、多数を人質にとり、仲間の釈放とともに新自由主義経済政策の変更を要求した。

国際環境の変化にもかかわらず、左翼ゲリラが内政を左右する存在になったのがコロンビアである。冷戦時代から四〇年間活動を続けるコロンビア革命軍（FARC）と民族解放軍（ELN）は、麻薬産業への支配を通じて一九九〇年代後半に、合わせて二万人を越す勢力に成長し、新自由主義と多国籍企業の進出を拒否し、誘拐や、パイプラインなど産業基盤の破壊を進めた。和平交渉に深い失望感が生まれる中、二〇〇二年に行われた大統領選では自由党系ながらも武力解決を優先する独立派のアルバロ・ウリベ候補が勝利するなど、内戦は二大政党制にも影響を与えた。

結び――問われる政党政治の刷新

市場経済批判を展開し支持を広げる左翼勢力も、それに代わる明確な政策的代案を用意しているわけではない。グローバル化の中で単なる反対だけでは行き詰まりを迎えるのは間違いないだろう。開発のため対外資金に依存せざるをえないラテンアメリカにおいては、グローバル化の下で投資を継続的に引きつけ持続的な成長を確保するとともに、社会投資を拡大して低所得層の能力向上に資する方策を確立することが、民主体制の発展には不可欠である。民主主義が市民の支持を得るには、最低限の社会秩序を保ち、底辺層の基礎的な生活基盤や福祉を改善することが避けられない課題となる。社会がますます苛立ちを強めつつある中で、政党は、政府が中長期にわたる一貫した改革に努力を傾注できるように民意をリードし、コンセンサスに基づく指導性を発揮することが求められる。

よりオープンで競争に基づく多元的政治や、係争を効率的に処理する近代的な法制度の確立は市場経済の発展のためにも不可欠である。国営企業の民営化や国家行政の縮小は、特権付与や役得を基礎に組織勢力を優遇した利益分配型政党政治のあり方に根本的な転換を余儀なくする力学をもつ。だが民衆層に犠牲を強いる改革過程において、それを担当する為政者自身がまず衿を正さず、懐を肥やす従来型の政治が繰り返されるとすれば、社会の側からの反乱は必至となろう。腐敗はラテンアメリカの政党政治に根づく構造的病理である。今日の情報革命は、政治家たちの一挙手一投足を白日の下に曝す容赦ないものとなった。

政党に求められるものは、モラルの確立と信頼の回復とともに、国民の参加を保証する、より開かれた政党政治のあり方である。これには政党のもつ閉鎖的な体質を払拭する努力を要するとともに、近年の急激な社会変動の結果生まれ、より強い平等指向と参加指向をもつ市民社会の要求に適合するものでなくてはならない。民意を結集する能力を高め、代表制の原理を回復・創造し、それを円滑に機能させてゆくことができるか。政党にとって大きな試練である。不平等社会で代表民主主義がエリート主義的で制限的な性格を帯びざるをえないとすれば、何らかの参加民主主義の形態をミックスしたシステムが求められる。国民投票制度や議員のリコール制の導入など制度的改革も必要となろう。

市民社会と政府を架橋する政党の近代化・刷新を進めることが重要だが、そのためには地方分権化の推進、社会運動の政策決定への参加を可能とする制度の導入と、政治対話の促進を通じて、政党など利害調整に係わる制度主体（NGOを含む）と市民社会との新たな関係を構築することが求められる。地方分権化と開発への大衆参加の推進は、二層社会のような構造的隘路《あいろ》をもつラテンアメリカの民主化促進においては効果を上げうるだろう。分権化には民衆層の実効をともなう参加や参加能力を強め、政治権力の再分配を促す効果が期待されるからである。もとよりこうした民主化を深める努力は、地方自治の強化とともに進められなければならない。

参考文献

● Alexander, Robert J.（1973）, *Latin American Political Parties.* New York : Praeger. 政党政治の歴史、思想傾向などを総合的に分析したスタンダードな研究。

● Carr, Barry & Steve Ellner（eds.）（1993）, *The Latin American Left.* Boulder : Westview Press. 国際環境の変化に対応した左翼勢力の動向を一九七〇年代から調査した研究。

● Jorrin, Miguel & John D. Martz（1970）, *Latin-American Political Thought and Ideology.* Chapel Hill : The University of North Carolina Press. 政治思想の系譜を政治、政党との関係で体系的に分析。

● 加茂雄三・飯島みどり・遅野井茂雄・狐崎知己（二〇〇五）『ラテンアメリカ（第二版）』自由国民社。現代政治の流れの中で広く政党を扱っている。

● Keck, Margaret E.（1992）, *The Workers' Party and Democratization in Brasil.* New Haven : Yale University Press. ブラジル労働者党の起源と発展を民主化過程の中で分析。

● Mainwaring, Scott & Timothy R. Scully（eds.）（1995）, *Building Democratic Institutions : Party Systems in Latin America.* Stanford : Stanford University Press. 制度化の観点からラテンアメリカの政党制、各国の政党政治を分析した本格的な政党論。

● Mainwaring, Scott, et al.（eds.）（2006）, *The Crisis of Democratic Representation in the Andes.* Stanford : Stanford University Press. アンデス諸国の政党システムの危機について分析した研究書。

● McDonald, Ronald H. & J. Mark Ruhl（eds.）（1989）, *Party Politics and Elections in Latin America.* Boulder : Westview Press. 民主化後の政党政治と選挙の歩みを踏まえた政党論。

● Middlebrook, Kevin J.（ed.）（2000）, *Conservative Parties, the Right, and Democracy in Latin America.* Baltimore : Johns Hopkins University Press. 民主化と保守政党との関係を分析。

● 遅野井茂雄・志柿光浩・田島久歳・田中高（編）（二〇〇一）『ラテンアメリカ世界を生きる』新評論。現代政治に息づくパトロン＝クライエント関係を第二部で実証的に扱っている。

● Vellinga, Menno（ed.）（1993）, *Social Democracy in Latin America.* Boulder : Westview Press. 社会民主主義に関する体系的な研究。

5章

ブラジルの社会運動と民主化——労働者党（ＰＴ）の結成をめぐって

●鈴木　茂

はじめに■

一九九九年、ブラジル左翼ゲリラによる米国大使誘拐事件（一九六九年九月）を描いたブラジル映画「クアトロ・ディアス」（ブルーノ・バレット監督、一九九七年）が日本でも劇場公開され好評を博した。この映画では、米国大使の解放と引き換えに釈放された一五人の政治犯のメキシコ到着を伝えるテレビニュースが再現されている。映画ではまったく触れられていないが、その中の一人に、当時二三歳のジョゼ・ディルセウ・デ・オリヴェイラなる若者がいた。この元学生は、ブラジル共産党（ＰＣＢ《ペーセーベー》）の党員で、前年の一九六八年一〇月、当時非合法のブラジル学生連盟（ＵＮＥ）がサンパウロ州内イビウーナの農場で秘密裏に開催した第三〇回大会にサンパウロ州学生連盟（ＵＥＥ）委員長として参加し、逮捕されていたのであった。ジョゼ・ディルセウは、他の亡命者らとともにメキシコを経てキューバに渡り、そこで本格的なゲリラ訓練を受けることになる。

　このＵＮＥ第三〇回大会は、数百名に上る逮捕者が出た一大弾圧事件に発展したが、その中にはまた、別の共産党（ＰＣ　ｄｏ　Ｂ《ペーセー・ド・ベー》）に関係していた、もう一人のジョゼという名の学生も含まれていた。彼はまだ無名の一参加者で、数日後に釈放されたが、一九七〇年代初め、ブラジル全国を震撼させたゲリラ活動に参加する。その頃、毛沢東主義を標榜していたＰＣ　ｄｏ　Ｂは、アマゾン南部の、パラー、マラニャン、ゴイアス（現在はトカンチンス州内）三州の州境にあるアラグアイア地域において、農村ゲリラの拠点作りを開始した。このもう一人のジョゼ、すなわちジョゼ・ジェノイーノは、七〇年七月から逮捕される七二年四月までそこで活動し、国家安全保障法違反の罪で五年間投獄された。

　ジョゼ・ディルセウが海外に亡命し、ジョゼ・ジェノイーノがアマゾンの密林でゲリラに身を投じるのと相前後して、南米最大の工業地域、サンパウロ大都市圏の通称「ＡＢＣ《アーベーセー》パウリスタ」（ＡＢＣはサントアンドレ、サンベルナルド・ド・カンポ、サンカエターノ・ド・スルというサンパウロ市に隣接する三つの工業都市の頭文字。「パウリスタ」は「サンパウロ州の」という意味。ディアデーマを含めてＡＢＣＤともいう）では、ルーラという愛称で呼ばれていた一人の青年が、ＰＣＢの活動家であった兄の勧めで労働組合の執行部に加わった。その青年は、一九四五年一〇月、北東部ペルナンブーコ州ガラニュンスで、貧しい農家の七人兄弟の末っ子として生まれた。七歳の時、他の兄弟姉妹とともに母親に連れられ、サンパウロ州サントスで港湾労働者として働いていた父のもとへ移り住む。飲まず食わずのままトラックの荷台に揺られての、一三日間にわたる辛い旅であったという。間もなく両親は離婚し、母とサンパウロ市に出ることになり、ルーラ少年は小学校を五年生でやめてクリーニング屋の手伝いや靴磨きをして働き始めた。一五歳で職業訓練校（ＳＥＮＡＩ）に入って板金技術を習得し、六八年、念願かなってサンベルナルド・ド・カンポにある大きな機械メーカー「ヴィラーレス」社に就職した。六九年四月、サンベルナルド・ド・カンポ金属産業労働組合（ＳＭＳＢＣＤ）の執行委員を引き受けた翌月、最初の結婚をする。活動家の兄とは異なり、それまで政治とは縁の薄い、サッカー好きの青年であったという。

ここに紹介したのは、一九七〇年代末から始まるブラジルの民主化と、八五年三月の民政移管以降の民主主義体制の発展に関わった多くの人々の中の二人である。現在、ジョゼ・ディルセウは連邦政府の官房長（文官長）を、またジョゼ・ジェノイーノは与党労働者党（ＰＴ《ペーテー》）の党首を務めている。そしてルーラ、つまりルイス・イナシオ・ルーラ・ダ・シルヴァこそ、現在の共和国大統領その人である。

二〇世紀から二一世紀への転換期に南米で成立した政権内部には、このブラジルの他、チリの現大統領リカルド・ラゴスのように、二〇世紀後半の軍政下で民主化の闘いに身を投じた、左翼的な社会運動の経験者が少なくない。本章ではＰＴの動きをたどりつつ、民主化運動以降のブラジル社会の変化を左翼運動に着目しながら概観してみよう。ＰＴの結成と政権獲得にいたる過程は、単なる政治制度の枠を超え、ここ二〇数年間のブラジル社会の変容を映し出す、一つの社会現象であったと考えられるからである。

一　軍政末期の社会運動の高まりと労働者党の結成

政党改革■

労働者党（ＰＴ）の結成は、一九八〇年二月一〇日、サンパウロ市で正式に発表された。「民主的社会主義の構築」（党綱領第一条）を目的に掲げるこの政党の結成は、「最後の軍人大統領」ジョアン・バティスタ・フィゲイレードによる政党改革が生んだ、いわば「予定外の結果」（ブラジルの政治学者ラケル・メネゲーロの表現）であった。

そもそもブラジルの軍部は、一九六四年にクーデターを起こし、「共産主義の脅威からの民主主義の防衛」を謳って政権を奪取した以上、民主主義の根幹に関わる政党政治や選挙の実施を保障しないわけにはいかなかった。しかし、クーデターの翌六五年一〇月に行われた州知事選挙において、グアナバーラ（旧首都リオデジャネイロ市）とミナスジェライスの主要二州で反軍政候補が勝利したため、軍部強硬派の圧力の下、政府は州知事の直接選挙を廃止するだけでなく、すべての政党を解散し、翌一一月、「国家革新同盟（ＡＲＥＮＡ《アレーナ》）」と「ブラジル民主運動（ＭＤＢ《エミデーベー》）」の二党に再編した。ＡＲＥＮＡは軍政支持派、ＭＤＢは軍政批判派の政党であったが、議会の権限の縮小とともに、政治活動の自由は大きく制限されることとなった。この二党体制が、七九年末まで続いていたのである。

民政移管へ向けた民主化（政府は「開放《アベルトゥーラ》」と称した）を公約に、一九七九年三月、政権についたフィゲイレードは、同年八月、恩赦法を制定して政治犯の公民権復活と亡命者の帰国を許した。そして一一月には、一四年間続いたＡＲＥＮＡとＭＤＢの二党体制を廃止し、翌一二月に政党改革法を制定して、同法の要件を満たす限りで新たな政党の結成を認めた。ただし、この二党体制廃止の真のねらいは、国民の支持を増しつつあった野党ＭＤＢを分断し、来る八二年選挙で与党ＡＲＥＮＡの勝利を確実にすることにあった。すなわち、民主化過程をあくまでも軍部主導で進めようという、強い意思の現れであった。

ＭＤＢは分断に抵抗し、多くの党員はそのまま留まってブラジル民主運動党（ＰＭＤＢ《ペーエミデーベー》）を結成したが、政府の「期待」どおり、経済界に基盤を置く中道の人民党（Ｐ《ペー》Ｐ《ペー》）、ジェトゥリオ・ヴァルガスの流れを引くブラジル労働党（ＰＴＢ《ペーテーベー》）と民主労働党（ＰＤＴ《ペーデーテー》）の三つがＭＤＢから分離・独立した。一方、ＡＲＥＮＡは、ほぼそのまま民主社会党（ＰＤＳ）という名の保守政党に衣替えした。そこへ、既存の政治勢力には直接起源を持たない労働者党（ＰＴ）が登場したのである（図参照）。労働者党の結成は、軍政下における民衆の社会運動と深い関係を持つ一方、ブラジル共産党（ＰＣＢ）に代表される既成の左翼勢力の限界を表していた。

一九六四年のクーデター直後は、ブラジル国民の間に社

図　政党改革法（1979年）による二党体制の終焉

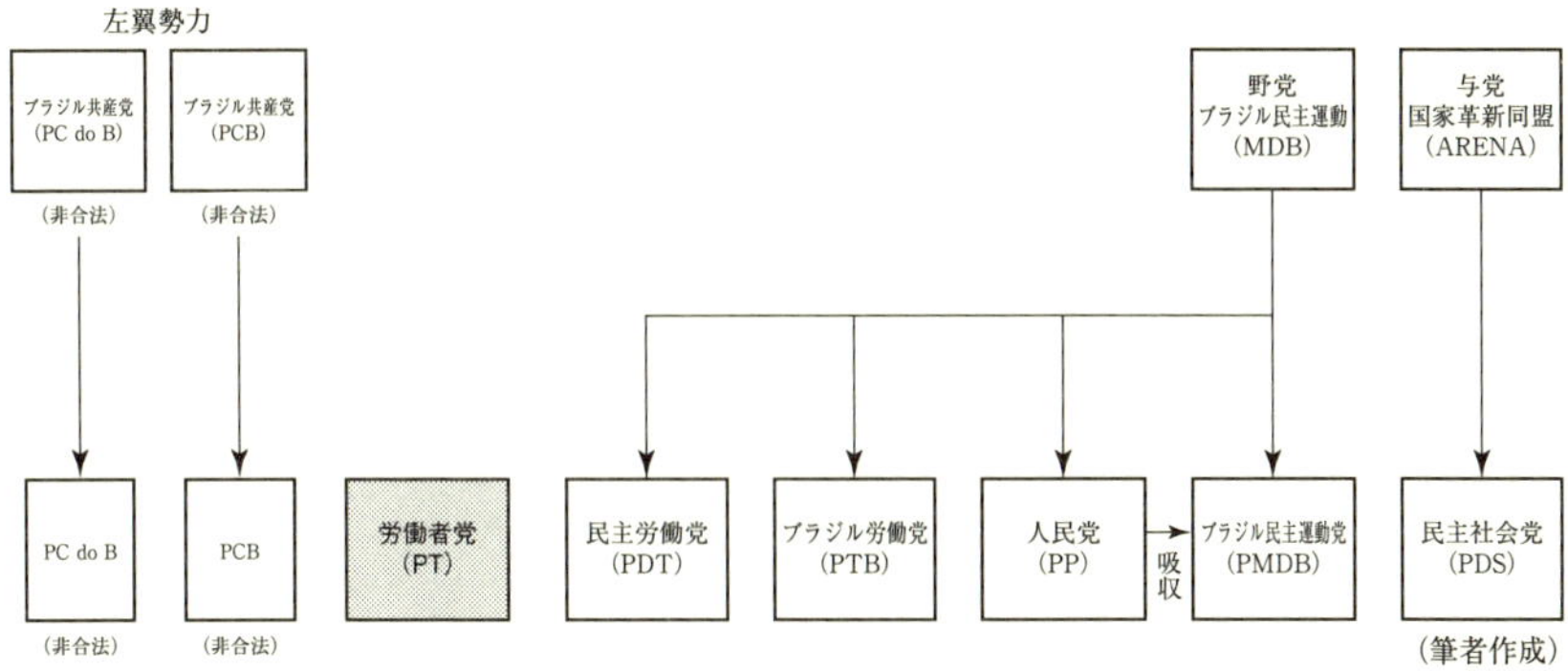

（筆者作成）

会の安定を期待して軍政を歓迎する向きもあったが、やがて不況と物価上昇によって社会的な不満が高まった。六八年には、世界的な学生反乱とも相まって、リオやサンパウロなどの大都市を中心に、学生や労働者による反軍政運動が頂点に達した。これに対し、政府は強権的な手段で応え、同年一二月（一三日の金曜日）に「軍政令第五号（AI-5）」を布告する。軍政令は、六四年に成立した軍事政権が編み出した手法で、議会の審議・承認を経ず、政府が一方的に布告する政令であったが、この第五号はとりわけ恣意的・強権的で、行政府に議会の閉鎖や公民権の停止などの超法規的権限を与えた。メディア規制法（六七年）や国家安全保障法（六九年改正）などとともに、あらゆる国民の声を封じ込めようとする方策であった。

軍政令第五号を機に、政治家、知識人、文化人の海外亡命が急増し、国内では不当逮捕や拷問によって多数の行方不明者や死者が出て、ブラジルの民主化運動は深刻な打撃を被った。また、急進化した左翼勢力は地下に潜り、映画「クアトロ・ディアス」に登場する外交官誘拐のような、武装ゲリラ闘争に活路を見出そうとした。MDBもまた、「体制内野党」としての制約と限界を抱えていた。

新しい社会運動と労働者党■

こうした中で、軍政への重要な抵抗の手段となったのが、草の根の民衆運動である。抑圧と貧困からの解放をめざす社会変革の実践的思想であるカトリック教会の「解放の神学」に基づくキリスト教基礎共同体（CEBs）は、軍政下でのほとんど唯一の合法的民衆組織として、一九六〇～七〇年代にブラジル全国に広がり、左翼活動家を含む、さまざまな反軍政勢力に活動の場を提供した。一方、六〇年代末から七〇年代初めの高度経済成長（「ブラジルの奇跡」）が、七三年暮、第一次石油危機とともに終焉し、インフレによる実質賃金の低下が激しくなると、女性たちが立ち上がった。サンパウロ大都市圏を中心に、家庭の主婦たちが住民組織を基盤とする「生活費運動（ＭＣＶ）」を組織し、七八年八月にはサンパウロ市中心部で大規模な集会を開くに至ったのである。これに前後して学生たちもまた運動を再開したほか、七八年六月には、同じくサンパウロ市において「人種差別に反対する黒人統一運動（ＭＮＵ）」が結成され、長く覆い隠されてきた人種差別の存在を告発し、人種平等を求めるアフリカ系人も声を上げ始めた。

　労働運動にも新しい潮流が芽生えた。ブラジルの労働運動は、一九三〇年に始まるヴァルガス政権期（～四五年、五一～五四年）以来、国家による厳しい管理と統制の下に置かれてきた。たとえば、労働組合の結成には政府（労働省）の承認が必要であり、組合費の徴収と配分も政府の手に委ねられていた。その代わりに、最低賃金や八時間労働などさまざまな「恩典」を政府が保障することになっており、国家と組合との間には一種の家父長制的関係が結ばれていた。第二次世界大戦後も国家と労働者との関係は基本的に変化しなかった。このような国家と労働者との関係を取り持ったのが、一九四五年、下野を前にして、「資本と労働の調和」を目的にヴァルガスによって作られたブラジル労働党（ＰＴＢ。前述の八〇年に結成されたＰＴＢとＰＤＴはこの政党に起源をもつ）であり、「ペレーゴ」（馬の背と鞍の間に敷く緩衝材の革のこと）と蔑称される組合幹部であった。これに対し、七七年九月、サンベルナルド・ド・カンポ金属産業労組（ＳＭＳＢＣＤ）の労働者たちは、国家とのなれ合いを排し、正面から大幅な賃上げを求めた。その先頭に立ったのが、七五年以来執行委員長を務めていたルーラであった。

ルーラを中心とした労働者の結集

翌一九七八年から八〇年にかけて、ＡＢＣパウリスタにおける労働運動は、事実上禁止されていたストライキを武器に、劇的な展開を見せた。七八年五月、まずサンベルナルド・ド・カンポにあるトラック・バス製造会社「ブラジル・スカニア」社の工場労働者たちが、六八年以来初めてのストライキに突入した。翌七九年三月には、サンパウロ大都市圏の金属産業全体を巻き込んだストライキに一五万人以上の労働者が参加した。さらに八〇年には、四月からメーデーをはさんで四一日間に及ぶストライキが展開された。この間、集会の会場となった同市のスタジアムや大聖堂前広場は労働者であふれ、その中心にはいつも熱狂的に演説するルーラの姿があった。また、これら一連のストライキは一般国民からも広い支持を集め、多くの知識人が支援に駆けつけたほか、欧米のメディアからも大きな注目を浴びた。政府は軍隊を動員して鎮圧に躍起となり、とくに八〇年には組合に介入して活動を停止させ、ルーラをはじめとする執行部を逮捕・拘留したが、そのことが反軍政の民衆的シンボルとしてのルーラのカリスマ性をいっそう高める結果となった。

このABCパウリスタにおける労働運動を直接の背景として、労働者党（PT）結成の構想が生まれた。一九七九年一月、第九回サンパウロ州金属労働者大会の席上、ルーラは公式に結党を呼びかけたが、ルーラ自身の述懐によれば、最初のきっかけは、七八年、MDBの支援を求めてブラジリアに出かけた旅にあったという。ルーラの一行は、当時、唯一の合法野党であったMDBに冷たくあしらわれ、「四八二人の下院議員のうち、労働者が二人しかいない」事実を思い知らされた。「労働者階級は、単に選挙に出かけては、恩恵をダシに票をだまし取ろうと企む候補者に投票するだけではだめ」であって、「自分たちのための法律を作る議員を出す」必要を痛感したという。

組織の面から見れば、さまざまな左翼勢力が混在するブラジルの労働運動を反映して、PTに結集した組織や人々の中には、共産党（PCBとPC do B）の元活動家やトロツキストなども少なくなかった。冒頭にあげた三人の経歴からも、政治的信条の多様性をうかがい知ることができるであろう。事実、後に触れるように、党内における急進的左翼勢力の存在は、結党以降もPTの党としての路線に大きな影響を与え、常に内部対立の火種でありつづけてきた。

市民の政党■

もっとも、労働者党という党名ではありながら、労働運動出身ではない人々も参加したことを見逃してはならない。

1979年のストライキ中の集会で演説するルーラ。
（出　所：Mercadante Oliva, Aloízio, ed., *Imagens da luta, 1905–1985*. São Bernardo do Campo： Sindicato dos Trabalhadores nas Indústrias Metalúrgicas, Mecânicas e Material Elêtrico de São Bernardo do Campo e Diadema, 1987, p. 164.）

MDBの反主流派の政治家や「解放の神学」に関わったカトリックの聖職者、さらに民政移管後の新たな政党のあり方に関心を抱いていた知識人である。とりわけその多くが軍政下で大学を追われ、「ブラジル分析・計画センター（CEBRAP）」や「ブラジル現代文化研究センター（CEDEC）」といった民間の研究機関を拠点として活動していた知識人は、「政治宣言」・「政治綱領」原案（一九七九年一〇月に「労働者党結成運動（MPT）」の暫定調整委員会が発表）の作成に深く関わっていた。たとえば、最終的にPMDBに残留する（後にブラジル社会民主党PSDBを結成）ものの、前大統領フェルナンド・エンリケ・カルドーゾはその一人であった。また、ブラジルを代表する社会学者フロレスタン・フェルナンデスや歴史家のセルジオ・ブアルケ・デ・オランダは創立以来の党員となった。ある政治学者は知識人の関与を評して、PTは「中間層の給与所得者」の党であるとさえ述べている（レオンシオ・マルティンスの表現）。

　PTは結成当初から中央集権的な一枚岩の左翼政党とはほど遠く、一種の統一戦線的な性格が濃厚であった。党綱領第一条でも、「搾取と支配、抑圧、不平等、不正義、貧困の排除をめざし、民主主義、複数性、連帯、政治的・社会的・制度的・経済的・法的・文化的な変革を求めて闘う、男女の市民の自発的結社」と謳われており、「労働者」という一階級の政党ではなく、「市民」の政党であるとされている。これは、階級政党の合法化を認めなかった一九七九年政党改革法の規定をかいくぐるための方便でもあったが、結成に参加したさまざまな運動や組織にとって、PTは合法的に活動するために身を守る傘として機能していたことを示唆している。

PT結成の構想に対し、二つの共産党をはじめとする既存の左翼勢力は明確に反対した。それらはすでに労働運動の中に浸透しており、新しい党の結成によって労働運動が「分断」され、自らの基盤を失うことを恐れたためであった。事実、ブラジル共産党（PCB）は、一九二二年創立以来の長い歴史をもち、ほとんどの期間非合法であったにもかかわらず、国家権力との間で微妙な関係を維持しつつ、労働運動や農民運動に強い影響力を発揮し続けていたが、PTの結成後、大きく後退した。また、一九八三年にPT主導の下、新たな労働組合のナショナルセンターとして創設された「労働者単一センター（CUT）」は、家父長制的な国家と労働組合との関係を突き崩す試みであった。さらに、PTとPCBとの間には、綱領のみならず、組織や運営方法にも大きな違いがあった。あえて一言でいえば、後者が前衛党としてエリート主義と密室性を脱せられなかったのに対し、前者は徹底した公開性と下からの討論の積み上げによる決定を特徴としている。これも、労働運動を核とする、多様な社会運動の集合体というPTの性格をよく物語っている。

二　民主体制下での労働者党

一九八二年一一月、政党改革法によって生まれた新しい制度の下で初めての選挙が実施された。上下両院議員から州知事（六五年以来の直接選挙が復活した）、州議会議員、市長、市議会議員にいたるすべての選挙が一斉に行われたため、そもそも小規模政党には不利な選挙であった。PTの成果は、結党が引き起こした大きな反響とは裏腹に期待外れであった（次頁表）。また、支持基盤が圧倒的にサンパウロ州、とくにABCパウリスタを中心とするサンパウロ大都市圏に偏っていることが明らかになった。すなわち、当選した八人の下院議員のうち六人、州議会議員一三人中九人、市議会議員一一七人中七八人がサンパウロ州であったし、二人の市長も、一人はディアデーマ、もう一人は北東部マラニャン州内の地図にも載らないような小さな町、サンタキテリアの市長であった。また、このときルーラはサンパウロ州知事選挙に出馬し、九・九％の得票率で四位に

表　1982年選挙の政党別結果

政党名	連邦下院	連邦上院	州知事
民主社会党（PDS）	235	46	12
ブラジル民主運動党（PMDB）	200	21	9
民主労働党（PDT）	23	1	1
ブラジル労働党（PTB）	13	1	0
労働者党（PT）	8	0	0
計	479	69	22

出所：Moreira Alves, Maria Helena（1985）*State and Opposition in Military Brazil*. Austin： Texas University Press, p. 288, Tables 28, 30 を 加 工。

終わった。

　PTは、そもそも結党当初からトロツキストなどの左派勢力の影響が強く、政権獲得のために必要な支持基盤の拡大の障碍となっていた。そこで、一九八三年、ルーラ等の労働組合出身者を中心に、穏健派の派閥「連合《アルティクラサン》」が結成され、主導権を握った。しかし、八四年に全国で展開された大統領直接選挙要求運動《ディレッタス・ジャ》では、他の野党とともに一翼を担うものの、直接選挙に必要な憲法改正が成立せず、従来通り国会議員を中心とする選挙人団による間接選挙の実施が決まると、PTは棄権を表明して国民に孤立主義的な姿を印象づけた。その結果、八六年の制憲議会議員選挙でも、ルーラが最高得票数で当選を果たしたにもかかわらず、全体では一六議席にとどまった。

　それでも一九八〇年代後半、PTはさまざまな紆余曲折を経ながら、次第に地方での支持を拡大してゆく。八五年には北東部セアラー州フォルタレーザで、マリア・フォンテネーレが同党初の州都の市長に当選したのに続き、八八年には三六人の市長を誕生させ、南米最大の都市サンパウロ（ルイーザ・エルンディーナ）やリオグランデ・ド・スル州のポルトアレグレ（オリヴィオ・ドゥトラ）など三つの州都で市政を握った。

　一九八八年地方選挙での勝利を受けて、翌八九年一一～一二月、八八年新憲法に基づく民政移管後初の大統領直接選挙が実施され、ルーラが挑戦した。ルーラは決選投票まで進み、善戦の末、フェルナンド・コーロルに敗れた。この間、世界では一一月上旬、冷戦の象徴であったベルリンの壁が崩れ、左翼諸政党は新たな現実への対応を迫られることになったが、PTでもまた、九〇年代初め、党綱領に掲げられた「民主的社会主義」の内容をめぐって激しい論争が戦わされた。その結論が、九一年末の第一回党大会で承認された文書「決定─社会主義」である。そこでは代議制民主主義と市場経済の尊重を確認し、PTのめざす社会主義が「民主主義の急進化と同義」であり、概念上は「いわゆる現存社会主義諸国で実現されてきたものとは本質的に異なる」とされていた。他方、「国家による計画と市場との結合」があって初めて経済発展が可能であるとし、国家による市場の規制も唱えていた。

路線をめぐる論争の過程で、穏健派はいくつかの急進的派閥の追い出しに成功するが、一九九三年の全国党員集会では「連合」の分裂もあり、急進派に党の主導権を譲った。翌九四年大統領選挙で再びルーラを候補者に立てて戦ったものの、経済安定化政策「レアル・プラン」の成功で通貨の安定とインフレの収束に成功したカルドーゾに大差で破れてしまった。こうした状況の中で、九五年の全国党員集会では「連合」を中心に、党内の穏健派と右派とが協力し、急進派から主導権を取り戻した。このとき、名誉党首となったルーラに代わって党首に選ばれたのが、冒頭で紹介したジョゼ・ディルセウであり、そこで決定的役割を果たしたのが、今や党内右派の派閥「急進的民主主義」を率いるジョゼ・ジェノイーノであった。

二〇〇三年一月一日、ルーラ政権が平穏に発足する。内外のメディアは、これをブラジルにおける民主主義の成熟の証として紹介した。国民の直接選挙で選ばれた大統領同士の間での政権移譲は、一九八五年三月の民政移管後初めてであるばかりでなく、六一年以来の、実に四二年ぶりの出来事であった。

三　労働者党と民衆の政治参加

一九九〇年代のPTは、内部対立を抱えながらも、国政において野党第一党に成長し、発言力を増していった。九〇年の上下両院選挙では下院で三五議席を確保し、サンパウロ州では初めて上院議員（エドゥアルド・スプリシー）を誕生させた。九四年には、大統領選挙では惨敗を喫したものの下院での議席を五〇に伸ばし、上院でも新たに四議席を獲得した。もっとも、九八年には、下院では五九議席を確保したものの、上院の新たな議席は三つにとどまり伸び悩んだ。

他方、地方での躍進は著しかった。一九九〇年代、PTは、各地で市長選挙に勝利し（九二年：五三人、九六年：一一五人、二〇〇〇年：一八七人）、実際の統治能力が本格的に試される機会が訪れた。そこにはサンパウロ、ポルトアレグレといった州都が含まれていたのみならず、九八年選挙ではリオグランデ・ド・スルなど三州で州知事選に勝利し、州レベルの行政も担うことになる。

先述のとおり、PTは、一九八〇年代にもフォルタレーザ(一九八五〜八八年)やサンパウロ(一九八九〜九二年)といった重要な州都の市政を担当したが、いずれも一期のみで終わった。その要因としては、財政難や市議会で多数派を形成できなかったことなども指摘できるが、二人の市長がともに急進的な派閥に属していたため、限られた権限や財政的条件と支持者からの強硬な要求との板挟みに陥ったことも事実である。PTは、参加型民主主義を重視する立場から、下からの議論の積み上げを尊重しようとしたため、そのジレンマがいっそう深刻となったことも否めない。

参加型予算■

一九九〇年代半ばになると、一般市民が市政へ参加する機会を確保し、そこから戦略的政策の優先順位を決定する、いわゆる「PT式の統治方法」が一定の成果を上げ始める。その最も成功した事例は、一九八九年以来、現在(二〇〇四年)まで四期連続でPT市政が続いてきたポルトアレグレの「参加型予算(OP)」と呼ばれる制度であろう。この制度は、市民一人一人が自発的に市政に直接参加する機会を保障しようとしたもので、市内一六地区の住民集会、重点項目別の住民集会、市当局の三者が、何段階もの協議を経て投資的事業予算の優先順位を決定するものである。たとえば、九七年の市予算の決定過程は次のとおりであった。

まず、第一段階として、三月から四月にかけて地区集会(三月一一日〜四月九日)と重点項目別集会(四月一一日〜一八日)が開かれる。これらの集会には市長をはじめとする市当局者が出席し、前年度事業計画の決算報告、当年度の事業計画の提示、予算配分の基準と方法の説明を行う。その後、地区集会では、各地区の住民がそれぞれのニーズに応じて優先項目を選ぶ一方、重点項目別集会では、一般市民だけでなく労働組合や企業、文化団体、環境団体なども参加して、交通、教育、都市計画など五つの重点項目について議論する。また、それぞれの集会では、調整役が参加者の人数に応じて互選され、調整役会が組織される。

第一段階の議論が終了すると、第二段階が始まるまで、第一段階で出された優先項目について、住民が自発的に集会を開いて議論する期間が設けられている。第二段階は、六月三日から七月九日までに、各地区集会と重点項目別集会で「参加型予算審議会（ＣＯＰ）」の委員の選出（各二名）や、市当局からの当年度の経常支出と歳入の見込み額の提示などが行われた後、それぞれの要求案が提出される。これを受けて、市当局（企画局）は、提出された要求案について優先順位を数値化し、事業計画の第一次原案を作成して各担当部署の検討に付す。

その後、七月一九日、地区集会と重点項目別集会から選ばれた四二名に、住民自治会連合と市職員組合からの委員各一名を加えて、総勢四四名のＣＯＰが設置される。ＣＯＰの日程が決まると、事業計画案の審議に入るまで、委員は公共予算に関する講習を受ける。八月一〇日から九月九日までに、市当局は各担当部署による検討結果をふまえ、第二次事業計画案を作成する。九月一〇日から二四日までの五日間、ＣＯＰは市当局から提出された第二次事業計画案を審議し、その承認を受けて九月二五日から二九日までに市企画局が市議会に提出する最終事業計画案を作成する。そして、一〇月一日から一二月末まで、市議会で審議され、成立の運びとなるのである。なお、ＣＯＰの委員は、地区集会や重点項目別集会の調整役会の要求で、いつでも解任することができる。

参加型予算（ＯＰ）は、一九九〇年代後半、ポルトアレグレ以外のいくつかの市政をはじめ、九九年、オリヴィオ・ドゥトラ（前ポルトアレグレ市長）のリオグランデ・ド・スル州知事就任により、州レベルでも導入された。また、九六年にトルコのイスタンブールで開催された国連人間居住計画（ＵＮ－ＨＡＢＩＴＡＴ）第二回総会で紹介され、国際的に注目

ポルトアレグレの「参加型予算（OP）」の地区集会。（出所：Genro, Tarso& Ubiratan de Souza, 1998, 巻末の写真より）

を浴びるようになった。

OPが地方行政で一定の成果を上げているとすれば、ブラジルが抱えるもう一つの重要な課題である農業構造の民主化では、PTは困難な状況に立たされているといえるであろう。ブラジルは、もともとラテンアメリカ諸国の中でも農地の集中度がきわめて高いことで知られるが、一九六〇～七〇年代以降、高度に機械化された大農場で、大豆やオレンジといった新たな輸出農産物の生産が拡大した。その結果、多くの小農民が農地を失い、都市に流出したり、地方に留まって季節的な農業労働に携わる「土地なし農民」となったりした。そして、農地をめぐる大土地所有者と小農民や土地なし農民との紛争が全国で頻発するようになり、大土地所有者による農民の殺傷事件も急増した。

土地なし農民と農地改革■

こうした事態の中で、とくにブラジルの南部と南東部の各州（リオグランデ・ド・スル、サンタカタリーナ、パラナー、サンパウロ、マトグロッソ・ド・スル）では、土地を求める農民の運動が始まる。それに対し、「解放の神学」の司祭が支援の手を差しのべ、一九七五年、ブラジル司教会議（CNBB）はその下部組織として土地司牧委員会（CPT）を創設した。八〇年代に入ると、各地の土地なし農民の運動を糾合しようとする動きが活発となり、八四年一月、パラナー州カスカヴェルで開かれた第一回土地なし農民全国会議において「土地なし農民運動（MST）」が結成された。この運動は、九〇年代に入って、政府の新自由主義政策の下で農産物輸出にいっそうの拍車がかかると、実力による農地占拠を各地で展開するようになった。

PTは元来、大都市を主要な基盤としていたが、MSTとは一貫して友好的な関係を結んできた。少なくとも二〇〇二年の大統領選挙が本格化するまでは、輸出向け農産物の生産は国内消費向け食糧作物生産を減らすものであり、現実に存在する飢餓問題の元凶となっているというのがPTの立場であった。しかし、大統領選挙が始まるとこの姿勢は変化し、ルーラ自身、農産物輸出は外貨獲得の有力な手段と言明するまでにいたった。

二〇〇三年七月二日、ルーラは大統領就任後初めて、大統領府にMSTの代表団を迎え、「友好的に」会談した。しかしながら、政権についた今は、野党時代とは異なり、政策の選択肢はそう多くないのも事実である。一九九九年にリオグランデ・ド・スル州知事に就任したオリヴィオ・ドゥトラは、州の治安局長と農務局長にMSTの指導者を任命し、農地をめぐる紛争をいっそう激化させてしまったと批判された。そして、〇二年の州知事選挙では、PTは穏健派のタルソ・ジェンロを候補者に立てたにもかかわらず、敗北を喫した。

四　新自由主義時代の市民権——結びにかえて

ブラジルの社会学者エヴェリーナ・ダニーノは、ここ二〇年ほどの間にラテンアメリカでは「市民権」という概念が政治用語として頻繁に使われるようになったと指摘している。彼女によれば、この現象は、一九七〇年代末から八〇年代における新しい社会運動の登場や、とりわけ権威主義体制を経験した諸国での民主化の闘いに関連しているという。たしかに、新しい社会運動や民主化闘争は、それまで政治的・経済的・社会的に疎外されていた人々が平等な「市民権」を要求する場であった。しかし、ダニーノはさらに続けて、現代のラテンアメリカ社会において「市民権」が問題とされるのは、単に奪われていた権利の回復としてだけではなく、その概念の再定義をめぐるせめぎ合いが起こっているからであるとする。すなわち、「市民権」を民主化や政治参加を促進する手段と見る新しい社会運動や民主化闘争と、国家の役割の縮小を実現する手段と見る新自由主義（ネオリベラリズム）とのせめぎ合いである。新しい社会運動や民主化闘争にとって、「市民権の拡大」や「活力ある市民社会」の形成は、政治参加を高めて民主主義を成熟させるために必要とされ、そうした権利の擁護者として国家が重要視される。一方、新自由主義の側にとっては、小さな政府の実現のため、国家の役割を肩代わりする「活力ある市民社会」が必要となるのである。ダニーノの主張に付言すれば、新しい社会運動や民主化闘争が民主主義の前提として「違い」や複数性を尊重するのに対し、新自由主義は「個人の能力」を理由に結果としての「違い＝格差」を正当化する、ということにも注意を払わなければならない。

軍政末期から現在にいたるブラジルの社会運動やPTの試行錯誤を振り返ると、こうした「市民権」概念をめぐるせめぎ合いに見られるような、現代社会一般における民主主義の課題が浮き彫りになってくる。ここまで見てきたとおり、PTは、少なくとも理念の上では、ブラジル社会において疎外されていた人々の視点から、「市民権」の再定義を試みようとしてきたといえるであろう。一九八〇年二月の「結党声明」には、党綱領第一条では「男女の市民」と抽象化されている、PTの結成を可能にした「民衆闘争」の担い手として、工場労働者、商業やサービス業従事者、公務員と並んで、「都市周縁部の住民、半失業者、農民、農業労働者、女性、黒人、先住民」などと詳しく列挙されているが、まさにこれらの人々こそ、長くブラジル社会で「見えざる」存在であり続けてきた人々なのである。

たとえば、アフリカ系人は、混血を通して人種的差異が消滅したとする支配的イデオロギーの中で、自らの人種的・文化的差異を否定され、「黒人」であるがゆえに被る差別・偏見の是正を求める声すら封じられてきた。これまでのPTの黒人問題への取り組みは必ずしも満足のゆくものであったとはいえないが、ルーラ政権は発足後間もなく「人種平等推進庁（SEPIR）」を創設し、人種差別撤廃に積極的な姿勢を見せるとともに、ブラジル史上初の黒人の連邦最高裁判事として、リオデジャネイロ州立大学教授ジョアキン・バルボーザを任命した。また、連邦大学での優先入学枠の設定など、アフリカ系人を対象としたアファーマティブ・アクション（積極的差別是正措置）の導入が検討されている。黒人運動が提起してきたこの問題は、貧困層一般を対象とする普遍主義的政策ではなく、なぜあえて「黒人」に限定した個別的政策が必要なのかをめぐって、ここ数年激しい論争を引き起こしているが、これこそブラジルにおける「市民権」の再定義の試金石となろう。

一方、軍政期の一九七〇年代に始まるアマゾン地域の大規模開発を契機に、環境問題への国際的関心とも相まって、先住民の生命と人権に対する注目が高まった。ブラジル政府は、早くから「インディオ保護局（SPI）」（一九一八～六七年）や「国立インディオ基金（FUNAI）」（六七年～）といった専門機関を設け、先住民の「保護」を進めていたが、実際にはしばしば開発優先との批判を浴びてきた。民主化過程は先住民運動にも影響を及ぼし、八〇年代には全国的な組織として「先住民連合（UNI）」が結成されている。

先住民問題は多岐にわたるが、教育もその一つである。一九八八年憲法は先住民の権利として二言語教育を規定しているが、それに基づき、すでにいくつかの先住民言語による初等教育用教科書が発行されている。また、政府は、アマゾン地域の連邦大学と協力して先住民教師養成コースを開設したり、黒人とともに大学進学を支援するプログラムを実施したりしている。ここでもまた、ポルトガル語とカトリックというヨーロッパ起源の文化的要素を核として形成されてきた「ブラジル人」の定義が問い直されているのである。

二一世紀の初めに至るまで、資本主義は大きな変容を遂げた。PTは「社会主義」という一九世紀以来の言葉を使いながらも、その変容した資本主義、いわゆるグローバル資本主義とそのイデオロギー的基盤である新自由主義に対抗する新しい政治運動を模索している。今、さまざまな社会運動を結集して生まれたPTに問われているのは、単なる政権運営能力だけにとどまらず、正義や公平といったPTの理念を議論し、実現する場としての公共的空間をいかに創造してゆくのか、そのためにアフリカ系人、先住民、女性、同性愛者など、これまで疎外されていた人々の権利をどのように定義し、保障するのかという課題であるといえよう。

「大学における多様性」。教育省に設けられた、アフリカ系人と先住民の大学進学を支援するプログラム。2002年８月、カルドーゾ政権下で始まり、ルーラ政権に引き継がれている。

参考文献

〈総論〉

●*Dicionário histórico-biográfico brasileiro*, 2ª ed. Rio de Janeiro：CEPDOC/FGV, 2002. 二〇世紀のブラジル史に関連する事項や人名、および研究状況を知るために必須の辞典。

●アレンカール、シッコ他／鈴木茂他訳（二〇〇三）『ブラジルの歴史』明石書店。労働者党関係者によって書かれた歴史教科書。民衆史と社会運動に力点が置かれている。

〈ブラジルの社会運動〉

●Alvarez, Sónia E. et al. (eds.) (1998), *Culture of Politics, Politics of Culture：Re-visioning Latin American Social Movements*. Boulder：Westview Press. グローバル資本主義時代におけるラテンアメリカの新しい社会運動を検討した論集。エヴェリーナ・ダニーノの論文が所収されている。

●大串和雄（一九九三）『ラテンアメリカの新しい風――社会運動と左翼思想』同文舘。

〈労働者党〉

●Singer, André (2001), *O PT*. São Paulo : Publifolha. 小冊子であるが、労働者党の歴史を要領よくまとめてある。著者はルーラ政権の報道官。

●Partido dos Trabalhadores (1998), *Resoluções de encontros e congressos, 1979–1998*. São Paulo : Fundação Perseu Abramo. 労働者党大会の資料集。出版元は、労働者党の調査・研究機関で、ホームページは有益である（www.fpa.org.br/）。

●Genro, Tarso & Ubiratan de Souza (1998), *Orçamento participativo : a experiência de Porto Alegre*. São Paulo : Fundação Perseu Abramo. ポルトアレグレの参加型予算の解説書。

●Paraná, Denise (1996), *O filho do Brasil : de Luiz Inácio a Lula*. São Paulo : Xamã. インタヴューを多用したルーラの伝記。サンパウロ大学に提出された博士論文をもとにしている。

●Meneguello, Rachel (1989), *PT : a formação de um partido, 1979–1982*. Rio de Janeiro : Paz e Terra. 補遺として一九八八年までの状況が論じられている。

●Keck, Margaret (1992), *Workes' Party and Democratization in Brazil*. New Haven : Yale University Press. 最も早い時期に出た労働者党に関する研究書。

〈土地なし農民運動〉

●小田輝穂（一九九七）『カヌードス・百年の記憶――ブラジル農民、土地と自由を求めて』現代企画室。北東部バイーア州奥地の農民運動を取材した優れたルポルタージュ。

●鈴木茂（二〇〇三）「土地なし農民運動（ＭＳＴ）――新自由主義時代の社会運動の可能性」（『神奈川大学評論』第四五号、二〇〇三年七月、八一～八七頁）。土地なし農民運動の起源と展開を概観した。

●Stedile, João Pedro (sic) & Bernardo Mançano Fernandes (2000 [1999]), *Brava gente : a trajetória do MST e a luta pela terra no Brasil*, 2 ed. São Paulo : Fundação Perseu Abramo. 土地なし農民運動の指導者の一人、ステディルとのインタヴュー集。運動の沿革や目標、戦術の変遷が分かる。

●Salgado, Sebastião (1997), *Terra : Struggle of the Landless*. London : Phaidon. ブラジル出身の世界的写真家による土地なし農民の紹介。

〈黒人運動〉

●鈴木茂（一九九九）「語り始めた『人種』」（清水透編『〈南〉から見た世界5　ラテンアメリカ』大月書店、三九～六六頁）。一九八〇年代以降の黒人運動を概観してある。

●古谷嘉章『異種混淆の近代と人類学』人文書院、二〇〇一年。

6章

軍——政治介入の論理と行動

●浦部　浩之

一 ラテンアメリカ政治の主役である軍

軍人によるクーデターや反乱、政府への公然たる干渉は、かつてラテンアメリカでは「日常」の出来事であった。ある研究者は一九三〇年から七六年までのこの地域における政権交替の五一％はクーデターによるものであったと指摘しているし、別の研究においてもラテンアメリカは世界でいちばんクーデターの発生率が高い地域であったことが示されている（図1）。ボリビアでは独立以来、じつに一八八回ものクーデターが試みられたという。

このラテンアメリカの政治的特徴は、二〇世紀最後の四半世紀にひとつの転換点を迎える。すなわち、「民主化の波」が地域全体に押し寄せ、一九七九年のエクアドルを皮切りに各国の軍は次々と政権を文民に明け渡し、八〇年代は民政から軍政への後戻りのない史上初の一〇年間となった。そして一九九〇年にチリで民政移管が実現したのを最後に、この地域（スペイン語・ポルトガル語諸国）から軍事政権は完全に姿を消したのである。

しかしながら、このことがそのまま軍の非政治化を意味しているわけではない。「後見民主主義」ともいわれているとおり、内政・外交問題に対する軍の態度表明が政治的動向を決定づけている例は今でも多いし、すべて未遂に終わったとはいえ、ベネズエラ（一九九二、二〇〇二年）、パラグアイ（一九九六、九九、二〇〇〇年）、エクアドル（二〇〇〇年）と、軍人によるクーデターの試みもけっして潰《つい》えていない。ラテンアメリカにおいて文民統制（シビリアン・コントロール）は完全には確立しておらず、民主主義が定着するにはまだ多くの問題が残されている。

以下では、ラテンアメリカの軍がこれまでいかに政治に関与してきたのか、その変遷を経済社会の発展過程に沿って整理してみることとする。そのうえで、民主主義定着のための課題についても考えてみたい。なお、社会主義体制をとるキューバ、二〇世紀初頭の革命後に軍事部門が統治政党のコーポラティズム（協調組合国家主義）支配体制に編入されたメキシコ、そして一九四九年に軍隊が廃止されたコスタリカについては、以下の議論では包摂しきれない別の考察が必要であることを、あらかじめお断りしておきたい。

二　軍の任務と行動——その歴史的変遷

カウディーリョ時代の政治と軍■

一九世紀の初頭、スペイン系アメリカ植民地は本国の支配を離れて独立を達成するが、独立後の社会は新国家の体制や主導権をめぐる争いのためなかなか安定しなかった。この権力の空白を埋めたのが、小作人らを武装させた私兵団を擁し、地域社会を家父長的に支配するカウディーリョ（統領）たちであった。そして彼らのなかのとくに傑出した者が、混乱の時代に力を蓄え、やがて国政を支配していくことになる。

政治に干渉する軍の性向はこのころに形成されたといえる。つまり、王権が去っただけで植民地時代の階層社会がそのまま維持されたラテンアメリカには、アングロアメリカ社会と異なり、軍人との均衡勢力となるべき文民共和派の自営農民層が存在していなかった。このためカウディーリョたちの個人主義的リーダーシップは、政治と軍事の融合物として発揮されることになったのである。そしてこうした流儀をもつ軍事の担い手が、国家機構の整備にともない正規軍（国軍）として編成されたとき、その軍に期待された役割は、現状秩序を維持し既得権益を保護することであった。軍には憲法の番人としての法的地位（顕著な例では、一九五六年ペルー憲法には、政府が法を侵害した場合、軍は政府に従わなくてよいと明文化されている）をはじめとするさまざまな特権が付与され、これが今日まで続く、

図１　成功したクーデターの地域別発生率（1958～73年）

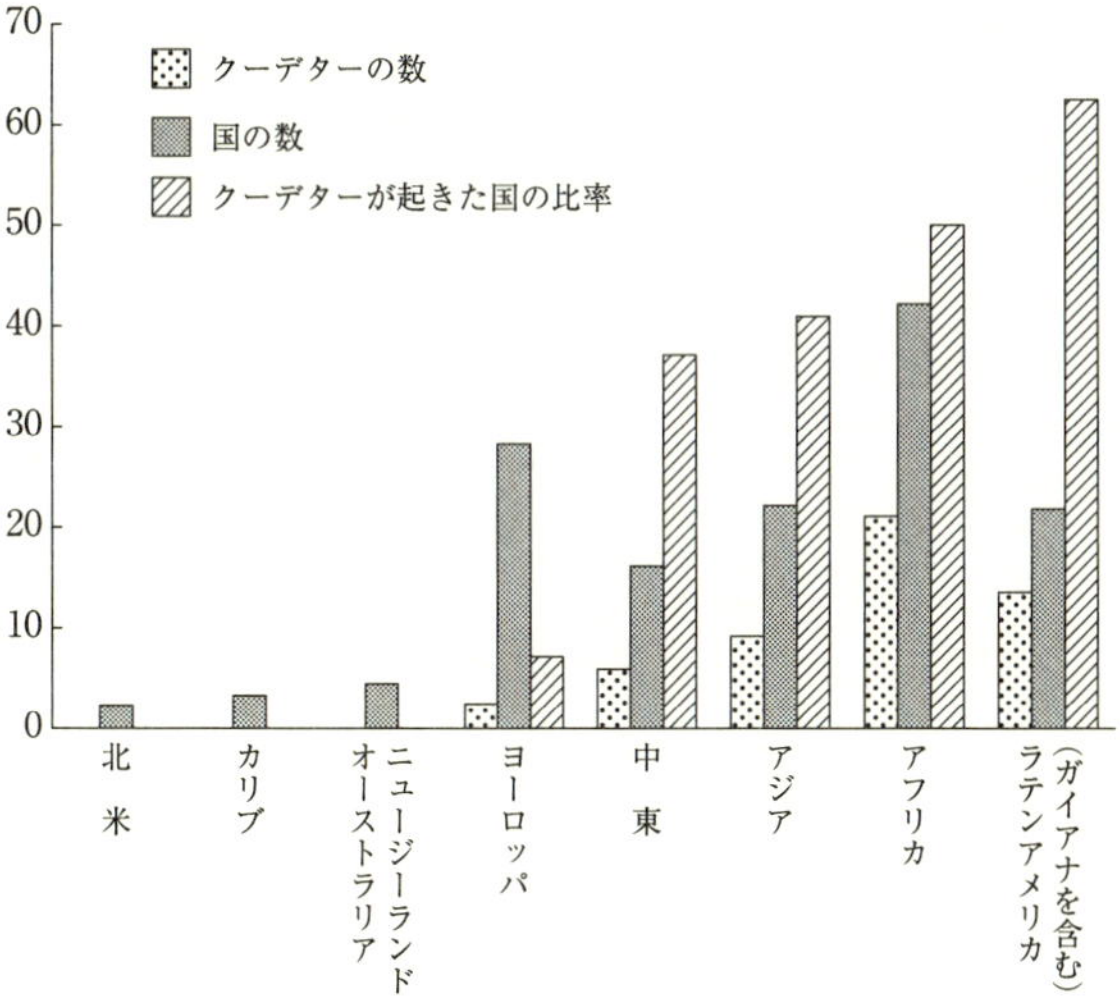

出所：Finer, S. E.（1988）, *The Man on Horseback : The Role of the Military in Politics*, 2 nd ed., Boulder, Colo. : Westview Press, p. 312 をダールが図化したもの（R. A. ダール／高畠通敏訳〔1999〕『現代政治分析』岩波書店，p. 118.）

軍の後見人的使命感の基礎となっている。

なお、帝政国家として誕生したブラジルでは、奴隷制廃止後の混乱と農園主層の皇帝からの離反という社会状況のなかで一八八九年、共和制への移行が実現するが、このとき王宮を包囲して帝政崩壊を決定づける役割を果たしたのが共和派の軍人だった。このことが共和制下のブラジルにおいて、軍の政治的発言力の確立につながった。

ボリビア・チチカカ湖畔にある太平洋戦争の記念碑。ボリビアはこの戦争に敗れ、海岸部の領土を失うことになった。（筆者撮影）

国軍の近代化■

近代国家としての体裁を整えたラテンアメリカ諸国は一九世紀後半から、先進諸国への一次産品輸出を本格化させて経済成長の時代を迎えることになる。しかしこのことは領土や資源をめぐる国家間の軋轢を生むことにもなり（一八七九～八三年、チリとペルー・ボリビアとが硝石資源をめぐって争った太平洋戦争はその典型）、防衛力の整備は各国の焦眉の課題となった。

このとき各国は、その手本を欧州の近代軍に求めた。まずチリが一八八六年、ドイツから軍事顧問団（ケルナー中佐一行）を招聘したのを皮切りに、ペルー、アルゼンチン、ブラジルといった国々も一九世紀のうちにドイツやフランスから顧問団を招き、また若手将校をこれらの国に派遣して、欧州型の専門職業軍の編成を急いだ。また域内の中進国・後発国もやや遅れて、域内先進国を介して欧州の先端的な兵器や戦術を導入することに取り組んだ（たとえばエクアドルとエルサルバドルはそれぞれ一九〇〇年、一九〇二年、チリ陸軍からの使節団を招聘している）。

ところで、このような軍の専門職業化は、軍人の構成や意識にも大きな変化を及ぼすことになった。つまり、軍内の人事システムにおいて、かつてのようなカウディーリョ的なカリスマ性よりも、近代的な装備や組織の運用における熟達のほうがはるかに重視されるようになり、職業選択肢としての軍がエリート層にとっては魅力の乏しいものに、逆に中・下層にとっては社会上昇の手段になっていったのである。こうして将校団の社会的出自は徐々に変化していった。

軍人たちはまた、組織の近代化や兵力の増強をどれほど達成できるかは国家の経済力いかんであるとの認識を強め、国家経済の発展と安全保障の増進とを密接に関連づけて考えるようになった。そしてそれを阻害するような、利己主義や党派性に満ちた文民政治は、軍人たちが強く嫌悪するところとなっていった。

ポピュリズムと軍——域内先進国の場合■

こうして新しい精神構造と社会的自覚をもつにいたった軍人たちは、やがて社会変動の促進に重要な役割を果たしていくことになる。一九世紀後半以降の経済成長は、外資やそれと結びついたオリガルキア（寡頭支配層）を潤す一方、中間層や都市労働者といった新興層を社会に輩出していった。そうしたなか世界恐慌が発生（一九二九年）して既存の権力構造が揺らぐと、かねてから対外従属やオリガルキア支配への不満を高めていた中間層の間で社会改革やナショナリズム的発展を指向する「ポピュリズム（人民主義）」運動が生まれ、革新的な軍人の一部がこれに合流していったのである。

アルゼンチンのペロニズムはその典型である。一九世紀末以来、保守派と新興層とのせめぎあいが続いていた同国では、世界恐慌後しばらく保守派主導の経済再建が試みられた。しかし彼らへの不信感を募らせていた軍は一九四三年、クーデターで政権を掌握すると、政策の舵を労働者の保護や福祉の拡充に切っていった。これを国家労働局長などの立場から大胆に推し進め、大衆からの熱烈な支持を集めたのがペロン大佐であった。ペロンはあまりに実力をつけてしまったがために四五年、軍内抗争で失脚に追い込まれる。しかしこのことは逆に労働者の運動に火をつけ、彼らに支持されたペロンは翌年の大統領選挙で勝利することとなった。そしてペロンは、議会内や軍内に残る保守派と対抗しつつ、労働者・福祉政策の拡充や輸入代替工業化、外資の国有化などを推し進めていった（8章参照）。

ブラジルでは一九二〇年代、コーヒーと牧畜で潤う南東部（サンパウロ州など）のエリート支配に反発する気運が国内に強まり、理想主義的な若手将校（テネンテス）たちが武装反乱という手段も交え、既存の権力構造の打破をめざす運動を繰り広げていった。この運動は結局、南部を地盤とするヴァルガスの反サンパウロ運動と合流して一九三〇年のクーデターを成功へと導くことになり、テネンテスを登用して軍の支持を固めたヴァルガスは、輸入代替工業化と労働者層の地位向上を推進してポピュリズムへの道を切り開いていくこととなった。

チリでも一九二〇年、初めて中間層を支持母体とするアレサンドリ政権が誕生した。しかしアレサンドリ政権が保守派の抵抗で改革にゆきづまると、それにしびれを切らした軍が二四年、クーデターで政権を掌握することとなった。ところが軍の上層部が保守派に妥協的な態度をとると、それに不満を抱いた若手将校は翌年、ふたたびクーデターを起こして政権を奪い取る行動に出た。そしてそのなかで頭角をあらわしたイバニェス大佐が二七年、大統領に就任し、社会労働立法や経済振興策などを推し進めていった。

ポピュリズムのゆきづまりと権威主義政権の登場

しかしポピュリズムは二〇世紀半ばまでに、それ自体が内包していた矛盾のためにゆきづまることになる。輸入代替工業化を軸とする経済成長政策は国内市場の狭隘さから限界に達し、また大衆によい顔をするバラマキ政治は財政赤字を膨張させて、経済は慢性的なインフレ状態に陥っていった。実質賃金や福祉水準の低下に不満を募らせる労働者や大衆は政府への要求を先鋭化させ、やがて社会は騒擾的な雰囲気に包まれた。

もともと文民政治の非効率性や腐敗に懐疑的であった軍はここにいたり、ポピュリズム政治に終止符を打つことになる。つまり、軍は、内外の資本家に魅力的な投資環境を創出し経済をふたたび成長軌道に乗せるには、大衆や労働者の権利、そして政治的自由を犠牲にしてでも、マクロ経済の規律と社会の安定を回復することが必須と考えるようになったのである。そして資本家やテクノクラート（技術官僚）と手を結び、多元主義よりも効率性を重視する「官僚的権威主義体制」と呼ばれる新しいタイプの軍事政権を樹立していった（8章一七八頁以降参照）。

この軍事政権はなかば無期限に政権運営に当たろうとし

た点で、従来の軍事政権とは性格を異にしていた。つまり、それまでのラテンアメリカでは、クーデターという手段は政治の手詰まり状況を打開するための緊急避難措置として用いられるのが常であった。その主役は、ときにオリガルキアを擁護するエリート軍人であり、ときに理想主義に燃える改革派の若手将校であったが、いずれにしても彼らはふつう、秩序を回復した後はすみやかに文民に政権を返上するなり選挙を実施するなりしていた（9章参照）。これに対し官僚的権威主義体制は、本格的な政治経済改革プラン、あるいは野心的な国家開発プロジェクトの推進を長期目標として掲げ、軍が組織全体として行政に深く関与する点で従来にない特徴を有していたのである。一九六四年のクーデターで政権を掌握したブラジルの軍は最終的に八五年まで、アルゼンチンの軍は一九六六〜七三年、および七六〜八三年まで、チリの軍は一九七三〜九〇年まで、長期にわたり政権を維持することとなった。

軍の開発主義と抑圧政策■

こうした軍の開発主義的な行動を思想面で支えていたのは、「国家安全保障ドクトリン」と称される、経済発展と安全保障とを高度に相関させる安全保障観であった。すでにふれたとおり、国力の増大と安全保障の増進とを結びつける思考パターンは、軍の専門職業化の進展とともに生まれていた。第二次世界大戦後はこれに、低開発と貧困の存在が共産主義による体制転覆運動の温床になるとの認識が付加された。いうまでもなくキューバ革命の成功（一九五九年）は、こうした危機感をいっそう刺激することになった。地域固有のこの安全保障ドクトリンは各国の高等軍事教育機関において精緻化されていったが、それに大きく寄与したのが、西半球の反共同盟化を狙う米国の資金的・思想教育的な支援であった。

こうして革命運動の制圧や社会秩序の堅持、経済開発の追求は、対外防衛とならぶ軍の主体的任務として自己定義されることになった。そして軍はときにあからさまな武力の行使で、ときに秘密組織を暗躍させて組織労働者や左翼活動家を弾圧していった。アジェンデ社会主義政権（一九七〇〜七三年）がもたらした混乱を「収拾」するとして登場したチリのピノチェト政権、あるいは都市ゲリラや急進的なペロニズムと対峙しようとした一九七六年からのアルゼンチンの軍事政権は、数千ないし数万の規模の人々を死に追いやる極めて深刻な人権侵害問題を引き起こした。

域内後発国の場合

ところで、域内の中進国や後発国では、世界恐慌を迎えたころには中間層や都市労働者層がまだ十分に成長しておらず、軍の役割は従来どおり、オリガルキア支配体制の擁護にあった。したがって恐慌を契機として高まった下層大衆の要求に対しては、オリガルキアは軍と手を結び、武力による弾圧で応えていった。一九三二年に発生したエルサルバドルの農民一斉蜂起では一万とも三万ともいわれる農民層が弾圧の犠牲になり、この事件はマタンサ（大虐殺）として歴史に刻まれている。

一般に後発国ではオリガルキアは政治を軍に任せ、それと引き替えに自己の権益を守ろうとする傾向が強かった。これらの国のいくつかは一九六〇年代に入ると工業化に着手していくが、成長の利益は一握りの資本家に独占され、所得分配の構造は一向に改善されなかった。こうした状況に反発する中道政治勢力や軍内の進歩的な若手将校は、ときに下からのクーデターに訴え、ときに選挙戦を勝ち抜いて政権をつかみかけるが、オリガルキアと軍は政治的に不正な手段に暴力的な抑圧を交え、改革の動きを阻止していった。たとえば一九七二年のエルサルバドルの大統領選挙では中道派のドゥアルテ候補が勝利を収めたが、軍はこれを認めず彼を亡命に追いやり、その後の軍による政治支配は社会的緊張を激しい内戦（七九～九一年）にまで昂じさせることになった。

あるいはパラグアイやニカラグアのように、さしたる工業化政策が推進されることのない国もあった。こうした国ではポピュリズムの基盤となるべき中間層や都市労働者層の成長はほとんどみられず、「王朝」と形容されるようなカウディーリョ支配型の政治が長く続いた。パラグアイの場合、一九五四年のクーデターで政権を掌握したストロエスネル将軍は、軍と与党（コロラド党）をいわば私物化して権力の道具とし、三四年間に及ぶ長期独裁体制を築き上げていった。

域内先進国と域内後発国の中間事例

一方、域内の中進国の場合、世界恐慌を迎えたころにはまだポピュリズムが政権到達を果たしうるほど力をつけてはいなかったが、中間層や都市労働者層は域内の後発国ほど弱体なわけではなかった。たとえばペルーではアプラ党（PAP、4章九九頁参照）がポピュリズム型の社会改革を綱領に掲げ、組織労働者の支持のもとで大衆政党としての地歩を固めていた。しかしながらその急進性はオリガルキアと軍に強い疑念を抱かせ、一九三二年のトルヒーヨ事件（アプラ党員の蜂起）以降、軍はアプラが政権に近づこうとするたび、クーデターでそれを阻止していった。

ただペルーの軍は、軍内ボス支配や派閥抗争がはびこる域内後発国の軍とは異なって専門職業化が進んでおり、経済発展と安全保障の増進とを相関させる「国家安全保障ドクトリン」を域内先進国に比肩するほど発達させていた。そのため、オリガルキア支配に挑戦するポピュリズム型の改革、すなわち基幹産業の国有化や輸入代替工業化、労働者・大衆層の生活向上とそれによる国内市場の拡大、農地改革といった一連の政策は、興味深いことに、一九六八年のクーデターで成立したベラスコ将軍首班の軍事政権によって推し進められることになった。

エクアドルの場合もまた、軍がポピュリズム型改革の担い手となった。つまり、一九六〇年代末から急速に生産高が伸びていた石油の利権が利己的な政治家や外資の手に落ちることを懸念したロドリゲス・ララ将軍は、一九七二年、クーデターで民族主義的革命政府を樹立し、ナショナリズム的な資源政策や工業化、そして農地改革をはじめとする一連の社会改革に取り組んでいった。

もっともこの両政権はいずれも、南米南部諸国の先発ポピュリズムが経験したのと同じ政策的矛盾に直面し、やがて改革はゆきづまった。そしてベラスコは一九七五年、ロドリゲス・ララは七六年、いずれも軍内右派の圧力で失脚し、両国の軍事政権はオリガルキアや外資に対してより妥協的な政策に舵を切っていくことになった。

なお、域内中進国のなかでもコロンビアとベネズエラは別の道をたどった。コロンビアの場合、激しい国内対立に起因する一九五〇年代のビオレンシア（暴力的な社会騒擾）への反省から五七年、保守派の二大政党によって国民戦線協約が結ばれ、両党が交互に大統領を出し、閣僚ポストも折半することになった。ベネズエラでもペレス・ヒメネス軍事政権（一九五三〜五七年）が独裁化したことへの反省から五八年、プント・フィホ協約が結ばれ、二大政党が公職や権益を分配することを取り決めた。こうしたエリート談合が結果的に、軍を政治の舞台から遠ざけ、ラテンアメリカが軍政に染まった一九六〇、七〇年代に両国では文民政治が維持されることになった。

三　軍の政治からの撤退
——一九八〇年代の民主化

軍はなぜ政治から撤退したのか■

冒頭にもふれたとおり、ラテンアメリカ諸国は一九八〇年代（厳密には七九年八月から九〇年三月まで）に相次いで民政移管を達成した。まず指摘しておくべきことは、これらの民政移管はいずれも、軍事政権と民主化勢力との交渉によって進められたということである。つまり、軍は多かれ少なかれ、自らの意思で政治から撤退したというのが、少数の例外（パラグアイの民主化は一九八九年、ストロエスネル将軍が軍内クーデターで追放されることで始まった）を除く、ラテンアメリカ民主化の顕著な特徴である。

その引き金は、軍事政権が経済政策に失敗したことであった。失敗の中身は国によって相違もあるが、総じて軍事政権の追求した国家主導型の開発政策や保護主義的な工業化政策は財政赤字と対外債務を膨張させ、マクロ経済を危機に陥れた。また一部の国の軍がめざした社会改革はポピュリズム共通の隘路にはまり、また経済開放政策への転換が図られた国では、製造業を中心に倒産と失業が増大して大不況になった。

いずれにしても、軍事政権はその非民主主義性ゆえ、政権の正統性を常に経済成長に依存しなければならなかった。したがって経済政策の失敗は、大衆はもちろん、当初はクーデターを支持していた勢力をも軍から離反させることになり、孤立した軍は、政治的自由の制限や人権侵害をめぐる国内外からの批判に対してもはなはだ脆弱になっていった。

このことは軍に深刻な「一体性の危機」をもたらすことになった。つまり、そもそも軍は専門職業集団として、明確な階級秩序と指揮命令系統の一元化、強い団結心と厳格な軍紀を維持していることが不可欠である。そうした軍が政治に関わることはもともと、政策論争や派閥争いが軍内に持ち込まれる危険をはらんでいた。政権の「正統性の危機」はこの危険を顕在化させ、それに拍車をかけることになったのである。強権的な政策遂行で危機を打破しようとするタカ派と国民に歩み寄って信頼を回復しようとするハト派との対立、あるいは政務畑の軍人と専門職業畑の軍人との対立は、やがて抜き差しならないものになっていった。軍にとって専門職業集団としての「一体性」を回復するために残された唯一の道は、政治からの撤退であった。

民主化交渉の帰趨■

民政移管に自ら道筋をつけようとした軍は当然、その方法をめぐる民主化勢力との交渉で、できるだけ自己に有利な条件を引き出そうとした。つまり、軍は自己の権益や特権を制度的に確立すること、軍政時代の失政の責任、とりわけ人権侵害問題が深刻であった場合はその刑事的・政治的責任を追及されないこと、選挙の制度や条件を親軍派に有利なように定めて新政権や新議会からできるだけ反軍派の影響力を排除することなどをめざし、交渉に臨んだ。それをどれほど実現しえたかは、軍がどれほど「正統性の危機」や「一体性の危機」から免れているかにかかっていた。

先陣を切って一九七九年、八〇年に民政移管を達成したエクアドル、ペルーの場合、改革派の軍人が追放されたときから、軍は「名誉ある撤退」の準備を始めていた。エクアドルでは改革の挫折に対する国民の不満をなだめる必要があったが、石油ブームが追い風となり、軍は新憲法を国民投票で承認（七八年）させたうえで政治から撤退することに成功した。ペルーの場合は、長年の軍の宿敵であるアプラ党が制憲議会選挙（七八年）で勝利するという状況下で民主化交渉が進んだが、軍とアプラ党はいずれも、両者が融和して交渉の場から左翼を締め出すことに共通の利益を見出し、一九七九年新憲法には軍の意向もかなり反映されることになった。

これに対し、一九八三年に民政移管が行われたアルゼンチンでは、軍が民政移管プロセスをほとんど統御できなかった。アルゼンチンの軍事政権は、陸・海・空の三軍で平等に権力を分配する共同統治体制がとられていたうえ、多くの行政ポストに軍人が配置されていたため軍内の軋轢が絶えず、経済運営の失敗が露わになるにつれ、政権の正統性と軍の一体性は深刻な危機に陥った。軍は起死回生を狙ってフォークランド（マルビナス）戦争（一九八二年）という賭けに出るが、敗戦によってこれも完全に裏目に出た。威信を失墜させた軍は、民主化交渉でほとんど自己の権益を確保することができず、民政移管後には人権侵害のかどで軍の幹部が裁判にかけられることになった。

ブラジルでも、経済成長が失速し軍への批判が高まった

チリ・サンティアゴ中心部の大聖堂の前で開かれた人権団体による反軍政デモ（1989年）。民政移管を間近に控え、市民の熱気は高まった。（筆者撮影）

一九七〇年代半ば以降、政治開放路線の是非をめぐり、軍内にはハト派とタカ派の亀裂が生じた。ただブラジルでは軍政期間中も政党や立法府の活動が条件つきながらも認められており、また行政ポストの多くが文民に委ねられていたこともあって軍は社会から大きく孤立することは免れており、このことが八五年の民政移管を軍にとって名誉あるものとすることにつながった。

チリの軍事政権は、政治的抑圧と人権侵害に対する内外からの厳しい批判にさらされた。ただチリでは一六年半にわたる軍政期間中、ピノチェト将軍が大統領（クーデター後しばらくは執政評議会議長）として一貫して最高権力の座にあり、軍の一体性が維持されていた。またマクロ経済の運営も一定の成果を収め、政権の正統性と軍の威信も保たれた。このため財界や保守派を中心とする少なからぬ層がピノチェト体制を支持しており、これに対抗する勢力も戦術上、民主化実現のためには要求を穏健化せざるをえず、一九九〇年の民政移管は軍にかなり有利なものになった。

なお、中米の民主化はこれまでみてきた国々とは異なる文脈で理解しておく必要がある。中米諸国では、政治運動による改革に望みを失い武装闘争に転じた左翼と保守派との先鋭な対立が、一九八〇年代、地域全体を巻き込む武力紛争に発展していった。共産革命のドミノ的波及を恐れた米国は保守派の政権や軍に莫大な資金的・軍事的援助を注ぎ込んだが、逆説的ながら、米国はこの地域に関しては、共産主義を抑えこむための手段として正統性ある政治システムの構築を望み、援助をテコに強い民主化圧力をかけていった。これによりホンジュラスでは一九八二年、エルサルバドルでは八四年に民政移管が達成されることとなった。

四　民主化後の軍

温存された軍の特権と自律性■

以上のとおり、ラテンアメリカにおける一連の民主化過程で、軍という組織に抜本的な改革のメスが入れられることはなかった。軍の制度的特権や行動の自律性は、程度の差はあるものの総じて温存され、歴史的に培われてきた軍の広範な任務意識にも変化の兆しはほとんどみられない。

軍の力がもっとも温存されたチリの事例でみると、軍が制度的に保持している特権は次のとおりである。まず、①陸・海・空・警察の各軍の総司令官を大統領が罷免することはできない。②これら四人の総司令官には総数八名からなる国家安全保障審議会のメンバーとして、内政外交の重要事項を審議する権能が与えられている。③退役将軍四人に国家安全保障審議会の選出による「任命議員」の議席が割り当てられている。④軍事政権の行為は民主化後の議会の国政調査権の対象から除外されている。⑤軍事予算は民政移管前年の予算額を下回ってはならない。⑥基幹産業である銅の売上の一〇%は自動的に軍の予算に編入されることになっている。

こうした特権を背景に、軍は大きな行動の自律性を享受している。民政移管後のチリで大きな政治争点となったのは、軍政時代の人権侵害事件の処罰をめぐる問題であった。軍はあらかじめ恩赦法を制定し（一九七八年）、軍人の関わるあらゆる審理（一審・二審）の管轄権を身内の軍事法廷に留保し、民政移管の直前に最高裁の判事も軍政寄りの若手に大幅に入れ替えるなど、責任回避のための幾重もの防波堤を張った。そのうえでピノチェト将軍は民政移管後も八年間、軍政時代に制定された一九八〇年憲法の規定に従って陸軍総司令官の職に留まり、軍への追及が強まるとみると、全土の陸軍部隊を待機令下におくクーデター準備まがいの行動をとったり（九〇年）、大統領の外遊中を狙って戦闘服姿の兵士を国防省周辺にいきなり配置する（九三年）など、威圧的な行動で批判勢力を牽制した。

軍の制度的特権や行動の自律性がどれほど温存されているかは国により濃淡がある。アルゼンチンでは民政移管の当初から軍の力は削がれていたし、ブラジルのように民政移管後、軍の権限が徐々に弱められている国もある。内戦の終結という例外的な事情にはよるが、エルサルバドルの

エクアドル陸軍が経営に関与する、キト中心部にある高級ホテル。1999年完成。軍の出資比率は42％といわれている。（筆者撮影）

軍は一九九〇年代、その規模が和平協定に従って大幅に縮小されることになった。

ただ、総じていえば軍の存在感と影響力はなお大きい。多くの国で、軍には依然として「立憲秩序の擁護者」としての憲法上の任務が与えられており、これが軍の「自主的思考」の性向を維持し、また政治介入の可能性に道を開くことになっている。また国家発展と安全保障とを相関的な目標とする軍の使命感も健在であり、「市民活動」と称される、辺境地域の生活・交通インフラ整備や医療・教育活動が軍により行われている国は今でも多い。エクアドルのように、経済振興の一翼を担うという、けっして建前ではなく本気の動機で、軍が軍需品の製造のみならず金属・機械・航空旅客輸送・石油輸送・土木建設・鉱山開発・アグリビジネス・花卉《かき》栽培・エビ養殖・銀行経営・ホテル経営にいたる幅広い分野の企業経営を手がけている例もある。

民主主義維持の構図■

こうした軍の現状が、ラテンアメリカの民主主義の強靭性に対する懐疑の念を我々に抱かせる。今日の民主主義の行方が軍の胸先三寸で決するようにも思えるのである。

ただ一方で、一九九〇年代以降、民主主義が過去の歴史にないほどの時間的・空間的な持続性と広がりをもっているのも紛れもない事実である。これをどう解釈するべきなのだろうか。

ひとつには、軍と文民社会の双方が「学習」を重ねてきたことの意味が大きい。長期化した軍政の時代、経済的困難や人権侵害の諸問題に苦しめられた文民社会は、軍に政治を任せることの危うさを痛切に学んだ。軍もまた、政治への深入りが専門職業集団としての一体性を危険にさらすことを学んだ。これが民主主義を「まだましなもの」とする認識の下支えとなっている。

また、冷戦の終焉を契機として米州の発展の機軸が政治的民主主義と経済的新自由主義（ネオリベラリズム）に収斂し、軍、さらにはラテンアメリカ政治自体をとりまく環境が激変したこともきわめて重要である。貧富の格差という、歴史に根ざした深刻な社会問題を抱えるラテンアメリカ諸国は、冷戦の時代、共産主義思想の浸透や膨張を真剣に心配しなければならなかった。だから軍は、労働者や左翼の抑圧、あるいは先取り的な社会改革という手段によって革命を未然に防ごうとしたし、下からの圧力を恐れる保守・中道勢力も兵舎の扉を叩いた。米国政府も、民主主義政権であるか否かは脇において、共産主義を許容しない体制基盤や社会秩序を堅持しようとする政権への支援を惜しまなかった。

ところが冷戦の終結は、軍に反共の砦としての役割を期待する必要性を大幅に薄れさせた。また経済再建の道筋として選択された市場経済化や地域統合を推進するには、政策決定過程に透明性や予見可能性をもたらす民主主義的な制度が、国内的にも対外的にも不可欠なものになったのである。

一九九一年、米州機構（OAS）で「サンティアゴ・コミットメント」および「決議一〇八〇」が採択され（11章参照）、加盟国で民主主義が不正規に中断された場合、他の加盟国は特別総会の決議に従って民主主義回復のために集団的措置をとるとの制度が確立された。また九五年には史上初の米州国防相会議が開催され、民主主義の擁護を安全保障の基礎とすることが確認された。南米南部共同市場（メルコスル）条約においても九六年、民主主義が中断された国は条約から除名するとの条項が追加された。要するに、地域的な協調と統合に発展を委ねたラテンアメリカ諸国にとって、「民主主義クラブ」からの離脱は発展から取り残されることを意味するのであり、発展を安全保障の源泉と考える軍もそのことは十分に認識しているのである。

五　二一世紀の課題——求められる軍の姿

軍の担うべき任務は何か■

民主主義維持にとっての好条件が整っている今、ラテンアメリカ諸国は軍の任務を再定義し、文民統制を確立するための好機を迎えているといえる。これを遂行できるか否かが、ラテンアメリカに民主主義を定着させうるか否かという問題に直接かかわっている。

軍の第一義的な任務は国家主権の防衛にある。ところが地域協調と相互依存を基軸とする新しい国際環境が創出されたことにより、近隣諸国を仮想敵視する従来の国防観はかなり陳腐なものになってきた。実際、民主化にともなってブラジルとアルゼンチンは核開発競争の停止に向けた協議を始め、最終合意にこぎつけたし（一九八五～九一年）、アルゼンチンとチリは百年越しの国境確定問題を全面的に決着させた（九一年）。ペルーとエクアドルで軍事的小競り合いが生じた（九五年）ように、古典的な領土問題が消滅したわけではないが、少なくとも近隣国をにらんだ防衛力の整備に多額の財政資金を配分することは好ましい選択ではなくなってきた。

「平和な大陸」化は、しかし、軍に「アイデンティティ危機」をもたらしたことを意味している。軍が国家発展への貢献という大義を掲げ、民生部門などでの任務を拡充させようとしているのは、軍が存在意義をあらためて示し、組織防衛と予算確保を図ろうとしていることのあらわれともいえる。

文民の側には、軍の役割は対外防衛に限定されるべきとの意見と、それよりも広範な任務が付与されるべきとの意見がある。後者の主張は、国内随一の専門職業集団である軍の高度な知識と技能を民生に活用すべきであるとの積極的理由からなされる場合もあり、軍から任務・特権・予算を強引に剝奪するのは民軍関係（シビル・ミリタリー・リレーションズ）の安定化にとって好ましくないとの政治戦術的理由からなされる場合もある。概して軍の権能を抜本的に削ごうとの主張は非現実的なものとして退けられ、軍に「名誉ある任務」を付与しようとする空気、ないしは軍が現に保持しているやや広めの任務を追認しようとする空気がラテンアメリカには強い。

なお、米国は麻薬対策に軍を投入することを求めている。

しかし各国の軍はこれに、おしなべて拒否反応を示している。麻薬組織による買収や麻薬そのものが軍の専門職業主義を蝕むことへの懸念が存在しているからである。

文民統制をいかに確立するか■

民主主義を定着させるうえで、ラテンアメリカ諸国が取り組むべきもっとも重要な課題のひとつは文民統制を確立することである。

ただ、注意すべきは、文民統制の形式的な制度化がそのまま軍の専門職業化を保障するものではないということである。パラグアイにおいて民主化の仕上げとして制定された一九九二年の新憲法には、軍が完全な文民統制のもとにおかれること、軍人の政党加入や政治活動は一切禁止されることなどの革新的な条項が盛り込まれた。ところが長期独裁政権の時代に築き上げられた軍と与党（コロラド党）との依存関係、そして両者をまたいで展開する派閥次元の権力闘争の「習性」は一朝一夕には解消されず、パラグアイでは九〇年代を通じ、軍と党との不健全な相互干渉やクーデター未遂の騒ぎが繰り返されることになった。

逆説的なことであるが、先にふれたとおり軍に多くの制度的特権が留保されているチリは、民主主義システム自体はラテンアメリカでもっとも安定している国のひとつである。成熟した政党政治が根づき、議会制民主主義と法の支配が安定的に機能していること、堅実な経済成長が政治システムの正統性を高めていることが大きな要因である。ピノチェト将軍のロンドンでの逮捕（一九九八年）という外圧は、たしかに文民優位の強化に寄与した。しかしその時点までにすでに民軍関係が安定化に向かっていたのには、軍の専門職業主義的な任務や安全保障政策に関しての民軍間の対話が継続され、問題認識の共有が進んでいたこと（ラテンアメリカ初とされる九七年の国防白書の共同作成はその象徴）が大きい。チリの文民政権が軍の出方をしばしば気にかけてきたのは事実であり、また制度的文民統制の確立も未解決の重要課題ではあるが、チリの経験は、民軍対立を緩和する統治エリートの良質な行動と適切な戦略が、実質的な軍の文民服従や専門職業化を促すための鍵となっていることを示唆している。

軍に対する市民の期待■

図2は、ラテンアメリカの人々が国内のどの組織に信頼をおいているかを示したものである。「政治」に対する強い不信と対照的に、軍に対する信頼度が非常に高いことがわかる（なお、近年の経年的変化については4章九三頁の表も参照）。

我々は、ラテンアメリカでは軍に政治介入を求めてきたのはいつも文民セクターであったことを想起しなければならない。軍が単独に行動したことは稀で、クーデターの裏には必ずそれを支持する文民勢力があった。

「民主主義」の要件は「自由で公正な選挙の実施」にあ

チリの地方都市のショッピングセンターで開催された陸軍の展示会（2000年）。イメージ向上のために、軍は各地でこうした催しを積極的に開催している。（筆者撮影）

図2　世論調査：軍やその他の組織に対する人々の信頼度（2002年）

（1）各組織に対する信頼度（ラテンアメリカ全体）

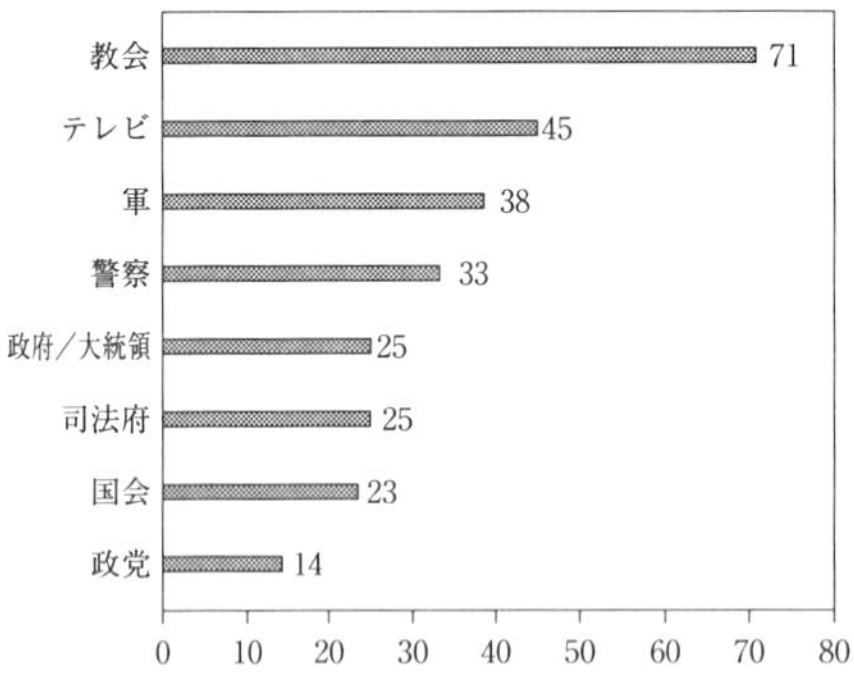

（2）軍に対する信頼度（各国別）

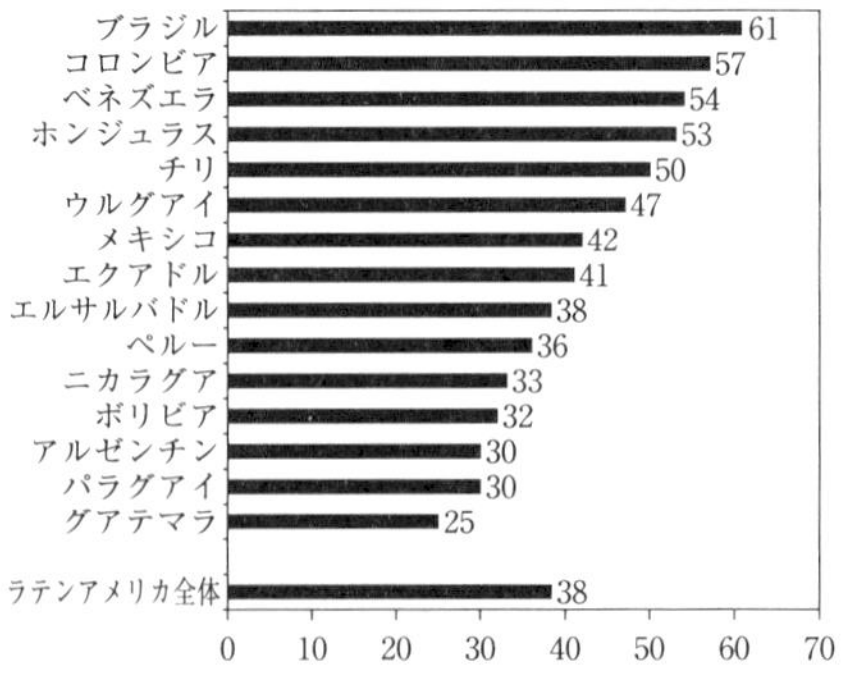

注）各組織をどれほど信頼するかとの問いに対する回答①「mucha」（とても信頼する）、②「algo」（そこそこ信頼する）、③「poca」（あまり信頼しない）、④「ninguna」（まったく信頼しない）のうち、①と②が占める割合（いずれも％）

（出所：Latinobarómetro, *Informe de Prensa : Latinobarómetro 2002* をもとに筆者作成）

ると、学問的には定義しうる。しかし各種の世論調査によれば、多くのラテンアメリカの人々は、民主主義を経済的な豊かさの実現と重ね合わせてとらえている。

この責任を政党政治や文民政治家が果たすことができず、「手続き民主主義」への幻滅が人々の間に広がったとき、多元主義を迂回した即断型の改革を弁舌巧みに訴える人物が市民の間で英雄視されることはおおいにありうる。実際、一九九二年にベネズエラで、二〇〇〇年にエクアドルでクーデター未遂事件を引き起こして収監されたチャベス中佐とグティエレス大佐は、それぞれ九八年と〇二年、大統領当選を果たした。軍人に特徴的なメンタリティ、それを喝采する市民感情が象徴的に示されている。

軍の専門職業化や文民統制の確立は、もちろん民主主義を深化するうえでの直接的な課題である。しかし、民主主義を真に定着させうるか否かは、軍のみの問題でなく、文民政治の統治能力、さらには政治システム全体の質をいかに向上させるかにかかっている。

参考文献

●ラテンアメリカの軍について知るうえで参考になる文献は、軍そのものを直接のテーマとしないものも含めて数多くあるが、比較的入手・検索が容易なものを次に列記する。

①細野昭雄・恒川恵市（一九八六）『ラテンアメリカ危機の構図』（有斐閣）は出版から年月が経っているが、ポピュリズム期から民主化期までのラテンアメリカ政治の基本的構図を知るうえで今でも貴重。当然、軍に関する分析も随所にある。

②ステパン、アルフレッド・C／堀坂浩太郎訳（一九八九）『ポスト権威主義——ラテンアメリカ・スペインの民主化と軍部』（同文舘）は、民主主義への移行期の軍の問題を鋭く分析する。

③シュミッター、P／オドンネル、G／真柄秀子・井戸正伸訳（一九八六）『民主化の比較政治学——権威主義支配以後の政治世界』（未來社）は、民主化交渉における軍の政治的選択と行動の見取り図を示している。

④松下洋（一九八七）『ペロニズム・権威主義と従属——ラテンアメリカの政治外交研究』（有信堂）は、アルゼンチンを中心にポピュリズム、権威主義、軍について実証的に論じる。

⑤大串和雄（一九九三）『軍と革命——ペルー軍事政権の研究』（東京大学出版会）は、軍人からの聞き取り調査を基盤とした、ペルーの軍事政権についての重厚な研究書。

⑥三宅正樹（二〇〇一）『政軍関係研究』（芦書房）はラテンアメリカを主題にしたものではないが、軍と政治に関する学説史がよくまとめられていて（とくに第一部）、たいへん参考になる。

●比較的新しい英語の文献では、

⑦Fitch, J. Samuel（1998）, *The Armed Forces and Democracy in Latin America*. Baltimore & London : Johns Hopkins University Press が、民主化期の軍について多角的かつ緻密に論じている。軍研究の論点がよく整理されていて、専門家のみならず初学者にもたいへん有用。

⑧Arceneaux, Craig L.（2001）, *Bounded Missions : Military Regimes and Democratization in the Southern Cone and Brazil*. University Park : Pennsylvania State University Press は、新制度論的な分析枠組から民主化過程をとらえ直そうとしていて興味深い。

●最後に、雑誌所収論文では、

⑨出岡直也（一九九五）「ラテンアメリカにおける『民主主義』の維持の政治経済学」（『国際問題』四二九号、日本国際問題研究所）が、民主化後の軍と政治について考察するうえでも一読に値する。理論整理の論考としても貴重な文献。

⑩浦部浩之（一九九七）「ラテンアメリカにおける安全保障対話の進展と信頼醸成措置の構築」（『ラテンアメリカ・レポート』一四巻四号、アジア経済研究所）。本稿で詳述できなかった地域安全保障秩序の問題を筆者なりにまとめたもの。

7章

宗教勢力の動向——カトリック・プロテスタント・イスラム

●乗　浩子

はじめに■

冷戦後、ラテンアメリカの権威主義諸国の民主化に大きな役割を果たしたカトリック教会は政治・社会分野から徐々に身を引き、そのインパクトは低下した。非カトリック・非キリスト教勢力の伸長と宗教市場への参入は宗教的多元主義の様相を強め、宗教の世界も自由競争の時代を迎えた。とくにプロテスタントのペンテコステ派は二〇世紀最大のキリスト教運動となり、世界で四～五億人とカトリック教徒の約半数にのぼる信者を擁し、ラテンアメリカでの成長も著しい。

カトリックの牙城ラテンアメリカにおける非カトリック・非キリスト教勢力の台頭は、カトリック教会が数世紀間に蓄積したさまざまな特権の放棄を求め、政教分離を促す機運を醸成しており、ラテンアメリカの近代化に欠かせない要素となっている。本章では、貧しい人々の間で活況を呈しているカトリックの新たな動きとペンテコステの動向に焦点を合わせ、ついでマイノリティながら政治的存在感を示しつつあるイスラム教徒（ムスリム）を取り上げる。ともに中東で誕生し、イベリア半島で八世紀間共存したキリスト教徒とムスリムが、新大陸で再び遭遇したわけであるが、ムスリムについては資料的制約もあり、概説的スケッチに留めたい。

一　カトリックとプロテスタントの確執

現代カトリシズムの危機と戦略■

植民地時代以来旧秩序を擁護し、現状維持勢力であったラテンアメリカのローマ・カトリック教会は、一九六〇～七〇年代に大きく変貌した。すでにスラムや寒村に入って貧しい民衆と生活を共にしつつ新しい時代の教会のあり方を模索し始めていた一部の聖職者たちは、キューバ革命（五九年）や教会近代化をめざす第二バチカン公会議（六二～六五年）のインパクトを受けて、社会変革の旗手として台頭する。彼らはマルクス主義者と競って貧者や労働者に働きかけ、キリスト教基礎共同体（ＣＥＢｓ）を組織して信徒にその責任を委ね、教会の分権化を図った。貧者の解放をめざして、福音と社会正義を結びつけるこの「解放の神学」は、ラテンアメリカ司教協議会（ＣＥＬＡＭ）の六八年のメデジン会議で教会の路線として承認される。

ブラジルをはじめとする南米諸国が軍政の波に洗われた

この時代、教会は軍政による人権侵害に苦しむ人々を支援し、その国家安全保障政策を批判して、野党的役割を果たした。また一九七〇年代後半から激化した中米の革命にも多くのカトリック教徒が参加し、七九年にニカラグアで成立した社会主義的なサンディニスタ政権には「解放の神学」派の聖職者が数名入閣するなど、教会の活動は活発となり、政治化した。南米の民主化と中米紛争の終結によって、ラテンアメリカにおける冷戦時代が終焉し、教会も方向転換を迫られた。

ブラジリア（ブラジルの首都）のカテドラル（大聖堂）。（筆者撮影）

　教会による政治的・社会的関与の代償も大きかった。教会が貧者を優先的に選び（支援し）、軍政の政策を批判すると、高所得層の信者は教会に軍政への協力を求めて抗議し、教会から次第に離反する。秘密警察や右翼による聖職者への嫌がらせや報復は激しく、亡命・投獄・拷問・殺害が行われ、進歩的外国人聖職者が本国に召還されて、教会は数多くの人材を失った。

　一九七九年に教皇の座についたヨハネ・パウロ二世は、ラテンアメリカの教会が社会・政治問題に過度に関与するあまり、基本的な司牧責任を果たしていないと判断し、サクラメント（秘跡）の儀式や精神的・霊的側面を重視するよう求めた。教皇は引退した司教の後任として、政治面のみならず社会的コミットメント（産児制限や独身問題への対処）もさし控える保守的な人物を任命した。たとえば世界最大級の司教団を擁するブラジルで、七八〜九〇年に任命された新司教一二八名中、九七人が神学上の保守派であった。

　このローマ化戦略のもとで、「解放の神学」は「カトリック・カリスマ的刷新（ＲＣＣ）」などのような保守的運動に道を譲ることになる。北米起源のＲＣＣはペンテコステと同様に聖霊降臨体験を重視するが、教皇と処女マリアへの忠誠を誓い、カトリック教会における最も活力ある勢力として伸長した。「解放の神学」に違和感を持つ中産階級を基盤に下層の人々も巻き込み、多階級的に拡大しているが、教会中枢の支持を得るにともない、初期のエキュメニカル（キリスト教諸派の再一致的）な性格は失われた。

社会・政治的関与からラテンアメリカの教会を引き離そうというバチカン（ローマ教皇庁）の努力にもかかわらず、一九八〇～九〇年代を通じて、教会上層部とＣＥＢｓが公的問題へのコミットメントを控えることはなかった。たとえば南米における民政移管や中米諸国の国民的和解に際して、しばしば教会が仲介役を果たした。

冷戦後のカトリック教会にとって最大のテーマは、社会正義と平和の擁護である。カトリック教会は軍政時代から軍や政府による人権侵害を告発し続けてきた。民政復帰後、軍の報復を恐れる政府は及び腰であったが、チリ、エルサルバドル、グアテマラの教会は軍政下における人権侵害の究明や犯人の公表などを呼びかけた。なかでもグアテマラでは司教たちが「歴史的記憶の回復プロジェクト（ＲＥＭＨＩ）」をつくり、軍政期に主に先住民に対して行われた政治暴力について調査報告をまとめた（邦訳『グアテマラ虐殺の記憶』）。しかしその完成直後の一九九八年、プロジェクトの代表ヘラルディ司祭は暗殺された。三五年に及ぶこの国の軍政期に殺害された司祭は二〇人、脅迫を受けて国外に亡命した聖職者は一七〇人に達する。

民政移管後のネオリベラル（新自由主義的）な経済政策の社会的コストに対しても、これが社会正義に反するとして、司教たちは大陸レベルであるいは国単位で批判を続けている。一九九二年のＣＥＬＡＭサントドミンゴ会議では、新自由主義政策が労働者の職と福祉を犠牲にするものと警告し、改めて教会が貧者を優先的に選択することを再確認した。メキシコの司教たちは、北米自由貿易協定（ＮＡＦＴＡ）の進展にともなって貧富の差が拡大し、「二つのメキシコ」が生まれつつあると嘆き、先住民を支援し農地改革を求める運動の最前線に立ってきたブラジル司教協議会（ＣＮＢＢ）は、農地改革の実施を遅らせているとカルドーゾ政権を批判した。こうした批判には保守派司教たちも賛同している。カトリック教会には一世紀以上前から教皇の回勅のかたちで、共通善のため自由資本主義の抑制と企業の国家統制を求めてきた伝統があるためでもある。米国における同時多発テロ（二〇〇一年九月一一日）以降の

「文明の衝突」的状況に対して、教会は「文明の共存」を説き、イラクにおける米国の軍事行動には平和を乱すものとして批判的である。

カトリック教会が一致して問題にしているテーマの第二は個人の性道徳である。西半球で唯一離婚が合法化されていないチリでは、婚姻取り消しの道が残されているものの、議会ではキリスト教民主党（PDC）が合法化を阻んでいる。またキューバを除くラテンアメリカ諸国では妊娠中絶が認められていない。レイプ被害への対応や母体保護を条件にこれを認めている国はわずかにすぎないので、非合法に中絶手術を受ける女性は域内で年に一〇〇〇万人を超え、約五万人が死亡している。

バチカンはラテンアメリカ諸国の政府や議員に人為的産児制限を承認しないよう働きかけてきた。一九九四年の国連主催の国際人口開発会議（カイロ）においても、教皇特使は中絶問題に触れぬよう会議の関係者に示唆した。エイズ（HIVおよびAIDS）の拡大についてもブラジルやメキシコでは学校の教育プログラムやテレビ番組などで積極的防止対策を打ち出したが、コロンビアとメキシコの司教が、拡大を防ぐためコンドームの使用を勧めるテレビ広告に猛反対したため、両国政府は広告をとりやめた。新自由主義的経済政策批判には動じない各国政府も、性道徳問題で教会に譲歩の姿勢を見せることで、政教関係の安定を図る構えである。

司教団がたび重なる声明や行動で明らかにした第三のテーマは、増大するプロテスタント勢力（とくにペンテコステ）の挑戦を受けて立ち、カトリックの特権を守ることである。ペンテコステへの改宗者と、宗教にアイデンティティを持たない人々が増えているために、政教分離やカトリックのさまざまな特権の廃止を求める圧力がこれまでになく高まっているからである。カトリックを事実上国教としているボリビアでは、プロテスタントの全国福音協会が政教分離やすべての宗教の平等を規定する憲法改正を求める二万人余の署名を集めたが、カトリック教会は「署名はマルクス主義者やアングロサクソン起源のセクト（ペンテコステを指す）によるもの」と一蹴した。エクアドルでは公立学校のカリキュラムにカトリックの時間を設けるよう要求する司教たちに対して、教職員組合が強く反対した。他の国々でもこうした要求はコストがかかるとして、実現していない。

カトリック教会は草の根におけるCEBsの強化と、ペンテコステの戦略を一部採用することで、巻き返しを図ってきた。軍政期や内戦中に左翼勢力の避難所でもあったCEBsは、一九八〇〜九〇年代にバチカンの政策もあって政治的性格は薄れ、精神面に力を入れている。また司教たちは新しい福音宣教プロジェクト「ルーメン二〇〇〇」「福音宣教二〇〇〇」を企画し、ペンテコステにならい大がかりなメディア戦略と戸別訪問を展開した。これを担当したのが前述の「カトリック・カリスマ的刷新（RCC）」である。欧米の経済支援をテコに、ペンテコステへの改宗の流れをペンテコステ流の戦略によってせき止める意図であったが、大きな成果はあがっていない。

ペンテコステの伸長■

ラテンアメリカにおけるプロテスタントは、一九五〇年代には主流派（歴史的諸派と称されるパプティスト、メソジスト、プレスビテリアンなど）を中心に全人口の一%を占めるにすぎなかった。しかし過去二〇年間にめざましい拡大をとげて、九〇年代に約五〇〇〇万人（人口の一一%）に達し、二一世紀にはカトリック人口を凌ぐ勢いである。プロテスタントの中ではペンテコステが七〜九割を占めており、その伸長が著しいグアテマラ、ニカラグア、ブラジルでは人口のおよそ二割がプロテスタントである。

五旬節、聖霊降臨を意味するペンテコステの運動は、一九〇六年に米国西部の黒人のリバイバル（信仰復興）運動に始まり、米国の黒人社会のみならずラテンアメリカ、アフリカ、アジアへとグローバルに拡大している。ペンテコステは神学的には聖書の無謬性を主張して文字通り尊重し、各自の聖霊降臨の体験を重視して近代科学を軽視する。世俗主義やリベラリズム（自由主義）に挑戦し、宗教の原点への回帰を求めるファンダメンタリズム（原理主義）がその特徴である。組織面では分権的であり、アカデミックな訓練や司牧に権威を認めず、大衆動員型集会を特徴としている。

ペンテコステが急速に伸長した背景としては、近代化にともなう社会変動の一環としてカトリックからの改宗が促進されたことがある。またラテンアメリカのキューバ化（社会主義化）と「解放の神学」の拡大阻止という明確な政治目的のために、米国の原理主義的なプロテスタント組織（福音派など）と米国政府によって計画的に実施された布教活動の成果でもある。ちなみに米国の福音派はパレスチナにおけるイスラエルの軍事的膨張政策を支援し、米国のイラク侵攻（二〇〇三年）政策に新保守派（ネオコン）を通じて影響を与えているといわれる。

ペンテコステ教会の牧師は強いリーダーシップを持ち、その教義や道徳的見解に対する信徒の忠誠を要求しており、共同体の団結意識は強い。

プロテスタント（エバンジェリコ）の10万人集会。ブラジル、ベロオリゾンテ。（出所：*Veja*, 3 de junho, 2002, pp. 88–89.）

このような点でペンテコステは権威主義的特徴をカトリックと共有する。一九六〇～七〇年代にカトリック教会が民主主義に目覚めて軍政に抵抗したのに対して、ペンテコステ教会の多くが権威主義体制に正統性を認めた。ブラジルでは六四年の軍事クーデター後、福音派とペンテコステ教会は指導部から進歩派を追放して軍政に道義的正統性を与え、長老派教会と対立した。軍政下のチリやアルゼンチンにおいてペンテコステ教会は同様の姿勢を示した。内戦中のグアテマラでは、自身福音派のリオス・モント軍政下で、同派の牧師は先住民ゲリラが収容された「戦略村」地帯で布教活動を行った。

しかしすべてのペンテコステが政治的権威主義を支持したわけではない。ブラジル最大のペンテコステ教会の一つである「キリストのためのブラジル」は、一九七〇年代に軍政による弾圧に反対したことで知られている。内戦中の中米においても、ニカラグアではいくつかのペンテコステ教会はサンディニスタ政権と友好的で、政府の貧困者支援プロジェクトに協力的な「開発支援福音派委員会」に参加した。エルサルバドル、グアテマラでも福音派とペンテコステの一部はＣＥＢｓと協力して、右翼軍事組織から迫害されている人々を支援した。

このように、ペンテコステの政治姿勢は多様であり、決して一枚岩ではない。一九八〇年代末以降、ペンテコステの指導者の中には、社会正義を擁護する立場から構造改革を呼びかける重要性を認識する人々も出てきた。プロテスタントの主流派とペンテコステの交流が図られ、社会意識に目覚める機会が設けられ、カトリックの進歩派指導部と問題意識を共有することも可能になった。

一九八〇年代以降の民政移管にともなって、政党政治へのプロテスタントの積極的参加傾向も生じた。プロテスタント教会（とくにペンテコステ）に近い政党が輩出し、プロテスタント系政治家たちの対話と調整の機関としてラテンアメリカ福音政治同盟が結成された。これらの政党が重要な争点としたのは、第一に政治の浄化と道義政治の実現である。しかしペンテコステが支援したブラジルのコーロルやペルーのフジモリ両大統領は汚職疑惑や強権的政策でいずれも辞任に追い込まれ、ペンテコステ派議員の中にも票の買収を告発される者が出るなど、理想の実現にはほど遠い状況である。第二の争点は家族の価値を脅かす法改正を阻止することで、具体的には妊娠中絶の合法化や離婚法の自由化を認めず、同性愛の合法化、政府基金によるエイズ拡散防止キャンペーンなどに強く反対することである。そして完全な政教分離の実現が第三の争点である。カトリック教会に対する法的特権（カトリック系の学校への公的助成など）の廃止、すべての教会に対する完全な宗教的自由の擁護を求めている。

将来の展望■

政治・経済面については、伝統的にプロテスタントが市場経済と民主主義を支持するのに対して、カトリックは国家統制と権威主義を擁護する傾向があった。教皇を頂点とするピラミッド型位階構造を特徴とするカトリック教会は歴史的に権威主義体制を支持してきたし、自由放任資本主義の行き過ぎを抑制し労働者の生活を守るために、国家の統制に期待するのが一九世紀末以降のバチカンの政策であったからである。しかし一九六〇～八〇年代の軍政や社会主義経済の破綻の経験から、司教たちは権威主義的政治や国家統制的経済政策に警戒的となっている。今日カトリックの宗教・社会プログラムは資本主義と民主主義に適応した姿勢を反映しており、勤労・貯蓄・寛容、政治との妥協など、プロテスタントの価値観と共通する点が多い。

一方、一九七〇～八〇年代に中米と南米の抑圧的な権威主義的軍事体制を反マルクス主義的であるという理由で擁護した一部のペンテコステも、現在は民政を支持している。カトリックもプロテスタントも政治的権威主義や急進主義を擁護する者は少なく、貧者の中で働くことにコミットし、経済的ナショナリズムや、無制限に自由市場経済を擁護する姿勢は見られない。目的・スタイル・関心が似てきた両派が将来積極的に協力すれば、民主体制の基礎強化にもつながることが期待されるが、現実はその可能性にほど遠い。

両者の最大の対立点は、伝統的に認められてきたカトリック教会の法的特権をめぐる問題にある。ブラジルやニカラグアのペンテコステに近い新政党の綱領の一つは、憲法に記されたカトリシズムの特別の地位や、カトリック系の学校への公的助成を終わらせることであった。カトリックの特権廃止を求めるこうした動きはアルゼンチン、エクアドル、ペルー、ボリビアなどでも広く起きている。ラテンアメリカにおいても宗教的多元主義は伸長しており、完全な政教分離は重要な政治問題となりつつある。もし特権廃止が実現されれば、カトリック教会は教育機関に注入されてきた公的支援を失うことになる。逆にカトリックの特権が続くならば、ペンテコステなど他の宗教・宗派の信者が納める税金がカトリック教会とカトリック系教育機関を維持し続けることになろう。

この政教分離問題が解決されない限り、カトリックとペンテコステの間の戦略的同盟が生まれる余地はないが、限られた協力の兆しが無いわけではない。しかし、カトリックとプロテスタントの間の緊張と反目の長い歴史は容易に修復できるものではなく、ペンテコステをラテンアメリカ・カトリシズムの文化的伝統を破壊する米国中央情報局（CIA）の代理人と見る司教たちもいる。第二バチカン公会議はエキュメニズムを約束したが、一九九二年のCELAMサントドミンゴ会議の際、教皇ヨハネ・パウロ二世はプロテスタントを「強欲な狼」と呼んで警戒を促した。エキュメニズムに共感する進歩派指導部が追放され発言力が弱いことも、宗派間の対立を厳しくしている。一方ペンテコステの牧師たちはローマ教会を「反キリスト」とみなし、カトリックとの接触を戒めている。彼らはカトリックをキリスト像を礼拝する偶像崇拝者であり、イエス・キリストとの直接の関係に欠けるとして、カトリックとの対話を拒否する。

法律面における家族の価値と性道徳については、カトリックとペンテコステの指導者の間には暗黙の合意が存在するが、カトリック平信徒の多くは道徳問題で指導部の立場を支持していない。多数派は、離婚・中絶を望む少数の人々やエイズ拡大防止の公教育の必要性に寛容であり、現状の変革を求めている。こうした環境のもとで政策決定者は、より少ない政治的コストで教会指導部の要求を無視できるはずである。ただしペンテコステの信者の多くは離婚などについて教会指導部の立場に近く、マイノリティに不寛容である。

ところで最近では、伸長を続けると予想されてきたペンテコステの政治的インパクトが弱まる可能性が生じている。中米諸国やメキシコなどにおける研究で、急速な信者数の増加が一九九〇年代中葉にピークに達し、以後低下傾向にあることが指摘されている。その理由としては、女性が専従の牧師になれないことや、教育の無い牧師による内容の乏しい説教への不満、厳しい道徳的要求に応えるべく努めて「燃え尽きる」現象、カトリックの活発な福音キャンペーンによってカトリックに戻るケースなどさまざまである。

教会上層部で両派の歩み寄りや同盟の可能性は近い将来起こりにくいが、カトリックとペンテコステの貧しい信者たちの間では、交流と協力が見られる。一九八〇年代の革命期の中米ではプロテスタントの基礎共同体が出現し、ブラジル東北部の砂糖農園ではペンテコステの農民もカトリックの農民連盟に参加するなど、両派の貧困層が同じ急進的社会運動に加わることも珍しくない。悩みを抱えるアンデスの農民がカトリック教会を訪れ、ついでペンテコステの集会に足を運ぶなど、エキュメニズムは草の根から少しずつ進行している。

二　イスラムの台頭

イスラムがカトリックやペンテコステと異なるのは、前者が近年主に中東から移住してきた人々とその子孫、すなわち小規模のエスニック・グループ（民族集団）であるアラブ系ラテンアメリカ人たちを基盤としていることにある。しかもこれらの人々のなかでも、ムスリムはその一～四割程度とみられる。圧倒的なカトリック社会への同化に努めて低姿勢を維持してきたアラブ系の人々が存在感を示し発言権を行使し始めるのは、中東諸国がオイル・パワーとして国際政治の舞台に登場した一九七〇年代以降のことである。アラブ系ラテンアメリカ人の活躍は経済・文化面のみならず政治面でも著しく、アルゼンチンのメネム（在任八九～九九年）、コロンビアのトゥルバイ（七八～八二年）、エルサルバドルのアントニオ・サカ（二〇〇四年～）などの大統領が輩出した。イスラムへの世界的な関心がパレスチナにおけるユダヤ人（ユダヤ教徒）との対立に端を発しているので、本節ではユダヤ人の状況にも触れる。

なお、カリブ海地域のムスリムは、アジア・アフリカ系が多数を占めるが、本節では中米と南米のアラブ系ムスリムに焦点をあてることにする。

イスラム地域からの移住■

ラテンアメリカへのムスリムの渡来は、四つの時期に分けられる。最初のムスリムはイベリア半島から、おそらくはコロンブスやカブラルと共に新世界に渡った人々である。イベリア半島では八世紀初頭から一五世紀末に及ぶアラブ民族の支配のもとで、ムスリム・キリスト教徒・ユダヤ教徒が共存したが、キリスト教徒による国土回復運動（レコンキスタ）の結果、イスラム勢力とユダヤ人はイベリア半島からの追放、あるいは改宗を迫られることになった。モリスコ（morisco）と称されたこれらムスリムからの改宗者は、新大陸に到着すると公然とイスラム信仰を表明し、先住民に布教し始める者もあった。モリスコは直ちに異端審問にかけられ、数千人以上が焚刑に処せられた。同様に新大陸に渡った「隠れユダヤ人」（マラーノ）も同じ運命を辿った。

第二の波は一六世紀から始まるムスリム黒人奴隷の流入である。主に西アフリカから環カリブ海地域に導入された奴隷にはムスリムが多かったが、分散・孤立を強いられ、改宗を強制された。ブラジルでは北東部のバイーアや南東部のリオデジャネイロ周辺にイスラム・コミュニティが形成されたが、改宗と混血が進行してアフリカ系ムスリムは姿を消した。アフロ・ブラジル宗教であるカンドンブレの起源はイスラムにあるともいわれる。

一九世紀半ばに奴隷制を廃止したイギリスとオランダが、そのカリブ海植民地の労働力にインド人とインドネシア人を年季奉公で導入したのが、第三のムスリム移民の波である。英・蘭植民地はカトリック世界におけるイスラムのみならずユダヤ人の避難所の役割を果たした。英領のアジア系ムスリムは、公然と信仰を実践して子弟にもそれを伝え、子弟をキリスト教の学校に通わせることを免除された。カリブ海地域はラテンアメリカで今日最もムスリム人口が多い地域であり、表によれば二〇世紀末に約二六万人を数えて二三万人のブラジルを抜き、スペイン系諸国の合計の一五万人を遥かに凌いでいる。注目すべきは、自己のルーツを求める黒人の間でイスラムへの改宗の動きが盛んなことである。モスク（礼拝堂）の数も多く、組織は活発である。スリナムでは人口の二二％をムスリムが占めており、西半球最高の比率である。同表のムスリム人口は他の資料に比してかなり控え目であるが、ラテンアメリカ全域をカバーしているので、一応の参考になると思われる。

第四の波である中東からの移民も一九世紀末に始まる。欧州列強によって侵食されつつあったオスマン・トルコ帝国支配下のシリアやレバノンからの移民で、徴兵や土地不足・村落工業の崩壊を逃れ、経済的機会を求めて新大陸に向かった。独立後の混乱が落ち着いたラテンアメリカ諸国は欧米への一次産品輸出で繁栄し、南欧などから大量の移住者を惹きつけたが、中東からの移住者もそうした移民の

表　国別ムスリム人口

国　名	総人口(1)	ムスリム人口(人)	%
■カリブ海諸国			
マルティニーク	329	120	0.036
グアドループ	336	120	0.035
仏領ギアナ	88	380	0.43
スリナム	411	90,400	22.00
ガイアナ	807	75,500	9.35
トリニダード・トバゴ	1,217	80,000	6.58
バルバドス	250	730	0.29
ジャマイカ	2,351	2,600	0.11
プエルトリコ	3,346	2,300	0.068
蘭領アンティール諸島	259	2,000	0.77
英領ヴァージン諸島	114	1,140	1.00
バハマ	241	1,060	0.44
キューバ	10,270	1,000	0.009
ハイチ	4,677	500	0.01
グレナダ	100	500	0.5
ドミニカ共和国	6,716	500	0.007
ドミニカ	80	200	0.25
ベリーズ	175	200	0.11
アンティグア・バーブーダ	82	200	0.25
セントヴィンセント	112	200	0.18
セントルシア	143	200	0.14
セントキッツ	47	200	0.42
計	32,152	260,050	0.16(2)
■ブラジル	141,235	226,000	0.16
■スペイン系諸国			
ベネズエラ	18,271	51,000	0.28
アルゼンチン	31,436	66,000	0.21
メキシコ	81,950	24,000	0.03
チリ	12,537	1,600	0.013
パナマ	2,272	800	0.037
コロンビア	29,498	3,500	0.012
ペルー	20,730	1,000	0.005
コスタリカ	2,710	500	0.002
グアテマラ	8,437	500	0.006
エクアドル	9,898	1,100	0.011
エルサルバドル	4,973	300	0.006
ウルグアイ	3,014	300	0.01
ニカラグア	3,501	250	0.007
ホンジュラス	4,677	200	0.004
ボリビア	6,796	100	0.001
パラグアイ	3,922	100	0.003
計	244,622	151,250	0.06
総計	418,008	637,300	0.15

注：（1）　単位＝1000人。*The World Bank Atlas*（1988）の数字による。
　　（2）　筆者の計算では0.809（%）。
（出所：Delval, Raymond, 1992, p. 291.）

大きな流れの一つである。東欧諸国からのユダヤ移民が本格化するのもこの頃からであり、一九三〇年代にはナチスのホロコースト（大量虐殺）を逃れたユダヤ人が到着した。

中東からの移民はオスマン・トルコ帝国のパスポートで入国したので、蔑視も含めて「トルコ人（turcos）」と総称された。そのほとんどは入国の際の申請書類から見るとマロン派などのキリスト教徒となっている。しかし、最近の研究によると、到着したアラブ人の間で、入国前に目的国への適応のプロセスがすでに始まっていて、宗教を変え、苗字をスペイン語やポルトガル語風に変える者が少なくなかったという。従来考えられていた以上のムスリムが入植したとみられるが、彼らもカトリック社会への同化に努力し、自らの信仰の実践には控え目であった。不況時には移民が制限されたが、一九四八年のイスラエル建国から数次の中東戦争を契機にパレスチナ人の移住が増えた。現在、アラブ系ラテンアメリカ人の中でムスリムは少数派であり、前表によればブラジルに約二三万人、アルゼンチンに七万人、ベネズエラに五万人が住む。

移住後のアラブ人は、大土地所有制社会の間隙を縫って、都市中間層として行商人となる者が多かった。同じ中東からの移住者が多いユダヤ人の場合も行商人から身を興しており、商業・流通面で先進的な中東からの移民のラテンアメリカへの経済的同化の原型となっている。ラテンアメリカのアラブ人とユダヤ人は商業活動を通じて接触し、友好的な関係を維持してきた。ともに行商から資本を蓄積して小店主や工場主になっていくが、貧しい人々に掛売りを行い、分割払いに応じることで購買力を掘り起こし、市場を拡大した。ついで製造業に進出して輸入代替工業化期のラテンアメリカ諸国でその担い手となった。二代目、三代目となると経済界のみならず専門職や文化面にも進出するが、アラブ系の場合、自己の利益と権利を守るために政治家を志す人が多い。

白人でも黒人でもないアラブ人は、国の白色化を望むラテンアメリカのエリートにとって望ましい移住者ではなかった。またイスラムの礼拝・宗教儀式・習慣などはカトリック社会になじみが薄かった。しかも「家族持ちの農業労働者」が移民の理想像であったので、単身で都市に住むアラブ人は風俗を乱すよそ者とされた。しかしラテンアメリカのカトリック女性と結婚することで、アラブ系の同化は促進される。商業活動従事者が多いことから、二〇世紀初頭には「生産しないトルコ人」がたとえばサンパウロ市では外国人の一割を占め、イタリア系に次ぐ数になり、エリートたちの警戒心を誘った。しかしこの「トルコ人」たちは教育熱心で独立心が強く、その旺盛な経済活動は地域経済に活気を与えた。

イスラム色を抑えてきたこれらアラブ系の人々の中に、一九七〇年代以降変化が起き始める。七三年の第四次中東戦争に際し、アラブ石油輸出国機構（OAPEC）は石油戦略を実施し、第一次石油危機の引き金を引いた。資源主権確立の動きは資源ナショナリズムへ発展し、冷戦期の国際政治を動かす大きな力となってラテンアメリカのアラブ系社会を活性化した。中東産油国から流れる潤沢なオイル・マネーによってラテンアメリカ各地にモスクやイスラム施設が建設され、イマーム（宗教指導者）やシャイフ（長老）がアラブ諸国から派遣される。ムスリムの第一・第二世代は信仰の維持よりも同化と社会への統合に関心を持ち、経済的社会的基盤作りに専念したが、第三世代になってイスラムへの回帰現象が起きている。七九年にイランで起きたイスラム革命の衝撃がその契機となったとみられる。

中南米諸国のイスラム・コミュニティ■

ラテンアメリカにおけるムスリム人口は正確には捉えにくいが、一六〇頁の表によれば一九八〇年代末で約六四万人であり、全人口の〇・一五%にすぎない。ちなみにユダヤ人口は六〇年代の約七五万人から、九五年の四三万人へと減少を続けているが、ムスリムとほぼ同規模である。

現在のムスリム共同体の歴史は浅く、古いものでも二〇世紀初頭に形成された。以下はアラブ系ムスリムが多い諸国の概観である（カリブ海地域については一五九～一六〇頁参照）。ラテンアメリカの中で最大のムスリム社会を擁するブラジルでは、ムスリムの数は統計によって二三～一〇〇万人と幅がある（アラブ系ブラジル人は一説で約七〇〇万人）。ラテンアメリカには約一〇〇のモスクがあるが、そのうちの約四〇がブラジルに集中している。ブラジルのムスリムは中南部に集中しており、ブラジル経済の中枢部サンパウロはイスラムの中心地でもある。信者の八割がレバノン系、一割がパレスチナ系で、大多数はスンニ派に属している。一九二九年に「ムスリム福祉協会」がサンパウロに設立され、ムスリム共同体の基礎を固めた。

アルゼンチンはアラブ移民がイタリア、スペインからの移民に次いで第三位を占めていて、その役割が大きい国である。ムスリム人口も六万人（一説では九〇万人）を超え、ラテンアメリカの中ではブラジルに次ぐ規模である。アラブ移民は首都ブエノスアイレスと北部諸州に入植したが、一九三〇年代にツクマン、メンドーサなどイスラムの核となる地域で一時活気が見られたものの、同化圧力と偏見によって六〇年代までにかなり減少した。しかし七〇年代に設立されたイスラム・センターはその復興の鍵となった。アルゼンチン最大のモスクであるファウド国王文化センターは、サウジアラビアの援助で二〇〇〇年に首都に建設され、イスラムの存在感を示すシンボルとなっている。メネム元大統領の母はムスリムであることを公にしていたが、預言者マホメットの直系と称するシリア移民の父は六〇年代にカトリックに改宗した。政治家を志したメネムも改宗したが、その息子（九五年没）はムスリムであった。メネムはネオリベラルな政策で経済再建に取り組んだが、その縁故主義が批判された。またアルゼンチンはラテンアメリカの全ユダヤ人口の半数（九五年に約二一万人）を擁する国で、二位のブラジル（一〇万人）を大きく引き離している。これはアルゼンチンが他の国々よりも宗教的に寛容で、政府が積極的移民導入政策をとったことによる。

ファウド国王文化センター。アルゼンチン最大のモスク。（ブエノスアイレス市、新開芳輝氏撮影）

ベネズエラはアルゼンチンに次ぐムスリム人口を擁する国であり、その四分の一は首都カラカスに集中している。石油輸出国機構（ＯＰＥＣ）の創設に主導的役割を果たしたベネズエラに対してアラブ産油諸国は外交的に親密な関係にあり、ムスリムへの支援も大きい。現代メキシコのイスラム世界との接触は、一八六三年、メキシコ征服のためフランスのナポレオン三世によって送り込まれた軍勢に、エジプトとアルジェリアから動員された約一五〇〇人の兵士が加わっていたことに始まる。アラブ系人口が少ないにもかかわらず社会的活動が目立つのはエクアドルである。主にレバノン移民が経済の中心地グアヤキルに定着したが、次第に政界に進出する。アラブ系のアブダラ・ブカラムはグアヤキル市長、ジャミル・マワはキト市長を経て、それぞれ短期間ながら（一九九六～九七年、九八～二〇〇〇年）大統領を務めた。

■課題と展望■

イスラムの最大の問題は同化現象への対応である。若い世代にムスリム復権の動きが見られるものの、圧倒的なカトリック社会に同化することで、ムスリムのアイデンティティは失われつつある。ムスリムの男性とラテンアメリカ（カトリック）女性との結婚が一般的であり、信者の勤めが行われなくなり、次世代に信仰が受け継がれないので、ムスリム・コミュニティの消滅が懸念されてきた。こうした動向に応えるために、ムスリムのための学校や図書館の充実、コーランや宗教書のスペイン語・ポルトガル語訳（すでにコーランについては幾種類もの訳があるが、誤りが多いといわれる）を増やすとともに、アラビア語やイスラム法の教育も欠かせない。ブラジルではサンパウロ大学などでアラビア語やアラブ文化について研究・教育が行われており、ラテンアメリカ文化の多様性を育んできた。またムスリム指導者の多くはエジプトのアズハル大学の出身者で、通訳を介して説教を行っている状態であり、指導者の養成、ムスリム組織の強化・交流・拡大が、布教・家庭教育などとともに必要であろう。

長い離散（ディアスポラ）の歴史から、ユダヤ人は母系中心の強い同族意識と熱心な宗教教育によって共同体を維持してきたが、カトリック社会の根強い反セム主義もあって、独裁制や軍政期に多くのユダヤ人がイスラエルや米国に亡命した。ユダヤ人口の減少傾向は、同化の進行に加えてこうした海外への流出が原因となっている。

ラテンアメリカ諸国は一九四七年の国連におけるパレスチナ分割決議に大きな役割を果たしたが、その後のイスラエルの武力による領土拡張政策に批判的となり、パレスチナとアラブ世界に共感を示してきた。ラテンアメリカ諸国の政府は概してイスラムに対して寛容であり、モスクの建設用地を無償で提供する場合もある。しかしメディアは、ムスリムの女性の権利が認められていないなど反イスラム的論調を掲げることが多い。

　政治面では地方自治体の州・市政府や議会、中央政府・国会へのアラブ系勢力の進出が目立つ。アルゼンチンのメネムはムスリムとしてではなく、ペロニスタ党（ＰＪ）を基盤にラ・リオハ州知事を経て、ナショナルな支持を得て国家の最高の地位に達した。しかも彼は大統領に就任すると、一九九四年の憲法改正の際に、憲法第二条の「大統領・副大統領候補はカトリック信者たること」という要件を「アルゼンチン生まれ」と改正することに成功した。旧異教徒の政治参加がアルゼンチンの政治的近代化を促進したといえよう。

　ラテンアメリカにおけるムスリム共同体は、教義やイデオロギーの面では伝統主義的なイスラム穏健派が主流である。歴史の古いイスラム国家に見られる教条主義者と改革派の軋轢や、近代派と原理主義者の対立も深刻ではない。亀裂があるとすればリビアのカダフィ大佐の革命路線をめぐる評価であったが、リビアとサウジアラビアの両国から同時に援助を受けている国も少なからずあって、決定的な対立軸となるものではない。ムスリムの国際組織として一九八七年に湾岸諸国の支援で「ラテンアメリカ・イスラム唱導協会」がサンパウロ近郊に設立され、毎年「ラテンアメリカ・カリブ海諸国ムスリム国際会議」を開き、交流を図っている。

　アルゼンチンで起きたイスラエル大使館爆破事件（一九九二年）やユダヤ人互助会ビル爆破事件（九四年）には国内外のイスラム過激派が関与したと見られており、真相究明中である。二〇〇一年の米国における同時多発テロののち、ファンダメンタリズムとイスラムが同義語として用いられ、ラテンアメリカのムスリム社会は世論やメディアからテロとの関わりを疑われるようになった。全ムスリムを代表する組織的メカニズムを欠いているので、ユダヤ社会の場合と異なり、メディアなどの攻勢に対して「ラテンアメリカのムスリム」として組織的に対応するまでに至っていない。イスラム諸国への依存度が高いラテンアメリカにおいて、今後はムスリム・コミュニティの自律的組織化が必要となるであろう。

結び■

　ラテンアメリカにおける制度に対する信頼感を問う世論調査によると、軍や大統領などの諸制度をはるかに抜いて、教会がトップを占めている（一九九六年に七六%、二〇〇三年に六二%。4章九三頁の表参照）。低落傾向にあるものの、ラテンアメリカにおけるキリスト教会の社会的地位と役割を改めて認識させる数字である。冷戦体制終焉後、それまで国内・国際政治を動かしてきたイデオロギーに代わって宗教の存在感と役割が大きくなっていることは、パレスチナ問題や「九・一一」以後の世界が物語っている。ではラテンアメリカにおける宗教、なかでもキリスト教会がその信頼に応えるために、何が求められているのだろうか。キリスト教会内のカトリックとプロテスタントの対立を克服することは容易ではないが、まずは政教分離と宗教上の平等を実現する必要があろう。また米国も国境を越えた反カトリック支援を控えるべきである。

　バチカンは過去にわだかまりがあったムスリムやユダヤ教徒との対話や相互理解を呼びかけてきた。キリスト教社会におけるマイノリティとしてのムスリムとユダヤ人は、国際政治の動向によって容易にスケープゴートとされがちであるが、その健在ぶりがラテンアメリカの民主主義と文明の共存を示す証になりうると思われる。

参考文献

●ラテンアメリカにおける宗教的多元主義の進展を示すものとして、最近はペンテコステに関する文献の出版が多い。その代表的なものが Cleary, Edward L. & Hannah W. Stewart-Gambino (eds.)(1997), *Power, Politics and Pentecostals in Latin America*. Boulder: Westview Press である。

●Burdick, John & W.E. Hewitt (eds.)(2000), *The Church at the Grassroots in Latin America: Perspectives on Thirty Years of Activism*. Westport: Praeger は民衆レベルのカトリック教会の動きを追い、Smith, Brian H. (1998), *Religious Politics in Latin America, Pentecostal vs. Catholic*. Notre Dame: University of Notre Dame Press はペンテコステとカトリック両派による政治的争点を明らかにしている。

●Peterson, Anna L. et al. (eds.)(2001), *Christianity, Social Change, and Globalization in the Americas*. New Brunswick: Rutgers University Press は米州におけるキリスト教と市民社会およびグローバル化研究の出発点となる論文集である。

●歴史的記憶の回復プロジェクト編／飯島みどり・狐崎知己・新川志保子訳（二〇〇〇）『グアテマラ虐殺の記憶――真実と和解を求めて』（岩波書店）については、本文一五二頁を参照。

●乗浩子（一九九八）『宗教と政治変動――ラテンアメリカのカトリック教会を中心に』（有信堂）はペンテコステとユダヤ人についての問題も扱っている。

●イスラムに関する研究は今後本格化することを期待したい。数少ない文献のうち Delval, Raymond（1992）, *Les Musulmans en Amérique Latine et aux Caraïbes*. Paris：Éditions L'Harmattan はカリブ海地域に全体の六割のページを当てている。

●Klich, Ignacio & Jeffrey Lesser（eds.）（1998）, *Arab and Jewish Immigrants in Latin America：Images and Realities*. London：Frank Cass はアラブ移民とユダヤ移民を比較しつつ、エスニックの面から分析している。

●日本における先駆的研究としては、水谷周（一九九八）「中南米におけるイスラーム——ブラジルを中心に」（『中東研究』七月号、中東調査会）がある。

●*Journal Institute of Muslim Minority Affairs* や *The Muslim World* 誌などに時折掲載される論文も役に立つ。

8章

低下しつつある労働運動の政治力

●松下　洋

一九八〇年代に本格化したラテンアメリカ諸国の民主化は、多くの国で政治勢力の間の力関係に抜本的な変化を引き起こしている。軍部の影響力の低下はその一例だが、かつては組織力と行動力（ゼネストなど）のゆえに軍部に次ぐ〝実力〟を有するとされた労働運動が政治力を低下させつつあることも重要な変化といえよう。そもそも六〇年代から七〇年代に軍政が相次いで登場したのも、一部の国では、強大な労働組合の影響力を抑えることがひとつの目的となっていたといってよいほどなのである。では、なぜ労働運動は近年、その政治力を低下させてしまったのであろうか。

それには、国際的な要因と域内の要因、また、それぞれの国の独特な事情が関わっていたことは間違いないであろう。まず、国際的要因としては、旧ソ連をはじめとする社会主義諸国の相次ぐ崩壊が挙げられる。社会主義圏の存在が労働運動にとって持っていた意義は冷戦の終結前からすでに低下していたが、ソ連や東欧社会主義諸国の相次ぐ崩壊は世界中の多くの労働者にある種の無力感を生み出していたといってよいだろう。さらに、先進国で起こっていた組織率の低下現象（都留、二〇〇二、五二〜三頁）がラテンアメリカでも生じ、それが労働運動の政治力を減退させていたことも否定できないことと思われる。

また、域内の多くの国に共通する要因としては、一九九〇年代から推進された新自由主義的経済政策の影響が重要である。たとえば、その一環をなす公共事業の民営化は、当該部門の労働者のリストラを伴い、雇用状態を悪化させる一因となった。また、雇用条件の緩和などを含む労働の柔軟化も、雇用関係において労働者の立場を弱くしている。関税率の引き下げによる国内市場の開放も、脆弱な国内工業を直撃し、工業部門の雇用減少を招いている場合が少なくない。こうした諸政策の相乗効果が、上述した組織率の低下をこの地域で引き起こしているといってよいだろう。そして、組織率の低下は、政府のさまざまな保護政策（年金や労災・失業保険など）に与《あずか》れない多くのインフォーマル・セクターを多数生み出しており、労働運動内部における〝持てる者〟と〝持たざる者〟との落差をますます拡大している。こうした状況の下では、労働者全体を団結させることが一層困難になっているのである。

さらに、一部の国では、労働運動の指導者が軍事政権の弾圧の犠牲者となり、民主化後の組織のあり方に癒しがたい傷痕を残したことも労働運動にとってマイナスとなっている。チリとアルゼンチンはその好例であった。

このように、労働運動の政治力を低下させている要因は多様だが、労働運動と政治との関係で注目されるのは、この地域の多くの国々で労働運動がポピュリズム（人民主義）を介して政治体制に編入され、政治力を高めてきたという事実である。ポピュリズムは一般に国家主導型の政策を遂行したため、「国家の後退」を意味する新自由主義政策が労働運動に深刻な負のインパクトを与えたのは当然だったであろう。このことに鑑《かんが》み、本章では労働運動がポピュリズムにいかに包摂されたかという歴史的経緯を明らかにし、そのことを踏まえて労働運動の政治力がなぜ低下しつつあるのかを検討することにしたい。なお、ここでいうポピュリズムとは、カリスマ的指導者の下で、社会正義と民族主義の実現を目指し、労働者や中間層など多階級的な支持を得た運動もしくは政権を指すものとする。

一　ポピュリズムによる労働運動の政治体制への編入

ラテンアメリカで労働組合の組織化が本格的に始まるのは一九世紀半ばであった。当時の労働組合は家内工業の労働者を中心にごく少数のメンバーからなり、互助組合にとどまるものが多かった。互助組合とは冠婚葬祭の折に相互に扶助し、組合独自の図書室などを設けて、組合員の知的活動の手助けをすることを主たる目的としていた。したがって、この時期の労働運動は、社会的意義をもってはいたが、政治的役割は皆無に近かったといってよいだろう。

その後、一九世紀末葉から戦闘的な労働組合がアルゼンチンやメキシコ、ブラジルなどで形成され、この時期の組織に大きな影響を与えたのがアナーキズム（無政府主義）だった。ただし、アナーキズムといっても、国家をはじめとしてあらゆる組織を否定するものから、組織としての労働組合だけは容認するアナーキズムに至るまでさまざまな系譜が存在した。そうしたなかで、ラテンアメリカの労働運動に浸透したアナーキズムは組織としての労働組合（シンディカート）の意義を認めるものが主流を占め、アナルコ＝サンディカリズムとも別称されている。そして、国家や国境を否定して徹底した国際主義を標榜したその路線は、労働者に占める外国移民の比率が高かったアルゼンチンやブラジルなどではかなりの支持者を得たのだった。しかしながら、直接行動も辞さないとするアナーキズムのその過激な戦術は、体制側に大きな脅威を与えたために厳しい弾圧を蒙《こうむ》り、多くの国で一九三〇年代頃までには、その影響力を徐々に失っていった。

アナーキズムが退潮に向かった後、労働運動のなかで大きな影響力をもったのは、サンディカリズムや共産主義、社会主義などであった。サンディカリズムとは、二〇世紀初めにヨーロッパ（とくにフランス）で台頭した労働運動の一潮流で、先述したアナルコ＝サンディカリズムとは異なり、政府や国家が労働者の利益にかなう限りにおいてはその存在を認めていた。ただし、労働運動が団結を維持するには政党による運動への介入を拒否すべきであるとし、政党政治からの中立性を堅持しようとした。これに対して、一九一七年のロシア革命などを契機として、各国に成立した共産党は自らを労働運動の前衛として位置づけ、労働運動への浸透を積極的に図った。社会党は両勢力の中間的な立場をとったが、政党の労組への介入を認める点では、共産党に近かった。このためロシア革命後、労働運動の指導権をめぐって、サンディカリスト系と共産党系（ないし、社会党系）が激しい抗争を繰り広げた国も少なくなかったのだった。

こうしたなかで、一九一〇年に始まるメキシコ革命は、先住民の権利の回復を含む社会正義の理念とナショナリズムを基盤とするポピュリズム型の社会改革プログラムを提示し、同国の労働運動を巻き込んだだけでなく、その改革理念は次第に他の国々の労働運動にも影響を与えていった。メキシコの労働運動が体制内に組み込まれたのも革命を通してであったが、後述するように、ウルグアイを例外として、他のラテンアメリカ諸国ではメキシコ革命後に労働運動がポピュリズムによって政治体制に編入されることになる。そのなかには、ペルー・アプラ党のように、明らかにメキシコ革命の影響を受けたポピュリズムも存在した。労働運動の政治体制への編入期に関しては、ここではコリアー夫妻の研究（Collier & Collier, 1991, p.102）に依拠して**表1**にまとめたが、八カ国いずれにおいても労働運動は、ポピュリズム、ないしはポピュリズム的要素をもった政治指導者を介して政治体制に編入されている。ただし、労働運動の政治体制への編入のあり方は、時期によっても国によっても、少なからず相違していた。そこで、八カ国それぞれについて、簡単に政治体制への編入過程を概説しておこう。

ウルグアイとメキシコ：先駆的事例■

表1によれば、ラテンアメリカで最も早く労働運動が政治体制に編入されたのはウルグアイであった。同国では一九〇三年に、大統領に就任したホセ・バジェが労働者に対して数々の保護政策を打ち出したことから、この年が労働運動が政治体制に編入された年とされている。一九世紀末に在欧し、労働運動やアナーキズムの台頭に苦しむヨーロッパの姿をつぶさに見た彼は、早くから労働者保護の必要性を唱え、大統領在任中（〇三〜〇七、一一〜一五年）に、労働立法の制定や福祉国家の実現に努めた。

表1　労働運動の政治体制への編入の時期

ウルグアイ	1903年
メキシコ	1917年
チリ	1920年
コロンビア	1930年
ブラジル	1930年
ベネズエラ	1935年
ペルー	1939年
アルゼンチン	1943年

出所：Collier, Ruth Berins & David（1991）, p.102 の一部を抜粋。

また、外国資本の経営する銀行や保険事業、鉄道を部分的に国有化するなど、民族主義的政策も実施した。その意味でラテンアメリカにおけるポピュリストの先駆者といえるだろう。バジェは大統領職を退いたあとも、政界に隠然たる影響力を保持し、彼がコロラド党の指導者であったことから、労働運動は永くコロラド党との結びつきを維持することになったのだった。ただし、後述するように、両者の間に強い絆が存在したわけではなかったし、一九五〇〜六〇年代に国を襲った経済・政治危機のなかで、労働運動は次第にコロラド党を離れ、左翼勢力との関係を深めてゆく。

ウルグアイについで、メキシコでも一九一〇年代、メキシコ革命によって引き起こされた混乱のなかで労働運動の政治体制への編入が実現されている。革命の勃発後、組織労働者は「赤色旅団」と呼ばれる軍事組織を結成して護憲派のベヌスティアーノ・カランサを支持したが、戦闘的労働運動の高まりに脅威を抱いたカランサによって、赤色旅団は解散を余儀なくされた。それでも、カランサの制定した一九一七年憲法では、八時間労働をはじめとして数多くの労働者の権利が認められていた。表1でメキシコにおける労働運動の政治への編入が一九一七年となっているのは、

ペロン復活後の、アルゼンチン労働者によるペロン政府支持のデモ（1946年）。大規模な大衆動員はペロン政府の常套手段だった。

このことに由来する。

しかも、こうした経緯が物語るように、メキシコでは労働運動を政治体制内に包摂したのは、ウルグアイのコロラド党のような伝統的政党ではなく、革命の中から生まれた政治運動だった。そうした革命の理念を政治の場で具体化するために二九年に国民革命党（PNR）が結成され、PNRはラサロ・カルデナス大統領（在任一九三四～四〇年）の下で三八年にメキシコ革命党（PRM）に改組され、さらに四六年には制度的革命党（PRI）となり、以後二〇〇〇年まで一貫して政権の座にあった。労働運動も三六年にメキシコ労働者連合（CTM）を結成してカルデナス政権を支え、さらに四六年にPRIが結成されてからは農民、一般の部会と並ぶ労働部会の中心勢力として支配体制の一角を担ってきた。PRIとの結びつきは今日まで維持されているといってよい。

ブラジルとアルゼンチン：上からのポピュリズムへの編入■

メキシコのカルデナス期とほぼ同じ時期にブラジルでも、労働運動がジェトゥリオ・ヴァルガスの創始したポピュリズム（ヴァルギスモ）を通して政治体制に編入された。表1でブラジルが一九三〇年となっているのは、ヴァルガスが無血クーデターを成功させて政権を掌握した年を指しており、彼は労働省を新設して労働立法の制定などに力を入れ、労働者を支持基盤とする支配体制の確立に成功する。その一方で国家主導型の経済開発を推進し、鉄鋼業などの育成を図った。その意味で、彼の支配体制は民族主義と社会正義とを組み合わせた典型的なポピュリズムといってよい。ヴァルガスは、四五年に大統領を辞するが、五一年に復帰し、五四年に軍の反対に直面して自殺を遂げるまで、労働者を最大の支持者とする独自の体制を構築した。その後も労働者はヴァルガスの衣鉢を継ぐジャニオ・クワドロスを支持したが、ヴァルガス自身は独自の政党も労働運動も制度化するに至らなかったために、その理念を継承する組織は残らなかった。

アルゼンチンでは一九四三年六月四日に起きたクーデターの首謀者の一人だったフアン・ドミンゴ・ペロン大佐が、同年一〇月国家労働局長に就任してから、労働者に対するさまざまな保護政策を実施し、多くの労働者から熱烈な支持を獲得した。しかしながら、あまりに労働者寄りのその政策は軍内部の反発を招き、四五年一〇月公職を解かれ、軍によって監禁状態におかれた。ところが、彼の失脚が自らの権利の喪失につながると見た労働者は、一〇月一七日にアルゼンチン史上未曾有《みぞう》の大規模なデモを大統領官邸前の五月広場で敢行し、ペロンの釈放を勝ち取った。この事件を機にペロンは一躍労働者の利益を代弁するリーダーとなり、四六年二月の大統領選で大勝を博した。以後五五年に失脚するまで、労働総同盟（CGT）に結集した労働者の支持をバックに、独裁的支配体制を敷き、社会正義（労働者の保護）と民族主義（経済的自立と自主外交）を軸としたペロニズムと呼ばれる独自のポピュリズム型支配を続けた。なかでも、一〇月一七日事件の直後に結成された労働党を中心に四七年に創始されたペロニスタ党（PJ）は、労働者を支持基盤とするポピュリスト政党として国内最大の政党へと成長を遂げることになる。

ポピュリズムと労働運動との協調の挫折：チリとコロンビア■

今まで見た四カ国をポピュリズムとの関係から大別すると、伝統的政党からポピュリズムが誕生したウルグアイを除くと、メキシコ、ブラジル、アルゼンチンでは、労働運動の政治体制への編入に伴って、新たな政治運動がポピュリズムとして誕生している。表1に記載されている他の四国がそれぞれどちらのタイプに近いかを見てみると、チリとコロンビアではウルグアイに似ており、伝統的政党の中から派生したポピュリズムによって労働運動が政治体制に包摂され、ペルーとベネズエラでは、伝統的政党とはやや距離を置いたところで誕生したポピュリスト政党によって包摂されている。その一方で興味深いのは、伝統的政党から派生したケースでは、すでに触れたウルグアイと同様に、チリとコロンビアでもいずれも長期的に見た場合には政党と労働運動との結びつきが失敗に終わっていることである。まずチリでは、一九二〇年の選挙で地主層中心の寡頭支配体制を批判した自由党のアルトゥーロ・アレサンドリが勝利した。大統領に就任した彼は労働者に対する保護政策の実現を図るが、保守派の支配する議会と衝突し、二四年に任期半ばで辞任した。それでも、在任中に労働法を制定させており、「自由主義的ポピュリスト」とも評されている(Drake, 1978, p.12)。その後、二七年に大統領に一時復帰し、三二~三八年にも大統領を務めたが、三〇年代の政策には改革的要素が薄れ、中間層や労働者の支持を失った。その後軍人出身のカルロス・イバニェス・デル・カンポがアルゼンチンのペロン政策を模したポピュリズムを試みたが、労働運動に浸透せず、労働運動は共産党や社会党によって牛耳られた。チリの場合には議会制度が比較的早くから確立されていたことが、左翼政党にその影響力の保持を可能にし、結果的にポピュリズムと労働運動との結びつきを難しくしたといってよいだろう。

コロンビアでは政治体制への編入が一九三〇年に始まっているが、この年、五〇年間にわたって野党の立場に甘んじていた自由党が初めて大統領選で勝利を収めた。自由党のエンリケ・オラヤ・エレーラ政府は当時高まっていた労働攻勢に対処するために、国民的大同団結をモットーにした政策を進めたが、国民的融和を重視しすぎたために、その社会政策は保守派と妥協した不徹底なものにとどまった。ただし、その政策は同じ自由党のアルフレド・ロペス政権(三四~三八年)に引き継がれ、彼は経済の自立化や、福祉国家の実現を目指し、労働運動も積極的にロペス政権を支えた。しかしながら、二期目の大統領時代(四二~四六年)には批判が強まり、改革を実現できぬまま、任期を一年残して退陣している。その後自由党内では、ホルヘ・エリエセル・ガイタンに率いられた進歩派が労働運動との連携を強めるが、四八年の彼の暗殺をきっかけとして、ボゴタッソ(ボゴタ市の騒動の意)が勃発し、それが全国に飛び火してビオレンシア(暴力)と呼ばれる内乱に発展した。内乱は軍人のグスターボ・ロハス・ピニーリャ大統領(五三~五七年)の下で沈静化し、彼はペロンに似た労働者保護政策を打ち出したが、労働者の広範な支持を得るには至らなかった。ロハス・ピニーリャの支配に反発した自由党と保守党は、政権を両党で交互に分担することを骨子とした国民戦線を組織し、五八年に同戦線を発足させた。労働組織も国民戦線を支持し、七〇年の大統領選でロハス・ピニーリャが三九%の得票率を得て国民戦線に肉迫したときも、労働者の多くは彼に背を向け続けた。こうして、コロンビアでは労働運動はポピュリズムとの関係が希薄となっただけでなく、自由党や共産党とも疎遠となり、政党からは自立的な方向を辿っていくことになる。

ポピュリスト政党と結びついた労働運動：ベネズエラとペルー■

上記六カ国とは異なり、ペルーとベネズエラではそれぞれペルー・アプラ党（ＰＡＰ）とベネズエラ民主行動党（ＡＤ）というラテンアメリカを代表するポピュリスト政党により、労働運動の政治編入が実現されている。ベネズエラではフアン・ビセンテ・ゴメスの長期独裁体制に終止符を打って一九三五年に大統領に就任したエレアサル・ロペス・コントレーラスが労働運動に寛大な政策をとったことに呼応し、組織労働者は翌三六年にベネズエラ労働同盟（ＣＴＶ）を結成した。共産党と非共産党系の左翼政党も同年ベネズエラ選挙革命組織（ＯＲＶＥ）を結成した。この組織は翌年民主国民党（ＰＤＮ）という政党に改組され、四一年に民主行動党（ＡＤ）と改称している。そして、以後ＡＤはＣＴＶの支持に支えられながら、労働者を主要な支持基盤として勢力を拡大し、ラテンアメリカでも有数のポピュリスト政党へと成長を遂げるのである。

一方、ペルーでは一九三〇年にアウグスト・レギーアの独裁政権が崩壊したのを受けて翌三一年に実施された総選挙で、ビクトル・ラウル・アヤ・デ・ラ・トーレの指導するＰＡＰが初めて国政選挙に打って出たが、二位に甘んじた。しかし、この選挙結果を不満とした同党が翌年武装蜂起を企て（トルヒーヨ事件）、軍も弾圧をもって臨んだために、三〇年代のペルーはＰＡＰをめぐって支持派と反対派が鋭く対立した。そうしたなかで、三九年に大統領に就任したマヌエル・プラド（～四五年）は、ＰＡＰや共産党との融和に努め、労働組合の結成にも理解を示し、四四年にはペルー労働総同盟（ＣＴＰ）が組織された。ＣＴＰ内部では共産党とＰＡＰが主導権争いを演じるが、次第に後者が有力となり、プラドの第二期大統領時代（五六～六二年）に、ＰＡＰを介した労働運動の政治体制への編入が一層促された。

このように、ペルーとベネズエラの二国では、労働運動はポピュリスト政党を介して政治体制に編入されたが、両党とも政権の座にあって労働者を包摂したわけでもなく、むしろ、労働運動の主導権をめぐって左翼政党と競合しながら、勢力の拡大を図った。いいかえれば、両党は国内で労働運動との関係においては、ライバル政党との競争にたえず直面していたのであり、アルゼンチンのペロニスタ党やメキシコのPRIのように、労働運動にほぼ一元的な支配力を行使するには至らなかったのだった。

以上見たように、ここで取り上げた八カ国においては、二〇世紀の前半にさまざまな形態を経て、労働運動がポピュリズムを通して政治体制に編入されていった。そして、ポピュリズムが政権に就くと、国家主導型の諸政策が労働者に恩恵を与えることになった。国家主導型の輸入代替工業化政策は、雇用を創出するのに役立ったし、公共事業（鉄道や電力など）や主要産業（石油や製鉄など）の国有化政策は、これらの部門の労働者の組織率を高め、当該産業の労働組合は国内で有数の組織へと成長した。つまり、労働者はポピュリスト政権の極めて重要な受益者だったのである。ただし、それにもかかわらず、労働者がことごとくポピュリズムを支持したわけではなく、チリやベネズエラ、ペルーの事例が示しているように、ポピュリズム以外の政党を支持する場合もあった。ともあれ、上記八カ国はいずれも、第二次大戦の終了時までに、労働運動の政治体制への編入を開始していたことは明らかだった。そして大戦後は、多くの国で国策として輸入代替工業化が進められるなかで、労働者は数的に増大しただけでなく、ポピュリスト政党、ないしは共産党などの左翼政党との結びつきを通して、政治力を著しく高めたのだった。この事態は保守派に深刻な脅威を与え、とくに、一九五九年のキューバ革命の成功は、そうした脅威を一層現実味のあるものにした。六〇年代から七〇年代にかけて数多く出現した軍政が労働運動にも弾圧の矛先を向けたのはこのためといってよい。もっとも、弾圧の実態は国によってさまざまだった。ここでは労働運動を厳しく弾圧したとされる官僚的権威主義体制（BA、Bureaucratic Authoritarianism）と総称されるタイプを中心に、軍政下の弾圧が労働運動にいかなる影響を与えたかを見ておきたい。

二　軍政下での労働運動に対する弾圧

BA体制については序章でも紹介されているが、一九六〇年代半ばから八〇年代にかけて、ブラジルやアルゼンチンなどに出現した軍政を指す。両国の軍政は、輸入代替工業化の終焉を受けて一層高度な工業化を実現するために、外資の導入を図った。そのために、外資の求めるオーソドックスな経済政策を遂行し、そうした政策に反対する労働運動を厳しく弾圧した。もっとも、BA体制のなかでも弾圧のレベルはさまざまで、アルゼンチンの場合にはBA第一期（六六～七三年）と第二期（七六～八三年）では大きく異なっていた。第一期では個別の労働組合が軍の干渉（監督）下に置かれることはほとんどなかったのに対して、第二期には七六年三月のクーデター直後に労働総同盟（CGT）が軍部の干渉下に置かれたのを皮切りに、五月末までに四五組合が干渉下に置かれた（Munck, 1998, p.66）。それだけでなく、軍政下の人権抑圧の犠牲者となる労働者も続出した。ある研究によれば、七五～八二年にかけ、行方不明もしくは拉致されたとみなされる七七八五名のうち、労働者は三七八四名と全体の四八・六％にも達していた（Fernández, 1985, p.57）。チリでも、七三年にサルバドル・アジェンデの人民連合（UP）政府を打倒した軍部が、ピノチェト将軍の指導の下で、人民連合を構成していた共産党や社会党などの左翼政党を徹底的に弾圧しただけでなく、労働運動も厳重に取り締まった。この結果、軍政前には三二・六％を誇った組織率は急速に低下し、八三年には九％にまで低下していた（Drake, 1996, p.146）。

この二国とは対照的に、弾圧の程度が比較的軽微にとどまったのがブラジルだった。ブラジルではBA体制が二一年間に及び、いわゆるこの種の軍政としては南米で最長だったが、厳しい弾圧が試みられたのは、一九六七～七八年にかけてだった。この間に、軍事政権は六七年に国家安全保障法、翌年に軍政令第五号を発布して、反対派を厳しく取り締まった。この結果、一部の政治家とともに労働運動指導者のなかにも逮捕者が相次いだ。それでも、拷問や拉致といった処遇を受けた指導者は少数だったし、七八年以降は民主化への動きが急ピッチで進行し、長期間に及んだ割に弾圧は比較的穏便だった。

ウルグアイのBA体制は、弾圧のレベルではアルゼンチン・チリ型とブラジル型との中間だったといってよい。すでに見たように、バジェの指導の下で、ウルグアイでは労働運動が二〇世紀初頭に政治体制内に編入されており、伝統的にバジェの衣鉢を継ぐコロラド党との関係が深かった。しかし、チリやアルゼンチンに比べると政党との結びつきはさほど顕著ではなかった。むしろ、政府との直接交渉により、その利益を確保しようとする傾向が強く、労使交渉の際にも政府に仲裁を求める場合が多かった。しかしながら、一九六〇年代に入って国の根幹をなす農牧業の停滞に伴う経済危機が深刻化するにつれ、労働運動も政党との関わりを徐々に深めざるをえなくなってくる。すなわち、労働運動は、六六年に共産党を中心に全国労働センター（CNT）が結成されたことを機に闘争性を強め、一部はゲリラ組織ツパマーロスらが組織する「拡大戦線」を支持した。このため、七〇年代の初めから、ツパマーロスとともに、労働運動も弾圧の対象とされ、七三年二月の国会閉鎖によりBA体制が確立されてから、一層弾圧は厳しくなった。それでも、政府の弾圧による死者も行方不明者もアルゼンチンよりはるかに少なかったし、八〇年代に入ると政党活動が大幅に自由化されるにつれて、労働運動も徐々にその権利を回復していった。したがって、BA体制の出現が労働運動に大きなマイナスになったことは否定できないものの、そのインパクトはアルゼンチンやチリに比べれば少なかったといえよう。

なお、軍政期の経済政策も労働運動に悪影響を与えた。同じBA体制のなかでも、ブラジルとウルグアイではむしろ工業化が進んだが、チリとアルゼンチン（とくに第二期のBA）では逆だった。両国では、市場開放を軸とする経済政策がそれまで高関税で保護されていた非効率な国内工業を国際競争にさらし、脆弱な工業部門を弱体化させ、工業部門の雇用人口を減少させた。たとえば、アルゼンチンでは一九七四〜八五年にかけ、工業部門労働者がブエノスアイレス市周辺の首都圏で三二・五％減少したのに対し、商業部門の雇用人口は逆に五・一％も増加していた。全国的に見ても、工場数と工業人口がそれぞれ一一・六％と一〇・九％減少した一方で、商業部門の店舗数と雇用人口はそれぞれ一三・〇％と一八・三％も増えていた（Beliz, 1988, p.217）。アルゼンチンでは雇用面で工業部門の衰退と商業部門の拡大が起こっていたのである。

チリでも、軍政下の新自由主義的政策の結果として、工業部門の萎縮と商業部門の拡大が起こっていた。労働者全体の中で工業部門労働者の占める割合は一九七二年の一九・一％から八五年には一三・八％に低下したのに対して、商業労働者の比率は一二・五％から一八・四％へと上昇していた（Epstein, 1989, p.78）。こうした脱工業化現象がただちに労働運動に悪影響を与えたわけではなかったが、工業や建設業は伝統的に組織率が高く、商業部門は低かった。

したがって、脱工業化は「一部の労働者の個人的状況を改善したものの、〔それによって〕労働運動はその影響力を喪失したのだった」(Drake, 1996, p.38)。

なお、ここで検討の対象としている八カ国の中で、ペルーも一九六八〜八〇年にかけて軍政を経験している。「ペルー革命」とも称されるその軍政は農地改革を含む広範な社会改革を実現し、労働者共同体の創設などをはじめとして、労働者の利益を重視した。そうした意味では、労働者の抑圧を重要な政策上の柱としたBA体制とは異質だったが、共産党系労組を弾圧しただけでなく、経済政策の失敗によって国を未曾有の混乱に陥れ、労働組織に深刻な影響を与えたのだった。

以上見たように、軍政下の労働運動がその政治力を弱めたことは否定できないが、労働者側が手をこまねいていたわけではない。ブラジルでは一九七八年から、サンパウロ州の金属労組を中心とした賃上げ要求の運動が民主化を求める政治運動へと発展し、八〇年には労働者党(PT)を結成するに至る。この運動を指導したルイス・イナシオ・ルーラ・ダ・シルヴァ(ルーラ)は、民主化と生活の向上を求める大衆から支持を受け、ついに二〇〇二年の大統領選で勝利し、二〇〇三年一月に大統領に就任した(5章参照)。アルゼンチンでも、第一期のBA体制下において、軍政に反対する労働者が六九年五月にコルドバ市を中心に抗議運動(コルドバッソ)を展開し、それが軍政の威信を失墜させ、七三年の一時的な民政移管につながった。第二期のBA体制下でも、八二年三月に政党などと協調した反政府抗議運動が大きな広がりを見せ、国民の批判をそらそうとした軍部が四月初めにフォークランド(マルビナス)諸島奪還作戦を開始し、その敗北が民主化を促す決定的要因となったのだった(Matsushita, 2002, pp.236-8)。その意味では、労働運動が民主化を早めた功績は大きかったといえよう。チリでも八〇年代初めに経済危機に見舞われると、労働運動もそれまでの低姿勢を改めて軍政への批判を開始し、八三年五月に、全国労働司令部を中心に展開された大規模なデモは、軍政への批判に口火を切った事件として重要である。これらの事例が物語るように、労働運動が民主化の実現に果たした役割は決して少なくなかったのである。

三　民主化後の新自由主義的経済政策と労働運動：ネオポピュリズムとの関係を中心に

一九八〇年代に本格化するラテンアメリカの民主化は、労働運動にとってはその活動が全面的に許され、本来の機能を発揮する機会がようやく訪れたことを意味していた。実際、民主化後ストライキ件数は一般に増加傾向にあった。しかしながら、民主化後も労働運動は依然として経済的にも政治的にも数々の制約を受けていたことも事実だった。経済的には八〇年代のラテンアメリカは、「失われた一〇年」という言葉に象徴されるように、経済が深刻な停滞期にあり、労働者はたえず失業の危険と隣り合わせだった。政治的にも労働運動が過激な動きを見せることは、政情不安を惹起し、新たな軍部の政治介入を招く危険があった。おそらくはこうした配慮もあって、政治的色彩の濃いゼネストは回避される傾向があった。アルゼンチンで、民主化後の最初の文民政権だった急進党（UCR）のラウル・アルフォンシン大統領時代（八三〜八九年）に、ペロニスタの牛耳るCGTが一三回ものゼネストを敢行したのはむしろ、例外的なケースだった。

そうした受身の労働運動をさらに守勢に立たせたのが、一九八〇年代末から九〇年代にかけて、多くの国々で新自由主義的政策が広範に実施されたことだった。その実施の程度や規模などは国によってかなりの相違があったが、それが労働運動にマイナスに作用することが多かったといってよいだろう。たとえば、民営化は国営企業の公務員の削減につながり、失業率の増加やインフォーマル・セクターの拡大を招いていた。国営部門の労働組合は、それぞれの国で労働運動の中核を占めることが少なかったので、労働運動の闘争性にも大きな打撃を与えていた。さらに、市場開放に伴う国内工業部門への悪影響は、工業雇用人口の低下や組織率の低下を招いていた（表2）。このように、新自由主義的政策は労働運動にマイナスの影響を与えかねないにもかかわらず、近年のラテンアメリカで注目されるのは、ポピュリスト政党（労働者の支持依存型の政党）によって、あるいは、ポピュリスト政党とは無縁だがポピュリスト的手法を用いた人物によって、新自由主義的政策が実施されてきたことである。前者の例としては、カルロス・サリナス大統領時代（八八〜九四年）のメキシコのPRI、カルロス・アンドレス・ペレス大統領時代（八九〜

表２　労働運動の組織率（1970／90年代）

国名	1970年代			1990年代
	組織人口（年）	労働人口（年）	組織率（%）	組織率（%）
アルゼンチン	2,532,000（'64）	7,524,469（'60）	33.6	32.0
ボリビア	202,550（'64）	1,736,900（'60）	11.6	
ブラジル	1,952,752（'74）	29,557,224（'70）	6.6	16.8（全体） 17.4（都市部）
コロンビア	1,246,800（'64）	5,134,125（'64）	24.3	10.4
コスタリカ	14,543（'64）	395,273（'60）	3.7	
キューバ	1,510,075（'64）	1,972,266（'60）	76.6	
チリ	850,000（'71）	2,607,360（'70）	32.6	13.2
ドミニカ共和国	67,875（'64）	820,710（'60）	8.3	
エクアドル	112,718（'64）	2,220,800（'74）	5.0	
エルサルバドル	27,008（'64）	807,092（'61）	3.3	
グアテマラ	17,510（'64）	1,317,140（'64）	1.3	
ハイチ	5,230（'64）	1,747,187（'50）	0.3	
ホンジュラス	27,102（'64）	567,988（'61）	4.8	
メキシコ	3,437,418（'71）	12,955,057（'70）	26.5	
ニカラグア	20,200（'64）	474,960（'63）	4.3	
パナマ	19,369（'64）	336,969（'60）	5.7	
パラグアイ	54,000（'64）	586,415（'62）	9.2	
ペルー	550,000（'74）	3,871,613（'72）	14.2	7.1（全体） 35.0（リマ首都圏）
ウルグアイ	197,916（'64）	1,012,267（'63）	19.5	
ベネズエラ	1,590,429（'64）	3,014,674（'71）	52.7	
合計	14,435,495	78,660,489	18.3	

＊鉱業を含む。

出所：1970年代のデータは、Katzman, Ruben & José Luis Reyna（eds.）（1979）, *Fuerza de Trabajo y Movimientos Laborales de América Latina*. México： El Colegio de México, p. 209. 1990年代のデータは、Wilkie, James W.（ed.）（2001）, *Statistical Abstract of Latin America*, Vol.37. Los Angeles： UCLA Latin American Center Publications, University of California, p. 366.

九四年）のベネズエラのＡＤ、メネム大統領時代（八九〜九九年）のアルゼンチンのペロニスタ党を挙げることができる。後者の例としてはペルーのアルベルト・フジモリ政権（九〇〜二〇〇〇年）やベネズエラのウーゴ・チャベス政権（九九年〜）がある。これらの政権は、古典的ポピュリズムとは異なり、社会正義や民族主義を唱えず、むしろ外資との協調を目指しており、ネオポピュリズムと呼ばれている（ただし、チャベス政権は民族主義的主張を掲げている）。また、古典的ポピュリズムが大衆迎合的なバラマキ政治を行ったとすれば、ネオポピュリズムは債務問題で国際通貨基金（ＩＭＦ）と協調する必要などから放漫な財政支出を避けざるをえないことも大きな相違点といえよう。いいかえれば、ネオポピュリズムとは安上がりのポピュリズムであり、財政支出に大きな制約が課されているのである。それだけに、財政以外の手段で大衆を吸引しようとする傾向が強い。フジモリが「勤勉、正直」といった日系移民の徳をアピールしたことや、メネムがマラドーナとサッカーに興じて大衆の人気を得ようとしたのは、その好例だった。

この種のネオポピュリズム型駆け引きがどれだけ労働者の支持をつなぎとめるのに役立ったかは不明だが、組織労働者の支持に依存するネオポピュリズム政権の下で、労働リーダーたちの対応は一様ではなかった。アルゼンチンやメキシコでは労働中央組織（CGTとCTM）がネオポピュリズム（メネムとサリナス政権による）を基本的には支持していたのに対して、ベネズエラではADのペレス政権のネオポピュリズムに反対した。また、既存の政党を批判して政権に就いたフジモリやチャベスのネオポピュリズムに対して、中央労働組織は基本的に反対だったが、未組織の労働者は支持を与えた。

　このように、ネオポピュリズムに対する労働運動の対応は多様だったが、ではこの多様性をどう理解したらよいのであろうか。ここでは、アルゼンチンの政治学者ムリーリョの解釈（Murillo, 2002）を単純化して説明してみよう。彼女は、組織労働者依存型の政党から生まれたネオポピュリズムでは、労働リーダーの態度の決定には党への忠誠心や、ライバル政党の有無、労組内における自らのリーダーシップを脅かすライバルの存在などが大きな影響を与えると見ている。そして、自党の政権が新自由主義政策をとった場合に、強力なライバルとなる政党もリーダーもいなければ、労組指導者は党への忠誠心からその政策を支持するが、ライバル政党や指導者がいる場合には、新自由主義政策が労働者に犠牲を強いることが明らかであるだけに、リーダーとしての自らの地位を失わないためにはそれに反対せざるを得なくなるという。実際に、ADに対抗する勢力としてCausa R《カウサR》（急進正義党）が存在したベネズエラでは、中央組織は新自由主義に反対したし、逆に対抗勢力が弱かったアルゼンチンやメキシコでは、党への忠誠から労働運動の指導者は新自由主義政策を支持したとされる。

　ムリーリョは、政党に依拠しないネオポピュリズムにおける労組の態度については解釈を慎んでいるが、彼女の説明枠組を用いれば、党派的忠誠を示す必要がない分だけ、労働リーダーが新自由主義政策に反対するのは当然だということになるであろう。実際、ペルーでは一九九〇年の選挙でフジモリを支持した主要労組は、フジモリが新自由主義政策を打ち出すと反対に回ったし、ベネズエラでも組織労働者はチャベスの政策が未組織の労働者に有利な政策を展開していることを批判して、政権に反対する姿勢をとった。ただし、この視座では、下層の労働者大衆が新自由主義政策をとるフジモリ政権を支持した理由は明らかにできないのである。

この点で、一九三〇～四〇年代のポピュリズム（とくにペロニズム）を説明するために、ジノ・ジェルマーニが提起した「動員と統合の非共時性」という枠組を想起するのも無駄ではないように思われる。彼は、当時のアルゼンチンで農村から首都圏へと急激な人口移動（動員）が起こっていたことに注目し、彼らの多くが都会生活にも工場労働にもなじめずに、統合されない状態に置かれたために、上からの操作に追随しやすい「操作されやすい大衆」を形成し、ペロニズムに吸引されたとした（松下、一九八七、第一章）。この見方は、旧来の労働運動指導者のなかにもペロニズムを支持したグループが存在したという事実を無視したとして後に批判を浴びるのだが、移動労働者がペロニズムを支持したことを説明する枠組としては今日なお妥当性を持っている。そして、この枠組に従えば、非政党型のネオポピュリズムとして始まったフジモリ政権やチャベス政権がインフォーマル・セクターを構成する下層大衆によって支持されているのは、彼らが旧来の政党からも労働組合からも無視され、社会的に排除されていることへの反発として解釈することも可能であろう。しかも、インフォーマル・セクターはグローバリゼーションの進行に伴って多くの国々でますます増加の一途をたどっている。とすれば、今後もインフォーマル・セクターを中心に、既存の労働運動や政治体制を批判する動きが活発化する可能性も決して小さくないように思われる。アルゼンチンにおいて、失業者が組織化し、道路封鎖などの戦術によって体制批判を繰り返しているのは、既存の労働組織からは距離をおいたところから発生している新しい労働運動

アルゼンチンの道路封鎖運動。1990年代後半から頻繁に繰り返されている新しい労働運動。失業者などを中心に、幹線道路や橋梁を封鎖し、雇用の拡大や貧困手当などを要求。

の一例と見ることもできるであろう。

結び■

この章では政治勢力としての労働運動の意義を国家主導型のポピュリズムとの関係から歴史的に展望して見た。それによって、国家の役割を減じようとする新自由主義的政策がラテンアメリカの労働運動を根底から揺さぶっている事実の持つ意味が明瞭になるのではないかと考えたからである。もちろん、労働運動の政治的意義はポピュリズムとの関連にとどまるものではないが、本章を通して、ポピュリズムと結びついて政治力を高めた労働運動が、新自由主義政策が進行する中で政治力を減じつつあること、さらに、労働運動内には以前は、アナーキズム、共産党、サンディカリズムなどのさまざまな潮流が「水平的」に対立していたのに対して、近年はインフォーマル・セクターや失業者の増加に伴って「垂直的」な階層化が生じつつあることは、すでに明らかにされたであろう。このことは、政治勢力としての労働組合の政治的役割が消滅したことを意味するものではないが、グローバリゼーションの潮流のなかで、新自由主義的政策が継続する限り、労働運動にとってなお当分は冬の時代が続くことは間違いないようである。

参考文献（データなどに利用したものは解題を付していない）

●Beliz, Gustavo（1988）, *CGT, el otro poder*. Buenos Aires : Planeta.

●Collier, Ruth Berins & David（1991）, *Shaping the Political Arena : Critical Junctures, The Labor Movement, and Regime Dynamics in Latin America*. Princeton : Princeton University Press. ラテンアメリカにおける労働運動の政治的意義を歴史的に明らかにした労作。

●Drake, Paul W.（1978）, *Socialism and Populism in Chile, 1932–52*. Urbana, Chicago & London : University of Illinois Press. チリの社会党の歴史を詳述。

●――――（1996）, *Labor Movements and Dictatorships, The Southern Cone in Comparative Perspective*. Baltimore & London : Johns Hopkins University Press. 軍政期の労働運動をチリ、アルゼンチン、ブラジル、ウルグアイの四カ国について比較したもの。

●Epstein, Edward C.（ed.）（1989）, *Labor Autonomy and the State in Latin America*. Boston : Urwin Hyman.

●Fernández, Arturo（1985）, *Las prácticas sociales del sindicalismo*. Buenos Aires : Centro Editor de América Latina. 一九七六年に始まるアルゼンチンの軍政期における労働運動の実態を明らか

にしたもの。

●松下洋（一九八七）『ペロニズム、権威主義と従属』有信堂。第一〇章で、労働運動のペロニズムへの接近を分析。第一一章では、ブラジル、メキシコ、アルゼンチンにおける労働運動とポピュリズムとの関係を比較。

●Matsushita Hiroshi（2002）, "Las organizacioes sindicales y relaciones laborales," Academia Nacional de Historia（Argentina）, *Nueva Historia de la Nación Argentina*, Tomo 9. Buenos Aires : Planeta, pp. 213–243. 一九一四〜八三年に至るアルゼンチン労働運動を概説。

●Munck, Geraldo（1998）, *Authoritarianism and Democratization, Soldiers and Workers in Argentina, 1976–1983*. University Park, Pennsylvania : The Pennsylvania State University Press. アルゼンチンにおける軍政下での労働運動を政治学的に分析。

●Murrillo, María Victoria（2002）, *Labor Unions, Partisan Coalitions, and Market Reforms in Latin America*. New York : Cambridge University Press. アルゼンチンとベネズエラ、メキシコの三国について、労働運動指導者の行動をポピュリスト政党との関連から論じた優れた研究書。

●都留康（二〇〇二）『労使関係のユニオン化』東洋経済新報社。

第三部　民主化と今日における民主主義の諸問題

9章

「民主主義の時代」の到来——その光と影

●出岡　直也

ラテンアメリカの国々は、一九七〇年代末以後次々と、軍政・個人独裁・一党支配の体制から「競争的な選挙」（一九七頁参照）で政権・議会が選ばれる体制へと転換し、この体制が今日まで基本的に維持されている。そうした体制の中には、定義の仕方によっては民主主義とは呼べないものもあるが、本章では、競争的な選挙で政権が選ばれる体制を広く民主主義と呼ぶ最低限の定義を取り、それへと政治体制が移行することを民主化と呼ぶ。この定義に従えば、ほとんどの国が民主化し、多くがその後も民主主義を維持するに至ったことは、この地域の政治では決定的に重要な変化である。本章は、その変化の性格と意義の解明をテーマとする。

一　ラテンアメリカにおける民主化の過程

ラテンアメリカは一九七〇年代末から民主化の時代を迎えた。左頁表のように、軍政は次々に民政移管し、独裁者も倒され、メキシコに続いた一党支配体制も二〇〇〇年には明らかに終焉し、キューバを除くこの地域の全ての国が、先述の定義によれば、民主主義を持つようになったと（ほぼ）いえる。これらの民主化の過程の大きな特徴は、反対勢力による旧体制の倒壊という形態がほとんどないことである。独裁者が倒された場合も、以下に述べる経緯で、より平和的な民主化と同様の結果を生んだ。

南米軍政とパラグアイの民主化■

まず南米諸国の軍政からの民主化の場合だが、確かに多くの国で軍政への不満が増大し、反対の動きが見られた中で起こったとはいえ、民政移管は軍がそのための選挙を行う形をとった。

反対運動が一時期特に強かったのはチリだが、一九八三年から盛り上がった労働者や貧しい人々のデモなどの「抗議」の動きは、急進化するにつれて穏健派が離れて求心力を失い、また、八六年九月に起こったピノチェト大統領暗殺未遂事件を機に弾圧が強化され、この時は軍政の終焉には至らなかった。民政移管はそののち、軍政の制定した一九八〇年憲法の手続きに従った国民投票（八八年）・選挙（八九年）によって実現した。二つの投票とも軍政（ピノチェト）の望んだ結果にはならなかったが、民政移管は基本的には軍政の敷いたルールでなされたのである。

軍の立場が最も弱く、少なからぬ論者によって、この時期のラテンアメリカにおける他の全ての軍政の終焉と異なり、軍政が「倒壊」したとされるのはアルゼンチンの事例である。同国が自国領であると主張してきたフォークランド（マルビナス）諸島を占領したことに端を発した戦争（八二年）が、英国への軍事的な敗北に終わったのを機に、それ以前から強まりつつあった軍政への反対が一挙に高まり、軍政下での大量の犠牲者を伴った極端な人権侵害と経済運営の失敗にも批判が噴出し、デモなどの動員が繰り返される中での民政移管であった。そして軍の権威の失墜により、将校達の人権侵害の責任が民政移管後に裁判によっても追及された。アルゼンチンの場合、軍政が民政移管とその後の政治のあり方について条件を付けえなかったことが、「倒壊」と解釈される大きな理由だが、民政移管自体は軍政が管理する選挙を通して行われ、選挙前に軍政と政治・社会勢力との交渉も行われており、即座の体制崩壊のような革命型の政治変動とは異なる。

　ボリビアの民主化は複雑な経緯を経た。政治・社会勢力の民主化要求の高まりにより、一九七〇年代末から大統領選挙とクーデターとが繰り返されていた（一度文民政権も成立）が、軍内部でも民政移管への志向が強まり、八二年に議会による文民のシーレス・スアソの大統領選出を軍が

表　ラテンアメリカにおける「民主化の1980年代」

1978	ドミニカ共和国（独）
1979	ニカラグア（独）、エクアドル
1980	ペルー
1982	ホンジュラス、ボリビア
1983	アルゼンチン
1984	エルサルバドル
1985	ウルグアイ、ブラジル
1986	グアテマラ、ハイチ（独）
1989	パラグアイ（独）
1990	チリ

＊注記がないものは軍政からの民政移管、（独）は独裁者が倒された時点で、競争的選挙による政権成立（民主主義の成立）の一段階前の変化である場合などを含む。
（出所：筆者作成）

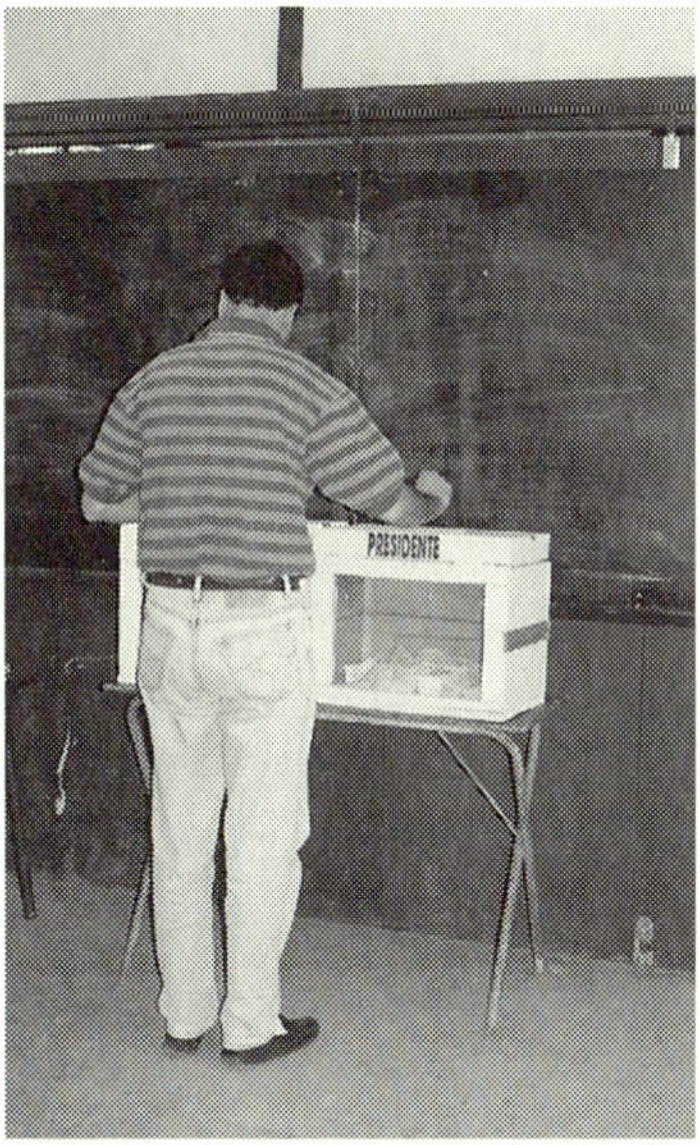

民主化してから初めてのチリ大統領選挙で投票する有権者。1993年12月、チリ・サンティアゴにて。（浦部浩之氏撮影）

認めて民政移管がなる。反対派と軍が辞任を要求する中で、任期を一年残して彼は辞任し、予定を早めて大統領の直接選挙が行われた（八五年）。流動的な過程ではあるが、基本的には軍と反対派指導者達の交渉により民主化が達成されたと考えられる。

その他の南米諸国の軍政は、これらの国に比べても平和的に、民政移管の選挙を行った（ブラジルは、民政移管自体は軍政下同様の間接選挙による）。

軍政に比べ、個人独裁者は何らかの力によって倒されることを政治学は理論化しているが、パラグアイのストロエスネル政権がこれに当たる（彼は軍人で、体制は軍も基盤とし、軍政の要素も指摘しうるが）。彼は一九五四年にクーデターで政権に就いたのち、選挙で勝利し続けていたが、八九年に軍によって倒された。そうした一種のクーデターは独裁者打倒に正当性を求めるものであり、したがって、軍による政権は（少なくとも形式上）立憲体制に戻す選挙を早期に行うことが通例であろうが、パラグアイもこのパターンに従った。

内戦と絡まる中米諸国の民主化

中米では民主化と内戦とが強く絡まる。独裁者型であったニカラグアの場合、ゲリラ戦が、父の代から長い支配を続けていたソモサ一家の独裁を倒す、革命型政治変動が起こった。革命運動（サンディニスタ民族解放戦線：ＦＳＬＮ）の中心はマルクス主義勢力であったものの、混合経済と政治的多元主義（複数政党による競争的選挙）を組み合わせたものをモデルとし、現存社会主義型の一党支配の非民主主義体制はとらなかった。それでも国内の反対派や米国政府などはそれを民主主義ではないとした。それが西側的な意味での民主主義へと転換する（反対派や米国の解釈によれば）、あるいは、そうであったことを証明するのは、サンディニスタ政権倒壊を目指して組織され米国が支援した反政府ゲリラ勢力（コントラ）との内戦が長く続いたのちの一九九〇年、大統領選挙において反対派連合候補（チャモロ）が勝利し、サンディニスタが政権を譲った時であった。内戦解決に向け国際的に行われた交渉過程による和平への動きと国民の疲弊とを背景に、反対派勢力が選挙ボイコット方針から転じて勝利したのである。

軍が実質上政治を支配し続けていたエルサルバドルとグ

アテマラでは、形式的には先述の南米同様の平和的民政移管が起こったが、それが内戦の中で実現されたことが特徴的である。ニカラグアでの革命の成功と並行して両国でも左翼ゲリラ勢力が伸張したが、その勢力と交戦していた軍政が民政移管したのである。したがって両国では、民政移管後の政権と革命勢力との和平が重要な転換点となる。エルサルバドルでは一九九二年、グアテマラでは九六年に達成された。

なお、中米のホンジュラスは、自国は内戦を経験せず、軍政からの平和的民政移管のタイプであり、コスタリカは一九四九年以来一貫して民主主義を保った。

■メキシコとドミニカ共和国の民主化

メキシコでは、ラテンアメリカでは例外的に組織・制度のしっかりした一党支配が長く続いていた。名称の変化（国民革命党→メキシコ革命党→制度的革命党）はあるが同じ政党という意味で、一九二九年以来の「制度的革命党（ＰＲＩ）」による事実上の一党体制であった。が、その支配は、形式的には憲法に基づき、複数政党の参加する選挙が定期的に行われ、六年の任期ごとに大統領個人は交代するが同じ政党が必ず勝利するという形を取っていた。したがって、そこからの民主化は、競争を形式的なものに留めていた様々な政治的抑圧や制限が解除されていき（自由化）、その下で選挙が真に競争的になり（一九九八年議会選挙）、結局はＰＲＩ以外の候補（国民行動党ＰＡＮのフォックス）が大統領選挙に勝利して就任する（二〇〇〇年）という形でなされた。形式的には同じ政治ルールが続き、さらに、政権の交代が起きる前にすでにその後の政治の長期的なあり方がある程度用意されていたと

有権者名簿を確認する市民。エルサルバドル、サンタアナ市役所前にて。（浦部浩之氏撮影）

いう意味で、転換点の確定しにくい民主化ともいえよう（章末文献②の岸川論文、文献④の Whitehead 論文等）。カリブ海のドミニカ共和国でも、米国（と米州機構）の介入ののち、一九六六年からバラゲール（それ以前の独裁者トルヒーヨの傀儡大統領も務めた）が選挙で選出される形で政権にあり続けていたが、七八年に実施されたより競争的な選挙で彼が敗北し、国際的圧力もありそれを容認する形で民主化がなされた。

■「民主化の一九八〇年代」の意味■

以上各国の民主化過程を概観したが、重要なのは、軍政や独裁者の支配が終わり、より競争的な選挙で政治が運営されるようになるという意味での民主化と、また、それがある時期にラテンアメリカの多くの国で連続して起こる傾向も、この地域では必ずしも新しい現象ではなかったことである。これには政治文化の特徴が関わっていると考えられる。ラテンアメリカでは民主主義のみが正統性を持つ政治であるとする価値観は早くから強かった。にもかかわらず、(1)危機や困難に際しては、緊急避難的にそこからの逸脱も正当であるとの観念が強かったため、憲法を一時停止しての軍政（憲法に基づかないという意味で「デファクト〔事実上〕の」政府）が許され、(2)民主主義の概念が強い権力の集中も認めるものだったので、独裁者が不正選挙で勝ち続ける政治も広く見られた、と考えられる。したがって、軍政が政治や経済の運営に失敗した場合（逆に成功して臨時の体制が不必要となった場合も）、本来の民主主義に戻るのは当然であった。また、独裁者も、多くは政策運営の失敗により国民の間で不満が増大し、その統治が民主主義でないとの認識が広がった場合は、民主主義を求める反対運動が盛り上がり（そして少なからぬ場合に、(1)の特徴から、そうした危機の際に政治に登場することが疑問視されなかった軍もそれに呼応し）、退陣を強いられた。極端にいえば、永続的支配の正統性を主張する体制（たとえば、ファシズムや共産党の一党独裁）を倒壊させる強い断絶が必要な場合とは異なり、民主主義と軍政・独裁との交代自体が政治のルールであったとさえ考えうる。そして、民主主義の正しさが強く意識される（したがって、そこからの一時的逸脱が許されにくく、また、民主主義内で許される権力集中の程度への寛容度が小さくなる）時代背景のもとで、いくつかの国が続けて民主化する時代も存在した

（さらに、ラテンアメリカ内の他国の民主化のデモンストレーション効果もある）。たとえば、第二次大戦直後の時期や一九五〇年代後半などがそうであろう。八〇年代のものも同様の変化だが、国際的な民主主義重視の風潮が特に強くなった点と、特に強烈に抑圧的な軍政を経験したアルゼンチンなどでは、先述の(1)の特徴が決定的に失われた点では、従来との相違も大きい（ともに次節参照）。八〇年代にまとまって民主化の起こったもう一つの重要な理由としては、ラテンアメリカ地域を襲った、「失われた一〇年」と称される深刻な経済危機が、各国でその時の体制への反対を大きくしたことが挙げられよう。

したがって、「民主化の一九八〇年代」は、相次ぐ民主化の現象にもまして、そうして成立した民主主義がその後継続するようになったことによって、ラテンアメリカの政治史の転換点であると考えられよう。それは、民主主義と軍政・独裁の交代が特徴であった政治からの大転換であった。（比較政治学的に、民主主義体制という意味で、民主主義の語を用いる論者の中でも）政治学者により民主主義の定義が異なるため、七〇年代末以降に成立した政治が民主主義であるか（したがって、それへの変化が民主化であるか）が論争の的である国も多い。しかし、ほとんどの国は、憲法に基づき、複数の候補間で勝者が最初からわかってはいない競争が行われる（したがって、その程度の市民的諸権利が保障された）定期的な普通選挙（以下、「競争的な選挙」と略記）によって政権・立法府が成立する政治への変化を経験したといえよう。本章ではそうした最低限の条件を満たすものを民主主義と呼び、それへの変化を民主化と呼ぶことは冒頭で述べたとおりである。では、ラテンアメリカで維持されるようになった民主主義は、どのような性格を持っているのだろうか。それが以下のテーマとなる。

二　民主化後の民主主義の維持の諸相

前節では、ラテンアメリカで民主主義が維持されるようになった変化を指摘したが、その継続の仕方の危うさも強調されなくてはならない。先にも述べたが、各国はほぼおしなべて一九八〇年代に強烈な経済困難を迎え、多くの国がその後大規模な経済改革を断行した。そうした中で、かつてのこの地域ならば民主主義の維持が（形式的にさえ）

困難だったろう状況も少なくなかった。そして、民主主義を破壊してきた旧来の政治のやり方は、この時期にも見られた（一部は危機への対応として、あるいは政権への反対の高まりとして、一部は、軍のそれのように、旧来の権力の維持や自らの利益の追求として）。それでも、ほとんどの国が、何とか民主主義の形式を保とうとしてきた。民主主義が多くの混乱・危機・不安定を経験し、にもかかわらず維持されたことが、八〇年代以降の特徴ともいえる。本節では、民主主義が維持されたいくつかのパターンを抽出し、また、民主主義が維持された理由を考察したい（以下、構成も含め、多くを参考文献②大串序論に依っている）。

弾劾から民主主義の短期的断絶まで■

第一に、ブラジルのコーロル（一九九二年）とベネズエラのペレス（九三年）は、弾劾手続きにより職を追われ、あるいは、その手続きの間に辞任した。これらの弾劾は腐敗を理由とし、また、大統領を忌避する勢力の動きや国民の不満が背景にあるが、そうした権力者への反対が民主主義のルール内で処理された。それは民主主義が続く中で（つまり体制の交代でなく）政権の交代が行われる傾向への変化を示し、民主主義が維持されるようになったことを示す重要な証拠だろう。

もう少し非制度的な形での維持もある。一九八九年のアルゼンチンでは、ハイパーインフレと社会不安の中で、任期より五カ月前に（選挙は予定通りに行われたのちだが）大統領の交代がなされた。ドミニカ共和国では九四年の大統領選挙での不正を反対派が糾弾した結果、任期を半分にする妥協が成立した。エクアドルでは九七年、ブカラム大統領が、反対運動の盛り上がりの中、憲法上の制度ではないが、議会の決議で職を失った。ペルーでは、二〇〇〇年選挙においてフジモリ大統領が強引な三選を果たすと、民主主義の否定として国内外の強い非難を集め、彼は自分が出馬しない選挙の実施を約束し、結局はその直後、側近の腐敗スキャンダルの発覚の中、日本滞在中に辞任を通告し職を降りた。アルゼンチンでは、経済政策の失敗に端を発し、暴動的状況も広がった二〇〇一年末から大統領が相次いで交代したが、それでも民主主義が維持された。ボリビアでは、二〇〇三年一〇月の先住民を中心とする暴動（全閣僚の辞任に至った二月の暴動よりも大規模で、七〇人以上の死者を出した）により大統領が辞任状を残して国外脱出し、憲法の規定により副大統領が新大統領に就任した。これらも、反対の高まりの中で、何とか民主主義の手続きの枠内で不安定を乗り切った事例といえよう。

次に、軍によるクーデター未遂や反乱は少なくないが、ほとんどは民主主義の破壊に至っていない（以下、軍に関しては本書6章を参照のこと）。エクアドルでは一九八六～八七年に空軍の一部が三度反乱するがすぐに鎮圧され、クーデターの企ては、ベネズエラ（民主主義を六〇～七〇年代にも維持した国で、従来のパターンの継続としての軍の政治的行動でない点にも注意したいが）では九二年に（二度）、パラグアイでも九六、九九、二〇〇〇年に失敗した。政権の倒壊を企てたクーデターではなく、政権に対して要求を突きつける手段としての軍の反乱と考えられるものが、前述の軍人達の責任追及に反対してアルゼンチンで八七～九〇年に四度起きている。責任追及の動きを停止させ、一度罰された将校達の早期「恩赦」を引き出したこの行動について多くのアルゼンチン国民がそう理解したように、政府の転覆を意図したものではなかったにせよ、この種の反乱も民主主義への大きな脅威であり、八〇年代以前の政治のあり方の残存であろう。しかし、軍の明確な政治行動は（ましてやクーデターは）明らかに成功しにくくなった（アルゼンチンでも多くの国民が軍の動きとそれによる政策の変化に強く抗議した）。また、すでに政権にある者が非民主主義的体制への転換を図る、いわゆる「自主クーデター」は、国家の強制力装置を背景とした民主主義の崩壊である点で、軍が政権を倒すクーデターとの共通性を指摘できるが、グアテマラでは、九三年にセラーノ大統領がそれを試みて失敗し、政権を失った。

ペルー、フジモリ大統領。1990年、「変革90」と題された選挙パンフレットより。

最後に、それでも民主主義を断絶する動きが成功した事例は存在する。一九九二年四月にペルーのフジモリ大統領が、軍の支持を背景に憲法を停止し、議会を解散したのは、自主クーデター型の非民主主義体制への転換であった。二〇〇〇年一月エクアドルでは、先住民運動による大統領辞任を求めるデモに軍の一部が呼応して政権を倒し、一種のクーデターが成功した。が、これらの民主主義の明白な断絶は長続きしなかった。ラテンアメリカ諸国も米国も（それらの地域機構である米州機構も）、こうした動きには強い反対の圧力をかけ、エクアドルでは評議会が権力を握るが、一日ももたずに副大統領の大統領就任という準憲法的な政権交代の形へと収束し、フジモリ大統領は早期の制憲議会の開催とそこで制定される憲法に基づく体制への復帰を約束し、翌年には新憲法が制定され形式上は民主主義への復帰がなされた。

以上のように、決して安定していない国が多い中で、逆に特徴的なのは、崩壊の危機から（あるいは一度は崩壊しても）民主主義へと戻るバネの強さであろう。様々な形で民主主義へと「再均衡」（政治学の用語よりは広い意味で）する現象が、一九八〇年代以後のラテンアメリカには顕著である。ただしハイチは独裁者デュヴァリエが大衆的反乱で倒されたあと、一度民主主義が成立した後に、民主化過程の混乱が継続してきたとも把握できる。独裁政権倒壊後の混乱から、軍が権力を握って九〇年に実施した大統領選挙で選出されたアリスティドは、九一年の就任直後に軍のクーデターで倒されるが、クーデター反対の国際的圧力に支えられ、米国の海兵隊派遣（のちに国連ミッションに交代）を経て九四年に政権に復帰する。翌年の選挙（アリスティドは権力維持のために阻止を試みたが実施された）で選ばれた次期政権が民営化等の経済改革を開始したこともあり、アリスティド派と反対派の対立は高まり、九七年に期間満了で国連ミッションが撤退した後も暴力の応酬は悪化する。二〇〇〇年五月に行われた議会・地方選挙は、票集計の不正で選挙管理委員会の辞任に至るがやり直しは延期され、同年一一月の大統領選挙では、他の主要政党のボイコットの中で、アリスティドが九二％の得票で政権に復帰した。その後、議会選挙のやり直しを行うことで合意に至ったものの、米州機構等の圧力にもかかわらず選挙は実施されないまま、二〇〇四年二月に反対派の武装蜂起で大統領は倒され（介入した米国とフランスにより海外へ逃れ）、大きな混乱と国際的介入という状況へと至った。

民主主義の維持・「再均衡」の国際的環境とその限界■　民主主義の維持と「再均衡」の力学で重要なのは、国際的な環境である。ラテンアメリカ地域の中で、少なくとも一部の国（アルゼンチンなど、強く抑圧的な軍政を経験した南米大国を中心として）では、民主主義を守ろうとする政府の方針が強く、地域全体でもその建前は強い正統性を持つため、国際的な場（地域機構・共同市場・諸会議など）では、民主主義を倒そうとする動きに対して強い断罪がなされる。先に紹介した事例の他に、たとえばパラグアイのクーデター失敗でも国際的圧力が決定的であったといわれている。

しかし、「再均衡」した民主主義の性格に注目する必要がある。フジモリ政権の憲法体制への復帰は反対派が抑圧される中でなされ、その後の統治は、最低限の定義でも民主主義とはいえないものだったと広く解釈されている。二〇〇二年四月、ベネズエラのチャベス政権に対するクーデターの企てがあった際の過程は、ラテンアメリカにおける「民主主義への再均衡」を促す国際的圧力の性格の一端を示しているともいえる。チャベスは一九九二年の失敗したクーデターの指導者であり、選挙を経て九九年に政権に就いたのちの統治手法は、反対派の抑圧や強力な権力集中など（国民投票による新憲法制定が重要な役割を果たした）、多くの政治学者が民主主義と考えないもの（すなわち、最低限の定義でも民主主義かが疑わしいもの）であったが、ラテンアメリカ諸国はクーデターの動きを強く非難してチャベス政権を支持し、政権はそのまま維持された（その後も反対派との対立による混乱が続く）。すなわち、ラテンアメリカでは、選挙で成立した政権をひとまず正統性のあるものとし、制度的断絶を避ける志向が強い。この志向は、この地域の民主主義の崩壊の多くが、政権の外から軍がクーデターを起こし、憲法に基づく制度に依らないデファクトの体制を作る形で起こったことと関連しよう。

なお、ラテンアメリカの国際的環境として、地域外の主体として決定的な役割を果たす米国の態度も重要である（ただし、重要な援助供与国として日本の役割も小さくなく、その圧力が一部のクーデターを未遂に終わらせるのに役立ったとの認識を日本外務省は持っているようである）。この「北の大国」は「民主主義」と「人権」を旗印とし、以上述べたようなラテンアメリカ内部の圧力と多くは呼応してきた。ただし、同じく「民主主義」を唱えつつ多くのクーデター・軍政を支持した冷戦期とは異なるとはいえ、米国の態度は自国の利害にも大きく左右されている。パナマでノリエガ将軍が実際上権力を握っていたのに対し、一九八九年に米国が軍事侵攻して彼を「逮捕」し民主主義に復帰させた動きは、麻薬問題を断罪するとともに民主主義擁護も掲げて行われたものだが、米国の自国利益追求と「帝国主義」の明確な現れであるという評価が一般的である。

三　非民主主義体制の遺制と「委任型民主主義」

ラテンアメリカで一九八〇年代以来基調となった民主主義について、そのあり方に問題がある（たとえば「まだ真の民主主義とはいえない」等の形で）との議論は多くなされてきた。しかしながら、それらを理解するのに重要な区別がある。政治のあり方としての民主主義の「質」の問題と、その政治がどのような社会経済的特徴と結びついているかは、ひとまずは別のテーマである。本節と次節で前者を、最終節で後者の問題を扱いたい。

一九八〇年代以来現在に至るラテンアメリカ諸国の民主主義の質の悪さは様々な側面で指摘されるが、マクロ的な統治機構に関わる場合をひとまず区別することができよう。政治体制が民主主義であるためには、統治機構に関する様々な制度やルールが守られていることが必要となる（本章で採用した最低限の定義では、競争的な選挙による政権の成立を――長期的に――確保するためのルールである、とも表現できよう）。そうしたルールは、多くの国でしばしば破られる。憲法自体が民主的統治機構のルールとは反する内容を持つ場合も、ルール違反となる。違反のひどさや、破られているルールの数がルール違反のレベルを決めるが、その高さに応じて、民主主義の質は悪くなる。さらに違反のレベルが高ければ、その政治体制は民主主義とはいえない。民主化以後のラテンアメリカ諸国において、民主的統治機構のルールが大きく破られる政治は、次の二つのコンテクストで特に現れやすい。

非民主主義体制の遺制と軍の権力■

その一つは、民主化以前の体制が残した、民主的統治機構のルールに違反する制度や状況が、大きく残存している場合である。軍政が広く見られたこの地域では、それは軍の権力の残存と重なりやすい。多くのラテンアメリカ諸国の民主化が反対派による旧体制の倒壊という形を取らなかったため、この傾向は広く見られる。制度として最も顕在化しやすいのは、新しい政治への大きな変革を企て制度改変も行いえた長期軍政（南米南部型）を前体制とし、基本的には軍政が定めた手続きで民主化が行われた場合（ブラジルとチリ）である。軍政は民政移管後の民主主義においても軍の発言力や特権を維持しようと試み、そのための諸制度を残した。特にチリの場合は、非民主主義的要素の残存が明確であった。軍政下で制定された憲法が、軍の発言力を残存させているだけでなく、上院議員の一部の行政府任命制を定めていた。また選挙制度も、一定の支持を得た少数派が過大代表されるものであり、民主的統治機構のルールに不適合であった。さらに、それらの制度の存在自体によってその修正が難しかった。その他の南米諸国の軍政の場合には、民政移管は軍政以前の状態への復帰という性格が強かったが、軍の政治的行動など、旧来続いてきた、民主的統治機構のルールに適合しない非制度的な状況がかなり残存した。パラグアイでも、独裁者を倒して民主化を管理したのが旧体制の一部をなした軍であったため、独裁体制の政権党や軍が権力を持ち続けるなど、同様の問題を抱えた。

しかし、民政移管後の軍の力はブラジルでもチリでも弱まっていったとされる。ブラジルでは軍の発言力や特権を保持する制度は撤廃されていった。代表のあり方を歪めるチリの状況も変化した。公職の行政府任命の制度・状況は改善され、選挙制度も、右派が明確な少数派であった民政移管直後の状況から変化して、右派を利する制度という性格が薄まった結果、軍政の遺制としての特徴が弱まり、どんな民主主義体制にも多かれ少なかれ見られる代表制度の歪みとの違いが程度の差になってきたともいえよう。二〇〇三年六月に、右派政党の態度が変化した結果であるとはいえ、軍を憲法秩序の保証者とする文言を廃止する憲法改正が上院で可決された（憲法改正手続きはその後継続）のは象徴的であろう。また、先に見たように、軍の制度外の明確な政治的行動も、それを忌避する国内世論と国際的圧力により（国によって、両者の重要性のバランスは異なるが）抑えられ、おそらくエクアドルを顕著な例外として、一般に南米では民政移管後の一九八〇年代から軍の権力が大きく減少したと考える政治学者が多い。パラグアイでも、旧体制の要素は弱まっていった。九六年、軍のトップであり、ストロエスネルの党であったコロラド党の指導者でもあるオビエド将軍が、独裁後最初の文民大統領の政権（同じコロラド党）に対しクーデターを企て失敗した。選挙による政権交代（再びコロラド党）を経た九九年には、副大統領が暗殺され、その陰にオビエドとともに大統領があるとする抗議運動が起こり、大統領の辞任に至るが、憲法のルールに従い上院議長が大統領に就任して民主主義の破壊には至らなかった。空位となった副大統領を補う選挙でコロラド党は敗北し、全国規模の選挙では五〇年以上続いた無敗の状況が終了した。

　内戦が続いた中米の状況は大きく異なった。特にグアテマラでは、軍が大きな権力を握り続け、次節で扱うテーマとも重なるが、内戦などで軍が行った人権侵害の真相を究明しようとする人々などを脅迫し、暴力を加え、殺害する場合もあり、政府もそれをかなりの程度黙認しているとしかいわざるを得ない状況が続いているとされる。これらの国で従来から見られた極右のテロ組織（「死の部隊」）も、陰に陽に軍との関係を保ちつつ活動を続けている。

「委任型民主主義」およびそれと同根の諸現象■

　民主的統治機構のルール違反が起こりやすい第二のパターンは、大統領が強い権力を握って政策を強引に遂行するために、三権分立などのルールを軽視する場合である。自らが選挙で選ばれていることを理由に（国民の委任を受けているとし）、大統領が議会や司法府からのチェックを嫌う、政治学者G・オドーネルが「委任型民主主義」と名づけている政治である（序章二八頁参照）。アルゼンチンのメネム大統領が典型的だといわれ、ペルーのフジモリ大統領にも同様の志向は明らかだった（後者が、形式的にさえ民主主義を放棄した時期があったことは前述した）。これらの例では、深刻な国内問題が存在し、閉塞感が国民を覆う中で「結果を出す」指導者が期待され、国民の少なからぬ部分がそうした政治を支持した。先の二大統領の場合、ハイパーインフレに象徴される経済の混乱（および、ペルーではゲリラによる暴力）の中で登場し、その強引な手法で後述のネオリベラル（新自由主義的）経済改革を急速に進めた。ベネズエラのチャベス大統領の場合は、経済状況も背景にあるが、抜本的な政治変革を期待する世論の高まりの中で選出され、その強引な統治を支持する人々も少なくない。国民の間に従来の「政治」（政党や政治家）への不信感が高まる中で登場するそれらの指導者は、既存の政治の外にいた人物（アウトサイダー）であることが多い。

　「政治家」が忌避され、結果を出す強い指導者が求められる現象の一端として、かつての軍政に関わった軍人が選挙に勝利するケースを挙げることができる。ボリビアでは、特に抑圧的な時期の軍政大統領であったバンセルが一九九七年選挙で大統領に選ばれた（二〇〇一年に病気で辞任）。グアテマラで、大虐殺を行った軍政期の大統領であるリオス・モントを指導者とする政党の大統領が政権に就いた（二〇〇〇年）ことも類似の例といえる（なお、リオス・モント本人も議会に選出され、九四年には議長となった後、〇三年大統領選挙で敗北）。極端な人権侵害を行った軍政を経験したアルゼンチンでも、州知事にはその軍政で重要な役割を果たした将校が選ばれた。チャベスのように、クーデター未遂を起こした将校の人気も同種の現象といえるが、アルゼンチンでも、先記の反乱を指導した将校（A・リーコ）は政治に転じ、政党を組織しての大統領選挙では大きな支持を得られなかったが、その後地方選挙で勝利し、政治の舞台にあり続けている。これらの傾向と重なることも多いが、多くの国が苦しむ治安悪化の中で「強い力／厳しい態度《マノ・ドゥーラ》」を求めて、強引な統治をする傾向がある（と予想される）指導者が支持を集めるのも、特に地方選挙ではよく見られる現象である。軍人達の選出それ自体は民主主義を傷つけないが、民主的統治機構のルールの軽視が予想されるはずの人物への支持の高さは、ここで扱っているタイプの質の悪い民主主義が現れやすい状況の存在を示していよう。

以上をまとめれば、大統領への権力の集中と軍の権力の大きさが、ラテンアメリカにおける民主主義の質の悪さの重要な要素であり、それらが登場しやすいパターンが指摘しうる。

四　市民的諸権利に関する民主主義の質の悪さ

ラテンアメリカ諸国の民主主義の質の悪さは、広い意味での政治領域に属するが、前節で述べた意味での民主的統治機構のルールに直接には含まれない分野にも見られるであろう。その中心をなすのは、市民的諸権利（自由権）の侵害の問題である。ただし、少なくとも実際上、統治機構のルールと人権の問題は強く関連している。前節で扱ったような統治では、以下で見るような人権侵害が悪化するのが通例である。民主的統治機構のルールが、権力の乱用を抑えるルールと重なっているため、この関連は原理的なものであろう。前節で述べた、権力を集中させる指導者への期待は、権利保障に関するルールを軽視する指導者を容認する志向でもあろう。なお、選挙が競争的かどうかに直接関わる言論・結社の自由等の市民的諸権利の保障は、政治体制が民主主義であるための明示的な条件になる。

人権の侵害■

形式的には憲法に基づく体制で選挙が行われている政治でも、様々なレベルの市民的諸権利の侵害が起こりうる。その中でも最も基本的な殺害・拷問の禁止という人権でさえ、その侵害が広く行われているとされる国が、ラテンアメリカには少なくない。コロンビアやペルーなど、ゲリラ勢力や麻薬カルテルの活動が目立った諸国において、軍はそれに対応する中で発言力・自律性を高め、体系的な人権侵害を行った（民主化前からの残存でない形で大きな軍の権力が現れる場合ともいえよう）。コロンビアではその状況が続き、中米同様、軍・治安当局との関係が強い民間組織「パラミリターレス」（準軍事組織を意味する一般名詞から）もその一端を担う。ペルーは一時期形式的にも民主主義でなくなり、コロンビアでは、選挙は一応競争的と考えられるが、政府が支配できない領域が広がる内戦状況にあることに鑑みれば、現在のラテンアメリカ諸国のように、都市化が進み、国際的にも開かれた状況では、そうしたレベルの人権侵害を民主主義の形式を保って行うことは困難なのかもしれない。しかし、警察等による犯罪者などへの拷問・虐待（殺害も）がかなり広く行われている国は多い。

ラテンアメリカ諸国の司法の機能不全も広く指摘される。それは、前節で述べた問題とは、民主的統治機構のルールの中で重要な機構の弱さ（その独立性のなさも含めての意味で）として深く関わり、本節で扱う問題とは、市民的諸権利や法の下の平等を保障できない大きな理由として、密接に関連している。

法の下の平等の欠如■

前項で述べた拷問等の人権侵害の特徴は、その被害者が貧しい階層に多いことである。貧しい人々は犯罪を犯すものだという、治安当局や中間層以上の人々に少なからず見られる観念も背景にあるとされる。ブラジルにおけるストリート・チルドレンに対する警察や「死の部隊」による暴力は、特に一九八〇年代後半に世界的に大きな注目を集めるほどのレベルにあったが、それに限らず、多くの国で、貧しい人々は警察等の迫害を受けやすい。そうした暴力を究極の基盤として、ラテンアメリカの多くの国では、貧富の違いなどにより、様々な市民的諸権利の状況が大きく異なり、法の下の平等がないといえる状況が存在する。さらに市民的諸権利の不平等によって、形式的な選挙権はあっても、その行使の可能性と意味に大きく差があることを、

現状変革への強い期待に政治はどう応えるべきか。2003年11月9日、グアテマラ総選挙投票日。（狐崎知己氏撮影）

多くの論者が指摘している。たとえば、典型的な事例であろうグアテマラでは、先述したような軍の力の残存も背景に、豊かな人々が政治・経済・社会の組織を支配する伝統が強く残り、選挙が民主主義の機能にふさわしい役割を果たしていない（一九九九年の憲法改正の国民投票における八〇％の棄権が極端な事例だが、選挙などでの投票率の低さにも現れている）と考えられている。

権利状況の不平等の問題は、それが何らかの固定的な社会集団と結びついている場合は、さらに深刻であろう。ラテンアメリカでは、「人種」あるいはエスニシティに基づく不平等はなく、貧富の差が存在するのみであるとの考えが長い間強かった。混血が進んでいる中で、社会階層を上がれば「インディオ」が混血とみなされるようになるとされ、「人種」間の差違は二分的・固定的でなく、社会に「肌の色」に基づく明確な境界はないとされた（ブラジルなどアフリカ系の人々が多い社会でも基本的には同様）。「インディオ」（的）、アフリカ系（的）であること自体による社会的不利は軽視された。しかし、先住民について本書13章も述べるように、特に一九八〇年代から、この考えを否定する議論が強くなり、諸先住民族やアフリカ系の人々の固有の文化・権利を主張する要求・運動が強くなり、九〇年代からはエスニック政党も各国に誕生している。多くの人々が、民主主義のもとにおいても、エスニックな差

違に基づいて権利享受のあり方が大きく異なっていることを指摘している(ある意味では、民主主義が維持されるようになってより顕在化する問題かもしれない)。社会に深く根ざしたこうした不平等をいかに解決するかは、ラテンアメリカの民主主義が明示的には初めて直面する重要な課題であるといえよう。さらに、国内に異なったエスニック集団の存在を認め、その集団に固有の「権利」を認めるか否かの問題は、ちょうどラテンアメリカの「民主化の一九八〇年代」の頃から世界的にも本格的に取り組まれ始めたともいえる、新しい課題である。

五 ネオリベラリズムと結びついた民主主義の性格について

ラテンアメリカで民主主義が維持されるようになった時代の特徴は、それが市場原理を重視した経済への転換の時代でもあったことである。市場原理に反するものを排除しようとする議論・政策が「ネオリベラリズム」と呼ばれるため、「ネオリベラル改革」と呼称される経済改革を、本章で扱う時期のラテンアメリカ諸国は進めてきた。共産圏諸国の中心をなしたソ連・東欧諸国における民主化と市場経済化(すなわち、冷戦の終結)と並行することが示すように、それは世界規模の政治経済の変化の現れともいえる(経済改革の点では、日本を含めた先進資本主義国とも共通)。少なくともこの地域においては、このことが、維持されるようになった民主主義の質の悪さと強く関連している。

民主主義への疑問■

多くの経済学者や社会学者が、一九八〇年代以後のラテンアメリカ諸国では、ほぼ例外なく、少なくとも短期的には社会経済的不平等と貧困が増大したと解釈している。広く見られる一般犯罪の増加もそれを基盤にしていると考えられる。人々の意見が政策に反映される政治であるはずの民主主義が成立し、続いている中で、そうした状況が見られるパラドックスは、様々な議論・論争の種になっている。本章では詳細な議論はできないが、重要なテーマであり、論点整理のみは行っておきたい。以下はかなり抽象的で、かつ価値判断を含む議論となるが、ラテンアメリカ政治を学ぶ際に、多くの人々が迷う点に関わっているため、記しておきたい。

まず前提として定義の問題がある。不平等と貧困の増大を理由として、ラテンアメリカ諸国に一九七〇年代末以後起こった政治の変化を「民主化ではない」とし、その後見られる政治も「民主主義ではない」とする議論は根強い。民主主義を政治的側面（市民的諸権利の状況も含めた「政治」の意味で）の性格に限定して定義することへの批判と把握できる。しかし、こうした限定をつけておくことで、逆に政治のあり方と社会経済的な平等性との関係を検討することが可能になるのである。比較政治学において政治に限定した定義が支配的であり、本章でもそれ（その中の最低限定義）を採用した大きな理由はそこにある。

政治の側面に限定しても、「他の条件（たとえば経済・社会の）が等しければ」、民主主義を持ち、あるいはそれに近づくことはその社会にとって明白に望ましいはずである。本章で民主化と呼んだラテンアメリカ諸国の変化は、民主主義の成立かそれへの接近（そのどちらかは、最低限の定義とより厳しい定義とでは異なろうが）と解釈できる変化であった。したがって、そうした変化を高く評価しない議論は、他の条件は等しくなかったと考えている。さらに、多くの議論では、「他の条件が等しければ」を含む命題が成り立たないとの判断（少なくとも暗黙に）が、その根幹にあると考えられる。すなわち、ラテンアメリカでは、社会経済的平等の増大と民主主義（へと近づくような政治体制の変化）との間にトレードオフ（片方の達成がもう片方の犠牲において行われるような状態）が存在してきたとするのである。トレードオフが存在するとすれば、社会経済的平等を重視する立場からは、ラテンアメリカ諸国が民主主義を持つようになった、あるいはそれに近づいたことがプラスの変化であったかは疑問になる。またそうだとすれば、この地域については、民主主義を政治的側面に限定して定義し、その達成や安定の条件をテーマにするような政治学的研究に意義があるのか、といった疑問が提起されうるであろう。こうした二つの疑問は強く関連しあう。それに答えるには、右に述べたトレードオフが存在するか否かの検討が重要となろう。

民主主義に意味はあるか——結びにかえて■

詳述できないが、社会経済的平等を強く求めてきた諸政治勢力が、少なくとも短期的には不平等やその増大を容認するようになった変化が、ラテンアメリカ地域に民主化の時代、そして、民主主義維持の時代を生んだ背景にあると考えられる。とすれば、短期的にはトレードオフが存在したといえよう。先述した社会的不平等と民主主義とが共存しているというパラドックスは、この現象を指してのものである。元来民主主義が、多くの人々の要求・期待を政策に反映するはずの政治体制であるとすれば、このパラドックスは、ラテンアメリカで維持されている民主主義の質の悪さの中でも根幹的なものに関わっていることになる。前節までで扱った様々な質の悪さほどは目に見えにくいが、多くの国の民主主義は「代表性」の欠陥という質の悪さを持っていると想像できる。選挙における棄権率の高さがその症状ともされる（その高さは国によって多様ではあるが）。多くの人々が、選挙に、したがって民主主義にも期待できない状況が指摘される（文献⑤収録の Hagopian 論文は、政治経済構造の変化を背景とする、組織政治の減退、政党への不信、政党離れ、棄権率の増大などを指摘し、代表性の問題を扱っている）。前節までで述べた政治の様々な問題点の他に、ネオリベラリズム以外の選択肢を体系的に代表し、実行できる政党が存在しないこともその要因であろう。ここで述べたような代表性の欠陥があるとすれば、社会経済的不平等や貧困と民主主義の質の悪さとの結びつきは直接的であることになる。これらの関連を重視すると、この時期のラテンアメリカについて、政治体制の特徴に関する議論をする場合も、それがどんな経済のあり方と結びついているかという問題を捨象することは不可能であろう。では、質の悪い民主主義と結びついた社会経済的不平等という悪を、民主主義（本章で扱った最低限のものを含む意味でも）が持つ善よりも重視する立場からは、ラテンアメリカでは、民主主義を獲得し、維持することは、意味がないこととなるのだろうか。

軍政・個人独裁・一党支配の体制からの民主化のひとまずの達成が、社会経済的不平等をそれまでよりも容認するような変化を伴ってなされたとしても、そうして得られた政治を維持したり、民主主義の質を良くしたりすると同時に、社会経済的平等を増大することが可能だとすれば、すなわち、原理的には（あるいは、長期的には）先述のトレードオフが存在せず、社会経済的不平等と質の悪い民主主義との間に運命的な悪循環が存在しないとすれば、社会経済的平等よりも民主化と民主主義維持を優先させたことは正当化されやすい。さらに、ラテンアメリカにおける民主主義の質の改善にかつては悲観的だったオドーネルが立場を変えて述べるように、ある程度は存在する市民的諸権利と競争的な選挙を用いて不平等を正していくという、先のトレードオフの議論が前提とする因果関係とは逆の動きが存在しうるとすれば、民主主義を達成し維持すること自体が、その質の改善と社会経済的平等の達成という、互いに密接に関連する変化の条件ともなる。とすれば、明確に「民主主義には意味がある」ことになろう。

筆者の印象では、「民主主義に意味があるか」の論争は、議論の前提や概念の齟齬が無用な対立を生んでいる場合も多いが、究極的には、原理的・長期的なトレードオフがあると解釈するか、ないと解釈するかに帰着する。現在までの不平等と貧困の増大は、ラテンアメリカにおけるトレードオフの存在を窺わせる。しかし、市民的・政治的諸権利が形式的に認められ、実態上も社会全体としてはそれを行使できる人々が増大したことが、様々な運動を可能にしたことも明らかだろう。一時期の社会運動の盛り上がりは、一九八〇年代が進むにつれ、皮肉にも民主化の結果弱まったと考えられた（それが、先に述べた「民主主義への疑問」の一つの根拠ともなっている）とはいえ、その後も様々な社会運動が存続し、あるいは新しく生まれ、国際的な支援や連携もあり、結果を生んでいる。以上の整理が正しければ、まさにそうした動きに期待する人々こそが、政治的側面に限定した意味での民主主義に近づき、獲得し、維持することにも大きな意義があり、したがって、その意味での民主主義を扱った政治学の議論にも意味があるとの見方を採用すべきこととなろう。そのような議論が正しいほど、民主化と民主主義を扱った本章の意義も大きくなるという言わずもがなを付け加えて、本章を閉じたい。

参考文献

①Dominguez, Jorge I., et al. (eds.) (1996). *Constructing Democratic Governance*. Baltimore : Johns Hopkins University Press.
テーマ別の諸章（ペーパーバックでは第一分冊）と各国別の章（第二・第三分冊）からなり、民主化後の民主主義を扱う政治学文献では、一種のスタンダード的なものとなった。二〇〇三年に編者の一人が異なる第二版がこれを補う形で出版され、第一版とは異なる諸テーマを扱う諸章と七国のみについてのアップデートした諸章という同じ構成を持つ（一冊分の中で）。各国別の章は現状分析の性格が強く、テーマ別の各章が特に有益である。
②『国際政治』一三一号（二〇〇二）「『民主化』以後のラテンア

メリカ政治」特集号。特に、編者による、大串和雄「序論『民主化』以後のラテンアメリカ政治」は短いながら重要な論点を広く扱い、整理し、本章もこれに多くを負っている。

③加茂雄三他（一九九九）『国際情勢ベーシックシリーズ9　ラテンアメリカ』自由国民社。民主主義のみを扱ったものではないが、筆者の知る限り、民主化以後のラテンアメリカ諸国の政治（と経済）を概観した日本語文献としては最良の文献であり、民主主義の状況、そして、それと経済との関連というテーマについて、極めて優れた情報が得られる。

④Garretón M, Manuel Antonio & Edward Newman（eds.）(2001), *Democracy in Latin America：（Re）constructing Political Society*. Tokyo：United Nations University Press. 民主化とその後の経緯をタイプ分けしていくつかの国ごとにまとめた章と、人権などのトピックを扱う章からなり、中には抽象的すぎる章もあるが、ラテンアメリカにおける民主化以後の時代の政治状況を概観したものとして重要。

⑤Aguero, Felipe & Jeffrey Stark（eds.）(1998), *Fault Lines of Democracy in Post-Transition Latin America*. Coral Gables, FL：North-South Center Press, University of Miami. 民主化以後のラテンアメリカ諸国の民主主義の持つ問題点をテーマごとに明らかにしようとした文献の中で代表的なもの。

⑥Oxhorn, Philip & Graciela Ducatenzeiler（eds.）(1998), *What Kind of Democracy? What Kind of Market? Latin America in the Age of Neoliberalism*. University Park：Pennsylvania State University Press. ラテンアメリカ諸国の民主化以後の民主主義をネオリベラリズムの経済と関連づけて分析した論考は数多いが、論文集（シンポジウムの結果）としては、事例は四カ国のみだが、本書が代表的なものの一つ。

10章

公共的空間と市民社会の創造

●狐崎　知己

はじめに

ラテンアメリカにおける民主化プロセスを批判的に検討するうえで、「市民社会」、「公共的空間」、「ガバナンス（統治）」といった概念がさまざまな機関の政策担当者や研究者、社会運動やＮＧＯ（非政府組織）の担い手の間で注目を集めている。本章で明らかにするように、論者の間には各用語の概念規定をめぐって著しい相違が存在する。だが、一九八〇年代に軍民エリート主導のもとで進められた民政移管とその結果成立した「手続き民主主義」の限界を認識し、自由選挙や法の統治を超えて民主主義を拡大・深化させるうえで、「市民社会」なるものに多様な役割と機能を期待する点では共通性がみられる。民主主義の質は市民社会の能力に依存すると考え、国家と市民社会の間の複雑な接合関係、ならびに市民社会と公共的空間の関係を考察する点に、政治学や社会学の視点から市民社会を論ずる意義があるといえよう。

一　市民社会を取り巻く文脈

一九九〇年代以降の変容

市民社会の概念や実態について考察するうえで、まず、ラテンアメリカにおける市民社会を取り巻く文脈が一九九〇年代以降、以下のように大きく変容しつつある点を押さえておく必要があるだろう。

⑴民主化のゆらぎ。ペルーやエクアドル、ベネズエラ、ボリビアなどアンデス諸国やハイチなどの例をみるまでもなく、民主主義の定着と深化は決して線形的に進行するものではなく、停滞や後退、矛盾を伴う。一九八〇年代、ほぼ同時期に民政移管を遂げたラテンアメリカ諸国だが、移管のタイプ、国家の強度、市民社会の構造やアクターの特質などの違いのために、その後の民主化プロセスは各国の間でかなりの差異がみられる。

⑵制度改革。国際通貨基金（ＩＭＦ）や世界銀行、米州開発銀行（ＩＤＢ）などの国際金融機関の強い影響力を受けて、国家の「規模の適正化」を目指した民営化や脱集権化、地方分権化が進められた結果、市民社会組織が公共財

や集合財の供給主体としての役割を国家に代わって担いつつある。このような変化は、とりわけボリビアやホンジュラス、ニカラグアなど対外債務の重荷に苦しむ貧困国（ＨＩＰＩＣｓ、貧困重債務国）で顕著である。国家の財政難は、クライアンテリズムや、コープテーション（公職を餌にした政敵の抱きこみ）といった伝統的政治手法に利用しうる資源の総量を否応なしに縮小させる。この結果、ある面では自律的な市民参加が促進されている反面、サービス提供の効率性という基準から国家や国際機関のパートナーにふさわしいとされる特定の市民社会組織のみを資金や情報、法律面で優遇し、その他の組織を非協力的な「反政府」組織として排除する傾向がうみだされている。

(3)経済的自由化。ネオリベラリズム（新自由主義）にもとづく自由化と規制緩和の結果、労働者の権利や市民生活に関わるさまざまな保護規制措置が大幅に削減され、社会経済分野でのインフォーマル化が拡大傾向にある。市民的権利の伸張に根ざした公共性の回復・獲得要求の高まりは、効率主義や経済至上主義がもたらす社会の原子化や差別と排除に対する強い反感の現われでもある。

(4)グローバリゼーション。ブラジル・リオデジャネイロやポルトアレグレ（後述）、米国・シアトルやメキシコ・カンクンでの市民フォーラムや大規模な抗議運動が象徴するように、環境問題や自由貿易、社会発展などを問題領域に多様な市民社会組織がトランスナショナルなネットワークを結びあい、ネオリベラリズムにもとづくエリート主導のグローバリゼーションに対抗するグローバル市民社会の芽生えという現象がみられる反面、これらのネットワークに参加できない人びとや組織の孤立や排除が強まっている。

市民社会論の二つの流れ■

サミュエル・ハンチントンの提起した「第三の波」論は、途上国や旧社会主義圏における民主化と市民社会、ガバナンスの関係に世界の目を向けさせた。市民的諸権利が定着していない地域において、民主主義が確立するには市民社会の強化が必要とされる点に異論はないが、市民社会の定義や市民社会の強化ないし育成に関する言説について、主として二つの立場があるように思われる。

一つは、後述の「リベラル・デモクラシー」をモデルとして規範的にとらえ、市民社会の強化に向けてラテンアメリカの外側から実行可能な政策を立案・執行してゆく立場である。工業先進国の開発協力機関（たとえば米国国際開発庁：USAID）、世界銀行やIDBなどが推進するガバナンスの改善に向けた諸政策がその代表である。上記(2)と(3)の文脈からみるならば、国家と市民社会の関係性を考察する際のベクトルが国家の側から出ている点、市民と市民社会をガバナンスに役立つ限りにおいて肯定的かつ限定的にとらえる点などに特徴がある。

もうひとつの立場はラテンアメリカの歴史や社会構造、政治文化をベースに、実際に市民的権利の拡大と民主化運動を担ってきたアクターに着目して、ラテンアメリカの内側から市民社会の育成と市民的公共空間の確立を考察する立場である。上記(1)の文脈からみるならば、ラテンアメリカ各国の各時代に即した市民社会の歴史的プロセス分析が中心となろう。また、(2)と(3)のコンテクストを批判的にとらえる研究者やアクターらは、ラテンアメリカ独自の市民社会論を模索し、提起しようと試みている。統治能力の強化や行政の効率化という機能的目的から市民社会の強化を目指す外側からの市民社会論に対して、ラテンアメリカにおける市民社会内部の構造的文化的問題にまで踏み込んで、市民的権利の拡張に根ざした市民的公共空間の拡大を目指す立場ともいえる。

以下、第二節では現代政治学における市民社会論の理論的系譜を簡単に紹介したうえで、ラテンアメリカ固有の市民社会論に関する論点を提示する。第三節では権威主義体制から民政移管にいたる現代ラテンアメリカ政治の転換期において、市民社会の重要性が発見されてゆく歴史的文脈をまとめる。第四節では、ネオリベラリズムに依拠して世界銀行などが推進する外側からの市民社会論の特徴と影響を考察し、市民社会とガバナンスに関連する問題を検討する。第五節では、ラテンアメリカにおける市民社会の課題と可能性についてまとめる。

二　ラテンアメリカ市民社会論の射程

市民社会論の歴史

現代市民社会論の代表的な研究者ユルゲン・ハーバーマスの議論は、ラテンアメリカにおいても重要な影響力を及ぼしている。その代表作『公共性の構造転換』の第二版（一九九〇年）序文で提起した国家、市場、市民社会から なる三パーティモデルが、現代市民社会をめぐるあらゆる議論の出発点となる。

市民社会という概念は歴史的に三回、根底的な変遷を経ている。第一は、古代ギリシアにおける「ポリス」を前提とする政治共同体としての市民社会であった。

第二は、ハーバーマスのいう「公権力に対する批判的領域」としての「市民的公共性」が国家から分離して誕生する一八世紀の産業資本主義の時代である。市民的公共性の担い手は、ブルジョワジーに限定され、市民社会とは市場社会と同義であった。「リベラル・デモクラシー」の市民社会論はこの流れを汲むものであり、市民社会とは「市民的権利・民主的代表制・法の統治の原則にもとづく政治社会の特別のタイプ」として定義される。

欧米諸国や国際金融機関、国際NGOなどが途上国に対する民主化支援として、歴史的文化的差異や社会構造の違いに十分な配慮をはらうことなしに、「リベラル・デモクラシー」を規範的モデルとして推進する場合、そこには否応なしに「真の市民」に対する「遅れた前市民」、「反市民」などの異物ないし市民社会の「敵」を作りだす契機が含まれてしまい、協力対象であるはずの人びとから強い反発を招くことになる。多元性や多様性を基調とするはずの市民社会が、差別や排除の審級に転換してしまうのである。

第三は、国家（行政）からも市場（経済）からも相対的に自律した領域としての現代市民社会の創造である。ハーバーマスは、市民社会を構成するさまざまな結社（アソシエーション）が多元性と多様性を尊重しあいながら、政治的意思形成を行うために築きあげる言説空間をさして、「自律的公共圏」と名づけた。そこは、国家や市場を媒介としないで誰もがさまざまな結社を通して、自由に意思表示を行い、新たな公共性を創出・演出してゆく場であり、その意味で「国家的公共性」や「市場の合理性」に対抗する「市民的公共性」の空間であるといえる。

ブルジョワジー個々人を構成単位とする「リベラル・デモクラシー」の市民社会論とは異なり、現代市民社会では人びとが自由意志にもとづいて自発的に形成する中間組織がその構成主体として措定されている。もちろん自律性や自発性は相対的な概念であり、中間組織に親族集団や地縁集団、インフォーマル組織をどこまで含めるかといった問題は、当該社会の文化的特徴や状況に応じて検討されなければならない。また、主権と自決権を求めて集団的権利の確立を訴える先住民族と市民的公共性とのあるべき関係も重要な検討課題である。

市民的公共性

ハーバーマスの議論で最も注目すべき概念は、市民的公共性であろう。齋藤純一によれば、「公共性」には相互に競合する三つの意味がある。

(1)国家に関係する公的（official）なものという意味。この意味での公共性には強制、権力、義務といった響きが伴う。

(2)特定の誰かにではなく、すべての人びとに関係する共通のもの（common）という意味。特定の利害に偏していないというポジティブな含意をもつ反面、権利の制限や受忍を求める集合的な力、個性の伸張を抑えつける不特定多数の圧力という意味合いにも転じうる。

(3)誰に対しても開かれている（open）という意味。問題は、開かれてあるべきものが閉ざされているという点にある。

ハーバーマスのいう「市民的公共性」の確立には、従来(1)や(2)の意味において「公共性」を独占してきた国家的公共性に対して、市民が自らの権利にもとづいて公共性を国家から獲得してゆくと同時に、市民社会の内部でこれまで差別され排除されてきた人々や集団に向けて言説空間を開放してゆくという二つの政治社会的活動がもとめられる。第三節でみるようにラテンアメリカでは、権威主義体制に対する厳しい闘争のなかから(2)と(3)を結合した「市民性（ciudadanía）」が発見されてゆくのである。

日本とラテンアメリカ

各社会の歴史や文化をはずれて市民社会や公共性といった概念を規範的に議論することには、あまり意味がないだろう。

日本では私益が優先され、市民の公共性や公徳心が伝統的に希薄であるという議論がよくなされる。公共性といえば国家的公共性に歴史的に限定され、上意下達の意思決定がなされ、集団が個を威圧し、異質性に対する寛容性が狭いという点においては日本とラテンアメリカの間にも多くの共通性がみられる。クライアンテリズムや家父長主義（パターナリズム）、人物主義（ペルソナリスモ、カシキスモ）などの政治文化の伝統も類似しているといわれる。また、国家の財政難や経済的自由化の進行をひとつの背景としたＮＧＯやＮＰＯ（非営利組織）ブームの到来、地方自治への市民参加の拡大などを通して、市民的公共空間がゆっくりとだが拡大しつつあるという状況も重なり合う。

だが、世界第二位の経済大国と貧困層が総人口の三分の一にも達するラテンアメリカの間には、階級や人種・民族など社会構造において決定的な違いがある。貧困者とは、たんに低所得状態におかれた人びとではなく、市民としての権利が保障されず、日常生活のさまざまな局面で社会的排除と差別を被る人びとを意味する。ラテンアメリカの経験に根ざした民主主義と市民社会論の発展には、社会的経済的差別と排除を克服する経路と市民的公共空間の拡大プロセスとを関連づける理論、ならびに実践的取り組みのさらなる進展が求められている。

社会的権威主義と貧困者の声

工業先進国に生きる私たちにとって、途上国で作用する複雑なパワー関係を、とりわけ貧困者の視点に立って内在的に理解することはとても難しい。日々の暮らしのさまざまな場で、国家やエリート権力層から差別や暴力を受けること、階級や人種・民族、ジェンダーなどを理由に社会の内部で耐え難い差別や排除を被りつづけることが、市民的公共性の土台である他者への理解と連帯・共感の育成への障害となっている。ラテンアメリカ社会内部の市民どうしの厳しい差別と排除構造をさして、社会的権威主義（social authoritarianism）という言葉が用いられているほどである。市民的公共性を語るには、それを可能にするための最低限の政治社会的条件が満たされている必要がある。

世界銀行は『世界開発報告』二〇〇〇／二〇〇一年度版に「貧困との戦い」という副題をつけ、編集作業の一環として世界各国の貧困者の声に直接応答する大規模な調査プロジェクトを行った。「貧困者の声」と題されるこのプロジェクトの成果は世銀のホームページで公開されており、スペイン語版の三部作は貧困者の日常的視点から市民社会を考察するうえで欠かせない貴重な資料をなしている。

ブラジルやエクアドル、アルゼンチンなどでは「貧困者はしばしば公務員から嫌がらせを受ける」として、以下のような状況が報告されている。「人びとは公的機関との接触の中で、数え切れないほどの犯罪、虐待、腐敗に遭遇しているが、司法に頼ることはほとんどなかった。機関との接触を語る際、人びとは横柄、無礼、軽蔑をもって対応されることの恥辱や侮辱を特に強く訴えた」。ラテンアメリカの現状では、この種の構造的不平等と排除が日々、再生産され、それを当然視するような言説（ヘゲモニー）が権力集団から表明されつづけている。

差別と排除への抵抗■

ハンナ・アーレントは公共的空間のもつ二つの政治的価値として、「自由」と「排除への抵抗」を掲げた。アーレントの議論を批判的に検討する齋藤純一によれば、公共的空間とは自らの「行為」と「意見」に対して応答が返される空間である。公共性が失われた生の境遇は「私的」であり、このような私的な生から奪われているのは、他者の存在である（アレント、一九九四）。他者による応答の可能性を喪失した生を、アーレントは「見棄てられた境遇」とよぶ。ラテンアメリカ各国で「貧困者の声」が告発するのは、多くの人びとを公共的空間から排除し、私的境遇に追いやる国家および社会内部の権威主義である。

ラテンアメリカにおいても民政移管を経て、公共的空間はある程度は開かれているにもかかわらず、そこにはつねに排除と周縁化の力が働いている。齋藤によれば、公共性からの排除にはフォーマルとインフォーマルの二つの契機があるという。

(1)フォーマルな排除：階級、性別、人種主義、異性愛主義など。

(2)インフォーマルな排除：「言説の資源」における格差。経済的格差が教育を受ける機会の格差、情報の収集・分析・発信能力の格差などに如実に反映されている。さらに自由時間という資源が公共的空間へのアクセスを大きく左右している。

フォーマルな排除に対しては、次節でみるようにラテンアメリカ各国でこの二〇年間、市民的概念の再規定を目指す新しい社会運動が誕生し、市民的公共空間への参加がゆっくりとだが拡大しつつある。そこにはGLBT（「へレベタス」：Gays《ゲイ》, Lesbianas《レズビアン》, Bisexuales《バイセクシュアル》, Transgeneros《トランスジェンダー》 のスペイン語の略称）に象徴される周縁化された人びとが、自発的に組織を作り、地域や国境を越えてネットワークを結びあい、公共的空間に自らの場と声を占めるべく創造力に富んだ運動を行う姿がみられる。

他方、インフォーマルな排除に対しては、制度改革や社会的弱者と周縁層のエンパワーメントといった開発論の文脈で対応策が括られてしまうことが多い。文化の支配的コードの変革を伴わないまま、既成の公共的空間への参入能力を拡大するだけではたんなる同化政策と変わらず、支配集団のヘゲモニーと社会的権威主義からの解放にはつながらない。たとえば、私が調査を続けるグアテマラの先住民女性たちは、途上国・貧困者・女性・先住民族という多重の差別と排除を被り、二等市民どころか四等市民であると自己規定する。彼女たちにとってエンパワーメントとは、上下水道や電気、初等教育などの開発協力プロジェクトの恩恵を受けて、家事労働の効率化が進展し、公的な領域に関わることのできる時間的余裕が多少生まれるといった類のことを意味するのではない。また、政府やNGO官僚に対抗しうる専門知や都市高学歴層の文化的コードを身につけることでもない。先住民貧困女性としての集団的アイデンティティを形成し、それをもとに社会組織を結成して、自らの文化的コードを公共的空間に正統なるものとして認めさせ、エリート支配層に対して支配的コードとは異なる他者の声としての自らの声に耳を傾けさせることで、市民的公共空間を獲得してゆくことが求められているのである。

投票権を行使する先住民女性は非常に少ない。2003年11月９日、グアテマラ総選挙投票日。（筆者撮影）

世界でも非常に過酷な部類に属するラテンアメリカにおける社会的排除と不平等の存在が、かえって民主主義と市民社会に関する概念自体の幅を広げ、根源的な批判能力の熟成を通して、政治的社会的権威主義とその支配的文化コードを市民の側から変革してゆく可能性を秘めている。エヴェリーナ・ダニーノやソニア・アルバレス、アルトゥーロ・エスコバル、ダニエル・マトをはじめ、ラテンアメリカの文化と権力、市民社会に関する研究者は、この意味での新たな市民性の構築に注目した研究成果を積み重ねている。

三　市民社会の発見

権威主義体制への抵抗■

一九六〇年代から八〇年代にかけてラテンアメリカを覆った権威主義体制期とは、法制度の機能不全に加えて、政治、社会ならびに経済領域において国家の暴力的な浸透を阻止しうる中間領域や組織が消滅してゆく時代であった（6章、8章参照）。権威主義国家は国家安全保障ドクトリンにもとづき、西洋キリスト教と公徳論を素朴に混ぜ合わせた良き国民像をうちだす一方で、それに従わぬ「反逆者」や「テロリスト」による脅威を都合よく演出していた。権威主義以前のリベラリズム時代やポピュリズム時代に高揚していた社会運動の解体が暴力的に進められ、「コンドル作戦」のコードネームのもと、南米南部諸国では軍部や情報機関が反体制派と疑われる市民の弾圧を国境を越えて体系的に行っていた。ラテンアメリカ各国で市民社会の再生に向けた運動を担った指導者には、この時代の弾圧を潜り抜けた人びとが少なくない。

権威主義体制の危機は、一九八〇年代初頭の開発モデルの破綻と債務危機の勃発、ならびに人権擁護運動や新しい社会運動に代表される自律的運動の高揚が合わさってもたらされた。さまざまな社会運動、労働組合、専門家団体、大学、カトリック教会、メディア、野党などが連合して権威主義に対抗する闘争を進めるなかで、多様な人びとの間で市民社会についての同質的なビジョンが共有されはじめ、民主化のプロセスに関する理論的政治的論争に大きな影響を及ぼすようになる。

権威主義体制から民主体制への移行期に当たる当時の文脈では、「市民社会の強化」とは二つの意味を担っていた。一つには、国家—社会関係において権威主義国家に対抗して市民的権利を回復し、市民的公共空間の拡大を図ることである。いま一つは、政治勢力に対する市民的勢力の自律性の獲得であり、政党やゲリラ組織などの政治勢力から自律した、政治（党派）の論理に左右されない市民社会固有の組織形成と運動目的の設定が目指されていた。

新しい社会運動■

「政治的なるもの（lo político）」と「市民的なるもの

(lo civil)」の分離と再編を通した新たな民主体制の構築という、矛盾をはらんだ課題を担う市民とは、権威主義体制に対抗する市民であると同時に、既存の政治勢力には帰属しない人びとであることが想定されていた。権威主義時代の政治の過剰状態と社会運動を支配していた左翼前衛主義からの解放が、市民的公共空間の獲得という形で目指されていたといえよう。この流れが新しい社会運動の誕生につながるのである。

南米南部諸国に加えてペルーやメキシコ、中米諸国においても、一九七〇年代から政治犯の釈放運動や亡命者の帰国支援運動などを担う人権団体、農村部や都市周縁部を拠点とするキリスト教基礎共同体（CEBｓ）、都市貧困層を主体とする住民自治組織、女性の権利擁護組織、文化・芸術活動を促進する青年グループなどの新たな社会アクターが相次いで誕生する。知識人もこれらの運動に積極的に加わっていった。また、労働運動や農民運動などの伝統的な社会運動体においても既成政党やコーポラティズム的束縛に対する自律性の獲得、および組織内の民主化を通した刷新が試みられていた。これらの運動体が織り成す反権威主義ネットワークを通して、市民的権利に根ざした「社会の網の目（social web）」の再編と、私的空間の公共化を通した市民社会の自律的領域の確立が目指されていたのである。

市民社会の発見■

反権威主義運動が新たな市民性・市民的権利にもとづく公共的空間の創造と獲得につながったケースとして現在、ブラジルの経験が注目を集めている。ブラジルでは一九八八年の新憲法制定がこのプロセスの結節点となった。これまで公共的空間から排除されてきた女性や黒人、先住民らが権利の保有主体としての認知を求め、「新しい市民」として憲法改正過程への参加を獲得していった。その過程で、子どもや青年の権利、家内労働者の権利、都市運営の民主化といった身近な日常的問題から、市民主導の開発モデルや民主主義のタイプをめぐる論争、人種差別への罰則規定にいたる多様な政策が争点としてとりあげられ、権利をベースとする公共的空間を構築するうえで非常に豊かな教育効果をもたらしたといわれる。

このような運動は、社会運動から誕生した組織政党である労働者党（ＰＴ）の存在によってはじめて可能となったといえる（5章参照）。PTを軸に、これまで差別され排除されてきた人びとへの公共的空間の開放が目指され、政治的なものの領域が市民の側から規定され、参加が促進されていったのである。大統領の直接選挙や新憲法制定を求める討議が、さまざまな立場の人びとの前例のない規模での参加を得て展開され、開放的な公共的空間における多様な市民の間の関係性のありかたが正面から討議されたのである。文化と権力の関係が市民社会論と公共性に関連づけられる形ではじめて問題視された重要なプロセスであった。

天災と市民社会■

ブラジルに象徴される社会運動の高揚による市民的公共性の構築とは次元を異にするものの、自然災害を契機に劇的な形で市民社会が浮上し、公共的空間の再編へ発展した例がみられる。一九八五年のメキシコ地震と九八年のホンジュラスのハリケーン・ミッチの際の多数の市民による自発的な救援活動がその典型的なケースである。これらの類稀な経験を経て、国家の無能や非効率をまざまざと見せつけられた市民たちが、自らの組織的運営能力に自信をつけ、市民のイニシアチブにもとづく都市の再開発計画にのりだしたり（市民的公共性の獲得）、行政オンブズマン制度を発足させたり、市民による選挙監視ネットワークを発展させていった。阪神淡路の震災（九五年）が日本における「ボランティア元年」につながり、NPOブームへの一端を担ったことと軌を一にする。

四　ネオリベラリズムの市民社会論

ワシントン・コンセンサス■

一九七〇年代後半から八〇年代にかけて、ラテンアメリカ各国は輸入代替工業化政策の行き詰まりと債務危機の勃発、先進国の不況に端を発する未曾有の経済危機に見舞われる。この危機は循環的ではなく構造的な危機とみなされ、米国政府と国際金融機関（IMFと世界銀行）が主導する構造調整政策が本格的に導入された。

各国で構造調整政策の是非をめぐる論争や対立が高まるなかで、福祉国家や開発主義を敵視してネオリベラリズムを信奉するテクノクラートによって、ワシントン・コンセンサスと総称される政策パッケージが強引に進められていった。これを政策的に支えるシンクタンクが各国に創設され、潤沢な国際資金に支えられたイデオロギー装置として機能するとともに、その出身者が政府の顧問や経済閣僚として実際の政策運営に加わっている。また、ネオリベラルな改革の結果、自由化や規制緩和がもたらす新たな機会を利用して新興企業家集団が誕生し、新たな政治的右派勢力の仲間入りを果たすことで、政界と財界の再編が進んでいった。この種のシンクタンクや財団、企業の社会的責任（CSR）を標榜する業界団体なども市民社会の新たな構成主体とみなされる。

市民社会論の文脈からみると、ネオリベラリズムとその担い手である新たなエリート層の特徴は、国家主導型開発主義ないし介入主義国家に対抗して、「民主主義」と「市民社会」の復権と強化を主張する点にある。その基本的な言説は二節でみたリベラリズムの素朴な理解に依拠している。民主主義は市場経済と緊密に関連しており、民間企業の強化こそが自由と民主主義の定着、ならびに経済成長への最善の道であるという類の話である。市民社会とは市場であり、市民とは生産者と消費者からなる合理的な経済主体であるということになる。

これまでのところワシントン・コンセンサスにもとづく諸改革の成果は、政策担当者自らが認めるように驚くほど小さい。自由選挙を経て誕生した政権は合法的な存在ではあるが、構造調整による持続的成長を掲げて誕生した政権の正統性が、一九九〇年代後半になって各国で低下している。失業の増大とインフォーマル・セクターの肥大、不平等拡大への不満が、「手続き民主主義」自体への批判と幻滅に向かっている。各種世論調査では政府、政党、議会、司法など民主主義の基本的制度への信頼度がきわめて低いことが判明している（4章九三頁表、6章一四六頁図2参照）。このため、九〇年代後半になると統治能力や代表性の危機、援助効率の低さなどが、国際金融機関の主要な政策課題として浮上してくる。ネオリベラリズムの推進者たちが、ガバナンスの改善という視点から国家と市民社会のありかたに着目しはじめたのである。

ガバナンス■

一九九〇年代後半に新ワシントン・コンセンサスないし第二次世代改革と称される新たな政策パッケージが国際金融機関から提言される。その中心はガバナンスと社会政策の重視にある。ネオリベラリズム自体が放棄されたわけではなく、あくまでその枠内で国家の失敗を補完し、非効率性を克服する限りにおいて市民社会の役割が期待されているにすぎない。とはいえ権威主義の象徴的存在として市民社会から敵視されてきた国際金融機関が、市民社会の協力なしには効果的な公共政策を実施できないと考えるにいたった点は重要な変化であるといえよう。

ガバナンスとは国家と市民社会の間の相互行為の総体を示す関係性概念である。グッド・ガバナンス（良い統治）とは、公共財ないし集合財の供給を最大化するような配列を意味し、透明性・情報公開・アカウンタビリティ・法の統治・応答性・多様性と多元性の受容といった概念や指標がガバナンスの良さの評価基準として用いられる。ラテンアメリカでは、貧困層や社会的弱者にどれほど優先的に機会ないし利益をもたらし、格差是正を達成するかどうかが良い統治の追加的な測定基準となろう。

世界銀行によれば、「ほとんどの国で、公共セクターは往々にして社会的に是認されない事業を行うもので、それがエリート層の過剰な利益を生む場合もある」。このため、以下の手順でガバナンスを改善することが求められているという。

(1)最重要政策として、行政の主体を簡素化して「規模を適正化」し、公企業などの活動中の公的プログラムを民営化する。

(2)公的プログラムをより効率的でアカウンタビリティの高いものにするため、行政管理システムを改善する。

(3)公的プログラムや政策の立案、監視、評価に市民を参入させる。

メキシコのサリナス政権が提唱し、ホンジュラスのフローレス政権などにも採用された「社会自由主義」の理念は、国家―社会―市場関係におけるこのような変化を具現化したものである。国家は生産活動と資産の所有関係への介入から撤退し、民間主導型の市場経済に委ねる一方で、国家とNGOがパートナーシップを組み、国際金融機関の資金協力を得ながら、格差原理にもとづく社会開発を促進するという発想である。だが、実際の経済効果や社会開発効果に対しては、さまざまな疑問や批判が出されている。

市民社会組織の選別と差別化■

ガバナンスの改善に向けた制度改革に多額の国際資金が注ぎ込まれることは、国家と市民社会の関係の根幹に国際アクターが直接的に介入してくることを意味する。この「上から」の作業にNGOが参加することは、NGOとそれが表象する人びとのアジェンダとエネルギーが特定の制度的領域に取り込まれてしまう結果を招く。くわえて、「市民社会の強化」や公共サービスの効率的供給を掲げた国際機関のプロジェクト資金がNGOや社会運動体、コミュニティなどに注ぎ込まれるのに伴い、市民社会組織の選別や差別化が進行するという現象がラテンアメリカ各国で生じている。

このような国際金融機関による特定のNGOや社会運動の囲い込みや取り込みに対しては、さまざまな批判が寄せられている。社会運動に対するNGOの優越、能力主義や効率主義という原理のNGOへの導入に対する批判が、その一例である。「自助努力」、「能力開発」、「人づくり」、「人間開発」といった用語が、ネオリベラリズムの文脈では個人主義や精神論を奨励する言説に転換し、市民的公共空間の拡大に向けた集合的行動を抑制する方向に作用するのである。

権威主義体制への闘争を通じて新しい社会運動が切り開いてきた市民的公共性が、国際金融機関の制定する公共政策の効率的な運営へ向けての国家と企業、市民組織のパートナーシップ形成に変容し、市民的公共空間が分断・分離・細分化されはじめている。貧困や格差をめぐる言説の脱政治化が企てられ、行政的技術的に対処すべき課題に書き換えられつつある。このような動きは、国際金融機関の影響力がとりわけ強いボリビアやホンジュラス、ニカラグアなどの諸国で顕著であり、ガバナンス向上を目的にした制度改革が、効率性や公共性の名の下に貧困層や社会的弱者を排除する方向に働いていないかどうかを検証する必要に迫られている。

五　市民社会の課題と可能性

抵抗と参加■

以上のように、一九九〇年代以降のラテンアメリカでは、下から・内部からの市民的公共性の構築への運動と、上から・外部からのガバナンス改善へ向けた政策が「市民社会の強化」という大義の下で合流し、非常に錯綜した状況を作りだしている。団体数や会員数でみるならば、市民社会組織の大半はスポーツや文化娯楽のサークルである。社会関係資本論（social capital）では、この種の団体こそが市民どうしの信頼・協力関係を築き上げ、民主主義と経済発展に重要な役割を果たすと考えられている。だが、本章はあくまで国家との関係から市民社会を論じる立場をとるので、社会関係資本に関わる議論には立ち入らない。

錯綜状況をあえて分類するならば、国家との関係からは市民社会組織には三タイプが存在する。

⑴抵抗派。政策対話自体を拒否し、巨大公共事業、自由貿易、グローバリゼーションなどのビッグイシューへの徹底的な反対運動を行う。パートナーシップ型ＮＧＯを、国際金融機関の下請けとなったトロイの木馬と批判する。ラテンアメリカにおいてもメキシコやチリなどにこの種の世界的ネットワークの結節点が存在し、インターネットで膨大な情報を発信している。

⑵政策形成への参加派。積極的な行政協力・依存タイプから、市民的公共性の拡大を目指してこれまで軽視・無視されてきたイシューを提起し、制度改革を目指すタイプまで多様である。

⑶政策履行・執行への関与派。文字通り下請け的なＮＧＯから貧困層や社会的弱者を代表する真のパートナーシップ型組織、行政の批判的監視団体まで多様である。近年、各国で定着しつつある市民による選挙監視活動もこの部類に入るだろう。

⑴と⑵は必ずしも相反するものではなく、たとえばアドボカシー（対案提起）型組織が影響力をつけるには大規模な動員やキャンペーンに裏づけられた国家との政策対話が必要とされる。

ポルトアレグレの経験■

ラテンアメリカにおける市民的公共性を論ずる際に、行政と市民の間での権力と責任の分有の成功例として、ブラジル・ポルトアレグレ市の参加型予算の例が必ずといってよいほど参照される（5章参照）。同市は二〇〇一年一月、グローバリゼーション推進派が毎年スイス・ダボスで開く「世界経済フォーラム」（通称ダボス会議）に対抗して、「世界社会フォーラム」の開催に成功し、世界的に知られる都市となった。

ここでは一九八八年選挙で労働者党（ＰＴ）市長が誕生して以来、住民が地区別の会議を開いて、予算審議を行う地区集会への代表を決め、まず優先分野（保健と社会扶助、交通、文化とレクリエーション、経済開発など）、ついで地域別のプロジェクト配分を決定する。この方式はブラジルの一九〇自治体、六州に普及し、さらに国際的な拡がりをみせている。

　参加型予算の成果として、これまで公共性の場から排除されてきた貧困・低学歴層にとって重要な参加スペースが確保され、実際に貧困地区に予算管理の権限が分権化されることで、地方政治特有の縁故主義を抑え込み、ガバナンスの質的改善に成功したという点が指摘されている。決定しうる予算は小規模の投資支出のみで、費用対効果が悪いという批判もあるが、毎月開催される会議はたんなる予算審議の場を超えて、これまで排除されてきた人びとの多様な声が反映される開かれた市民的公共性の実験教室として機能しているという。ただし、ポルトアレグレの高い財政能力や、PT市長と貧困層の間の政治プロジェクトの共有といった特殊事情もあり、同市の経験がただちにモデルになるわけではない。

結び■

権威主義との闘争以来、ラテンアメリカの市民社会にとって最も重要な経験は、市民的権利をベースに人びとが自発的に集団で参加する開かれた社会、という意味での市民的公共性という概念を身につけたことであろう。今後はさらに、政治的社会的権威主義を克服して他者の存在を認める方向にラテンアメリカの政治文化が変容し、私的境遇に追いやられてきた人びと・集団が公共的空間に参入するためのパワーを獲得してゆくことが最大の課題であろう。このような経験を積み重ねて、ラテンアメリカの民主主義は「手続き民主主義」を超える、多様な次元と多様な顔を得てゆくのであろう。

参考文献

●Alverez, Sonia E., E. Dagnino & A. Escobar (1998), *Cultures of Politics, Politics of Cultures: Re-visioning Latin American social movements*. Boulder: Westview. 市民的公共空間の創造をめぐる文化と政治の関係に関する研究論文集。言説・表象研究の重要性を十分に理解した研究者たちによる中南米各国の事例研究が豊富。本書以降も研究成果が相次いで発表されており、http://www.globalcult.org.ve からダウンロードできる。

●アレント、ハンナ／志水速雄訳（一九九四）『人間の条件』ちくま学芸文庫。本文二二〇頁参照。

●Dagnino, Evelina, coordinadora (2002), *Sociedad civil, esfera pública y democratización en América Latina : Brasil.* México : Fondo de Cultura Económica.ブラジルにおける民主化と市民社会・公共的空間の創設・拡大の関係を理論的歴史的に考察した本格的研究書。地方自治体やイシュー別の事例研究も含む。メキシコ、アンデス諸国、南米南部諸国に関するシリーズ本も同じ出版社から刊行されている。これらの基になった市民社会とガバナンスに関する国際比較研究の成果は、イギリスのサセックス大学開発研究所のホームページからダウンロードできる。http : //www.ids.ac.uk/ids/civsoc/index./html

●フリードマン、ジョン／斉藤千宏・雨森孝悦訳（一九九五）『市民・政府・NGO――「力の剝奪」からエンパワーメントへ』新評論。エンパワーメント論を軸に、社会経済開発と民主主義、市民社会の関係を理論化している。ラテンアメリカの事例も豊富で参考になる。

●Kuczynski, Pedro-Pablo & John Williamson (2003), *After the Washington Consensus : Restarting Growth and Reform in Latin America.* Washington : Institute for International Economics. いわゆるワシントン・コンセンサスの政策立案者たちによる政策評価と軌道修正策をとりまとめた書。「国家の改革」の章で語られる内容の乏しさと、中南米の市民社会に関する貧困な理解に改めて驚かされる。

●人間の安全保障委員会（二〇〇三）『安全保障の今日的課題』朝日新聞社。「人間の安全保障」に対する貢献という観点から市

民権と市民社会の機能を考察している。市民社会を「良い市民社会組織」＝「良いＮＧＯ」に還元する議論の代表格。

●齊藤純一（二〇〇〇）『公共性』岩波書店。公共性に関する優れた解説書。アーレントとハーバーマスの批判的検討を通して、異質で複数の声に開かれた公共性の獲得を提唱する。

●佐藤寛編（二〇〇一）『援助と社会関係資本――ソーシャルキャピタル論の可能性』アジア経済研究所。社会関係資本論に関する代表的研究を的確に整理し、開発協力政策への適用をさぐる。事例研究も面白い。

●世界銀行（二〇〇二）『世界開発報告』二〇〇〇／二〇〇一年度版、シュプリンガー・フェアラーク東京。国際開発機関の立場に即したエンパワーメントやグッド・ガバナンス、社会制度構築などの基本的概念と政策がまとめられている。

11章

民主主義を支える地域的国際的枠組
――米州機構と域内統合を中心に

●松下　日奈子

はじめに

二〇〇一年九月一一日、米国で同時多発テロが発生した当日、ペルーの首都リマにおいては米州機構（ＯＡＳ、スペイン語ではＯＥＡ）特別総会が開催され、西半球の「民主主義」を支える国際的枠組となる「米州民主憲章」が採択された。米国、カナダ、ラテンアメリカ諸国ならびにカリブ海諸国など西半球の米州三五カ国（キューバは一九六二年以降参加を除外されている）が加盟している米州機構は、とくに冷戦終結後、一九九〇年代から、積極的に米州における民主主義の促進をその優先課題として取り上げてきた。新たな憲章の採択は、米州におけるこれまでの民主主義への取り組みの集大成でもある。

一方、一九九四年から米州諸国の首脳によるサミットが開催されるようになり、二〇〇一年四月、第三回米州サミットにおけるケベック宣言の中にも「民主主義条項」が盛り込まれた。米州においては、民主主義促進を地域的国際的に努め、自由貿易協定（ＦＴＡ）への参加は民主政権であることを条件とし、米州機構を主体に政治的民主主義を基盤とした統合を推進する方向である。

米州民主憲章が採択されたことは、米州諸国が民主主義を支える国際的枠組として、近年国際法上でも重視される傾向にある「民主的統治（Democratic Governance）」の推進および「民主主義」強化のための多国間的・法的メカニズムを採り入れたことを意味する。

米州における一九八〇年代からの政治的民主化の波は、経済自由化に伴う地域統合の動きと並行しながら押し寄せている。北米自由貿易協定（ＮＡＦＴＡ）や南米南部共同市場（メルコスル）などサブリジョナルな統合も、米州地域のリジョナルな民主主義に直接的、間接的に関与しており、域内の民主主義は経済統合を側面から支える政治的要因としての役割をも担っている。

ところで、「民主主義」を定義づけることは容易ではない。冷戦期には、反共産主義であれば民主主義とみなされる場合もあり、対外政策において「民主主義促進」を掲げれば議会内で予算を獲得しやすいなどの状況から、明らかに「民主主義」がレトリックとして用いられる傾向も見られる。そこで、本章で述べる「民主主義」とは、便宜上、異議申し立ての自由が認められ、自由で公正な選挙が定期的に行われる政治環境、すなわちロバート・ダールの唱えた「ポリアーキー（polyachy）」を基本とする。

具体的には、米州民主憲章第三条において明記されている、「自由で公正な選挙」、「憲法を通じた権力へのアクセス」、「政党や組織の多元的システム」、「人権の尊重」、「基本的な自由」などが代議制民主主義の必須要因として挙げられる。

本章においては、米州民主憲章にいたる過程で米州における民主主義はどのように位置づけられ、その促進、擁護、定着への取り組みがいかに行われているのかを理解するため、地域的な国際機関としての米州機構を中心にその背景、動向を踏まえながら、域内の経済統合と民主主義の関係に言及し、民主主義を支える地域的国際的な枠組を検討する。

米州民主憲章。採択2001年９月、ペルー・リマにおける総会。
（出所：www.upd.oas.org/lab/photo_gallery/）

一　米州機構と民主主義
——米州民主憲章にいたるまで

米州機構（ＯＡＳ／ＯＥＡ）において「民主主義」はどのように位置づけられてきたのであろうか。一九四八年成立より九七年までに改正された米州機構憲章およびそれが「米州民主憲章」へと発展した経緯を概観する。

機構成立（一九四八年）より一九六〇～七〇年代■

米州機構憲章は一九四八年、コロンビアのボゴタにおいて、そのオリジナルといえるものが成立し、これが機構設立の礎となる（別名ボゴタ憲章）。その後、数回にわたり改正されている。成立当初から「米州諸国の連帯ならびにそれによって求められる崇高な目的は、代議制民主主義の有効な実施を基盤とする政治機構を必要とする」（現行の憲章では第二章第三条(d)項）とされており、機構の基本目的に「民主主義」を唱えている。

憲章成立直後と一九六〇年代初期は、ラテンアメリカにおいて民主化の波が広がりつつあったが、その後、反共産主義的軍事政権が米州各地域において政権をとる時期を迎えると、米州機構における民主主義への関心は弱まる。こうした時代背景の下で、六七年ブエノスアイレス議定書による改正においては、機構再編による権限と機能の変化が見られたが、もっぱら経済的社会的分野に関する条項の付与にとどまり、政治的な分野における改正は見受けられない。背景にはキューバ革命（五九年）後の、ケネディ大統領による「進歩のための同盟」などをはじめとする米国の対ラテンアメリカ政策が反映している。こうした政策は、政治的発展は経済的発展によってもたらされるという「近代化論」に基づくものである。

つまり、冷戦期の米州機構の活動においては、民主主義の発展に目を向ける動きは見受けられない。この時期の米州関係においては「不干渉の原則」が中心的課題となり、加盟国の国内問題として捉えられていた政治体制における「民主主義」「政治的発展」に関しては、多国間的、集団的措置は適切でないという認識が存在していたのである。

このような傾向は、国際的にも地域的にも、多国間協力に関する考え方に反映している。一九六〇年代、七〇年代の米州機構は、共産主義の浸透を抑えるイデオロギー上の意味からも経済的社会的な発展に重点を置いていたのである。

ところで、この時期の米国のユニラテラルな行動はマルテラテラルな政治機構としての米州機構の基盤そのものを脆弱化させた。一九七〇年代末より、米国からスタンスを置いた、ラテンアメリカ諸国（メキシコ、ベネズエラ、コロンビア、パナマ）のみからなる中米紛争解決のための調停組織コンタドーラ・グループ（八三年）などが出現した。なお、設立当初の加盟国二一カ国に加え、一九六〇年代以降独立を遂げたカリブ海諸国が新たに米州機構に加盟し始めたのもこの時期である。

民主化の潮流と一九八〇年代

一九八二年のフォークランド（マルビナス）戦争を契機として、米州機構はその存在意義を問われ、組織として弱体化し、さらには加盟国の分担金支払いの滞納が米州機構の財政基盤そのものを悪化させ、機能不全状態に陥った。一方、八〇年代は、ラテンアメリカ諸国の軍事政権、権威主義政権が国家主導型の経済政策によって対外債務危機、経済破綻を引き起こし、いわゆる「第三の波」（サミュエル・ハンチントン）といわれる民政への移行過程にあり、経済的には「失われた一〇年」と呼ばれると同時に、政治的には民主化が進展し国家再建に要した時期であった。

一九八五年の米州機構総会においては、代表民主制を強化し、米州機構事務総長の権限を拡大するための憲章改正へ向けたカルタヘナ議定書が採択された。憲章改正を契機に米州機構は加盟国の「民主体制」に関する政治的制度的な枠組を発展させることが可能となり、加盟国間で機構の強化策が打ち出されていく。ここで強調したいのは、各加盟国が米州機構の地域的重要性を再認識する過程である。加盟国の民主化が進展するにつれ、国内のナショナリズムの退潮を招き、対外政策においては米州地域全体の安全保障に向けて親米路線寄りの傾向をもたらしたのである。

米州機構本部（米国、ワシントン D.C.）

こうしたラテンアメリカの民主化への移行過程を通じて、米州機構は一九八〇年代前半までの危機的状況から脱却し、機構改革が進展した。八〇年代の米州機構は、新たな民主化の動きを反映した憲章改正により、役割が強化され再定義された。改正に伴い、西半球諸国家の政治的機構として代議制民主主義が有効に実施されるために活動する権限が付与されると、政治的に重要な決議が生み出され、米州機構における「民主主義」に関する政治的、制度的な枠組の基礎が形成された。

一九八八年の第一八回米州機構総会においては、「統合的発展のための米州協力は、民主主義原則ならびにインターアメリカンシステムの枠組の中で、加盟国の共通で共同の責任である」（第七章第三〇条）との立場から、経済的社会的発展と民主主義の間の緊密な関係に目を向け、西半球における民主化の過程を支援する旨の決議九四〇が採択された。これに基づき、翌八九年第一九回総会における決議九九一ならびに九九三において、加盟国は民主主義およびその参加システムを支援、強化する旨を決定した。

この時期における米州機構の政策決定の背景には、一九八〇年代におけるネオリベラリズム（新自由主義）的経済政策と新たな地域的経済統合へ向けた動き、米国の民主主義支援政策、八九年の冷戦終結、対外債務危機後の構造調整、市場改革への方向性を明示した国際会議でのワシントン・コンセンサス（10章二二四頁参照）の形成など、域内をめぐる国際環境がある。

一方、一九八〇年代のラテンアメリカ諸国において、民主的選挙によって文民政権が登場すると、米州関係においてこれまで「不干渉」と「自決」の原則により拘束されていた多国間協力の領域も見直されるようになる。

一九八〇年代後半から九〇年代にかけて米州機構は加盟国の民主化支援のための制度を発展させ、民主主義の促進、擁護、定着に向けての制度的基盤を整え、西半球の統合的な発展を目指す地域的政治機構としての機能を著しく強化する。

サンティアゴ・コミットメントと一九九〇年代

一九八〇年代末の決議を踏まえ、九〇年六月の第二〇回米州機構総会においては、加盟には代議制民主主義を条件としているにもかかわらず、このための具体的な手段を有していないことを認めた上で、機構内に「民主主義発展のためのユニット」を設けた。これが「民主主義」に関する活動の拠点となる。

一九九一年六月、チリのサンティアゴで開催された第二一回米州機構総会において、「民主主義とインターアメリカンシステム再編に向けてのサンティアゴ・コミットメント」と、代議制民主主義についての決議一〇八〇が採択された。決議内容は、民主主義が中断されるような事態が生じた場合、加盟国の外務大臣は緊急会議を開き特別な集団的措置をとるための決断を下すというものである。この決議は、西半球における政治的危機管理にとって重要な意味を持つと同時に、民主主義促進と定着を米州機構の優先課題にしようとする加盟国の強い政治意識が表明されたものである。これは、米州における政治的民主主義の促進・擁護を掲げた画期的なものであり、西半球における民主化促進、民主主義定着へ向けての重要なステップとなった。

一九九二年には、民主的に成立した加盟国政府が武力により転覆された場合、その国の米州機構におけるあらゆる活動への参加権利を停止させるという内容を含む憲章改正のためのワシントン議定書が提出された。翌九三年には、再びマナグア議定書が提出されたが、米州における「統合的発展」のための機能強化を目指す内容が中心であった。九七年にワシントン議定書が批准されると、米州機構は民主主義擁護・防衛に関して具体的手段を有するようになった。

　さて、一九九〇年代のラテンアメリカ諸国においては、経済的統合のための動きが活発化する反面、経済的格差、貧困問題が深刻化した。これらは民主主義の促進にとって障害となる社会経済的問題であるとの認識から、憲章改正では貧困問題、極貧の撲滅が記されることになった。九〇年にはカナダが米州機構に加盟した。九〇年代は、ブッシュ（父）米大統領が提唱した米州支援構想（ＥＡＩ）や、米国・カナダ・メキシコ間のＮＡＦＴＡ、南米四カ国のメルコスルのような経済統合や、ヨーロッパ連合（ＥＵ）などの地域主義（リジョナリズム）の影響を受けながら、域内ではどのような対応をすべきかが活発に検討された時期でもあった。

　一九八〇年代の債務危機を経て、米

（上）米州民主憲章草案が承認された米州機構総会。2001年６月、コスタリカ。
（下）2002年、バルバドス年次総会時の代表者会議。
（出所：www.upd.oas.org/lab/photo_gallery/）

国主導で冷戦後の米州関係再編の動きが活発化し、九四年には第一回米州サミットがマイアミで開催され、経済における自由市場と統合、政治における議会制民主主義、持続的発展と共存が提唱された。このサミットにおいて、米州機構が域内の民主主義強化の役割を担う最適機関として、この役割を最優先事項とする旨が確認された。米州機構においても九五年には貿易部門が創設され、九六年にはマナグア議定書に基づき、従来の米州経済社会理事会と米州教育科学文化理事会が統合され「統合的発展のための米州理事会」が設立された。翌年ワシントン議定書が批准される。九八年チリのサンティアゴで開催された第二回米州サミットにおいては、米州機構内に米州サミットをフォローアップするオフィスを創設することを決め、九九年には「協力と開発のための米州機関」が創設されている。

この間、決議一〇八〇に基づいて、米州機構による民主主義擁護のための集団的措置が数度にわたり適用された。また、米州機構総会、米州サミットでも毎回「民主主義」が取り上げられ、メルコスル、リオ・グループ（コンタドーラ・グループを母体とした政治協力組織）なども規約の中に「民主主義」を盛り込むなど、一九九〇年代の米州においては米州機構を主体として地域的国際的に一段と民主主義への関心が深まり、これを支える制度的な基盤もさらに整備されたのである。

二一世紀の幕開けと米州民主憲章

二一世紀を迎え、二〇〇一年にカナダのケベックで開催された第三回米州サミットと第三一回米州機構総会は、西半球の米州諸国に集団的措置を通じて民主主義の推進と要求を行う機会を提供した。ケベック宣言における「民主主義条項」の採択は、西半球の米州諸国が貿易拡大を目指すため、域内における非民主的な政権の登場を抑制することを意味し、今後のサミットの政治過程への参加には「民主政権」であることが必須条件となることが確認された。

サミットの際に、米州における代表民主制を積極的に擁護・防衛する手段を強化するため、「米州民主憲章」を準備するように加盟国の外務大臣に指示がわたった。この年六月、コスタリカのサンホセにおける年次総会で草案が承認され、常任理事会はこれをもとに九月の臨時総会で草案の内容を強化、拡大する方向で作業部会が設けられ、さまざまな意見を考慮した上での新たな草案を加盟各国政府ならびに各国民に提出した。この段階で、米州機構は特別にウエブサイトを開き、市民社会からアイデアや意見を募った。その後、常任理事会により、九月一一日、テロリストが米国を攻撃した同日、ペルーのリマで開催された米州機構特別総会に最終案が提出され、米州における三四の民主国家はこの「米州民主憲章」を採択したのである。

米州民主憲章には「民主的統治」の基準が明記され、民主主義を人権の擁護、開発の推進と貧困撲滅に結びつけた点に進展が見受けられる。

以上、米州機構において「民主主義」がどのように扱われてきたかを概観したが、民主化支援のために機構の機能強化が具体的にどのように行われ、この制度的基盤の上に、米州機構が加盟国の民主主義促進・擁護にどの時点で、どこまで関与するかを明らかにしたい。

二　民主化促進のための機能強化

米州機構においては、民主化を促進することは加盟各国の民主化のプロセス、民主主義の基盤となる制度の確立を支援していく長期的・多国間的な行為に関連する機能に関わる課題である。それでは、民主化促進は具体的にどのように行われているのだろうか。

米州機構において民主化促進活動の中心となるのは「民主主義促進部」(UPD、Unit for Promotion of Democracy)である。これは前述の「民主主義発展のためのユニット」を、事務総長の要請によりさらに発展させたもので、一九九一年の常任理事会で承認された。UPDは加盟国の要請に迅速かつ有効に対応し、支援を行う部署である。具体的には九一年の一二月一二日に米州機構の常任理事会で採択された決議五七二で「民主主義支援のプログラム」が提示された。UPDの活動は設立直後は民政移行期の国に対しては選挙支援が中心であったが、移管後は「民主的統治」機能を高めるための制度整備にも力点が置かれるようになった。

現在、UPDは民主的制度の強化、選挙技術支援、対話と民主的フォーラム、対人地雷に反対する包括的行為、特別プログラムなど五領域と、これらを調整する部署から構成されており、加盟国の民主的な制度や手続きの強化を目指し、民主主義定着のための支援を行っている。

また、以下のような機能強化も行われた。

2003年、グアテマラ大統領選挙における米州機構による選挙監視。
（出所：www.upd.oas.org/lab/photo_gallery/）

(1)事務総長の権限拡大。一九八五年の憲章改正で、「西半球の平和および安全または加盟国の発展に脅威であると認められる事柄について、総会または常任理事会の注意を促すことができる」と規定されたことにより、米州機構における事務総長の権限が拡大された。事務総長自身が、中米和平の過程で、域内のさまざまな会合に参加することにより、米州機構の民主化支援を印象づけた。

(2)選挙監視。米州機構による選挙支援は、加盟国の支持を得ており、選挙監視の領域における活動は短期的なミッション派遣から選挙のすべてのプロセスにいたる体系的な支援へと発展している。

具体的には投票者の登録の段階から、選挙の専門家による選挙組織の準備が始められ、キャンペーン実施、投票のプロセスおよび開票と結果の確認が行われる。オブザーバー（監視員）は国内の主な人口集中地区に派遣され、可能な限りの都市、農村等で選挙のプロセスを見守る。ミッションが適正な行動をとれるように適切な情報伝達、交通手段を提供する。開票においてはコンピュータシステムを導入することにより、不正が行われない限り以前よりも迅速で正確な投票結果の把握を可能にしている。このような選挙のための活動は、ラテンアメリカ諸国の政府によって民政移行期から今日にいたるまで要請されているが、「民主化促進」の第一歩につながるものでもあった。なお、日本も正式な米州機構常任オブザーバー国（一九七三年より）として選挙監視員を派遣し、選挙監視活動への資金援助も実施している。現在、米州機構は国連、国際選挙制度財団（ＩＦＥＳ、International Foundation for Election System　八七年設立。本部ワシントン）や国際民主化選挙支援機構（ＩＤＥＡ、International Institute for Democracy and Electoral Assistance 九五年設立。本部ストックホルム）などをはじめとする国際機関とも提携して、選挙支援などの民主主義促進活動を展開している。民政移行期から米州機構にとって選挙制度や手続きの強化は、民主的基盤を強化するための大前提として、選挙監視とともに一貫して重視されている。

ところで、民主主義を促進するための多国間協力、集団的メカニズムは、ラテンアメリカ諸国などで進行している民主化潮流の中で、これに反する動きを防ぐために重要であると認識されるようになった。なぜなら、この地域は過去において、あらゆる民主化の波が揺り戻され、その後、政治的、経済的、社会的に深刻な事態を引き起こしたからである。民政移行期に見られた反民主的な動きは、これに対処する多国間協力、集団的メカニズムの必要性を米州機構に再確認させた。

一方、冷戦崩壊後の世界においては、共産主義的イデオロギーによって挑まれた時代よりも民主主義が広く受け入れられるようになり、コンセンサスの形成が一段と容易になった。このような国際環境に後押しされて、民主主義促進に向けた米州機構の活動はいっそうの広がりを見せる。

三　民主主義の擁護

米州機構は、民主主義の擁護と促進を分けて捉えている。前者は民主主義を「突然あるいは不正規に中断」するような行為を妨げるための短期的な多国間行為を意味する。後者は民主主義へのプロセス、実行、制度確立の支援を目的とする長期的な多国間行為に関連している。先にも触れた決議一〇八〇は前者への対応を組み込んだ非常に重要な決議であり、これを基盤にワシントン議定書による憲章改正、米州民主憲章へと、米州における民主主義擁護への協力体制が強固なものとなる。

決議一〇八〇■

一九九一年六月にチリのサンティアゴで開催された第二一回米州機構総会で決議一〇八〇が採択されるまで、米州地域に生じた合法的秩序を侵すような事態に対応するメカニズムは存在しなかった。それゆえに、八九年パナマにおける選挙時、米州機構は独裁者ノリエガと反対勢力の間の仲裁に失敗した。この時点で米州機構は事態打開のための強制的手段をとることのできる明確な権限を有していなかったのである。これを契機に、米州機構の加盟国において前述のような事態が生じた場合の迅速なメカニズムが確立された。主な決議内容は①突然あるいは不正規に反民主主義的な事態が生じた場合、事務総長は緊急に常任理事会を召集する。②外相会議や特別総会開催の目的は、生じた事態に対して共同で調査し、憲章や国際法に従い、適切と思われる決定を行うことである。③常任理事会は国際的連帯や協力に基づく民主主義システムを維持し強化するために奨励策を設ける、などである。

決議内容の背後には、民主主義は他国から課せられるものではないという大前提の下で、民主体制下で生きる人々は他国あるいは自国内の少数派によって民主主義のルールが脅かされた場合には、集団的メカニズムに頼る権利を持つという原則が存在する。このような意味において、決議一〇八〇は、伝統的な不干渉の原則に対する認識に挑み、多国間的措置に新たな分野を広げたということができよう。さらに、決議採択の時点では、加盟国のほとんどが民主的選挙によって成立した政府であったということにも意義がある。

つまり、決議一〇八〇には民主化の潮流を覆す動きに対して抑止を行う明確な意図が存在したのである。実際にこの決議が適用されたのは、民政移管直後、政治的に不安定な状態にあったハイチ（一九九一年）、ペルーのフジモリ大統領（九二年）やグアテマラのセラーノ大統領（九三年）による憲法停止、議会解散を伴うアウトゴルペ（自主クーデター）が生じた際などである。いずれのケースも「突然あるいは不正規に生じた」民主主義のルールに反する動きとみなされ、事務総長は緊急常任理事会を召集、それに引き続き外相会議を開催した。米州機構のそれぞれの問題に対するアプローチの仕方は、状況により異なるが、目的は民主主義の回復において一貫している。

また、いずれのケースでも米州機構の決議による要請に対し、国際機関や金融機関もこれに応じる立場をとっている。

決議一〇八〇の適用により実施された手段をまとめると以下の四点に集約される。①米州機構が民主的政権の合法的代表を認め擁護するといった手段。②加盟国に対して、非合法的政権との関係について再検討を勧める。③域外国や他の国際機関、金融機関の反応に影響を及ぼすような強力な決議を採択する。④民主主義政権の回復を目的とする抑圧的制裁手段を適用する。

こうした手段は、民主化のプロセスに反する動きに対して制裁を課すという前例を生み、以前の立場に比すると具体的で強力な行動を起こす結果となる。加えて、加盟国において反民主的事態が起きた場合、米州機構における資格の停止措置をとる、という案が第二二回総会でアルゼンチンより提出された。このアルゼンチン案はワシントン議定書による憲章改正（一九九七年）に反映され、米州機構憲章第九条で「民主的に樹立された政府が武力によって転覆された加盟国は、総会、協議会、理事会ならびに専門的会議の会期および委員会、作業部会と、設立されている他のいかなる機関にも参加する権利の行使を停止する」と明記された。この条項は米州民主憲章における民主的制度の強化と維持についての条項の中でも規定されている。

米州機構加盟国にとって、民主主義は堅固な支持を得た国際的な義務へと進展したのである。

四　経済統合と民主主義

ケベック宣言における民主主義条項■

二〇〇一年の米州サミットにおけるケベック宣言で採択された民主主義条項の内容は、一九九六年メルコスルによって採択されたものと類似点が多い。そこでは、不正規の政権交替や民主的秩序に障害となる事態が生じた場合は、サミットプロセスにおけるその国家の参加への重大な支障となる、などの表現が用いられている。

こうした表現は、米州諸国の首脳が権威主義的性格を帯びた政権をサミットや自由貿易圏の創設過程から排除しうることを示唆すると同時に、新たに独裁政権や権威主義政権が登場した場合、その政権を拒否し、国際金融機関からの資金援助には不適格であるとみなすなど、非民主的な体制への制裁が可能であることを意味する。首脳陣は既存の米州機構、メルコスルなどサブリジョナルなメカニズムの中の規定と関連させて参加資格を規定し義務づけたのである。

ここには明らかに、米州自由貿易圏（ＦＴＡＡ）を視野に置いた域内経済統合が進展する過程で、政治的条件として民主制度を維持していこうとする米州機構の方針が見受けられる。

米州におけるリジョナリズムと民主化■

ラテンアメリカにおける民主化が一九八〇年代に進行し、経済自由化と並行して進展したことは先に述べたが、遡れば五〇年代後半にも民主化の波はこの地域に押し寄せ、六〇年の時点で軍政下にあったのはパラグアイのみであった。この時期においても、現在と同様に地域的な経済統合の動きが活発であり、五八年に形成されたヨーロッパ経済共同体（ＥＥＣ）の影響を受けて、六一年にはラテンアメリカ自由貿易連合（ＬＡＦＴＡ）、中米共同市場（ＣＡＣＭ）、六九年にはアンデス共同市場が生まれた。民主化と地域的な経済統合がラテンアメリカ全土に広がった現象は、八〇～九〇年代に再びヨーロッパ連合（ＥＵ）の動きを見ながら繰り返されることになる。

リジョナリズムと民主化の関係を一九五〇～六〇年代と八〇年代以降とで比較してみよう。前者においてはアンデス共同市場に見られたように軍事政権国家も参加しており、政治体制を問われることはなく明確な関係は見出せない。しかし後者には、明らかに民主主義国間で経済ブロックを設けようとする指導者の政治的な意図が存在する。つまりラテンアメリカにおいてリジョナリズムと民主化が統合された状況というのは、初めての経験なのである。欧州においては、リジョナリズムと民主化の組み合わせがＥＥＣという形で出現し、すでに一九六〇年代に加盟への条件として民主主義の原則が適用され、六二年にスペインがこれを理由に加盟を拒否されたことを考えると、ラテンアメリカにおいては二〇年遅れでこの組み合わせが登場したということになる。

政治的民主主義と経済的自由主義
――制度化と統合のタイプ■

それでは、一九八〇年代のラテンアメリカにおいて新たな民主主義と統合の関係がいかに生じたのか。代表的な統合の例としてＮＡＦＴＡとメルコスルを、経済統合と民主主義という視点から比較し、統合のタイプと制度化のレベルが政治的民主主義にどのように影響を与えているのかを考察する。

まず、両者を制度化のレベルから見ると、ＮＡＦＴＡが自由貿易協定（ＦＴＡ）であり、メルコスルは関税同盟である。リジョナリズムに基づく統合機能は、ＦＴＡ↓関税同盟↓共同市場↓経済同盟↓政治統合の順に進展する。このモデルに従うと経済統合の第一段階はＦＴＡであり、ある地域内の数カ国が、地域外に対して商業的な障壁を条件に物・資本の自由な取引を行う協定に合意するというものである。第二段階の関税同盟は、加盟国内においてＦＴＡと同様の合意を交わした上、さらに第三国に対して共通関税を課す協定である。第三段階のタイプが共同市場であり、物・資本・共通関税・労働力としての人の自由な移動が認められる。この段階になると加盟国は経済政策において協力しあうことになり、経済同盟が形成される。

統合のスキームとレベルの特徴を見ると、第一段階においてはいわゆるインターガバメンタリズム、次の段階は特別な問題に取り組む形態であり、さらに進んだ段階では特別な問題に関して集団的な政策形成・決定を行う。統合のレベルが最も高くなると安全保障、外交面の問題に関しても協力しあう。統合レベルが進展するにつれ、政治的な問題が含まれてくるのである。

つまり、統合のスキームとレベルによって加盟国の民主主義に対する影響は異なる。加盟国間で民主主義的原則を共有する場合もあれば、統合そのものが加盟国の協力精神によって国境を越えた影響力と介入的な効果をもたらす場合もある。しかしながら、民主主義に対する政治的影響は必ずしも常にあるものではない。実際、一九六〇年代の中米共同市場などのように、統合が民主主義に有用であるという理念がない場合は影響力はなかった。統合が民主主義への政治的効果をもたらすには、前提として政策形成者や国民が民主主義的な価値を強く望んでいるという、価値観の共有が必要である。

このように、統合のタイプと政策形成者の民主主義への信頼という視点から見ると、同じ民主主義的な理念を分かち合うという点では、ＦＴＡよりも関税同盟のほうが政治的影響は強いといえよう。以下、ＮＡＦＴＡとメルコスルの経済統合のタイプと制度化のレベルが、民主主義への関与にどのように関係しているかを述べ、地域統合と民主主義の在り方との関連を検討する。

ＮＡＦＴＡ形成期の民主主義への関心■

一九九〇年六月、米国のブッシュ大統領とメキシコのサリナス大統領はＮＡＦＴＡの創設に向けて共同宣言を発表した。その二週間後にブッシュはＥＡＩを提唱した。その中で、ラテンアメリカ諸国の民主化や経済自由化のプロセスを支援するためにより強力で包括的なパートナーシップを構築すること、メキシコから西側諸国との自由貿易を行い、ラテンアメリカ諸国の対外債務を削減し、かつ環境保護も支援する旨の基本的な政策を示した。ＮＡＦＴＡがＥＡＩの一部であることを考慮すると、民主主義に関しても同様の政策を進めていく方針であったと思われる。事実ブッシュは民主主義的世界秩序の勝利に強い自信を持ち、キューバも近い将来民主主義世界に戻ることを期待していた。つまり、ＮＡＦＴＡは当初からメキシコ、ひいてはラテンアメリカ全体の民主主義への貢献が期待されていたのである。ＮＡＦＴＡの交渉はカナダも加わり一九九一年二月から開始され、九二年一二月に三カ国政府により調印された。

しかしながら、交渉過程において「民主主義」が問題にされることはなかった。メキシコは当時、制度的革命党（ＰＲＩ）による長期にわたる一党支配下で不正選挙や人権問題を抱えており、「民主主義」の定義からほど遠い政治環境にあった。野党の民主革命党（ＰＲＤ）党首カルデナスはサリナス政権に対し、米国との新たな経済協定を進めるには、メキシコ国内の政治や社会の民主化が不可欠であると批判した。

一方、米国側は自由貿易を推進するため「政治体制」を問題にすることはなく、政治的民主主義は経済目標を達成してからとの思惑があった。サリナス政権は経済面で脱ポピュリズムを図り、構造改革を推進し好景気をもたらし、一九九三年のＮＡＦＴＡ批准、九四年発効にいたる成果を上げた。同年の大統領選挙ではサリナスの後継者としてセディーリョが勝利し、ＰＲＩ政権は引き継がれた。しかしまもなく通貨危機が起こりメキシコ経済は悪化する。米国内においても議会でメキシコの「民主主義」が問題視されるようになる。内外からメキシコの民主化に圧力がかかり始めると、セディーリョは九六年に選挙制度改革を実行した。

しかし、翌年の中間選挙で与党ＰＲＩは下院議席の過半数を失う結果となった。

メキシコの政治変動■

二〇〇〇年のメキシコ大統領選において、PRIはついに政権を失い、国民行動党（PAN）のビセンテ・フォックスが大統領に就任する。七一年間に及んだ一党支配に幕が下りるという政治変動が起こったのである。一九九〇年代の経済的自由化が直接的間接的に政治的民主化に影響を与えたことは否めないであろう。労働組合を支持層としたPRIが敗北し、財界を支持基盤とするPANが勝利した選挙戦は、政府から独立した連邦選挙管理機構が設けられ、公正で自由な選挙が行われた結果でもある。

NAFTA自体にとって、民主主義は懸案事項ではなかったが、自由貿易が進展する過程で、米国とメキシコのNGO（非政府組織）の協力下で、人権の尊重にも改善が見られ、経済のみならず選挙制度をはじめ政治面での構造改革も行われるという成果をもたらした。

NAFTAの交渉過程では「民主主義」は除外されたが、組織発足後に統合が進展する過程で国内外からの圧力が生じ、非民主的政権が民主的政治改革を行わざるを得ない状況を生み出すことを明らかにした。

メルコスルと民主主義■

メキシコの政治体制が民主的でなかったことからNAFTAの交渉過程に「民主主義」が取り上げられなかったのと対照的に、メルコスルに至るまでの交渉過程では「民主主義」の原則が重視された。初期のFTAの段階の「アルゼンチン―ブラジルの統合と経済協力のプログラム（PICEAB）」は、ラテンアメリカで初めて明確に民主主義的目的を有した統合のスキームであった。一九八六年に設けられたPICEABは、両国とも民政移管により就任した大統領によるものであっただけに、民主主義的原則を守るという強い意識があった。PICEABの民主主義擁護に関する政治的役割は、米州機構をはじめとする域内の組織などにも影響を与えている。また、九五年一二月、メルコスルとEU間でFTAが調印されたが、合意事項にはやはり民主主義擁護が含まれている。

政治目標である民主主義擁護を成文化したこのメルコスルの条項こそが、二〇〇一年ケベック宣言において米州諸国首脳により調印された「民主主義条項」の原型といえよう。

ＮＡＦＴＡは交渉の初期段階では政治体制のあり方を問題とせず、経済的な目標に向かって協力する過程で、ＮＧＯなどのトランスナショナルなアクターや、国際金融機関の支援、投資条件などを通じて、相互依存的な関係が深まり、徐々に国内外から民主化の圧力が直接的間接的にかかり、結果的に民主化が進展するという経過を辿った。メルコスルでは、その成立を定めたアスンシオン条約（一九九一年）においては「民主主義」を参加の条件としていなかったが、翌年ペルーのフジモリ大統領が行った自主クーデターを機に、民主主義への関心を高めた。そして九六年には、民主主義擁護を組織の原則とした。このタイプは初期段階から政策面での協調が進み、統合度は高く、経済的な統合がある意味で政治的な民主主義の手段となっている。

統合のタイプと制度化のレベルは、ＮＡＦＴＡとメルコスルの場合、先行するのは政治的民主主義なのか経済的自由化なのかという問題としても現れている。いずれにせよ、二〇〇〇年のメキシコ大統領選の結果が象徴するように、経済的自由化が先行したＮＡＦＴＡも、政治的民主主義が先行したメルコスルも、二一世紀初頭の時点では、両者とも民主化が深化し「民主主義」が定着へ向かっているといえよう。

ＦＴＡＡと民主主義■

一九九〇年のＥＡＩ構想から一五年後の二〇〇五年をめどに、世界最大規模のＦＴＡ、米州自由貿易圏（ＦＴＡＡ）が米州三四カ国によって創設される予定である。

ラテンアメリカ諸国では、経済的自由化の下での脱ポピュリズム的改革、市場開放、経済統合が展開しつつある。米州機構はこのような動向を、政治的な民主主義を促進・擁護することで側面から支援している。今後は、ケベック宣言の「民主主義条項」や「米州民主憲章」がＦＴＡＡ加盟国の政治的民主主義の基盤として重要な柱となる。

結び■

本章においては米州における民主主義を支える国際的枠組として主に米州機構を取り上げてきたが、国連、米国国際開発庁（ＵＳＡＩＤ）、米国民主主義基金（ＮＥＤ）などトランスナショナルな政党組織、ビジネス関係組織、労働組合、人権団体などのＮＧＯ、研究機関、欧州における政党インターナショナル、世界銀行、国際通貨基金（ＩＭ

F）、米州開発銀行（IDB）などの国際金融機関、そして一九九〇年代から頻繁に開催されるようになった米州サミット、イベロアメリカサミット、南米首脳会議などをはじめとする数々の国際会議、政治対話の機会などさまざまなアクターが重層的に米州域内の「民主主義」に関与している。米州機構はアクター間の調整機能も担いながら、民主主義への脅威としてのテロリズム、人権侵害、貧困の撲滅などに取り組んでいる。

また、民政が定着しつつある加盟国における民主主義的制度の確立に向けて、民主的政治文化の基礎となる教育、政治腐敗を防止するための議会制度の整備、司法制度の確立、犯罪防止のための警察組織の訓練など、国内政治に関わる領域にも関与するようになり、従来のこの地域に伝統的な「不干渉の原則」の概念そのものを変容させている。

ところで、冷戦後、国際環境の変容の中で、「民主主義による平和（democratic peace）」論（カントの理論をもとに米国のブルース・ラセットをはじめとする政治学者が実証研究に基づいて概念化したもので、民主主義国家間には戦争が行われず、民主化の拡大は国際関係に平和をもたらすとする学説）が、実際に外交政策、対外戦略に影響を与えている。ラセットらは、さらに〝「民主主義」「相互依存」「国際機関」による平和〟を提唱した。この説に従い、民主主義国家間の経済統合によって相互依存は深まり、それを支援する国際機関の存在が平和に繋がるとすると、米州においては二一世紀の幕開けとともに制度上はこの三点が揃ったことになる。

しかしながら、ラテンアメリカ諸国は厳しい経済状況の中で、深刻な失業問題、貧富の格差の増大などに直面し、政治的に新たな課題に向きあいつつある。域内の「民主主義」の現状は依然として多難な問題を抱えている。

参考文献

●米州機構全般、米州機構憲章、米州民主憲章、その他の決議に関しては以下のサイトを参照。http://www.oas.org

●Carothers, Thomas（1999）, *Aiding Democracy Abroad : The Learnig Curve*. Washington,D.C.: Carnegie Endowment for International Peace. 米国の対外政策における民主主義促進を扱った文献。

●Diamond, Larry（1999）, *Developing Democracy : Toward Consolidation*. Baltmore : Johns Hopkins University Press.

● Dominguez, Jorge J.（ed.）（2003）, *Constructing Democratic, Governance in Latin America*. Baltimore：Johns Hopkins University Press.ラテンアメリカにおける民主主義を多角的に分析した文献。

● ――――――（eds.）（2000）, *The future of inter-American relations*. New York：Routledge. 米州関係を多角的に扱い方向性を示唆した論文集。

● Farer, Tom（eds.）（1996）, *Beyond Sovereignty：collectively defending democracy in the Americas*. Baltimore：Johns Hopkins University Press. 米州における民主主義の集団的擁護・防衛についての文献。

● *Journal of Democracy*（published for National Endowment for Democracy by Johns Hopkins University Press）各号。世界の民主主義の実状を、理論と現実を踏まえ広範に扱った季刊誌。

● Lagos, Enrique & Timothy D. Rudy（2002）, "The Third Summit of the Americas and the thirty-first Session of the OAS General Assembly," *American Journal of International Law*, Vol.96, January. 二〇〇一年の米州サミットにおける「民主主義条項」と米州機構総会に提出された「米州民主憲章」の草案を考察した研究。

● Matsushita, Hiroshi（2000）, "The First Integrated Wave of Regionalism and Democratization in the Americas：A Comparison of NAFTA and MERCOSUR," *The Japanese Journal of American Studies*, No. 11, pp.25-48. リジョナリズムと民主化が統合的に進展した一九八〇～九〇年代の動向を比較分析した論文。

● 大串和雄（二〇〇二）「『民主化』以後のラテンアメリカの政治」（『国際政治』第一三一巻、一一月、一～一五頁）。特に、第四節において民主主義の定義についての問題点が指摘されている。

● Russett, Bruce & John Oneal（2001）, *Triangulating Peace*. New York：Norton. 民主主義促進政策に理論的に影響を与えている「民主主義による平和」論を発展させた文献。

● 恒川惠市（二〇〇〇）「『民主化』と国際政治・経済」（『国際政治』第一二五巻、一〇月、一～一三頁）。「民主化」と国際政治・経済の相互関係、民主化理論について論じている。

● Tulchin, Joseph S. & Ralph H. Espach（eds.）（2001）, *Latin America In the New International System*. Boulder：Lynne Rienner. 米州関係を政治的グローバル化の観点から分析し、対外戦略を提示した論稿を集めた文献。

● Whitehead, Laurence（1996）, *The International Dimension of Democratizaton：Europe and the Americas*. Oxford：Oxford University Press. 民主化の国際的要因を人権政策や政党系財団、亡命者問題などから分析した文献。

第四部　ネオリベラリズムへの抵抗

12章

キューバ社会主義の現段階

——一九九〇年代以降の制度改革と思想的「揺り戻し」

●小池　康弘

はじめに

一九九一年、最大の貿易相手であり援助国であったソビエト連邦が解体したことは、同国に石油供給の一〇〇%、全貿易のほぼ七〇%(他のコメコン〔経済相互援助会議〕諸国を含めると八五%)を依存していたキューバ経済に深刻な打撃を与えた。貿易面での優遇措置を含め年間二〇億ドルに相当する経済援助と一五億ドルの軍事援助(米国政府推定)は激減し、アフリカに駐留していたキューバ軍兵士が同時期に大量帰還したことも、雇用や食糧供給状況の悪化に輪をかけた。

当面の危機を回避するために、キューバは対外関係の再構築(多角化)を最優先の課題とした。そのためには、①海外の左翼勢力に対する支援、いわゆる「革命の輸出」路線の放棄、②民主化や人権問題の一定の改善、③対外経済開放など経済の自由化、は避けて通れない問題であった。①の問題については、もはや経済的にも余裕はなく、九一年夏までにはこれを完全に放棄し、フィデル・カストロ(キューバ共産党第一書記、国家評議会議長、閣僚評議会議長〔首相〕)自身が公式にそれを認めることによって、断絶状態にあった一部ラテンアメリカ諸国との関係正常化を実現したが、②、③の問題はその進め方をめぐって党内でも議論が分かれた問題である。キューバ政府は、一方では民主化と経済改革に向けて一定のステップを歩み始めていることを示すことによって国際的孤立を避ける必要があり、他方、国内的には共産党(PCC)の指導力と権威を維持しなければならない。対応を誤れば「改革」が体制崩壊に向かう「蟻の一穴」になりかねないというジレンマを抱えていたのである。

一　一九九〇年代前半における諸改革(第四回共産党大会以降)

議会(選挙)制度改革

キューバにおける議会制度は「人民権力機構(Organo del Poder Popular)」と総称される。憲法上、それは末端の住民代表組織である人民審議会(Consejos Populares)から市議会(任期二年半)、県議会(同五年)、全国議会(同五年)に至る議決機構全体を指し、さらに全国議会の中から互選された三一名のメンバーによって構成される「国家評議会」が含まれる。

一九九一年の第四回共産党大会につづく九二年の憲法改

正に基づき、同年一〇月に施行された新しい選挙法は、従来市議会選挙に限られていた有権者による直接投票制を県、全国議会レベルにも拡大するものであった。図1はキューバにおける選挙制度を示している。まず候補者は、各選挙区をさらに細分化した地区住民集会（候補者選出集会）を通じて一名のみ擁立され（挙手方式で選出）、一選挙区あたりの候補者数は二名以上八名以下に制限されている。私的選挙運動は禁止されており、候補者の選挙キャンペーンは選挙管理委員会が定める官製の立会演説会等の機会だけである。

図1　キューバの人民権力機構（選挙制度）

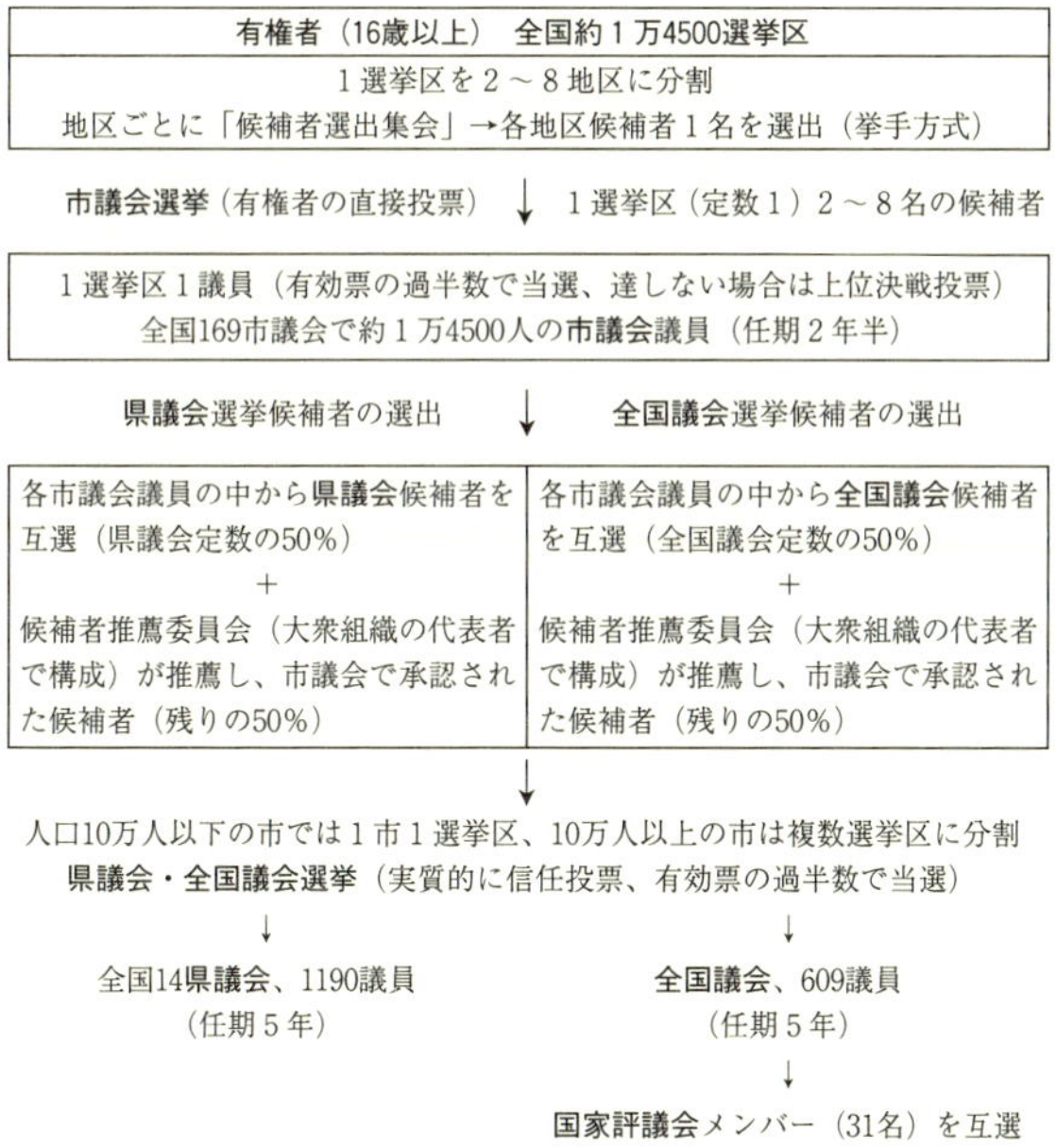
有権者（16歳以上）　全国約1万4500選挙区
1選挙区を2～8地区に分割
地区ごとに「候補者選出集会」→各地区候補者1名を選出（挙手方式）
市議会選挙（有権者の直接投票）
1選挙区（定数1）2～8名の候補者
1選挙区1議員（有効票の過半数で当選、達しない場合は上位決戦投票）
全国169市議会で約1万4500人の市議会議員（任期2年半）
県議会選挙候補者の選出
全国議会選挙候補者の選出
各市議会議員の中から県議会候補者を互選（県議会定数の50%）
+
候補者推薦委員会（大衆組織の代表者で構成）が推薦し、市議会で承認された候補者（残りの50%）
各市議会議員の中から全国議会候補者を互選（全国議会定数の50%）
+
候補者推薦委員会（大衆組織の代表者で構成）が推薦し、市議会で承認された候補者（残りの50%）
人口10万人以下の市では1市1選挙区、10万人以上の市は複数選挙区に分割
県議会・全国議会選挙（実質的に信任投票、有効票の過半数で当選）
全国14県議会、1190議員
（任期5年）
全国議会、609議員
（任期5年）
国家評議会メンバー（31名）を互選

（出所：筆者作成）

　他方、県および全国議会への候補者擁立には、市議会議員の選出後にその中から互選するルートと、大衆組織代表者によって構成される「候補者推薦委員会」が候補者の推薦を行うルートの二つがある。候補者推薦委員会は革命防衛委員会（CDR）、中央労働同盟（CTC）、小規模自営農民協会（ANAP）、女性連盟（FMC）、大学生連盟（FEU）等、共産党の支持基盤である党組織・大衆組織の代表者によって構成され、CTCの代表者が委員長を務めることになっている。実質的にはこの委員会が県議会、全国議会のすべての候補者リスト案を作成し、市議会議員は挙手方式でそれに賛否を表明し、出席者の過半数の賛成を得た者が全国議会または県議会への候補者として決定されるのである。

　過去行われた県および全国議会の選挙では、いずれも候補者数と当選者数は同じだった。つまり、一選挙区（定数一）に複数候補者が擁立される市議会選挙を除き、事実上、キューバでは競争的選挙は存在せず、信任投票になっている。また、非共産党員が「無所属」の立場で立候補することは可能だが（共産党以外の政党結成は禁止）、その場合でも党組織や大衆組織の後ろ盾がなければ当選することはほとんど不可能である。

こうした選挙制度改革と同時に、中央政府の権限の一部を地方政府（実質的に県、市議会）に移譲する「デセントラリサシオン（脱・中央集権化）」が推進されたが、その実態は地方分権化というより行政権限の下放化ないし下請け化に近いものである。このように、政治面での改革は、それまでの枠組を大きく変更するものとはいえなかった。

経済改革■

政治面に比べれば、一九九〇年代前半の経済面での改革は比較的踏み込んだ内容だった。この間に実施された主な改革は以下の通りである。

●一九九二年

憲法改正により、所有権と経営権を分離。外国貿易の一部自由化。

●一九九三年

① 国民の外貨所持・使用の解禁（政令一四〇号）。

② 一三五業種について自営業開業を解禁（大卒者を除く。政令一四一号）。

③ 農業協同組合生産基礎組織（ＵＢＰＣ）の創設（政令一四二号）により、国営農場を縮小。独立採算制の推進。

●一九九四年

① 中央政府機構の再編・縮小（政令一四七号）、所得税の導入を通じた財政再建。

② 農産物自由市場、一部工業品の自由市場の設置を許可（政令一九一、一九二号）。

●一九九五年

① 一九業種の自営業解禁を追加。大卒者の自営業開業を許可。

② 新・外国投資法を施行。一〇〇％外国資本の受け入れを容認。

③ 国民の外貨預金を許可、公設のペソ・ドル両替所を設置。

これら一連の経済改革を加速化させた背景には、ソ連崩壊、それに伴う深刻な国内経済危機という差し迫った現実があった。一九九一年度から九三年度までの実質国内総生産（GDP）は、累積で三七％のマイナスを記録し、基礎生活物資の不足とエネルギー危機は特に首都ハバナ市民の不満を増大させ、九四年八月にはハバナ市中心部で革命後最大規模の暴動が発生した。こうした危機を共産党指導部がいかに深刻なものととらえていたかは、この暴動が発生した際、カストロ議長自らが現場に赴き事態の収拾を図ったことや、食糧供給を確保するため同年一〇月に「農産物自由市場」（農産物の一部を生産者自身が自由な価格で販売できる制度）の導入を認めざるを得なかったことからも明らかである。この問題は九一年の第四回党大会で議論されたものの、カストロ議長の強い反対で見送られた経緯があったのである。

カメーリョ（Camello，ラクダの意）と呼ばれるトレーラー型の巨大バス。経済危機の中、庶民の足を確保する目的で導入された。100人以上の客を乗せることができる。（筆者撮影）

　このように、一九九〇年代前半においては経済危機の克服が何よりも優先され、経済活動における国家の統制は次々に外されていった。その過程では、改革とイデオロギーとの整合性の問題はほとんど議論されなかったのである。そして当時こうした改革へ向けての政策形成をリードしていたのは、党の有力シンクタンク（研究機関）であるアメリカ研究所（CEA）の若手・中堅の研究者を中心とするアカデミック・サークルであった。

二　改革のスローダウンと思想的揺り戻し（一九九六年以降）

ヘルムズ・バートン法の成立と改革路線の転換■

一九九六年二月、マイアミの亡命キューバ人組織ブラザー・トゥ・ザ・レスキュー（Brother to the Rescue）が反カストロ宣伝活動の一環としてキューバに向けて連日飛ばしていたセスナ機を、キューバ空軍が「領空侵犯」を理由に撃墜した（その後の国際民間航空機関ＩＣＡＯの調査では、撃墜は領空外であったと結論）。この事件を契機に、クリントン米大統領は対キューバ経済制裁の一層の強化を定める「ヘルムズ・バートン法」に署名した。同法律は、①キューバに対するあらゆる金融支援や貿易信用供与の禁止、②第三国による対キューバ支援状況の議会への報告義務、軍事援助を行う国に対する報復措置、③キューバ国内の人権団体、民主団体に対する支援、④キューバに向けた反カストロ放送の強化、⑤米国市民がかつてキューバに所有し、キューバ政府によって接収された財産権の保護、それに投資した外国人の訴追、⑥この法に違反する外国人に対する米国入国査証の拒否、等を定めたものである。米国政府は国内法の域外適用が同盟国との関係悪化を招きかねないとして議会にはたらきかけ、右の⑤および⑥に関する部分（同法第三章、第四章）を凍結した（ブッシュ政権も凍結継続）が、この立法措置に対してキューバ側は反発を強めた。その背景には、マイアミの反カストロ団体の挑発行為（度重なる領空侵犯と反カストロ宣伝ビラの空中散布など）を米国政府が黙認しつづけていることへの苛立ちや、同法律の成立によって対キューバ投資や貿易関係が阻害されかねないことがあった。

また、従来の対キューバ経済制裁措置が、基本的に一九六一年の「対外援助法」に基づく大統領権限によって行われていたのに対し、「ヘルムズ・バートン法」は議会による立法措置であるため、制裁の解除に向けて大統領が動きうるスペースは限定的なものとなった。このためキューバ側は、短期的ないし中期的に米国が対キューバ制裁を緩和する可能性はほとんどなくなったと判断し、以降、「戦時的」な動員体制の強化によって米国に対抗する方向に舵を切りはじめる。同法成立直後の九六年三月下旬、共産党中央委員会において、ラウル・カストロ党第二書記（国家評議会第一副議長兼国防相、フィデル・カストロ議長の実弟）は、行き過ぎた自由化の危険性と国内引き締めの必要性を強調する内容の演説を行った（*Granma*, 27 de marzo, 1996）。

このラウル・カストロ演説は、共産党内における保守派と改革派の勢力争いという文脈でみれば、明らかに前者の巻き返しを意味していた。一九九〇年代前半の諸改革では、政策立案プロセスが前述のＣＥＡの若手・中堅の研究者によって主導されていたが、保守的な党中央委員会アメリカ部の反発を招いていた（Giuliano, 1998）。保守派は党内における反米感情の高まりに乗じ、まず改革派の牙城であったCEAスタッフの責任追及に動いた。その中心的役割を果たしたのは保守派ベテランのバラゲール政治局員（党国際局長兼思想局長）とマチャド政治局員（党組織局長）だったといわれる。一九九六年三月のラウル・カストロ演説でCEAは「資金提供者たちから好かれるために、原則を忘れて米国に奉仕している帝国主義者の代理人」とまで糾弾され、同研究所はその後約五カ月間にわたって党政治局調査委員会による査問を受け、事実上解体される。党内保守派は、それまで実施されてきた経済改革が「貧富格差の拡大や社会規範の低下を招いている」として「行き過ぎた自由化」の弊害を指摘していたが、最も危惧していたのは、党のシンクタンクにいるエリート集団が自由化の流れを加速させており、彼らが国際的に知名度を持ち始めていたことだった。ヘルムズ・バートン法の成立を機に保守派が「思想的引き締め」に転じた背景には、エリート集団のコントロールという点において中国の天安門事件（八九年）の教訓がある。こうして九六年半ばには、翌年一〇月に開催される第五回共産党大会での「揺り戻し」への流れは確実となったのである。

第五回共産党大会（一九九七年一〇月）以降の「揺り戻し」■

一九九七年一〇月の第五回党大会では、歴史、文化、精神面からキューバ人としてのナショナル・アイデンティティが強調され、キューバ革命の理念や精神的側面がかつてないほど強調される大会となった。思想面においては、共産党や政府における内部規律の強化、党の支持基盤の拡大（特に若年層の加入促進）、国民的な思想教育の強化等の重点方針が打ち出された。

大会文書として採択された「団結した党、民主主義、および我々が守る人権」は、そうした第五回党大会の性格をよく表しており、九七年以降のキューバ政治の動き、すなわち、①政策面での「揺り戻し」的傾向、②思想教育キャンペーン、③共同体意識の創出努力、④動員強化、等を説明するものである。

同文書の大部分はキューバの歴史解釈に割かれている。まず一九世紀初頭からのキューバ政治史を説き起こし、独立運動における数々の英雄とその業績、米国の姿勢、革命後のキューバの状況等について分析を行った後、米国のキューバに対する姿勢は、百年前も今日も本質的に同じであると規定する。そして、こうした問題は現在のみならず将来の世代に対する脅威であり、「キューバ人は団結を強化し、支配に抵抗する意思を強化し、あらゆる面で努力を倍増させなければならない」と述べ、その努力をキューバ独立の父、ホセ・マルティの英雄的行為と重ねあわせている。

次に、労働、社会福祉、人種問題、性差別、宗教との関係、医療、教育などの分野における「革命の成果」を具体例をあげながら評価した後、近年生じてきた新たな問題として、社会の階層化、違法行為の増加、規律の低下をあげ、キューバが現在「価値観の危機」に直面していると指摘する。そして「排除すべき価値観」として、エゴイズム、アナーキー（無政府状態）、消費主義、秩序破壊、分裂、非道徳、連帯感の欠如、無関心、米国的モデルやシンボルへの軽薄な崇拝等があげられた。

結論として、①党の一体性の維持、②コミュニケーション・システムとしての大衆組織、③政治・思想・社会的課題への動員要素としての大衆組織、④家庭の役割および家庭・学校・社会の連携、⑤指導者に求められるモラル、等が強調され、道徳的価値と共同体を重視した社会的関係の構築が新たな課題として打ち出されたのである。

体制強化と新たな立法措置

全国議会は一九九九年二月、「国家独立経済保護法」という新法を成立させ、同時に刑法の改正を行った。その目的は、「国内秩序を破壊、不安定化し、社会主義国家体制とキューバの独立を清算しようとする目的に便宜をはかり、あるいは支援、協力する行為を規定し、これを処罰すること」（第一条）であり、最高で禁固二〇年の刑が科せられる。米国による制裁強化に対する国内的な引き締め措置であることは明らかだった。

この法律の狙いは、経済的防衛、国内治安維持、スパイ行為防止、腐敗防止、という四つの観点から整理できる。すなわち、ヘルムズ・バートン法の適用による実害がキューバに投資する外国企業に及ぶことがないように、内部情報を徹底的に管理すること、特に内部情報を利潤目的で利用することの阻止、キューバの不安定化を目的にさまざまな名目で外国から入ってくる公的、準公的および私的資金の規制、国内の反政府勢力の組織化の阻止、外国メディアを使った反政府宣伝活動の防止等である。

この法律の成立は、キューバ憲法第五四条に定められた結社権、それを根拠とする結社法（八五年制定）に定められた団体設立の権利や言論の自由について、厳しい枠をはめることを意味している。キューバにおける団体の設立には、法務省がその認可、監督、調査、処分等の権限を持っており、もともと市民が政府から独立した団体を自由に立ち上げ活動すること自体困難であったが、この法律によって外国の政府、公的機関、NGO（非政府組織）がキューバ国内の特定団体を支援することも困難になった。キューバ政府には、ヘルムズ・バートン法の第二章にある「キューバ国内の人権団体、民主団体に対する支援」に関する規定や、「人的交流の重視」という、一見してソフトに見える政策が、実はキューバ革命の「内側からの崩壊」を狙ったものであるとの警戒心がある。

党勢拡大（若年層のリクルート）■

現在、キューバ社会主義体制を支える重要な手段のひとつには、共産党員のリクルートの活発化がある。特に若年層の取り込みに力を入れていることが、最近の顕著な傾向である。一九九一年の第四回党大会で党綱領が改正され、宗教信仰者の入党も認められるなど、入党条件が大幅に緩和されたこともあり、党員数は次のように着実に増加している（キューバ共産党中央委員会二〇〇三年発表、および *Granma*, 12 de noviembre, 1997 など参照）。

一九七五年（第一回党大会）	約二〇万人
一九八六年（第三回党大会後）	約三八万人
一九九二年（第四回党大会後）	約五五万人
一九九七年（第五回党大会）	約七八万人
二〇〇三年現在	約八六万人

共産党は「前衛政党」というより「国民政党」としての性格を強めようとしている。すでに二八歳以上人口の一〇人に一人が党員となっており、一九九七年の第五回党大会時点では、全党員のうち五一・八％が二八～四五歳であった（Azicri, 2001）。また九八～二〇〇三年の間の新規入党者のうち一〇万人が共産党青年同盟（UJC）からの入党であった（フリオ・マルティネスUJC第二書記の発言、*Granma*, 27 de noviembre, 2003）。

一方、党による社会的コントロールと動員力を支えているのが革命防衛委員会（ＣＤＲ）である。ＣＤＲは一種の「隣組」的な組織であり、数区画ごと、ないしアパート一棟ごとに、平均二〇戸程度の世帯を単位として構成される（加入は任意）。それは重要な「社会的動員装置」であると同時に、国家にとっては法および社会の秩序を維持していくための全国的なネットワークとして機能している。一九九〇年代前半、経済危機が深刻化する中で多くのＣＤＲがリーダー不在になるなど機能不全に陥ったが、党指導部は若手を幹部に起用することで組織の刷新を図った。二〇〇一年末の段階では、ＣＤＲ幹部の平均年齢は三八歳、末端組織のリーダーの三八％が三五歳以下である（コンティーノＣＤＲ全国委員長の発言、*Habanera*, Núm.20, noviembre, 2001）。ＣＤＲには、住民の相互監視、密告組織といったマイナス・イメージもあるが、最近では庶民の日常生活に関係する相互扶助組織的な機能が重視されている。国民は政治教育などに多少の息苦しさは感じつつも、日常生活に関係する公的および私的な情報ソースとして、あるいは生活防衛上の観点からＣＤＲに一定の利用価値を見出している。九〇年代後半以降、ＣＤＲの組織率は徐々に回復し、一四歳以上人口の約九二・七％（七九〇万人）が加入するまでになった（二〇〇〇年九月二八日フィデル・カストロ議長の演説。*Granma*, 29 de septiembre, 2000）。

　こうした変化は、短期的には動員能力と財政基盤の強化につながり、キューバ共産党の権力基盤をより強化している。他方、党員（特に若年層）の増加により、党内における「潜在的な思想的多様性」の幅は広がったとみてよい。実利主義的な考えを持った党員が増えるということは、カストロ後のキューバの体制が（たとえ共産党一党支配体制が続いたとしても）これまでとは質的に違ったものになる可能性があることを予見している。

思想闘争（Batalla de Ideas）キャンペーン■

第五回党大会以降、共産党は経済自由化のネガティブな側面（拝金主義の蔓延、貧富格差の拡大、買売春などモラルの低下、職場規律の低下等）に対する闘いを本格化させている。特に一九九九年末以降、「思想闘争（Batalla de Ideas）」と呼ばれる大キャンペーンが展開され、国民全体に対する思想的引き締め、思想教育の徹底が図られている。

　この運動は主として三つの動員メカニズムによって展開

されている。すなわち、第一に、社会的動員を先導する中心的役割を共産党青年同盟（ＵＪＣ）が担い、第二に、トリブーナ・アビエルタ（Tribuna Abierta）と呼ばれる官製の市民討論集会が動員と参加の場を提供し、第三にメサ・レドンダ（Mesa Redonda）と呼ばれるテレビ・ラジオ討論番組を通じてキャンペーンの国民全体への浸透が図られる。政治活動のみならず、余暇活動、文化・教養活動を通じて生み出される共通の感情を育成し社会的団結の強化を図ろうとしている点にその特徴がある。つまり、非政治的領域も含めて国民の間に「自発的な」共同体意識を醸成し、そこから共通の政治的目標へと導いていこうとしているのである。

「思想闘争」キャンペーンのもうひとつの特徴は、個人に対して雇用機会、能力訓練機会の提供といった「人参」を鼻先にぶら下げ、社会全体に対してはインフラの整備と「新しい共同体的社会の構築」といった、一般的に受け入れられやすい目標を掲げて行われることである。たとえば、「二〇人学級の実現」と「生徒の特性を重視した指導」の推進を「小学校教員緊急養成計画」とセットで進めることによって、首都ハバナにおける教員不足の解消、教育環境整備、雇用の拡大を図るというのもその一例である。また、インターネットやテレビなどのメディアを思想教育の手段として使っている。キューバ政府は二〇〇〇年に入って中国から七〇万台のテレビを輸入し、ドルにアクセスのない世帯に優先的に販売したほか、電気の通じていなかった農村部の学校一九〇〇校以上に電気を通し、全小中学校にテレビ、ビデオデッキを配布、全国で三〇〇以上の「青年コンピュータ・クラブ」をスタートさせた（*Cuba Internacional*, No.332, sep.–oct., 2001）。

キューバでは、コンピュータやサーバーを「社会的所有」下に置いてコンテンツの規制を行うことにより、いわば思想闘争キャンペーンの「武器」にしたのである。キューバにおいては新聞、テレビ、ラジオ、映画等、マスメディアの私有は一切認められておらず（憲法第五三条）、政府は比較的容易に情報の管理ができる。実際、二〇〇四年一月、キューバ政府は一般家庭からのインターネット・アクセスを制限する措置を発動した。「ネットワーク・セキュリティの確保」というのが表向きの理由であるが、情報管理の強化が図られていることに変わりはない。

■「エリアン君事件」と動員体制の完成■

一九九九年一一月、マイアミへの脱出を目指してフロリダ海峡を渡っていた一隻の筏《いかだ》が転覆し、六歳の少年エリアン・ゴンサレスが米国沿岸警備艇によって救助された（同乗の母親は死亡）。キューバにいるエリアンの父親は親権を楯に少年を自分のもとに返すよう米国政府に求めた（夫婦は離婚しており、エリアンは父親が引き取り養育していた）。しかし、マイアミ在住の親戚および在米亡命キューバ人組織の強硬派は、少年の引き渡しを拒み続け、米国政府および連邦裁判所をも巻き込む事態となった。亡命キューバ人組織は、少年をキューバに帰還させるべきだとするクリントン政権の方針に猛烈に反発した。一方、キューバ国内ではこの事件が大々的に取り上げられ、「これは誘拐だ」として連日大規模なデモが繰り返された。結局少年はキューバの父親のもとに戻ることになったが、半年以上におよんだこの騒動は、キューバ国内における国民動員体制の強化と、連邦最高裁の決定にも従おうとしない在米亡命キューバ人強硬派に対する米国内世論の反発、在米キューバ人組織の分裂という副産物を生んだ。

キューバでは、前述した「思想闘争キャンペーン」の下で、UJCを中心とした党員の新規リクルートや、CDR、中央労働連盟（CTC）、小規模自営農民協会（ANAP）、キューバ女性連盟（FMC）、大学生連盟（FEU）、中高生連盟（FEEM）といった大衆諸組織の建て直しや動員強化が行われており、エリアン君事件はその政治的機能を試す絶好の機会を提供した。デモの動員においては、人民権力機構の末端組織である「人民審議会」（市議会と町内会の中間的組織）が大衆組織間の調整役として有効に機能し、一九九七年以降の動員体制の強化が成功したことを証明したのである。

三　キューバ社会主義の新しい側面

■軍と経済活動■

社会主義ブロックの解体後、キューバの軍事予算は半分以下に削減された。軍はキューバ社会主義体制を支える最も忠誠心の強い勢力であるが、一般の軍人には外貨へのアクセスがない。そのため、いかにして軍人（退役者を含め）の生活を保障するかという問題が生じるが、近年注目されるのは、軍の経済活動への積極的関与である。

キャバレー・トロピカーナの野外ショー。連日外国人観光客でにぎわっている。1990年代後半以降、観光産業は砂糖産業に代わってキューバの最大の外貨獲得源となっている。（筆者撮影）

もともとキューバ軍部は「外貨管理部」という独自の貿易チャネルを持ち、これまで経済活動と無関係であったわけではない。しかし近年では、砂糖産業、観光産業といった表舞台の主要ポストに退役および現役の軍人が登用され、経済活動の主体としての軍部の存在感が強まっている。軍参謀総長であったロサレス・デル・トロ中将（党政治局員）が一九九七年に砂糖産業大臣に就任したのをはじめ、二〇〇四年初頭にはやはり軍出身でキューバの代表的観光会社ガビオタ社の社長を務めていたマレロ・クルス氏が観光大臣に起用された。砂糖と観光という二大部門が軍出身者によって管理されることになったわけである。

　すでに観光産業においては、一九九〇年代前半から軍の保養施設が欧州資本との合弁で観光用ホテルに改造され、管理部門や従業員に軍からの転籍者が採用されており、さらには空軍の輸送機やヘリコプターが観光部門に転用されることさえ行われていた。前出のガビオタ社も軍をルーツとする企業の代表的事例であり、二〇〇三年末までにキューバのホテル客室全体の二〇%以上を握るに至った。このように、軍部は対外経済部門において大きな影響力を持っている。キューバを訪れる外国人観光客数は九三年からの一〇年間で四倍近い年間一九〇万人に増加し、観光産業は年間粗収入二〇億ドルを稼ぐ最大の外貨獲得源に成長している。ポスト・カストロ時代のキューバの体制がいかなる形になるにせよ、経済運営においても軍を無視することはできないであろう（ちなみに、キューバにおける外貨獲得源の第二位は海外からの家族送金で年間一一億ドル。米州開発銀行、二〇〇四年）。

民主化運動と人権問題■

キューバ国内における反政府運動はほぼ完全に封じ込まれている。運動を展開するための媒体もなく、大きな社会的影響力を持つには至っていない。キューバ当局は、一九九八年一月のローマ法王キューバ訪問の際に、反体制派約五〇〇名（政治犯）の釈放要請に対して、およそ半数の釈放に応じ、また二〇〇二年五月のカーター元米国大統領訪問時には、反体制派リーダー四名の釈放に応じるなど、人権問題をめぐる国際世論に全く耳を貸さないわけではないが、そのことは政治的民主化が進展しつつあるという意味ではない。

二〇〇二年五月、オスワルド・パヤ氏をリーダーとする国内反体制派グループは、①政治的自由の保障、②私的経済活動の容認、③選挙法改正とその是非を問う国民投票の実施、等を要求する「バレラ・プロジェクト」と呼ばれる民主化運動を展開し、一万人以上の市民の署名を全国議会に提出した。これに対し、共産党は逆に「キューバにおいて社会主義は不可侵」との条文を憲法に挿入する署名活動を組織して対抗し、全国議会はこれを全会一致で可決した。バレラ・プロジェクトは上程すらされなかったのである。

キューバ政府は在ハバナ米国利益代表部（大使館に相当）が反政府運動を支援しているとして態度を硬化させ、〇三年三月には同代表部の関係者と頻繁にコンタクトをとっていた国内の反体制派や独立系報道関係者ら七五名を逮捕し、禁固六年から二八年の刑が言い渡された。ほぼ同じ時期、米国へ亡命しようとしてシージャックを計った三名に対して死刑判決が下され、即座に刑の執行が行われた。こうした一連の動きは、諸外国から厳しく批判されたが、キューバ政府はそのような国際社会の反応をある程度予想した上で、それでも「体制の強化」を優先したのである。

キューバにおいては、現在の基本的な政治的枠組を認める限りにおいて党や政府に対する批判は許容され、場合によってはそうした自由な発言や相互批判が奨励されることすらある。しかし社会主義という枠組そのものやカストロ議長を批判する言動は許されず、この種の批判をメディアを使って外に向かって流せば、法に基づき罰せられる。その場合、たとえ国際的圧力があったとしてもキューバが姿勢を軟化させるということはありえない。キューバ政府はロメ協定（欧州諸国と旧植民地国との協力協定）への加盟を望んでいたが、欧州諸国が協定への加盟と人権問題をリンクさせようとしたため同協定への加盟申請を自ら取り下げたことがある（二〇〇〇年五月）。先の七五名の反体制派一斉逮捕をヨーロッパ連合（EU）諸国が一斉に非難したことに対しても、カストロ議長は「キューバはEUからのいかなる『条件つき援助』も拒否する」と応じ、それまで比較的良好だった両者の関係を悪化させてしまった。こうした姿勢は、民主化や人権問題に関するキューバの基本的スタンスをよく表している。キューバ政府が最も敏感に反応するのは「国家の主権」に関わることであり、この点で国際的圧力に屈した形で自己の決定を覆すことを最も嫌う。ただし、それは国際社会の関心や圧力をすべて無視するということではない。たとえば、いったん出された判決に対して全国議会が恩赦ないし減刑措置を講ずる余地は残されており、それが「主体的決定」によるものだという「体面」を保つことが重要なのである。

キューバ独立運動の英雄ホセ・マルティの像。ナショナリズムの象徴であり、学校や公的な建物には必ず肖像画が掲げられている。政治的立場に関係なく、キューバ人に最も敬愛される人物である。（筆者撮影）

四　カストロ体制を支える諸要因

カストロとホセ・マルティ思想■

キューバの政治体制を支えている最大の要因は、最高指導者であるフィデル・カストロ議長そのものであることに疑いはない。かつてに比べれば、そのカリスマは衰えたとはいえ、依然として多くの国民は、彼が誰も太刀打ちできない圧倒的な指導者であると考えている。「七月二六日運動」（一九五二年）を率いてキューバ革命を成就させた指導者であり、現共産党創設以前に、彼が革命軍の創始者であったという歴史的事実は、軍隊という位階制組織を完全掌握する上でも決定的意味を持っている。

またカストロ議長は、キューバ独立の英雄として国民から最も敬愛されているホセ・マルティ（一八五三

〜九五年）の思想を体系化してキューバ人の文化、精神、行動規範を律する公式イデオロギーとし、国民の間に統一的な価値体系をつくってきたといえる。演説において度々マルティの言葉を引用することによって、自らがキューバにおける最も正統なマルティ解釈者となり、人々に共通のアイデンティティや共同体意識を植えつけてきたのである。こうした動きは第五回党大会以降さらに顕著になっている。

マルティ思想は、精神および文化的側面を含めた国家としての独立、主権、名誉、社会正義の実現と不可分の関係にあり、「ナショナリズム」と「反覇権主義」に象徴されるキューバ革命の精神的支柱である。カストロ議長のカリスマは、マルティ思想によってさらに補完されている側面があり、それによって社会的動員や政権の求心力が維持されているのである。

人民権力機構を軸とする法的支配■

人民権力機構を中心とするキューバの政治と法の体系は、合法的に国家評議会議長（すなわちカストロ）の全知全能性を保障している。たとえば、憲法第七五条は立法府である人民権力全国議会自体に違憲立法審査権を与えており、人民法廷（裁判所）は「機能的には他の国家機構から独立し、位階的には人民権力全国議会および国家評議会に従属」（憲法第一二一条）しており、違憲立法審査権がない。裁判官および陪審員は行政府の提案に基づき全国議会が任命し、検事総長および同次長の任免権も全国議会にある（同第一二九条）。検察は全国議会および国家評議会に従属し、国家評議会の直接的指揮下にある（同第一二八条）。キューバにおいて司法の機能は「人民に由来し、人民の名によって遂行される」からである。つまり全国議会は立法府としての機能のみならず、行政府や司法府の機能の一部を兼ねるなど広範な権限を有しており、さらにその代表三一名で構成される国家評議会の権限は強大である。その長であるカストロ国家評議会議長は閣僚評議会（行政）の長も兼ねており、キューバにおけるすべてのエリート集団の人事を完全に掌握しているのである。

また、中央と地方の関係も垂直的である。地方政府（県議会ないし市議会）の地位は、「県および市は、その独自の機能を果たすとともに、国家の目的を実行するために貢献する」と定められており（憲法第一〇二条）、予算の編成と執行、職員人事、行政事務等で一定の独自性は認められているが、その権限は基本的に中央政府（閣僚評議会）の政策方針に縛られ、そのラインを踏み外すことはできない。地方議会の議長は、議員としては住民に対して責任を負うが、同時に地方行政の長として中央政府（閣僚評議会）によってコントロールされている。中央政府（閣僚評議会）は、地方政府の措置や決定について直接、あるいは全国議会への提案を通して、無効化ないし効力の停止を措置することができるのである（憲法第九八条）。

軍・治安組織・官僚機構■

一五〇人からなる党中央委員会の中からさらに選ばれる二四名の政治局員（事実上の最高意思決定機関）には、カストロ議長の実弟ラウル・カストロ国防相を含め六名もの軍人（OB含む）がいる。カストロが軍を最も信頼していることは明らかである。キューバの軍は、国内において最も高度に組織化された規律の高い武装集団であるだけでなく、すでに本章で述べたように、事実上、経済活動の主体であり、最強のパワー・エリートになっている（現在のキューバの軍部は「市民型」「技術官僚型」「企業人型」という三つのタイプの軍人によって構成されていると指摘する研究者もいる。たとえばEspinoza, 2003, in Horowitz & Suchlicki)。

国内治安部門を統括する内務省（MINTＴ）もまた軍と並んでカストロ体制に最も忠誠心の強い集団であり、通信、観光、対外貿易など幅広い分野で経済活動にも関与している。その中で諜報活動に従事する国家保安局の情報収集力、内部統制力は依然として強力であり、反政府的な動きを即座に察知する能力を持っている。二〇〇三年三月に反政府活動家ら七五名を逮捕した際、カストロ議長は誰が、いつ、どこで、誰と、どんな話をしていたのかまで示して、在ハバナ米国利益代表部の関与を非難した。このことからもわかるように、国家保安局の監視体制が外交団を含めて広範に及んでいることは間違いない。

一方、文民官僚集団の場合、一部は積極的に、また一部は消極的にカストロ体制を支えている。「消極的」というのは、結局政府に頼るしか選択肢がないと感じている人々である。彼らの多くは現体制の下で最低限の安定した生活を送っており、不満はあるが居心地のいいポジションにいる。今暮らしているアパートも、もし体制がひっくり返れば、米国に亡命している元の所有者が戻ってきて追い出さ

カピトリオ（Capitolio）。国会議事堂として1918年から11年間かけて建設された。当時のキューバに対する米国の影響力を象徴するような外観である。現在はキューバ科学アカデミーなどの機関が入り、観光名所にもなっている。（筆者撮影）

れるのではないか、たとえばそんな心配をしている。こうした人々は体制に対して「面従腹背」という側面も持っているが、政治的動員には真面目に参加し、決して自分の仕事や生活を危険にさらすような行動はとらない。

ナショナリズムと対米関係■

ナショナリズムはキューバの社会主義体制の存立基盤であり、愛憎相半ばする対米感情と密接に関係している。そうした感情は、一九世紀以来の両国関係の中で歴史的に形成されてきた。キューバ人の多くは、一八二三年にジョン・クインシー・アダムズ米国務長官が駐スペイン公使あて訓令の中で述べた「熟した果実」の論理、すなわち、熟した果実が木から落ちるのと同様に、キューバも米国の「引力」に引き寄せられざるを得ないとする考え方が、歴史的に米国の対キューバ政策の根幹にあると思っている。そして米西戦争（一八九八年）以降の米国の介入政策が、キューバの対米不信感を助長した。キューバの政治指導者や知識人たちは、アダムズの「熟した果実」を原点とし、ルーズベルト・コロラリー（「モンロー宣言」の拡大解釈）によって完成された「米国覇権主義」の論理が、今日においてもなお米国の対外政策の本質だと考えているのである。

　一九九六年を境に、キューバが改革をスローダウンさせたきっかけのひとつは、ヘルムズ・バートン法という米国の経済制裁強化だった。キューバは外部からの圧力が強まると内部規律を引き締め、名誉や尊厳といった国民感情に働きかけることで、ひとつの旗の下に政治的動員を図って乗り越えようとする傾向がある。ヘルムズ・バートン法が成立した直後、キューバ政府は同法のスペイン語訳パンフレットを全国に配布して米国の傲慢さを喧伝し、国民の団結を訴えた。米国政府が締めつけを強化すればするほど、キューバはそれを体制強化のために効果的に利用するというパターンが繰り返されているのである。

一方で新しい動きも見られる。米国議会は二〇〇〇年一〇月、医薬品と食糧に限って対キューバ輸出を許可する法案を可決し、現金決済ではあるが部分的に貿易を再開した。この結果、二〇〇一年から三年間のキューバの米国からの輸入総額（契約ベース）は一〇億ドルを突破している。経済制裁が強化される一方で、食糧輸出に関していえば、米国にとってキューバはすでに「ラテンアメリカで最大の顧客」になっているのである。こうした奇妙な状況が生まれた背景には、二〇〇〇年の大統領選挙でフロリダの票がブッシュ当選を決したことからわかるように、マイアミの亡命キューバ人を中心とする対キューバ強硬派が大統領に強い影響力を持っていること、その一方で農業・食糧関連業界を中心に、キューバを市場ととらえ制裁緩和を主張する穏健派が議会への働きかけを活発化していることがある。

キューバはこうした米国内政治力学を読み取りながら、国内的にはナショナリズム感情に訴えて引き締めを行いつつ、対外的には米国ビジネス界に秋波を送っている。その狙いは、反カストロ強硬派を孤立させること、米国との経済関係を選択的に拡大することで欧州諸国とのバランスを保ち、対外経済関係における主導権を確保すること、国内的な社会不安を取り除き、現体制の権力基盤を強化すること、それによってカストロ後の体制の継承（transition＝移行ではなくsuccession＝継承）を準備することである。

参考文献

●後藤政子（二〇〇一）『キューバは今』神奈川大学評論ブックレット、御茶の水書房。制度面の変化のみならず国民生活の実際の変化という観点から、キューバ革命や一九九〇年代の諸改革の功罪を分析している。
●伊高浩昭（一九九九）『キューバ変貌』三省堂。一九九〇年代のキューバ社会の変貌を幅広い独自の取材に基づいて克明に記したもの。ペルー日本大使公邸人質事件をめぐる日本・キューバ関係についても触れている。

●新藤通弘（二〇〇〇）『現代キューバ経済史』大村書店。一九九〇年以降の経済改革の動きがかなり詳細に説明されている。米国の経済封鎖やキューバの対外経済関係について知る上でも興味深い。

●一九九〇年代後半以降のキューバ社会主義体制の変容について研究した欧文献は多数あるが、本章に関係するものとしては以下の通り。

Azicri, Max（2000）, *Cuba Today and Tomorrow*：*Reinventing Socialism*. Gainesville：University Press of Florida.

Giuliano, Maurizio（1998）, *El Caso CEA*：*Intelectuales e Inquisidores en Cuba*. Miami：Ediciones Universal.

Horowitz, Irving Louis & Jaime Suchlicki（eds.）（2003）, *Cuban Communism 1959–2003*. New Brunswick & London：Transaction Publishers.

13章

先住民の抵抗、先住民運動の展開

●新木　秀和

はじめに■

一九九〇年代以降のラテンアメリカでは、先住民族の政治活動や先住民運動が各地で活発化した。その結果、先住民族の影響力や国際的ネットワークを考慮に入れねばラテンアメリカ政治の重要な側面を理解しがたいほどになっている。ただ世界の他地域とは異なり、ラテンアメリカの先住民運動は国家の解体を目的とはしない。むしろ国家を前提としつつ国民という枠組や民主主義の中身を問いかけ、一定の修正を求める役割を果たしてきた。それはネオリベラリズム（新自由主義）への抵抗運動と連動する動きであり、社会変革への指向という点からその動向が注目される。本章では、民主化やグローバル化の動向とからめて先住民族の政治参加の動向を取り上げ、ネオリベラリズムへの対抗軸ないし代替的問いかけの実践としてそれらがどのような意味をもつのか考察する。まずラテンアメリカ諸国で先住民族による抵抗の動きや先住民運動が生まれてきた背景と展開状況をふりかえる。続いてメソアメリカ（メキシコと中米）とアンデス（ベネズエラ、コロンビア、エクアドル、ペルー、ボリビア、チリ）の二地域を中心に先住民問題の現状を概観し、代表的な事例に分析を加えたい。なお、ここでは「先住民」および「先住民族」という表記を同じ意味で使うことにする。

一　先住民族と国家

まず先住民と国家の関係を概観することから議論を始めたい。

ラテンアメリカにおいて先住民人口の大部分はアンデスとメソアメリカの二地域に集中し、とくにボリビアとグアテマラでは比重が高い。これらの地域では、先住民問題は先住民だけの問題ではなく国民全体の問題である。白人性をうたい文句にする国々（アルゼンチン、チリ、コスタリカなど）も例外ではなく、先住民が提起する問題は貧困、人権、民主主義などの普遍的問題につながっている。

植民地時代において先住民は、少数の支配者により「野蛮」と見なされ、独立後の国家形成過程でも「他者」として差別化され続けてきた。先住民を国民社会に編入しようという国民統合イデオロギーのもとで、一九世紀後半に多くの国では先住民への圧迫が強まり抹消がはかられ、ヨーロッパ移民の導入を通じた国民の「白色化」が目指された。

そうしたなかで、先住民や農民による反乱が頻発してきた。植民地時代末期（一七八〇年）ペルー・アンデスにおけるトゥパック・アマルの蜂起だけでなく、一九世紀でもメキシコにおけるカスタ戦争（一八四七〜五〇年）などのように、域内各地で先住民と中央・地方政府との間に弾圧と反発の応酬がくり返されたのである。一方、インディヘニスモと呼ばれる先住民擁護運動が連綿と受け継がれてきた（2章参照）。これは一九世紀末頃から重要な政治・社会・文化的運動となり、メキシコ革命（一九一〇〜四〇年）を経て一九七〇年代から現在に至るまで、ナショナリズムとからみながら継続している。しかし現在では当事者不在の状況が批判され、先住民自身による復権運動へと力点が移行するようになっている。

二　先住民運動の出現

国内環境の変化■

過去数十年の間に先住民運動が活性化した主要な背景のひとつとして、先住民族を取り巻く社会変化が注目されよう。とくに一九六〇年代から七〇年代にかけて農地改革が実施されると、先住民が多く居住する農村部では社会政治状況に一定の変化が生まれた。農業部門の近代化に伴い、農村教区で生じた権力関係の変動により、白人とメスティソ（先住民と白人の混血）による支配構造が一定の変容を余儀なくされた。同時に農村部には開発プロジェクトをたずさえて国家などの外部勢力が参入するようになる。その結果、強力に階層化されていた従来の権力関係の絆が緩み出し、各々の土地で孤立していたさまざまな先住民集団の間に接触の機会が生まれた。この過程で、いくつもの新しい組織（共同組合、連合など）が農村部に生み落とされ、これらの組織が権力の空白を埋め、やがて民族的な復権を模索するようになる。

一九七〇年代頃から各国、各地の先住民たちが一国や地域レベルでさまざまな会議を行うようになり、さらに共同体や地域を越えた相互接触の経験が蓄積されてきた。また過去数十年において先住民層が置かれた相対的に劣悪な状況、とくに民族差別や貧困、場合によっては弾圧や虐殺という状況が、強権的な政権のもとでの開発や社会化により引き起こされたり、経済社会関係の自由化やグローバル化の中で先住民族が打撃を被る場面が生まれてきた。八〇年代以降の先住民運動の活発化の背景としては、ラテンアメリカにおける民主化や国家改革の動きが背景としてあげられる。つづく九〇年代以降の先住民運動は、それらの動向から影響を受けた面が強く、逆にこれらの状況に与えた先住民運動の影響力も少なくない。

先住民政治家の出現も重要である。民主化で非識字層へと選挙権が拡大され、先住民が国政に参加する機会と空間が生み出された。地域だけでなく国政レベルでも先住民政治家の例が、メソアメリカやアンデスをはじめ各国で散見されるようになっている。そして、一九九〇年代に各国で実施されるようになった二言語教育（母語とスペイン語両方の修得を目指す）は、先住民のスペイン語化の強化という面はあるものの、先住民の識字化の進展とそれによるエスニック（民族的）・アイデンティティの覚醒に大きな影響を与えた。そして先住民の指導者層の中に女性が現れるようになった点も新しい特徴といえる。生存維持と自己防衛のため集団の結束を優先し、男性優位主義的価値観が強い共同体の「伝統」を固守せざるをえなかった先住民が、女性の地位を相対的に高く評価するようになったのであり、そうした変化は後述するサパティスタ運動にも見られる。

国際環境の変化――「先住民の権利」をめぐる動き■

先住民族に関する国際的な取り組みは、一九七〇年代から国連などの場において活発になっていった。社会運動や司法のグローバル化の中、人権問題や自決権などをめぐる「先住民問題」の国際化が進展し、ＮＧＯ（非政府組織）との連携もあり、先住民組織による運動は国境を越える広がりを見せた。とりわけ九二年の「コロンブス到達五〇〇周年」を契機として、南北アメリカ大陸におけるネオリベラリズムへの抵抗運動が、先住民だけでなくアフリカ系の人々や一般民衆を連結する多層的な運動として活発化した。その象徴的な存在がグアテマラ・キチェ出身の先住民女性リゴベルタ・メンチュウであり、彼女が同年ノーベル平和賞を受賞したことで、連帯運動に国際的な注目が集まった。このように九〇年代以降の動きは顕著であった。九三年には、国連による「国際先住民年」の制定とメンチュウの国連親善大使への任命、世界の先住民族の指導者が集う先住民族サミットの開催、と立て続けに重要な出来事が生じた。先住民族サミットはグアテマラを会場に開かれ、その宣言を受けた国連は、九四年からの一〇年間を「世界の先住民の国際一〇年」とする決議を九三年末に採択している。

とりわけ先住民問題に関わる重要な取り組みとなったのは、国際労働機関（ＩＬＯ）における法的措置である。一九八九年にＩＬＯが採択した「第一六九号条約」は、自決権や土地についての権利などを含む先住民族の諸権利に特別な配慮を加えており、現在に至るまで、先住民に関する最も重要な国際条約のひとつとなっている。八九年から二〇〇二年一月現在までに同条約を批准した世界の国々は一四カ国だが、その中でラテンアメリカの批准国はメキシコ（九〇年）、ボリビア（九一年）、コロンビア（九一年）、コスタリカ（九三年）、パラグアイ（九四年）、ペルー（九四年）、ホンジュラス（九五年）、グアテマラ（九六年）、エクアドル（九八年）、アルゼンチン（二〇〇〇年）と、世界でも過半数を占めている。この動きと連動し、九〇年代以降のラテンアメリカでは多くの国々で先住民の権利を認める法的かつ社会的な動きが進展した。自国社会の多民族性や多文化性（先住民だけでなくアフリカ系人なども含む）を承認する政府が増え、こうした多様性が政治経済の安定と社会の前進に必要であるとの立場を認めた。多くの場合、それは憲法改正の動きにつながり、各国でＩＬＯ第一六九号条約の内容が新憲法に盛り込まれるようになっている。とはいえ、法律や憲法の条文を制定する際に内容が骨抜きされたり、実際には法文が履行されないという問題がたびたび表面化しており、後述するように、そうした状況に対する不満が、先住民族による抗議と抵抗の運動を引き起こしている面がある。ただ一定の成果もみられ、開発政策や教育、貧困、ジェンダー（社会的文化的性差）などに関する諸政策において先住民の諸権利に配慮が加えられるようになり、またグアテマラ和平（九六年）や後述するメキシコ・チアパス問題のような紛争解決においても、内外の監視機構が介在しうる環境がつくり出されてきている。

三　先住民族への視座の変化

内外の環境変化に伴い、先住民族や先住民問題に対する国家や国際社会の姿勢や視座に一定の変化が生まれた。従来のインディヘニスモにおいては、先住民自身ではなく国家指導者や知識人層が代弁する形で先住民問題が取り上げられてきたが、これに対するインディアニスモ（先住民至上主義）の動きが表面化し、さらには、偏狭なエスノセントリズム（自民族中心主義）を乗り越えようとする動きが先住民運動の中からも浮上している。

近年、ポストコロニアル（独立後も旧植民地に残される文化的問題を批判分析する研究動向）やサバルタン（被抑圧者）といった用語で、日常生活や政治性における「他者」の存在とそれを表象する「代弁性」の問題が論じられるようになってきた。そこでは、サバルタンである先住民は自らを語ることはできるのか、語る先住民はもはや先住民ではないのではないかという議論がある。ここではこの問題に深入りせず、「先住民」や「先住民運動」というカテゴリーの純粋性よりはその論理と実践のあり方に注目したい。後述するように、サパティスタ運動やトゥパック・カタリ運動の指導者がいわゆる「純粋な先住民」ではなくとも、先住民問題に焦点をあてている限り彼ら／彼女らの運動を「先住民運動」と見なしたい。運動の担い手や支持者の中に混在性が見られるのはむしろ普通のことで、いかなる運動であれ、内紛をかかえ組織が分裂する場合もありうる。と同時に、先住民と呼ばれる存在がすべて外部に対し「抵抗」ばかりしているという理解もここでは斥ける。歴史の中で主体性を剥奪されてきた先住民だが、抑圧への抵抗という文脈だけで先住民をとらえる図式は単純すぎるであろう。先住民の間にも経済格差や文化、ジェンダーなどの差異が存在するからだ。また彼ら／彼女らの存在と主張は反グローバリズムだけではとらえきれない。普遍的な言説をインターネットを利用した電子空間で展開し、超国家的な連帯運動を進める先住民（運動）は、グローバリズムをも利用するしたたかな存在ですらある。

にもかかわらず運動の言説として、あるいは他の社会層と比べれば相対的に、先住民層とその運動がグローバリズム、とりわけネオリベラリズムに反発する傾向が強いのは明らかである。またレトリックであろうとなかろうと、先コロンブス時代以来の文化・伝統との継続性を強調したり、植民地状況への対抗を標榜していることも現実である。抵抗し反乱する先住民の運動は、先住民族の歴史と存在を無視する支配的な歴史や眼差しに対する異義申し立てであり続けるからだ。他方、アナーキスト（無政府主義者）やゲリラであれ国際NGOであれ、反乱する先住民の背後に「邪悪な存在」がいるという言説が、植民地時代から現在まで続いてきた。そこには、抵抗運動にすら先住民の主体性を認めようとしない二重に否定的な眼差しがある。とはいえ実際には、語り始め運動を展開する先住民は、政党活動やロビー活動を経て大統領候補を送り出そうとしており、政治においてもはや周辺的存在ではなくなりつつある。これがラテンアメリカにおける先住民の現段階の姿である。では次に、主要な先住民運動の中に「抵抗」や「運動」の具体例を探っていこう。

四　メソアメリカの先住民運動

メキシコ――サパティスタ運動■

一九九〇年代半ば以降のラテンアメリカにおいて特筆される出来事の一つは、メキシコにおける先住民問題の政治化であろう。それによって従来、先住民族の比重の大きさが知られながら、制度的革命党（ＰＲＩ）一党支配体制のもとで他の諸国のような左翼運動やゲリラ運動が高揚してこなかったこの国で、いわば社会の根底に深刻な民族間および階層・地域格差の亀裂が走っていることを内外に認識させることになったからである。一九九四年一月のサパティスタ蜂起は、メキシコのみならずラテンアメリカ政治における先住民運動の存在を世界に訴える事件となった。

一九九四年一月一日、メキシコ南部チアパス州でサパティスタ民族解放軍（ＥＺＬＮ、八三年創設）と名乗る集団が武装蜂起し、サンクリストバル・デ・ラス・カサス市などの市町村を占拠した。その日はちょうど北米自由貿易協定（ＮＡＦＴＡ）の発効日であり、それを拒否し、メキシコ社会の民主化や先住民問題の解決を訴えるメッセージを発表した。蜂起したのはマヤ系先住民族を中心とする集団であり、マルコス副司令官と呼ばれる覆面の人物がリーダー格であることがわかると、サパティスタ運動の動向に世界の目が向けられることになった。

ＥＺＬＮの蜂起の背景としては次の点があげられる。まず問題が表面化したのがチアパスやラカンドン（チアパス州の一地域）という「辺境」であり、そこは国内で最も厳しい貧困や経済困難をかかえ、ネオリベラリズム政策の打撃を最も受けやすい地域であること。そしてこの地域では農地改革の成果があがらないうえ、ネオリベラリズム政策により革命憲法（一九一七年憲法）に基づくエヒード（共同体的土地所有）が解体され、農民は土地を失う危機に直面し、同時にＮＡＦＴＡが農業部門に打撃を与える恐れが高まったことなどである。こうした窮状の中、ネオリベラ

メキシコ市近郊のサンパブロ・デ・オショトテペックの集会で住民との対話に臨むＥＺＬＮ司令官たち。演説しているのがマルコス副司令官。（2001年３月９日、永倉哲郎氏撮影）

リズムに対する反発や抵抗が、運動の背景となったといえる。そして、南の世界から初めてグローバル化の問題点を提起した反グローバリズム運動がサパティスタ運動であると国際的に評価されるようになっている。

当初からメディアをかなり戦略的に利用してきたサパティスタ運動は、ネット上の闘いという特徴もそなえており、インターネットを通じて先住民蜂起の情報が全世界に流された。ＥＺＬＮは、闘いは自分たちだけの問題ではなく、同じような境遇にあるすべての人々に共通する問題であると訴えてきた。それゆえ戦闘を監視規制するように国際機関などにも要請しており、ＥＺＬＮの呼びかけにメキシコ内外の市民団体やＮＧＯが応じてきた。サパティスタ運動は、インターネットという一九九〇年代以降の新たなメディアを介して、メキシコ国内の「辺境」の地におけるローカルな問題をグローバルな問題へと転換し、その後の市民活動にとって重要なモデルケースを提供している。

武装蜂起によりサパティスタ運動は世界に名を知られたが、必要最低限にしか武力に訴えることはなかった。蜂起後一年余りを過ぎると武力衝突はほとんどなくなり、ＥＺＬＮとメキシコ中央政府との交渉が紆余曲折を経ながらも進んできた。両者の間で一九九六年二月、先住民の諸権利と文化に関するサンアンドレス合意が結ばれた。しかし、その後この合意が履行されていないことなどを理由に、ＥＺＬＮは政府との交渉を中断した。

二〇〇〇年の大統領選挙では七一年ぶりにＰＲＩが破れ、国民行動党（ＰＡＮ）への政権交替が実現した。フォックス新大統領の登場で中断していた対話の雰囲気が回復したこともあり、〇一年二月から三月にかけて、ＥＺＬＮはチアパス州から首都メキシコ市までの行進を実施し、先住民問題の解決を訴えた。メキシコ内外から注目を集めた「尊厳のための行進」である。そして三月に対話が再開され、四月にはメキシコ国会は独自に先住民法を承認したものの、EZLNや他の先住民組織は、先住民族が要求する諸権利に反しているとして、その法案を拒否した。超党派の国会議員と連邦政府代表、チアパス州議会代表によって構成される和平和解委員会（COCOPA）が一九九六年一二月に作成した原案を、政府案が骨抜きにしているというのが、拒否の理由である。こうして期待を裏切られたEZLNは、COCOPA原案を認めることを和解の条件として、メキシコ中央政府との交渉を再び中断した。ただ一方でメキシコ最高裁は、〇二年九月には、国会が承認した前述の先住民法は合憲であるとの判断を下しており、メキシコ政府とEZLNの主張には隔たりが見られ、〇四年現在も両者の溝は埋まっていない状況である。他方、〇三年八月にEZLNの本拠地ラカンドンでは、EZLNが中心となって、自治協議会で構成される「善き統治評議会（JBG）」と新たな抵抗組織である「巻貝」とが創設されるなど、EZLNによる自治統治と対政府交渉の試みは現在も続けられている。

グアテマラ――メンチュウと人権問題

前述のように、一九九二年のノーベル平和賞はグアテマラの先住民女性リゴベルタ・メンチュウに授与された。彼女を中心とするマヤ系先住民族の活動が、国際的連帯とあいまって世界の先住民運動の高揚をもたらしつつ、グアテマラにおける国家と先住民族の関係を問いただし、人権擁護という側面から先住民族の地位向上に影響を与えたのである。

グアテマラでは軍部による先住民族への弾圧が長く続いてきた。一九六〇年代から九六年までの三〇余年にわたり内戦状態が継続し、とりわけ七〇年代から八〇年代にかけて、政府当局と軍による人権抑圧が大量の死傷者を出し、社会の解体をもたらした。最大の被害者はマヤ系先住民族であり、「民族浄化（クリアランス）」というべき大量虐殺（ジェノサイド）がくり返されたのである。メンチュウもそうした犠牲者のひとりであった。そして九六年にグアテマラ和平が開始される中で、先住民族に対する弾圧と抑圧の状況が国際的に「人権問題」として取り上げられることになった。

先住民族を中心とする人権擁護の国際的な活動にとって、メンチュウの存在と平和賞受賞は追い風となった。しかし、グアテマラ国内の先住民に対する抑圧状況には改善が見られなかったことも事実である。内戦が一九九六年に終結すると、その後遺症や人権抑圧に対する反省や批判の声は強くなってきたが、具体的な状況改善にはなかなか結びつかないのが問題である。他方で、マヤ系先住民の間で広がりを見せる民族自決運動が、他の先住民運動との関わりを強めながら、先住民たちによる民族意識の高揚をもたらしてきたことも、重要な動きである。

一九九〇年代、先住民運動は紆余曲折を経ながら進展した。和平プロセスの中で、左派勢力からの介入や先住民層の内部対立が表面化したことで、九〇年代末頃を境に先住民運動は内部分裂と勢力弱体化を余儀なくされることになった。またメンチュウの著作の信憑性をめぐる批判、いわゆる「メンチュウ問題」が米国とグアテマラを中心に表面化したことも、先住民運動の動向にマイナスの影響を与えることになった。このことは、先住民の運動がいかなる政治的行動と形態をとるべきか（政党を結成することで政治的な活動を行うのか、それとも政党によらない運動を継続していくのか、など）、という課題をも提起している。ともかく、人権状況への監視を含め、グアテマラで先住民運動が政治に重要な役割を果たし続けていることは確かであろう。

しかし、二〇〇三年大統領選挙において、人権抑圧の首謀者のひとりとして批判を浴びてきたリオス・モント元大統領が再び候補者になるなど、グアテマラの先住民をめぐる状況は人権環境の点でもなかなか改善が見られず、今後とも予断が許されない状況となっている。

他の中米諸国での動向■

一九八〇～九〇年代には、他の諸国でも国家と先住民族の関係に重要な動きが見られた。たとえばニカラグアでは、大西洋岸に住む先住民ミスキートと中央政府との関係が歴史的に軋轢を生み出し、サンディニスタ政権（一九七九～九〇年）のもとで過熱した。サンディニスタ政権は、六〇年代から活動を始めたサンディニスタ民族解放戦線（FSLN）が七九年に革命を成功させたことで成立し（ニカラグア革命）、左翼革命政権として注目されたが、国家主義的な姿勢のゆえに、ミスキートと政府の間の積年の軋轢を解消することができず、それどころか流血の事態さえ招いた。八五年に停戦が実現し、八七年にはミスキートの自治に関する合意が結ばれ、天然資源の利用権などが認められた。この紛争は、左翼革命運動が民族問題に十分な配慮をもちえなかったという限界を露呈した。また近年では、メキシコ南部のプエブラ州から中米のパナマにいたる地域のインフラ整備や観光など各種産業の総合的な開発計画として各国政府が進める「プエブラ＝パナマ開発計画」に対し、環境破壊や先住民の搾取を助長するとして、先住民たちを含む各層から批判や反対運動が生まれ始めている。

五　アンデスの先住民運動

ボリビア――二つの農民運動■

ボリビアにおける先住民運動は、アンデス高地と東部アマゾン低地の二つの地域を舞台に展開してきた。ひとつは一九七〇～八〇年代にかけて、アンデス高地のアイマラ系農民を中心に先住民の復権運動として台頭したトゥパック・カタリ運動であり、もうひとつはその後九〇年代から現在までに表面化してきたアマゾン低地とくにチャパレ地方におけるコカ栽培農民の抵抗運動である。それぞれの状況を見ていこう。

トゥパック・カタリ運動　トゥパック・カタリ運動は、ボリビア革命（一九五二年～）後のボリビアにおいて、一九五〇年代末から六〇年代初頭にかけて、アンデス高地の大都市ラパスのアイマラ系先住民による民族復権運動として始まった。運動の名称は植民地時代末期に大規模な先住民蜂起を率いた英雄トゥパック・カタリに由来する。この運動は、都市に住む先住民・農民の文化復興運動を経て、七〇年代になると農村の労働組合運動へと受け継がれていく。トゥパック・カタリ運動は民政移管（八二年）を求める過程の中で主導的な役割を果たすが、紆余曲折も見られた。つまり、複合的な運動であるがゆえに組織の細分化は避けがたく、やがてインディアニスモの考え方は主流からはずれ、内部では政治的対立が表面化し、かえって全体の勢力を弱めながら、地域や民族ごとの小さな運動へと分裂していった。運動の主体はもはや先住民・農民自身ではなく、チョロ層（アンデス諸国で、共同体を離れて都市に流入しながら都市社会にも完全に同化していない先住民・農民を

ボリビア、アヨアヨ村にあるトゥパック・カタリの銅像。(1989年、吉田栄人氏撮影)

さし、新しい社会層とみなしてチョロと呼ぶ）へと移った。

　ネオリベラリズムと先住民運動の関係を考えるうえで注目されるのは一九八〇年代半ば以降の状況であろう。八五年のボリビアは年間二万%を超すハイパー・インフレに襲われ、その対策として、民族主義的革命運動（ＭＮＲ）のサンチェス・デ・ロサダ政権によりネオリベラルな新経済政策がとられた。また九二年には、先住民系のビクトル・ウーゴ・カルデナスが副大統領となってサンチェスと連合を組んだ。しかしこれは、トゥパック・カタリ運動の流れをくむ政治家がネオリベラリズムと手を結んだことを意味した。ボリビアでも多民族性を盛り込んだ憲法改正（九四年）が行われ、地方分権化や住民参加の推進が促されたが、トゥパック・カタリ運動はネオリベラリズムへの抵抗勢力とはなれないまま、次第に民衆の支持を失っていった。

コカ栽培農民の抵抗運動　一九九〇年代以降のボリビアでは、中部アンデスよりもむしろ東部アマゾン低地において先住民・農民の運動が展開し、民族性を一層打ち出しながら運動を高揚させている。とりわけチャパレ地方のコカ栽培農民の政治化と反政府運動の活発化は顕著である。貧困から、あるいは政府の政策により東部低地に入植した零細農民が、生存手段を求めてコカ葉（コカインの原料ともなるが、儀礼用・医薬用等として先住民の生活に欠かせない）の栽培などに従事したという背景のもと、この地域に発するコカ農民の要求をグローバリズムへの抗議として集約させる形で、ボリビア全土でも先住民や農民の運動が台頭し過激化してきたのである。

　そしてボリビアの場合、二〇〇四年現在までの社会政治過程で、エボ・モラレスに代表されるコカ農民たちの運動を含むアマゾンの先住民運動と、従来からの流れをくむフェリペ・キスペに代表されるアンデス高地の先住民運動とが、大きな影響力をもっている。〇二年の大統領選挙では先住民系のモラレス候補率いる社会主義運動（ＭＡＳ）が、反ネオリベラリズムおよび反グローバリズムを掲げて躍進した。モラレスがコカ栽培地域チャパレの農民運動の指導者であり、コカ農民の代表であることが、麻薬対策として経済援助を条件にコカ減反を要求してきていた米国との軋轢を生むことにつながったことで国際的に注目を集めたばかりか、ＭＡＳは最大野党勢力としても無視しえない存在となっている。この大統領選挙で再度大統領となったサンチェス・デ・ロサダ政権はしかし、天然ガス資源の輸出問題として表面化した一連の強権的な開発路線に対する国内各層からの反発を招き、ストライキが激化する中の〇三年一〇月に、労働運動や先住民運動などを含む抗議行動により辞任に追い込まれた。こうしてボリビアでは、コカ栽培や資源開発の問題などをめぐって農民、政府、および米国の思惑が入り乱れながら複雑な政治プロセスが継続している。その中で、ネオリベラリズムへの抵抗を代表する先住民・農民の運動が、今後とも注目される存在であり続けることは確かであろう。

エクアドル、キト市の文化会館で演説するニコラス・イサ CONAIE 代表。（2003年 9月 3 日、著者撮影）

エクアドル――ＣＯＮＡＩＥを中心とした社会変革運動■

アンデス諸国の中では比較的後発ながら、一九九〇年を境に先住民運動の活発化が顕著になったのがエクアドルの場合である。九〇年六月にエクアドルで発生した先住民蜂起（「インディヘナの反乱」）は、先住民族の存在と威力を国内外に知らしめる事件となり、後のサパティスタ運動にも影響を与えたといわれる。そして二〇〇〇年一月には一部の軍人と連携した先住民集団が蜂起し、大統領を辞任させ軍民の評議会を樹立するという一種のクーデター未遂事件が発生し、先住民組織への注目を一層強めることになった。

エクアドルでは一九七九年に民政移管が実現し、先住民にも政治空間が拡大され、やがて政治や運動に参画する先住民リーダーたちが輩出する。八六年には全国的な先住民組織であるエクアドル先住民連合（ＣＯＮＡＩＥ）が結成され、地域レベルの政治活動が全国的に発展する契機となった。なかでも九〇年六月の先住民蜂起は、その後全国的に先住民運動を活発化させた。蜂起後、首都キトにおいて先住民リーダーたちとエクアドル政府の交渉が開始され、またアンデス高地の各地では幹線道路の封鎖が実施されるなど、エクアドルの社会や政治における先住民組織の影響力が発揮されていく。先住民と国家の直接交渉は九〇年代以降何度もくり返され、先住民運動は一連の抗議行動（蜂起や行進など）を統率していった。こうして九〇年代を通じてＣＯＮＡＩＥを中心とするエクアドルの先住民運動は、政治的動員および政府との直接交渉という経験を蓄積させた。九六年には社会運動諸勢力との連携によりパチャクティック新国家運動が形成され、先住民運動を支える政治勢力としての地位を確立していく。九八年には憲法修正がなされ、エクアドルが多民族多文化国家であるという宣言が憲法に盛り込まれた。

とくに二〇〇〇年一月に発生した軍民によるクーデター未遂事件は、先住民運動の存在と力を強く印象づける出来事となった。マワ政権下で深刻化した社会経済危機と政治腐敗に民衆の不満が高まっていた中、ドル化宣言を引金に、大統領の辞任のみならず国家機構の変革をも目指すエネルギーの噴出として、先住民などによる社会運動と軍人とが演出した事態であった。マワ政権に反対する先住民蜂起は激化し、一万五〇〇〇人にのぼる先住民が首都に押し寄せた。人波には社会運動家や軍人も加わりながら、旧市街に点在する三権機関へと歩を進めていき、国会や大統領府になだれ込んだ。「キト占拠」の実現である。三代表（バルガスＣＯＮＡＩＥ代表、メンドサ将軍、およびソロルサノ元最高裁長官）による救国評議会が樹立されたが、翌日にはノボア副大統領の大統領昇格で合法的体裁の政権委譲が実現する。ノボア政権はネオリベラリズムに基づく諸政策、とくにドル化政策を継続する意向を表明し、〇〇年末までにドル化（米ドルの導入と通貨スクレの段階的廃止など）を実現させた。こうした方針に対し、先住民組織は全面的な対決姿勢を崩さなかった。

二〇〇二年の大統領選挙では〇〇年のクーデターの首謀者だった元陸軍大佐ルシオ・グティエレスが勝利を収めた。〇三年に成立するグティエレス政権では、エクアドル史上初めて先住民・社会運動勢力としてパチャクティック新国家運動が政権与党に加わることになった。しかしやがて政権は保守化し半年で連合も解消され、先住民運動は方針の再編を余儀なくされている。このように、エクアドルでも先住民運動と政治との関わりには紆余曲折が見られるが、ラテンアメリカで最も活発な先住民運動のひとつであり続けている。

その他の諸国■

チリでも先住民の運動は活発化している。それは南部に住む先住民マプーチェの運動である。マプーチェは従来から、そしてとくにピノチェト軍事政権のもとで抑圧的な状況に置かれ続け、民政移管後も経済自由化政策のしわ寄せを受けている。抗議行動の焦点は土地問題や、生活環境への配慮を欠いた大型ダム建設に伴う移住の問題などである。チリでは、先住民の権利や文化・民族の多様性に関する規定が憲法に明記されず、二〇〇二年一月現在もＩＬＯ第一六九号条約の国内批准がなされていない。こうした状況を受けて先住民組織は、開発計画における貧困対策や社会経済格差の是正などへの配慮をチリ政府に求めている。

他方、先住民人口の比重が大きいにもかかわらず先住民運動があまり活発化しないのがペルーの場合である。実際、農民運動は盛り上がっても、先住民運動という名称をもつ民族復権運動が高揚する傾向は少ない。二〇〇一年に大統領に就いた先住民出身のアレハンドロ・トレドは自身の先住民性を強調する選挙キャンペーンを展開したが、ボリビアやエクアドルに比べるとペルーでは政治における先住民の存在はそれほど目立ってはいない。先住民性が政治運動で取り上げられるよりは、むしろ左翼革命運動の影響力がペルー・アンデス農村に浸透し、ゲリラ運動という形で活発化してきたことは周知のとおりである。同様にコロンビアでも先住民性や先住民運動の存在が、麻薬問題やゲリラ闘争の影に隠れてしまう傾向がある。

六　アマゾンの先住民運動

先住民運動の主要な舞台ないし発信源のひとつにアマゾン低地がある。一九九〇年代のラテンアメリカではアマゾンの先住民がそれぞれの首都まで行進をするという形で、抵抗運動が発現した。九〇年にボリビア・アマゾンの先住民が、アマゾン低地からラパスまで行進を行ったのはその一例である。また九二年と九四年にはエクアドルでもアマゾンの先住民が、入植者や石油資本から圧迫される生活領域について訴え、権利の合法化などを政府に要求すべくキトへの行進を行った。交渉の結果、政府は一一〇万ヘクタール余りの生活領域を承認したが、資源の住民管理という先住民側の要求は認めなかった。その後九三年以降はエクアドル・アマゾンの先住民が、国際石油企業のテキサコ社（米国）を相手に環境破壊の損害賠償を求めてニューヨークの法廷で訴訟を開始するなど、国際的な展開を見せている。前述のように、同様の試みは二〇〇一年のメキシコでも実現し、EZLNの一団がバスおよび徒歩でチアパスからメキシコ市への行進を行った。そして九〇年代のブラジルでも「土地なし農民運動」をめぐって類似の状況が生まれている（5章参照）。

またブラジル、ベネズエラ国境付近のアマゾン地域に住む先住民ヤノマミに対するガリンペイロ（金採掘人）による虐殺事件（一九九三年）が発生したことは国際的非難を浴び、先住民の状況を世界に認識させる契機となった。

結びにかえて――先住民族と政治■

従来、政治分析では先住民の存在や民族性（エスニシティ）などのテーマには十分な配慮が加えられてこなかった。先住民組織を政治勢力として対象化することは少なく、先住民が政治の舞台で主要なアクターとなることは最近まで想定されていなかったように思われる。しかし一九九〇年代以降、各地で先住民運動の活発化が観察され、先住民が政治に進出することも珍しい光景ではない。彼ら／彼女らの政治的行為は民族の復権、国民としての権利の獲得要求として政治活動を高揚させてきた。それらはグローバリズムに彩られたネオリベラリズムの猛威の中で、開発や軍事化の波に翻弄《ほんろう》されつつも、日常的ないし政治的な抑圧や虐殺に抵抗しながら、歴史的民族的な記憶を回復し、差別や経済格差の是正を訴える切実な動機から生まれている。

とはいえ先住民運動を理想化することはできない。運動がかかえる混在性や限界にも目を向けるべきであろう。指導者とそれに従う者たちの間の関係がときに密接になり、また弛緩したり反目を招くこともある。運動が凝集性や目標を失ったり、指導者層の内紛でマンネリ化したり減速することもしばしば見られる。運動家の多くは都市で教育を受けたエリートで、もはや農業に従事していない。この意味で先住民の運動は都市性を内包し、近年ではグローバル性も備えている。

次に先住民の政治行動に見られるパターンを整理してみよう。蜂起や反乱で政治権力と対峙する一団が、首都や地方都市の宗教や政治のシンボル的な施設（空間、場）を占拠するという方法は、一九九〇年のキト（エクアドル）や九四年のサンクリストバル・デ・ラス・カサス（メキシコ・チアパス州）をはじめ各地で見られた形である。そして先住民が農園を占拠するという方法も、ローカルな場における同様の示威行為といえよう。またボリビアやエクアドルのようなアンデス地域では、農民による幹線道路の封鎖という国内流通機構を麻痺させる手段が、国家への抵抗手段として採用されてきた。それから、前述のようにアマゾン地域からラパスやキトへの行進や、チアパスからメキシコ市への行進という形も、「辺境」から「中央」への移動を伴う視覚化された示威行為として、内外の注目を集める方法であった。

本章では、ネオリベラリズムに対する先住民（運動）の抵抗を取り上げたが、先住民は「抵抗」ばかりしているわけではない。ときには順応や妥協をしたり、進んで交渉に臨むこともある。しかもその主張や行動は、民族自決や人権、環境保全などの言説を武器に電子空間でも展開されており、国際世論の支持をとりつけながら国家や多国籍資本を追いつめていくような超国家的な連帯運動ともなっているし、グローバリズムを利用するしたたかさも備えている。ラテンアメリカ各地において先住民運動はもはや「抵抗する周辺的存在」ではなくむしろ重要な「政治アクター」のひとつとなっている。現代ラテンアメリカの「先住民問題」についての現状認識を深め、その行方を展望するには、他者認識の政治性を組み込んだエスノポリティクス（エスニシティに関わる政治）の地平を見すえていく姿勢が不可欠となるであろう。

参考文献

〈概観〉

●飯島みどり（一九九三）「『国家』に変容を迫るインディオたち」（油井大三郎・後藤政子編『統合と自立――南北アメリカの五〇〇年』青木書店）。鈴木茂（一九九九）「語りはじめた『人種』――ラテンアメリカ社会と人種概念」（清水透編『ラテンアメリカ――統合圧力と拡散のエネルギー』大月書店）。ファーブル、アンリ／染田秀藤訳（二〇〇二）『インディヘニスモ――ラテンアメリカ先住民擁護運動の歴史』白水社。これらは先住民と国家の関係について概観するのに有益である。

●トメイ、マヌエラ／スウェプストン、リー／苑原俊明・青西靖夫・狐崎知己訳（二〇〇二）『先住民族の権利――ＩＬＯ第一六九号条約の手引き』（論創社）は、先住民の権利を国際的視点から理解するのに役立つ。

〈メソアメリカ〉

●サパティスタ運動については次が有益である。サパティスタ民族解放軍／太田昌国・小林致広編訳（一九九五）『もう、たくさんだ！――メキシコ先住民蜂起の記録1』現代企画室。山本純一（二〇〇二）『インターネットを武器にした〈ゲリラ〉――反グローバリズムとしてのサパティスタ運動』慶應義塾大学出版会。ラモネ、イグナシオ／湯川順夫訳（二〇〇二）『マルコスここは世界の片隅なのか――グローバリゼーションをめぐる対話』現代企画室。

●グアテマラの先住民運動については次が詳しい。ブルゴス、エリザベス／高橋早代ほか訳（一九八七）『私の名はリゴベルタ・メンチュウ』新潮社。岩倉洋子・上村英明・狐崎知己・新川志保子（一九九四）『先住民族女性リゴベルタ・メンチュウの挑戦』岩波ブックレット。歴史的記憶の回復プロジェクト編／飯島みどり・狐崎知己・新川志保子訳（二〇〇〇）『グアテマラ虐殺の記憶――真実と和解を求めて』岩波書店。ＩＭＡＤＲ―ＭＪＰグァテマラプロジェクトチーム編（二〇〇三）『マヤ先住民族――自治と自決をめざすプロジェクト』現代企画室。

●中米地域の全体像については次を参照。小林致広（一九八六）『沈黙を越えて――中米地域の先住民運動の展開』神戸市外国語大学研究叢書。中米の人びとと手をつなぐ会編訳（一九九二）『「コロンブス」と闘い続ける人々――インディオ・黒人・民衆の抵抗の五百年』大村書店。

〈アンデス〉

●ボリビアについては次が参考になる。クシカンキ、シルビア・リベラ／吉田栄人訳（一九九八）『トゥパック・カタリ運動――ボリビア先住民族の闘いの記憶と実践（一九〇〇年〜一九八〇年）』御茶の水書房。ワンカール／吉田秀穂訳（一九九三）『先住民族インカの抵抗五百年史――タワンティンスーユの闘い』新泉社。シネマティーク・インディアス編（二〇〇四）『ウカマウ映画の現在・ベアトリス・パラシオス追悼　グローバリゼーションに抵抗するボリビア』現代企画室。

●エクアドルとチリについては次を参照。新木秀和（二〇〇〇）「噴出するエクアドルの先住民運動――九〇年蜂起から一月政変へ」（『ラテンアメリカ・カリブ研究』第七号）。浦野千佳子（二〇〇一）「マプチェ族に見るチリの先住民族問題」（『ラテンアメリカ・レポート』第一八巻二号）。

●近年、英語文献では先住民と国家の関係を扱う論集が増えつつある。代表作とその概要は次のとおりである。

Brysk, Alison（2000）, *From the Tribal Village to Global Village : Indian Rights and International Relations in Latin America*. Stanford : Stanford University Press は先住民の権利をめぐる国際関係をローカルからグローバルへの運動の展開ととらえ、エクアドル、メキシコなど五カ国の事例とその相互関連を分析する。

Langer, Erick D. & Elena Munoz（eds.）（2003）, *Contemporary Indigenous Movements in Latin America*. Wilmington, DE. : Scholarly Resources は土地、政治参加、ゲリラ運動との関係という諸点から先住民運動を分析した論集。チリ、パラグアイまでの事例分析や運動リーダーたちの証言を収める。

Mayburg-Lewis, David（ed.）（2002）, *The Politics of Ethnicity : Indigenous Peoples in Latin American States*. Harvard University Press は先住民運動の現状や特徴を人類学者たちがエスニシティの政治という観点からまとめた論集。多くの事例研究を含む。

Sieder, Rachel（ed.）（2002）, *Multiculturalism in Latin America : Indigenous Rights, Diversity and Democracy*. U.K. : Palgrave は多文化主義の動向を先住民の権利や国家との関係、民主主義の実態などについて分析した論集で、テーマや国ごとの事例研究を含む。

Warren, Kay B. & J.E. Jackson（eds.）（2002）, *Indigenous Movements, Self-Representation, and the States in Latin America*. Austin : University of Texas Press はコロンビア、グアテマラ、およびブラジルの事例研究に基づき先住民運動の諸相や国家との関係をまとめた論集。

	チリと日本、二国間の経済連携協定署名（3月） アルゼンチン、フェルナンデス（ペロニスタ）政権発足（12月）	
2008	エクアドル、コレア政権発足（1月） グアテマラ、コロン（中道左派）政権発足（1月） キューバ、ラウル・カストロ国家評議会議長就任（2月） アンデス危機（ベネズエラ+エクアドル対コロンビア関係緊張、3月） パラグアイ、ルゴ（元神父）政権発足（8月） エクアドル憲法改正（10月） ブラジル日系移民100年祭（10月）	2008　ソマリア沿岸海賊急増／中国四川省大地震（5月）／北京オリンピック（8月）／グルジア紛争（8月）／米国発金融危機から世界同時不況に（9月）／イスラエル軍のパレスチナ・ガザ地区大規模攻撃（12月）
2009	ベネズエラ憲法改正（2月、公選職再選制限撤廃） ボリビア憲法改正、国名をボリビア多民族国と変更（3月。本年表では以後もボリビアと表記） メキシコ、麻薬戦争激化、北部で軍出動（3月）、新型インフルエンザ発生、被害拡大（4月） エルサルバドル、フネス（FMLN）政権発足（6月） ホンジュラス、クーデターでセラヤ（自由党）大統領国外脱出（6月） パナマ、マルティネリ（民主革命党）政権発足（7月） エクアドル、新憲法下で再選されたコレア大統領就任（8月） 米国の対キューバ制裁一部緩和（9月） 2016年オリンピックのリオデジャネイロ（ブラジル）開催決定（10月）	2009　米国オバマ（民主党）政権発足（1月）／イタリア中部地震（4月）／中国、ウィグル暴動（7月）／スマトラ島沖地震（9月）／アフガニスタン大統領選でカルザイ再選（11月）／EUリスボン条約発効し機構改革（12月）／米国オバマ大統領、ノーベル平和賞受賞（12月）
2010	ハイチで死者22万人以上の大地震発生（1月） ボリビア新憲法下で再選されたモラレス大統領就任（1月） ホンジュラス、ロボ（国民党）政権発足、帰国中のセラヤ前大統領はドミニカ共和国に亡命（1月） ウルグアイ、ムヒカ（ツパマーロス／左派連合）大統領就任（3月） チリで大地震と津波発生、日本にも到来（3月） チリ、ピニェラ（右派連合）政権発足（3月） コスタリカ、チンチージャ（国民解放党）大統領就任（5月） チリ北部鉱山落盤事故（8月）、33名鉱夫全員救出（10月） コロンビア、サントス（PC）大統領就任（8月）	2010　ギリシア財政危機（5月）から、アイルランド、スペイン、ポルトガル等に危機拡大／北朝鮮軍、韓国延坪島砲撃（11月）
2011	ブラジル、ルセフ（労働者党）大統領就任（1月）	2011　チュニジア、ジャスミン革命によりベン=アリ大統領辞任（1月）／エジプト、ムバラク大統領辞任（2月）

	米州機構特別総会で米州民主憲章採択（9月） アルゼンチン、金融不安のなか暴動勃発、デ・ラ・ルア大統領辞任（12月）	
2002	ベネズエラで反チャベス・クーデター未遂（4月） キューバの反体制派、民主化運動「バレラ・プロジェクト」を展開（5月）、「社会主義は不可侵」条文を憲法に挿入（6月） ボリビア大統領選、先住民系候補エボ・モラレス躍進（8月） コロンビア、ウリベ政権発足（8月）	2002　東ティモール民主共和国独立（5月）／日朝首脳会談（9月）／国連、イラク大量破壊兵器査察再開（10月）
2003	エクアドル、グティエレス政権発足（1月） ブラジル、ルーラ（労働者党）政権発足（1月） ハイチ、内乱でアリスティド大統領辞任（2月） キューバ、反体制派大量逮捕（3月） アルゼンチン、キルチネル（ペロニスタ）政権発足（5月） ホンジュラス、エルサルバドル、ドミニカ共和国、ニカラグアがイラク派兵（8月～） メキシコ・カンクンでWTO第5回閣僚会議に対する大規模な抗議運動（9月） ボリビア、サンチェス・ロサダ大統領辞任、メサ副大統領昇格（10月）	2003　新型肺炎SARS、被害拡大（～7月）／米・英軍イラク侵攻によりイラク戦争開始（3月）、フセイン政権崩壊（4月）／日本、「イラク復興支援特別措置法」成立（7月）
2004	国連ハイチ安定化ミッション発足（6月～） 中米自由貿易協定（CAFTA）にドミニカ共和国参加し、DR-CAFTAに（8月） ベネズエラ、チャベス大統領信任投票、留任（8月） メキシコと日本、二国間の経済連携協定締結（9月）	2004　日本の自衛隊イラク派遣（1月）／パレスチナのアラファト議長死去（11月）／スマトラ島沖大地震・津波（12月）
2005	ウルグアイ、バスケス（社会党／左派連合）政権発足（3月） ボリビア、メサ大統領辞任（6月） 南米諸国連合（南米サミット）発足（9月）	2005　ローマ法王ヨハネ・パウロ2世死去（4月）／中国で反日デモ（4月）／イラン、アフマディネジャド政権発足（8月）
2006	ボリビア、モラレス(社会主義運動)政権発足(1月) チリ、バチェレ(社会党／左派連合)政権発足(3月) エクアドル国会、グティエレス大統領解任決議、パラシオ副大統領昇任（4月） ベネズエラ、アンデス共同体脱退（4月） コスタリカ、アリアス(国民解放党)政権発足(5月) ハイチ、プレヴァル大統領就任（5月） ペルー、ガルシア（APRA）政権発足（7月） メキシコ、カルデロン(国民行動党)政権発足(12月)	2006　モンテネグロ独立によりユーゴスラビア消滅（6月）／イスラエル軍、レバノン侵攻（7月）／イラクのフセイン元大統領処刑（12月）
2007	ニカラグア、オルテガ（サンディニスタ）政権発足（1月）	2007　パキスタン、ブット元首相暗殺（10月）

		条約採択
1996	キューバ空軍、反カストロ宣伝機を撃墜 サパティスタ民族解放軍とメキシコ政府間に、先住民の権利に関する「サンアンドレス合意」 米国の対キューバ経済制裁「ヘルムズ・バートン法」成立 パラグアイでクーデター未遂事件 米州機構内に「統合的発展のための米州理事会」発足 グアテマラ和平合意 ペルー日本大使公邸人質事件	1996 国連、1996年を「貧困根絶のための国際年」、97～2006年を「第一次貧困根絶のための国連10年」と定める
1997	キューバ第5回共産党大会 米州機構でワシントン議定書批准（民主主義擁護）	1997 アジア通貨危機／国連地球温暖化防止京都会議／国連対人地雷全面禁止条約調印
1998	ローマ法王、キューバ訪問 元チリ大統領ピノチェト将軍、ロンドンで逮捕される ホンジュラス、「ハリケーン・ミッチ」災害 ブラジルで金融危機 プラン・コロンビア開始	1998 コソボ紛争激化（～2001）
1999	ベネズエラ、チャベス政権発足（2月） パラグアイでクーデター未遂事件（3月） キューバ「思想闘争」開始（11月） ベネズエラ憲法改正、国名をベネズエラ・ボリーバル共和国に変更（12月。本年表では以後もベネズエラと表記） パナマ運河、返還される（12月31日）	1999 NATO軍、ユーゴ空爆（3～6月）／米国・シアトルでWTO第3回閣僚会議に対する大規模な抗議運動（11～12月）
2000	エクアドルで先住民運動と軍による大統領辞任要求デモがクーデター未遂事件に発展、ドル化政策実施（1月） ブラジル「発見」500周年（4月） パラグアイでクーデター未遂事件（5月） エクアドル、マワ大統領辞任（5月） 米国、医薬品・食糧の対キューバ輸出許可法案可決（10月） メキシコ、フォックス（国民行動党）政権発足、1929年以来の制度的革命党による一党支配終焉（12月）	2000 朝鮮民主主義人民共和国と大韓民国、初の首脳会談（6月）／パレスチナ紛争激化（9月）／国連ミレニアム・サミット開催（9月）
2001	ブラジル・ポルトアレグレで「世界社会フォーラム」開催（1月） メキシコ、サパティスタ「尊厳のための行進」（2～3月） 第1回東アジア・ラテンアメリカフォーラム（EALAF）外相会合、シンガポールで開催（3月）（2009年に東アジア・ラテンアメリカ協力フォーラム＝FEALACと改称） ペルー、トレド政権発足（7月）	2001 米国で同時多発テロ（9月11日）、ITバブル崩壊、景気悪化（9月～）／米国、アフガニスタン攻撃開始（10月）、タリバン政権崩壊、アフガニスタン暫定政権発足（12月）

		開始／米ソ、中距離核兵器全廃条約調印 1988　ソ連、アフガニスタンから撤退
1989	パラグアイのストロエスネル軍事政権、クーデターで崩壊 国際労働機関、第169号条約採択（先住民の権利擁護） 中米5カ国、コントラ（反革命ゲリラ）解体で合意 アルゼンチン、メネム（ペロニスタ党）政権発足（～1999） 米軍、パナマに侵攻しノリエガ将軍を逮捕	1989　中国、天安門事件／ベルリンの壁崩壊／冷戦終結宣言（マルタ会談）／アジア太平洋経済協力会議（APEC）発足
1990	ニカラグア、サンディニスタが総選挙で敗北 チリ、民政移管によりエイルウィン政権発足 ニカラグア、サンディニスタと反革命ゲリラ間に停戦協定成立 エクアドル、「インディヘナの反乱」（先住民蜂起） 米州機構内に民主主義促進部設立 ペルー、フジモリ政権発足（～2000）	1990　米国ブッシュ政権、米州自由貿易圏構想発表、米州支援構想提唱
1991	ブラジルとアルゼンチン、核開発競争停止で合意 アルゼンチンとチリ、国境確定問題に決着 アスンシオン条約締結 米州機構総会でサンティアゴ・コミットメントと「決議1080」採択 キューバ第4回共産党大会（憲法改正1992）	1991　湾岸戦争／ユーゴスラヴィア内戦／カンボジア和平調印／ソ連解体
1992	コロンブス新大陸到着500周年 エルサルバドル、和平合意 ベネズエラでチャベス中佐による軍事クーデター未遂事件（2月、11月） ペルー・フジモリ政権が「自主クーデター」を行う グアテマラの先住民女性リゴベルタ・メンチュウ、ノーベル平和賞受賞 米州機構総会でワシントン議定書提出	1992　ユーゴスラヴィア社会主義連邦共和国崩壊／ボスニア紛争勃発（～95）／ブラジル・リオデジャネイロで第1回国連環境開発会議（地球サミット）開催
1993	国連、1993年を「国際先住民年」と定める ブラジル、ベネズエラ国境付近における先住民ヤノマミ虐殺事件	1993　ヨーロッパ連合（EU）発足
1994	北米自由貿易協定（NAFTA）発効 メキシコでサパティスタ民族解放軍蜂起 米州機構、域内における民主主義強化の役割を再確認 ハイチのアリスティド大統領、国連多国籍軍の介入で復帰 第1回米州サミット開催（マイアミ）	1994　ルワンダで多数派フツ族による少数派ツチ族の大規模な虐殺事件
1995	南米南部共同市場（メルコスル）発足 ペルーとエクアドル、国境で軍事的衝突 米州国防相会議開催 米州機構内に「貿易部」発足	1995　世界貿易機関（WTO）発足／日本、阪神・淡路大震災／国連、包括的核実験禁止

	勃発	
	アンデス共同市場結成	
1970	チリ、アジェンデ（人民連合）政権発足	
1973	チリ、軍事クーデターでアジェンデ政権崩壊、ピノチェト政権成立	1973　ベトナム戦争和平協定調印／第一次石油危機
1974	ペルーのベラスコ政権、「インカ計画」発表	1974　国連「新国際経済秩序」樹立に関する宣言
1975	ラテンアメリカ経済機構設立	
1976	アルゼンチン軍部、クーデターで実権掌握	
1977	パナマと米国、新パナマ運河条約に調印	
1978 ～90	ドミニカ共和国で独裁政権終焉、以後ラテンアメリカ各国で民主化	
1979	ニカラグアで独裁政権倒壊し、サンディニスタ革命政権樹立	1979　イランでイスラム革命／ソ連、アフガニスタンに侵攻
	エクアドル、民政移管	
1980	ブラジルで労働者党結成	1980　イラン・イラク戦争勃発
	ペルー、民政移管	
1981	東カリブ諸国機構発足	
1980年代	中米紛争激化	
1982	ホンジュラス、民政移管	
	アルゼンチンと英国の間でフォークランド（マルビナス）戦争	
	ボリビア、民政移管	
	メキシコで金融危機発生	
1983	コンタドーラ・グループ結成	
	チリ、全国労働司令部を中心に、労働者が軍政批判のデモ	
	米国、東カリブ海諸国機構軍を率いてグレナダに侵攻	
	アルゼンチン民政移管し、アルフォンシン（急進党）政権発足	
1984	エルサルバドル、民政移管	
1985	ウルグアイ、民政移管	
	ブラジル、民政移管	
	米州機構でカルタヘナ議定書採択	
	ペルー、ガルシア（APRA）政権発足	
	メキシコで大地震	
1986	グアテマラ、民政移管によりビニシオ・セレソ政権発足	1986　ソ連、チェルノブイリ原発事故／GATTウルグアイラウンド交渉開始（～94）
	ハイチ、デュヴァリエ体制崩壊	
	エクアドル先住民連合結成	
1987	中米5カ国大統領、和平合意文書に署名	1987　ソ連ゴルバチョフ政権、ペレストロイカ
	ニカラグアでミスキートの自治に関する合意	

	る労働者の大規模なデモ	
1946	アルゼンチン、ペロン政権発足（～1955）（翌1947年ペロニスタ党結成）	
1947	米州相互援助条約（リオ条約）調印	
1948	米州機構憲章（ボゴタ憲章）調印 国連ラテンアメリカ経済委員会設立	1948　イスラエル建国、パレスチナ難民流出
1949	コスタリカ、憲法により軍隊廃止	1949　北大西洋条約機構（NATO）成立／中華人民共和国成立
		1950　朝鮮戦争勃発
1951	米州機構発足	1951　サンフランシスコ講和会議
1952	ウルグアイで集団統治制実施（～1967） 民族主義的革命運動によるボリビア革命（～1964）	
1954	パラグアイで軍事クーデター、ストロエスネル政権発足（～1989） グアテマラに米国が組織した反革命軍が侵攻	
1957	コロンビア、自由・保守両党で国民戦線結成	
1958	ベネズエラでプント・フィホ協約 西インド諸島連邦成立（～1962年まで）	1958　ヨーロッパ経済共同体（EEC）結成
1959	キューバでカストロが革命政権樹立（キューバ革命）	1959　米州開発銀行（IDB）設立
1960	ブラジル、ブラジリアに遷都 中米共同市場発足	1960　国際開発協会（第二世銀）設立
1961	ラテンアメリカ自由貿易連合発足 米国ケネディ政権、「進歩のための同盟」政策開始	
1962～1983	カリブ海諸国（13カ国）独立	
1962	キューバ・ミサイル危機	1962　第二バチカン公会議（～65）
1964	ブラジルで軍事クーデター、以後米州全体に軍政化の波 チリ、フレイ（キリスト教民主党）政権発足	1965　米国、ベトナムで北爆開始
1967	ラテンアメリカ核兵器禁止条約（トラテロルコ条約）調印	1967　ヨーロッパ共同体（EC）発足／東南アジア諸国連合（ASEAN）発足
1968	ラテンアメリカ司教協議会（メデジン会議）で「解放の神学」承認される メキシコで学生の反政府運動が鎮圧され、オリンピック開催 ペルーで軍事クーデター、ベラスコ政権発足（～1975）	
1969	エルサルバドルとホンジュラスの間でサッカー戦争	

		（～65）
1868	キューバ第一次独立戦争（～1878）	1868　日本、明治維新
1879	ボリビア、ペルーとチリの間で太平洋戦争勃発（～1884）	
1888	ブラジル、奴隷制廃止	
1889	ブラジル、共和制に移行	1894　日清戦争（～95）
1895	キューバ第二次独立戦争（～1898）	1898　米西戦争
1902	キューバ独立（米国の保護国として）	
1903	パナマ、コロンビアから分離独立	
		1904　日露戦争（～05）
1908	ブラジルへ日本人移民船「笠戸丸」到着	
1910	メキシコ革命勃発（～1917）	
1912	アルゼンチンで、男子普通選挙権確立	
1914	パナマ運河開通	1914　第一次世界大戦（～18）
1916	アルゼンチン、イリゴージェン（急進党）政権発足	
1917	メキシコ、革命憲法（ケレタロ憲法）制定	1917　ロシア革命
1919	ウルグアイで新憲法公布	
1920	チリ、アレサンドリ政権発足し、改革に着手	
1924	ペルーのアヤ・デ・ラ・トーレ、アプラ（アメリカ人民革命同盟）結成	1922　ソビエト社会主義共和国連邦成立
	チリ、クーデターでアレサンドリ政権崩壊	
1927	ニカラグアで、サンディーノ率いる反米ゲリラ闘争開始（～1933）	
	チリ、イバニェス大佐が大統領に就任し、改革推進	
1928	チャコ紛争が戦争に発展（～1935）	
		1929　世界大恐慌始まる
1930	ブラジル、クーデターによりヴァルガスが大統領となる（～1945）	1931　イスパニア革命、ブルボン朝滅亡
1932	エルサルバドルで農民に対する大規模弾圧（マタンサ）	
	ペルー、アプラ党によるトルヒーヨ事件	1933　米国ルーズベルト政権、善隣外交の開始
1934	メキシコ、カルデナス大統領就任（～1940）	
		1936　スペイン内乱（～39）
1938	メキシコ、石油を国有化	
	チリで人民戦線政権樹立	1939　第二次世界大戦（～45）
1944	グアテマラ革命開始	1944　ブレトン・ウッズ協定により、国際復興開発銀行（世界銀行）と国際通貨基金（IMF）の設立が決定（世銀は46年、IMFは47年に業務開始）
1945	アルゼンチン、軍に監禁されたペロンの釈放を訴え	1945　国際連合成立

ラテンアメリカ政治史年表

注：①「民政移管」は選挙実施月日ではなく、文民政権発足日とした。
②2011年３月増刷時に、誤記修正等と併せ、初版刊行後に発生した重要な事項を最低限加筆したが、本文では同種の情報更新を行っていないため、それらの追加事項は記載されていない。

西暦	ラテンアメリカにおける出来事	世界の出来事
1492	コロンブス、新大陸に到着	
1494	トルデシーリャス条約締結	
1500	カブラル、ブラジルに到着	
1521	コルテス、アステカ帝国（メキシコ）を征服	
1532	ピサロ、インカ帝国（ペルー）を征服	
1535	ヌエバ・エスパーニャ（メキシコ）副王領設立	
1542	ペルー副王領設立	
		1580　スペイン（イスパニア）、ポルトガルを併合（～1640）
1717	ヌエバ・グラナダ副王領設立	
1776	ラプラタ副王領設立	1776　米国、独立を宣言
1780	ペルーでトゥパック・アマルの蜂起	
		1788　米・合衆国憲法
		1789　フランス革命、「人および市民の権利宣言」
1804	ハイチ、革命により独立	1804　ナポレオン戦争（～14）
1810～25	中南米17カ国が独立	
		1812　カディス憲法
		1823　米国、モンロー宣言出す
1826	ボリーバル、パナマで米州会議を開催	
1830	大《グラン》コロンビア解体し、ベネズエラ、エクアドル、ヌエバ・グラナダ（コロンビア）に	
1839	中米連邦解体し、ニカラグア、グアテマラ、エルサルバドル、コスタリカ、ホンジュラスに	
1846	メキシコ・米国戦争（～1848）	
		1861　米国で南北戦争

混血（66%）、ヨーロッパ系（22%）、アフリカ系（10%）、先住民（２%）	1811	立憲共和制	1948–1959　軍政 1959–現在　民政

（20 世 紀 後 半 以 降）

人種構成(6)	独立年(7)	現在の政体(8)	軍政・民政の推移(9) （原則として第二次世界大戦以降）
アフリカ系（85%）、その他（英米系、ポルトガル系、シリア系、レバノン系など）（15%）	1981	立憲君主制	1981–現在　民政
アフリカ系（85%）、ヨーロッパ系およびその他（15%）	1973	立憲君主制	1973–現在　民政
アフリカ系（70%）、混血（20%）、ヨーロッパ系（３%）、インド系およびその他（７%）	1966	立憲君主制	1966–現在　民政
先住民（マヤ族）と白人（スペイン系）の混血（48.7%）、白人と黒人の混血（24.9%）、先住民（マヤ族）（10.6%）、先住民と黒人の混血（6.1%）、その他（9.7%）	1981	立憲君主制	1981–現在　民政
アフリカ系、アフリカ系とヨーロッパ系の混血（90%）、ヨーロッパ系、シリア系、先住民（カリブ族）およびその他（10%）	1978	立憲共和制	1978–現在　民政
アフリカ系（82%）、混血（13%）、インド系、ヨーロッパ系、先住民（カリブ族）およびその他（５%）	1974	立憲君主制	1974–1979　民政 1979–1983　人民革命政権 1984–現在　民政
インド系（51%）、アフリカ系（43%）、その他（６%）	1966	立憲共和制	1966–現在　民政
アフリカ系（90.9%）、混血（7.3%）、インド系（1.3%）、中国系（0.2%）、ヨーロッパ系（0.2%）、その他（0.1%）	1962	立憲君主制	1962–現在　民政
アフリカ系および混血（97%）、ヨーロッパ系（３%）	1983	立憲君主制	1983–現在　民政
アフリカ系（90%）、混血（６%）、インド系（３%）、ヨーロッパ系（１%）	1979	立憲君主制	1979–現在　民政
アフリカ系（66%）、混血（19%）、インド系（６%）、先住民（２%）、その他（７%）	1979	立憲君主制	1979–現在　民政
インド系（37%）、白人と黒人の混血（31%）、ジャワ系（15%）、アフリカ系（10%）、先住民（２%）、中国系（２%）、白人（１%）、その他（２%）	1975	立憲共和制	1975–1980　民政 1980–1991　軍政 1991–現在　民政
アフリカ系（39.5%）、インド系（40.3%）、混血（18.4%）、ヨーロッパ系（0.6%）、中国系およびその他（1.2%）	1962	立憲共和制	1962–現在　民政

2003.（4）United Nations, 2003. ＊ユネスコ編『ユネスコ文化統計年鑑1997』. ＊＊ユネスコ編『ユネスコ文化統計年鑑1999』. 1999年）.（5）CEPAL, 2002. ＊United Nations Population Fund『世界人口白書2003年版』（2002年）.（6）外務省中南米局監修『中便覧2003年版』.（9）小池洋一・坂口安紀・三田千代子・遅野井茂雄・小坂允雄・福島義和編著『図説ラテンアメリカ』（日本評～10頁等をもとに作成.

ベネズエラ・ボリーバル共和国※República Bolivariana de Venezuela	25,093	121,258	5,017	6.6%	87.4%

※注　1999年発効の新憲法によりベネズエラ共和国から現在の国名に変更。

■ 新興独立国

項目 / 国名（アルファベット順）	人口 (2002年・千人)(1)	GDP (2000年・100万USドル)(2)	1人当りGDP (2000年・USドル)(3)	非識字率 (2003年)(4)	都市化率 (2000年)(5)
アンティグア・バーブーダ Antigua and Barbuda	65	662	10,204	(識字率90%、1990年)＊＊＊	36.8%
バハマ国 Commonwealth of The Bahamas	312	4,304	14,147	4.4%	88.5%
バルバドス Barbados	269	2,600	9,721	0.3%	50.0%
ベリーズ Belize	236	757	3,345	5.9%	48.1% (2001年)＊
ドミニカ国 Commonwealth of Dominica	70	268	3,803	(識字率90%、1990年)＊＊＊	71.0%
グレナダ Grenada	94	411	4,391	(識字率85%、1992年)＊＊＊	37.9%
ガイアナ協同共和国 Co-operative Republic of Guyana	765	643	846	1.2%	36.3%
ジャマイカ Jamaica	2,621	7,216	2,801	12.0%	56.1%
セントクリストファー・ネヴィス Saint Christopher and Nevis	38	329	8,539	2.7% (1980年)＊	34.1%
セントルシア Saint Lucia	151	700	4,735	(識字率82%、1995年)＊＊＊	37.8%
セントヴィンセントおよびグレナディン諸島 Saint Vincent and the Grenadines	115	342	3,021	(識字率96%、1991年)＊＊＊	54.8%
スリナム共和国 Republic of Suriname	421	661	1,584	5.8% (2000年)＊＊	74.1%
トリニダード・トバゴ共和国 Republic of Trinidad and Tobago	1,306	8,075	6,239	1.4%	74.1%

［出 所］(1) CEPAL, *Anuario Estadístico de América Latina*, 2002.　(2) (3) United Nations, *Statistical Yearbook Forty-seven issue*,
＊＊＊大貫良夫・落合一泰・国本伊代・福嶋正徳・松下洋監修『ラテン・アメリカを知る事典　新訂増補版』(平凡社,
南米諸国便覧2003年版』(ラテン・アメリカ協会). http://www.theodora.com/wfb/等をもとに作成.　(7) (8)『中南米諸国
論社, 1994年), 42, 49頁. ラテン・アメリカ協会編『ラテン・アメリカ事典』(1996年).『中南米諸国便覧2003年版』, 9
(便覧作成：山田泰子・舟橋恵美)

混血（55%）、先住民（43%）、ヨーロッパ系およびその他（２%）	1821	立憲共和制	1945-1954　民政 1954-1966　軍政 1966-1970　民政 1970-1986　軍政 1986-現在　民政
アフリカ系（90%）、混血（10%）	1804	立憲共和制	1950-1956　民政 1956-1957　政局混乱期 1957-1986　デュヴァリエ独裁 1986-1988　移行期 1988　民政 1988-1990　軍政 1991　民政 1991-1994　軍政 1994-現在　民政
先住民とスペイン系の混血（91%）、先住民（６%）、アフリカ系（２%）、ヨーロッパ系（１%）	1821	立憲共和制	1949-1956　民政 1956-1957　軍政 1957-1963　民政 1963-1971　軍政 1971-1972　民政 1972-1982　軍政 1982-現在　民政
混血（60%）、先住民（25%）、ヨーロッパ系（15%）	1821	立憲連邦共和制	～現在　民政
混血（74%）、ヨーロッパ系（16%）、アフリカ系（９%）、先住民（１%）	1821	立憲共和制	～1979　ソモサ独裁 1979-1990　サンディニスタ革命政権（ただし84年に大統領および議会選挙） 1990-現在　民政
混血（70%）、アフリカ系（14%）、ヨーロッパ系（９%）、先住民（７%）	1903	立憲共和制	～1968　民政 1968-1984　軍政 1984-1985　民政 1985-1989　ノリエガ体制 1989-現在　民政
先住民と白人の混血（97%）、白人（２%）、先住民およびその他（１%）	1811	立憲共和制	1940-1954　モリニゴ独裁 1954-1989　ストロエスネル独裁 1989-1993　民政（移行期） 1993-現在　民政
先住民（ケチュア族、アイマラ族）（47%）、混血（40%）、白人（12%）、中国系、日系およびその他（１%）	1821	立憲共和制	1950-1956　軍政 1956-1962　民政 1962-1963　軍政 1963-1968　民政 1968-1980　軍政 1980-1992　民政 1992-1993　フジモリ大統領による議会、憲法一部の停止 1993-現在　民政
ヨーロッパ系（主にスペイン系、イタリア系）が大半	1825	立憲共和制	～1973　民政 1973-1985　軍政 1985-現在　民政

グアテマラ共和国 República de Guatemala	11,995	18,885	1,659	29.5%	39.4%
ハイチ共和国 République d' Haiti	8,668	3,515	432	47.1%	35.7%
ホンジュラス共和国 República de Honduras	6,828	5,898	919	23.2%	48.2%
メキシコ合衆国 Estados Unidos Mexicanos	101,847	573,924	5,805	8.0%	75.4%
ニカラグア共和国 República de Nicaragua	5,347	2,423	478	32.5%	55.3%
パナマ共和国 República de Panamá	2,942	10,019	3,508	7.5%	57.6%
パラグアイ共和国 República del Paraguay	5,778	7,722	1,405	6.1%	56.1%
ペルー共和国 República del Perú	26,749	53,512	2,085	9.1%	72.3%
ウルグアイ東方共和国 La República Oriental del Uruguay	3,385	20,053	6,009	2.2%	92.6%

各国便覧 (2004年4月現在)

人種構成[6]	独立年[7]	現在の政体[8]	軍政・民政の推移[9] (原則として第二次世界大戦以降)
白人(主にスペイン系、イタリア系)(97%)、先住民およびその他(3%)	1816	立憲共和制	1946-1955 民政 1955-1958 軍政 1958-1962 民政 1962-1963 軍部傀儡政権 1963-1966 民政 1966-1973 軍政 1973-1976 民政 1976-1983 軍政 1983-現在 民政
先住民(ケチュア族、アイマラ族)(55%)、混血(30%)、白人(15%)	1825	立憲共和制	1946-1949 民政 1949-1952 軍政 1952-1964 民政(ボリビア革命) 1964-1982 軍政 1982-現在 民政
白人(ポルトガル系、ドイツ系、イタリア系、スペイン系、ポーランド系)(55%)、白人と黒人の混血(38%)、黒人(6%)、その他(日系、アラブ系、先住民など)(1%)	1822	立憲連邦共和制	1937-1945 専制(エスタード・ノーヴォ体制) 1945-1964 民政 1964-1985 軍政 1985-現在 民政
白人(主にスペイン系)、先住民と白人の混血およびその他(95%)、先住民(5%)	1810	立憲共和制	~1973 民政 1973-1990 軍政 1990-現在 民政
混血(75%)、ヨーロッパ系(20%)、アフリカ系(4%)、先住民(1%)	1810	立憲共和制	~1953 民政 1953-1958 軍政 1958-現在 民政
スペイン系混血(95%)、アフリカ系(3%)、先住民およびその他(2%)	1821	立憲共和制	~現在 民政
混血(50%)、アフリカ系(25%)、スペイン系(25%)	1902	共和制	~1952 民政 1952-1959 バティスタ独裁 1959-現在 カストロ革命政権
混血(72.9%)、スペイン系(16.1%)、アフリカ系(10.9%)、その他(0.1%)	1844	立憲共和制	~1961 トルヒーリョ独裁 1962-1963 移行期 1963 民政 1963-1966 軍政 1966-1978 バラゲール独裁 1978-現在 民政
先住民とヨーロッパ系の混血(65%)、先住民(25%)、スペイン系およびその他(7%)、アフリカ系(3%)	1822	立憲共和制	1944-1963 民政 1963-1966 軍政 1966-1970 民政 1970-1972 文民による独裁 1972-1979 軍政 1979-現在 民政
先住民とスペイン系の混血(84%)、ヨーロッパ系(10%)、先住民(5.6%)、その他(0.4%)	1821	立憲共和制	~1984 軍政 1984-現在 民政

国名（アルファベット順）／項目	人口 (2002年・千人)[1]	GDP (2000年・100万USドル)[2]	1人当りGDP (2000年・USドル)[3]	非識字率 (2003年)[4]	都市化率 (2000年)[5]
アルゼンチン共和国 La República Argentina	37,944	284,346	7,678	2.9%	89.6%
ボリビア共和国 República de Bolivia	8,705	8,290	995	12.8%	64.6%
ブラジル連邦共和国 República Federativa do Brasil	175,084	593,779	3,484	11.9%	79.9%
チリ共和国 República de Chile	15,589	71,015	4,669	3.8%	85.7%
コロンビア共和国 República de Colombia	43,817	81,280	1,930	7.6%	74.5%
コスタリカ共和国 República de Costa Rica	4,200	15,948	3,964	4.0%	50.4%
キューバ共和国 República de Cuba	11,273	26,698	2,384	3.0%	79.9%
ドミニカ共和国 República Dominicana	8,677	24,970	2,982	15.3%	65.0%
エクアドル共和国 República de Ecuador	13,112	13,759	1,088	7.6%	62.7%
エルサルバドル共和国 República de El Salvador	6,518	13,205	2,103	19.9%	55.2%

ヤ行

ラ行

ワ行

（人名・事項索引作成：睦月規子）

ナ行

ハ行

マ行

タ行

サ行

ア行

カ行

事項索引

略号

ラ行

ラゴス、リカルド　Ricardo LAGOS　105, 113
ラセット、ブルース　Bruce RUSSETT　249
リオス・モント、エフライン　Efraín RÍOS MONTT　155, 204–5, 282
リプセット、シーモア・マーティン　Seymour Martin LIPSET　21
リンス、フアン　Juan LINZ　86
ルソー、ジャン・ジャック　Jean Jacque ROUSSEAU　55
ルナン、ジョセフ・エルネスト　Joseph Ernest RENAN　64
ルーラ・ダ・シルヴァ、ルイス・イナシオ　Luiz Inácio LULA DA SILVA　2, 50, 108, 112–3, 116–7, 120, 121, 124, 181
レーガン、ロナルド　Ronald REAGAN　46
レギーア、アウグスト・B.　Augusto B. LEGUÍA　177
ロサス、フアン・マヌエル・デ　Juan Manuel de ROSAS　38, 58
ロサレス・デル・トロ、ウリセス　Ulises ROSALES DEL TORRO　265
ロドー、ホセ・エンリケ　José Enrique RODÓ　63
ロドリゲス・ララ、ギジェルモ　Guillermo RODRÍGUEZ LARA　137
ロハス・ピニーリャ、グスターボ　Gustavo ROJAS PINILLA　176
ロペス、アルフレド　Alfredo LÓPEZ　176
ロペス・コントレーラス、エレアサル　Eleázar LÓPEZ CONTRERAS　177

201, 241

ハ行

バジェ・イ・オルドーニェス、ホセ　José BATLLE Y ORDÓÑEZ　41, 173, 179
パス・エステンソロ、ビクトル　Víctor PAZ ESTENSSORO　104
ハーバーマス、ユルゲン　Jürgen HABERMAS 216, 217, 218
バラゲール、ホアキン　Joaquín BALAGUER 196
バラゲール、ホセ・ラモン　José Ramón BALAGUER CABRERA　259
バルガス・リョサ、マリオ　Mario VARGAS LLOSA　104
バレダ、ガビーノ　Gabino BARREDA　61
バンセル、ウーゴ　Hugo BÁNZER　107, 204
ハンチントン、サミュエル　Samuel P. HUNTINGTON　215, 235
ビニシオ・セレソ・アレバロ、マルコ　Marco Arévalo VINICIO CEREZO　103
ピノチェト、アウグスト　Augusto PINOCHET UGARTE　50, 135, 140, 141, 145, 179, 192, 287
フィゲイレード、ジョアン・バティスタ　João Batista FIGUEIREDO　114
フォックス、ビセンテ　Vicente FOX　105, 195, 247, 280
ブカラム、アブダラ　Abdalá BUCARAM　107, 164, 198
フジモリ、アルベルト Alberto FUJIMORI　48, 86, 92, 93, 105, 108, 156, 183, 184, 185, 198, 199–200, 201, 204, 242, 248
ブッシュ（父）、ジョージ・H. W.　George H. W. BUSH　237, 246
ブッシュ（子）、ジョージ・W.　George W. BUSH　258, 271
プラド、マヌエル　Manuel PRADO Y UGARTECHE　177
フランク、アンドレ・G.　André Gunder FRANK　23–4
ブランクステン、ジョージ・I.　George I. BLANKSTEN　18–9, 20
プーランツァス、ニコス　Nicos Ar POULANTZAS　69
フレイ（モンタルバ）、エドゥアルド（父） Eduardo FREI MONTALVA　101
フレイ（ルイス・タグレ）、エドゥアルド（子） Eduardo FREI RUIZ TAGLE　105
ベラスコ、フアン　Juan VELASCO ALVARADO　43, 102, 137
ベラスコ・イバラ、ホセ・マリア　José María VELASCO IBARRA　99
ヘラルディ、フアン　Juan José GERARDI CONADERA　152
ペレス、カルロス・アンドレス　Carlos Andrés PÉREZ　104, 182–3, 184, 198
ペレス・ヒメネス、マルコス　Marcos PÉREZ JIMÉNEZ　137
ペロン、フアン・ドミンゴ　Juan Domingo PERÓN　41, 42, 99, 133, 175
ベンサム、ジェレミー　Jeremy BENTHAM 54
ボリーバル、シモン　Simón BOLÍVAR　37, 38, 55–7

マ行

マチャド、ホセ・ラモン　José Ramón MACHADO VENTURA　259
マリアテギ、ホセ・カルロス　José Carlos MARIÁTEGUI　65–6, 98, 99
マリゲーラ、カルロス　Carlos MARIGHELLA 68
マルコス副司令官　MARCOS　279
マルティ、ホセ　José MARTÍ　39, 260, 267
マワ、ジャミル　Jamil MAHUAD　107, 164, 286
ムリーリョ、マリア・ビクトリア　María Victoria MURRILLO　184
メネム、カルロス・サウル　Carlos Saúl MENEM　48, 85, 104, 105, 159, 163, 165, 183, 184, 204
メンチュウ、リゴベルタ　Rigoberta MENCHÚ 49, 276, 281–2
モラレス、エボ　Evo MORALES　107, 284–5
モレノ、マリアノ　Mariano MORENO　55, 56
モレーロス、ホセ・マリア・ルイス　José María Luis MORELOS　55

ヤ行

ヨハネ・パウロ二世　John Paul II　151, 157

グティエレス、ルシオ　Lucio GUTIERREZ　107, 147, 287
グラムシ、アントニオ　Antonio GRAMSCI　69
クリスティアニ、アルフレド　Alfredo CRISTIANI　105
クリントン、ウィリアム（ビル）・J.　William Jefferson CLINTON　258, 264
クワドロス、ジャニオ　Jânio QUADROS　174–5
ケネディ、ジョン・F.　John Fitzgerald KENNEDY　234
ゲバラ、エルネスト（・チェ）　Ernesto (Ché) GUEVARA　67
ゴメス、フアン・ビセンテ　Juan Vicente GÒMEZ　177
コリアー、デヴィッド　David COLLIER　26, 172
コリアー、ルース・ベリンズ　Ruth Berins COLLIER　172
コーロル、フェルナンド　Fernando COLLOR DE MELLO　120, 156, 198
コロンブス、クリストーバル　Cristóbal COLÓN　34, 49, 159
ゴンサレス・プラダ、マヌエル　Manuel GONZÁLEZ PRADA　64
コント、オーギュスト　August COMTE　60

サ行

サリナス、カルロス　Carlos SALINAS DE GORTARI　104, 182, 184, 226, 246
サルトル、ジャン・ポール　Jean Paul SARTRÉ　68
サルミエント、ドミンゴ・ファウスティーノ　Domingo Faustino SARMIENTO　59–60
サン・マルティン、ホセ　José de SAN MARTÍN　37
サンタ・アナ、アントニオ・ロペス・デ　Antonio López de SANTA ANA　38
サンチェス・デ・ロサダ、ゴンサロ　Gonzalo SÁNCHEZ DE ROSADA　107, 284, 285
ジェノイーノ、ジョゼ　José GENOÍNO　112, 113, 121
シエラ、フスト　Justo SIERRA O'REILLY　62
ジェルマーニ、ジノ　Gino GERMANI　185
シュミッター、フィリップ・C.　Philippe C. SCHUMITTER　26, 27
ストロエスネル、アルフレド　Alfredo STROESSNER　136, 138, 194, 203
スペンサー、ハーバート　Herbert SPENCER　61
スミス、アダム　Adam SMITH　54
セア、レオポルド　Zea, LEOPOLDO　71
セディーリョ、エルネスト　Ernesto ZEDILLO　246
セラーノ、ホルヘ　Jorge SERRANO　199, 242
ソモサ、アナスタシオ　Anastasio SOMOZA　46, 194

タ行

ダーウィン、チャールズ・R.　Charles R. DARWIN　61
ダニーノ、エヴェリーナ　Evelina DAGNINO　125, 221
ダール、ロバート　Robert DAHL　232
チャベス、ウーゴ　Hugo CHÁVEZ　50, 86, 92, 108, 147, 183, 184, 185, 201, 204, 205
チャモロ、ビオレタ　Violeta CHAMORRO　194
ディアス、ポルフィリオ　Porfirio DÍAZ　39, 40, 61, 97
ディルセウ・デ・オリヴェイラ、ジョゼ　José DIRCEU DE OLIVEIRA　112, 113, 121
デュヴァリエ、ジャン・クロード　Jean Calude DUVALIER　200
ドゥアルテ、ホセ・ナポレオン　José Napoleón DUARTE　103, 136
ドゥトラ、オリヴィオ　Olívio DUTRA　120, 125
ドス・サントス、テオトニオ　Teotonio DOS SANTOS　24
ドブレ、レジス　Régis DEBRAY　68
トルヒーヨ、ラファエル・L.　Rafaél L. TRUJILLO　196
トレド、アレハンドロ　Alejandro TOLEDO　108, 287

ナ行

ナリーニョ、アントニオ　Antonio NARIÑO　55
ノリエガ、マヌエル・A.　Manuel A. NORIEGA

人名索引

ア行

アジェンデ、サルバドル　Salvador ALLENDE　43, 100, 135, 179
アーモンド、ガブリエル・A.　Gabriel A. ALMOND　17-8, 20
アヤ・デ・ラ・トーレ、ビクトル・ラウル　Víctor Raúl HAYA DE LA TORRE　41, 65, 98, 99, 177
アリスティド、ジャン・B.　Jean B. ARISTIDE　50, 200
アルゲダス、アルシデス　Alcides ARGUEDAS　62
アルソガライ、アルバロ・C.　Alvaro C. ALSOGARAY　105
アルチュセール、ルイ　Louis ALTHUSSER　69
アルフォンシン、ラウル・R.　Raúl R. ALFONSÍN　97, 182
アルベルディ、フアン・バウティスタ　Juan Bautista ALBERDI　59
アレキサンダー、ロバート・J.　Robert J. ALEXANDER　16
アレサンドリ、アルトゥーロ　Arturo ALESSANDRI　98, 134, 175
アーレント、ハンナ　Hannah ARENDT　220
アンダースン、チャールズ　Charles ANDERSON　95
イーストン、デヴィッド　David EASTON　14, 15-7, 20, 21, 22
イダルゴ、ミゲル　Miguel HIDALGO　55
イバニェス・デル・カンポ、カルロス　Carlos IBAÑEZ DEL CAMPO　134, 176
インヘニエロス、ホセ　José INGENIEROS　62
ヴァルガス、ジェトゥリオ　Getúlio VARGAS　42, 99, 114, 116, 134, 174-5
ウィーアルダ、ハワード・J.　Howard J. WIARDA　22-3, 78
ウェーバー、マックス　Max WEBER　96
ウリベ、アルバロ　Alvaro URIBE　108
ウルタド、オスワルド　Osvaldo HURTADO　103
エイルウィン、パトリシオ　Patricio AYLWIN　103, 105
オドンネル（オドーネル）、ギジェルモ　Guillermo O'DONNELL　24, 25, 26, 27, 76, 86, 204, 210
オビエド、リノ・セサル　Lino César OVIEDO　203
オラヤ・エレーラ、エンリケ　Enrique OLAYA HERRERA　176

カ行

ガイタン、ホルヘ・エリエセル　Jorge Eliécer GAITÁN　176
カストロ、フィデル　Fidel CASTRO RUZ　42, 67, 84, 254, 257, 266, 267, 268, 269, 271
カストロ、ラウル　Raúl CASTRO RUZ　258, 259, 269
カーター、J. E.　James Earl CARTER　266
カーネマン、ダニエル　Daniel KAHNEMAN　28
カラソ、ロドリゴ　Rodrigo CARAZO　103
カランサ、ベヌスティアーノ　Venustiano CARRANZA　173
ガルシア、アラン　Alán GARCÍA　103, 104
カルデナス、クアウテモック　Cuauhtémoc CÁRDENAS　246
カルデナス、ビクトル・ウーゴ　Víctor Hugo CÁRDENAS　107, 284
カルデナス、ラサロ　Lázaro CÁRDENAS　42, 174
カルドーゾ、フェルナンド・エンリケ　Fernando Henrique CARDOSO　85, 105, 118, 121, 152
カンター、ハリー　Harry KANTOR　79
カンピンス、ルイス・エレーラ　Luis Herrera CANPINS　103
キスペ、フェリペ　Felipe QUISPE　107, 285
キルチネル、ネストル　Nestor KIRCHNER　50, 108

執筆者紹介（アルファベット順）

新木秀和（あらき　ひでかず）　神奈川大学外国語学部准教授。ラテンアメリカ地域研究専攻。*Estados nacionales, etnicidad y democracia en América Latina*（共著　国立民族学博物館地域研究企画交流センター　2002年）。『ラテンアメリカ世界を生きる』（共著　新評論　2001年）。

出岡直也（いづおか　なおや）　慶應義塾大学法学部教授。政治学・ラテンアメリカ地域研究専攻。内山秀夫・薬師寺泰蔵編『グローバル・デモクラシーの政治世界』（共著　有信堂　1997年）。染田秀藤編『ラテンアメリカ—自立への道』（共著　世界思想社　1993年）。

岸川毅（きしかわ　たけし）　上智大学外国語学部教授。比較政治学・ラテンアメリカ地域研究専攻。『現代中米・カリブを読む』（共著　山川出版社　2008年）。『アクセス地域研究 Ⅰ』（共編著　日本経済評論社　2004年）。「メキシコ PRI 体制の『静かな移行』と政治社会の再編」（『国際政治』第131号　2002年）。

小池康弘（こいけ　やすひろ）愛知県立大学外国語学部教授。ラテンアメリカ政治外交専攻。『現代中米・カリブを読む』（編著　山川出版社　2008年）。「ラテンアメリカ外交論—米州関係史の視点から」（『国際関係論のフロンティア』ミネルヴァ書房　2003年）。「ラテンアメリカの政治・社会への視点」（『エリア・スタディ入門』昭和堂　2000年）。

狐崎知己（こざき　ともみ）　専修大学経済学部教授。国際関係論・ラテンアメリカ地域研究専攻。『平和・人権・NGO』（共編著　新評論　2004年）。『ラテンアメリカ』（共著　自由国民社　2004年）。『学び・未来・NGO』（共著　新評論　2001年）。『国際開発の地域比較』（共著　中央経済社　2000年）。歴史的記憶の回復プロジェクト編『グアテマラ虐殺の記憶』（共訳　岩波書店　2000年）。

松下日奈子（まつした　ひなこ）　元国立民族学博物館共同研究員。放送大学講師。政治学・ラテンアメリカ地域研究・米州関係専攻。「民主体制と核問題」（『外交時報』1994年）。「米州機構における機能的変遷について」（『法学政治学論究』第19号　1993年）。

松下マルタ（まつした　まるた）　同志社大学名誉教授。ラテンアメリカ政治思想専攻。*Sarmiento y Fukuzawa : Dos forjadores de la modernidad*, Universidad Nacional de La Matanza, San Justo, Argentina, 2002.「ブエノスアイレス—南米のパリからラテンアメリカ型首都へ」（『ラテンアメリカ 都市と社会』新評論　1991年）。*El romanticismo politico hispanoamericano*, CINAE, Buenos Aires, 1985.

遅野井茂雄（おそのい　しげお）　筑波大学大学院人文社会科学研究科教授。ラテンアメリカ政治専攻。『現代アンデス諸国の政治変動』（共編著　明石書店　2009年）。『21世紀ラテンアメリカの左派政権：虚像と実像』（共編著　アジア経済研究所　2008年）。『ラテンアメリカ（第２版）』（共著　自由国民社　2005年）。『ラテンアメリカ世界を生きる』（共編著　新評論　2001年）。

鈴木茂（すずき　しげる）東京外国語大学大学院総合国際学研究院・国際社会部門教授。ブラジル史専攻。『〈南〉から見た世界５　ラテンアメリカ』（共著　大月書店　1999年）。シッコ・アレンカール他『ブラジルの歴史』（共訳　明石書店　2003年）。

浦部浩之（うらべ　ひろゆき）　獨協大学国際教養学部准教授。政治学・ラテンアメリカ地域研究専攻。「チリ—民軍関係の展開から読み解く民主主義の安定化」（『アクセス地域研究Ⅰ：民主化の多様な姿』日本経済評論社　2004年）。「民主化後チリの地域開発—貧困の克服と内部フロンティアの開発」（『日本の政治地理学』古今書院　2002年）。

翻訳者・資料作成者紹介（アルファベット順）

坂野鉄也（ばんの　てつや）　滋賀大学経済学部准教授。ラテンアメリカ植民地時代史専攻。（２章翻訳）

舟橋恵美（ふなはし　えみ）　ギリシャ在住。ラテンアメリカ地域研究専攻。（各国便覧作成）

睦月規子（むつき　のりこ）　拓殖大学外国語学部・日本大学経済学部／生物資源学部・神奈川大学経済学部・早稲田大学社会科学部非常勤講師。ラテンアメリカ政治思想・歴史専攻。（２章翻訳／年表・索引作成）

山田泰子（やまだ　やすこ）　JICE（財団法人日本国際協力センター）勤務。ラテンアメリカ地域研究、キューバ政治・国際関係論専攻。（各国便覧作成）

編者紹介

松下　洋（まつした　ひろし）

京都女子大学現代社会学部教授。神戸大学名誉教授。ラテンアメリカ政治外交専攻。1972年アジア経済研究所優秀論文賞（現研究奨励賞）、88年大平正芳記念賞、2001年大同生命国際文化財団地域研究奨励賞受賞。Academia Nacional de Historia (Argentina), *Nueva Historia de la Nación Argentina, La Argentina del siglo XX*, Tomo IX, Editorial Planeta, Buenos Aires, 2002（共著）。*El sindicalismo en tiempos de Menem*, Corregidor, Buenos Aires, 1999 (共著)。『Populism in Asia』（共著　京都大学出版会・シンガポール大学出版会 共同出版　2009年）。『南北アメリカの500年③：19世紀民衆の世界』（共編著　青木書店　1993年）。『ペロニズム、権威主義と従属―ラテンアメリカの政治外交研究』（有信堂　1987年）。『1980年代ラテンアメリカの民主化』（共編著　アジア経済研究所　1986年）。

乗　浩子（よつのや　ひろこ）

元帝京大学経済学部教授。ラテンアメリカ近現代史・国際関係論専攻。『9・11以後のアメリカと世界』（共著　南窓社　2004年）。『宗教と政治変動―ラテンアメリカのカトリック教会を中心に』（有信堂　1998年）。『アメリカ外交と人権』（共著　日本国際問題研究所　1992年）。『ラテンアメリカ 都市と社会』（共編著　新評論　1991年）。『ラテンアメリカ　社会と女性』（共編著　新評論　1985年）。

●ラテンアメリカ・シリーズ①

〔全面改訂版〕ラテンアメリカ　政治と社会

2004年6月30日　初版第1刷発行
2011年3月15日　初版第2刷発行

編　者　松下　洋
　　　　乗　浩子

発行者　武市一幸

発行所　株式会社 新評論

〒169-0051 東京都新宿区西早稲田3-16-28
TEL 03(3202)7391
FAX 03(3202)5832
振替 00160-1-113487

定価はカバーに表示してあります
落丁・乱丁本はお取り替えします

装幀　山田英春＋根本貴美枝
印刷　神谷印刷
製本　手塚製本

ISBN 4-7948-0631-0　C0030